MATH

2de

André ANTIBI
Raymond BARRA
avec
Christian DENUX
Bernard DESTAINVILLE
Roseline MARQUÈS

PROGRAMME 1990

NOUVEAU
TRANSMATH

NATHAN

AVANT-PROPOS

Ce livre est strictement conforme à l'esprit et à la lettre du programme de 1990 pour la classe de Seconde.

POURQUOI UN NOUVEAU MANUEL ?

Plusieurs années d'expérimentation du programme et la mise en place de l'enseignement modulaire nous ont conduits à repenser la présentation du programme.

Ce nouveau manuel est bien davantage qu'une nouvelle édition revue et corrigée. Un effort particulier a été fait, tant dans le domaine pédagogique que dans la maquette, totalement nouvelle, pour rendre l'ouvrage encore plus clair, plus accessible, plus complet. Ainsi, nous proposons de vraies nouveautés, notamment pour prendre en compte **l'enseignement modulaire** et **le travail autonome de l'élève.**

L'enseignement modulaire

Nous avons fait le choix d'intégrer les activités "modules" (signalées par le logo M) dans chaque chapitre.

Les activités "modules" sont de deux types :

- d'une part, du type "travaux pratiques", avec le **TP. Modules**, dernier des travaux pratiques d'application ;
- d'autre part, du type "exercices", dans les **pages Modules**, en fin de chapitre.

Le travail autonome de l'élève

Dans chaque chapitre, nous proposons des activités que l'élève peut faire de manière autonome :

- Les "Exercices résolus avec solutions commentées" ;
- Les exercices, tout à fait analogues, de la rubrique "Comme les résolus", (corrigés plus succinctement en fin de manuel) ;
- Un test de vérification des connaissances et un Q.C.M. (corrigé en fin de manuel) portant sur les savoir-faire élémentaires ;
- Les "Exercices guidés" et les exercices "Trouvez l'erreur" (corrigés en fin de manuel) des pages Modules.

STRUCTURE DES CHAPITRES

L'ouvrage comprend 14 chapitres, chaque chapitre étant subdivisé en neuf parties facilement distinguables :

- Une page d'**INTRODUCTION** sensibilise au thème traité.

- **POUR PRENDRE UN BON DÉPART** : le point sur les connaissances acquises antérieurement, sous la forme de rappels ou d'exercices-tests.

- Une ou deux **ACTIVITÉS D'APPROCHE** préparent l'élève aux notions nouvelles.

- Le **COURS**, simple et clair, n'est pas pour autant réduit à une énumération des résultats à connaître. Des démonstrations, des exemples et des commentaires permettent à l'élève de mieux comprendre ce qu'il doit retenir.

- Les **EXERCICES RÉSOLUS AVEC SOLUTIONS COMMENTÉES** : l'énoncé est suivi, en général, d'un point-méthode immédiatement mis en application dans la solution détaillée, accompagnée de commentaires.

© Éditions Nathan, 9, rue Méchain, 75014 Paris - ISBN 2.09.172180.8

• Les **TRAVAUX PRATIQUES D'APPLICATION** : tous les travaux pratiques du programme, signalés comme tels, sont suivis de travaux pratiques originaux, dont le **TP. Modules.** Ce TP, plus long, est accessible à tous les élèves et fait appel à plusieurs notions du programme, plus particulièrement à de l'algèbre et à de la géométrie.

• Une fiche **RÉSULTATS ET CONSEILS** : l'essentiel du cours, ainsi que des conseils pratiques pour résoudre certains types d'exercices ou éviter des pièges "classiques".

• La partie **EXERCICES ET PROBLÈMES** est divisée en trois rubriques :

— des **exercices courts** (un test de **Vérification des connaissances**, un Q.C.M. de **Vérification des savoir-faire**, des exercices **Comme les résolus**) permettent à l'élève de faire, seul, un premier bilan. Les corrigés sont donnés en fin de manuel.

— **Pour s'entraîner** : de nombreux exercices d'application, classés par thèmes ; quelques exercices plus "difficiles" sont signalés par un astérisque.

— des **Problèmes de synthèse**, qui font appel à des connaissances vues dans plusieurs chapitres.

• **LES PAGES MODULES** : les activités proposées sont réparties en quatre rubriques :

— des **Exercices guidés** : exercices simples et classiques, dont le questionnement est "mâché". Ils doivent permettre à l'élève de mieux comprendre des notions fondamentales du chapitre ainsi que la démarche suivie lors de la résolution.

— des **Exercices commentés** : ils permettent à l'élève d'apprendre à organiser une recherche afin de trouver les outils adaptés à la résolution. Deux méthodes commentées sont proposées ; l'élève peut ainsi se rendre compte qu'un même problème peut être résolu par différents outils.

— **Trouvez l'erreur** : chaque exercice est composé d'un énoncé suivi d'une solution contenant une erreur de type classique que l'élève doit trouver (ces exercices sont corrigés en fin de manuel).

— **Pour ceux qui M plus** : il s'agit d'une activité permettant de prolonger certains chapitres par des notions qui élargissent les horizons mathématiques de l'élève. Le problème proposé, simple, peut être résolu avec les seules connaissances de Seconde.

D'avance, nous remercions les collègues qui voudraient bien nous faire part de leurs remarques.

Les auteurs.

COIN -COULEUR

Ces encadrés contiennent les énoncés des **définitions**.

Ces encadrés contiennent les énoncés des **résultats**, **théorèmes** ou **propriétés**.

SOMMAIRE

POUR UN BON DÉPART EN NUMÉRIQUE

CHAPITRE

1

Ce chapitre doit permettre de faire le point sur les principales propriétés de calcul algébrique vues au Collège : développer, factoriser, puissances, radicaux, écritures fractionnaires, résolutions d'équations.

La mise en équations d'un problème fait l'objet d'un TP où les différentes étapes de résolution sont commentées et mises en relief.

La notation scientifique avec ou sans calculatrice fait également l'objet d'un TP.

Ce chapitre d'un type particulier n'a pas la forme habituelle : chacune des quatre parties du cours proposée sur une page gauche, est suivie de deux exercices résolus en page droite.

SOMMAIRE

COURS

PRÉLIMINAIRE : LES DIFFÉRENTS ENSEMBLES DE NOMBRES

1 Ensemble des réels

L'ensemble de tous les nombres que nous utilisons s'appelle l'ensemble des nombres réels. Il est noté $\mathbb{R}$.

On peut représenter chaque nombre réel par un point d'une droite graduée.

> ***Note***
> *$\sqrt{2} \approx 1{,}41$*
> *$\pi \approx 3{,}14$*

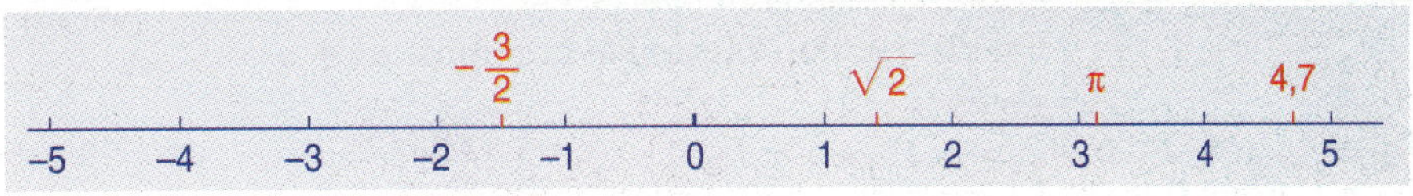

2 Des réels particuliers

• **Les nombres naturels :** 0 ; 1 ; 2 ; 3 ; 4 ...

L'ensemble des naturels est noté $\mathbb{N}$. Chaque naturel est un réel. On dit alors que l'ensemble $\mathbb{N}$ est inclus dans l'ensemble $\mathbb{R}$, ce que l'on note $\mathbb{N} \subset \mathbb{R}$.

• **Les nombres entiers relatifs** (ou plus simplement les nombres entiers) :

... ; – 3 ; – 2 ; – 1 ; 0 ; 1 ; 2 ; 3 ; ...

L'ensemble des entiers est noté $\mathbb{Z}$.

Chaque entier est un réel. On écrit donc $\mathbb{Z} \subset \mathbb{R}$.

Chaque naturel est un entier. On écrit donc $\mathbb{N} \subset \mathbb{Z}$.

• **Les nombres rationnels :** ce sont les quotients d'entiers, c'est-à-dire les nombres $\frac{a}{b}$ avec ***a* entier** et ***b* entier non nul.**

EXEMPLES : $\frac{5}{4}$; $-\frac{3}{2}$; -25, car $-25 = \frac{-25}{1}$.

> ***Note***
> *Il existe des nombres réels qui ne sont pas des rationnels. Par exemple $\sqrt{2}$, π. On dit que ce sont des **irrationnels**.*

L'ensemble des rationnels est noté $\mathbb{Q}$.

Chaque rationnel est un réel. On écrit $\mathbb{Q} \subset \mathbb{R}$.

Chaque entier n, pouvant s'écrire $\frac{n}{1}$, est un rationnel. On écrit donc $\mathbb{Z} \subset \mathbb{Q}$.

On peut regrouper les diverses inclusions précédentes sous la forme suivante :

$$\mathbb{N} \subset \mathbb{Z} \subset \mathbb{Q} \subset \mathbb{R}.$$

▶ **REMARQUE :** Les nombres décimaux, c'est-à-dire les réels n'ayant qu'un nombre fini de chiffres après la virgule, sont des rationnels particuliers. Ainsi, par exemple, 1,54 est un rationnel car il peut s'écrire $\frac{154}{100}$.

1. DÉVELOPPER, FACTORISER

PROPRIÉTÉ 1 Pour tous nombres a, b et c, $\boldsymbol{a(b+c) = ab + ac}$.

• Lorsqu'on passe de $a(b+c)$ à $ab+ac$, on transforme le produit $a(b+c)$ en une somme de deux termes, ab et ac.
On dit que l'on **développe** le produit $a(b+c)$.
• Lorsqu'on passe de $ab+ac$ à $a(b+c)$, on transforme la somme $ab+ac$ en un produit de deux facteurs, a et $(b+c)$.
On dit que l'on **factorise** la somme $ab+ac$.

EXEMPLES :

• $x(2x+1) = 2x^2 + x$.
• $(x+1)(3-x) = 3x + 3 - x^2 - x$.

2. IDENTITÉS REMARQUABLES

• $\boldsymbol{(a+b)^2 = a^2 + 2ab + b^2}$.
• $\boldsymbol{(a-b)^2 = a^2 - 2ab + b^2}$.
• $\boldsymbol{(a+b)(a-b) = a^2 - b^2}$.

EXEMPLES :

• $(3+x)^2 = 9 + 6x + x^2$.
• $x^2 - 4x + 4 = (x-2)^2$.
• $4a^2 - 25 = (2a)^2 - 5^2 = (2a+5)(2a-5)$.

• Identités remarquables et factorisation

• $(a+b)(a-b)$ est un produit de deux facteurs.
• $(a+b)^2$ est égal à $(a+b)(a+b)$; c'est donc un produit de deux facteurs.
• $(a-b)^2$ est égal à $(a-b)(a-b)$; c'est donc un produit de deux facteurs.
Ainsi, dans chacune des identités remarquables, le premier membre de l'égalité est un produit de deux facteurs. Ceci explique l'utilisation des identités remarquables pour factoriser une expression.

Exercices résolus
avec solutions commentées

Exo. 1

Factorisez l'expression :

$$A = (x - 1)(2x + 5) - (x - 1)(-3x + 1) + 5(x - 1)^2.$$

Point Méthode

Pour factoriser une expression écrite sous la forme d'une somme de plusieurs termes, on peut commencer par repérer un facteur commun à tous les termes.

Solution

Les trois termes $(x - 1)(2x + 5)$, $(x - 1)(-3x + 1)$ et $5(x - 1)^2$ ont $(x - 1)$ comme facteur commun. Mettons donc $(x - 1)$ en facteur.

A peut s'écrire :

$$A = (x - 1)[(2x + 5) - (-3x + 1) + 5(x - 1)],$$

d'où $A = (x - 1)(2x + 5 + 3x - 1 + 5x - 5)$,

donc $\mathbf{A = (x - 1)(10x - 1)}$.

Commentaires

◀ Ici, A est la somme de trois termes.

◀ $-(-3x + 1) = 3x - 1$ (on change les signes car il y a un "–" devant les parenthèses).

◀ On réduit $2x + 5 + 3x - 1 + 5x - 5$.

Exo. 2

Factorisez chacune des expressions suivantes :

$A = 25x^2 + 20x + 4$; $B = 9x^2 - 24x + 16$; $C = (x + 2)^2 - (2x - 1)^2$.

Point Méthode

Pour factoriser une expression, on peut essayer d'utiliser une identité remarquable.

Solution

• A est la somme de trois termes, mais on ne repère a priori aucun facteur commun à ces trois termes. On peut alors chercher si A est de la forme $(a + b)^2$, ou $(a - b)^2$, ou $(a + b)(a - b)$.
L'identité $(a + b)^2 = a^2 + 2ab + b^2$ semble être la seule qui pourrait convenir ici. On peut remarquer que $25x^2 + 20x + 4 = (5x + 2)^2$.
En effet, $(5x + 2)^2 = (5x)^2 + 2 \times 5x \times 2 + 2^2 = 25x^2 + 20x + 4$.

D'où $\mathbf{A = (5x + 2)^2}$.

• On procède de manière analogue pour B.
L'identité $(a - b)^2 = a^2 - 2ab + b^2$ semble être la seule qui pourrait convenir ici. On peut remarquer que $9x^2 - 24x + 16 = (3x - 4)^2$.
En effet, $(3x - 4)^2 = (3x)^2 - 2 \times 3x \times 4 + 4^2 = 9x^2 - 24x + 16$.

D'où $\mathbf{B = (3x - 4)^2}$.

• On remarque que C est la différence des deux carrés $(x + 2)^2$ et $(2x - 1)^2$. Utilisons donc l'identité $a^2 - b^2 = (a + b)(a - b)$.
Nous obtenons $(x + 2)^2 - (2x - 1)^2 = [(x + 2) + (2x - 1)][(x + 2) - (2x - 1)]$
$= (x + 2 + 2x - 1)(x + 2 - 2x + 1)$.

D'où $\mathbf{C = (3x + 1)(-x + 3)}$.

▶ **REMARQUE : Notez que pour A et B, les expressions trouvées $(5x + 2)^2$ et $(3x - 4)^2$ sont des expressions factorisées. En effet, $(5x + 2)^2 = (5x + 2)(5x + 2)$ et $(3x - 4)^2 = (3x - 4)(3x - 4)$.**

Commentaires

◀ Ici, $a = 5x$ et $b = 2$. On peut trouver a et b en remarquant que : $25x^2 = (5x)^2$ et $4 = 2^2$.

◀ Ici, $a = 3x$ et $b = 4$. On peut trouver a et b en remarquant que : $9x^2 = (3x)^2$ et $16 = 4^2$.

◀ Ici, $a = x + 2$ et $b = 2x - 1$.

◀ On met d'abord des crochets.

◀ On enlève les crochets.

◀ On réduit à l'intérieur des parenthèses.

3. CALCULER AVEC DES PUISSANCES

DÉFINITION 1

n est un entier positif non nul et a un nombre quelconque.

$$a^n = \underbrace{a \times a \times \ldots \times a}_{n \text{ facteurs}} \quad \text{et} \quad a^{-n} = \frac{1}{a^n} \text{ si } a \neq 0.$$

Note

$\frac{1}{a}$ s'appelle l'inverse de a.

Convention :

Lorsque $a \neq 0$, on pose $a^0 = 1$.

EXEMPLES : $10^5 = 100\,000$ et $10^{-3} = 0{,}001$; $a^{-1} = \frac{1}{a}$.

PROPRIÉTÉ 2

a et b sont des nombres différents de 0 ; n et m sont des nombres entiers (positifs ou négatifs).

$$a^m \times a^n = a^{m+n} \; ; \; (a^m)^n = a^{mn} \; ; \; \frac{a^m}{a^n} = a^{m-n} \; ;$$

$$(ab)^n = a^n b^n \; ; \; \left(\frac{a}{b}\right)^n = \frac{a^n}{b^n}.$$

EXEMPLES : $\frac{(7{,}1)^{-3}}{(7{,}1)^5} = (7{,}1)^{-3-5} = (7{,}1)^{-8}$; $(4 \times 10^{-3})^3 = 4^3 \times (10^{-3})^3 = 64 \times 10^{-9}$.

4. CALCULER AVEC DES RADICAUX

DÉFINITION 2

a est un nombre **positif**. La racine carrée de a, notée $\sqrt{a}$, est le nombre **positif** dont le carré est égal à a.

Note

Bien que – 2 ait pour carré 4, $\sqrt{4}$ n'est pas égal à – 2.

EXEMPLES : $\sqrt{4} = 2$; $\sqrt{0} = 0$.

PROPRIÉTÉ 3

a et b sont des nombres **positifs**.

$$\sqrt{ab} = \sqrt{a}\sqrt{b} \quad ; \quad \sqrt{\frac{a}{b}} = \frac{\sqrt{a}}{\sqrt{b}} \text{ si } b \neq 0.$$

EXEMPLES :

$\sqrt{45} = \sqrt{9 \times 5} = \sqrt{9}\sqrt{5} = 3\sqrt{5}$; $\sqrt{\frac{25}{16}} = \frac{\sqrt{25}}{\sqrt{16}} = \frac{5}{4}$.

Exercices résolus

avec solutions commentées

Exo. 3

On sait que $b^3 = 5{,}832$ et $b^5 = 18{,}89568$.
Sans calculer b, calculez b^2 et b^6.

Solution

• On connaît b^3 et b^5.
Pour obtenir b^2 sans calculer b, il suffit de remarquer que $b^2 = \dfrac{b^5}{b^3}$.
On obtient $\boldsymbol{b^2 = 3{,}24}$.

• Pour obtenir b^6 sans calculer b, il suffit de remarquer que $b^6 = (b^3)^2$.
On obtient $\boldsymbol{b^6 = 34{,}012224}$.

Commentaires

◂ On peut aussi remarquer que $b^6 = (b^2)^3$.

Exo. 4

1. **Exprimez $\sqrt{32}$ sous la forme $n\sqrt{2}$, où n est un naturel.**

2. **Simplifiez l'écriture du nombre $A = \dfrac{5\sqrt{2} + \sqrt{32}}{3\sqrt{2}}$.**

Solution

1 On va utiliser la formule $\sqrt{ab} = \sqrt{a}\sqrt{b}$.
Pour faire apparaître $\sqrt{2}$, on écrit que $32 = 16 \times 2$.
D'où $\sqrt{32} = \sqrt{16 \times 2} = \sqrt{16} \times \sqrt{2} = \mathbf{4}\sqrt{\mathbf{2}}$.

2 Dans l'expression de A, remplaçons $\sqrt{32}$ par la valeur trouvée ci-dessus. Nous obtenons :

$$A = \frac{5\sqrt{2} + 4\sqrt{2}}{3\sqrt{2}},$$

$$\text{d'où } A = \frac{\sqrt{2}(5+4)}{3\sqrt{2}},$$

$$\text{d'où } A = \frac{9\sqrt{2}}{3\sqrt{2}},$$

donc **A = 3**.

Commentaires

◂ $\sqrt{32}$ est donc bien écrit sous la forme $n\sqrt{2}$; ici $n = 4$.

◂ On met $\sqrt{2}$ en facteur au numérateur.

◂ On divise numérateur et dénominateur par $3\sqrt{2}$.

5. CALCULER AVEC DES ÉCRITURES FRACTIONNAIRES

5.1 Égalité

PROPRIÉTÉ 4 Lorsque $b \neq 0$ et $d \neq 0$, $\frac{a}{b} = \frac{c}{d}$ équivaut à $ad = bc$.

EXEMPLE : $\frac{x}{3} = \frac{2(x-1)}{5}$ équivaut à $5x = 6(x - 1)$.

PROPRIÉTÉ 5 La valeur d'un quotient est inchangée si on multiplie ou si on divise le numérateur et le dénominateur par un même nombre non nul.

EXEMPLES :
- $\frac{2}{\sqrt{3}} = \frac{2 \times \sqrt{3}}{\sqrt{3} \times \sqrt{3}} = \frac{2\sqrt{3}}{3}$ (on a multiplié le numérateur et le dénominateur par $\sqrt{3}$).
- $\frac{6}{4} = \frac{3}{2}$ (on a divisé le numérateur et le dénominateur par 2).

5.2 Trois manières de placer le signe "moins"

PROPRIÉTÉ 6 Lorsque $b \neq 0$, $\frac{-a}{b} = \frac{a}{-b} = -\frac{a}{b}$.

EXEMPLES : $\frac{5}{-4} = \frac{-5}{4} = -\frac{5}{4} = -1{,}25$; $\frac{-(x+2)}{3} = -\frac{x+2}{3}$.

5.3 Opérations

1. Addition. Soustraction

- Lorsque $b \neq 0$, $\frac{a}{b} + \frac{c}{b} = \frac{a+c}{b}$, $\frac{a}{b} - \frac{c}{b} = \frac{a-c}{b}$.
- Lorsque $b \neq 0$ et $d \neq 0$, $\frac{a}{b} + \frac{c}{d} = \frac{ad+bc}{bd}$, $\frac{a}{b} - \frac{c}{d} = \frac{ad-bc}{bd}$.

EXEMPLES : • $\frac{x}{4} + \frac{2x}{4} = \frac{3x}{4}$. • $\frac{3}{7} - \frac{4}{9} = \frac{27-28}{63} = \frac{-1}{63} = -\frac{1}{63}$.

2. Multiplication

Lorsque $b \neq 0$ et $d \neq 0$, $\frac{a}{b} \times \frac{c}{d} = \frac{ac}{bd}$.

EXEMPLES : • $\frac{5}{8} \times \frac{x}{3} = \frac{5x}{24}$. • $\frac{x}{5} \times 7 = \frac{7x}{5}$.

3. Division

Note
Diviser par $\frac{c}{d}$ revient à multiplier par $\frac{d}{c}$.

- Lorsque $b \neq 0$, $c \neq 0$, $d \neq 0$, $\frac{\frac{a}{b}}{\frac{c}{d}} = \frac{a}{b} : \frac{c}{d} = \frac{a}{b} \times \frac{d}{c}$.
- Lorsque $b \neq 0$ et $c \neq 0$, $\frac{\frac{a}{b}}{c} = \frac{a}{b} : c = \frac{a}{bc}$.

EXEMPLES : • $\frac{\frac{2}{3}}{\frac{7}{5}} = \frac{2}{3} \times \frac{5}{7} = \frac{10}{21}$ • $\frac{\frac{4}{9}}{2} = \frac{4}{18} = \frac{2}{9}$ • $\frac{1}{\frac{5}{3}} = 1 \times \frac{3}{5} = \frac{1 \times 3}{5} = \frac{3}{5}$.

Exercices résolus

avec solutions commentées

Exo. 5

Écrivez sous la forme $\frac{m}{n}$, où m et n sont deux entiers, chacun des nombres suivants :

$$A = \frac{4-\frac{2}{3}}{5} \quad \text{et} \quad B = \frac{\frac{2}{5}-\frac{7}{2}}{\frac{4}{3}+\frac{2}{5}}.$$

Solution

- Réduisons le numérateur de A : $4-\frac{2}{3}=\frac{3\times 4-2}{3}=\frac{10}{3}$.

D'où $\frac{4-\frac{2}{3}}{5}=\frac{\frac{10}{3}}{5}=\frac{10}{3\times 5}$; donc $A=\frac{10}{15}$, c'est-à-dire $\mathbf{A=\frac{2}{3}}$.

- Réduisons le numérateur de B : $\frac{2}{5}-\frac{7}{2}=\frac{2\times 2-7\times 5}{5\times 2}=\frac{4-35}{10}=-\frac{31}{10}$.

Réduisons le dénominateur de B : $\frac{4}{3}+\frac{2}{5}=\frac{4\times 5+2\times 3}{3\times 5}=\frac{20+6}{15}=\frac{26}{15}$.

Donc $B=\frac{\frac{-31}{10}}{\frac{26}{15}}=-\frac{\frac{31}{10}}{\frac{26}{15}}$.

Or $\frac{\frac{31}{10}}{\frac{26}{15}}=\frac{31}{10}\times\frac{15}{26}$; donc $B=-\frac{31\times 15}{10\times 26}$.

D'où, en simplifiant, $B=-\frac{31\times 3}{2\times 26}$, c'est-à-dire $\mathbf{B=-\frac{93}{52}}$.

Commentaires

- On réduit $4=\frac{4}{1}$ et $\frac{2}{3}$ au même dénominateur.
- Relation $\frac{\frac{a}{b}}{c}=\frac{a}{bc}$.
- On réduit $\frac{2}{5}$ et $\frac{7}{2}$ au même dénominateur.
- On réduit $\frac{4}{3}$ et $\frac{2}{5}$ au même dénominateur.
- En effet, $\frac{-a}{b}=-\frac{a}{b}$.
- Relation $\frac{\frac{a}{b}}{\frac{c}{d}}=\frac{a}{b}\times\frac{d}{c}$,

  puis relation $\frac{a}{b}\times\frac{c}{d}=\frac{ac}{bd}$.
- On divise numérateur et dénominateur par 5.

Exo. 6

On pose $A=\frac{1}{x-1}-\frac{1}{x+1}$.

Précisez pour quels nombres x le calcul de A est possible, puis écrivez A sous la forme d'une seule fraction.

Solution

Le calcul de A n'est possible que si chacun des termes $\frac{1}{x-1}$ et $\frac{1}{x+1}$ peut être calculé, c'est-à-dire si $x-1\neq 0$ et $x+1\neq 0$, c'est-à-dire si $x\neq 1$ et $x\neq -1$.

Réduisons $\frac{1}{x-1}$ et $\frac{1}{x+1}$ au même dénominateur $(x-1)(x+1)$:

$$A=\frac{1}{x-1}-\frac{1}{x+1}=\frac{(x+1)-(x-1)}{(x-1)(x+1)}=\frac{x+1-x+1}{(x-1)(x+1)}=\frac{2}{(x-1)(x+1)}.$$

Or $(x-1)(x+1)=x^2-1$, donc $\mathbf{A=\frac{2}{x^2-1}}$.

Commentaires

- Le dénominateur d'une fraction doit être non nul.
- Le dénominateur commun est le produit des deux dénominateurs.
- Identité $(a-b)(a+b)=a^2-b^2$, (ici, $a=x$ et $b=1$).

6. RÉSOUDRE UNE ÉQUATION

EXEMPLE : Résoudre dans $\mathbb{R}$ l'équation $x^2 - x = 0$, c'est trouver tous les réels x, s'il en existe, tels que $x^2 - x = 0$.
Or $x^2 - x = x(x - 1)$, donc :
$x^2 - x = 0$ équivaut à $x(x - 1) = 0$, c'est-à-dire à $x = 0$ ou $x = 1$.
L'équation admet donc pour solutions les réels 0 et 1.

6.1 Deux règles importantes

> **Note**
> *Lorsque deux équations ont exactement les mêmes solutions, on dit qu'elles sont* ***équivalentes****.*

Lorsqu'on ajoute ou que l'on retranche un même réel aux deux membres d'une équation, on obtient une autre équation qui a exactement les mêmes solutions.

EXEMPLE : $2x = 3x - 5$ et $2x - 3x = -5$ ont les mêmes solutions.
En effet, la seconde équation a été obtenue à partir de la première en ajoutant "$-3x$" aux deux membres.

> **Note**
> *La seconde équation peut aussi s'obtenir à partir de la première en* ***transposant*** *3x du second membre dans le premier membre.*

Lorsqu'on multiplie ou que l'on divise chaque membre d'une équation par **un même réel différent de 0**, on obtient une autre équation qui a exactement les mêmes solutions.

EXEMPLES :
- $4x^2 - 8x = 0$ et $\dfrac{4x^2 - 8x}{4} = 0$, c'est-à-dire $x^2 - 2x = 0$ ont les mêmes solutions.
- L'équation $3x = 4$ est équivalente à l'équation $x = \dfrac{4}{3}$ (on divise les deux membres par 3).

6.2 Équation du type $(ax + b)(cx + d) = 0$

> **Note**
> $AB = 0$ équivaut à $A = 0$ ou $B = 0$.

Pour résoudre l'équation $(x - 5)(x + 11) = 0$, d'après la note ci-contre, on peut résoudre chacune des équations $x - 5 = 0$ et $x + 11 = 0$.
L'une a pour solution 5, l'autre a pour solution -11.
Les solutions de l'équation sont donc les réels 5 et -11.
L'ensemble des solutions est $\mathcal{S} = \{-11 ; 5\}$.

6.3 Équation $x^2 = a$ $(a > 0)$

a est un réel strictement positif donné.
L'équation $x^2 = a$ admet deux solutions, $\sqrt{a}$ **et** $-\sqrt{a}$.

En effet, $x^2 = a$ équivaut à $x^2 - (\sqrt{a})^2 = 0$, c'est-à-dire $(x - \sqrt{a})(x + \sqrt{a}) = 0$.

Exercices résolus

avec solutions commentées

Exo. 7

Résolvez dans $\mathbb{R}$ chacune des équations suivantes :

a) $4(x-3)-\dfrac{3}{2}x+7-4\left(\dfrac{1}{8}x+\dfrac{1}{4}\right)=0.$

b) $4(x-3)-\dfrac{3}{2}x+7-4\left(\dfrac{1}{8}x+\dfrac{1}{4}\right)=2x-6.$

c) $4(x-3)-\dfrac{3}{2}x+7-4\left(\dfrac{1}{8}x+\dfrac{1}{4}\right)=2x+1.$

Solution commentée

a En développant le membre de gauche, nous obtenons l'équation :
$4x-12-\dfrac{3}{2}x+7-\dfrac{1}{2}x-1=0$, c'est-à-dire $2x-6=0$.
Or $2x-6=0$ équivaut à $2x=6$, c'est-à-dire $x=3$.
Notons $\mathcal{S}$ l'ensemble des solutions ; on écrit alors :

$$\mathcal{S}=\{3\}.$$

b Le premier membre de l'équation est égal à $2x-6$ (c'est le même que celui de l'équation précédente).
L'équation s'écrit donc $2x-6=2x-6$.
Il est clair que l'égalité précédente est vraie **pour tout réel x**. Donc tout nombre est solution de l'équation.
Notons $\mathcal{S}$ l'ensemble des solutions ; on écrit alors :

$$\mathcal{S}=\mathbb{R}.$$

c Le premier membre de l'équation est égal, comme précédemment, à $2x-6$.
L'équation s'écrit donc $2x-6=2x+1$.
Cette égalité n'est vraie **pour aucun réel** x, car on aurait $-6=1$. L'équation n'admet donc aucune solution.
On dit que l'ensemble $\mathcal{S}$ des solutions est l'ensemble vide ; on écrit $\mathcal{S}=\varnothing$.

Exo. 8

Résolvez l'équation $\dfrac{2x-3}{x+1}=5$.

Solution

Le quotient $\dfrac{2x-3}{x+1}$ n'existe que si $x\neq-1$.

On sait que -1 ne peut pas être solution de cette équation. On dit que l'on résout cette équation dans $\mathbb{R}-\{-1\}$.

Dans $\mathbb{R}-\{-1\}$, $\dfrac{2x-3}{x+1}=5$ équivaut à $2x-3=5(x+1)$, c'est-à-dire $2x-5x=3+5$, ce qui s'écrit $-3x=8$ ou encore $x=-\dfrac{8}{3}$.

Or $-\dfrac{8}{3}\neq-1$, donc l'équation admet une seule solution, $-\dfrac{8}{3}$.

Notons $\mathcal{S}$ l'ensemble des solutions ; on écrit alors $\mathcal{S}=\left\{-\dfrac{8}{3}\right\}$.

Commentaires

◂ **Le dénominateur d'une fraction doit être différent de 0.**

◂ **$\mathbb{R}-\{-1\}$ est l'ensemble de tous les réels sauf -1.**

◂ **On peut écrire $5=\dfrac{5}{1}$ et faire le "produit en croix" dans l'égalité $\dfrac{2x-3}{x+1}=\dfrac{5}{1}$.**

Les travaux pratiques 1 à 3 font partie du programme.

TP 1

AVEC LA NOTATION SCIENTIFIQUE

Rappelons d'abord la propriété suivante :
Tout nombre décimal positif A peut s'écrire sous la forme $A = a \times 10^p$, où a est un nombre décimal tel que $1 \leqslant a < 10$ et p un entier relatif.
L'écriture $\boldsymbol{a \times 10^p}$ est appelée **notation scientifique de A**.
EXEMPLES : $5430 = 5{,}43 \times 10^3$; $0{,}006751 = 6{,}751 \times 10^{-3}$.

1 ■ 1 Pour se familiariser

1. Écrivez en notation scientifique chacun des nombres suivants, sans utiliser une calculatrice :

$A = 64{,}56$; $B = 0{,}52$; $C = 145\,320$; $D = 0{,}0000015$; $E = \dfrac{3{,}2 \times 10^4}{16 \times 10^{-2}}$.

2. Les calculatrices usuelles sont munies d'un mode scientifique.
Utilisez votre calculatrice pour trouver la notation scientifique de chacun des nombres de la question précédente.

1 ■ 2 Un exemple d'utilisation en Physique

Dans le vide, la vitesse c de la lumière est égale à 300 000 kilomètres par seconde. La longueur d'onde λ (en mètres) et la fréquence f (en Hertz) d'une onde lumineuse sont liées par la relation $\lambda f = c$, où c est exprimée en mètres par seconde.

1. Pour la lumière rouge, $\lambda = 8 \times 10^{-7}$ m.
Calculez la fréquence f et exprimez sa valeur en notation scientifique.

2. Pour la lumière violette, $f = 7{,}5 \times 10^{14}$ Hertz.
Calculez la longueur d'onde et exprimez sa valeur en notation scientifique.

1 ■ 3 Des diamètres astronomiques

Dans le tableau ci-dessous sont indiqués les diamètres du Soleil et des planètes du système solaire (l'unité est le km).

Soleil	1 392 000	**Pluton**	2 330
Jupiter	142 800	**Saturne**	120,000
Mars	6 790	**Terre**	12 756
Mercure	4 880	**Uranus**	52 290
Neptune	49 500	**Vénus**	12 700

1. Écrivez chacun des nombres en notation scientifique.

2. Déduisez-en, sans écrire, un ordre de grandeur de chacun des nombres suivants :

$A = \dfrac{\text{diamètre du Soleil}}{\text{diamètre de la Terre}}$; $B = \dfrac{\text{diamètre de la Terre}}{\text{diamètre de Pluton}}$; $C = \dfrac{\text{diamètre du Soleil}}{\text{diamètre de Pluton}}$

TP 2

SUPPRESSION DES RADICAUX AU DÉNOMINATEUR

On va voir comment, dans certains cas, on peut "supprimer les radicaux" qui se trouvent au dénominateur d'une expression, c'est-à-dire la remplacer par une expression égale qui n'a plus de radicaux au dénominateur.

2.1 Exemples

1. $A = \frac{2}{\sqrt{3}}$. Il suffit de multiplier le numérateur et le dénominateur par $\sqrt{3}$.

En effet, $\frac{2}{\sqrt{3}} = \frac{2 \times \sqrt{3}}{\sqrt{3} \times \sqrt{3}} = \frac{2\sqrt{3}}{3}$.

2. $B = \frac{3}{5 - \sqrt{2}}$. On multiplie le numérateur et le dénominateur par $5 + \sqrt{2}$.

En effet, d'après l'identité remarquable $(a - b)(a + b) = a^2 - b^2$, on a :

$$(5 - \sqrt{2})(5 + \sqrt{2}) = 5^2 - (\sqrt{2})^2 = 25 - 2 = 23.$$

Donc $B = \frac{3 \times (5 + \sqrt{2})}{(5 - \sqrt{2})(5 + \sqrt{2})} = \frac{15 + 3\sqrt{2}}{23}$.

On dit que $5 + \sqrt{2}$ est **l'expression conjuguée** de $5 - \sqrt{2}$.

3. $C = \frac{1}{\sqrt{5} - \sqrt{3}}$. On multiplie le numérateur et le dénominateur par $\sqrt{5} + \sqrt{3}$.

En effet, d'après l'identité remarquable rappelée précédemment, on a :

$$(\sqrt{5} - \sqrt{3})(\sqrt{5} + \sqrt{3}) = (\sqrt{5})^2 - (\sqrt{3})^2 = 5 - 3 = 2.$$

Donc $C = \frac{1 \times (\sqrt{5} + \sqrt{3})}{(\sqrt{5} - \sqrt{3})(\sqrt{5} + \sqrt{3})} = \frac{\sqrt{5} + \sqrt{3}}{2}$.

2.2 À vous à présent

Écrivez sans radical au dénominateur chacun des nombres suivants :

1. $\frac{2}{\sqrt{2}}$; $\frac{3}{\sqrt{5}}$; $\frac{\sqrt{2}}{\sqrt{7}}$; $\frac{3 + \sqrt{5}}{2\sqrt{3}}$.

2. $\frac{4}{\sqrt{5} - 3}$; $\frac{\sqrt{3}}{1 + \sqrt{2}}$; $\frac{1 + \sqrt{2}}{2 + \sqrt{2}}$; $\frac{\sqrt{3} - 1}{\sqrt{3} + 1}$.

3. $\frac{5}{\sqrt{3} + \sqrt{2}}$; $\frac{1}{\sqrt{7} - \sqrt{5}}$; $\frac{\sqrt{3}}{\sqrt{8} - \sqrt{6}}$.

2.3 Une application

1. Sans utiliser une calculatrice, comparez les nombres $\frac{1}{\sqrt{6} - \sqrt{5}}$ et $\frac{1}{\sqrt{7} - \sqrt{6}}$.

INDICATION : *Commencer par "supprimer les radicaux" des dénominateurs.*

2. Plus généralement, n désignant un naturel non nul, comparez les nombres :

$$\frac{1}{\sqrt{n} - \sqrt{n - 1}} \text{ et } \frac{1}{\sqrt{n + 1} - \sqrt{n}}.$$

TP 3

RÉSOLUTION ALGÉBRIQUE D'UN PROBLÈME À UNE INCONNUE

3■1 Un exemple commenté

On se propose de trouver trois entiers naturels consécutifs, s'il en existe, qui soient les mesures des côtés d'un triangle rectangle.

1. Choix de l'inconnue

On peut penser qu'il y a trois inconnues puisqu'on demande de trouver trois entiers naturels. Mais il est clair que si l'on trouve le plus petit des trois, par exemple, les autres s'en déduisent aussitôt, l'un en ajoutant 1, l'autre en ajoutant 2.
Choisissons pour inconnue x le plus petit des trois naturels. Il convient alors de bien noter que **x désigne un entier naturel** : $x \in \mathbb{N}$.

2. Mise en équation

Il s'agit de bien comprendre le problème posé et de le traduire par une équation.
On cherche donc à traduire le fait que trois nombres sont les mesures des côtés d'un triangle rectangle. Il est naturel de penser au théorème de Pythagore, qui caractérise les triangles rectangles.

a) Exprimez les mesures des côtés du triangle en fonction de x.

b) Précisez laquelle des trois est la mesure de l'hypoténuse.

c) Vérifiez que, dans ce cas, le théorème de Pythagore s'écrit :

$$(x + 2)^2 = x^2 + (x + 1)^2 \qquad \textbf{[1]}.$$

On dit alors que l'on a mis le problème en équation. Résoudre le problème posé revient donc à résoudre l'équation **[1]**.
Comme les solutions doivent appartenir à $\mathbb{N}$, on dit que l'on doit résoudre l'équation **[1]** dans $\mathbb{N}$.

3. Résolution de l'équation dans $\mathbb{R}$

a) Montrez que l'équation **[1]** peut s'écrire $(x + 2)^2 - x^2 = (x + 1)^2$.

b) En remarquant que $(x + 2)^2 - x^2$ est de la forme $a^2 - b^2$, montrez que l'équation **[1]** peut s'écrire $(x + 1)(3 - x) = 0$ **[2]**.

c) Expliquez pourquoi l'équation **[2]** admet comme solutions dans $\mathbb{R}$ les nombres -1 et 3.

4. Les solutions trouvées appartiennent-elles à l'ensemble de résolution, c'est-à-dire ici à $\mathbb{N}$?

Parmi les solutions trouvées, nous ne gardons que celle(s) qui est (sont) dans $\mathbb{N}$.
Donc ici, 3 est la seule solution.
Il y a donc trois nombres naturels consécutifs, et trois seulement, qui sont les mesures des côtés d'un triangle rectangle : 3, 4 et 5.

3 ■ 2 D'autres exemples

En procédant comme dans l'exemple commenté, résolvez chacun des deux problèmes suivants.

1. En 1900, un père avait 35 ans et son fils 7 ans. Le père mourut en 1940 et le fils en 1970.
Trouvez en quelle(s) année(s) l'âge du père a été le double de celui du fils (si de telles années existent).

2. Dans un triangle ABC, BC = 5 cm et AH = 3 cm.
K est un point de [AH], la parallèle à (BC) passant par K coupe (AB) en M et (AC) en N.
Les perpendiculaires à (BC) passant par M et N coupent (BC) respectivement en Q et P.
Trouvez la (ou les) position(s) de K sur [AH], s'il en existe, telle(s) que le quadrilatère MNPQ soit un carré.

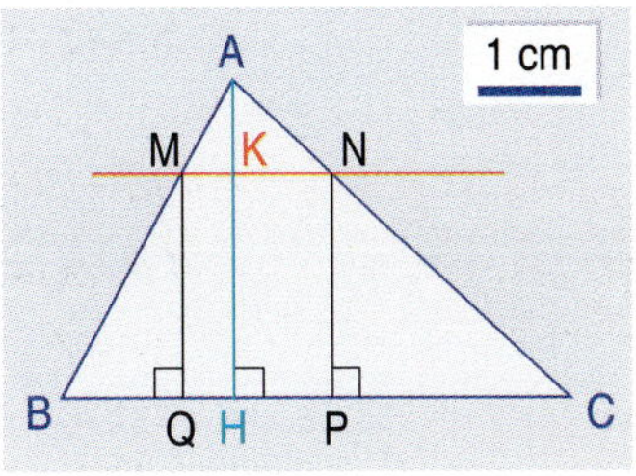

TP 4

RÉSOLUTION DANS DIFFÉRENTS ENSEMBLES

On se propose de trouver le (ou les) nombre(s) x, s'il en existe, tel(s) que :

$$(x^2 - 4)\,(x - \sqrt{2})\,(x + \tfrac{3}{2}) = 0 \qquad \textbf{[1]}.$$

1. Montrez que l'équation [1] peut s'écrire :

$$(x - 2)\,(x + 2)\,(x - \sqrt{2})\,(x + \tfrac{3}{2}) = 0.$$

2. Trouvez tous les **réels** x solutions de l'équation [1].

3. Trouvez tous les **entiers naturels** x solutions de l'équation [1].

4. Trouvez tous les **entiers relatifs** x solutions de l'équation [1].

5. Trouvez tous les **rationnels** x solutions de l'équation [1].

▶ **REMARQUE :** On dit que, dans la question 2, on résout l'équation dans $\mathbb{R}$. Dans la question 3, on résout l'équation dans $\mathbb{N}$, dans la question 4, on la résout dans $\mathbb{Z}$, et dans la question 5, on la résout dans $\mathbb{Q}$.

TP 5

DES COURONNES POUR CALCULER

Dans tout ce TP, a et r sont deux nombres strictement positifs.

5.1 À vue d'œil

Les quatre cercles $\mathscr{C}_1$, $\mathscr{C}_2$, $\mathscr{C}_3$ et $\mathscr{C}_4$ ont le même centre O ; leurs rayons respectifs sont r, $r + a$, $r + 2a$, $r + 3a$. Répondez aux questions suivantes sans calculs.

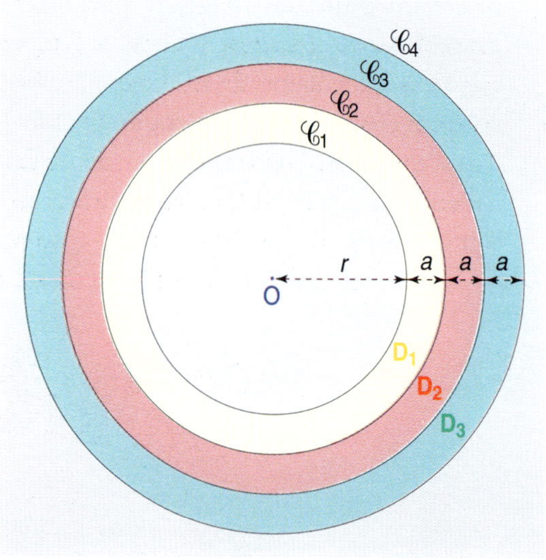

1. On note ℓ_1, ℓ_2, ℓ_3 et ℓ_4 les longueurs respectives de $\mathscr{C}_1$, $\mathscr{C}_2$, $\mathscr{C}_3$ et $\mathscr{C}_4$.

a) On suppose que $a = 1$ m. À votre avis, la différence $\ell_2 - \ell_1$ est-elle plus grande pour $r = 100$ m que pour $r = 10$ m ? Si oui, est-elle beaucoup plus grande ?

b) À votre avis, l'un des trois nombres $\ell_2 - \ell_1$, $\ell_3 - \ell_2$, $\ell_4 - \ell_3$ est-il plus petit que les deux autres ? Si oui, lequel ?

2. On note D_1 la couronne délimitée par les cercles $\mathscr{C}_1$ et $\mathscr{C}_2$, c'est-à-dire la partie du plan comprise entre ces deux cercles. De même, on note D_2 la couronne délimitée par $\mathscr{C}_2$ et $\mathscr{C}_3$, et D_3 celle délimitée par $\mathscr{C}_3$ et $\mathscr{C}_4$.

$\mathscr{A}_1$, $\mathscr{A}_2$ et $\mathscr{A}_3$ désignent les aires de D_1, D_2 et D_3.

a) On suppose que $a = 1$ m. À votre avis, la différence $\mathscr{A}_2 - \mathscr{A}_1$ est-elle plus grande pour $r = 100$ m que pour $r = 10$ m ? Si oui, est-elle beaucoup plus grande ?

b) À votre avis, le nombre $\mathscr{A}_2 - \mathscr{A}_1$ est-il plus petit que le nombre $\mathscr{A}_3 - \mathscr{A}_2$?

5.2 En calculant, pour être sûr

1. On considère deux cercles $\mathscr{C}_1$ et $\mathscr{C}_2$ de centre O, de rayons respectifs r et $r + a$.

a) Calculez la longueur ℓ_1 de $\mathscr{C}_1$ et la longueur ℓ_2 de $\mathscr{C}_2$.

b) Calculez la différence $\ell_2 - \ell_1$ et vérifiez que $\ell_2 - \ell_1$ ne dépend pas de r.

c) Contrôlez, en utilisant ce qui précède, si vos réponses "à vue d'œil" aux questions du **1.** du paragraphe **5.1** étaient correctes.

2. On considère trois cercles concentriques $\mathscr{C}_1$, $\mathscr{C}_2$ et $\mathscr{C}_3$, de centre O, de rayons respectifs r, $r + a$ et $r + 2a$.
On note $\mathscr{A}_1$ l'aire de la couronne délimitée par $\mathscr{C}_1$ et $\mathscr{C}_2$, et $\mathscr{A}_2$ l'aire de la couronne délimitée par $\mathscr{C}_2$ et $\mathscr{C}_3$.
a) Calculez $\mathscr{A}_1$ et $\mathscr{A}_2$.
b) Calculez la différence $\mathscr{A}_2 - \mathscr{A}_1$ et vérifiez que $\mathscr{A}_2 - \mathscr{A}_1$ ne dépend pas de r.
c) Contrôlez, en utilisant ce qui précède, si vos réponses "à vue d'œil" aux questions du **2.** du paragraphe **5.1** étaient correctes.

5.3 Avec sept cercles

Sur la figure ci-dessous, $\mathscr{C}_1$, $\mathscr{C}_2$, $\mathscr{C}_3$, $\mathscr{C}_4$ sont les cercles de centre O et de rayons respectifs r, $r + a$, $r + 2a$ et $r + 3a$.
On désigne par ℓ_1, ℓ_2, ℓ_3, ℓ_4 les longueurs respectives de ces cercles, et par D_1, D_2, D_3 les couronnes délimitées respectivement par $\mathscr{C}_1$ et $\mathscr{C}_2$, $\mathscr{C}_2$ et $\mathscr{C}_3$, $\mathscr{C}_3$ et $\mathscr{C}_4$.
On note $\mathscr{A}_1$, $\mathscr{A}_2$ et $\mathscr{A}_3$ les aires respectives de D_1, D_2 et D_3.
$\mathscr{C}$ est le cercle de centre O et de rayon a, $\mathscr{C}'$ est le cercle circonscrit au carré de centre O et de côté $2a$, $\mathscr{C}''$ est le cercle de centre O et de rayon $2a$.

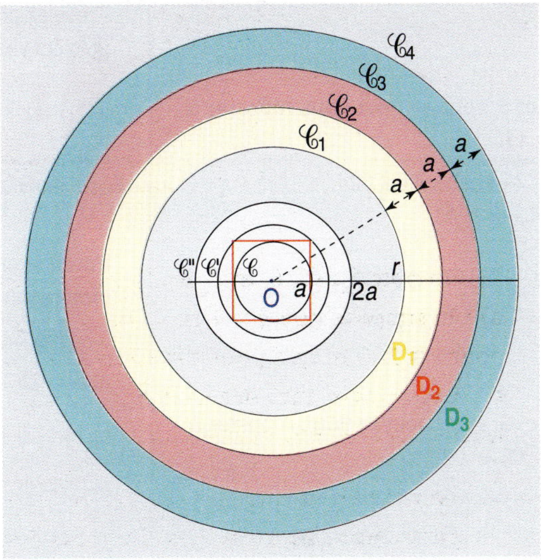

1. a) Le nombre $\ell_2 - \ell_1$ est la longueur de l'un des cercles de cette figure ; lequel ?
b) Même question pour chacun des nombres $\ell_3 - \ell_2$ et $\ell_4 - \ell_3$.

2. a) Le nombre $\ell_3 - \ell_1$ est la longueur de l'un des cercles de cette figure ; lequel ?
b) Même question pour le nombre $\ell_4 - \ell_2$.

3. a) Le nombre $\mathscr{A}_2 - \mathscr{A}_1$ est l'aire de l'un des disques de cette figure ; lequel ?
b) Même question pour le nombre $\mathscr{A}_3 - \mathscr{A}_2$.

4. Le nombre $\mathscr{A}_3 - \mathscr{A}_1$ est l'aire de l'un des disques de cette figure ; lequel ?

exercices et problèmes

COMME LES RÉSOLUS

Pour les exercices 1 et 2, vous pouvez vous reporter à l'exercice résolu 1, p. 9.

1 Factorisez l'expression suivante :
$A = (x - 2)(3x - 1) - (x - 2)(- 2x + 1) + 5(x - 2)^2$.

2 Factorisez l'expression suivante :
$A = (2x + 3)(x - 1) - (2x + 3)(3x + 1) - 2(2x + 3)^2$.

Pour les exercices 3 et 4, vous pouvez vous reporter à l'exercice résolu 2, p. 9.

3 Factorisez chacune des expressions suivantes :
$A = 9x^2 + 12x + 4$; $B = x^2 - 6x + 9$; $C = (x + 1)^2 - (3x - 2)^2$.

4 Factorisez chacune des expressions suivantes :
$A = 16x^2 + 8x + 1$; $B = 36x^2 - 24x + 4$;
$C = (2x - 3)^2 - (- x + 2)^2$.

Pour les exercices 5 et 6, vous pouvez vous reporter à l'exercice résolu 3, p. 11.

5 On sait que $b^3 = 13{,}824$ et $b^5 = 79{,}62624$.
Sans calculer b, calculez b^2 et b^6.

6 On sait que $a^3 = 50{,}653$ et $a^5 = 693{,}43957$.
Sans calculer a, calculez a^2 et a^6.

Pour les exercices 7 et 8, vous pouvez vous reporter à l'exercice résolu 4, p. 11.

7 **1.** Exprimez $\sqrt{18}$ sous la forme $n\sqrt{2}$, où n est un naturel.

2. Simplifiez l'écriture du nombre $A = \dfrac{2\sqrt{2} - \sqrt{18}}{5\sqrt{2}}$.

8 **1.** Exprimez $\sqrt{12}$ sous la forme $n\sqrt{3}$, où n est un naturel.

2. Simplifiez l'écriture du nombre $A = \dfrac{\sqrt{12} - \sqrt{3}}{\sqrt{3}}$.

Pour les exercices 9 et 10, vous pouvez vous reporter à l'exercice résolu 5, p. 13.

9 Écrivez sous la forme $\frac{m}{n}$, où m et n sont deux entiers, chacun des nombres suivants :

$$A = \frac{5 - \frac{3}{4}}{7} \ ; \quad B = \frac{\frac{2}{7} - \frac{5}{2}}{\frac{3}{4} + \frac{1}{5}}.$$

10 Écrivez sous la forme $\frac{m}{n}$, où m et n sont deux entiers, chacun des nombres suivants :

$$A = \frac{\frac{1}{5} - 3}{4} \ ; \quad B = \frac{\frac{3}{8} - \frac{9}{5}}{\frac{5}{3} - \frac{4}{5}}.$$

Pour les exercices 11 et 12, vous pouvez vous reporter à l'exercice résolu 6, p. 13.

11 On pose $A = \dfrac{1}{x-2} - \dfrac{1}{x+2}$.
Précisez pour quels nombres x le calcul de A est possible, puis écrivez A sous la forme d'une seule fraction.

12 On pose $A = \dfrac{1}{2x-1} - \dfrac{1}{2x+1}$.
Précisez pour quels nombres x le calcul de A est possible, puis écrivez A sous la forme d'une seule fraction.

Pour l'exercice 13, vous pouvez vous reporter à l'exercice résolu 7, p. 15.

13 Résolvez dans $\mathbb{R}$ chacune des équations suivantes :

a) $2(x - 3) + 3\left(x - \frac{1}{3}\right) - (x - 2) = 0$.

b) $2(x - 3) + 3\left(x - \frac{1}{3}\right) - (x - 2) = 4x - 5$.

c) $2(x - 3) + 3\left(x - \frac{1}{3}\right) - (x - 2) = 4x + 1$.

Pour les exercices 14 et 15, vous pouvez vous reporter à l'exercice résolu 8, p. 15.

14 Résolvez l'équation $\dfrac{3x-4}{x-1} = 2$.

15 Résolvez l'équation $\dfrac{2x+3}{x+2} = 1$.

(Corrigés en fin de manuel.)

POUR S'ENTRAÎNER

Développer . Factoriser

Pour les exercices 16 à 21, développez A et B.

16 $A = (a^2 - 2a + 4)(a + 2)$; $B = (x^2 + x + 1)(2x - 5)$.

17 $A = (x^2 + x + 1)(1 - x)$; $B = (x^2 - 1)(2 - 2x^2)$.

18 $A = (2 + x - x^2)(2 - x)$; $B = (2 - x^2)(2 + x^2)$.

19 $A = (4 - x)^2 + (x - 4)^2$; $B = \left(x\sqrt{2} + 2\sqrt{3}\right)^2$.

20 $A = (5a + 3)^3$; $B = (x - 1)(x + 2)(x - 2)$.

21* $A = \left(2 + x - \sqrt{3}\right)^2$; $B = (3 + x + a)^2$.

Pour les exercices 22 à 24, factorisez A et B sous la forme $(ax + b)(cx + d)$.

22 $A = (x - 1)^2 + 3(x - 1)$; $B = 2(x - 2)(x + 3) - (x - 2)$.

23 $A = 4(2 - 8x) - 2(2 - 8x)^2$; $B = 2x^2 + 3x(x - 4)$.

24 $A = (2 - 5x)(x + 7) + (8 - x)(2 - 5x)$;
$B = (x - 1)^2 + (x - 1)$.

Pour les exercices 25 à 28, factorisez A et B en utilisant une identité remarquable.

25 $A = 16x^2 - 1$; $B = (6 - 5x)^2 - 1$.

26 $A = 16x^2 - 8x + 1$; $B = 1 - (1 - 3x)^2$.

27 $A = \dfrac{x^2}{16} + \dfrac{x}{2} + 1$; $B = \dfrac{1}{25} - (3 + x)^2$.

28* $A = 27 - \dfrac{1}{3}(2x + 1)^2$; $B = 2(2x - 1)^2 - 9$.

Pour les exercices 29 à 32, factorisez A et B après avoir effectué des factorisations préliminaires.

29 $A = 4(x^2 - 4x + 4) + 3(2 - x)$; $B = \dfrac{x^2 - 1}{3} + \dfrac{1 + x}{2}$.

30 $A = (2x - 6)^2 + (x - 3)$; $B = (5x + 2)^2 - 4 - 10x$.

31 $A = x^2 - 81 + (x - 9)x^2$; $B = 4x^2 - 9 - 4(2x - 3)^2$.

32 $A = (x + 2)(6x - 3) - (1 - 2x)^2$;
$B = -6x + 14 - (3x - 7)^2$.

Puissances

Pour les exercices 33 à 36, simplifiez le nombre A sans effectuer le calcul du numérateur et du dénominateur, et sans l'aide d'une calculatrice.

33 $A = \dfrac{8^2 \times 5^3 \times 7^2 \times 63}{5^4 \times 7^3 \times 2^8 \times 9}$.

34 $A = \dfrac{6^3 \times 5^7 \times 27^3}{36 \times 9^5 \times 5^{10}}$.

35 $A = \dfrac{0{,}07^2 \times 5^4 \times 64}{7^3 \times 5^5 \times 8^2}$.

36 $A = \dfrac{5^3 \times 4 \times 7^3}{49 \times 2^4 \times 5^6}$.

Pour les exercices 37 à 41, simplifiez A et B.

37 $A = (5^3)^{-2} \times 25^5 \times \left(\dfrac{1}{10}\right)^{-10}$; $B = \dfrac{3^4 \times 81}{9^{-2}}$.

38 $A = 27^{-3} \times (3^{-5})^{-2} \times \left(\dfrac{1}{9}\right)^{-5}$; $B = \dfrac{3^{-2} \times 9^5}{81^3}$.

39 $A = (5^{-3} \times 10^7)^3$; $B = \left(\dfrac{4}{5}\right)^{-5} \times \left(\dfrac{25}{8}\right)^{-3}$.

40 $A = \dfrac{(13\pi)^{-8}}{(26\pi^2)^{-4}}$; $B = (5\pi)^{-2} \times (-3\pi)^3$.

41 $A = \dfrac{(5\pi)^4}{(25\pi^{-2})^{-2}}$; $B = (3\pi)^4 \times \left(\dfrac{4}{\pi}\right)^{-4}$.

42 **La légende du jeu d'échecs**

Le jeu d'échecs a été inventé en Inde. Lorsque l'empereur Chiram joua à ce jeu pour la première fois, il fut en admiration pour Sêta, son inventeur, pauvre savant, vivant grâce aux dons de ses élèves ... Pour le récompenser, Chiram lui demanda ce qu'il souhaitait et très modestement, Sêta répondit :

« Qu'on me donne un grain de blé pour la première case, deux grains pour la seconde, quatre pour la troisième et ainsi de suite en doublant ce nombre d'une case à l'autre jusqu'à la 64e ».

1. Combien de grains de blé l'empereur dut-il donner ? Vérifiez que $2^{10} \approx 10^3$.
Donnez un ordre de grandeur de ce nombre de grains.

2. En moyenne, 16 grains de blé pèsent 1 g. Combien de sacs de 50 kg peut-on remplir avec tous ces grains ?

3. Combien faut-il de véhicules pouvant transporter, chacun, 80 sacs de 50 kg pour assurer le transport de tous ces grains ?

4. Comparez avec la production annuelle mondiale de blé (environ 500 milliards de tonnes).

exercices et problèmes

Radicaux

Pour les exercices 43 à 45, écrivez chacun des nombres A, B, C et D sous la forme $a\sqrt{b}$, où a et b sont deux entiers.

Exemple : Si $A = \sqrt{18}$, A peut s'écrire $\sqrt{2\times 9} = 3\sqrt{2}$ (ici $a = 3$ et $b = 2$).

43 $A = \sqrt{50}$; $B = \sqrt{72}$; $C = \sqrt{27}$; $D = \sqrt{48}$.

44 $A = \sqrt{80}$; $B = \sqrt{8}$; $C = \sqrt{12}$; $D = \sqrt{20}$.

45 $A = \sqrt{150}$; $B = \sqrt{162}$; $C = \sqrt{192}$; $D = \sqrt{200}$.

Pour les exercices 46 et 47, simplifiez A.

46 $A = 3\sqrt{20} + 4\sqrt{45} - 2\sqrt{80} - \sqrt{180}$.

47 $A = 9\sqrt{7} - 2\sqrt{28} - \frac{5}{3}\sqrt{63}$.

Pour les exercices 48 et 49, simplifiez chacun des nombres A, B et C.

48 $A = \sqrt{\frac{2}{9}}$; $B = \frac{\sqrt{28}}{\sqrt{14}}$; $C = \frac{\sqrt{15}}{\sqrt{10}}$.

49 $A = \sqrt{\frac{4}{5}} \times \sqrt{\frac{27}{16}}$; $B = \sqrt{\frac{1}{72}} \times \sqrt{32}$;
$C = \sqrt{\frac{28}{5}} \times \sqrt{\frac{35}{4}}$.

50 On pose $A = (\sqrt{6}+2)(\sqrt{3}-\sqrt{2})$. Montrez que $A = \sqrt{2}$.

51 On pose $A = (3+\sqrt{6})(3-\sqrt{6}) - \frac{6\sqrt{3}}{\sqrt{12}}$.
Montrez que $A = 0$.

52 Quel est le réel $(x-2)^3$ lorsque $x = 2 - \sqrt{3}$?

53 Quel est le réel $(x+1)^2(3x-2)(7x-4)$ lorsque $x = \sqrt{2} - 1$?

Pour les exercices 54 et 55, dites sans utiliser une calculatrice si les nombres A et B sont égaux.

54 **a)** $A = 5\sqrt{6}$ et $B = 6\sqrt{5}$; **b)** $A = 10\sqrt{12}$ et $B = 2\sqrt{300}$.

55 **a)** $A = 8\sqrt{\frac{3}{4}}$ et $B = 2\sqrt{12}$; **b)** $A = 50\sqrt{400}$ et $B = 10^3$.

Pour les exercices 56 à 59, écrivez chacun des nombres A, B et C sous la forme $\frac{a}{b}$, où b ne contient pas de radical. Vous pouvez vous reporter au TP 2, p. 17.

56 $A = \frac{1}{\sqrt{2}-1}$; $B = \frac{\sqrt{7}-2}{3+\sqrt{7}}$; $C = \frac{\sqrt{2}+2}{5+\sqrt{2}}$.

57 $A = \frac{\sqrt{2}}{\sqrt{2}-\sqrt{3}}$; $B = \frac{\sqrt{5}-\sqrt{2}}{\sqrt{5}+\sqrt{2}}$; $C = \frac{\sqrt{2}+\sqrt{5}}{\sqrt{2}-\sqrt{5}}$.

58 $A = \frac{\sqrt{18}}{\sqrt{27}-1}$; $B = \frac{\sqrt{8}+1}{\sqrt{2}+1}$; $C = \frac{8-\sqrt{27}}{2-\sqrt{3}}$.

59 $A = \frac{5\sqrt{2}}{5+\sqrt{2}}$; $B = \frac{3+\sqrt{6}}{\sqrt{2}+\sqrt{3}}$; $C = \frac{8-\sqrt{80}}{2-\sqrt{5}}$.

Écritures fractionnaires

Pour les exercices 60 à 65, écrivez plus simplement chacun des nombres A et B.

60 $A = -\frac{6}{35} + \frac{4}{5} - \frac{3}{4}$; $B = \frac{20}{28} + \frac{3}{14} \times \frac{4}{9}$.

61 $A = \left(1 - \frac{1}{3}\right)\left(\frac{2}{5} + 1 - \frac{1}{2}\right)$; $B = \frac{6}{7}\left(\frac{1}{3} - \frac{1}{6}\right)$.

62 $A = \frac{15}{39} \times \frac{26}{25} \times \frac{28}{42}$; $B = \dfrac{3 - \frac{2}{5} + \frac{4}{3}}{2 + \frac{4}{5} - \frac{2}{3}}$.

63 $A = \left(\frac{3}{4} - \frac{5}{3}\right) \times \dfrac{2 - \frac{4}{7}}{3} \times \dfrac{1}{\frac{4}{3} - \frac{1}{2}}$; $B = \dfrac{6 - \frac{5}{2} + \frac{3}{8}}{3 - \frac{5}{2} - \frac{7}{4}}$.

64 $A = \dfrac{1 + \frac{1}{3}}{\frac{1}{4} - 2}$; $B = 13 \times \frac{49}{45} \times \frac{72}{91}$.

65 $A = \dfrac{\frac{1}{1-\pi} - \frac{1}{1+\pi}}{1 + \frac{1}{\pi^2 - 1}}$; $B = \dfrac{7 - \frac{4}{\pi}}{12 - 21\pi}$.

Pour les exercices 66 et 67, écrivez le nombre A sous la forme $\frac{a}{b}$, où a et b sont des nombres entiers.

66 $A = \dfrac{0{,}3 - \frac{1}{100} + 0{,}03}{\frac{3}{4} + \frac{1}{100} - 0{,}04}$.

67 $A = \dfrac{-3 - 0{,}5 - 8{,}5}{-\frac{4}{3} + \frac{7}{4}}$.

Réduire au même dénominateur

Pour les exercices 68 à 73, précisez les valeurs de x pour lesquelles A et B peuvent être calculés, puis mettez chacun des nombres A et B sou la forme d'unquotient unique et simplifiez lorsque c'est possible.

68 $A = \frac{3}{x+1} - \frac{2}{x}$; $B = \frac{5}{2(x+3)} + \frac{4}{2(1-x)}$.

69 $A = \frac{6}{1-3x} + \frac{2}{5-2x}$; $B = \frac{3}{4-2x} - \frac{2}{x+2}$.

70 $A = \frac{\sqrt{2}}{2-x} + \frac{\sqrt{8}}{5+2x}$; $B = \frac{\sqrt{3}}{1-4x} - \frac{5\sqrt{3}}{2+7x}$.

71 $A = \frac{3x}{(x-1)^2} - \frac{2}{x^2}$; $B = \frac{5-x}{x+1} + \frac{2x+1}{2x+1}$.

72 $A = \frac{3(x-1)^2}{2+x^2} - 3$; $B = 6 - \frac{3(2x+1)^2}{3-x}$.

73 $A = \frac{1}{x^2} - \frac{2}{x} + 1$; $B = 1 - \frac{4}{(x-1)^2}$.

Ensembles de nombres

74 Complétez le tableau suivant en écrivant chacun des nombres donnés dans la (ou les) colonne(s) correspondant à un ensemble auquel ce nombre appartient.

	$\mathbb{N}$	$\mathbb{Z}$	$\mathbb{Q}$	$\mathbb{R}$
$-3{,}2$	X	X	$-3{,}2$	$-3{,}2$
$-\frac{6}{3}$	X	$-\frac{6}{3}$	$-\frac{6}{3}$	$-\frac{6}{3}$
5				
$-\frac{3}{4}$				
$\sqrt{2}$				
$\sqrt{16}$				
0				
π				
$-\frac{\frac{3}{2}}{4}$				
$-\frac{3}{\frac{2}{4}}$				

INDICATION : π et $\sqrt{2}$ sont des nombres non rationnels (c'est-à-dire des irrationnels).

75 $A = \sqrt{2} - \sqrt{3}$ et $B = 2\sqrt{6}$ sont des irrationnels.
Dites si les nombres suivants sont des irrationnels :

$A^2 + B$; $5 - A^2$; B^2.

76 Tout entier est un rationnel particulier.
Parmi les rationnels suivants, indiquez ceux qui sont aussi des entiers :

$-\frac{3}{4} \times \frac{12}{3}$; $-\frac{21}{49} \times \frac{7}{3}$; $\frac{45}{135}$; $\frac{135}{45}$; $\frac{1}{3} + \frac{1}{6}$;

$\frac{1}{\frac{1}{3} + \frac{1}{6}}$; $\frac{7}{\frac{1}{2} - \frac{1}{3}}$; $-\frac{5}{\frac{1}{6} - \frac{2}{3}}$.

77 **1.** Vérifiez que $\left(\sqrt{\frac{5}{2}} - \sqrt{\frac{2}{5}}\right)^2$ et $\left(\sqrt{\frac{3}{4}} + \sqrt{\frac{4}{3}}\right)^2$ sont des rationnels.

2. Plus généralement, a étant un rationnel positif non nul, montrez que $\left(\sqrt{a} + \sqrt{\frac{1}{a}}\right)^2$ et $\left(\sqrt{a} - \sqrt{\frac{1}{a}}\right)^2$ sont des rationnels.

78 Vérifiez que $\sqrt{1+\frac{3}{5}} \times \sqrt{1-\frac{3}{5}}$ et $\sqrt{1-\frac{5}{13}} \times \sqrt{1+\frac{5}{13}}$ sont des rationnels.

Équations

Pour les exercices 79 à 102, résolvez chacune des équations proposées.

79 **a)** $x^2 - 3x^3 = 0$; **b)** $5x^2 = 25x$.

80 $\frac{1}{2}(2x-3) - \frac{1}{3}(x+3) = \frac{1}{9}(4x-2)$.

81 $2t - 3(t+1) = \frac{1-2t}{2}$.

82 $\frac{1}{8}(6x-1) - \frac{1}{12}(3x-5) = \frac{1}{6}(3x+6)$.

83 $\frac{1-x}{\frac{6}{7}} - \frac{\frac{7}{4}(2-x)}{2} = -\frac{7}{12}$.

84 **a)** $x^2 - 10x + 25 = 0$; **b)** $-3x^2 - 6x - 3 = 0$.

85 **a)** $4x^2 - 81 = 0$; **b)** $4x^2 + 5 = 0$.

86 $4x^2 - 1 = (2x+1)^2$.

87 $(8x-1)^2 = 4(2-3x)^2$.

88* $2(x-1)^2 - 3x^2 = 0$.

89 $(2x+1)^2 - (x-3)^2 = 0$.

90 $y + \frac{y}{2} + \frac{y}{3} + \frac{y}{4} = 1 + \frac{1}{2} + \frac{1}{3} + \frac{1}{4}$.

91 $5x + 1 - (x-4) + 3 = 4(x+2)$.

92 $1 - \frac{2}{3}(1+u) - \frac{3}{2}(2-u) = \frac{1}{6}$.

93 $\frac{a+1}{2} + \frac{a+2}{3} + \frac{a+3}{4} = 12a - 1$.

94 **a)** $(3x-5)(4x+7) = 0$.
b) $(2x-1)^2 = (4x-2)(4x+2)$.

95 $(x+2)\frac{2x-1}{3}(x-2)^2 = 0$.

96 $5(x+2)^2 = x^2 - 4$.

97 $25(x+2)^2 = x^2$.

98 $(x+2)(x-1)^2 = x + 2$.

99 $3^2 = 2x + 9 - 4x^2$.

100* $(\sqrt{2} - 3x)^2 = 3(2 - 9x^2)$.

101 **a)** $(2x+3)(5x-7)^2(x-1)^3 = 0$;
b) $(4x^2-9) - 2(2x-3) + x(2x-3) = 0$.

102 * **a)** $(x^2 - 5x + 1)^2 - (x^2 + 4x - 1)^2 = 0$;
b) $(x^3 + x + 4)^2 = (x^3 - 3x - 4)^2$.

103 * **1.** Développez $(x + 3)^2$ et $\left(x - \frac{3}{2}\right)(x^2 + 6x + 9)$.
2. Utilisez les résultats précédents pour résoudre l'équation :
$$x^2\left(x + \frac{9}{2}\right) = \frac{27}{2}.$$

Pour les exercices 104 à 109, précisez pour chaque équation les valeurs de x qui sont interdites, puis résolvez cette équation.

104 **a)** $\frac{3}{x-1} - \frac{2}{x+1} = 0$; **b)** $\frac{9x^2 - 25}{(x+2)(3x+5)} = 0$.

105 **a)** $\frac{2}{(x-2)^2} = \frac{3}{x-2}$; **b)** $\frac{4x^3 - 9x}{(2x+3)(x-1)} = 0$.

106 **a)** $\frac{4}{x^2} + \frac{4}{x} + 1 = 0$; **b)** $\frac{8x^2 - 2}{2x+1} = 1$.

107 **a)** $\frac{2}{x} = \frac{x}{2}$; **b)** $\frac{8(x^2 - 4)}{x+2} = 16$.

108 **a)** $\frac{x+2}{x} + \frac{x}{x-2} = 0$; **b)** $\frac{1}{x^2} + 1 = \frac{2}{x}$.

109 **a)** $\frac{x^2 - 4}{x^2 + 2} = 4$; **b)** $\frac{2x-3}{x+1} = \frac{2x-3}{2-x}$.

Mises en équations

110 Un carré est tel que si l'on augmente la mesure de son côté de 3cm, alors son aire augmente de 21 cm^2. Quelle est la mesure du côté de ce carré ?

111 Calculez les dimensions d'un rectangle dont la longueur est triple de la largeur et dont l'aire est 2 700 m^2.

112 Quel est le rayon du cercle circonscrit à un triangle équilatéral dont l'aire est $12\sqrt{3}$?

113 ABC est un triangle rectangle en A avec AC = 6 et BC = 10.
Comment faut-il choisir un point C′ sur [AC] et un point B′ sur [AB] de façon que les droites (B′ C′) et (BC) soient parallèles et que l'aire du triangle A B′ C′ soit la moitié de l'aire du triangle ABC ?

114 Où faut-il placer un point M sur un demi-cercle de diamètre [AB] (avec AB = 8 cm) de façon que MA = 2 × MB ?

115 ABC est un triangle rectangle en A avec AB = 9 cm et AC = 12 cm.
Où faut-il placer un point M sur l'hypoténuse de façon que la somme S de ses distances aux deux autres côtés soit égale à 10 cm ?
INDICATION : Poser BM = x et calculer S en fonction de x.

116 ABC est un triangle isocèle de sommet principal A. H est le pied de la hauteur issue de A. On a BC = 8 cm et AH = 10 cm. On trace le cercle circonscrit au triangle ABC. Calculez le rayon de ce cercle.

117 **"Le chapitre des fruits"**
attribué à Abraham Ben Ezra (né en 1090 à Tolède).

« Et si on dit : un homme est entré dans un verger et il y a cueilli des fruits. Mais le verger avait trois portes gardées chacune par un gardien. Cet homme donc partagea les fruits avec le premier et lui en donna deux de plus, puis il partagea avec le second et lui en donna deux de plus, enfin partagea avec le troisième et lui en donna deux de plus, et il sortit en ayant seulement un fruit. Combien de fruits a-t-il cueillis ? ».

118 * Un automobiliste et un motocycliste partent d'une même ville A, sur une même route, vers une ville B.
Le motocycliste part à 10 h 00 avec une vitesse moyenne de 75 km.h^{-1}, et l'automobiliste part 20 minutes plus tard avec une vitesse moyenne de 90 km.h^{-1}.
À quelle distance de A, et à quelle heure, l'automobiliste doublera-t-il le motocycliste ?

119 Quel même naturel faut-il ajouter au numérateur et au dénominateur de $\frac{3}{7}$ pour obtenir le double de ce rationnel ?

120 Est-il possible de trouver trois naturels impairs consécutifs dont la somme est 99 ?
INDICATION : Un naturel impair s'écrit $2n + 1$, avec n naturel.

121 Trouvez deux naturels pairs consécutifs dont la somme est 206.

122 * Un cycliste parcourt le trajet AB aller et retour, à la vitesse de 23 km.h^{-1} dans un sens et à la vitesse de 27 km.h^{-1} dans l'autre sens. La durée totale du parcours est de 5 heures. Quelle est la distance AB ?

123 Un automobiliste constate que s'il ajoute douze litres d'essence dans son réservoir à moitié plein, il le remplit aux $\frac{3}{4}$. Quelle est la contenance de ce réservoir ?

124 Trois cousins ont respectivement 32, 20 et 6 ans. Dans combien d'années l'âge de l'aîné sera-t-il égal à la somme des âges des deux autres ?

125 Un vase cylindrique a 0,45 m de profondeur. Il contient de l'eau dont le niveau s'élève aux $\frac{3}{5}$ de sa hauteur. Si l'on ajoutait 15,6 litres d'eau, le niveau de l'eau s'élèverait aux $\frac{8}{9}$ de sa hauteur.
1. Quelle est la capacité du vase ?
2. Calculez son diamètre.

En géométrie

126 Des quarts de disques

La figure suivante est constituée par un carré de côté x et quatre quarts de cercles centrés aux sommets du carré.

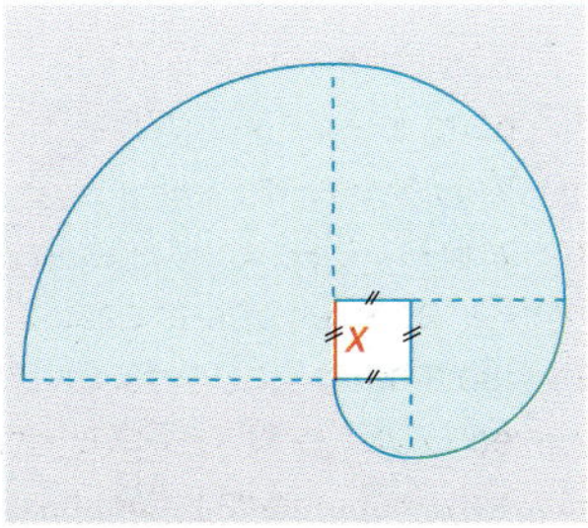

1. Exprimez en fonction de x l'aire $\mathcal{A}$ de la partie coloriée.
2. Calculez une valeur approchée de $\mathcal{A}$ lorsque $x = 2$.

127 Les moustaches

La figure suivante est constituée par six demi-cercles centrés en A, B, C, A′, B′ et C′, avec AB = 1 cm.
Elle est symétrique par rapport à la droite d perpendiculaire en O à (CC′). On pose AO = x.

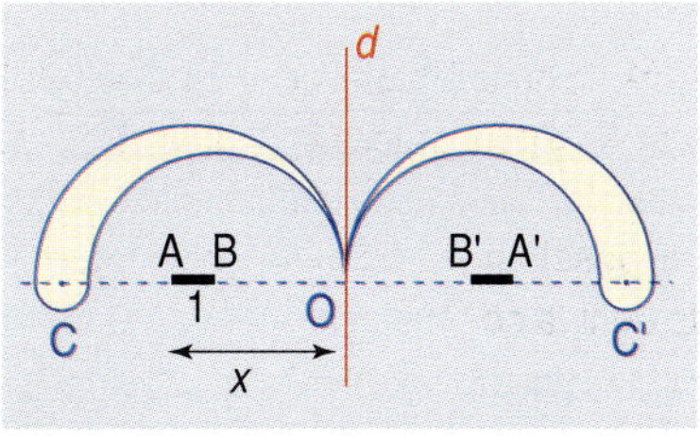

Exprimez en fonction de x l'aire, en centimètres carrés, de la partie coloriée.

INDICATION : Exprimer en fonction de x le rayon de chacun des six demi-cercles.

128 "Ça tourne"

Dans un repère orthonormal, on donne les points I(1 ; 0) et A(0 ; h) avec h réel strictement positif. On place les points B, C, D comme indiqué sur la figure.

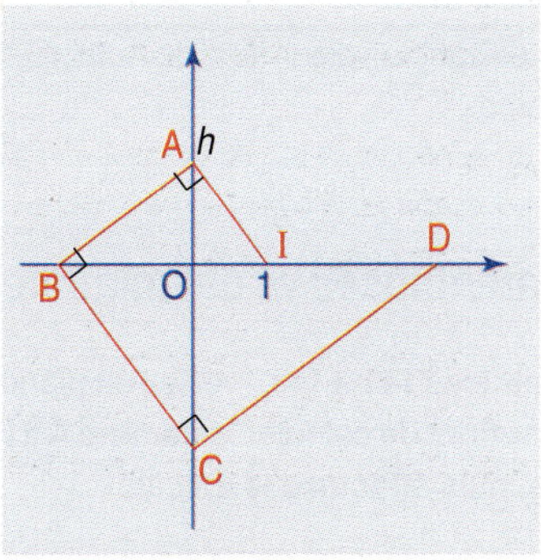

Calculez l'abscisse de B, l'ordonnée de C, l'abscisse de D.

129 * La courroie

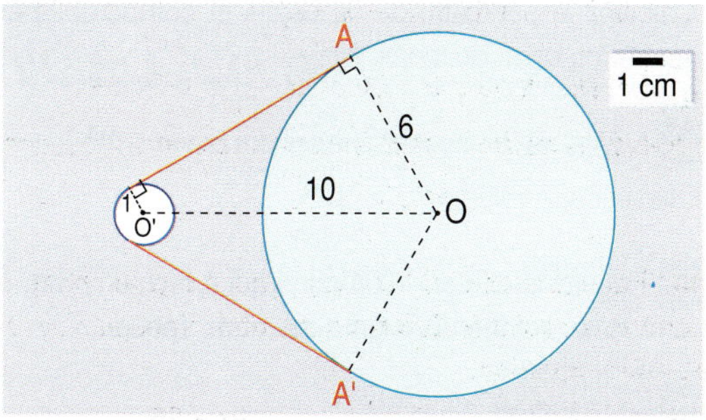

Deux poulies sont reliées par une courroie. Leurs centres O et O′ sont distants de 10 cm, leurs rayons sont 6 cm et 1 cm. Calculez la longueur de la courroie.

130 Dans un récipient cylindrique à fond plat de rayon 9 cm, on verse une certaine quantité d'eau.
On y plonge ensuite une bille d'acier de rayon 9 cm.
On constate que l'eau recouvre exactement la bille.

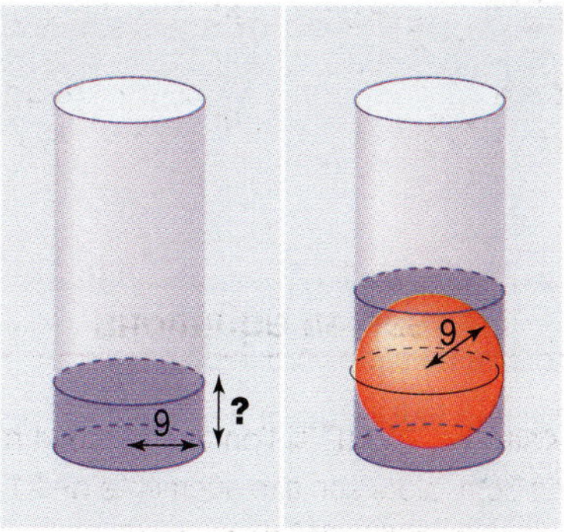

Quelle est la hauteur de l'eau versée initialement dans l'éprouvette ?

131 Un cercle a 2,5 m de rayon. Calculez le rayon d'un cercle dont l'aire est double de l'aire du premier cercle.

132 SABCH est une pyramide à base carrée ; (SH) est perpendiculaire à la base ABCH, SH = 58 cm et BC = 51 cm.

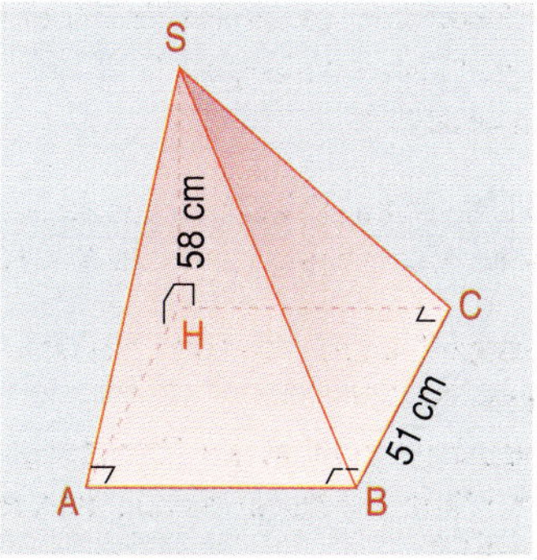

Calculez la longueur de l'arête [SB].

133 **1.** Quel est le rayon d'un cercle d'aire 1 m^2 ?

2. Calculez le périmètre de ce cercle et comparez-le au périmètre du carré de même aire.

134 **1.** Quel est le rayon d'une sphère d'aire 1 m^2 ?

2. Quel est son volume ?

135 Trouvez la hauteur d'un cône qui a même rayon, 4, qu'une sphère et même volume que cette sphère.

136 **Le réservoir**

Un réservoir a la forme d'un cylindre coupé par un plan parallèle aux génératrices (fig. 1).
Sa base est une portion de disque (fig. 2).

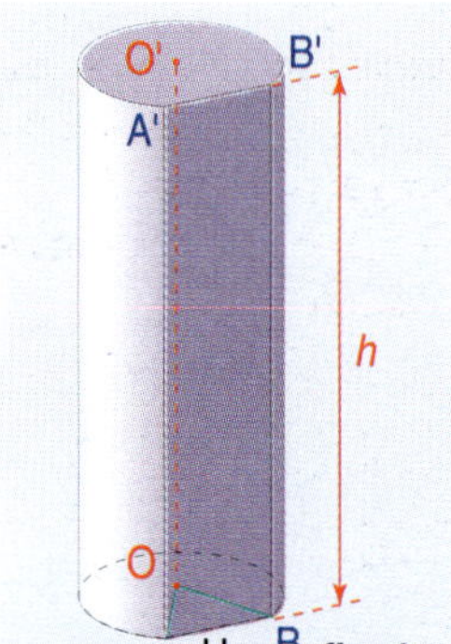

fig. 1

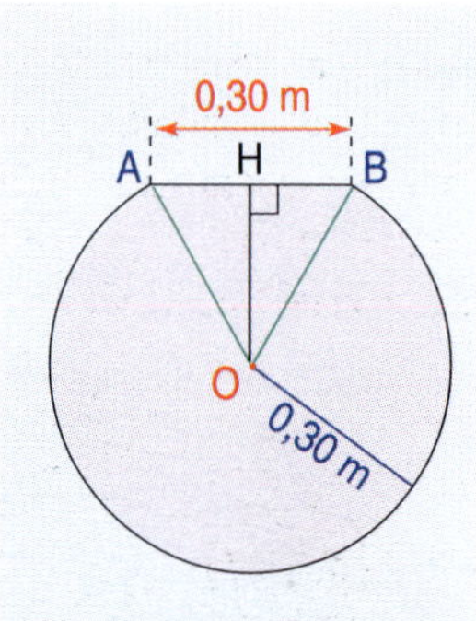

fig. 2

1. Calculez l'aire de cette portion de disque.

2. Quelle hauteur faut-il donner à ce réservoir pour que sa capacité soit de 45 litres ?

137 Aux quatre coins d'un carré de côté 4 cm, on enlève quatre carrés de côté x (en cm).
On obtient la croix coloriée sur la figure.

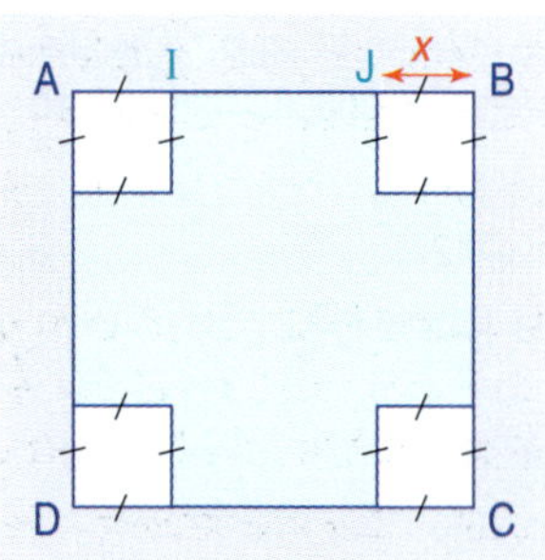

1. Expliquez pourquoi l'aire de cette croix est, en cm^2 :

$$16 - 4x^2.$$

2. On veut que cette aire soit égale au tiers de l'aire du carré ABCD. Vérifiez que l'on doit choisir x tel que :

$$x^2 = \frac{8}{3}.$$

3. Résolvez l'équation $x^2 = \frac{8}{3}$ et expliquez pourquoi une seule de ses solutions convient.

138 ABCD est un trapèze, AB = 12 cm, CD = 5 cm et IJ = 3 cm. On pose OI = x.

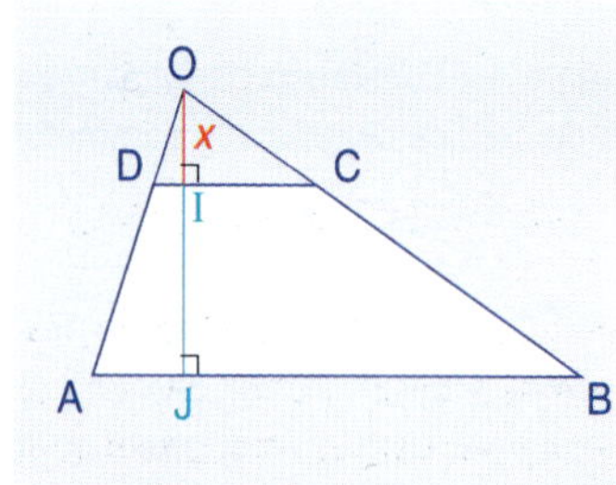

1. a. En utilisant le théorème de Thalès, montrez que :

$$\frac{OI}{OJ} = \frac{OD}{OA} \text{ et } \frac{OD}{OA} = \frac{CD}{AB}.$$

b. Déduisez-en que $\frac{x}{x+3} = \frac{5}{12}$.

2. Calculez l'aire du triangle OCD.

139 Dans le triangle ABC, AB = 3, AC = 4, BC = 6.
Les points M, N, P sont tels que MNAP est un parallélogramme et BP = CN. On pose BP = CN = x.

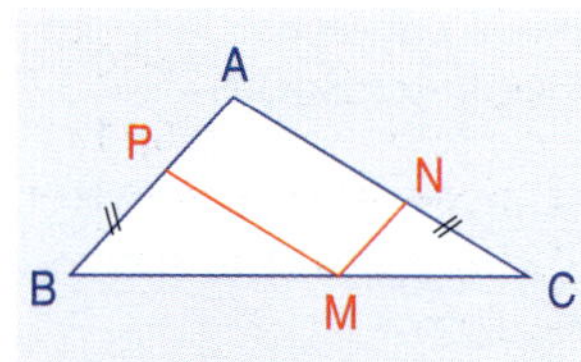

1. Montrez que $\frac{3-x}{3} = \frac{x}{4}$.

2. Calculez x.

140 * ABC est un triangle rectangle en A, AB = 4 cm et AC = 3 cm. Un point M de l'hypoténuse se projette orthogonalement en P sur [AB] et en Q sur [AC].
ℓ est un réel positif donné.
On se propose de trouver l'emplacement du point M de façon que le périmètre du rectangle APMQ soit 2ℓ cm.
On pose AP = x.

1. Entre quels réels x doit-il être compris ?

2. Mettez le problème en équation, puis résolvez cette équation.

3. Discutez, suivant la valeur de ℓ, le nombre de solutions de ce problème.

Parenthèses et calculatrices

Pour les exercices 141 à 143, mettez en place les parenthèses permettant de calculer le nombre A à l'aide d'une calculatrice, puis effectuez le calcul.

141 **a)** $A = \frac{5\sqrt{2}}{7-\pi}$; **b)** $A = \frac{3\sqrt{2}-\pi}{3-\pi}$.

142 a) $A = \dfrac{2\sqrt{3}}{5\pi}$; b) $A = \dfrac{2-\sqrt{3}}{\pi\sqrt{3}}$.

143 a) $A = 5\sqrt{7-\pi}$; b) $A = 4\sqrt{\dfrac{2\pi+3}{5}}$.

Notation scientifique

Pour les exercices 144 à 146, écrivez en notation scientifique le nombre A sans utiliser une calculatrice, puis en utilisant une calculatrice en mode scientifique.

144 $A = 15 \times 10^7 + 3 \times 10^7 + 6{,}5 \times 10^7$.

145 $A = -7 \times 10^{-6} - 3{,}5 \times 10^{-6} + 2{,}4 \times 10^{-6}$.

146 $A = -0{,}5 \times 10^5 + 0{,}03 \times 10^5 - 2{,}75 \times 10^5$.

147 **1.** Écrivez en notation scientifique le nombre $J = 7 \times 10^{-3} + 0{,}8 \times 10^{-2} - 5 \times 10^{-4}$ en mettant d'abord 10^{-4} en facteur et sans utiliser une calculatrice.

2. Calculez le nombre J en utilisant une calculatrice en mode scientifique.

148 On considère le nombre $A = \dfrac{4\times10^{-8}+0{,}0000005}{29\times10^{-6}-20\times10^{-7}}$.

1. Sans utiliser une calculatrice, écrivez le numérateur et le dénominateur de A en notation scientifique, puis écrivez A en notation scientifique.

2. Calculez A en utilisant une calculatrice en mode scientifique.

PROBLÈMES DE SYNTHÈSE

149 **THÈMES : Identités remarquables. Radicaux. Triangle isocèle. Triangle rectangle.**

Pour tout triangle ABC de côtés *a*, *b* et *c*, on notera *p* son demi-périmètre et S son aire.

On se propose de démontrer la formule suivante :

$$S = \sqrt{p(p-a)(p-b)(p-c)} \quad \textbf{[1]}$$

dans le cas où le triangle est isocèle, puis dans le cas où le triangle est rectangle. On pose :

$X = p\,(p-a)(p-b)(p-c)$ et $BC = a$, $AC = b$, $AB = c$.

A. Calculs préliminaires.

1. Vérifiez que :

$$X = \left(\frac{a+b+c}{2}\right)\left(\frac{b+c-a}{2}\right)\left(\frac{a+b-c}{2}\right)\left(\frac{a+c-b}{2}\right).$$

2. Déduisez-en que $16X = [(b+c)^2 - a^2]\,[a^2 - (b-c)^2]$.

B. Supposons que le triangle ABC est isocèle en A.

1. Montrez que $16X = (4b^2 - a^2)a^2$.

2. Montrez que :

a) $S = \dfrac{a}{2}\sqrt{b^2 - \dfrac{a^2}{4}}$; b) $S = \dfrac{a}{4}\sqrt{4b^2 - a^2}$.

3. Déduisez-en que la relation **[1]** est vraie.

C. Supposons que le triangle ABC est rectangle en A.

1. Montrez que $16X = 4b^2c^2$.

2. Déduisez-en que la relation **[1]** est vraie.

NOTE : La formule **[1]** est vraie pour un triangle quelconque. Elle a été trouvée par le mathématicien grec Héron d'Alexandrie (75 à 150 ap. J.C.).

150 **THÈMES : Calculs. Volumes. Fonctions affines. Lectures graphiques.**

Un flacon en verre est intérieurement constitué d'un cube surmonté d'un cylindre. En centimètres, le cube a pour côté 6, le cylindre a pour hauteur 6 et pour rayon 2.

On note *x* la hauteur (en cm) de liquide et V le volume (en cm^3) du liquide contenu dans le flacon.

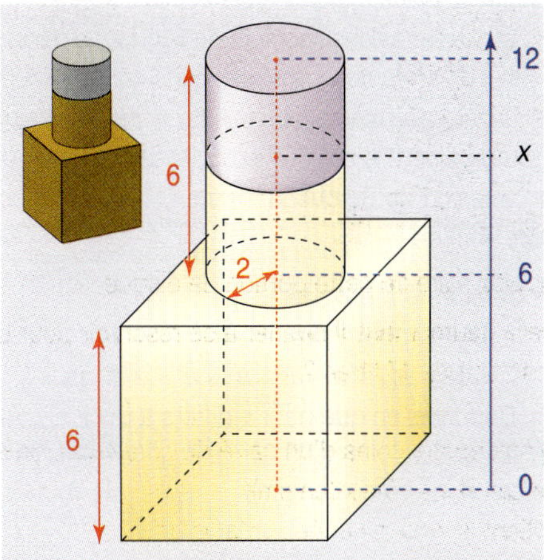

1. Calculez en fonction de *x* le volume V de liquide lorsque $0 \leqslant x \leqslant 6$. Quel est le volume lorsque $x = 6$?

2. Calculez en fonction de *x* le volume V de liquide lorsque $6 \leqslant x \leqslant 12$.

3. On note F le volume total, en cm^3, du flacon. Donnez la valeur exacte de F, puis de $\frac{2}{3}$ F, et enfin de $\frac{3}{4}$ F. On donnera chaque résultat sous la forme $a + b\,\pi$, avec *a* et *b* entiers.

4. Trouvez la valeur x_1 de *x* pour laquelle le flacon est rempli aux $\frac{2}{3}$, puis la valeur x_2 de *x* pour laquelle il est rempli aux $\frac{3}{4}$.

INDICATION : Expliquer d'abord pourquoi $x_1 < 6$ et $x_2 > 6$. Donner une valeur approchée de x_1 et x_2 avec un chiffre après la virgule.

5. On considère un repère orthogonal avec : en abscisse, 1 unité pour 1 cm et en ordonnée, 50 unités pour 1 cm.

a. Tracez le segment défini par $y = 36x$ pour $0 \leqslant x \leqslant 6$, et le segment défini par $y = 216 + 4\pi x - 24\pi$ pour $6 \leqslant x \leqslant 12$.

b. Interprétez graphiquement les résultats du **4.**

Exercices commentés

1 On se propose de trouver la valeur exacte du nombre :

$$S = 1+\frac{2}{3}+\frac{4}{9}+\frac{8}{27}+\frac{16}{81}+\frac{32}{243}+\frac{64}{729}.$$

VERS UNE SOLUTION

Remarquons d'abord que l'on demande la valeur **exacte** de S. Le résultat ne peut donc pas être obtenu directement à l'aide d'une calculatrice car on n'obtiendrait alors qu'une valeur approchée de S.

• **Première méthode : En réduisant au même dénominateur.**

1. Vérifiez que dans l'écriture de S, chaque dénominateur divise les dénominateurs qui lui sont supérieurs.

2. Réduisez au même dénominateur chacun des sept nombres dont la somme est S, et déduisez-en une expression de S sous la forme $\frac{p}{q}$, où p et q sont des entiers.

• **Deuxième méthode**

1. a. Développez l'expression :

$$(1-a)(1+a+a^2+a^3+a^4+a^5+a^6).$$

b. Déduisez-en que pour a différent de 1,

$$1+a+a^2+a^3+a^4+a^5+a^6=\frac{1-a^7}{1-a}.$$

2. a. Déduisez-en que $S=\dfrac{1-\left(\frac{2}{3}\right)^7}{1-\frac{2}{3}}$.

b. Retrouvez le résultat de la question **2.** de la première méthode.

2 Deux carrés ABCD et MNPQ de même centre O sont disposés comme l'indique la figure.

On suppose que AB = 4 et on pose OM = x.

M étant un point du segment [OI], le réel x est donc tel que $0 \leqslant x \leqslant 2$.

On se propose de voir s'il existe un point M sur [OI] satisfaisant à la propriété **(P)** énoncée ci-après, et dans l'affirmative, de trouver la position de ce point M.

(P) : l'aire $\mathscr{A}$ du carré ABCD est huit fois plus grande que celle du carré MNPQ.

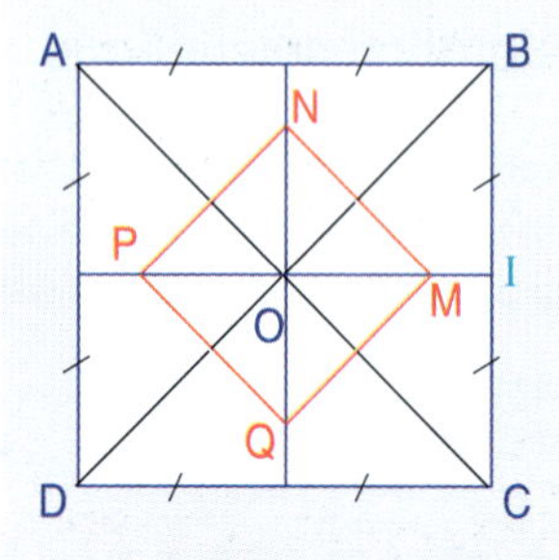

VERS UNE SOLUTION

• **Première méthode : Par le calcul.**

Trouver la position de M sur le segment [OI] revient à trouver le réel x = OM.

1. a. Calculez l'aire $\mathscr{A}$ du carré ABCD.

b. Exprimez en fonction de x l'aire du carré MNPQ.

2. a. Montrez que :

M satisfait à la propriété **(P)** équivaut à $(\sqrt{2}x)^2 = 2$.

b. Déduisez-en qu'il existe un unique point M de [OI] satisfaisant à la propriété **(P)**.

Précisez sa position.

• **Deuxième méthode : Géométriquement.**

1. Lorsque M se déplace continûment de O vers I, il est clair que l'aire du carré MNPQ augmente.

a. Quelle est la valeur de cette aire lorsque M est en O ?

b. Exprimez cette aire en fonction de $\mathscr{A}$ lorsque M est en I.

c. Expliquez alors géométriquement pourquoi il y a une unique position de M satisfaisant à la propriété **(P)**.

2. Notons J le milieu de [OI].

Expliquez pourquoi le découpage proposé sur la figure suivante permet de répondre sans calculs à la question posée.

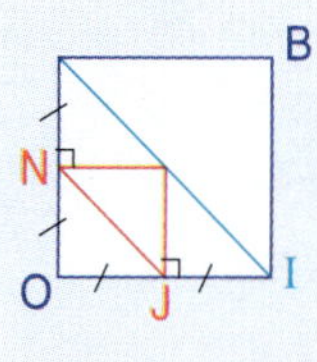

Pour les exercices 3 et 4, vous pouvez éventuellement vous reporter à l'exercice commenté 1.

3 Trouvez la valeur exacte du nombre :

$$S = 1 + \frac{3}{4} + \frac{9}{16} + \frac{27}{64} + \frac{81}{256} + \frac{243}{1024} + \frac{729}{4096}.$$

4 Trouvez la valeur exacte du nombre :

$$S = 1 + \frac{4}{5} + \frac{16}{25} + \frac{64}{125} + \frac{256}{625} + \frac{1024}{3125} + \frac{4096}{15625}.$$

Trouvez l'erreur

Pour chaque exercice de cette rubrique, une solution vous est proposée, mais elle contient une erreur. Trouvez cette erreur.

5 Calculez $A = \left(\frac{1}{3} - 1\right) + \frac{4}{5}$.

Solution

$\frac{1}{3} - 1 = \frac{1}{3} - \frac{3}{3} = -\frac{2}{3}$.

Donc $A = -\frac{2}{3} + \frac{4}{5} = \frac{-2}{3} + \frac{4}{5} = \frac{-2+4}{3+5}$.

Donc $A = \frac{2}{8} = \frac{1}{4}$.

6 On pose $A = \frac{x}{5} \times \left(\frac{5}{2} - \frac{1}{2}\right)$.

Écrivez A sous la forme d'une seule fraction.

Solution

$\frac{5}{2} - \frac{1}{2} = \frac{5-1}{2} = \frac{4}{2} = 2$.

Donc $A = \frac{x}{5} \times 2 = \frac{x \times 2}{5 \times 2} = \frac{2x}{10}$.

7 On pose $A = \cfrac{\frac{4}{9}}{3}$.

Écrivez A sous la forme d'une seule fraction.

Solution

A peut s'écrire aussi $A = \cfrac{4}{\frac{9}{3}}$; donc $A = \frac{4}{3}$.

8 Calculez $A = \sqrt{7 + \frac{16}{8} + \frac{35}{2} - \frac{6}{4}}$.

Solution

$7 + \frac{16}{8} = 7 + 2 = 9$; $\frac{35}{2} - \frac{6}{4} = \frac{35}{2} - \frac{3}{2} = \frac{32}{2} = 16$.

Donc $A = \sqrt{9 + 16} = \sqrt{9} + \sqrt{16} = 3 + 4 = 7$.

9 Calculez $A = \left(\frac{28}{4}\right)^2 \times \left(\frac{14}{2}\right)^3$.

Solution

$\frac{28}{4} = 7$ et $\frac{14}{2} = 7$; donc $A = 7^2 \times 7^3$.

D'où $A = 7^{2 \times 3} = 7^6 = (49)^3 = 117\,649$.

10 Calculez $A = \left(1 - \frac{3}{5}\right)^2 \times 5^3$.

Solution

$1 - \frac{3}{5} = \frac{5}{5} - \frac{3}{5} = \frac{2}{5}$.

Donc $A = \left(\frac{2}{5}\right)^2 \times 5^3 = \left(\frac{2}{5} \times 5\right)^5 = 2^5 = 32$.

11 Factorisez $A = x^2 - 4(x-1)^2$.

Solution

$x^2 - 4 = (x-2)(x+2)$ donc $A = (x-2)(x+2)(x-1)^2$.

12 Simplifiez $A = \frac{6\sqrt{2} + x}{4\sqrt{2}}$.

Solution

Simplifions $\frac{6\sqrt{2}}{4\sqrt{2}}$ en divisant numérateur et dénominateur par $2\sqrt{2}$.

Nous obtenons $\frac{6\sqrt{2}}{4\sqrt{2}} = \frac{3}{2}$; d'où $A = \frac{3+x}{2}$.

13 Résolvez l'équation $4x - 4x^2 = 1$.

Solution

$4x - 4x^2 = 4x\,(1-x)$.

L'équation s'écrit donc $4x\,(1-x) = 1$, ce qui équivaut à $4x = 1$ ou $1 - x = 1$.

Les solutions sont donc $x = \frac{1}{4}$ et $x = 0$.

14 Résolvez l'équation $4x + 8x^2 = 0$.

Solution

$4x + 8x^2 = 4x\,(1 + 2x)$.

Or $4x\,(1+2x) = 0$ équivaut à $4x = 0$ ou $1 + 2x = 0$.

Or $1 + 2x = 0$ équivaut à $x = -\frac{1}{2}$

et $4x = 0$ équivaut à $x = -4$.

L'équation admet donc comme solutions -4 et $-\frac{1}{2}$.

INÉGALITÉS. INÉQUATIONS. APPROXIMATIONS

CHAPITRE

2

Les notions d'inégalité et d'inéquation ont été abordées au Collège, ainsi que les notions de troncature et d'arrondi d'un réel. Dans ce chapitre, nous poursuivons cette étude : signe de $ax + b$, intervalles, encadrements, approximation à α près.

La notion d'approximation est essentielle dans les sciences expérimentales car les mesures de grandeurs se font toujours avec une marge d'incertitude. Cette notion est également importante en mathématiques car on est souvent amené à remplacer certains nombres ayant une infinité de décimales par des valeurs approchées :

$$\sqrt{2} \approx 1{,}41 \; ; \; \pi \approx 3{,}14 \; ; \; \ldots$$

SOMMAIRE

POUR PRENDRE UN BON DÉPART

1 Vocabulaire et notation

- Dire que x est un réel strictement positif signifie que x est supérieur à 0 et distinct de 0.

On écrit alors “$x > 0$” (ou “$0 < x$”), ce qui se lit “x est strictement positif”.

- L’écriture “$x \geqslant 0$” signifie que x est un réel strictement positif ou bien égal à 0.

Dans toute la suite, lorsque nous dirons “x est un réel positif”, cela signifiera “$x \geqslant 0$”.

- L’écriture “$x > \sqrt{5}$” se lit “x est strictement supérieur à $\sqrt{5}$”.
- L’écriture “$x \leqslant 2$” se lit “x est inférieur à 2”.

Elle signifie que x est un réel strictement inférieur à 2, ou bien égal à 2.

- L’écriture “$-1 \leqslant x \leqslant \frac{4}{3}$” signifie que l’on a à la fois $x \geqslant -1$ **et** $x \leqslant \frac{4}{3}$.

2 Ordre et opérations

- Ajouter (ou soustraire) un même nombre à chaque membre d’une inégalité ne change pas le sens de l’inégalité.

Ainsi par exemple, si $a < b$, alors $a + c < b + c$ et $a - c < b - c$.

- Multiplier (ou diviser) chaque membre d’une inégalité

- par un même nombre **strictement positif ne change pas** le sens de l’inégalité,
- par un même nombre **strictement négatif change** le sens de l’inégalité.

Ainsi par exemple, si $a < b$ et si $c > 0$, alors $ac < bc$ et $\frac{a}{c} < \frac{b}{c}$.

• **Cas particulier important**

Si $a < b$, alors $-a > -b$. (En effet, on multiplie par -1 ; or $-1 < 0$.)

- **Règle de transposition**

Si $x + a < b$, alors $x < b - a$. (En effet, on ajoute $-a$ aux deux membres.)

Exercice-test

Résolvez les inéquations : **a)** $2x + 3 < 0$. **b)** $-5x + 4 \geqslant 0$.

3 Troncatures et arrondis

Lorsqu’on demande $\sqrt{5}$ à une calculatrice, elle affiche **2,236067977**.

- 2,2 est la **troncature** de $\sqrt{5}$ à une décimale ; 2,23 est la troncature à deux décimales, 2,236 la troncature à trois décimales, etc.

Les troncatures s’obtiennent donc simplement en tronquant, (c’est-à-dire en coupant), les décimales.

- L’**arrondi** à une décimale de $\sqrt{5}$ est 2,2 car la deuxième décimale est 3, et $3 < 5$; l’arrondi à deux décimales de $\sqrt{5}$ est 2,24 car la troisième décimale est 6, et $6 \geqslant 5$.

Exercices-tests

a) Quelles sont les troncatures de $\sqrt{5}$ à quatre décimales ? à cinq décimales ? à six décimales ?

b) Quel est l’arrondi à trois décimales de $\sqrt{5}$? à quatre décimales ?

Activité

SIGNE DE $ax + b$

1 Un premier exemple

On se propose de trouver le signe de $2x + 5$, selon les valeurs du réel x.
Montrez que :

a) $2x + 5 = 0$ équivaut à $x = -\frac{5}{2}$.

b) $2x + 5 > 0$ équivaut à $x > -\frac{5}{2}$.

c) $2x + 5 < 0$ équivaut à $x < -\frac{5}{2}$.

On peut représenter ces résultats dans un tableau.

x		$-\frac{5}{2}$	
$2x + 5$	$-$	0	$+$

2 D'autres exemples

Étudiez de manière analogue le signe de chacune des expressions suivantes selon les valeurs du réel x, et représentez, pour chacune d'elles, les résultats dans un tableau.

a) $3x - 5$; **b)** $4x - 8$; **c)** $-3x + 6$; **d)** $-2x + 3$; **e)** $-5x + 1$.

3 Deux situations possibles

Dans les trois premiers exemples, $2x + 5$, $3x - 5$ et $4x - 8$, le coefficient de x est positif ; dans les trois autres, le coefficient de x est négatif.
Vous pouvez constater que les tableaux correspondant aux trois premiers exemples ne sont pas du même type que les trois autres tableaux. En effet, pour les trois premiers exemples, dans la seconde ligne du tableau, le signe se présente sous la forme « – 0 + », alors que dans les trois autres exemples, il se présente sous la forme « + 0 – ».

Conclusion *Nous allons établir une règle générale donnant le signe de ax + b, dans laquelle* **deux cas** *seront considérés : le cas* "$a > 0$", *et le cas* "$a < 0$".

COURS

1. DEUX PROPRIÉTÉS DES INÉGALITÉS

PROPRIÉTÉ 1

En **ajoutant membre à membre** des inégalités de **même sens,** on obtient une inégalité de **même sens.**

Cette propriété peut s'écrire ainsi :
si $a \leqslant b$ **et** $c \leqslant d$, alors $a + c \leqslant b + d$.

Démonstration

Nous allons utiliser le fait que l'on peut ajouter un même nombre aux deux membres d'une inégalité sans changer le sens de l'inégalité (voir *POUR PRENDRE UN BON DÉPART*).

$a \leqslant b$, donc $a + c \leqslant b + c$ (on ajoute c).

De même, $c \leqslant d$, donc $b + c \leqslant b + d$ (on ajoute b).

Or, si $a + c \leqslant b + c$ et $b + c \leqslant b + d$, alors $a + c \leqslant b + d$.

EXEMPLE : Si $x \leqslant 2$ et $-5 \leqslant y$, alors $x - 5 \leqslant 2 + y$.

PROPRIÉTÉ 2

En **multipliant membre à membre** des inégalités de **même sens, entre nombres positifs,** on obtient une inégalité de **même sens.**

Cette propriété peut s'écrire ainsi :
si a, b, c, d sont des réels **positifs** tels que $a \leqslant b$ **et** $c \leqslant d$, alors $ac \leqslant bd$.

Démonstration

Nous allons utiliser le fait que l'on peut multiplier les deux membres d'une inégalité par un même nombre positif sans changer le sens de l'inégalité (voir *POUR PRENDRE UN BON DÉPART*).

$a \leqslant b$, donc $ac \leqslant bc$ (on multiplie par $c \geqslant 0$).

De même, $c \leqslant d$, donc $bc \leqslant bd$ (on multiplie par $b \geqslant 0$).

Or, si $ac \leqslant bc$ et $bc \leqslant bd$, alors $ac \leqslant bd$.

EXEMPLE : $1{,}4 \leqslant \sqrt{2}$ et $\pi \leqslant 3{,}15$. Or les quatre nombres $1{,}4$, $\sqrt{2}$, π et $3{,}15$ sont positifs. Donc $1{,}4 \times \pi \leqslant \sqrt{2} \times 3{,}15$.

2. SIGNE DE $ax + b$

PROPRIÉTÉ 3

a et b sont des réels avec $a \neq 0$.

Le signe de $ax + b$ suivant les valeurs du réel x est donné par le tableau :

• si $a > 0$:

x		$-\frac{b}{a}$	
$ax + b$	−	0	+

• si $a < 0$:

x		$-\frac{b}{a}$	
$ax + b$	+	0	−

Démonstration

$ax + b = 0$ équivaut à $x = -\frac{b}{a}$ (ici, $a \neq 0$).

– Cas $a > 0$

• $ax + b > 0$ équivaut à $ax > -b$, c'est-à-dire, en divisant les deux membres de cette inégalité par $a > 0$, à $x > -\frac{b}{a}$.

• $ax + b < 0$ équivaut à $ax < -b$, c'est-à-dire à $x < -\frac{b}{a}$.

Note

Cette fois, le sens de l'inégalité est changé, car on divise par $a < 0$.

– Cas $a < 0$

• $ax + b > 0$ équivaut à $ax > -b$, c'est-à-dire, en divisant les deux membres de cette inégalité par $a < 0$, à $x < -\frac{b}{a}$.

• $ax + b < 0$ équivaut à $ax < -b$, c'est-à-dire à $x > -\frac{b}{a}$.

EXEMPLES :

1. Déterminons le signe de **$2x + 5$.**

$2x + 5$ s'annule pour $x = -\frac{5}{2}$.

De plus ici, $a = 2$ donc $a > 0$; le signe de $2x + 5$ est indiqué ci-dessous.

x		$-\frac{5}{2}$	
$2x + 5$	$-$	0	$+$

2. Déterminons le signe de **$-4x + 3$.**

$-4x + 3$ s'annule pour $x = \frac{3}{4}$.

De plus ici, $a = -4$ donc $a < 0$; le signe de $-4x + 3$ est indiqué ci-dessous.

x		$\frac{3}{4}$	
$-4x+3$	$+$	0	$-$

• Interprétation graphique

La propriété 3 peut être interprétée graphiquement.

En effet, on sait que l'allure de la droite d'équation $y = ax + b$ est différente selon le signe de a.

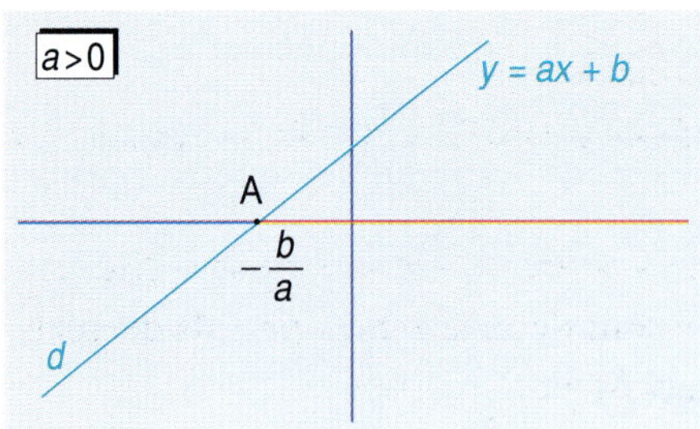

La droite "monte de la gauche vers la droite".

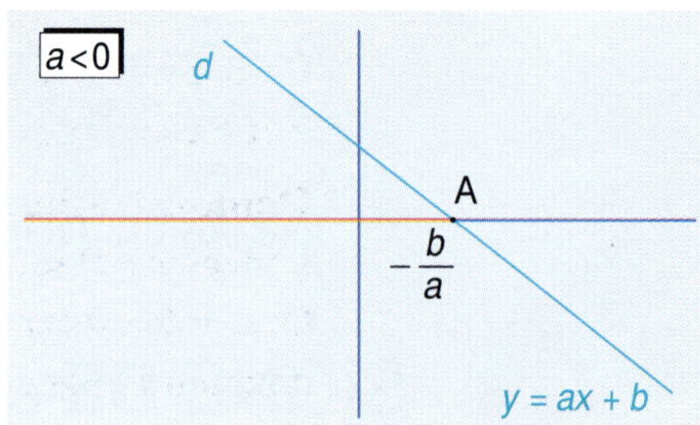

La droite "descend de la gauche vers la droite".

$-\frac{b}{a}$ est l'abscisse du point d'intersection A de d et de l'axe des abscisses.

L'ensemble des réels x tels que $ax + b > 0$ correspond à la partie de la droite d située au-dessus de l'axe des abscisses.

Cet ensemble est colorié en rouge. On retrouve donc le résultat suivant :

si $a > 0$, $ax + b > 0$ pour $x > -\frac{b}{a}$; si $a < 0$, $ax + b > 0$ pour $x < -\frac{b}{a}$.

3. SIGNE D'UN PRODUIT, D'UN QUOTIENT

La règle donnant le signe d'un produit et d'un quotient peut s'énoncer sous la forme suivante :

Coin-mémo

Le signe du quotient $\frac{A}{B}$ est le même que celui du produit AB.

- Lorsque deux nombres sont de **même signe**, leur produit est **positif**.

Lorsque deux nombres sont de **signes contraires**, leur produit est **négatif**.

- Lorsque deux nombres sont de **même signe**, leur quotient est **positif**.

Lorsque deux nombres sont de **signes contraires**, leur quotient est **négatif**.

EXEMPLES :

1. Signe de $(\pi - 2)x$.

$\pi - 2 > 0$ ($\pi \approx 3{,}14$).

Donc : si $x > 0$, alors $(\pi - 2)\, x > 0$, et si $x < 0$, alors $(\pi - 2)\, x < 0$.

2. Signe de $\frac{-3}{x}$ $(x \neq 0)$.

$-3 < 0$. Donc : si $x > 0$, alors $\frac{-3}{x} < 0$, et si $x < 0$, alors $\frac{-3}{x} > 0$.

4. INÉGALITÉS ET RÉELS POSITIFS

Les propriétés énoncées dans ce paragraphe seront illustrées graphiquement au chapitre 5, lors de l'étude des fonctions $x \mapsto x^2$, $x \mapsto \sqrt{x}$, $x \mapsto \frac{1}{x}$.

4.1 Passage au carré

PROPRIÉTÉ 4

Deux nombres **positifs** distincts sont rangés dans le **même ordre** que leurs carrés.

Cette propriété peut s'écrire ainsi :

a et b étant deux nombres **positifs,** $\boldsymbol{a < b}$ équivaut à $\boldsymbol{a^2 < b^2}$**.**

Démonstration

L'inégalité $a^2 < b^2$ peut s'écrire $a^2 - b^2 < 0$, c'est-à-dire $(a - b)(a + b) < 0$.

Or $a + b > 0$ car a et b sont deux nombres positifs distincts ; d'où, d'après la règle donnant le signe d'un produit :

$(a - b)(a + b) < 0$ équivaut à $a - b < 0$, c'est-à-dire à $a < b$.

EXEMPLES :

$\pi < \frac{22}{7}$, car $\pi = 3{,}141$ ... et $\frac{22}{7} = 3{,}142$ ...

Or π et $\frac{22}{7}$ sont deux nombres positifs, donc $\pi^2 < \left(\frac{22}{7}\right)^2$.

▶ **REMARQUE :** La propriété 4 n'est pas vraie lorsque les nombres ne sont pas positifs. Par exemple, les nombres -3 et -2 ne sont pas rangés dans le même ordre que leurs carrés :

$-3 < -2$, mais $(-3)^2 > (-2)^2$.

4.2 Passage à la racine carrée

PROPRIÉTÉ 5

Deux nombres **positifs** distincts sont rangés dans le **même ordre** que leurs racines carrées.

Cette propriété peut s'écrire ainsi :
a et b étant deux nombres **positifs,** $\boldsymbol{a < b}$ équivaut à $\boldsymbol{\sqrt{a} < \sqrt{b}}$.

Démonstration

Cette propriété se déduit immédiatement de la propriété 4.
En effet, les nombres a et b étant positifs, a est le carré de $\sqrt{a}$, et b celui de $\sqrt{b}$ ($a = (\sqrt{a})^2$ et $b = (\sqrt{b})^2$).

EXEMPLE : $\frac{1}{3} < \frac{1}{2}$ donc $\sqrt{\frac{1}{3}} < \sqrt{\frac{1}{2}}$.

4.3 Passage à l'inverse

PROPRIÉTÉ 6

Deux nombres **strictement positifs** distincts sont rangés dans l'**ordre contraire** de leurs inverses.

Cette propriété peut s'écrire ainsi :
a et b étant deux nombres **strictement positifs**, $\boldsymbol{a < b}$ équivaut à $\boldsymbol{\frac{1}{a} > \frac{1}{b}}$.

Démonstration

$\frac{1}{a} > \frac{1}{b}$ équivaut à $\frac{1}{a} - \frac{1}{b} > 0$, c'est-à-dire, en réduisant au même dénominateur, à $\frac{b-a}{ab} > 0$. Or $ab > 0$, car $a > 0$ et $b > 0$.

Donc, d'après la règle donnant le signe d'un quotient, $\frac{b-a}{ab} > 0$ équivaut à $b - a > 0$, c'est-à-dire à $a < b$.

EXEMPLE : Si $x \neq 0$, les réels x^2 et $x^2 + 1$ sont strictement positifs.
Or $x^2 < x^2 + 1$, donc $\frac{1}{x^2} > \frac{1}{x^2+1}$.

4.4 Comparaison de a et a^2

PROPRIÉTÉ 7

a désigne un nombre **strictement positif**.
- Si $\boldsymbol{a > 1}$, alors $\boldsymbol{a^2 > a}$.
- Si $\boldsymbol{a < 1}$, alors $\boldsymbol{a^2 < a}$.

Note
Si $a = 0$ ou $a = 1$, alors $a^2 = a$.

Démonstration

La différence $a^2 - a$ peut s'écrire $a^2 - a = a\,(a - 1)$.
Or $a > 0$, donc cette différence est du signe de $a - 1$. D'où :
pour $a > 1$, $a^2 - a > 0$, donc $a^2 > a$.
pour $a < 1$, $a^2 - a < 0$, donc $a^2 < a$.

5. INÉGALITÉS ET INTERVALLES

5■1 Intervalle fermé, intervalle ouvert

DÉFINITION 1

a et *b* sont deux réels tels que $a < b$.

- L'intervalle **fermé** $[a\ ;\ b]$ est l'ensemble des réels x tels que $a \leqslant x \leqslant b$.
- L'intervalle **ouvert** $]a\ ;\ b[$ est l'ensemble des réels x tels que $a < x < b$.

Note
On dit que de tels intervalles sont semi-ouverts ou semi-fermés.

On définit de même les intervalles $[a\ ;\ b\ [$ et $]a\ ;\ b\ ]$:

- $[a\ ;\ b\ [$ est l'ensemble des réels x tels que $a \leqslant x < b$.
- $]a\ ;\ b\ ]$ est l'ensemble des réels x tels que $a < x \leqslant b$.

EXEMPLES :

- $[1\ ;\ 5]$ désigne l'ensemble des réels x tels que :
$$1 \leqslant x \leqslant 5.$$

- $\left]-4\ ;\ \frac{3}{2}\right[$ désigne l'ensemble des réels x tels que :
$$-4 < x < \frac{3}{2}.$$

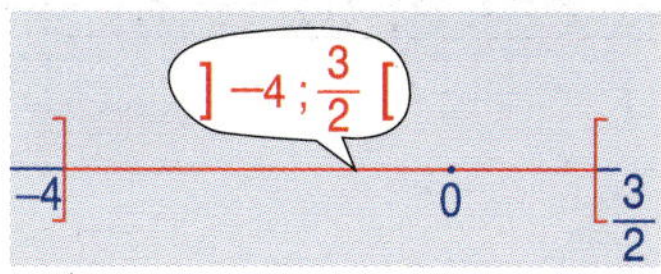

5■2 Intervalles illimités

Note
- $+\infty$ se lit : *"plus l'infini"*.
- $-\infty$ se lit : *"moins l'infini"*.

EXEMPLES :

- Considérons l'ensemble des réels x tels que $x \geqslant 1$. Cet ensemble est "illimité" à droite.
On le note $[1\ ;\ +\infty\ [$.

- De la même façon, l'ensemble des réels x tels que $x \leqslant 3$ est "illimité" à gauche.
On le note $]-\infty\ ;\ 3]$.

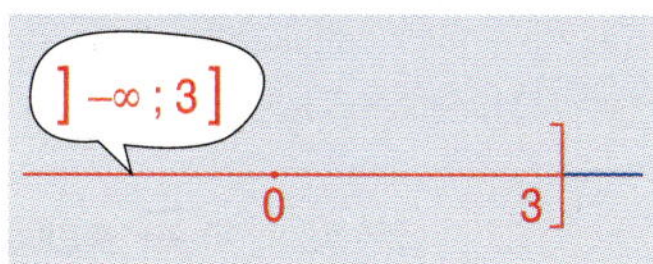

DÉFINITION 2

- L'intervalle $[a\ ;\ +\infty\ [$ est l'ensemble des réels x tels que $a \leqslant x$.
- L'intervalle $]-\infty\ ;\ b\ ]$ est l'ensemble des réels x tels que $x \leqslant b$.

Note
Les symboles $+\infty$ et $-\infty$ ne désignent pas des réels.

On définit de même les intervalles $]a\ ;\ +\infty\ [$ et $]-\infty\ ;\ b\ [$:

- $]a\ ;\ +\infty\ [$ est l'ensemble des réels x tels que $a < x$,
- $]-\infty\ ;\ b\ [$ est l'ensemble des réels x tels que $x < b$.

▶ **REMARQUE : Notations $\mathbb{R}^+$, $\mathbb{R}^-$, $\mathbb{R}^*$.**
L'intervalle $[0\ ;\ +\infty\ [$ est noté $\mathbb{R}^+$; l'intervalle $]-\infty\ ;\ 0]$ est noté $\mathbb{R}^-$.
L'ensemble de tous les réels non nuls est noté $\mathbb{R}^*$. Donc $\mathbb{R}^* =]-\infty\ ;\ 0\ [\cup\ ]\ 0\ ;\ +\infty\ [$.
(Le symbole $\cup$ se lit "union".)

6. ENCADREMENTS. APPROXIMATIONS

6■1 Encadrements

DÉFINITION 3

On dit qu'on a **encadré un réel x** lorsqu'on a trouvé deux réels a et b tels que :

$$a \leqslant x \leqslant b.$$

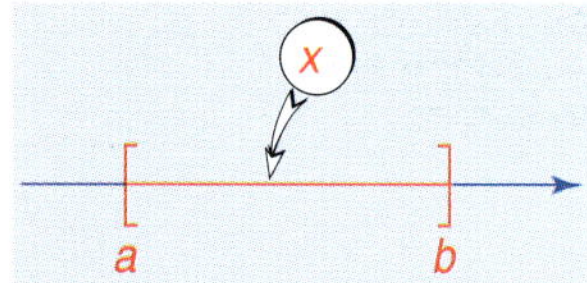

Dire que a et b encadrent x signifie donc que $x \in [a\,;b\,]$, $(a \leqslant b)$.
La longueur de $[a\,;b\,]$ est $b - a$, on l'appelle **l'amplitude de l'encadrement.**

EXEMPLES : On sait que $\pi = 3{,}14159$ ...
• Les nombres 3 et 4 encadrent donc le nombre π ; en effet $3 \leqslant \pi \leqslant 4$.
L'amplitude de cet encadrement est égale à 1.
• Les nombres 3,1 et 3,2 encadrent aussi le nombre π, car $3{,}1 \leqslant \pi \leqslant 3$.
L'amplitude de cet encadrement est égale à 0,1.

6■2 Approximation décimale à α près

DÉFINITION 4

α est un réel strictement positif.
Dire que le nombre décimal A est une **approximation du réel x à α près** signifie que : $\mathrm{A} - \alpha \leqslant x \leqslant \mathrm{A} + \alpha$.

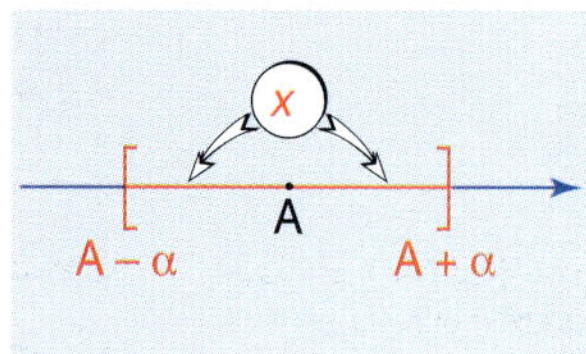

On dit aussi que **A est une valeur approchée de x à α près.**

EXEMPLE :
La double inégalité $3{,}1 \leqslant \pi \leqslant 3{,}2$ peut s'écrire :

$$3{,}15 - 0{,}05 \leqslant \pi \leqslant 3{,}15 + 0{,}05.$$

Donc 3,15 est une approximation de π à 0,05 près, c'est-à-dire à 5×10^{-2} près.

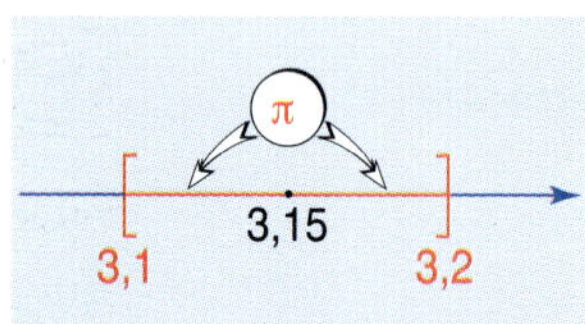

▶ **REMARQUE :** Lorsqu'on connaît une **approximation** de x **à α près,** on en déduit un **encadrement** de x **d'amplitude 2α.** En effet, si $\mathrm{A} - \alpha \leqslant x \leqslant \mathrm{A} + \alpha$, les nombres $\mathrm{A} - \alpha$ et $\mathrm{A} + \alpha$ encadrent x et l'amplitude de cet encadrement est égale à $(\mathrm{A} + \alpha) - (\mathrm{A} - \alpha) = 2\alpha$.
Réciproquement, on peut déduire de chaque encadrement de x par deux réels a et b une approximation de x à α près (voir l'exemple ci-dessus).

6■3 Approximation décimale par défaut, par excès

DÉFINITION 5

Note
Ici, l'amplitude de l'encadrement est α et non 2α comme précédemment (remarque § 6.2).

α est un réel strictement positif. Dire que le nombre décimal A est une approximation **par défaut** du réel x **à α près** signifie que :

$$\mathbf{A \leqslant x \leqslant A + \alpha.}$$

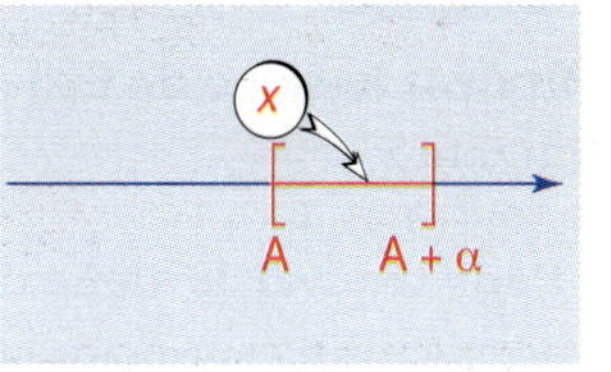

L'amplitude de cet encadrement de x est alors $(A + \alpha) - A = \alpha$.

EXEMPLE : 0,33 est une approximation par défaut à 10^{-2} près du réel $\frac{1}{3}$.
En effet, $0,33 \leqslant \frac{1}{3} \leqslant 0,33 + 0,01$.

DÉFINITION 6

α est un réel strictement positif. Dire que le nombre décimal A est une approximation **par excès** du réel x à α près signifie que :

$$\mathbf{A - \alpha \leqslant x \leqslant A.}$$

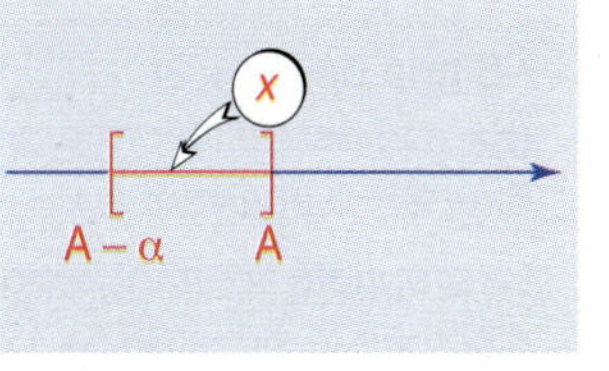

L'amplitude de cet encadrement de x est encore α.

EXEMPLE : 0,34 est une approximation par excès à 10^{-2} près de $\frac{1}{3}$.
En effet, $0,34 - 0,01 \leqslant x \leqslant 0,34$.

6■4 Un lien entre approximation et troncature

Note
Voir § 3., Pour prendre un bon départ

EXEMPLE : $\sqrt{5} = 2,23606...$
La valeur tronquée au centième de $\sqrt{5}$ (ou la troncature à deux décimales) est 2,23.
Donc $2,23 \leqslant \sqrt{5} \leqslant 2,24$, c'est-à-dire $2,23 \leqslant \sqrt{5} \leqslant 2,23 + 0,01$.
2,23 est donc une valeur approchée par défaut de $\sqrt{5}$ à 10^{-2} près.
De même, 2,236 est la valeur tronquée au millième de $\sqrt{5}$.
Donc $2,236 \leqslant \sqrt{5} \leqslant 2,237$.
2,236 est donc une valeur approchée par défaut de $\sqrt{5}$ à 10^{-3} près.

Plus généralement, on peut démontrer la propriété suivante :

PROPRIÉTÉ 8

La troncature à n décimales d'un réel est une approximation **par défaut** à 10^{-n} près de ce réel.

▶ **REMARQUE :** On peut vérifier que l'arrondi à n décimales d'un réel est une approximation à $0,5 \times 10^{-n}$ près de ce réel. (Voir exercice 97, p. 56.)

Exercices résolus

avec solutions commentées

Exo. 1

Trouvez le signe de $E(x) = (5x+2)\left(2-\frac{3}{2}x\right)$ suivant les valeurs du réel x.

Point Méthode

Pour trouver le signe d'un produit, on peut chercher le signe de chaque facteur, puis appliquer la règle des signes.

Solution

$E(x)$ est un produit de deux facteurs, $(5x+2)$ et $\left(2-\frac{3}{2}x\right)$.

Pour trouver le signe de $E(x)$, déterminons d'abord le signe de chacun des facteurs.

• Signe de $(5x+2)$:

$(5x+2)$ est de la forme $ax+b$, avec ici $a=5$ et $b=2$.

$5x+2=0$ équivaut à $x=-\frac{2}{5}$.

La propriété donnant le signe de $ax+b$ dans le cas $a>0$ permet alors d'obtenir le signe de $5x+2$.

x		$-\frac{2}{5}$	
$5x+2$	$-$	0	$+$

• Signe de $\left(2-\frac{3}{2}x\right)$:

On est, cette fois, dans le cas $a<0$ $\left(a=-\frac{3}{2}\right)$.

$2-\frac{3}{2}x=0$ équivaut à $\frac{3}{2}x=2$, c'est-à-dire $x=\frac{4}{3}$.

D'où le signe de $\left(2-\frac{3}{2}x\right)$.

x		$\frac{4}{3}$	
$2-\frac{3}{2}x$	$+$	0	$-$

• Signe de $E(x)$:

Consignons le signe de $(5x+2)$ et de $\left(2-\frac{3}{2}x\right)$ dans un même tableau et utilisons la règle des signes.

x		$-\frac{2}{5}$		$\frac{4}{3}$	
$5x+2$	$-$	0	$+$		$+$
$2-\frac{3}{2}x$	$+$		$+$	0	$-$
$E(x)$	$-$	0	$+$	0	$-$

On peut lire dans ce tableau :

$E(x)=0$ si $x=-\frac{2}{5}$ ou $x=\frac{4}{3}$,

$E(x)>0$ si $-\frac{2}{5}<x<\frac{4}{3}$,

$E(x)<0$ si $x<-\frac{2}{5}$ ou $x>\frac{4}{3}$.

Commentaires

◀ Attention à l'ordre ! a n'est pas égal à 2, a est le coefficient de x.

◀ Ici, $-\frac{3}{2}<0$, donc on met "+ avant $\frac{4}{3}$ et − après".

◀ $-\frac{2}{5}$ et $\frac{4}{3}$ sont rangés dans l'ordre croissant.

◀ $AB>0$ si A et B sont de même signe.
$AB<0$ si A et B sont de signes contraires.

◀ On peut aussi écrire :
$E(x)>0$ équivaut à $x\in\left]-\frac{2}{5};\frac{4}{3}\right[$.
$E(x)<0$ équivaut à
$x\in\left]-\infty;-\frac{2}{5}\right[\cup\left]\frac{4}{3};+\infty\right[$.

Exo. 2

Trouvez le signe de $E(x) = \dfrac{-3x+7}{1-2x}$ suivant les valeurs du réel x.

Point Méthode

Pour trouver le signe d'un quotient, on peut chercher successivement le signe du numérateur et le signe du dénominateur, puis procéder comme pour le signe d'un produit (le signe de $\dfrac{A}{B}$ est le même que le signe de AB).

Solution

$E(x)$ est un quotient. Déterminons d'abord le signe du numérateur et le signe du dénominateur.

$-3x+7$ est de la forme $ax+b$, avec $a=-3$, donc $a<0$.

$1-2x$ est de la forme $ax+b$, avec $a=-2$, donc $a<0$.

$-3x+7=0$ équivaut à $x=\dfrac{7}{3}$, et $1-2x=0$ équivaut à $x=\dfrac{1}{2}$.

Le signe de $-3x+7$ et celui de $1-2x$ sont indiqués dans le tableau ci-après.

Le signe du quotient $\dfrac{-3x+7}{1-2x}$, indiqué dans la dernière ligne du tableau, est donné par la règle des signes.

x		$\frac{1}{2}$		$\frac{7}{3}$	
$-3x+7$	+		+	0	−
$1-2x$	+	0	−		−
$E(x)$	**+**	‖	**−**	**0**	**+**

Lorsque $x=\dfrac{1}{2}$, le quotient n'existe pas car le dénominateur s'annule.

En conclusion :

$E(x)$ n'existe pas pour $x=\dfrac{1}{2}$,

$E(x)=0$ si $x=\dfrac{7}{3}$,

$E(x)>0$ si $x<\dfrac{1}{2}$ ou $x>\dfrac{7}{3}$,

$E(x)<0$ si $\dfrac{1}{2}<x<\dfrac{7}{3}$.

Commentaires

◀ On utilise dans les deux cas la propriété 3 donnant le signe de $ax+b$ dans le cas $a<0$.

◀ $\dfrac{A}{B}>0$ si A et B sont de même signe.
$\dfrac{A}{B}<0$ si A et B sont de signes contraires.

◀ On traduit cela par une double barre dans le tableau.

◀ On peut aussi écrire :
$E(x)>0$ équivaut à
$x \in \left]-\infty; \dfrac{1}{2}\right[\cup \left]\dfrac{7}{3}; +\infty\right[$;
$E(x)<0$ équivaut à $x \in \left]\dfrac{1}{2}; \dfrac{7}{3}\right[$.

Exo. 3

Résolvez l'inéquation $2x + 1 - (3x - 4)(2x + 1) \geqslant 0$.

Point Méthode

Pour résoudre une inéquation $P(x) \geqslant 0$ (ou $P(x) > 0$ ou $P(x) \leqslant 0$ ou $P(x) < 0$), on peut essayer d'écrire $P(x)$ sous la forme $(ax + b)(cx + d)$, puis étudier le signe de ce produit.

Solution commentée

On pose $P(x) = 2x + 1 - (3x - 4)(2x + 1)$.

$P(x)$ est la somme de deux termes :

$2x + 1$ et $-(3x - 4)(2x + 1)$.

On repère le facteur commun $(2x + 1)$.
$P(x)$ peut s'écrire $P(x) = (2x + 1)[1 - (3x - 4)]$,
d'où $P(x) = (2x + 1)(1 - 3x + 3)$,
donc $P(x) = (2x + 1)(-3x + 5)$.

Sous cette forme, $P(x)$ est le produit de deux facteurs ; son signe se déduit donc de celui des facteurs, le signe de $(2x + 1)$ et celui de $(-3x + 5)$ se déduisant de la règle donnant le signe de $ax + b$: pour $2x + 1$, $a = 2$ donc $a > 0$; pour $-3x + 5$, $a = -3$ donc $a < 0$.

x		$-\frac{1}{2}$		$\frac{5}{3}$	
$2x+1$	−	0	+		+
$-3x+5$	+		+	0	−
$P(x)$	−	0	+	0	−

D'après la dernière ligne du tableau, on a :
$P(x) \geqslant 0$ équivaut à $-\frac{1}{2} \leqslant x \leqslant \frac{5}{3}$.

L'ensemble des solutions de l'inéquation est donc :

$$\mathcal{S} = \left[-\frac{1}{2} ; \frac{5}{3}\right].$$

▶ **REMARQUE : On peut être tenté de développer $P(x)$. On obtiendrait $P(x) = -6x^2 + 7x + 5$. Or sous cette forme, on ne peut pas, en classe de Seconde, résoudre l'inéquation $P(x) \geqslant 0$.**

Exo. 4

Résolvez l'inéquation $\dfrac{2x-1}{3-x} \leqslant 5$

Point Méthode

Pour résoudre une inéquation de la forme $\dfrac{ax+b}{cx+d} \leqslant k$, on peut l'écrire $\dfrac{ax+b}{cx+d} - k \leqslant 0$, puis réduire l'expression $\dfrac{ax+b}{cx+d} - k$ au même dénominateur, et étudier le signe du quotient obtenu.

Solution commentée

ATTENTION ! N'écrivez pas $\dfrac{2x-1}{3-x} \leqslant 5$ sous la forme $(2x - 1) \leqslant 5(3 - x)$. En effet, $(3 - x)$ n'est pas toujours positif.

- $\dfrac{2x-1}{3-x}$ n'existe que si $3 - x \neq 0$, c'est-à-dire $x \neq 3$.
- L'inéquation s'écrit successivement :

$\dfrac{2x-1}{3-x} - 5 \leqslant 0$, $\dfrac{2x-1-5(3-x)}{3-x} \leqslant 0$,

$\dfrac{2x-1-15+5x}{3-x} \leqslant 0$, $\dfrac{7x-16}{3-x} \leqslant 0$.

- Étudions le signe de $\dfrac{7x-16}{3-x}$.

Le signe de $(7x - 16)$ et celui de $(3 - x)$ se déduisent de la règle donnant le signe de $ax + b$:
pour $7x - 16$, $a = 7$ donc $a > 0$; pour $3 - x$, $a = -1$ donc $a < 0$.

x		$\frac{16}{7}$		3	
$7x-16$	−	0	+		+
$3-x$	+		+	0	−
$\frac{7x-16}{3-x}$	−	0	+	‖	−

D'après la dernière ligne du tableau, $\dfrac{7x-16}{3-x} \leqslant 0$ équivaut à $x \leqslant \dfrac{16}{7}$ ou $x > 3$.

Notez que dans "$x > 3$", l'inégalité est stricte, car pour $x = 3$, le quotient n'existe pas.
L'ensemble des solutions de l'inéquation est donc :

$$\mathcal{S} = \left]-\infty ; \frac{16}{7}\right] \cup \left]3 ; +\infty\right[.$$

Exo. 5

Résolvez l'inéquation $x^2 \geqslant 4$.

Point Méthode

Pour résoudre une inéquation du type $x^2 \geqslant A^2$, on peut d'abord écrire cette inéquation sous la forme $x^2 - A^2 \geqslant 0$.

Solution commentée

ATTENTION ! Comme on va le voir, $x^2 \geqslant 4$ n'est pas équivalent à $x \geqslant 2$.

• L'inéquation $x^2 \geqslant 4$ s'écrit $x^2 - 4 \geqslant 0$, c'est-à-dire :

$$(x + 2)(x - 2) \geqslant 0.$$

• Étudions le signe du produit $(x + 2)(x - 2)$.
Le signe de $x + 2$ et celui de $x - 2$ se déduisent de la règle donnant le signe de $ax + b$: pour chacun des facteurs, $a = 1$, donc $a > 0$.

x		-2		2	
$x+2$	$-$	0	$+$		$+$
$x-2$	$-$		$-$	0	$+$
$(x+2)(x-2)$	$+$	0	$-$	0	$+$

D'où $x^2 - 4 \geqslant 0$ équivaut à $x \geqslant 2$ ou $x \leqslant -2$.

L'ensemble des solutions de l'inéquation est donc :

$$\mathcal{S} =]-\infty\,;-2] \cup [2\,;+\infty[.$$

Exo. 6

a et b sont deux réels tels que $-3 \leqslant a \leqslant 1$ et $-2 \leqslant b \leqslant 10$.
Déduisez-en un encadrement de $a - b$.

Point Méthode

Pour trouver un encadrement de $a - b$ à partir d'un encadrement de a et d'un encadrement de b, on peut encadrer $-b$ puis ajouter membre à membre les encadrements de a et $-b$.

Solution

Par hypothèse, $-2 \leqslant b \leqslant 10$; d'où, en multipliant par -1 :

$$-10 \leqslant -b \leqslant 2.$$

Donc $-3 \leqslant a \leqslant 1$ et $-10 \leqslant -b \leqslant 2$. En additionnant membre à membre, on obtient l'encadrement de $a - b$ suivant :

$$\mathbf{-13 \leqslant a - b \leqslant 3.}$$

Commentaires

◀ $-1 < 0$, donc on change le sens des inégalités.

◀ Pour pouvoir ajouter membre à membre des inégalités entre nombres, il n'est pas nécessaire que ces nombres soient positifs.

Exo. 7

a et b sont deux réels tels que $2 \leqslant a \leqslant 5$ et $3 \leqslant b \leqslant 7$.
Déduisez-en un encadrement de $\frac{a}{b}$.

Point Méthode

Pour trouver un encadrement de $\frac{a}{b}$ à partir d'un encadrement de a par deux nombres positifs et d'un encadrement de b par deux nombres positifs non nuls, on peut encadrer $\frac{1}{b}$, puis multiplier membre à membre les encadrements de a et $\frac{1}{b}$.

Solution

Par hypothèse, $3 \leqslant b \leqslant 7$; d'où $\frac{1}{7} \leqslant \frac{1}{b} \leqslant \frac{1}{3}$.

Donc $2 \leqslant a \leqslant 5$ et $\frac{1}{7} \leqslant \frac{1}{b} \leqslant \frac{1}{3}$. En multipliant membre à membre, on obtient l'encadrement de $\frac{a}{b}$ suivant : $\mathbf{\frac{2}{7} \leqslant \frac{a}{b} \leqslant \frac{5}{3}}$.

Commentaires

◀ Deux réels strictement positifs sont rangés dans l'ordre contraire de leurs inverses (propriété 6).

◀ On peut multiplier membre à membre des inégalités entre nombres **positifs**.

Les travaux pratiques 1 à 4 font partie du programme.

TP 1

ENCADREMENT DE L'OPPOSÉ D'UN NOMBRE, DE LA SOMME ET DU PRODUIT DE DEUX NOMBRES

1■1 Des propriétés à connaître

1. On suppose que $a \leqslant x \leqslant b$. Montrez que $-b \leqslant -x \leqslant -a$.

2. On suppose que $a \leqslant x \leqslant b$ et $c \leqslant y \leqslant d$.

a) Montrez que $a + c \leqslant x + y \leqslant b + d$.

b) On suppose de plus que x, y, a, b, c et d sont des nombres **positifs**.
Montrez que $ac \leqslant xy \leqslant bd$.

1■2 Encadrement d'aires et de longueurs

L'unité de longueur est le mètre et l'unité d'aire le mètre carré.

1. La longueur L et la largeur ℓ d'un terrain rectangulaire sont telles que :

$$99 \leqslant \text{L} \leqslant 101 \text{ et } 69 \leqslant \ell \leqslant 71.$$

a) Trouvez un encadrement de l'aire de ce terrain.

b) Trouvez un encadrement de son périmètre.

2. Un terrain rectangulaire a une aire $\mathcal{A}$ telle que $480 \leqslant \mathcal{A} \leqslant 502$.
Sa largeur x est telle que $14{,}8 \leqslant x \leqslant 15$. On note y sa longueur.

a) Trouvez un encadrement de $\dfrac{1}{x}$.

b) Déduisez-en un encadrement de la longueur y de ce terrain.

3. Un terrain rectangulaire a un périmètre p tel que $149 \leqslant p \leqslant 150$.
Sa largeur x est telle que $39{,}8 \leqslant x \leqslant 40{,}2$.

a) Trouvez en encadrement de $\dfrac{p}{2}$.

b) Indiquez un encadrement de $-x$.

c) Déduisez-en un encadrement de la largeur y de ce terrain.

4. Un terrain carré a une aire $\mathcal{A}$ telle que $399 \leqslant \mathcal{A} \leqslant 401$.
Calculez un encadrement de la longueur de son côté.

TP 2

À PROPOS DE MOYENNES

a et b sont deux nombres positifs tels que $a < b$.
On pose $\mathbf{M} = \dfrac{\boldsymbol{a+b}}{2}$ et $\boldsymbol{m} = \sqrt{\boldsymbol{ab}}$. On dit que **M est la moyenne arithmétique de *a* et *b*** et que ***m* est la moyenne géométrique de *a* et *b*.**
On se propose de comparer les nombres a, b, M et m.

2.1 Conjecture

1. Dans chacun des cas suivants, calculez M et m, puis rangez, dans l'ordre croissant, les quatre nombres a, b, M et m.

a) $a = 1$ et $b = 0$. **b)** $a = 2$ et $b = 8$. **c)** $a = 3$ et $b = 12$. **d)** $a = \dfrac{1}{4}$ et $b = 1$.

2. D'après ces exemples, dans quel ordre semblent, en général, être rangés les quatre nombres a, b, M et m ?

2.2 Une démonstration algébrique

1. On se propose de comparer les nombres M et m.

a) Expliquez pourquoi les nombres M et m sont rangés dans le même ordre que leurs carrés M^2 et m^2.

b) Vérifiez que $M^2 - m^2$ est du signe de $(a + b)^2 - 4ab$.

c) Déduisez-en que $M > m$.

2. Vérifiez que $a < \sqrt{ab}$ et $\dfrac{a+b}{2} < b$.

3. Déduisez de ce qui précède que $a < \sqrt{ab} < \dfrac{a+b}{2} < b$.

2.3 Une application en géométrie

On considère un cercle de diamètre [OB], un point C de ce cercle et son projeté orthogonal A sur [OB]. On note D le milieu de [AB].

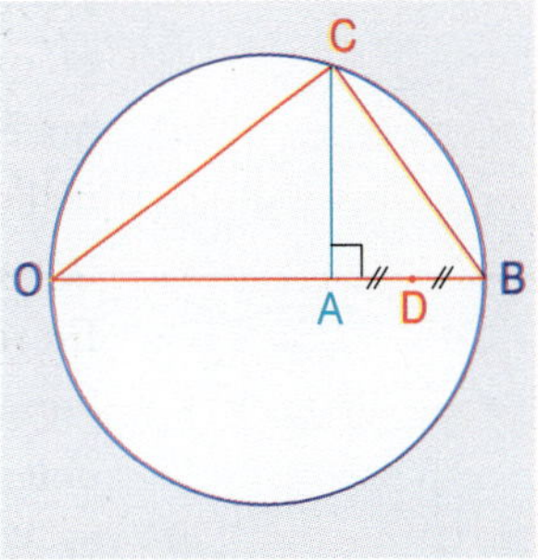

1. Expliquez pourquoi $OD = \dfrac{OA + OB}{2}$.

2. a) En calculant $\cos \widehat{COA}$ dans deux triangles rectangles, montrez que $\dfrac{OA}{OC} = \dfrac{OC}{OB}$.

b) Déduisez-en que $OC^2 = OA \times OB$.

3. Montrez que $OC < OD$.

TP 3

HAUTEUR D'UN CLOCHER

Un géomètre amateur veut mesurer la hauteur d'un clocher.
Pour cela, il utilise un théodolite, instrument pour mesurer des angles.

3.1 Une situation idéale

On suppose que toutes les mesures sont exactes.
Le géomètre place son théodolite en O, il vise à l'horizontale le point A placé sur la verticale passant par le sommet S du clocher, puis il vise le point S et mesure ainsi l'angle $\widehat{AOS}$. Il mesure ensuite les longueurs AO et AH. Voici les résultats :

$$\widehat{AOS} = 28°,\ AO = 94\text{ m},\ AH = 1{,}3\text{ m}$$

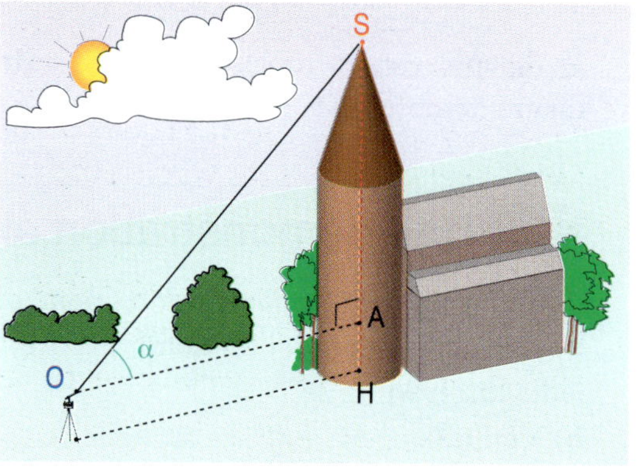

1. Montrez que l'on a alors, en mètres, $SH = 94\,(\tan 28°) + 1{,}3$.

2. Calculez la valeur arrondie de SH à 0,5 m près.

3.2 Une situation réelle

En fait, le géomètre ne peut pas viser le point A puisque ce point est situé à l'intérieur de l'édifice et que la verticale passant par S n'est pas matérialisée. Il vise donc un point B sur le mur de l'édifice et mesure OB = 90 m et BK = 1,3 m. (On néglige les erreurs de mesure pour OB et BK.)
En revanche, pour la longueur AB (en mètres) et l'angle $\widehat{AOS}$ (en degrés), le géomètre ne peut obtenir que des encadrements : $3{,}80 \leqslant AB \leqslant 4{,}20$ et $27{,}5 \leqslant \widehat{AOS} \leqslant 28{,}5$.

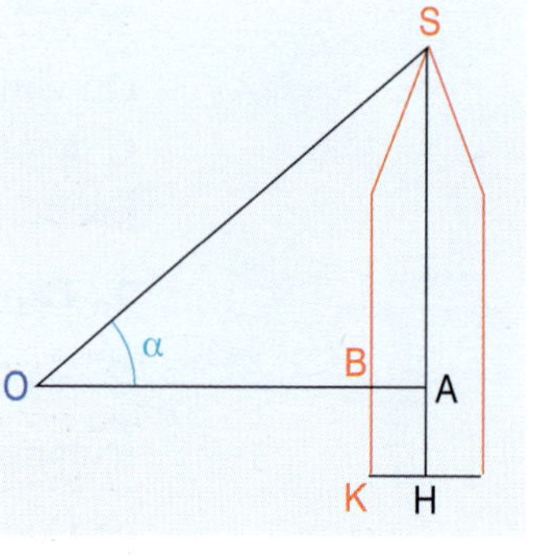

On pose $\alpha = \widehat{AOS}$. Nous admettrons que :

$$\tan 27{,}5° \leqslant \tan \alpha \leqslant \tan 28{,}5°.$$

Note
Un géomètre professionnel utilise d'autres méthodes et obtient un résultat plus précis.

1. Donnez un encadrement :
a) de OA ; **b)** de $SA = OA \tan \alpha$; **c)** de SH.

2. Donnez une approximation de SH à 1,20 m près.

TP 4

CHANGEMENTS D'AIRES

4.1 Avec deux droites variables

Dans un repère orthonormal $(O ; \overrightarrow{OI}, \overrightarrow{OJ})$, l'unité étant le centimètre, on considère la droite d d'équation $y = 1$, et les droites d_1 et d_2 d'équations respectives $y = -mx$ et $y = mx$, où m est un réel strictement positif quelconque.
On désigne par $\mathscr{D}$ l'ensemble des points $M(x ; y)$ tels que :

$$y \leqslant 1 \text{ et } y \geqslant -mx \text{ et } y \geqslant mx.$$

On note $\mathscr{A}$ l'aire de $\mathscr{D}$, B le point d'intersection des droites d et d_1, et C le point d'intersection des droites d et d_2.

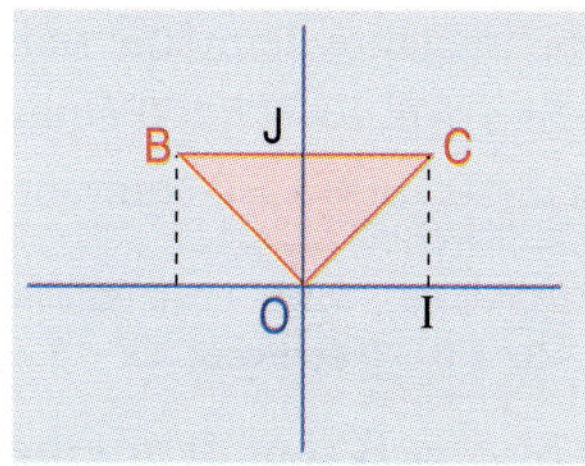

1. Déterminez les coordonnées des points B et C en fonction de m.

2. a) Expliquez pourquoi, lorsque $m = 1$, $\mathscr{D}$ est la partie du plan coloriée en rose sur la figure ci-contre.
b) Calculez $\mathscr{A}$ pour $m = 1$.

3. Sans effectuer de calculs et sans faire de graphique, imaginez comment varient les droites d_1 et d_2 lorsque m augmente, et indiquez si les nombres $\mathscr{A}$ correspondants semblent augmenter ou s'ils semblent diminuer.

4. Montrez que $\mathscr{A} = \frac{1}{m}$.

5. Dans chacun des cas suivants, indiquez à quel intervalle doit appartenir m pour que l'inégalité indiquée soit vraie :
a) $\mathscr{A} > \frac{1}{2}$; **b)** $\mathscr{A} \leqslant 1$; **c)** $\mathscr{A} < \frac{1}{10}$.

6. On suppose que deux points du repère $(O ; \overrightarrow{OI}, \overrightarrow{OJ})$ ne peuvent plus être distingués dès que leur distance est inférieure à 0,05 cm. Trouvez l'ensemble des valeurs de m telles que les points B et C correspondants semblent confondus.

4.2 Avec trois droites variables

1. On considère la droite d' d'équation $y = m$ et on désigne par $\mathscr{D}'$ l'ensemble des points $M(x ; y)$ tels que $y \leqslant m$ et $y \geqslant -mx$ et $y \geqslant mx$.
On note $\mathscr{A}'$ l'aire de $\mathscr{D}'$.
a) Pour chacune des valeurs de m suivantes, représentez graphiquement $\mathscr{D}'$ et calculez $\mathscr{A}'$:
• $m = \frac{1}{2}$ • $m = 1$ • $m = 2$.
b) Dans le cas général, calculez $\mathscr{A}'$ en fonction de m.

2. Trouvez, en fonction de m, une équation d'une droite Δ, parallèle à (OI) et située dans le demi-plan "$y > 0$", telle que le triangle déterminé par les droites Δ, d_1 et d_2 ait une aire indépendante de m.

RÉSULTATS ET CONSEILS

Des résultats à retenir

• En ajoutant membre à membre des inégalités **de même sens**, on obtient une inégalité de même sens.

En multipliant membre à membre des inégalités **de même sens entre nombres positifs**, on obtient une inégalité de même sens.

• Si $a > 0$, $ax + b > 0$ équivaut à $x > -\frac{b}{a}$.

Si $a < 0$, $ax + b > 0$ équivaut à $x < -\frac{b}{a}$.

EXEMPLES : • $2x - 1 > 0$ équivaut à $x > \frac{1}{2}$.

• $-3x + 9 > 0$ équivaut à $x < 3$.

• Si A et B sont de **même signe**, alors AB et $\frac{A}{B}$ sont positifs.

Si A et B sont de **signes contraires**, alors AB et $\frac{A}{B}$ sont négatifs.

• Deux nombres **positifs** sont rangés dans le **même ordre** que leurs **carrés** et que leurs **racines carrées**.

Deux nombres **strictement positifs** sont rangés dans l'**ordre contraire** de leurs **inverses**.

EXEMPLES : $\pi > 3{,}1$ donc $\pi^2 > (3{,}1)^2$; $\sqrt{\pi} > \sqrt{3{,}1}$; $\frac{1}{\pi} < \frac{1}{3{,}1}$.

• a désigne un nombre **strictement positif**.

Si $a > 1$, alors $a^2 > a$; si $a < 1$, alors $a^2 < a$.

• **Intervalles**

• $[a\,;\,b]$ est l'ensemble des x tels que $a \leqslant x \leqslant b$.

• $]a\,;\,b[$ est l'ensemble des x tels que $a < x < b$.

• $[a\,;\,+\infty[$ est l'ensemble des x tels que $a \leqslant x$.

• $]-\infty\,;\,b]$ est l'ensemble des x tels que $x \leqslant b$.

• a et b **encadrent** x signifie que $a \leqslant x \leqslant b$.

• A est une **approximation** de x à α près signifie que $A - \alpha \leqslant x \leqslant A + \alpha$.

A est une approximation **par défaut** de x à α près signifie que $A \leqslant x \leqslant A + \alpha$.

A est une approximation **par excès** de x à α près signifie que $A - \alpha \leqslant x \leqslant A$.

• La troncature de x à n décimales est une approximation par défaut de x à 10^{-n} près.

Des conseils à suivre

▶ N'oubliez pas que pour **connaître le signe d'un produit** AB ou **d'un quotient** $\frac{A}{B}$, il suffit de connaître le signe de A et celui de B.

▶ Pour **trouver le signe d'une expression P(x)**, essayez de factoriser P(x).

▶ La règle donnant le **signe de $ax + b$** n'est pas la même dans le cas "$a > 0$" et dans le cas "$a < 0$", mais dans les deux cas, on commence par résoudre l'équation $ax + b = 0$.

▶ Pour **résoudre une inéquation $P(x) \leqslant Q(x)$**, il est souvent plus commode de résoudre l'inéquation $P(x) - Q(x) \leqslant 0$.

EXEMPLE : Pour résoudre l'inéquation $2 < \frac{3}{x}$, on l'écrit sous la forme $2 - \frac{3}{x} < 0$, c'est-à-dire $\frac{2x-3}{x} < 0$.

Des erreurs à éviter

■ N'oubliez pas de **changer le sens d'une inégalité** lorsque vous multipliez ou divisez les deux membres par un nombre **négatif**.

EXEMPLES : • Si $x > 3$, alors $-2x < -6$.

• L'inéquation $2 < \frac{3}{x}$ n'est pas équivalente à $2x < 3$. (Ce n'est vrai que pour $x > 0$.)

■ Deux nombres sont rangés dans le même ordre que leurs carrés seulement lorsque ces nombres sont **positifs tous les deux**.

EXEMPLE : $-2 < 1$, mais $(-2)^2 > 1^2$.

exercices et problèmes

VÉRIFICATION DES CONNAISSANCES

S1 Énoncez la propriété concernant l'addition membre à membre de deux inégalités de même sens et la propriété concernant la multiplication membre à membre de deux inégalités de même sens.

S2 Complétez :
- Si $a > 0$, alors $ax + b > 0$ lorsque ..., et $ax + b < 0$ lorsque ...
- Si $a < 0$, alors $ax + b > 0$ lorsque ..., et $ax + b < 0$ lorsque ...

S3 Énoncez la règle donnant le signe d'un produit et celle donnant le signe d'un quotient.

S4 a et b sont deux nombres positifs. Complétez :
$a < b$ équivaut à $a^2 \square b^2$; $a < b$ équivaut à $\sqrt{a} \square \sqrt{b}$.

S5 a et b sont deux nombres strictement positifs. Complétez :
$a < b$ équivaut à $\frac{1}{a} \square \frac{1}{b}$.

S6 a est un nombre strictement positif. Complétez :
si $a > 1$, alors $a^2 \square a$; si $a < 1$, alors $a^2 \square a$.

S7 a et b sont deux nombres tels que $a < b$. Complétez :
- $[a ; b]$ est l'ensemble des réels x tels que ... ; $]a ; b[$ est l'ensemble des réels x tels que ... ;
- $[a ; +\infty[$ est l'ensemble des réels x tels que ... ; $]-\infty ; b]$ est l'ensemble des réels x tels que ...

S8 On suppose que $a \leqslant b$. Que signifie "a et b encadrent x" ? Quelle est l'amplitude de l'encadrement ?

S9 Complétez :
- « A est une approximation de x à α près » signifie que ...
- « A est une approximation par défaut de x à α près » signifie que ...
- « A est une approximation par excès de x à α près » signifie que ...

VÉRIFICATION DES SAVOIR-FAIRE

Une seule des réponses proposées est exacte	a	b	c
SF1 $1 \leqslant x \leqslant 2$ et $-1 \leqslant y \leqslant 0$. Alors	$-1 \leqslant x+y \leqslant 0$	$0 \leqslant x+y \leqslant 2$	$2 \leqslant x+y \leqslant 0$
SF2 $1 \leqslant x \leqslant 2$ et $1 \leqslant y \leqslant 2$. Alors ...	$2 \leqslant xy \leqslant 4$	$-4 \leqslant xy \leqslant -1$	$1 \leqslant xy \leqslant 4$
SF3 $3x - 1 > 0$ lorsque ...	$x < \frac{1}{3}$	$x > 3$	$x > \frac{1}{3}$
SF4 $-x - 1 < 0$ lorsque ...	$x > -1$	$x > 1$	$x < -1$
SF5 On sait que $\pi > 3{,}14$. Alors ...	$\frac{1}{\pi} < \frac{1}{3{,}14}$	$\pi^2 > (3{,}15)^2$	$\sqrt{\pi} < \sqrt{3{,}14}$
SF6 $[-3 ; 5]$ est l'ensemble des x tels que ...	$-3 < x < 5$	$5 \leqslant x \leqslant -3$	$-3 \leqslant x \leqslant 5$
SF7 $]-\infty ; 0[$ est l'ensemble des x tels que ...	$x \leqslant 0$	$-x > 0$	$x > 0$
SF8 On sait que $\sqrt{2} = 1{,}414$ ... Alors ...	1,4 est une approximation par excès de $\sqrt{2}$ à 10^{-1} près.	1,405 est une approximation de $\sqrt{2}$ à 10^{-2} près.	1,4 est une approximation par défaut de $\sqrt{2}$ à 10^{-2} près.

Corrigés en fin de manuel

COMME LES RÉSOLUS

Pour les exercices 1 et 2, vous pouvez vous reporter à l'exercice résolu 1, p. 42.

1 Trouvez, selon les valeurs du réel x, le signe de :
$$E(x) = (4x + 1)\left(1 - \frac{3}{4}x\right).$$

2 Trouvez, selon les valeurs du réel x, le signe de :
$$E(x) = (1 - 2x)\left(\frac{3}{2} + 5x\right).$$

Pour les exercices 3 et 4, vous pouvez vous reporter à l'exercice résolu 2, p. 43.

3 Trouvez, selon les valeurs du réel x, le signe de :
$$E(x) = \frac{-2x+9}{5-4x}.$$

4 Trouvez, selon les valeurs du réel x, le signe de :
$$E(x) = \frac{-4+7x}{5-8x}.$$

Pour les exercices 5 et 6, vous pouvez vous reporter à l'exercice résolu 3, p. 44.

5 Résolvez l'inéquation $2x + 3 - (5x + 1)(2x + 3) \geqslant 0$.

6 Résolvez l'inéquation $-3x + 1 + (2x - 3)(-3x + 1) \leqslant 0$.

Pour les exercices 7 et 8, vous pouvez vous reporter à l'exercice résolu 4, p. 44.

7 Résolvez l'inéquation $\frac{5x-3}{4-3x} \leqslant 2$.

8 Résolvez l'inéquation $\frac{2x+6}{3-x} \geqslant -1$.

Pour les exercices 9 et 10, vous pouvez vous reporter à l'exercice résolu 5, p. 45.

9 Résolvez l'inéquation $x^2 \geqslant 9$.

10 Résolvez l'inéquation $x^2 \geqslant 81$.

Pour les exercices 11 et 12, vous pouvez vous reporter à l'exercice résolu 6, p. 45.

11 a et b sont deux réels tels que :
$$-5 \leqslant a \leqslant -4 \text{ et } -1 \leqslant b \leqslant 2.$$
Déduisez-en un encadrement de $a - b$.

12 a et b sont deux réels tels que :
$$3 \leqslant a \leqslant 5 \text{ et } -2 \leqslant b \leqslant 4.$$
Déduisez-en un encadrement de $b - a$.

Pour les exercices 13 et 14, vous pouvez vous reporter à l'exercice résolu 7, p. 45.

13 a et b sont deux réels tels que :
$$7 \leqslant a \leqslant 12 \text{ et } 5 \leqslant b \leqslant 9.$$
Déduisez-en un encadrement de $\frac{a}{b}$.

14 a et b sont deux réels tels que :
$$2 \leqslant a \leqslant 7 \text{ et } 4 \leqslant b \leqslant 6.$$
Déduisez-en un encadrement de $\frac{b}{a}$.

(Corrigés en fin de manuel.)

POUR S'ENTRAÎNER

Inégalités et encadrements

Pour les exercices 15 à 21, complétez les pointillés en écrivant l'inégalité ou la double inégalité que l'on peut déduire de l'hypothèse.

15 **1.** Si $a \geqslant \pi$, alors $2a \geqslant \ldots$ donc $2a + 3 \geqslant \ldots$
2. Si $a \leqslant -\pi$, alors $2a + 3 \ldots$

16 **1.** Si $a < \sqrt{3}$, alors $-3a \ldots$ donc $-3a + \sqrt{3} \ldots$
2. Si $a > -\sqrt{3}$, alors $-3a + \sqrt{3} \ldots$

17 **1.** Si $-1 \leqslant a \leqslant 3$, alors $\ldots \leqslant -2a \leqslant \ldots$
2. Si $-1 \leqslant a \leqslant 3$, alors $\ldots \leqslant -2a + 1 \leqslant \ldots$

18 **1.** Si $2 < a < 5$, alors $\ldots < \frac{1}{a} < \ldots$
2. Si $2 < a < 5$, alors $\ldots < -\frac{3}{a} - 1 < \ldots$

19 **1.** Si $1 \leqslant a \leqslant 7$, alors $\ldots \leqslant a^2 \leqslant \ldots$
2. Si $1 \leqslant a \leqslant 7$, alors $\ldots \leqslant \frac{1}{4}a^2 - \frac{1}{4} \leqslant \ldots$

20 **1.** Si $9 \leqslant a \leqslant 25$, alors $\ldots \leqslant \sqrt{a} \leqslant \ldots$
2. Si $9 \leqslant a \leqslant 25$, alors $\ldots \leqslant \frac{\sqrt{a}}{2} - 4 \leqslant \ldots$

21 **1.** Si $2 < a < 3$, alors $\ldots < \frac{1}{a} < \ldots$
2. Si $2 < a < 3$, alors $\ldots < -\frac{1}{\sqrt{a}} < \ldots$

22 a et b sont deux réels tels que :
$$2 \leqslant a \leqslant 3 \text{ et } 1 \leqslant b \leqslant 4.$$
Trouvez un encadrement de chacun des nombres suivants :
$$a + b\ ;\ a - b\ ;\ 2a - 5b\ ;\ -3a + 2b - 4.$$

23 a et b sont deux réels tels que :
$$-2 \leqslant a \leqslant 3 \text{ et } -1 \leqslant b \leqslant 10.$$
Trouvez un encadrement de chacun des nombres suivants :
$$a + b\ ;\ a - b\ ;\ 2a - 5b\ ;\ -3a + 2b - 4.$$

24 Rangez les nombres suivants dans l'ordre croissant, sans l'aide d'une calculatrice :

$$\frac{1}{\pi}\,;\ \frac{1}{\pi^2}\,;\ \frac{1}{2\pi}\,;\ \frac{1}{\pi+1}.$$

25 x est un nombre strictement supérieur à -2.
Comparez successivement :
a) $x+2$; $x+3$; $x+5$; **b)** $\frac{1}{x+2}$; $\frac{1}{x+3}$; $\frac{1}{x+5}$;
c) $(x+2)^2$; $(x+3)^2$; $(x+5)^2$.

26 On sait que $-3{,}45 \leqslant a \leqslant -3{,}40$ et $-0{,}90 \leqslant b \leqslant -0{,}85$.
1. Donnez un encadrement de $-a$ et de $-b$.
2. Donnez un encadrement de ab.

27 On sait que $1{,}56 \leqslant a \leqslant 1{,}57$ et $-3 \leqslant b < -2{,}9$.
1. Donnez un encadrement de $-b$.
2. Donnez un encadrement de ab.

28* On sait que $4 \leqslant a \leqslant 4{,}6$ et $-0{,}5 \leqslant b \leqslant 0{,}3$.
1. Donnez un encadrement de ab lorsque :
a) $-0{,}5 \leqslant b \leqslant 0$; **b)** $0 \leqslant b \leqslant 0{,}3$.
2. Concluez sur un encadrement de ab.

29 **Étrange ?**
On suppose que $2 \leqslant a \leqslant 5$.
1. Complétez les doubles inégalités suivantes :
a) $\ldots \leqslant 4a^2 \leqslant \ldots$; **b)** $\ldots \leqslant 4a^2 - a \leqslant \ldots$.
2. Complétez les doubles inégalités suivantes :
a) $\ldots \leqslant 4a - 1 \leqslant \ldots$; **b)** $\ldots \leqslant (4a-1)a \leqslant \ldots$.
COMMENTAIRE : L'encadrement du nombre $A = 4a^2 - a$ obtenu au **1. b)** n'est pas le même que l'encadrement obtenu au **2. b)** lorsque ce même nombre A est écrit sous la forme $A = (4a-1)a$.

30* **1.** a est un réel positif.
Comparez les nombres $\frac{a+1}{a+2}$ et $\frac{a+2}{a+3}$.
2. Comparez les nombres $\frac{18{,}1}{18{,}2}$ et $\frac{18{,}2}{18{,}3}$.

31 a et b sont des réels tels que $0 < a < b$.
1. Étudiez le signe de la différence $\frac{a}{b} - \frac{a+5}{b+5}$, puis comparez les quotients $\frac{a}{b}$ et $\frac{a+5}{b+5}$.
2. c est un réel strictement positif.
Comparez les quotients $\frac{a}{b}$ et $\frac{a+c}{b+c}$.
3. Comparez les quotients $\frac{a}{b}$, $\frac{2a}{a+b}$ et $\frac{2a+3b}{a+b}$.

Pour les exercices 32 à 35, *a* et *b* sont deux réels strictement positifs et distincts. Comparez les nombres A et B en étudiant le signe de A – B.

32 $A = \frac{a+b}{b}$ et $B = \frac{4a}{a+b}$.

33 $A = (a+1)(b+1)$ et $B = ab+1$.

34 $A = (a-1)(b-1)$ et $B = ab+1$.

35 $A = \frac{1}{a} + \frac{1}{b}$ et $B = \frac{2}{a+b}$.

Approximations et calculatrice

Pour les exercices 36 et 37, calculez le nombre A à l'aide d'une calculatrice, et déduisez-en :
a) la valeur de A tronquée au millième,
b) une valeur approchée de A arrondie au millième,
c) une approximation par défaut de A à 10^{-2} près,
d) une approximation par excès de A à 10^{-2} près.

36 **1.** $A = \sqrt{\frac{6}{7}} - \sqrt{\frac{5}{6}}$. **2.** $A = \frac{2\sqrt{5}}{5-\pi}$.

37 **1.** $A = \frac{3}{\pi+1} - \frac{2}{\pi}$. **2.** $A = \sqrt{\frac{7}{6}} - \sqrt{\frac{8}{7}}$.

38 **1. a.** Calculez, à l'aide d'une calculatrice, le nombre :

$$A = \frac{\sqrt{\pi}-3}{\pi}.$$

b. Déduisez-en l'arrondi de A au millième.
2. Le nombre A étant affiché sur l'écran de votre calculatrice, si vous la réglez de sorte qu'elle n'affiche que trois décimales, elle doit alors afficher la valeur de A arrondie au millième, c'est-à-dire le nombre trouvé au **1. b**.
Vérifiez qu'il en est bien ainsi.

Intervalles

Pour les exercices 39 à 41, dites, dans chaque cas, à quel intervalle ou réunion d'intervalles appartient *x* et représentez cet ensemble sur une droite graduée.

39 **a)** $-1 \leqslant x \leqslant 2$; **b)** $x < -\frac{3}{2}$; **c)** $x \geqslant 10$.

40 **a)** $0 < x \leqslant 3$; **b)** $x \leqslant -1$;
c) x est un réel strictement positif.

41 **a)** $x < -3$ ou $x > 2$; **b)** $x > -2$ et $x \leqslant 3$;
c) $x \neq 0$ et $-1 < x < 2$.

Pour les exercices 42 et 43, traduisez par des inégalités l'appartenance d'un réel *x* à chacun des intervalles.

42 **a)** $[-2\,;3]$; **b)** $]-1\,;0]$; **c)** $]-\infty\,;4[$.

43 **a)** $]2\,;+\infty[$; **b)** $]-\infty\,;0[$; **c)** $\left]3\,;\frac{11}{2}\right[$.

exercices et problèmes

Pour les exercices 44 à 46, peut-on trouver un réel x qui vérifie en même temps toutes les inégalités proposées ?

44 $x-5>0,\ x+1>0$ et $x+3>0$.

45 $x-4 \leqslant 0,\ x-2<0$ et $x+2 \geqslant 0$.

46 $x-7\sqrt{2} \leqslant 0$ et $x-3\sqrt{11} > 0$.

47 On sait que x est un réel tel que $x \geqslant 3$.
Précisez à quel intervalle appartient :

a) $\frac{1}{x}$; **b)** x^2 ; **c)** $-x$; **d)** $4-x$.

48 Vrai ou faux ?

On pose $\mathrm{I} = \left]-\frac{3}{2};\frac{1}{3}\right[$ et $\mathrm{J} = \left]\frac{1}{2};3\right]$.

Pour chacune des propriétés suivantes, dites si elle est vraie ou fausse.

1. a) $\frac{1}{2} \in \mathrm{I}$; **b)** $\frac{1}{2} \in \mathrm{J}$; **c)** $2 \in \mathrm{J}$; **d)** $3 \in \mathrm{J}$.

CONSEIL : Représenter I et J sur une droite graduée.

2. Il existe des réels appartenant à la fois à I et J.

3. Il existe des réels n'appartenant ni à I ni à J.

Inéquations

Pour les exercices 49 à 58, résolvez chacune des inéquations proposées et représentez ses solutions sur une droite graduée.

49 a) $3x-5<0$; **b)** $3x-5 \geqslant 0$.

50 a) $-2x+3>0$; **b)** $2x-3 \leqslant 0$.

51 a) $2x-3 \leqslant 3x+5$; **b)** $2x-3>3x+5$.

52 a) $\frac{2}{3}x+\frac{3}{4} \leqslant \frac{3}{4}x-\frac{1}{3}$; **b)** $-\frac{2}{3}x+\frac{3}{4}>\frac{3}{4}x-\frac{1}{3}$.

53 a) $\sqrt{3}\,x-3 \leqslant \sqrt{27}\,x+6$; **b)** $-\sqrt{3}\,x-3>\sqrt{27}\,x+6$.

54 a) $14\,x-\sqrt{75}<3\,x-5\sqrt{3}$; **b)** $14\,x-\sqrt{75} \geqslant 3\,x-5\sqrt{3}$.

55 a) $4x+\sqrt{3} \leqslant 4x-1$; **b)** $4x+\sqrt{3} \geqslant 4x-1$.

56 a) $-2(x^2+1)<0$; **b)** $5(x^2+10)>0$.

57 a) $(x-4)^2 \leqslant -1$; **b)** $(5x+1)^2+9 \leqslant 0$.

58 a) $\frac{x-1}{4}-5 \leqslant \frac{2x-3}{2}+\frac{3}{4}$;
b) $\frac{1}{3}(2x+1)-\frac{1}{2}(x+2)>\frac{1}{6}(x+2)$.

59 Résolvez chacune des inéquations suivantes après avoir développé ses deux membres.
a) $(3x-2)^2-5<3x(3x-4)$;
b) $x-\frac{1}{2}-x(x+2) \geqslant 2-x(x-3)$.

Pour les exercices 60 à 62, pour chaque inéquation, précisez les valeurs de x interdites, résolvez l'inéquation et représentez ses solutions sur une droite graduée.

60 a) $1>\frac{2}{x}$; **b)** $\frac{3}{x} \geqslant 1$.

61 a) $\frac{x+3}{x-3}-\frac{x-3}{x+3} \leqslant \frac{36}{x^2-9}$; **b)** $\frac{2x+1}{x+2} \geqslant x$.

62 a) $\frac{7x-2}{4x^2-1}<0$; **b)** $\frac{x^2-4}{3x+5}>0$.

Pour les exercices 63 à 71, résolvez chacune des inéquations proposées en factorisant si nécessaire, puis représentez ses solutions sur une droite graduée.

63 a) $x(x-5)-4(x-5) \geqslant 0$; **b)** $x^2-9<0$.

64 a) $x^2+3x>0$; **b)** $(3x+5)^2-1 \geqslant 0$.

65 a) $5x^2-8x \leqslant 0$; **b)** $(3x+2)^2-(x-1)^2 \leqslant 0$.

66 a) $(x-2)x+2(x^2-4) \leqslant 4(x-2)^2$;
b) $5(x^2+1)(3x-4) \leqslant 0$.

67 a) $(2x-3)^2-3(3-2x) \leqslant 0$; **b)** $(3x^2+1)(9-2x)>0$.

68 a) $(x-2)(3x+5)(3-7x)<0$; **b)** $(x^2-1)(x^2-4) \leqslant 0$.

69 a) $x(1-x)(2-x) \geqslant 0$; **b)** $(2-x)(x^2-1)>0$.

70 a) $(2x-1)^3(3-4x)>0$; **b)** $(x+3)^2-5(x+3)^3 \geqslant 0$.

71 a) $(x^2-25)(x^4-16)>0$;
b) $(x-1)^2(x-2)<(x^2-1)(2-x)$.

72 Résolvez les deux inéquations proposées et vérifiez que les ensembles de solutions trouvés sont distincts.

a) $\frac{1}{2x+3}<2$; **b)** $2x+3>\frac{1}{2}$.

Systèmes d'inéquations à une inconnue

Pour les exercices 73 à 76, résolvez le système de deux inéquations proposé, puis représentez l'ensemble des solutions sur une droite graduée.

73 $\begin{cases} 2x-3>5x-1 \\ x+4 \geqslant 3x-2. \end{cases}$

74 $\begin{cases} 2x-3>x+1 \\ 3x-1 \leqslant 2x+7. \end{cases}$

75 $-5<8-5x<\frac{11}{3}$.

76 $-4 \geqslant 8-3x \geqslant -10$.

77 Résolvez le système d'inéquations suivant et représentez l'ensemble des solutions sur une droite graduée :

$$\begin{cases} -3 < 2x - 5 \leqslant 5 \\ -12 < -3x + 6 \leqslant 0 \end{cases}.$$

78 Vérifiez que le système suivant n'admet aucune solution :

$$\begin{cases} -5 < 3x + 1 < -2 \\ 0 \leqslant -2x + 6 \leqslant 4 \end{cases}.$$

Approximations

Pour les exercices 79 à 81, donnez une approximation du réel A, puis une approximation par excès, et enfin une approximation par défaut, en indiquant à chaque fois la précision.

79 $1{,}589 \leqslant A \leqslant 1{,}59$.

80 $-0{,}05 \leqslant A \leqslant 0{,}025$.

81 $-3{,}5 \leqslant A \leqslant -3{,}45$.

82 En utilisant une calculatrice, donnez :

a) une approximation par défaut de $\pi\sqrt{2}$ à 10^{-3} près ;

b) une approximation de $\pi\sqrt{2}$ à 5×10^{-4} près.

83 On sait que 4,573 est une approximation d'un réel x à 10^{-3} près.

1. Donnez l'encadrement correspondant de x.

2. Pouvez-vous donner une autre approximation de x ? Avec quelle précision ?

3. Donnez une approximation par défaut de x.
Pouvez-vous en donner une autre ?
Avec quelle précision ?

4. Donnez une approximation par excès de x.
Pouvez-vous en donner une autre ?
Avec quelle précision ?

84 Donnez un encadrement du réel x dans chacun des cas suivants :

a) 1,423 est une approximation de x à 10^{-3} près ;

b) 13,4 est une approximation par défaut de x à 5×10^{-1} près ;

c) 2,5158 est une approximation par excès de $3x$ à 10^{-4} près.

85 Les valeurs approchées suivantes sont déterminées par troncature à la troisième décimale :

$\sqrt{2} \approx 1{,}414$; $\sqrt{3} \approx 1{,}732$; $\sqrt{5} \approx 2{,}236$; $\sqrt{10} \approx 3{,}162$;
Donnez les encadrements correspondants de $\sqrt{2}$, $\sqrt{3}$, $\sqrt{5}$, $\sqrt{10}$.

86 **1.** Avec une calculatrice, donnez des encadrements d'amplitudes inférieures à 10^{-3} de $a = \sqrt{3}$ et $b = \sqrt{17}$.

2. Déduisez-en alors des encadrements de $a + b$ et ab.

Pour les exercices 87 à 90, à l'aide d'une calculatrice, donnez une approximation à 10^{-3} près du réel indiqué. Donnez-en ensuite sa troncature et son arrondi à trois décimales.

87 $\dfrac{0{,}1875 \times 95{,}5}{0{,}0266 \times 10^{-2}}$.

88 $(-4{,}72)^5 \sqrt{9{,}19 \times 0{,}404}$.

89 $\dfrac{\sqrt{216}}{18{,}8 \times 2{,}36}$.

90 $375 \times 27{,}4 \times \sqrt{291{,}56}$.

91 3,142 est une approximation par excès de π à 5×10^{-4} près, et 1,414 est une approximation par défaut de $\sqrt{2}$ à 5×10^{-4} près.

1. Donnez les encadrements correspondants de π et de $\sqrt{2}$.

2. Déduisez-en un encadrement de $\pi + \sqrt{2}$.

3. Pouvez-vous donner alors la troncature de $\pi + \sqrt{2}$ à trois décimales ?

Pour les exercices 92 à 94, x_1, y_1, z_1 sont des approximations par défaut à 10^{-p} près de x, y, z.
Donnez un encadrement de $x + y - z$.

92 $x_1 = 0{,}24$, $y_1 = 7{,}43$, $z_1 = 3{,}81$; $p = 2$.

93 $x_1 = 2{,}423$, $y_1 = 0{,}543$, $z_1 = 3{,}271$; $p = 3$.

94 $x_1 = 1{,}4142$, $y_1 = 1{,}7320$, $z_1 = 3{,}1415$; $p = 4$.

95 **1.** Écrivez les encadrements d'un réel x obtenus par chacun des renseignements suivants :

- la troncature à deux décimales de x est 2,71 ;
- l'arrondi à deux décimales de x est 2,72 ;
- 2,715 est une valeur approchée de x à 3×10^{-3} près.

2. Représentez ces encadrements sur un axe.
(On ne représentera que les réels situés entre 2,69 et 2,74 en prenant une unité assez grande.)

3. Déduisez de ces renseignements un encadrement de x le plus précis possible.

96 **Autour du nombre π**

1. En utilisant éventuellement une calculatrice, dites si les nombres suivants sont supérieurs ou inférieurs à π :

a) $\sqrt{10}$. **b)** $3 + \dfrac{1}{8}$. **c)** $4 \times \left(\dfrac{8}{9}\right)^2$. **d)** $3 + \dfrac{10}{71}$. **e)** $3 + \dfrac{1}{7}$.

2. Chacun des nombres précédents est une approximation par défaut ou par excès du nombre π à 10^{-p} près. Indiquez une valeur possible de l'entier naturel p pour chacun d'eux.

NOTE : L'approximation de π par $3 + \dfrac{1}{8}$ a été proposée à Babylone (2000 av. J.-C.), l'approximation par $4\left(\dfrac{8}{9}\right)^2$ par le papyrus d'Ahmès (1650 av. J.-C.). Archimède (250 av. J.-C.) a encadré π par $3 + \dfrac{10}{71}$ et $3 + \dfrac{1}{7}$.

97 1. Une calculatrice affiche $\sqrt{7} = 2{,}64575$ ...

a. Pourquoi 2,6 est-il l'arrondi à une décimale de $\sqrt{7}$?

b. Quel est l'arrondi de $\sqrt{7}$ à deux décimales ? l'arrondi à trois décimales ?

c. Expliquez pourquoi 2,6 est une valeur approchée de $\sqrt{7}$ à $0{,}5 \times 10^{-1}$ près.

2. Plus généralement, expliquez pourquoi l'arrondi à une décimale d'un nombre est une valeur approchée de ce nombre à $0{,}5 \times 10^{-1}$ près.

NOTE : Plus généralement, on peut vérifier qu'un arrondi à n décimales est une approximation à $0{,}5 \times 10^{-n}$ près.

Des situations

98 Un rectangle a pour longueur L = 30 m et pour largeur ℓ = 12 m. Ces longueurs ont été mesurées à 0,5 m près. Donnez un encadrement du périmètre et un encadrement de l'aire de ce rectangle.

99 Les longueurs a, b, c des côtés d'un parallélépipède rectangle sont données par les encadrements suivants : (mesurés en centimètres) :

$$53 \leqslant a \leqslant 54 \; ; \; 101 \leqslant b \leqslant 102 \; ; \; 217 \leqslant c \leqslant 218.$$

1. Donnez un encadrement du volume du parallélépipède.

2. Donnez un encadrement de l'aire totale de ce parallélépipède, c'est-à-dire de la somme des aires de ses six faces.

100 Une sphère a un rayon R (exprimé en centimètres) donné par l'encadrement $1{,}37 \leqslant R \leqslant 1{,}38$.
Donnez un encadrement du volume de cette sphère, en utilisant $3{,}14 \leqslant \pi \leqslant 3{,}15$.

RAPPEL : $V = \frac{4}{3}\pi R^3$.

101 Une casserole cylindrique a pour diamètre 18 cm. Sa contenance est comprise entre 2 et 3 litres.
Déduisez-en un encadrement de sa hauteur.

102 On veut évaluer la hauteur h d'une pyramide dont la base est un rectangle de côtés ℓ et L, et de volume V $\left(V = \frac{1}{3}\ell \times L \times h\right)$.
On connaît des valeurs approchées de ℓ et L à 10^{-1} près :

$$\ell \approx 23{,}7 \text{ cm et } L \approx 32{,}4 \text{ cm.}$$

Pour mesurer le volume, on plonge la pyramide dans un récipient plein d'eau. L'eau qui déborde a pour volume 2 550 cm^3 à 5×10^{-1} près.

1. Établissez la formule qui donne h en fonction de V, ℓ et L.

2. Calculez un encadrement de $\ell \times L$, puis de $\frac{1}{\ell \times L}$.

3. Déduisez-en un encadrement de h.

103 Un losange a une aire comprise entre 252,9 m^2 et 253,1 m^2. Une des deux diagonales du losange mesure exactement 61 m.

1. Donnez un encadrement de la longueur ℓ de l'autre diagonale.

2. Donnez un encadrement d'amplitude 10^{-2} de ℓ.

104 ABCD et ABEF sont deux trapèzes rectangles tels que AD = AF = x, où x est un réel strictement positif.
En utilisant les indications données par la figure, trouvez pour quelles valeurs de x l'aire du trapèze ABCD est supérieure ou égale à l'aire du trapèze ABEF.

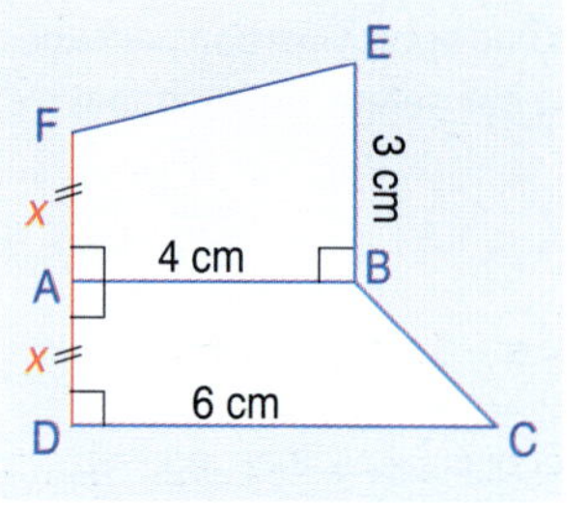

105 On veut relier en ligne droite, par une conduite d'écoulement, deux points A et B distants de 256 mètres.
On suppose cette distance mesurée à 1 mètre près.
Pour réaliser cette conduite, on dispose de tuyaux.
La longueur de chaque tuyau est égale à 5 m à 5 cm près.
Les tuyaux s'emboîtent l'un dans l'autre sur une longueur de 20 cm mesurée à 1 cm près.
On note n le nombre de tuyaux.

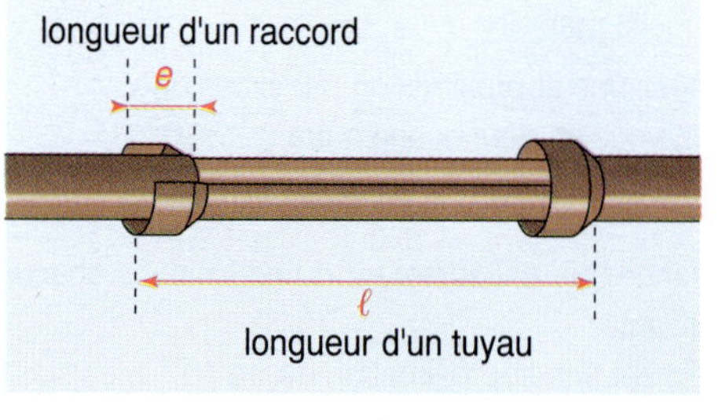

1. Déterminez le nombre de raccords intermédiaires en fonction de n.

2. ℓ désigne la longueur d'un tuyau, et e la longueur d'un raccord. Démontrez que la longueur totale est :

$$L = n(\ell - e) + e.$$

3. Encadrez L, ℓ et e, et déduisez-en le nombre minimum de tuyaux nécessaires à la réalisation du projet.

106* Si on augmente de cinq unités le côté d'un carré, on obtient un nouveau carré dont l'aire est comprise entre quatre fois et neuf fois celle du premier carré.
Déduisez-en un encadrement du côté du premier carré.

PROBLÈMES DE SYNTHÈSE

107 **THÈMES : Inégalités. Aires. Tracés de droites dans un repère.**

On se propose de comparer les aires des triangles AEB, BEC et CED de la figure suivante lorsque le réel positif x varie.

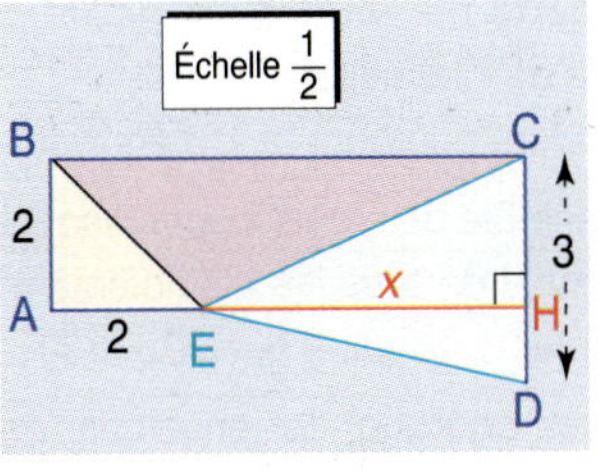

1. a. Calculez l'aire du triangle AEB.

b. Calculez BC en fonction de x.

Calculez, en fonction de x, les aires des triangles BEC et CED.

2. Rangez par ordre croissant les aires de ces triangles, en discutant selon les valeurs de x.

3. a. Dans un repère orthonormal, tracez les droites d'équations $y = 2$, $y = x + 2$, et $y = \frac{3}{2}x$.

b. Interprétez graphiquement les résultats de la question **2.**

108 **THÈMES : Inégalités. Aires. Système d'inéquations.**

On considère le trapèze rectangle ABCD de la figure ci-dessous. On note $\mathcal{A}(x)$ son aire (en cm^2) et $p(x)$ son périmètre (en cm), x désignant la longueur BC (en cm).

On se propose de trouver, s'il en existe, les réels x tels que :

$$\mathcal{A}(x) \leqslant 10 \text{ et } p(x) \geqslant 14.$$

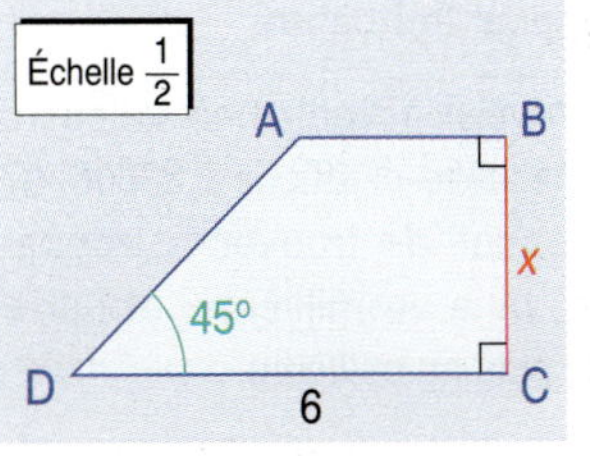

1. a. Exprimez AB en fonction de x.

b. Exprimez l'aire $\mathcal{A}(x)$ en fonction de x.

c. Exprimez le périmètre $p(x)$ en fonction de x.

d. Quelles inéquations doit-on résoudre ?

2. Résolvez l'inéquation $p(x) \geqslant 14$.

3. a. Vérifiez que $x^2 - 12x = (x - 6)^2 - 36$.

b. Résolvez l'inéquation $\mathcal{A}(x) \leqslant 10$.

INDICATION : Pour quelles valeurs de x le quadrilatère ABCD est-il un trapèze ?

4. Déterminez l'ensemble des réels x tels que :

$$\mathcal{A}(x) \leqslant 10 \text{ et } p(x) \geqslant 14.$$

Exercices guidés

1 Arrondi et troncature

Lorsqu'on veut obtenir une valeur de $\sqrt{5}$ sur une calculatrice, celle-ci affiche 2,236067977.
On se propose de trouver la troncature de $\sqrt{5}$ au centième, puis au millième, et l'arrondi de $\sqrt{5}$ au centième, puis au millième.

1. La notion de troncature est simple :
pour obtenir la troncature d'un nombre au dixième, on ne garde que la première décimale après la virgule, au centième, on ne garde que les deux premières décimales après la virgule, etc. Dans chaque cas, on ne se préoccupe pas des décimales non retenues.

a. Indiquez la troncature de $\sqrt{5}$ au centième.
b. Indiquez la troncature de $\sqrt{5}$ au millième.

2. Dans le cas de l'arrondi au centième, contrairement au cas précédent, on se préoccupe de la troisième décimale après la virgule :
- si la troisième décimale est strictement inférieure à 5 (c'est-à-dire 0, 1, 2, 3 ou 4), alors l'arrondi au centième coïncide avec la troncature au centième ;
- si la troisième décimale est supérieure à 5 (c'est-à-dire 5, 6, 7, 8 ou 9), alors on ajoute 1 à la deuxième décimale de la troncature.

Expliquez pourquoi :
a. l'arrondi de $\sqrt{5}$ au centième est 2,24 ;
b. l'arrondi de $\sqrt{5}$ au millième est 2,236.

2 Résoudre une inéquation $ax + b > 0$

On se propose de résoudre l'inéquation $-2x + 3 > 0$.
Avant tout, il faut bien comprendre ce que signifie "résoudre une inéquation". Selon les valeurs du réel x, le nombre $-2x + 3$ est positif, négatif ou nul.
Voici, par exemple, les valeurs prises par $-2x + 3$ pour certaines valeurs de x :

x	0	1	2	3	-1	$\frac{3}{2}$
$-2x+3$	3	1	-1	-3	5	0

Il est impossible, bien sûr, de calculer ainsi $-2x + 3$ pour toutes les valeurs du réel x.
On va voir comment on peut, une fois pour toutes, dire pour quelles valeurs de x on a, par exemple, $-2x + 3 > 0$.

• Première méthode :
En utilisant les règles de transposition pour les inégalités, on va isoler le "terme en x".

1. Expliquez pourquoi $-2x + 3 > 0$ équivaut à $2x < 3$.

2. On sait que lorsqu'on divise les deux membres d'une inégalité par un nombre positif, on ne change pas le sens de l'inégalité.
Expliquez alors pourquoi $2x < 3$ équivaut à $x < \frac{3}{2}$.
Ainsi, l'ensemble des réels x pour lesquels $-2x + 3 > 0$ est l'ensemble de tous les x strictement inférieurs à $\frac{3}{2}$ (par exemple : 1, 0, -1, $-\frac{5}{2}$, -20, -100 ...).

3. Expliquez pourquoi cet ensemble de réels x peut s'écrire $\left]-\infty\,;\frac{3}{2}\right[$. On écrit $\mathcal{S} = \left]-\infty\,;\frac{3}{2}\right[$.

REMARQUE: On peut aussi isoler le "terme en x" en écrivant : $-2x + 3 > 0$ équivaut à $-2x > -3$, c'est-à-dire $x < \frac{-3}{-2}$.
Notez qu'ici, lorsqu'on divise par le coefficient de x, il faut changer le sens de l'inégalité : en effet, ce coefficient, égal à -2, est négatif. Il est conseillé, lorsqu'on isole le "terme en x", de faire en sorte que le coefficient de x soit positif, comme nous l'avons fait au **1.**.

• Deuxième méthode : En utilisant le signe de $ax + b$.

$-2x + 3$ est de la forme $ax + b$, avec $a = -2$ et $b = 3$.

1. Pour quelle valeur de x a-t-on $-2x + 3 = 0$?

2. On sait que la règle donnant le signe de $ax + b$ est différente selon le signe de a. Ici $a = -2$, donc $a < 0$.
En utilisant cette règle (voir Propriété 3, p. 35, indiquez quel est le signe de $-2x + 3$ pour $x < \frac{3}{2}$ et pour $x > \frac{3}{2}$.

3. Quelles sont donc les valeurs de x pour lesquelles $-2x + 3 > 0$?

Exercices commentés

3 a étant un réel positif, on se propose de comparer les nombres $\frac{a+2}{a+1}$ et $\frac{a+3}{a+2}$.

VERS UNE SOLUTION

• Première méthode
Pour comparer les deux nombres $\frac{a+2}{a+1}$ et $\frac{a+3}{a+2}$, on va étudier le signe de leur différence.

1. Vérifiez que $\frac{a+2}{a+1} - \frac{a+3}{a+2} = \frac{1}{(a+1)(a+2)}$.

2. Déduisez-en que $\frac{a+3}{a+2} \leqslant \frac{a+2}{a+1}$.

• **Deuxième méthode**

Dans l'expression $\frac{a+2}{a+1}$, on peut faire apparaître $(a + 1)$ au numérateur en remarquant que :

$$a + 2 = (a + 1) + 1.$$

1. a. Vérifiez que $\frac{a+2}{a+1} = 1 + \frac{1}{a+1}$.

b. Vérifiez de même que $\frac{a+3}{a+2} = 1 + \frac{1}{a+2}$.

On est ainsi ramené à la comparaison de nombres positifs.

2. a. Expliquez pourquoi $\frac{1}{a+2} \leqslant \frac{1}{a+1}$.

b. Déduisez-en que $\frac{a+3}{a+2} \leqslant \frac{a+2}{a+1}$.

4 a, b, c sont trois nombres positifs tels que $a \leqslant b + c$.

On se propose de montrer que $\frac{a}{1+a} \leqslant \frac{b}{1+b} + \frac{c}{1+c}$ **[1]**.

VERS UNE SOLUTION

• **Première méthode**

Pour comparer deux nombres, on peut étudier le signe de leur différence, et pour cela commencer par réduire au même dénominateur $D = (1 + a)(1 + b)(1 + c)$.

Nous allons étudier le signe de $\frac{a}{1+a} - \frac{b}{1+b} - \frac{c}{1+c}$.

1. Montrez que l'inégalité **[1]** peut s'écrire successivement :

a) $\frac{a(1+b)(1+c) - b(1+a)(1+c) - c(1+a)(1+b)}{D} \leqslant 0$;

b) $a(1 + b)(1 + c) - b(1 + a)(1 + c) - c(1 + a)(1 + b) \leqslant 0$;

c) $a - b - c - 2bc - abc \leqslant 0$.

2. Déduisez-en que l'inégalité **[1]** est vraie.

• **Deuxième méthode**

1. Montrez que si x et y sont deux réels positifs tels que $x \leqslant y$, alors $\frac{x}{1+x} \leqslant \frac{y}{1+y}$.

INDICATION : Étudier le signe de la différence.

2. En posant $x = a$ et $y = b + c$, déduisez-en que :

a) $\frac{a}{1+a} \leqslant \frac{b+c}{1+b+c}$;

b) $\frac{a}{1+a} \leqslant \frac{b}{1+b+c} + \frac{c}{1+b+c}$;

c) $\frac{a}{1+a} \leqslant \frac{b}{1+b} + \frac{c}{1+c}$.

NOTE : La deuxième méthode est plus "astucieuse" que la première, mais il y a un peu moins de calculs.

Trouvez l'erreur

Pour chaque exercice de cette rubrique, une solution vous est proposée, mais elle contient une erreur. Trouvez cette erreur.

5 Résolvez l'inéquation $\sqrt{8} - 2x < \sqrt{2}$ **[1]**.

Solution

L'inéquation peut s'écrire $-2x < \sqrt{2} - \sqrt{8}$.

Or $\sqrt{8} = \sqrt{4 \times 2} = 2\sqrt{2}$, donc l'inéquation **[1]** peut s'écrire $-2x < -\sqrt{2}$, c'est-à-dire $x < \frac{\sqrt{2}}{2}$.

Donc $\mathcal{S} = \left]-\infty ; \frac{\sqrt{2}}{2}\right[$.

6 x et y sont deux réels tels que :

$$x \in [2 ; +\infty[\text{ et } y \in [5 ; +\infty[.$$

Peut-on en déduire que $y - x$ appartient à $[3 ; +\infty[$?

Solution

$y \in [5 ; +\infty[$ équivaut à $y \geqslant 5$

et $x \in [2 ; +\infty[$ équivaut à $x \geqslant 2$.

Donc, en retranchant membre à membre les deux inégalités précédentes, on obtient :

$$y - x \geqslant 3, \text{ c'est-à-dire } y - x \in [3 ; +\infty[.$$

7 x et y sont deux réels tels que :

$$x \in]-2 ; 3[\text{ et } y \in]-1 ; 1[.$$

Déduisez-en un encadrement de xy.

Solution

$x \in]-2 ; 3[$ équivaut à $-2 < x < 3$

et $y \in]-1 ; 1[$ équivaut à $-1 < y < 1$.

Multiplions membre à membre les deux inégalités précédentes. On obtient l'encadrement $2 < xy < 3$.

8 Résolvez l'inéquation $\frac{1}{x} < 3$.

Solution

$\frac{1}{x}$ n'existe que lorsque $x \neq 0$.

Résolvons donc l'inéquation dans $\mathbb{R}^*$.

Pour $x \neq 0$, $\frac{1}{x} < 3$ équivaut à $1 < 3x$,

c'est-à-dire à $x > \frac{1}{3}$. D'où $\mathcal{S} = \left]\frac{1}{3} ; +\infty\right[$.

9 3,521 est la troncature au millième du nombre A. Indiquez une approximation par excès de A à 10^{-3} près et une approximation de A à $0,5 \times 10^{-3}$ près.

Solution

3,521 est la troncature au millième de A, donc 3,522 est une approximation par excès de A à 10^{-3} près, et 3,521 est une approximation de A à $0,5 \times 10^{-3}$ près.

VALEUR ABSOLUE

$|x+y| \leq |x|+|y|$

CHAPITRE

3

Nous allons définir dans ce chapitre la notation $|x|$ (qui se lit "valeur absolue de x") : c'est la distance entre le réel x et 0. Nous verrons que cela permet de traduire d'une autre façon le fait qu'un réel x appartient à l'intervalle $[a - r \,;\, a + r]$, et donc de définir autrement la notion d'approximation.

Enfin, nous établirons des relations concernant la valeur absolue d'un produit, d'un quotient, d'une somme.

SOMMAIRE

POUR PRENDRE UN BON DÉPART

1 À propos de signes

Exercices-tests

1. Dans chacun des cas suivants, indiquez sans calcul lequel des deux réels $a - b$ ou $b - a$ est positif :

a) $a = 5$; $b = 8{,}5$. **b)** $a = 2{,}5$; $b = -5$. **c)** $a = 1$; $b = 0{,}5$.

2. Parmi les réels $-x + 20$, $x - 20$, $-x - 20$, $x + 20$, lequel est l'opposé de $20 - x$?

3. On sait que $20 - x > 0$. Quel est le signe de l'opposé de $20 - x$?

2 Intervalles et inégalités

- L'intervalle $[b\,;c]$ est l'ensemble des réels x tels que $b \leqslant x \leqslant c$.
- L'intervalle $]b\,;c[$ est l'ensemble des réels x tels que $b < x < c$.

Exercices-tests

1. Le réel 1 appartient à certains des intervalles suivants, lesquels ?

$[0\,;3]$, $\left[-\frac{5}{2}\,;2\right]$, $\left]-1\,;\frac{5}{2}\right]$, $]3\,;\ 4[$, $[1\,;4]$.

2. Même question avec le réel $\frac{5}{2}$.

3 Centre d'un intervalle, rayon d'un intervalle

Sur une droite graduée, B est le point d'abscisse b, C est le point d'abscisse c.

- Le milieu A du segment [BC] a pour abscisse $\frac{b+c}{2}$.

On dit aussi que $\frac{b+c}{2}$ **est le centre de l'intervalle** $[b\,;c]$.

- La longueur du segment [BC] est égale à $c - b$.

Sa demi-longueur AB (ou AC) est donc égale à $\frac{c-b}{2}$.

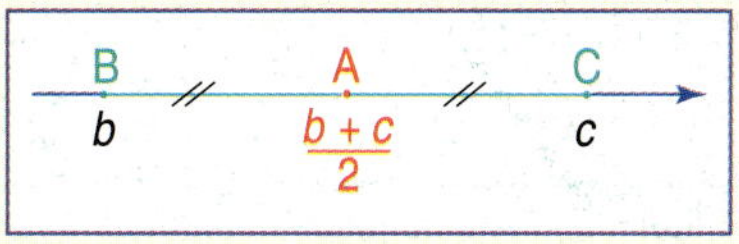

On dit aussi que $\frac{c-b}{2}$ **est le rayon de l'intervalle** $[b\,;c]$.

Exercice-test

Précisez le centre et le rayon de chacun des intervalles suivants :

$[2\,;5]$, $[-1\,;7]$, $\left[-\frac{3}{5}\,;\frac{9}{2}\right]$.

Activité 1

DISTANCE ET VALEUR ABSOLUE

1■1 Distance entre deux réels

Sur une droite graduée d'origine O, les points A, B, C ont pour abscisses respectives 1 ; 3 ; – 4.

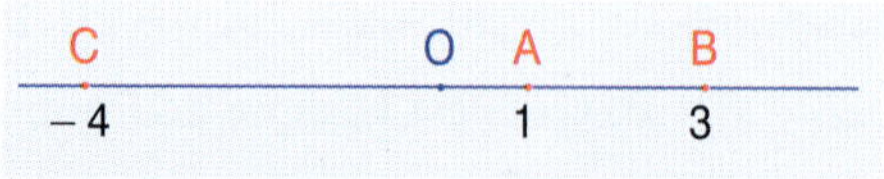

La distance entre A et B est $3 - 1 = 2$;
on dit aussi que la distance entre 1 et 3, (ou entre 3 et 1), est 2.
La distance entre B et C est $3 - (-4) = 7$;
on dit aussi que la distance entre 3 et – 4, (ou entre – 4 et 3), est 7.
Plus généralement, la distance entre deux réels x et y est égale à la différence entre le plus grand et le plus petit. Cette distance est notée $|x - y|$ (ce qui se lit “valeur absolue de x moins y”) ou encore $|y - x|$.

1. Calculez la distance

a) entre $-\frac{3}{4}$ et 1 ; **b)** entre 5 et 0,5 ; **c)** entre 0 et $\frac{7}{5}$.

2. Expliquez pourquoi la distance entre deux réels est toujours un nombre positif.

1■2 Cas particulier : distance entre *x* et 0

D'après ce qui précède, la distance entre x et 0 est notée $|x - 0|$, c'est-à-dire $|x|$, ou encore $|0 - x|$, c'est-à-dire $|-x|$.

1. En utilisant la définition de la distance entre deux réels, expliquez pourquoi $|x| = x$ lorsque x est positif, et $|x| = -x$ lorsque x est négatif.

2. Calculez $\left|\frac{1}{2}\right|$, $|-3|$, $\left|-\frac{7}{4}\right|$, $|1 - \sqrt{3}|$, $|2\sqrt{2} - \pi|$.

Conclusion *Le nombre* $|x|$ *(qui se lit “valeur absolue de x”) est égal à* **x lorsque x est positif** *et à* **– x lorsque x est négatif.**
$|x|$ *est toujours un nombre* **positif.**

Activité 2

OPÉRATIONS ET VALEUR ABSOLUE

1. Recopiez et complétez le tableau suivant :

x	y	$\|x\|$	$\|y\|$	$\|xy\|$	$\|x\|\|y\|$	$\left\|\frac{x}{y}\right\|$	$\frac{\|x\|}{\|y\|}$	$\|x+y\|$	$\|x\|+\|y\|$
2	−3	2	3	$\|-6\| = 6$	$2 \times 3 = 6$	$\left\|\frac{2}{-3}\right\| = \frac{2}{3}$	$\frac{2}{3}$	$\|-1\| = 1$	$\|2\|+\|-3\| = 5$
−4	5								
−1	$\frac{3}{2}$								
3	6								
−4	−6								

2. a) Quelle relation semble-t-il y avoir entre $|xy|$ et $|x||y|$?

b) Quelle relation semble-t-il y avoir entre $\left|\frac{x}{y}\right|$ et $\frac{|x|}{|y|}$?

3. a) La propriété "$|x + y| = |x| + |y|$" est-elle vraie pour tous les réels x, y ?

b) Une inégalité semble exister entre les nombres $|x + y|$ et $|x| + |y|$; laquelle ?

Conclusion *On verra que, pour tous réels x et y,*

$$|xy| = |x||y| ; \quad \left|\frac{x}{y}\right| = \frac{|x|}{|y|} \text{ si } y \neq 0 ; \quad |x+y| \leqslant |x| + |y| .$$

Activité 3

INÉQUATION $|x - 1| \leqslant 3$

3.1 Équation $|x - 1| = 3$

On se propose de résoudre l'équation $|x - 1| = 3$, c'est-à-dire de trouver tous les nombres x dont la distance à 1 est égale à 3.

a) Placez sur une droite graduée le point A d'abscisse 1.

b) Où sont les points de la droite graduée dont la distance à A est égale à 3 ?

c) Quels sont alors tous les réels tels que $|x - 1| = 3$?

3.2 Inéquation $|x - 1| \leqslant 3$

a) On se propose de résoudre l'inéquation $|x - 1| \leqslant 3$, c'est-à-dire de trouver tous les nombres x dont la distance à 1 est inférieure ou égale à 3.

En procédant comme dans le paragraphe 3.1, montrez que l'ensemble des solutions de cette inéquation est l'intervalle fermé de centre 1 et de rayon 3.

b) Quel est l'ensemble des solutions de l'inéquation $|x - 1| < 3$?

Conclusion *L'ensemble des solutions de l'inéquation* $|x - 1| \leqslant 3$ *est* **l'intervalle fermé de centre 1 et de rayon 3.**

COURS

1. VALEUR ABSOLUE ET DISTANCE

1.1 Distance entre deux réels

DÉFINITION

La distance entre deux réels x et y est la différence entre le plus grand et le plus petit.

La distance entre deux réels est donc toujours un nombre positif.

Notation : Cette distance est notée $|x-y|$, ou encore $|y-x|$.

$|x-y|$ se lit "valeur absolue de x moins y".

EXEMPLE : $|3-5|$ est la distance entre les réels 3 et 5.

Cette distance est égale à $5-3=2$.

1.2 Valeur absolue d'un réel

Lorsque $y=0$, $|x-y|=|x|$. Le nombre $|x|$ est donc la distance entre x et 0 ;
$|x|$ est donc égal à x si x est supérieur à 0, c'est-à-dire si x est positif,
et à $-x$ si x est inférieur à 0, c'est-à-dire si x est négatif. D'où :

Note
$|0| = 0$ car $|0|$ est la distance de 0 à 0.

$|x|$ est la distance entre x et 0.

$$|x| = \begin{cases} x & \text{lorsque } x \geqslant 0 \\ -x & \text{lorsque } x \leqslant 0 \end{cases}$$

EXEMPLES :

- $\left|\frac{5}{3}\right| = \frac{5}{3}$ car $\frac{5}{3}$ est un nombre positif.
- $|-3| = -(-3)$ car -3 est un nombre négatif. Donc $|-3| = 3$.

1.3 Interprétation géométrique

Sur une droite graduée d'origine O, M est le point d'abscisse x et N le point d'abscisse y.

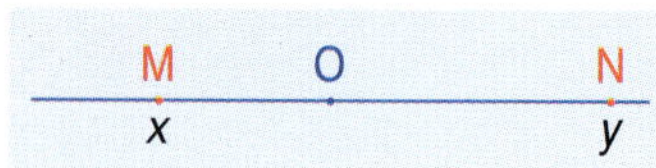

$|x-y|$ (aussi égal à $|y-x|$) est la distance entre les points M et N.

$|x|$ est la distance entre M et O ; $|y|$ est la distance entre N et O.

2. PREMIÈRES PROPRIÉTÉS

PROPRIÉTÉ 1 Dire que $|x| = 0$ équivaut à dire que $x = 0$.

Démonstration

$|x| = 0$ signifie que la distance entre les réels x et 0 est égale à zéro, donc que $x = 0$.

PROPRIÉTÉ 2 Pour tout réel x, $|-x| = |x|$.

> ***Note***
> *Deux nombres opposés ont même valeur absolue.*

Démonstration

Les réels x et $-x$ sont opposés ; ils sont donc à la même distance de 0.

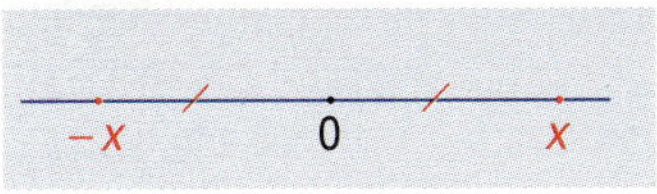

PROPRIÉTÉ 3 Dire que $|x| = |y|$ équivaut à dire que $x = y$ **ou** $x = -y$.

> ***Note***
> *Si deux nombres ont même valeur absolue, alors ils sont égaux ou opposés, et réciproquement.*

Démonstration

Dire que $|x| = |y|$ signifie que les réels x et y sont à la même distance de 0, c'est-à-dire qu'ils sont égaux ou opposés.

PROPRIÉTÉ 4 r est un réel positif.
Dire que $|x| = r$ équivaut à dire que $x = r$ **ou** $x = -r$.

Démonstration

Dire que $|x| = r$ signifie que la distance entre les réels x et 0 est égale à r, c'est-à-dire que x est égal à r ou à $-r$.

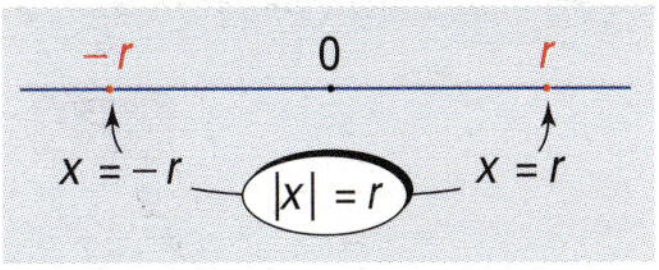

PROPRIÉTÉ 5 Pour tout réel x, $\sqrt{x^2} = |x|$.

Démonstration

D'après la définition de la racine carrée d'un nombre positif, $\sqrt{x^2}$ est le nombre positif dont le carré est égal à x^2.

Or les nombres dont le carré est égal à x^2 sont x et $-x$.

Donc $\sqrt{x^2}$ est égal à x si x est positif et à $-x$ si x est négatif, c'est-à-dire $\sqrt{x^2} = |x|$.

EXEMPLES :

- $\sqrt{17^2} = |17| = 17$.
- $\sqrt{(-105)^2} = |-105| = 105$.

3. VALEUR ABSOLUE D'UN PRODUIT, D'UN QUOTIENT, D'UNE SOMME

3.1 Valeur absolue d'un produit, d'un quotient

THÉORÈME 1

Pour tous réels x et y,

• $|\boldsymbol{xy}| = |\boldsymbol{x}||\boldsymbol{y}|$ (1) • $\left|\dfrac{\boldsymbol{x}}{\boldsymbol{y}}\right| = \dfrac{|\boldsymbol{x}|}{|\boldsymbol{y}|}$ si $y \neq 0$ (2)

Démonstration

• **Égalité (1)** : Démontrons que cette égalité est vraie dans chacun des cas suivants : x et y de même signe, x et y de signes contraires.

– Lorsque $\boldsymbol{x}$ **et** $\boldsymbol{y}$ sont **de même signe** :

$|xy| = xy$ car le produit xy est positif ;

$|x||y| = xy$ car si x est positif et y est positif, $|x||y| = x \times y = xy$

et si x est négatif et y est négatif, $|x||y| = (-x) \times (-y) = xy$.

– Lorsque $\boldsymbol{x}$ **et** $\boldsymbol{y}$ sont **de signes contraires** :

$|xy| = -(xy)$ car le produit xy est négatif ;

$|x||y| = -(xy)$ car si x est positif et y est négatif, $|x||y| = x \times (-y) = -(xy)$

et si x est négatif et y est positif, $|x||y| = (-x) \times y = -(xy)$.

• **L'égalité (2)** peut être démontrée de manière analogue (voir exercice 58).

EXEMPLES :

• $|2x| = |2||x| = 2|x|$. • $\left|\dfrac{x}{-5}\right| = \dfrac{|x|}{|-5|} = \dfrac{|x|}{5}$.

3.2 Valeur absolue d'une somme

THÉORÈME 2

Pour tous réels x et y,

• $|\boldsymbol{x} - \boldsymbol{y}| \leqslant |\boldsymbol{x}| + |\boldsymbol{y}|$ (1) • $|\boldsymbol{x} + \boldsymbol{y}| \leqslant |\boldsymbol{x}| + |\boldsymbol{y}|$ (2)

L'inégalité **(2)** est appelée **inégalité triangulaire**.

Démonstration

• **Inégalité (1) :**

Sur une droite graduée d'origine O, notons P le point d'abscisse x et Q le point d'abscisse y.

figure 1

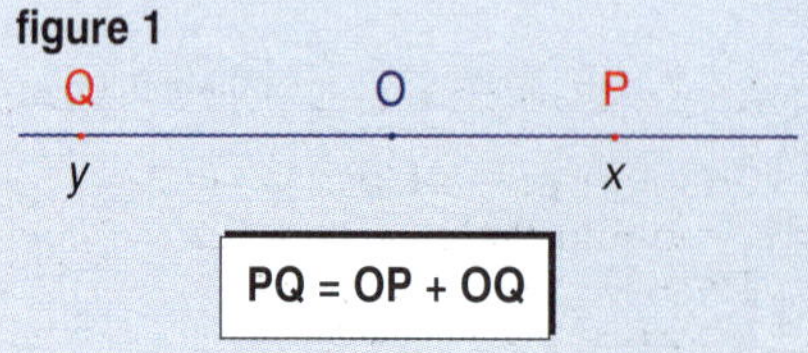

figure 2

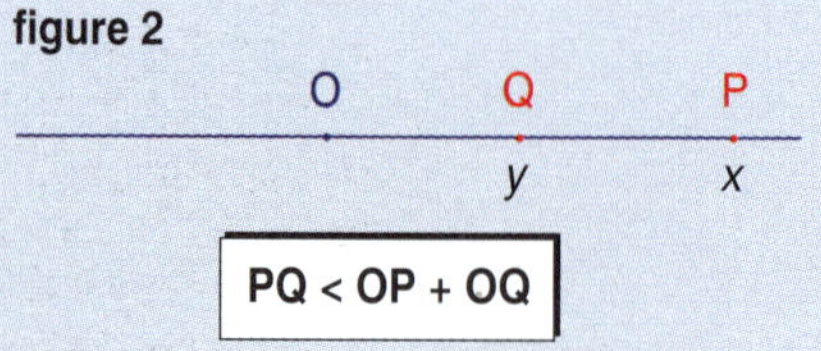

$|x - y|$, distance entre x et y, est égale à PQ.
$|x|$, distance entre x et 0, est égale à OP.
$|y|$, distance entre y et 0, est égale à OQ.
Ainsi, l'inégalité (1) est équivalente à PQ $\leqslant$ OP + OQ, et cette dernière inégalité est vraie. En effet :
- si P et Q sont de part et d'autre de O, alors PQ = OP + OQ (figure 1);
- si P et Q sont du même côté de O, alors PQ < OP + OQ (figure 2).

• **Inégalité (2) :**
$|x + y| = |x - (-y)|$. D'après (1), $|x - (-y)| \leqslant |x| + |-y|$.
Or $|-y| = |y|$. D'où $|x + y| \leqslant |x| + |y|$.

EXEMPLES :
• $|x - 5| \leqslant |x| + |5|$ c'est-à-dire $|x - 5| \leqslant |x| + 5$.
• $\left|\frac{7}{2} + y\right| \leqslant \left|\frac{7}{2}\right| + |y|$ c'est-à-dire $\left|\frac{7}{2} + y\right| \leqslant \frac{7}{2} + |y|$.

4. VALEUR ABSOLUE ET INTERVALLE

4■1 Un exemple

> **Note**
> *Nous reprenons ici l'exemple étudié en activité 3, p. 63.*

Dire que $|x - 1| \leqslant 3$ équivaut à dire que la distance entre x et 1 est inférieure ou égale à 3, c'est-à-dire que x appartient à l'intervalle $[1 - 3 ; 1 + 3]$, c'est-à-dire l'intervalle $[-2 ; 4]$.

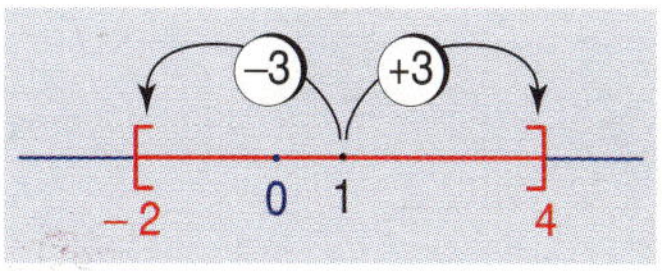

4■2 Cas général

THÉORÈME 3
a est un réel, r est un réel positif. Dire que $|\boldsymbol{x - a}| \leqslant \boldsymbol{r}$ équivaut à dire que $\boldsymbol{x}$ **appartient à** l'intervalle $\boldsymbol{[a - r ; a + r]}$.

> **Note**
> *a est le centre de $[a - r ; a + r]$, r est son rayon.*

Démonstration
$|x - a| \leqslant r$ signifie que la distance entre x et a est inférieure ou égale à r, c'est-à-dire que x appartient à l'intervalle $[a - r ; a + r]$.

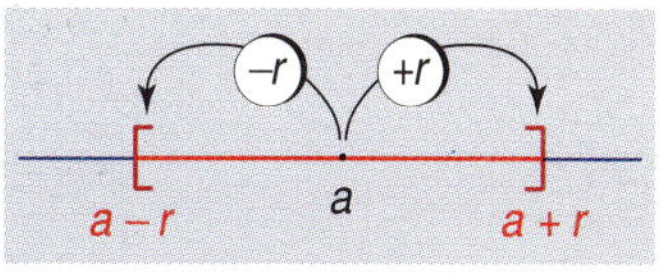

▶ **REMARQUES :**
1. Dire que $|x - a| < r$ équivaut à dire que x appartient à l'intervalle $]a - r ; a + r[$.

2. Les réels qui n'appartiennent pas à l'intervalle $[a - r ; a + r]$ sont les réels dont la distance à a est supérieure strictement à r. Donc $|x - a| > r$ équivaut à :
x appartient à $]-\infty ; a - r[\cup]a + r ; +\infty[$.

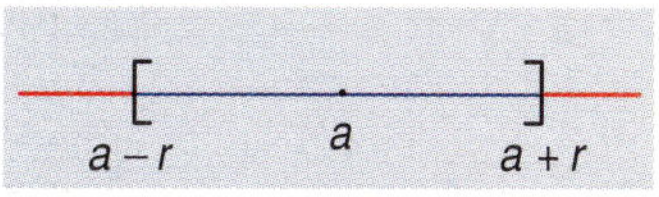

5. VALEUR ABSOLUE ET APPROXIMATION

α est un réel strictement positif.

On a vu au chapitre 2, page 40, que :

dire que le nombre décimal A est une approximation (ou une valeur approchée) du réel x à α près signifie que $A - \alpha \leqslant x \leqslant A + \alpha$.

Or $A - \alpha \leqslant x \leqslant A + \alpha$ signifie que x appartient à l'intervalle $[A - \alpha\ ;\ A + \alpha]$, c'est-à-dire encore que $|x - A| \leqslant \alpha$ (théorème 3, § 4.2). Ainsi :

Note

$|x - A| = |A - x|$, donc la condition $|x - A| \leqslant \alpha$ peut aussi s'écrire $|A - x| \leqslant \alpha$.

Dire que le nombre décimal **A est une approximation** (ou une valeur approchée) **du réel x à α près** équivaut à dire que $|x - A| \leqslant \alpha$.

Exercices résolus
avec solutions commentées

Exo. 1

Résolvez l'inéquation $|x + 7| \leqslant 5$.

Point Méthode

Pour résoudre l'inéquation $|x + 7| \leqslant 5$, on peut l'écrire $|x - (-7)| \leqslant 5$.

Solution

L'inéquation $|x + 7| \leqslant 5$ peut s'écrire sous la forme $|x - (-7)| \leqslant 5$.
Or on sait (théorème 3, p. 67) que si r est un réel positif,
$|x - a| \leqslant r$ équivaut à x appartient à $[a - r ; a + r]$.
Donc $|x - (-7)| \leqslant 5$ équivaut à $x \in [-7 - 5 ; -7 + 5]$, c'est-à-dire à $x \in [-12 ; -2]$.
L'ensemble des solutions de l'inéquation $|x + 7| \leqslant 5$ est donc :

$$\mathcal{S} = [-12 ; -2].$$

Commentaires

◀ On se ramène ainsi à une inéquation du type $|x - a| \leqslant r$.
(Ici, $a = -7$, $r = 5$).

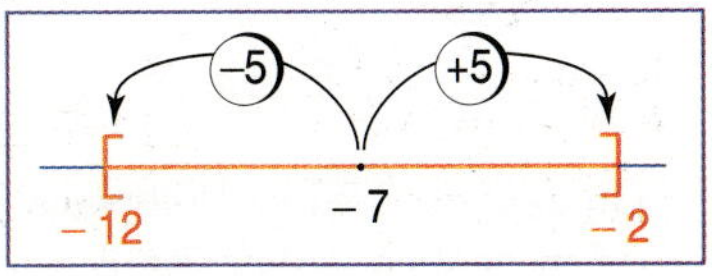

Exo. 2

Résolvez l'équation $|x + 2| = 3$.

Point Méthode

Pour résoudre l'équation $|x + 2| = 3$, on peut poser $X = x + 2$ et utiliser la propriété 4 : $|X| = r$ équivaut à $X = r$ ou $X = -r$.

Solution

On pose $X = x + 2$. L'équation s'écrit alors $|X| = 3$. Or $|X| = 3$ équivaut à $X = 3$ ou $X = -3$, c'est-à-dire $x + 2 = 3$ ou $x + 2 = -3$.
Or $x + 2 = 3$ équivaut à $x = 1$, et $x + 2 = -3$ équivaut à $x = -5$.
L'ensemble des solutions de l'équation $|x + 2| = 3$ est donc :

$$\mathcal{S} = \{-5 ; 1\}.$$

▶ **Une autre solution : $|x + 2| = 3$ peut aussi s'écrire $|x - (-2)| = 3$. Donc $|x + 2| = 3$ signifie que la distance entre x et -2 est égale à 3, c'est-à-dire $x = -2 - 3 = -5$ ou $x = -2 + 3 = 1$.**

Commentaires

◀ Voir Propriété 4, page 65.

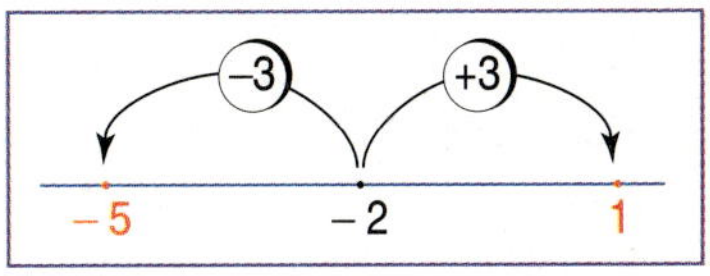

Exo. 3

Résolvez l'inéquation $|x - 2| \geqslant 4$.

Point Méthode

Pour résoudre l'inéquation $|x - 2| \geqslant 4$, on peut résoudre d'abord l'inéquation $|x - 2| < 4$.

Solution

On commence par résoudre l'inéquation $|x - 2| < 4$.
$|x - 2| < 4$ signifie que la distance entre les réels x et 2 est strictement inférieure à 4.
L'ensemble des solutions de l'inéquation $|x - 2| < 4$ est donc l'intervalle $I =]2 - 4 ; 2 + 4[$, c'est-à-dire $I =]-2 ; 6[$.
L'ensemble des solutions de l'inéquation $|x - 2| \geqslant 4$ est donc l'ensemble de tous les réels qui n'appartiennent pas à l'intervalle I, c'est-à-dire
$\mathcal{S} =]-\infty ; -2] \cup [6 ; +\infty[$.

Commentaires

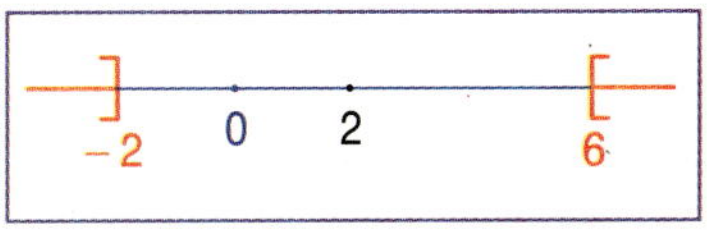

Exo. 4

Traduisez "$x \in [-2 ; 8]$" avec la notation valeur absolue.

Point Méthode

Pour traduire "$x \in [-2 ; 8]$" avec la notation valeur absolue, on peut écrire l'intervalle $[-2 ; 8]$ sous la forme $[a - r ; a + r]$, a étant le centre de l'intervalle $[-2 ; 8]$ et r son rayon.

Solution

Déterminons le centre a et le rayon r de l'intervalle $[-2 ; 8]$:

• $a = \dfrac{(-2)+8}{2}$, donc $a = 3$; • $r = \dfrac{8-(-2)}{2}$, donc $r = 5$.

On peut donc écrire l'intervalle $[-2 ; 8]$ sous la forme $[3 - 5 ; 3 + 5]$.
Or, si r est un réel positif, $|x - a| \leqslant r$ équivaut à $x \in [a - r ; a + r]$.
Donc $x \in [3 - 5 ; 3 + 5]$ équivaut à $|x - 3| \leqslant 5$.
D'où $\boldsymbol{x \in [-2 ; 8]}$ équivaut à $\boldsymbol{|x - 3| \leqslant 5}$.

Commentaires

◀ Le centre de $[b ; c]$ est $\dfrac{b + c}{2}$, son rayon est $\dfrac{c - b}{2}$ (voir Pour prendre un bon départ, § 3).

◀ Théorème 3, p. 67.

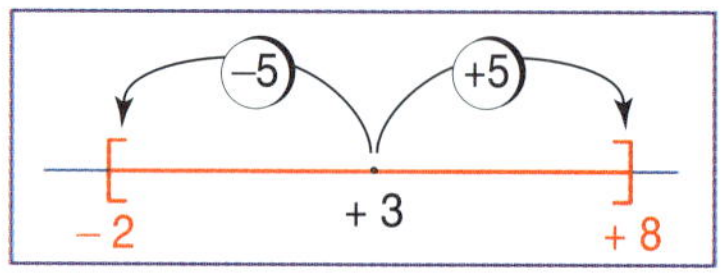

Exo. 5

Résolvez l'équation $|x + 1| = |x - 3|$.

Solution

$|x - 3|$ est la distance entre les réels x et 3.
$|x + 1|$ est la distance entre les réels x et -1 ; en effet, $|x + 1|$ peut s'écrire $|x - (-1)|$.
Ainsi, dire qu'un réel x vérifie l'équation $|x - 3| = |x + 1|$ signifie que la distance du réel x à 3 est égale à sa distance à -1, c'est-à-dire que x est le centre de l'intervalle $[-1; 3]$, c'est-à-dire $x = \dfrac{3+(-1)}{2} = 1$.
L'ensemble des solutions de l'équation $|x + 1| = |x - 3|$ est donc :

$$\mathscr{S} = \{1\}.$$

▶ **Une autre solution :** On peut aussi résoudre cette équation en utilisant la propriété 3, p. 65, $|X| = |Y|$ équivaut à $X = Y$ ou $X = -Y$, avec $X = x + 1$ et $Y = x - 3$.
On obtient $x + 1 = x - 3$ (équation qui n'a pas de solution car $1 \neq -3$) ou $x + 1 = -(x - 3)$, c'est-à-dire $x = 1$.

Commentaires

◀

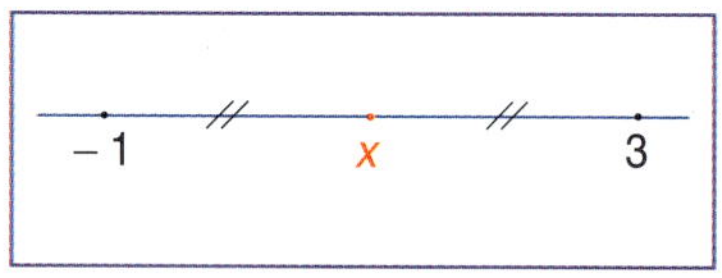

 TRAVAUX PRATIQUES D'APPLICATION

Les travaux pratiques 1 et 2 font partie du programme.

TP 1

PROPRIÉTÉ DU TYPE $|x - a| \leqslant r$

Dans ce TP, d (a, b) désigne la distance entre les réels a et b.

Recopiez et complétez le tableau suivant de façon que les propriétés écrites sur une même ligne aient la même signification. Nous avons complété la première ligne.

Valeur absolue	Distance	Inégalité	Avec un intervalle	x appartient à l'intervalle I
$\lvert x-1\rvert \leqslant 3$	d $(x, 1) \leqslant 3$	$-2 \leqslant x \leqslant 4$	$x \in [-2 ; 4]$	−2 I 4
$\lvert x-2\rvert \leqslant 1$				
	d $(x, 3) \leqslant 2$			
		$-2 \leqslant x \leqslant 6$		
			$x \in [-8 ; 8]$	
				−3 I 5

TP 2

DES TRIANGLES ISOCÈLES

$(O ; \overrightarrow{OI}, \overrightarrow{OJ})$ est un repère orthonormal.

A est le point de coordonnées (2 ; 0) et B celui de coordonnées (0 ; 1).

Le but de ce travail est de chercher tous les points C de l'axe des ordonnées de sorte que le triangle ABC soit isocèle. Par la suite, nous notons y l'ordonnée de C.

1. Recherchons les points C tels que **ABC soit isocèle en B.**

a) Calculez AB.

b) Pourquoi le nombre y est-il tel que $|y - 1| = \sqrt{5}$?

c) Quels sont les points C qui conviennent ?

2. Recherchons les points C tels que **ABC soit isocèle en C.**

a) Pourquoi y doit-il être solution de l'équation $(y-1)^2 = 4 + y^2$?

b) Quels sont les points C qui conviennent ?

3. Recherchons les points C tels que **ABC soit isocèle en A.**

Pour cela, où faut-il placer le point C ?

4. Quels sont tous les points C de l'axe des ordonnées tels que ABC soit isocèle ?

Retrouvez géométriquement tous ces points C.

TP 3

SUR UN ÉCHIQUIER

Sur un échiquier, le déplacement d'un jeton d'une case à une autre peut être codé par un couple de deux entiers relatifs $(x\ ;y)$.
Par exemple, un jeton que l'on déplace de la case C4 à la case B6 a un déplacement codé $(x = -1\ ;y = 2)$ car il s'est déplacé d'une case vers la gauche (-1) et de deux cases vers le haut $(+2)$.

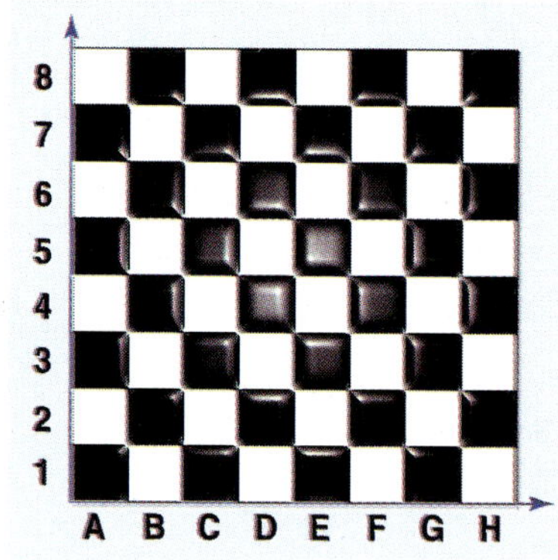

3.1 Des carrés sur l'échiquier

On effectue avec un jeton J un déplacement codé $(x\ ;y)$ tel que : $|x| + |y| = 3$.

1. On suppose que le jeton J est initialement placé sur la case D4.

a) Montrez que douze cases peuvent être obtenues par un tel déplacement.

INDICATION : *Noter que $|x|$ et $|y|$ sont des entiers positifs ou nuls dont la somme est égale à 3, et envisager tous les cas possibles.*

b) Montrez que les centres des cases ainsi obtenues sont situés sur un carré. Quel est le centre de ce carré ?

c) Chaque case de l'échiquier a un côté dont la longueur est 5 cm. Quel est le périmètre p de ce carré ? Indiquez une valeur approchée de p à 10^{-2} près.

2. a) On suppose ici que le jeton J est initialement placé sur la case C6.
Quelles sont les cases qui peuvent être atteintes après un tel déplacement ?

b) Quelles sont les positions initiales du jeton J pour lesquelles les centres des cases pouvant être atteintes sont situés sur un carré contenu dans l'échiquier ?

c) Y a-t-il des positions initiales de J à partir desquelles on peut atteindre, après un tel déplacement, une seule case ? deux cases ? trois cases ? treize cases ?

d) Recopiez et complétez le tableau suivant :

Nombres de cases pouvant être atteintes	12	11	10	9	8	7	6	5	4	3	2	1
Position(s) initiale(s)	D4, D5, E4, E5											

3.2 Le cheval en échec

Note
Au jeu d'échecs, les déplacements de ce paragraphe 3.2 peuvent être effectués par le cheval.

On effectue maintenant un déplacement codé $(x\ ;y)$ tel que : $\begin{cases} |x| + |y| = 3 \\ x \neq 0,\ y \neq 0 \end{cases}$

1. Quelles sont les cases pouvant être atteintes à partir de la case D4 ?

2. Quelles sont les cases pouvant être atteintes à partir de la case A1 ? de la case G7 ?

RÉSULTATS ET CONSEILS

Des résultats à retenir

- La **distance** entre deux réels x et y est la différence entre le plus grand et le plus petit.
Cette distance est notée $|x-y|$ (ou $|y-x|$).

EXEMPLE : La distance entre – 2 et 3 est égale à 3 – (– 2), c'est-à-dire à 5.

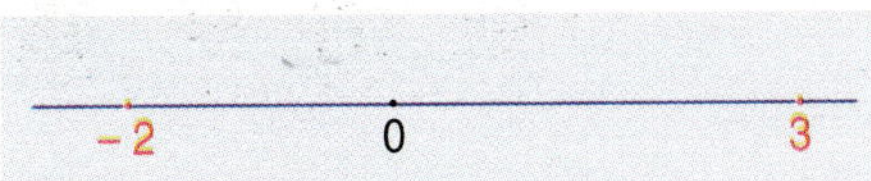

- $|x| = \begin{cases} x & \text{lorsque } x \geqslant 0 \\ -x & \text{lorsque } x \leqslant 0 \end{cases}$

$|x|$ se lit « **valeur absolue** de x ».
$|x|$ est la distance entre les réels x et 0.

- $|x| = 0$ équivaut à $x = 0$; $|-x| = |x|$;
$|x| = |y|$ équivaut à $x = y$ ou $x = -y$;
$|x| = r$ équivaut à $x = r$ ou $x = -r$;
$\sqrt{x^2} = |x|$.

- Lorsque $r \geqslant 0$, $|x-a| \leqslant r$ équivaut à :
$x \in [a-r\,;\,a+r]$.

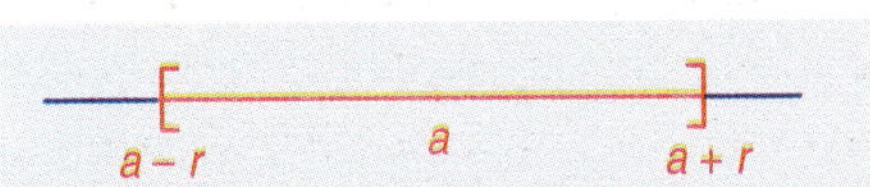

- $|xy| = |x|\,|y|$; $\left|\dfrac{x}{y}\right| = \dfrac{|x|}{|y|}$ (si $y \neq 0$).
$|x+y| \leqslant |x|+|y|$; $|x-y| \leqslant |x| + |y|$.

- α est un réel, $\alpha > 0$, A est un décimal, x est un réel. Dire que **A est une approximation** (ou une valeur approchée) **de x à α près** signifie que $|A - x| \leqslant \alpha$.

Des conseils à suivre

▶ N'oubliez pas qu'une valeur absolue est toujours **positive**. Ainsi, par exemple, on est sûr, sans aucun calcul, que :
- les nombres $|2x-5|$, $|x^3-2x^2+1|$, $\left|\pi - \dfrac{3}{25} - \sqrt{2}\right|$ sont positifs ;
- l'équation $|2x-5| = -2$ n'a aucune solution.

▶ Il y a plusieurs manières de dire que le réel x appartient à l'intervalle $[a-r\,;\,a+r]$:
- $x \in [a-r\,;\,a+r]$
- $a-r \leqslant x \leqslant a+r$
- la distance entre x et a est inférieure ou égale à r
- $|x-a| \leqslant r$.

▶ Pour écrire "$x \in [b\,;\,c]$" avec la notation valeur absolue, trouvez d'abord le **centre a** et le **rayon r** de l'intervalle $[b\,;\,c]$:

$$a = \frac{b+c}{2} \quad \text{et} \quad r = \frac{c-b}{2}.$$

EXEMPLE : $x \in [2\,;\,4]$ équivaut à $|x-3| \leqslant 1$.
(Ici, $a = \dfrac{2+4}{2} = 3$ et $r = \dfrac{4-2}{2} = 1$).

Des erreurs à éviter

- $\sqrt{x^2}$ n'est pas égal à x, mais à $|x|$.

EXEMPLE : $\sqrt{(-4)^2}$ n'est pas égal à – 4, mais à $|-4| = 4$.

- $|x+y|$ n'est pas égal, en général, à $|x|+|y|$.

exercices et problèmes

VÉRIFICATION DES CONNAISSANCES

S1 $|x - 3|$ est la distance entre deux réels ; lesquels ?

S2 Complétez : $|x|$ est égal à ... lorsque x est positif, et à ... lorsque x est négatif.

S3 Quels sont les nombres x tels que $|x| = 0$? Lorsque r est un réel positif, quels sont les nombres x tels que $|x| = r$?

S4 Que peut-on dire des nombres $|x|$ et $|-x|$?

S5 Que peut-on dire des réels x et y si $|x| = |y|$?

S6 À quoi est égal $\sqrt{x^2}$?

S7 r est un réel positif.
$|x - a| \leqslant r$ signifie que x appartient à un certain intervalle. Lequel ?

S8 À quoi est égal $|xy|$? Si $y \neq 0$, à quoi est égal $\left|\frac{x}{y}\right|$?

S9 Qu'appelle-t-on inégalité triangulaire ?

S10 α est un réel strictement positif, x est un réel et A un décimal. Complétez :
Si $|A - x| \leqslant \alpha$, alors A est une approximation ...

VÉRIFICATION DES SAVOIR-FAIRE

Une seule des réponses proposées est exacte	a	b	c
SF1 La distance entre les réels 3 et – 2 est égale à ...	1	5	– 5
SF2 $\|(-5)^2\|$ est égal à ...	– 5	5	25
SF3 $\|x\| = 1$. Alors :	$x = -1$	$x = 1$	$x = 1$ ou $x = -1$
SF4 $\sqrt{(-3)^2}$ est égal à ...	3	– 3	9
SF5 $\|x - 2\| \leqslant 1$ signifie que ...	$x \in [-1\ ;\ 3]$	$1 \leqslant x \leqslant 3$	$x \in]1\ ;\ 3[$
SF6 $\|-2x\|$ est toujours égal à ...	$2x$	$2\|x\|$	$-2x$
SF7 $\left\|\frac{x}{3}\right\|$ est toujours égal à ...	$\frac{\|x\|}{3}$	$\frac{x}{3}$	$\frac{3}{\|x\|}$
SF8 $\|x - 2\|$ est toujours inférieur ou égal à ...	$x + 2$	$\|x\| + 2$	$\|x\| - 2$.
SF9 A est une valeur approchée de π à 10^{-1} près. Alors ...	$\|\pi - 10^{-1}\| \leqslant A$	$\|A - \pi\| < 10^{-1}$	$\|A - \pi\| \leqslant 10^{-1}$

Corrigés en fin de manuel

COMME LES RÉSOLUS

Pour les exercices 1 à 3, vous pouvez vous reporter à l'exercice résolu 1, p. 69.

1 Résolvez l'inéquation $|x + 1| \leqslant 3$.

2 Résolvez l'inéquation $|x + 4| \leqslant 2$.

3 Résolvez l'inéquation $|x + 3| \leqslant \frac{5}{2}$.

Pour les exercices 4 et 5, vous pouvez vous reporter à l'exercice résolu 2, p. 69.

4 Résolvez l'équation $|x + 5| = \frac{1}{2}$.

5 Résolvez l'équation $\left|x - \frac{3}{4}\right| = \frac{3}{4}$.

Pour les exercices 6 et 7, vous pouvez vous reporter à l'exercice résolu 3, p. 69.

6 Résolvez l'inéquation $|x - 4| \geqslant 2$.

7 Résolvez l'inéquation $|x - 1| \geqslant 1$.

Pour les exercices 8 et 9, vous pouvez vous reporter à l'exercice résolu 4, p. 70.

8 Traduisez "$x \in [-4 ; 6]$" avec la notation valeur absolue.

9 Traduisez "$x \in \left[0 ; \frac{9}{2}\right]$" avec la notation valeur absolue.

Pour les exercices 10 et 11, vous pouvez vous reporter à l'exercice résolu 5, p. 70.

10 Résolvez l'équation $|x + 2| = |x + 4|$.

11 Résolvez l'équation $|x - 5| = |x + 3|$.

POUR S'ENTRAÎNER

Valeur absolue. Distance

12 Calculez la distance entre les réels :

a) 5 et 6,1 b) $-\frac{25}{12}$ et $\frac{7}{4}$

c) -8 et $-4,1$. d) $-0,2$ et $0,2$

Pour les exercices 13 et 14, écrivez sans la notation valeur absolue les réels proposés :

13 a) $|(3 - \pi)^2|$ b) $|\sqrt{3} - 3|$ c) $|\sqrt{2} - \sqrt{3}|$.

14 a) $|\sqrt{2}| + |-\sqrt{3}|$ b) $|\sqrt{2}| - |\sqrt{3}|$ c) $|2\pi - 4\sqrt{2}|$.

Pour les exercices 15 à 17, simplifiez l'expression proposée :

15 a) $2x - 2|x|$ b) $\left|\frac{x}{2}\right| - \frac{x}{2}$.

16 a) $\frac{|-3a|}{6} - \frac{a}{2}$ b) $\frac{|5ab|}{5}$.

17 a) $\frac{\sqrt{x^2}}{x}$ $(x \neq 0)$ b) $\frac{\sqrt{4x^2}}{2|x|}$ $(x \neq 0)$

18 Interprétez en termes de distance les réels :
$|x - 2|$; $|7,5 - x|$; $|-5 - x|$; $|-4 + x|$.

19 **1.** A-t-on toujours $|x - 4| = |4 - x|$?
2. Existe-t-il des valeurs de x telles que $|x + 4| = |4 - x|$?

Pour les exercices 20 à 25, écrivez le réel donné sans la notation valeur absolue.

20 $\left|x + \frac{3}{4}\right|$ **21** $\left|x - \frac{7}{3}\right|$ **22** $|-x - 3|$

23 $|x + 15|$ **24** $\left|\frac{4}{7} - x\right|$ **25** $\left|-x - \frac{15}{2}\right|$

Équations

Pour les exercices 26 à 36, résolvez dans $\mathbb{R}$ les équations proposées :

26 a) $|x| = 4$ b) $|a| + \frac{3}{4} = 0$ c) $|x - 1| = 0$.

27 a) $|x + 2| = \frac{4}{3}$ b) $|3 - x| = \frac{5}{7}$.

28 a) $|x - 4| = \frac{5}{2}$ b) $\left|\frac{3}{2} - x\right| = 3$.

29 a) $|x + 3| = 4$ b) $|5 + x| = 3$.

30 a) $|2 + x| = 0$ b) $|x| + 5 = 1$.

31 $|(2x - 1)(x - 7)| = 0$.

32 a) $\left|\frac{3}{2} - x\right| = \frac{3}{5}$ b) $|x - \sqrt{2}| = \sqrt{8}$.

33 a) $\sqrt{(x-2)^2} = 16$ b) $\sqrt{(x+1)^2} = 1$.

34 a) $\sqrt{x^2 - 2x + 1} = 4$ b) $\sqrt{x^2 + 6x + 9} = 5$.

35 $|x + 4| = |x - 2|$. **36** $|x - 1| = x - 1$

Inéquations

Pour les exercices 37 à 40, résolvez chacune des inéquations proposées, puis représentez l'ensemble des solutions sur une droite graduée.

37 a) $|x| \leqslant 3$ b) $|x| > 2$.

38 a) $|x - 1| < \frac{4}{3}$ b) $|3 - x| \geqslant 5$.

39 a) $|x + 7| > \frac{1}{2}$ b) $|-x + 2| \leqslant 3$.

40 a) $|x| > 0$ b) $|x| \geqslant 0$.

Pour les exercices 41 à 46, trouvez tous les réels x qui vérifient les deux inéquations à la fois ; représentez l'ensemble de ces réels sur une droite graduée.

41 $|x - 1| \leqslant 2$ et $|2 - x| \leqslant 2$.

42 $\left|x - \frac{3}{2}\right| < \frac{13}{4}$ et $|2 + x| \leqslant 1$.

43 $|x| < 5$ et $|x| > 3$.

44 $|x + 1| \geqslant 4$ et $|x - 1| > 1$.

45 $1 \leqslant |x| \leqslant 3$. **46** $1 \leqslant |x + 2| \leqslant 2$.

47 Résolvez chacune des inéquations :

a) $\left|x - \frac{2}{3}\right| \leqslant -1$ b) $\left|x - \frac{1}{4}\right| > -1$.

48 I est l'ensemble des réels tels que $|x+1| \leqslant 1$.

1. Déterminez l'ensemble I.

2. Démontrez que si $x \in \mathrm{I}$, alors $|x| \leqslant 2$.

49 I est l'ensemble des réels tels que $|x-1| < \frac{1}{4}$.

1. Déterminez l'ensemble I.

2. Démontrez que si $x \in \mathrm{I}$, alors $x > \frac{1}{2}$.

Ensemble de points du plan

Pour les exercices 50 à 55, $(\mathrm{O}\,;\,\overrightarrow{\mathrm{OI}},\,\overrightarrow{\mathrm{OJ}})$ est un repère orthonormal du plan. Hachurez l'ensemble des points M $(x\,;\,y)$ vérifiant les conditions données.

50 $|x| \leqslant 3$ et $|y| \leqslant 1$.

51 $|x-3| \leqslant 1$ et $|y-2| \leqslant 3$.

52 $|x+1| \geqslant 4$ et $|y+1| < 2$.

53 $|x-2| \geqslant 3$ et $|y-1| \geqslant 2$.

54 $|x-2| \leqslant 1$ et $|y+3| \geqslant 1$.

55 $|x| = x$ et $|y| = -y$.

Divers

56 Aire de triangles

$(\mathrm{O}\,;\,\overrightarrow{\mathrm{OI}},\,\overrightarrow{\mathrm{OJ}})$ est un repère orthonormal du plan.
B est le point de coordonnées (0 ; 2).
M(x ; 0) désigne un point quelconque de l'axe des abscisses.

1. Exprimez, en fonction de x, la distance OM.

2. Calculez, en fonction de x, l'aire $\mathscr{A}$ du triangle OBM.

3. Déterminez les positions de M pour que :
a) $\mathscr{A} = 2$ **b)** $\mathscr{A} \leqslant 2$

4. On considère le point A (3 ; 0).
Calculez, en fonction de x, l'aire $\mathscr{A}'$ du triangle ABM.

5. Déterminez l'ensemble des points M tels que $\mathscr{A} = \mathscr{A}'$.

57 Ensemble de points

$(\mathrm{O}\,;\,\overrightarrow{\mathrm{OI}},\,\overrightarrow{\mathrm{OJ}})$ est un repère orthonormal du plan.
B est le point de coordonnées (0 ; 4) ;
A est le point de coordonnées (– 4 ; 0) ;
C est le point de coordonnées (6 ; 0).
M (x ; 0) désigne un point quelconque de l'axe des abscisses.

1. Exprimez, en fonction de x, l'aire $\mathscr{A}$ du triangle ABM.

2. Exprimez, en fonction de x, l'aire $\mathscr{A}'$ du triangle BCM.

3. Déterminez l'ensemble des points M tels que $\mathscr{A}' = \mathscr{A}$.

4. Déterminez l'ensemble des points M tels que $\mathscr{A}' = 2\mathscr{A}$.

58 Valeur absolue d'un quotient

On se propose de démontrer que, pour tous réels x et y $(y \neq 0)$, $\left|\frac{x}{y}\right| = \frac{|x|}{|y|}$.

1. Recopiez et complétez le tableau suivant :

	$\|x\| =$	$\|y\| =$	$\frac{x}{y} \geqslant 0$? ou $\leqslant 0$?	$\left\|\frac{x}{y}\right\| =$	$\frac{\|x\|}{\|y\|} =$
Cas $x \geqslant 0$ et $y \geqslant 0$	x	y	$\geqslant 0$	$\frac{x}{y}$	$\frac{x}{y}$
Cas $x \leqslant 0$ et $y \leqslant 0$					
Cas $x \geqslant 0$ et $y \leqslant 0$					
Cas $x \leqslant 0$ et $y \geqslant 0$					

2. Déduisez-en que, pour tous réels x et y $(y \neq 0)$, $\left|\frac{x}{y}\right| = \frac{|x|}{|y|}$.

59 Valeur absolue et rectangles

$(\mathrm{O}\,;\,\overrightarrow{\mathrm{OI}},\,\overrightarrow{\mathrm{OJ}})$ est un repère orthonormal du plan, a et b sont deux réels strictement positifs.

1. a. Expliquez pourquoi l'ensemble des points M (x ; y) du plan tels que $|x-4| \leqslant a$ et $|y-3| \leqslant b$ est un rectangle.
b. Les diagonales de ce rectangle se coupent en D. Quelles sont les coordonnées de D ?

2. a. Dans quel cas l'un des côtés de ce rectangle est-il un segment de l'axe des abscisses ?
b. Dans quel cas l'un des côtés de ce rectangle est-il un segment de l'axe des ordonnées ?

3. Dans quel cas ce rectangle est-il un carré ?

60 Une équation pour deux droites

$(\mathrm{O}\,;\,\overrightarrow{\mathrm{OI}},\,\overrightarrow{\mathrm{OJ}})$ est un repère orthonormal du plan.

1. a. Tracez dans ce repère la droite d_1 d'équation $y = 2x$ et la droite d_2 d'équation $y = -2x$.
b. Dire qu'un point M (x ; y) du plan appartient à l'une de ces droites signifie que $|y| = |2x|$. Pourquoi ?

2. Trouvez une équation caractérisant l'ensemble des points M (x ; y) situés sur l'une des droites en rouge sur la figure ci-contre.

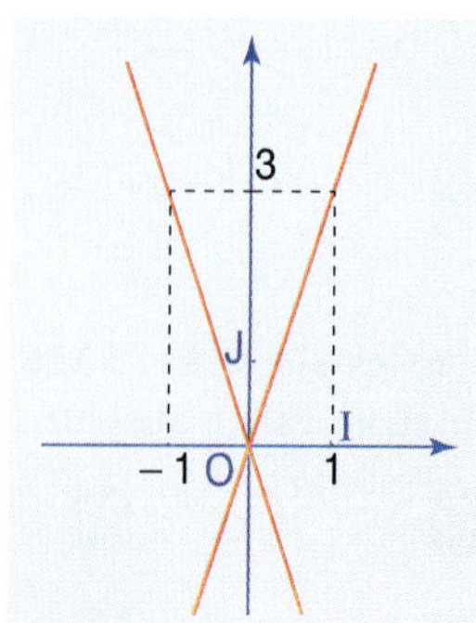

61 Le fou des échecs

1. Préliminaires

Si vous ne connaissez pas la règle du jeu d'échecs, renseignez-vous pour savoir quels sont les déplacements possibles du fou.

Reportez-vous au début du TP 3, p. 72, pour voir comment on peut coder un déplacement sur un échiquier.

2. Expliquez pourquoi le déplacement d'un fou peut être caractérisé par la relation $|y| = |x|$.

PROBLÈMES DE SYNTHÈSE

62 THÈMES : Valeur absolue. Approximations. Repères. Équations de droites.

Le plan est muni d'un repère orthonormal $(O ; \vec{OI}, \vec{OJ})$.
On se propose de trouver les points M $(x ; y)$ du plan vérifiant la propriété **(P)** : $|x| + |y| = 1$.

1. Parmi les points suivants, quels sont ceux qui vérifient la propriété (P) ?
A (1 ; 0) ; B (0 ; 1) ; C (– 1 ; 0) ; D (0 ; – 1) ;
E (1 ; 1) ; F (– 1 ; 1).

2. On se propose de trouver tous les points M $(x ; y)$ dont les coordonnées x et y sont positives, vérifiant (P).

a. Expliquez pourquoi, lorsque x et y sont positifs, la propriété (P) peut s'écrire $x + y = 1$, c'est-à-dire $y = -x + 1$.

b. Tracez la droite d_1 d'équation $y = -x + 1$.

c. Précisez les points de d_1 dont les coordonnées vérifient la propriété (P).

3. a. Comment peut-on écrire la propriété (P) dans chacun des trois cas suivants ?
$x \leqslant 0$ et $y \geqslant 0$; $x \leqslant 0$ et $y \leqslant 0$; $x \geqslant 0$ et $y \leqslant 0$.

b. Montrez que l'ensemble de tous les points vérifiant la propriété (P) est le carré ABCD.

INDICATION : Procéder, dans chacun des trois cas, comme dans la question 2.

c. Donnez une valeur approchée du périmètre de ce carré à 10^{-2} près.

4. Quel est l'ensemble des points M $(x ; y)$ tels que $|x| + |y| = 2$?

63 THÈMES : Valeur absolue. Parallélogrammes. Cercles. Aires.

$(O ; \vec{OI}, \vec{OJ})$ est un repère orthonormal du plan, l'unité de longueur est le centimètre.

1. Quel est le segment [AC] de l'axe des abscisses déterminé par la condition $|x - 3| \leqslant 2$?

2. Expliquez pourquoi il existe un unique carré admettant [AC] comme diagonale. Tracez ce carré.

3. On note $\mathcal{A}$ l'aire de la surface comprise entre le cercle de diamètre [AC] et le carré précédent.

a. Calculez $\mathcal{A}$.

b. Donnez une approximation décimale de $\mathcal{A}$ à 10^{-2} près.

4. ABCD désigne un parallélogramme de diagonales [AC] et [BD]. On note b l'ordonnée de B et d celle de D.

a. Expliquez pourquoi $b + d = 0$.

b. Tracez trois parallélogrammes ABCD vérifiant la condition $|b| = 3$.

c. Existe-t-il un losange vérifiant la condition $|b| = 3$?

d. Existe-t-il un rectangle vérifiant la condition $|b| = 3$?

Exercices guidés

1 Écrire sans la notation valeur absolue

1. On se propose d'écrire sans la notation valeur absolue le nombre $|\sqrt{2}-2|$.

a. À quoi est égal, par définition, $|x|$?

b. D'après cette définition, le résultat dépend du signe de x. Le nombre $\sqrt{2}-2$ est-il positif ou négatif ?

c. Concluez : $|\sqrt{2}-2| = ...$

2. On se propose d'écrire sans la notation valeur absolue le nombre $y = x - |x|$, x désignant un réel quelconque.

Dans cette question, la situation est différente ; en effet, le nombre x est variable. Il est alors normal d'envisager deux cas.

a. Quels sont ces deux cas ?

b. Que vaut y dans chacun de ces deux cas ?

2 Valeur absolue et intervalle

1. On se propose de trouver à quel intervalle I appartiennent les réels x tels que $|x-3| \leqslant 1$.

Ce problème fait naturellement penser au théorème 3 du cours :

dire que $|x-a| \leqslant r$ signifie que $x \in [a-r\,;\,a+r]$.

a. Quelle est la valeur de a ? celle de r ?

b. Quel est l'intervalle I ?

c. Pour mieux comprendre, on va retrouver graphiquement le résultat précédent. Pour cela, ayez toujours présent à l'esprit que $|x-3|$ est une distance, la distance entre les réels x et 3. Donc $|x-3| \leqslant 1$ signifie que la distance entre x et 3 est inférieure ou égale à 1.

Coloriez, sur la droite graduée, l'ensemble des réels x tels que $|x-3| \leqslant 1$, et vérifiez que l'ensemble ainsi colorié est l'intervalle I.

2. On se propose d'écrire la propriété "$x \in [1\,;\,5]$" en utilisant la notation valeur absolue.

Le théorème 3 du cours, rappelé dans la question 1, semble pouvoir être utilisé ; en effet, ce théorème permet de relier valeur absolue et intervalle. Mais pour cela, l'intervalle doit être écrit sous la forme $[a-r\,;\,a+r]$, a désignant le centre de l'intervalle et r son rayon (c'est-à-dire sa demi-longueur).

a. Représentez l'intervalle $[1\,;\,5]$ sur une droite graduée.

b. Quel est le centre de cet intervalle ? son rayon ?

c. Écrivez alors la propriété "$x \in [1\,;\,5]$" en utilisant la notation valeur absolue.

d. a et r peuvent aussi être obtenus à l'aide de formules (voir Pour prendre un bon départ, § 3).

- Quelle formule permet de calculer le centre a d'un intervalle $[b\,;\,c]$?

Déduisez-en le centre de l'intervalle $[1\,;\,5]$.

- Quelle formule permet de calculer son rayon r ?

Déduisez-en le rayon de l'intervalle $[1\,;\,5]$.

Exercices commentés

3 Résolvez l'inéquation $|2x+3| \leqslant 4$.

VERS UNE SOLUTION

Cette inéquation fait penser à une inéquation du type $|x-a| \leqslant r$. Nous allons nous ramener à une inéquation de ce type.

• Première méthode

1. Complétez l'écriture $2x + 3 = 2\,(x - \square)$.

2. Déduisez-en l'ensemble $\mathcal{S}$ des solutions de l'inéquation $|2x+3| \leqslant 4$.

• Deuxième méthode

On pose $X = 2x$. L'inéquation proposée s'écrit donc :

$$|X+3| \leqslant 4.$$

a. Quels sont les réels X solutions de l'inéquation $|X+3| \leqslant 4$?

b. Déduisez-en l'ensemble $\mathcal{S}$ des solutions de l'inéquation $|2x+3| \leqslant 4$.

4 Démontrez que :

si $|a| \leqslant 3$ et $|b| \leqslant 1$, alors $|a-2b| \leqslant 5$.

VERS UNE SOLUTION

• Première méthode

D'après la forme de l'énoncé, on peut penser à utiliser l'inégalité triangulaire pour majorer $|a-2b|$.

1. Expliquez pourquoi $|a-2b| \leqslant |a| + 2|b|$.

2. Déduisez la propriété demandée.

▸▸▸

- **Deuxième méthode**

On peut remarquer que $|a-2b|$ est égal à la distance entre les points A et C d'une droite graduée, A et C d'abscisses respectives a et $2b$.

1. Lorsque $|a| \leqslant 3$, à quel intervalle appartient A ?

2. Lorsque $|b| \leqslant 1$, à quel intervalle appartient C ?

3. Déduisez-en que si $|a| \leqslant 3$ et $|b| \leqslant 1$, alors la plus grande valeur possible pour AC est 5.

Ainsi, $|a-2b| \leqslant 5$.

Pour quelles positions des points A et C a-t-on :

$$|a-2b| = 5 \ ?$$

Pour les exercices 5 et 6, vous pouvez vous reporter à l'exercice commenté 3.

5 Résolvez l'inéquation $|3x-2| \leqslant 1$.

6 Résolvez l'inéquation $|5x+3| \leqslant 10$.

Pour les exercices 7 et 8, vous pouvez vous reporter à l'exercice commenté 4.

7 Démontrez que :

si $|a| \leqslant 2$ et $|b| \leqslant 1$, alors $|a-3b^2| \leqslant 5$.

8 Démontrez que :

si $|a| \leqslant 1$ et $|b| \leqslant 1$, alors $|a^2+b^2| \leqslant 2$.

Trouvez l'erreur

Pour chaque exercice de cette rubrique, une solution vous est proposée, mais elle contient une erreur. Trouvez cette erreur.

9 x est un réel. Simplifiez l'expression $A = \sqrt{\frac{x^2}{4}} - \frac{x}{2} + \frac{1}{2}$.

Solution

$\sqrt{\frac{x^2}{4}} = \frac{\sqrt{x^2}}{\sqrt{4}} = \frac{\sqrt{x^2}}{2}$. On peut donc écrire :

$$A = \frac{\sqrt{x^2} - (x-1)}{2}.$$

Or $\sqrt{x^2} = x$, donc $A = \frac{x-(x-1)}{2} = \frac{1}{2}$.

10 x est un réel positif. Simplifiez l'expression :

$$A = |x+2| - |x| - |-2|.$$

Solution

$|x+2| = |x| + |2|$ car x est positif.

Donc $A = |x| + |2| - |x| - |-2| = |2| + 2 = 2 + 2 = 4$.

11 a et b sont deux réels tels que :

$$|a-3| \leqslant 1 \text{ et } |b-1| \leqslant 1.$$

Démontrez que $|a-b| - a = -b$.

Solution

$|a-3| \leqslant 1$ signifie que $a \in [2 ; 4]$; donc a est positif.

$|b-1| \leqslant 1$ signifie que $b \in [0 ; 2]$; donc b est positif.

Or, pour tous réels a et b, $|a-b| = |a| - |b|$. Les réels a et b étant positifs, $|a| = a$ et $|b| = b$.

D'où $|a-b| = a-b$, et $|a-b| - a = -b$.

12 On pose $A = |x+3|^2 - \sqrt{x^4} - 9$, où x est un réel quelconque. A est-il toujours positif ou nul ?

Solution

$|x+3|^2 = |x|^2 + 6|x| + 9 = x^2 + 6|x| + 9$;

$\sqrt{x^4} = \sqrt{(x^2)^2} = |x^2| = x^2$.

Donc $A = x^2 + 6|x| + 9 - x^2 - 9 = 6|x|$.

Or $|x| \geqslant 0$; donc $A \geqslant 0$.

Pour ceux qui M plus

Normes dans l'ensemble des vecteurs du plan

$(O ; \vec{OI}, \vec{OJ})$ est un repère orthonormal du plan.

$\vec{v} = \vec{OM}$ est un vecteur de coordonnées $(x ; y)$.

1 Multiplication d'un vecteur par un réel.

On sait que $2\vec{v}$ est le vecteur de coordonnées $(2x ; 2y)$, que $3\vec{v}$ est le vecteur de coordonnées $(3x ; 3y)$, ... ; plus généralement, si λ est un réel quelconque, $\lambda\vec{v}$ est le vecteur de coordonnées $(\lambda x ; \lambda y)$.

- Lorsque $\vec{v}$ est le vecteur de coordonnées $\left(\frac{3}{2} ; -\frac{5}{4}\right)$, quelles sont les coordonnées :

du vecteur $2\vec{v}$? du vecteur $-3\vec{v}$? du vecteur $\frac{4}{5}\vec{v}$?

2 Une première norme

On pose $N(\vec{v}) = |x| + |y|$. Démontrez les propriétés suivantes :

a. on a toujours $N(\vec{v}) \geqslant 0$.

b. $N(\vec{v}) = 0$ équivaut à $\vec{v} = \vec{0}$.

c. pour tout réel λ, $N(\lambda\vec{v}) = |\lambda| N(\vec{v})$.

d. si $\vec{v'}$ est le vecteur de coordonnées $(x' ; y')$, alors $N(\vec{v} + \vec{v'}) \leqslant N(\vec{v}) + N(\vec{v'})$.

INDICATIONS : b. Le vecteur $\vec{0}$ a pour coordonnées $(0 ; 0)$.
c. Expliquer d'abord pourquoi $N(\lambda\vec{v}) = |\lambda x| + |\lambda y|$.
d. Les coordonnées du vecteur $\vec{v} + \vec{v'}$ sont $(x + x' ; y + y')$.

3 Une deuxième norme : la longueur

On note $\ell(\vec{v})$ la longueur du vecteur $\vec{v}$, c'est-à-dire:

$$\ell(\vec{v}) = \sqrt{x^2 + y^2}.$$

Vérifiez que chacune des quatre propriétés de la question 2 est vraie pour $\ell(\vec{v})$.

COMMENTAIRE : Une application comme $N : \vec{v} \mapsto N(\vec{v})$, ou $\ell : \vec{v} \mapsto \ell(\vec{v})$, qui vérifie les quatre propositions **a, b, c, d,** est appelée une **norme** dans l'ensemble des vecteurs du plan.

NOTIONS SUR LES FONCTIONS

CHAPITRE

4

Dans la vie de tous les jours, il est fréquent d'entendre des expressions telles que : "la consommation d'essence d'une voiture aux 100 kilomètres est fonction de la vitesse", "les résultats scolaires d'un élève sont fonction du travail qu'il a fourni", "la vendange est fonction du temps qu'il fait", ... Cette idée se retrouve également en Économie, en Physique, en Biologie. En voici des exemples : "le prix d'une denrée est fonction de la quantité produite", "la pression atmosphérique est fonction de l'altitude", "l'évolution de l'effectif d'une population d'amibes est fonction du temps", ... Mais lorsqu'on dit par exemple que la pression atmosphérique dépend de l'altitude, on reste très vague, on ne dit pas de quelle façon. Or, dans le domaine des sciences, il est souvent possible de préciser la façon dont une grandeur dépend d'une autre, nous le verrons sur quelques exemples. Nous introduirons, plus généralement, les notions de fonction et de sens de variation d'une fonction.

SOMMAIRE

Pour prendre un bon départ

FONCTIONS DONT LA REPRÉSENTATION GRAPHIQUE EST UNE DROITE

1 Fonction affine

● **Définition** : a et b sont deux réels donnés.
Lorsqu'à chaque réel x, on associe le réel $ax + b$, on définit une fonction affine f et on note :

$$f(x) = ax + b.$$

● La représentation graphique de cette fonction f est la **droite** d'équation $y = ax + b$.

EXEMPLE : La fonction f définie par $f(x) = 3x - 4$ a pour représentation graphique la droite d d'équation $y = 3x - 4$ (ici $a = 3$ et $b = -4$).

Pour représenter cette droite, il suffit d'en déterminer deux points. Ainsi :

• pour $x = 0$, $y = -4$; le point A $(0 ; -4)$ est sur d.

• pour $x = 2$, $y = 2$; le point B $(2 ; 2)$ est sur d.

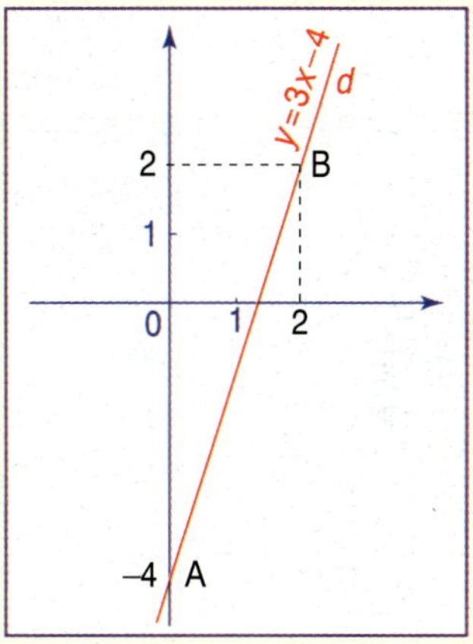

● **Une propriété importante** : Les fonctions affines sont **les seules** fonctions dont la représentation graphique est une droite.

2 Cas particulier : fonction linéaire

● Dans le cas "$b = 0$", la fonction définie par $f(x) = ax$ est appelée **fonction linéaire**.

● Sa représentation graphique est la **droite** d'équation $y = ax$. Cette représentation graphique passe par l'origine du repère car si $x = 0$, alors $y = 0$.

EXEMPLE : La figure ci-contre donne la représentation graphique de la fonction f définie par $f(x) = 2x$.

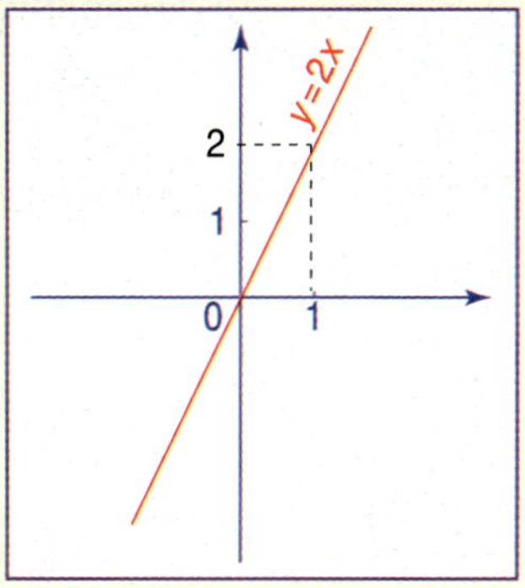

Exercice-test

Tracez les droites d'équations :

a) $y = 2x + 3$ b) $y = -x + 1$ c) $y = -5x$

Parmi ces trois droites, l'une représente une fonction linéaire. Laquelle ?

Activité 1

VERS LA NOTION DE FONCTION

1■1 Deux exemples en géométrie

Un rectangle a un côté fixe [AB] de 30 cm. L'autre côté [CD] peut coulisser sur deux rails [Ax) et [By) d'un même côté de [AB] (à droite sur la figure).

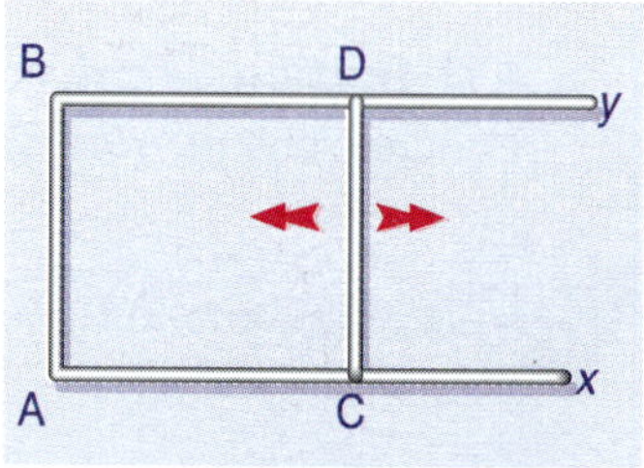

La longueur AC est variable. On la note x.
x est donc un nombre positif.

1. À chaque valeur x de l'intervalle $]0 ; +\infty[$ correspond une valeur bien déterminée du périmètre p de ce rectangle. On dit alors que le périmètre p est fonction de x. Pour indiquer que le périmètre p dépend de x, on le note $p(x)$.

a) Calculez $p(x)$, puis calculez $p(10)$ et $p(40)$.

b) Construisez la courbe représentative de la fonction $x \mapsto p(x)$ dans un repère orthonormal (unité : 1 cm pour 20 cm sur chaque axe).

CONSEIL : *Ne pas oublier que x est positif.*

2. De même, à chaque valeur x de l'intervalle $]0 ; +\infty[$, correspond une valeur bien déterminée de l'aire $\mathcal{A}$ du rectangle ABCD. On dit alors que $\mathcal{A}$ est fonction de x. Pour indiquer que l'aire $\mathcal{A}$ dépend de x, on la note $\mathcal{A}(x)$. Calculez $\mathcal{A}(x)$.

1■2 Intensité d'un courant

Lorsque la d.d.p. (différence de potentiel) entre les deux bornes A et B d'un conducteur ohmique est égale à 220 V, l'intensité du courant varie avec la résistance R du conducteur ohmique.
À chaque valeur R de la résistance correspond une intensité bien déterminée.
On dit alors que **l'intensité *i* est fonction de la résistance R**. Pour indiquer que l'intensité i dépend de R, on la note $i(\mathrm{R})$.
On sait que l'intensité (en ampères) correspondant à une résistance R (en ohms) est donnée par $i(\mathrm{R}) = \dfrac{220}{\mathrm{R}}$.

1. Recopiez et complétez le tableau suivant :

R	20	55	80	110	220	400
i (R)		4				

2. a) Placez, dans un repère orthogonal avec R en abscisse et i en ordonnée, les six points d'abscisses : 20 ; 55 ; 80 ; 110 ; 220 ; 400.

INDICATION : *Unités : 1 cm pour 50 ohms en abscisse, 1 cm pour 1 ampère en ordonnée.*

b) Tracez une courbe continue et régulière passant par ces six points.

Conclusion *Lorsqu'on associe un nombre à chaque réel d'un intervalle* I, *on dit que l'***on définit une fonction sur I.**

Activité 2

L'IDÉE DE CROISSANCE, DE DÉCROISSANCE D'UNE FONCTION

2 ▪ 1 Deux exemples

1. Aire d'un disque

L'aire S d'un disque est fonction du rayon R de ce disque, $S = \pi R^2$.

Cette aire **augmente** lorsque le rayon du disque **augmente**.

On dit que la fonction qui à un nombre R associe l'aire πR^2 du disque correspondant est **croissante**.

De manière intuitive, nous dirons qu'une fonction f est croissante pour indiquer que lorsque les valeurs de x augmentent, les valeurs de $f(x)$ augmentent aussi.

2. En mouvement

Un train roule de Toulouse vers Paris. La distance d entre le train et Paris est fonction du temps t. Cette distance **diminue** lorsque le temps **augmente**.

On dit que la fonction qui à t associe la distance $d(t)$ est **décroissante**.

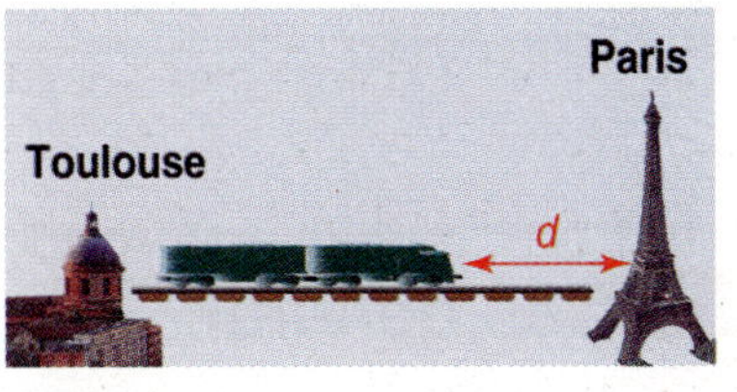

De manière intuitive, nous dirons qu'une fonction f est décroissante pour indiquer que lorsque les valeurs de x augmentent, les valeurs de $f(x)$ diminuent.

2 ▪ 2 À vous, à présent

1. Lorsque l'ascenseur d'un immeuble monte, la distance qui le sépare du rez-de-chaussée est une fonction croissante du temps. Pourquoi ?

2. Une automobile est en mouvement. La quantité d'essence contenue dans son réservoir est fonction du nombre de kilomètres parcourus.

Cette fonction est-elle croissante ? décroissante ?

Commentaire

Il existe des fonctions qui ne sont ni croissantes, ni décroissantes. Par exemple, lorsqu'on laisse tomber une balle de tennis, la distance *d* entre cette balle et le sol diminue lorsque la balle descend, puis augmente lorsque la balle remonte puis diminue, puis ...

Conclusion

- *Certaines fonctions f sont* **croissantes**. *Ceci signifie intuitivement que lorsque les valeurs de x* **augmentent**, *les valeurs de f (x)* **augmentent** *aussi.*
- *Certaines fonctions f sont* **décroissantes**. *Ceci signifie intuitivement que lorsque les valeurs de x* **augmentent**, *les valeurs de f (x)* **diminuent**.

COURS

1. NOTION DE FONCTION

1■1 Exemples

1. La fonction affine f définie par $f(x) = 2x + 3$ associe à chaque réel x, le réel $2x + 3$. Ainsi, par exemple, $f(5) = 13$, $f(-2) = -1$.
On dit que 13 est l'image de 5 par f, que -1 est l'image de -2 par f.

2. La fonction f définie par $f(x) = x^2 - 1$ associe à chaque réel x, le réel $x^2 - 1$.
Ainsi, par exemple, $f(3) = 3^2 - 1 = 8$, $f(-5) = (-5)^2 - 1 = 25 - 1 = 24$.

3. La fonction f définie par $f(x) = \sqrt{x}$ associe à chaque réel $x \geqslant 0$, le réel $\sqrt{x}$.
Ainsi, par exemple, $f(4) = \sqrt{4} = 2$, $f(7) = \sqrt{7}$.

4. La fonction f définie par $f(x) = \dfrac{1}{x-1}$ associe à chaque réel $x \neq 1$, le réel $\dfrac{1}{x-1}$.
Ainsi, par exemple, $f(-5) = \dfrac{1}{-5-1} = -\dfrac{1}{6}$, $f(2) = \dfrac{1}{2-1} = 1$.

1■2 Cas général

DÉFINITIONS 1

D est un intervalle ou une réunion d'intervalles de $\mathbb{R}$.

- Fabriquer ou **définir une fonction f de D dans** $\mathbb{R}$, c'est associer à chaque réel x de D un réel unique noté $f(x)$.
- On dit que **D** est **l'ensemble de définition** de f, ou encore que f est définie sur D.
- Le réel **$f(x)$** s'appelle **l'image de x par f.**

Notations : On écrira indifféremment :
"la fonction f définie par $f(x) = 2x + 3$" ou "la fonction $f : x \mapsto 2x + 3$".

▶ **REMARQUE :** Souvent, l'ensemble de définition d'une fonction f est indiqué. Lorsque ce n'est pas le cas, on convient que cet ensemble est l'ensemble E des réels x pour lesquels on peut calculer $f(x)$.
Ainsi, par exemple :
$E = [0\,;+\infty[$ pour la fonction $x \mapsto \sqrt{x}$ car on ne peut calculer $\sqrt{x}$ que pour x positif.
$E =]-\infty\,;1[\,\cup\,]1\,;+\infty[$ pour la fonction $x \mapsto \dfrac{1}{x-1}$ car on ne peut calculer $\dfrac{1}{x-1}$ que pour $x \neq 1$.

Commentaire

On peut utiliser une autre lettre que la lettre x. En sciences, il est de tradition de désigner chaque grandeur par une lettre appropriée. Ainsi, le temps est usuellement noté t, l'intensité d'un courant i, une quantité de chaleur Q ...

2. REPRÉSENTATION GRAPHIQUE D'UNE FONCTION

2.1 Exemple

Note
À l'exception des fonctions affines, la représentation graphique d'une fonction n'est jamais une droite.

On sait que la représentation graphique, dans le repère (O; $\overrightarrow{OI}$, $\overrightarrow{OJ}$), de la fonction f définie sur $\mathbb{R}$ par $f(x) = 2x + 1$ est la droite d dont une équation est $y = 2x + 1$.
d est l'ensemble de tous les points M (x ; y) tels que $y = f(x)$. L'image de 1 par f est égale à 3. En effet, $f(1) = 2 \times 1 + 1 = 3$. Ceci signifie graphiquement que l'ordonnée de A est égale à 3.

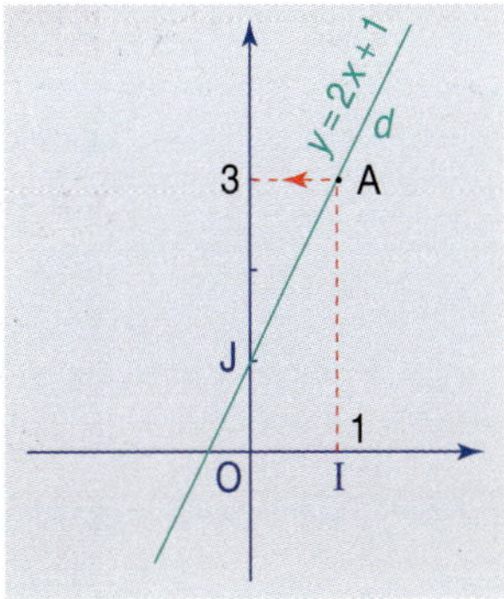

2.2 Cas général

DÉFINITION 2

f est une fonction dont l'ensemble de définition est D.
La représentation graphique $\mathscr{C}$ (ou courbe représentative) de f dans un repère orthogonal est l'ensemble des points de coordonnées $(x ; f(x))$, où x est un réel de D.

Note
Quelquefois, une fonction n'est connue que par sa représentation graphique. C'est le cas par exemple d'un électrocardiogramme.

On dit aussi que **la courbe $\mathscr{C}$ a pour équation cartésienne $y = f(x)$.**

2.3 Quelques remarques importantes

1. Le tracé d'une représentation graphique n'est qu'approximatif.
De plus, vous serez limité par les dimensions de votre feuille de papier lorsque l'ensemble de définition D de f est trop grand, par exemple lorsque D = $\mathbb{R}$. Vous ne tracerez alors qu'une partie de la représentation graphique.

2. Les unités ne sont pas obligatoirement les mêmes sur les deux axes.
Essayez, par exemple, de représenter $x \mapsto x^2$ sur [–10 ; 10].
Avec une feuille de papier de format ordinaire, vous pourrez prendre le centimètre comme unité sur l'axe des abscisses, mais pas comme unité sur l'axe des ordonnées car pour $x = 10$, $x^2 = 100$.

3. Certaines courbes ne sont les représentations graphiques d'aucune fonction.
C'est le cas, par exemple, pour un cercle. En effet, par une fonction, chaque réel de D a une seule image ; or, ici, x_0 aurait deux images.

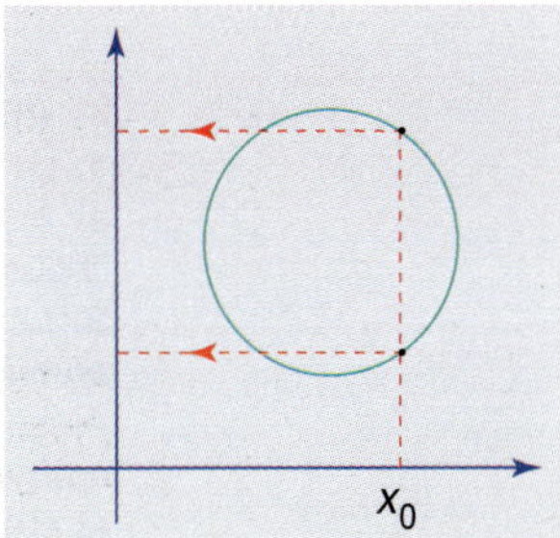

3. SENS DE VARIATION D'UNE FONCTION

3■1 Exemples

Les courbes $\mathscr{C}_1$, $\mathscr{C}_2$, $\mathscr{C}_3$ représentent respectivement des fonctions f, g, h définies sur $[-2\ ;4]$.

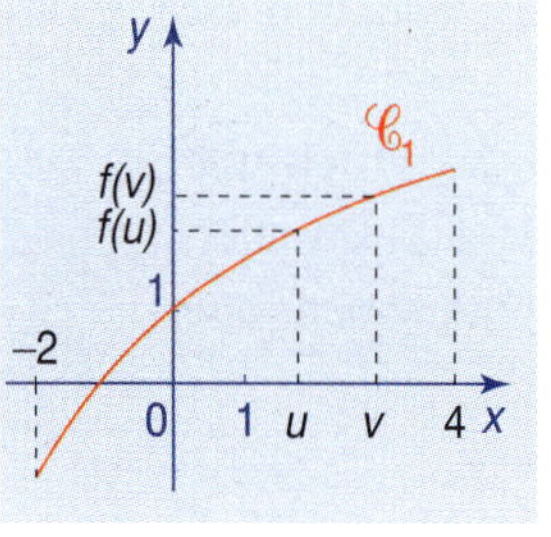

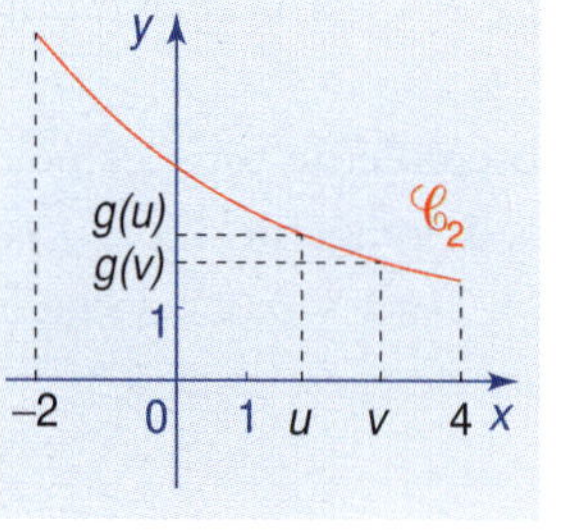

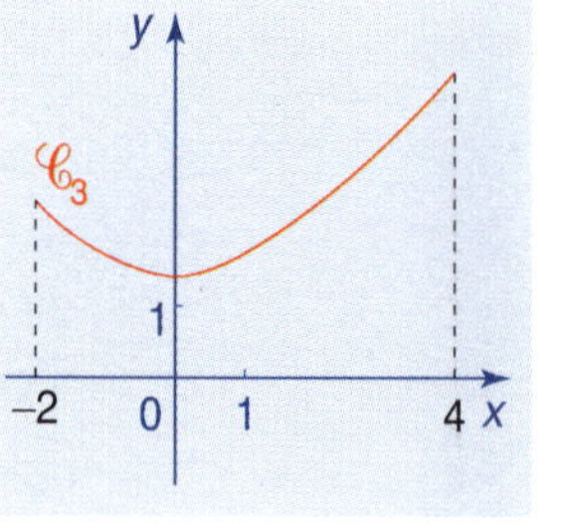

• D'après l'allure de la courbe $\mathscr{C}_1$, si $u < v$, alors $f(u) < f(v)$.
On dit que la fonction f est strictement croissante sur $[-2\ ;4]$.
Graphiquement, “la courbe monte” de la gauche vers la droite de la feuille.
• D'après l'allure de la courbe $\mathscr{C}_2$, si $u < v$, alors $g(u) > g(v)$.
On dit que la fonction g est strictement décroissante sur $[-2\ ;4]$.
Graphiquement, “la courbe descend” de la gauche vers la droite.
• D'après la courbe $\mathscr{C}_3$, la fonction h est strictement décroissante sur $[-2\ ;0]$ et strictement croissante sur $[0\ ;4]$.

3■2 Définitions

DÉFINITION 3

I est un intervalle de $\mathbb{R}$.
• Dire qu'une fonction f est **strictement croissante** sur I signifie que pour tous réels u et v de I, **si $u < v$, alors $f(u) < f(v)$.**
• Dire qu'une fonction f est **strictement décroissante** sur I signifie que pour tous réels u et v de I, **si $u < v$, alors $f(u) > f(v)$.**

Si, dans la première définition, on remplace l'inégalité stricte $f(u) < f(v)$ par $\boldsymbol{f(u) \leqslant f(v)}$, on dit que f est **croissante** sur I.
De même, si, dans la deuxième définition, on remplace l'inégalité stricte $f(u) > f(v)$ par $\boldsymbol{f(u) \geqslant f(v)}$, on dit que f est **décroissante** sur I.

▶ **REMARQUES :**

1. La courbe ci-contre représente une fonction f croissante et non strictement croissante. En effet, en raison du “palier”, on peut avoir $u < v$ et $f(u) = f(v)$.

2. Lorsqu'on parle de croissance ou de décroissance, il convient de bien préciser **sur quel intervalle** on se place. Ainsi, dans le troisième exemple ci-dessus (courbe $\mathscr{C}_3$), la même fonction h est strictement décroissante sur $[-2\ ;0]$ et strictement croissante sur $[0, 4]$.

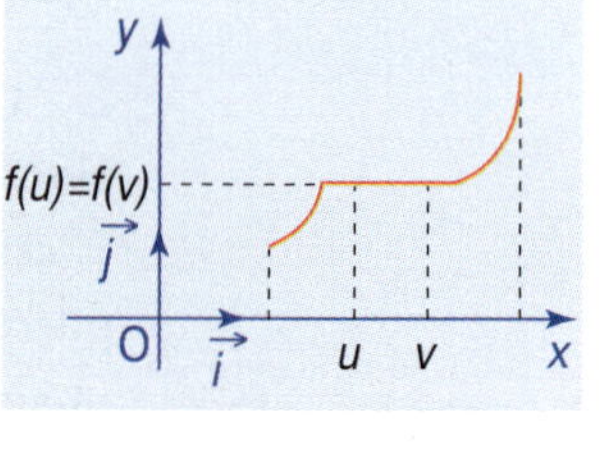

3.3 Étude du sens de variation d'une fonction

Étudier le sens de variation d'une fonction f, c'est chercher, lorsqu'ils existent, les plus grands intervalles sur lesquels f est strictement croissante, strictement décroissante ou constante.

On résume ces propriétés dans un tableau appelé **tableau de variation.**

EXEMPLE :

Voici le tableau de variation de la fonction f de représentation graphique $\mathscr{C}$.

x	-2	-1	2	5	7
f	3 ↗	4 ↘	1 ↗	3 →	3

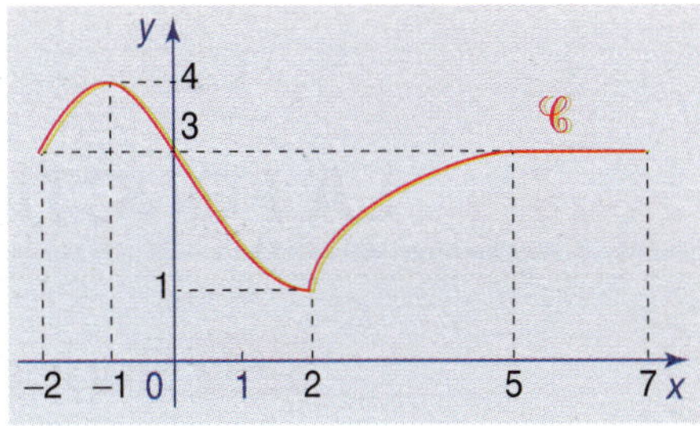

4. ÉTUDE DU SENS DE VARIATION D'UNE FONCTION AFFINE

THÉORÈME 1

f est la fonction affine $\boldsymbol{x \mapsto ax + b}$.

- Si $\boldsymbol{a > 0}$, alors f est **strictement croissante** sur $\mathbb{R}$.
- Si $\boldsymbol{a < 0}$, alors f est **strictement décroissante** sur $\mathbb{R}$.
- Si $\boldsymbol{a = 0}$, alors f est **constante** sur $\mathbb{R}$.

$a > 0$	$a < 0$	$a = 0$
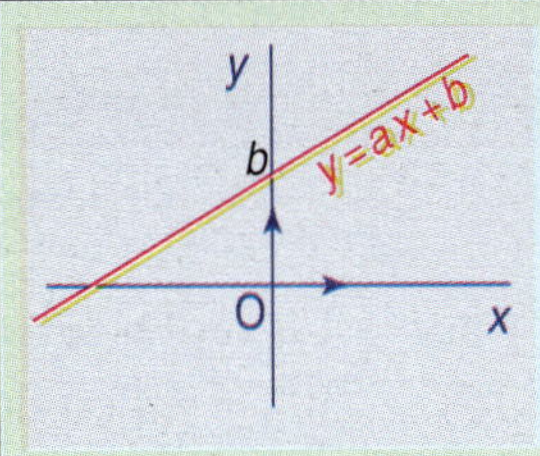	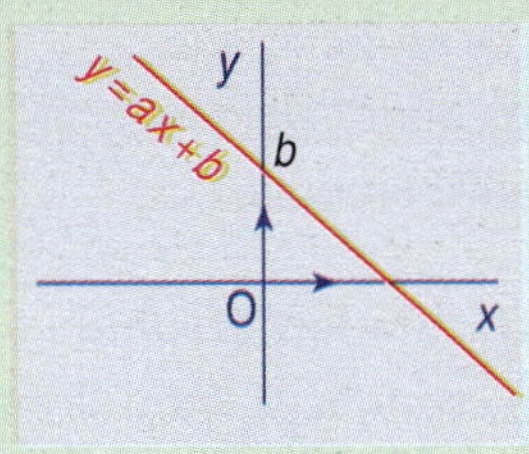	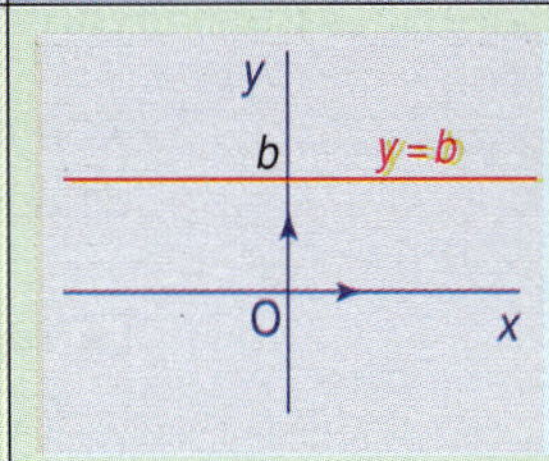

Démonstration

u et v sont deux réels quelconques tels que $u < v$. Comparons $f(u)$ et $f(v)$.

$f(v) - f(u) = (av + b) - (au + b) = a(v - u)$.

- Si $a = 0$, alors $f(u) = f(v)$, f est constante sur $\mathbb{R}$.
- Si $a \neq 0$, alors $a(v - u)$ est du signe de a car $v - u > 0$. Donc :

- si $a > 0$, alors $f(v) - f(u) > 0$, c'est-à-dire $f(u) < f(v)$; f est donc strictement croissante sur $\mathbb{R}$.

- si $a < 0$, alors $f(v) - f(u) < 0$, c'est-à-dire $f(u) > f(v)$; f est donc strictement décroissante sur $\mathbb{R}$.

EXEMPLES :

- La fonction $f : x \mapsto 3x - 15$ est strictement croissante sur $\mathbb{R}$ car ici $a = 3$ donc $a > 0$.
- La fonction $f : x \mapsto -5x + 4$ est strictement décroissante sur $\mathbb{R}$ car ici $a = -5$ donc $a < 0$.
- La fonction $f : x \mapsto 5$ (ici $a = 0$; $b = 5$) est de façon évidente constante sur $\mathbb{R}$; $f(x)$ est constamment égal à 5.

5. LA FONCTION VALEUR ABSOLUE

5.1 Rappel de la définition

La fonction valeur absolue f est définie sur $\mathbb{R}$ par $f(x) = |x|$.
Cela signifie que : **lorsque $x \geqslant 0, f(x) = x$;**
lorsque $x \leqslant 0, f(x) = -x$.

5.2 Représentation graphique

$f(x)$ s'exprime différemment sur $]-\infty\,;0]$ et sur $[0\,;+\infty[$.

• Lorsque $x \leqslant 0, f(x) = -x$.
La représentation graphique de f sur $]-\infty\,;0]$ s'obtient donc à partir de la droite d_2 d'équation $y = -x$. Nous ne conservons de la droite d_2 que les points dont l'abscisse est négative ou nulle.

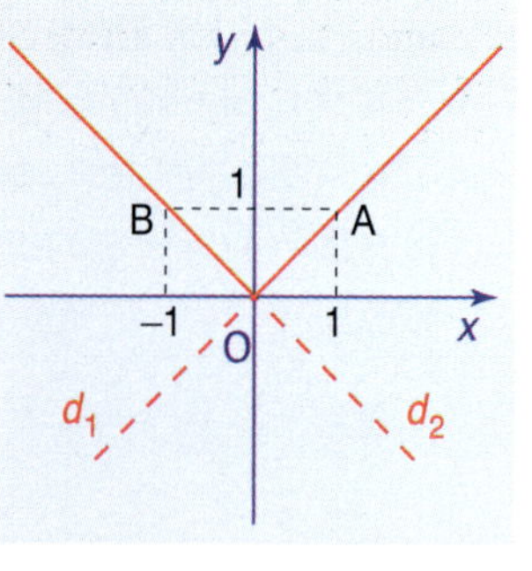

• Lorsque $x \geqslant 0, f(x) = x$.
La représentation graphique de f sur $[0\,;+\infty[$ s'obtient donc à partir de la droite d_1 d'équation $y = x$. Nous ne conservons de la droite d_1 que les points dont l'abscisse est positive ou nulle.

La représentation graphique de f sur $]-\infty\,;0]$ est donc la demi-droite [OB].

La représentation graphique de f sur $[0\,;+\infty[$ est donc la demi-droite [OA].

La courbe représentative de la fonction valeur absolue est donc la réunion de deux demi-droites.

6. NOTION DE MINIMUM ET DE MAXIMUM

DÉFINITIONS 4

f est une fonction définie sur D.

I est un intervalle contenu dans D et a est un réel de I.

- Dire que $f(a)$ est le **minimum** de f sur I signifie que pour tout x de I,

$$f(x) \geqslant f(a).$$

- Dire que $f(a)$ est le **maximum** de f sur I signifie que pour tout x de I,

$$f(x) \leqslant f(a).$$

Note

Ces notions mathématiques correspondent à leurs sens usuels : valeur "la plus petite" pour minimum, valeur "la plus grande" pour maximum.

Interprétation graphique

La courbe ci-contre représente une fonction f définie sur l'intervalle I = [– 5 ; 6].

- $f\left(\frac{3}{2}\right)$ est le minimum de f sur I. En effet, A est le point "le plus bas".
- $f(-3)$ est le maximum de f sur I.

En effet, B est le point "le plus haut".

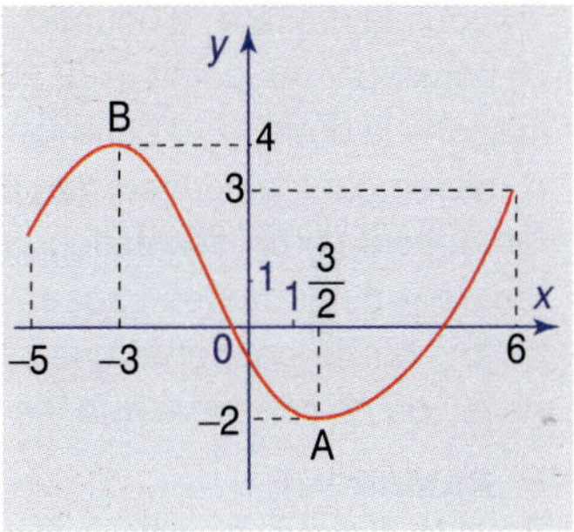

REMARQUE :

Un minimum ou un maximum sur un intervalle I n'est pas toujours obtenu pour une valeur unique de x.
Ainsi, la fonction représentée ci-contre admet un maximum égal à 3 sur l'intervalle [– 3 ; 8], et ce maximum est obtenu pour $x = -1$ et $x = 4$.

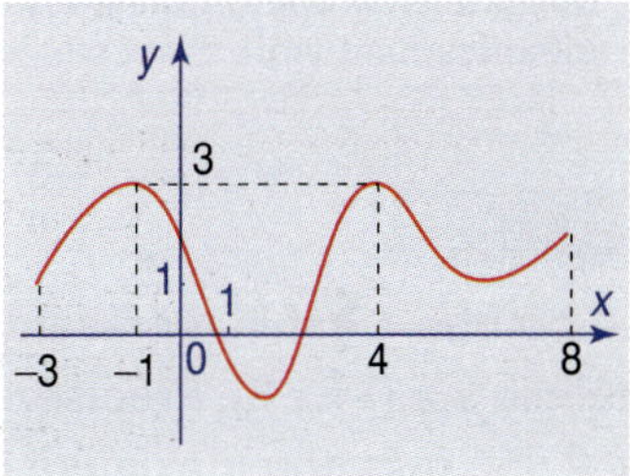

Exercices résolus
avec solutions commentées

Exo. 1

Construisez la courbe représentant la fonction f définie sur $\mathbb{R}$ par $f(x) = |x - 2|$.

Point Méthode

Pour étudier la fonction définie par $f(x) = |x - 2|$, on commence par exprimer $f(x)$ sans la notation valeur absolue.

Solution

$x - 2 \geqslant 0$ équivaut à $x \geqslant 2$; $x - 2 \leqslant 0$ équivaut à $x \leqslant 2$.
Donc : si $x \geqslant 2$, $|x - 2| = x - 2$; si $x \leqslant 2$, $|x - 2| = -(x - 2)$.

En résumé : $f(x) = x - 2$ si $x \geqslant 2$ et $f(x) = -x + 2$ si $x \leqslant 2$.

Traçons la droite d_1 d'équation $y = x - 2$;
d_1 passe par les points A (2 ; 0) et B (0 ; – 2).
Traçons la droite d_2 d'équation $y = -x + 2$;
d_2 passe par les points A (2 ; 0) et C (0 ; 2).
On obtient la représentation graphique $\mathscr{C}$ de f en ne conservant que les deux demi-droites tracées en rouge :
de d_1, on ne conserve que les points d'abscisse supérieure à 2 ;
de d_2, on ne conserve que les points d'abscisse inférieure à 2.

► **REMARQUE :**
Pour tout réel x, $|x - 2| \geqslant 0$. Ceci signifie que tous les points de $\mathscr{C}$ doivent avoir une ordonnée positive. On peut vérifier ici que cela est effectivement vrai : $\mathscr{C}$ est située dans le demi-plan "$y \geqslant 0$".

Commentaires

◄ On étudie le signe de $(x - 2)$ afin de pouvoir exprimer $|x - 2|$ sans "valeur absolue".

◄ 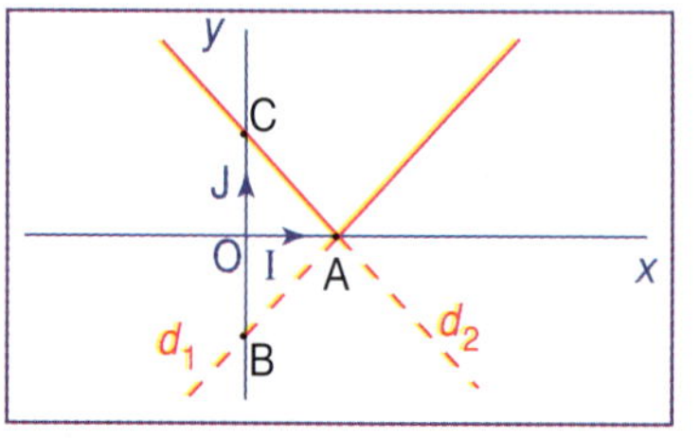

N'oubliez pas de supprimer les demi-droites en pointillés !

Exo. 2

La courbe $\mathscr{C}$ est la représentation graphique d'une fonction f définie sur [– 2 ; 5]. Précisez le sens de variation de f sur [– 2 ; 5], puis son maximum et son minimum éventuels.

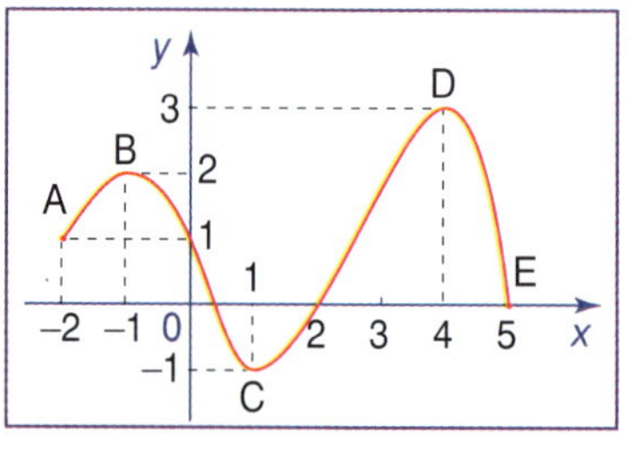

Point Méthode

Pour trouver graphiquement le sens de variation d'une fonction, on détermine les intervalles sur lesquels la courbe "monte de la gauche vers la droite" et ceux sur lesquels elle "descend".

Solution

- **Sens de variation.**
  – Sur l'intervalle **[– 2 ; – 1]**, la courbe "monte" de A vers B.
  La fonction est donc **strictement croissante**.
  – Sur l'intervalle **[– 1 ; 1]**, la courbe "descend" de B vers C.
  La fonction est donc **strictement décroissante**.
  – Sur l'intervalle **[1 ; 4]**, la courbe "monte" de C vers D.
  La fonction est donc **strictement croissante**.
  – Sur l'intervalle **[4 ; 5]**, la courbe "descend" de D vers E.
  La fonction est donc **strictement décroissante**.

- **Maximum. Minimum.**
  – Le point D est le point le plus "haut" de la courbe. Son ordonnée est égale à 3 ; f a donc pour **maximum 3** sur [– 2 ; 5].
  Ce maximum est obtenu pour $x = 4$.

Commentaires

◄ En certains points, la courbe change d'allure ("monte" puis "descend", ou "descend" puis "monte"). Les abscisses de ces points permettent de déterminer les différents intervalles.

◄ Les **ordonnées** des points les plus "hauts" ou les plus "bas" permettent de déterminer le maximum et le minimum de f.

– Le point C est le point le plus “bas” de la courbe. Son ordonnée est égale à – 1 ; f a donc pour **minimum – 1** sur [– 2 ; 5].
Ce minimum est atteint pour $x = 1$.

Exo. 3

La courbe $\mathscr{C}$ est la représentation graphique d'une fonction f définie sur [– 4 ; 5]. Résolvez graphiquement :

1. l'équation $f(x) = 1$. **2.** l'inéquation $f(x) > 1$.

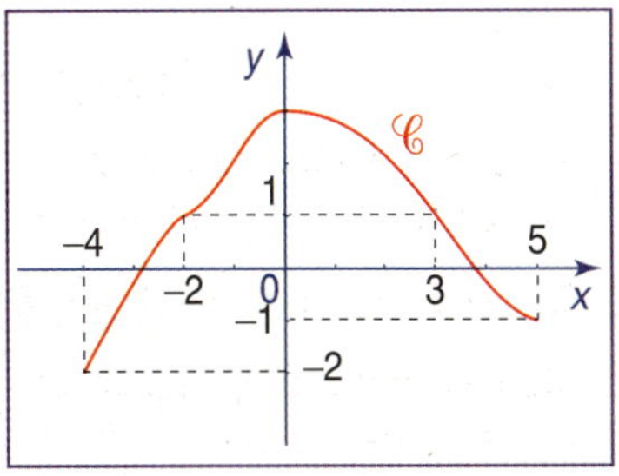

Point Méthode

Pour résoudre graphiquement l'équation $f(x) = 1$,
- on trace la droite d d'équation $y = 1$;
- on place les points d'intersection éventuels de d et de $\mathscr{C}$;
- les solutions de l'équation $f(x) = 1$ sont les abscisses de ces points d'intersection.

Point Méthode

Pour résoudre graphiquement l'inéquation $f(x) > 1$,
- on trace la droite d d'équation $y = 1$;
- on identifie la portion de la courbe $\mathscr{C}$ située au-dessus de d ;
- les solutions de l'inéquation $f(x) > 1$ sont les abscisses des points de cette portion de courbe.

Solution

1 Traçons la droite d d'équation $y = 1$.
Elle coupe $\mathscr{C}$ en A et B d'abscisses respectives – 2 et 3.
L'équation $f(x) = 1$ a donc pour ensemble de solutions $\mathscr{S}_1 =$ **{– 2 ; 3}**.

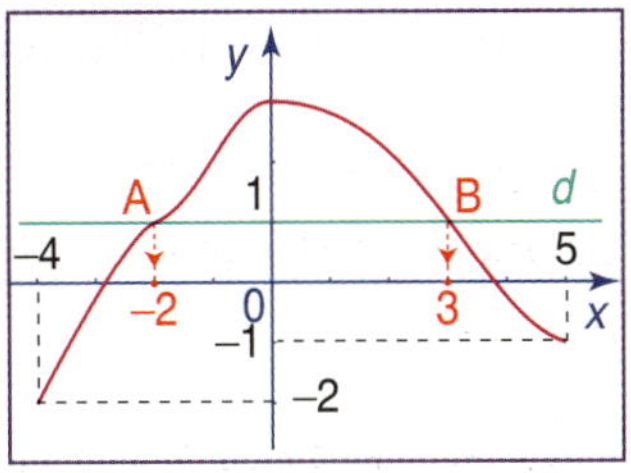

2 La courbe $\mathscr{C}$ est au-dessus de d sur l'intervalle]– 2 ; 3[.

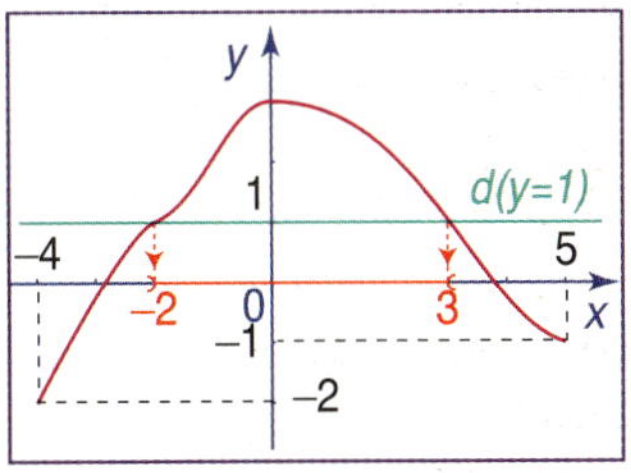

L'inéquation $f(x) > 1$ a donc pour ensemble de solutions $\mathscr{S}_2 =$ **]– 2 ; 3[**.

REMARQUES :

1. En général, les abscisses des points d'intersection de d et de $\mathscr{C}$ ne sont pas indiquées sur le graphique. Cette méthode de résolution ne fournit alors, bien sûr, que des valeurs approchées des solutions : ce serait le cas ici pour l'équation $f(x) = \frac{3}{2}$ par exemple.

2. On peut résoudre de manière analogue l'inéquation $f(x) \leqslant 1$ en identifiant cette fois la portion de la courbe $\mathscr{C}$ située au-dessous de d. On obtient alors l'ensemble des solutions $\mathscr{S}_3 = [-4 ; -2] \cup [3 ; 5]$.

Commentaires

◄ L'intervalle est ouvert car l'inégalité est stricte : les abscisses de A et B ne sont pas solutions.

Les travaux pratiques 2 à 5 font partie du programme

TP 1

À LA DÉCOUVERTE D'UNE NOUVELLE FONCTION À L'AIDE DE LA CALCULATRICE

1 ■ 1 De quoi s'agit-il ?

Observez le clavier de votre calculatrice. Il comporte une touche [LN]. Lorsque vous tapez une valeur suivie de [LN], ou [LN] suivi d'une valeur, selon votre calculatrice, la machine affiche une valeur. En fait, il s'agit de la touche associée à une fonction qui sera étudiée en Terminale : la fonction **logarithme népérien**, notée **ln**. Nous allons vous faire découvrir quelques propriétés que semble avoir cette fonction.

1 ■ 2 Quelques calculs

1. Vérifiez que lorsque vous tapez [1] [LN] ou [LN] [1], la machine affiche [0]. On note $\ln 1 = 0$.

2. Recopiez et complétez les tableaux suivants :

x	1	2	3	4	10	100
$\ln x$	0					

x	1	$\frac{1}{2}$	$\frac{1}{3}$	$\frac{1}{4}$	$\frac{1}{10}$	$\frac{1}{100}$
$\ln x$	0					

3. Essayez de calculer $\ln 0$, $\ln(-1)$, puis choisissez une dizaine de réels x négatifs et essayez de calculer $\ln x$.

1 ■ 3 Allure de la courbe

Placez, dans un repère, les points d'abscisses 1, 2, 3, 4,10, $\frac{1}{2}$, $\frac{1}{3}$, $\frac{1}{4}$, $\frac{1}{10}$, de la courbe représentative de la fonction ln.

Tracez une courbe de manière continue et régulière passant par ces neuf points.

Vous verrez ultérieurement que la courbe ainsi obtenue donne l'allure de la représentation graphique de la fonction $x \mapsto \ln x$.

1 ■ 4 Quelques propriétés

1. Pour $x > 0$, quelle relation semble exister, à votre avis, entre $\ln x$ et $\ln\left(\frac{1}{x}\right)$?

2. Comparez $\ln 2$ et $\ln(2^2)$, puis $\ln 10$ et $\ln 10^2$, puis $\ln\frac{1}{2}$ et $\ln\left(\frac{1}{2}\right)^2$, et enfin $\ln\frac{1}{10}$ et $\ln\left(\frac{1}{10}\right)^2$. Quelle relation semble exister, à votre avis, entre $\ln x$ et $\ln x^2$?

TP 2

CROISSANCE COMPARÉE

Sur le graphique suivant, les courbes indiquent la taille et le poids des garçons et des filles de 0 à 18 ans. Les courbes relatives aux filles sont en rouge, celles relatives aux garçons en vert. La cinquième courbe, en mauve, indique le poids d'un enfant souffrant de malnutrition. Notez qu'il y a deux axes des ordonnées, l'un pour les tailles à gauche, l'autre pour les poids à droite.

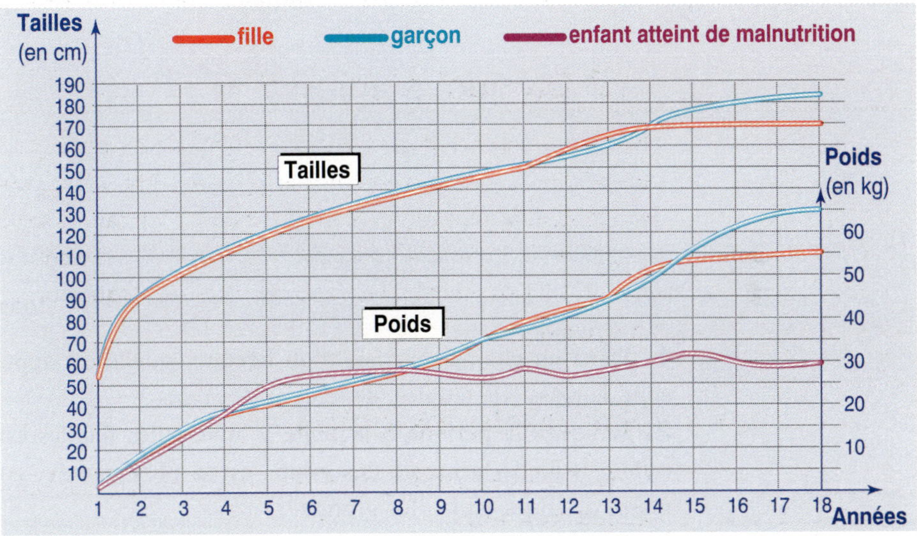

1. **a)** Quelles sont les trois courbes qui représentent des fonctions strictement croissantes sur l'intervalle [1 ; 18] ?

b) Quelle est la courbe qui représente une fonction croissante, mais non strictement croissante sur [1 ; 18] ?

c) Quelle est la courbe qui représente une fonction ni croissante, ni décroissante sur [1 ; 18] ?

2. Indiquez le maximum et le minimum sur [1 ; 18] de chacune des cinq fonctions représentées. Précisez, à chaque fois, à quels âges le maximum et le minimum sont atteints.

3. **a)** Un enfant souffrant de malnutrition pèse 20 kg. Quel est son âge ?

b) Le poids en kilogrammes d'un enfant souffrant de malnutrition est égal à λ. Indiquez un procédé pour évaluer graphiquement son âge. Précisez pour quelles valeurs de λ ce problème admet une solution unique.

4. **a)** Quel est l'âge d'une fille de 40 kg ? Quelle est sa taille ?

b) On peut connaître graphiquement la taille d'une fille de 40 kg sans connaître son âge. Comment ?

5. Comparez la manière de grandir des filles et des garçons de 1 à 18 ans.

6. $g(x)$ désigne le poids en kg d'un garçon d'âge x, et $m(x)$ celui d'un enfant souffrant de malnutrition d'âge x. On pose $d(x) = g(x) - m(x)$.
Lisez approximativement $d(15)$ sur le graphique.

TP 3

PRODUCTION DE MAÏS ET SAISONS

Le graphique suivant indique, en fonction des saisons, les masses, en tonnes par hectare, de matière sèche des tiges, des feuilles et des grains de maïs.

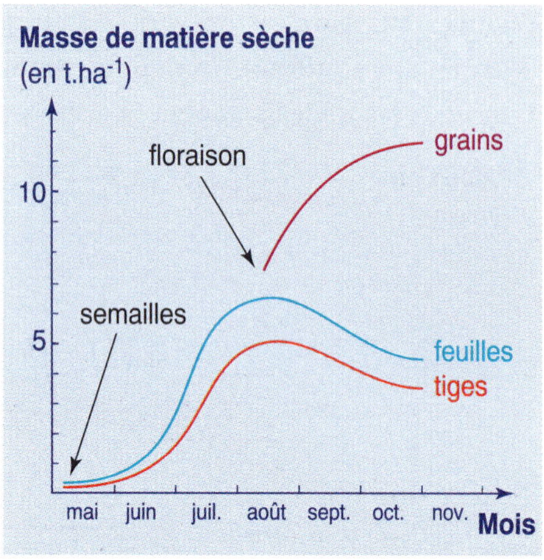

1. Dans un champ de maïs d'un hectare, quelle est approximativement, au 15 août, la masse de feuilles, de tiges et de grains ?

2. Indiquez la période à laquelle la masse des feuilles est la plus grande, puis celle à laquelle la masse des grains est la plus grande, enfin celle à laquelle la masse des tiges est la plus grande.

3. En septembre, la masse des grains est-elle toujours supérieure à celle des feuilles ? Quand la différence entre ces deux masses est-elle la plus grande, début septembre ou fin septembre ?

TP 4

UNE COURSE CYCLISTE

Le graphique suivant donne la distance parcourue en fonction du temps par deux coureurs cyclistes, Bartolo et Poulopo, engagés dans la même course.

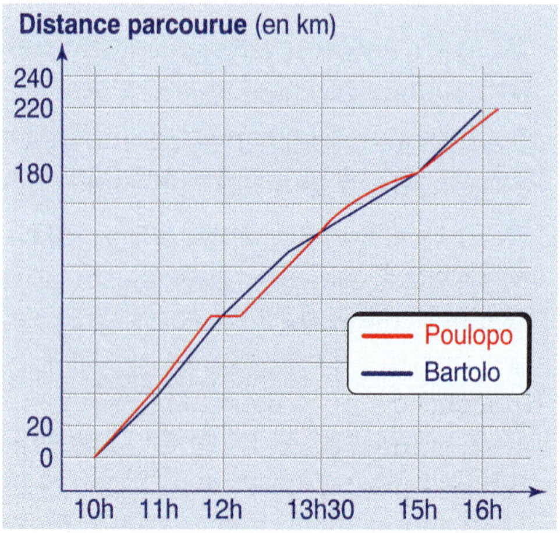

1. Quelle est la longueur du parcours ? Quelle est l'heure de départ ?

2. Le lendemain de cette course, un journal écrivait :

“Quand ce pauvre Poulopo est tombé un peu avant midi, il était 10 km devant Bartolo. Durement éprouvé par sa chute, après une belle remontée, il n'a pas résisté au sprint final du grand Bartolo. Lors de cette course, Bartolo a roulé seul en tête plus de la moitié du temps”.

La dernière affirmation du journaliste est-elle exacte ?

3. Quand Bartolo franchit la ligne d'arrivée, quelle est son avance (en km) sur Poulopo ?

4. Combien de temps après son adversaire Poulopo est-il arrivé ?

TP 5

RESTONS CALMES

Deux automobilistes, Fernand et Gaétan, ont une altercation à un feu rouge à propos d'un incident de conduite.

La date $t = 0$ correspond au début de cette altercation ;

la date $t = 40$ correspond à l'instant où le feu devient vert.

Sur le graphique ci-dessous, l'intensité sonore de la voix de Fernand est représentée en rouge, et l'intensité sonore de la voix de Gaétan est représentée en vert.

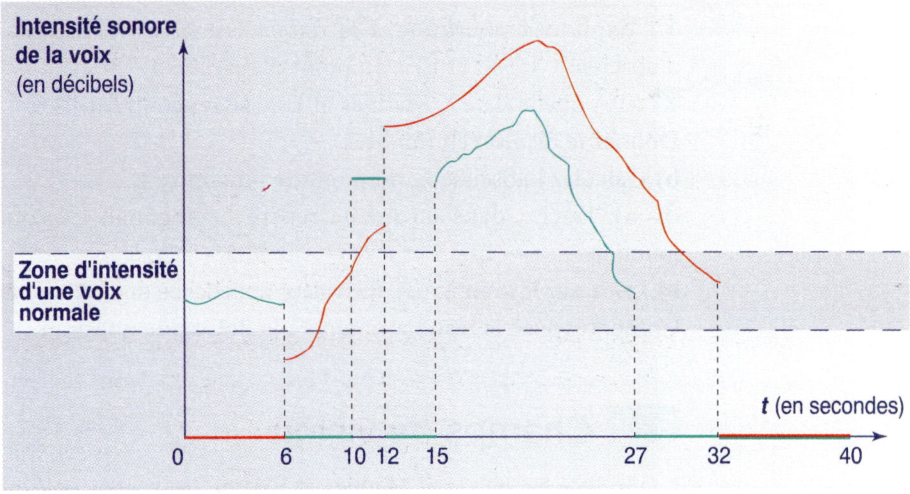

1. Expliquez comment, grâce à ce graphique, on peut savoir :

a) lequel des deux a parlé en premier ;

b) lequel des deux a eu le dernier mot.

2. Décrivez le déroulement de l'altercation en précisant :

a) à quel moment chacun des deux parlait, s'il parlait normalement, de plus en plus fort, de moins en moins fort ;

b) lequel des deux parlait le plus fort.

Voici, à titre d'exemple, le début de l'altercation :

- Gaétan parla pendant 6 secondes d'une voix normale.
- Fernand lui répondit pendant 4 secondes en parlant de plus en plus fort .....

TP 6

SEUIL DE VISIBILITÉ

Mathias et Éric se déplacent l'un vers l'autre à vitesse constante sur une route représentée par un axe orienté ; l'unité est le kilomètre.

Mathias marche à une vitesse de 2 km/h, et Éric, de 3 km/h.

Au départ, c'est-à-dire à la date $t = 0$, Mathias se trouve au point A_0 d'abscisse -4 et Éric au point B_0 d'abscisse 5.

6 ■ 1 Rencontre à deux

1. Expliquez pourquoi, à la date t (en heures), Mathias se trouve au point d'abscisse $-4 + 2t$ et Éric au point d'abscisse $5 - 3t$.

2. **a)** À quelle date t_0 Mathias et Éric se rencontrent-ils ?
Donnez le résultat en minutes.

b) Calculez l'abscisse x_0 du point de rencontre I.

3. **a)** Tracez, dans un même repère orthogonal, les courbes représentant les fonctions $f : t \mapsto 2t - 4$ et $g : t \mapsto -3t + 5$.

b) Lisez, sur le graphique, une valeur approchée de t_0 et une valeur approchée de x_0. Comparez avec le résultat obtenu à la deuxième question.

6 ■ 2 Champs de vision

La visibilité est telle que Mathias et Éric ne peuvent se voir que si la distance qui les sépare est inférieure à 500 mètres. On se propose de trouver au bout de combien de temps après leur départ ils peuvent se voir, et pendant combien de temps.

Notons $d(t)$ la distance entre Mathias et Éric à la date t.

1. **a)** Expliquez pourquoi $d(t) = |5t - 9|$.

b) Calculez $d(t_0)$ et expliquez le résultat obtenu.

2. **a)** Tracez, dans un repère orthogonal, la courbe représentant la fonction $t \mapsto d(t)$.

b) À l'aide de ce graphique, indiquez :

• à quelle date, approximativement, Mathias et Éric peuvent se voir pour la première fois ;

• pendant combien de temps, approximativement, ils peuvent se voir.

6.3 Rencontre à trois

Muriel se déplace à vitesse constante sur une route perpendiculaire à celle empruntée par Mathias et Éric, en se dirigeant vers le point O.
À la date $t = 0$, elle se trouve au point C_0 (0 ; – 4).

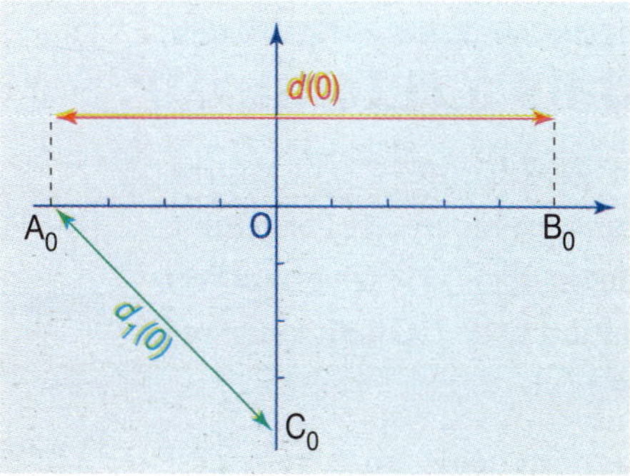

1. En utilisant les résultats obtenus au paragraphe **6.1**, expliquez pourquoi il est impossible que Mathias, Éric, et Muriel se rencontrent, c'est-à-dire passent tous les trois en un même point au même instant.

2. Quelle doit être la vitesse de Muriel pour qu'elle rencontre Mathias ?
Quelle doit être sa vitesse pour qu'elle rencontre Éric ?

3. On suppose à présent que Muriel se déplace à une vitesse de 2 km/h.
Expliquez pourquoi, à la date t (en heures), Muriel se trouve au point de coordonnées $(0\ ;\ 2t - 4)$.

4. On note $d_1(t)$ la distance entre Muriel et Mathias à la date t.
a) Expliquez pourquoi $d_1(t) = 2\sqrt{2}\,|t - 2|$.
b) Calculez $d_1(2)$ et expliquez le résultat obtenu.

5. Le seuil de visibilité est de 500 mètres, comme dans le paragraphe **6.2**.
a) Tracez soigneusement, dans un repère orthogonal, la courbe représentant la fonction $t \mapsto d_1(t)$.
b) À l'aide du graphique, indiquez :
- à quelle date, approximativement, Mathias et Muriel peuvent se voir pour la première fois ;
- pendant combien de temps ils peuvent se voir.

c) Tracez soigneusement, dans le même repère, la courbe représentative de la fonction $t \mapsto d(t)$ définie dans le paragraphe **6.2**.
Expliquez alors pourquoi, sur un certain intervalle de temps, Mathias est plus proche d'Éric que de Muriel.
d) D'après le graphique, y-a-t-il un intervalle de temps pendant lequel Mathias peut voir à la fois Éric et Muriel ?

RÉSULTATS ET CONSEILS

Des résultats à retenir

- La **représentation graphique** $\mathscr{C}$ (ou courbe représentative) de f dans un repère est l'ensemble des points de coordonnées $(x\,; f(x))$ où x est un réel de l'ensemble de définition D de f. On dit alors que $\mathscr{C}$ a pour équation $y = f(x)$.

- Dire que f est **strictement croissante** (resp. f est **croissante**) sur I signifie que :
pour tous réels u et v de I, si $u < v$, alors $f(u) < f(v)$ (resp. $f(u) \leqslant f(v)$).
Dire que f est **strictement décroissante** (resp. f est **décroissante**) sur I signifie que :
pour tous réels u et v de I, si $u < v$, alors $f(u) > f(v)$ (resp. $f(u) \geqslant f(v)$).

- Étudier le sens de variation d'une fonction f, c'est chercher, lorsqu'ils existent, les plus grands intervalles sur lesquels f est strictement croissante, ou strictement décroissante, ou constante.

EXEMPLE : La fonction f représentée par la courbe $\mathscr{C}$ est strictement croissante sur [– 1 ; 2] et strictement décroissante sur [2 ; 4]. Voici son tableau de variation :

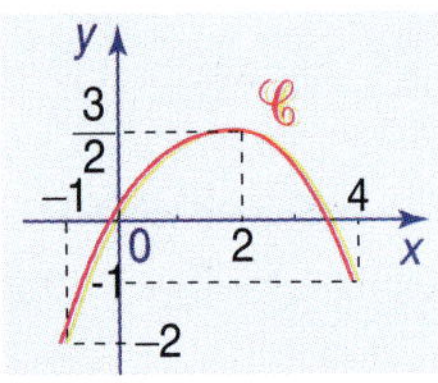

x	-1		2		4
f	-2	↗	$\frac{3}{2}$	↘	-1

- Une fonction affine $x \mapsto ax + b$ est :
strictement croissante lorsque $a > 0$;
strictement décroissante lorsque $a < 0$.

- La figure ci-contre donne la courbe représentative de la fonction définie sur $\mathbb{R}$ par $f(x) = |x|$.

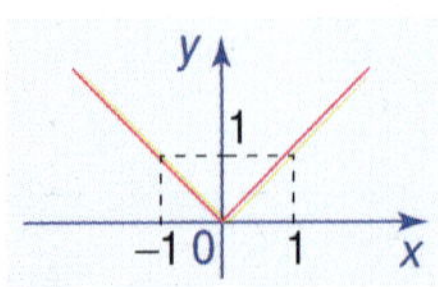

- Dire que $f(a)$ est **le minimum** de f sur I signifie que : pour tout x de I, $f(x) \geqslant f(a)$.

Dire que $f(a)$ est **le maximum** de f sur I signifie que : pour tout x de I, $f(x) \leqslant f(a)$.

EXEMPLE : $f(2) = \frac{3}{2}$ est le maximum de la fonction f de l'exemple précédent, sur [– 1 ; 4].

Des conseils à suivre

▶ Lorsque vous devez tracer la représentation graphique d'une fonction dans un repère dont les unités ne sont pas imposées, choisissez-les avec soin ; la courbe (ou la portion "intéressante" de la courbe) doit se trouver sur la feuille.

▶ Quand l'ensemble sur lequel est définie une fonction n'est pas indiqué, n'oubliez pas de le préciser.

EXEMPLE : Si M (x ; 0) est un point du segment [OD], le périmètre $f(x)$ du rectangle OANM est égal à $2x + 2$.

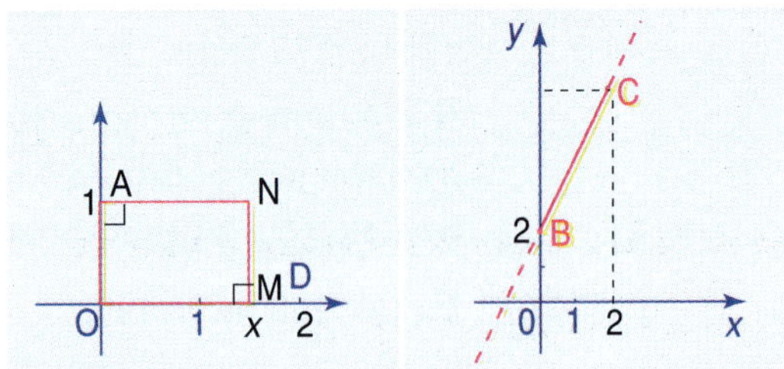

La fonction f n'est définie ici que sur [0 ; 2]. Donc sa courbe représentative n'est que le segment [BC].

Des erreurs à éviter

■ Plusieurs courbes peuvent être associées à un même tableau de variation (et non pas une seule).

■ Le plus souvent, une représentation graphique ne donne que des valeurs approchées des solutions d'équations (et non pas des valeurs exactes).

EXEMPLE : L'équation $f(x) = 0$ admet une solution unique x_0 sur [0 ; 4] et on peut lire que $x_0 \approx 0{,}7$ mais on ne peut pas affirmer que $x_0 = 0{,}7$.

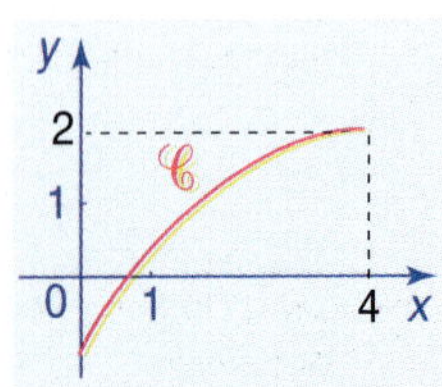

exercices et problèmes

VÉRIFICATION DES CONNAISSANCES

S1 f est une fonction définie sur D et x est un réel de D. Complétez : $f(x)$ est ... de x.

S2 $\mathscr{C}$ est la représentation graphique d'une fonction f dans un repère $(O ; \vec{i}\ \vec{j})$, M est un point de $\mathscr{C}$. Complétez : si x est l'abscisse de M, alors l'ordonnée de M est $\square$.

S3 La courbe $\mathscr{C}$ représente f dans un repère $(O ; \vec{i}\ \vec{j})$. Complétez : $y = \square$ est une équation cartésienne de la courbe $\mathscr{C}$ dans le repère $(O ; \vec{i}\ \vec{j})$.

S4 Dans quel cas une fonction affine $x \mapsto ax + b$ est-elle strictement croissante sur $\mathbb{R}$? Dans quel cas est-elle strictement décroissante sur $\mathbb{R}$?

S5 f est une fonction définie sur I ; u et v sont deux réels de I tels que $u < v$.
Complétez avec l'un des signes $<, \leqslant, >, \geqslant$:
- Si f est strictement croissante sur I, alors $f(u) \ \square\ f(v)$.
- Si f est décroissante sur I, alors $f(u) \ \square\ f(v)$.

S6 Que signifie « étudier le sens de variation d'une fonction f sur I » ?

S7 Pour tous les réels x de I, on sait que $f(x) \geqslant f(2)$. Complétez alors : $f(2)$ est le ... de f sur I.

S8 $f(4)$ est le maximum de f sur I ; x est un réel quelconque de I. Comparez $f(x)$ et $f(4)$.

S9 La courbe représentant la fonction $x \mapsto |x|$ sur $\mathbb{R}$ est-elle une droite ?

VÉRIFICATION DES SAVOIR-FAIRE

Une seule des réponses proposées est exacte	**a**	**b**	**c**
SF1 $f(x) = -3 - x^2$. Alors $f(-3) = ...$	3	-12	6
SF2 $\mathscr{C}$ est la courbe représentative de la fonction $f : x \mapsto x^3$ dans un repère $(O ; \vec{i} ; \vec{j})$. L'ordonnée du point de $\mathscr{C}$ d'abscisse 4 est égale à ...	12	4	64
SF3 La fonction $x \mapsto -4x + 2$ est ...	strictement croissante sur $\mathbb{R}$	constante sur $\mathbb{R}$	décroissante sur $\mathbb{R}$
SF4 f est strictement décroissante sur $\mathbb{R}$ et $f(5) = 0$. Alors $f(0)$ ...	$= 0$	> 0	< 0
SF5 Le maximum de la fonction $x \mapsto -3x$ sur $[-5 ; 2]$ est égal à ...	-6	-15	15
SF6 La courbe représentant la fonction $x \mapsto \|x\|$ sur $]-\infty ; 0]$ est :	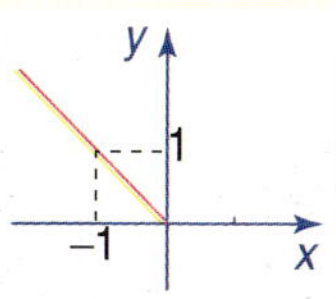	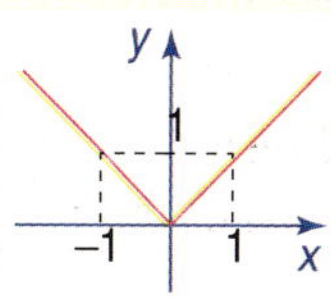	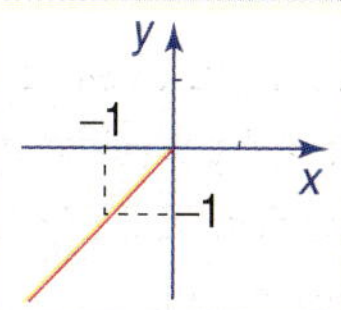
SF7 Le tableau de variation de la fonction définie sur $[-4 ; 4]$ par $f(x) = \|x\|$ est :	x : -4, 0, 4 ; f : $-4 \nearrow 0 \nearrow 4$	x : -4, 0, 4 ; f : $16 \searrow 0 \nearrow 16$	x : -4, 0, 4 ; f : $4 \searrow 0 \nearrow 4$

Corrigés en fin de manuel

COMME LES RÉSOLUS

Pour chacun des exercices suivants, construisez la courbe représentative de la fonction *f* donnée.
Vous pouvez vous reporter à l'exercice résolu 1, p. 90.

1 $f : x \mapsto |x - 4|$. **2** $f : x \mapsto |x + 2|$. **3** $f : x \mapsto |x - 3|$.

Pour chacun des exercices suivants, précisez le sens de variation, les maximums et minimums éventuels de la fonction *f* d'après sa représentation graphique $\mathscr{C}$.
Vous pouvez vous reporter à l'exercice résolu 2, p. 90.

4

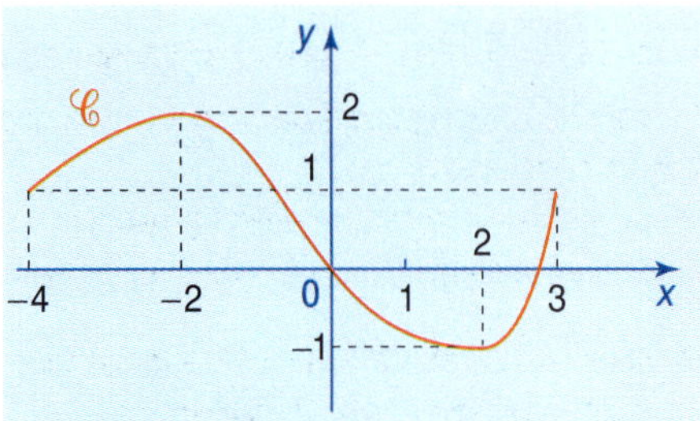

5

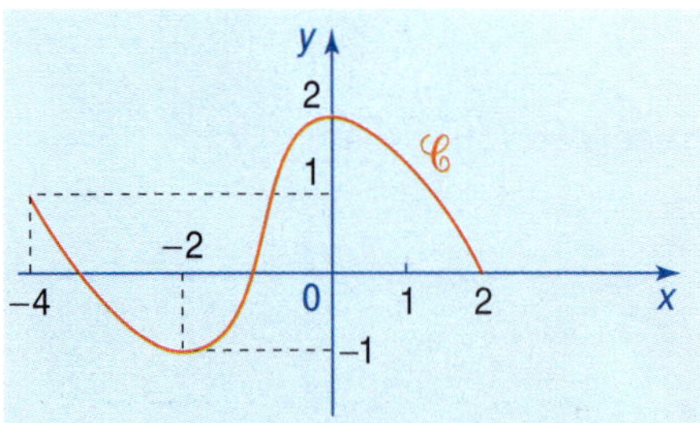

6

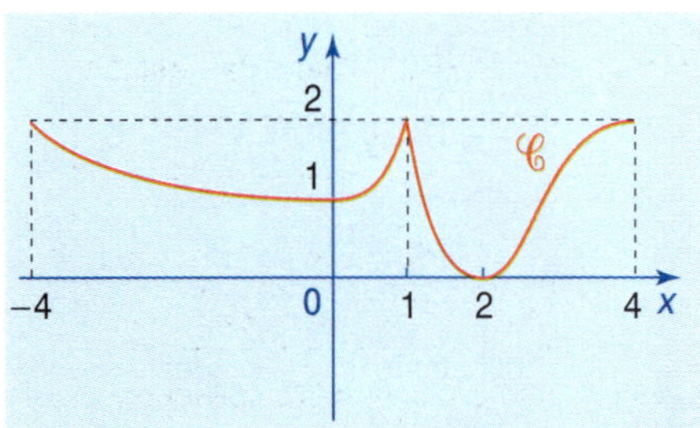

Pour chacun des exercices suivants, la courbe $\mathscr{C}$ est la représentation graphique d'une fonction *f* sur [– 4 ; 4]. Résolvez alors graphiquement les équations ou inéquations proposées.
Vous pouvez vous reporter à l'exercice résolu 3, p. 91.

7 a) $f(x) = 0$ **b)** $f(x) > 0$ **c)** $f(x) \leqslant 0$

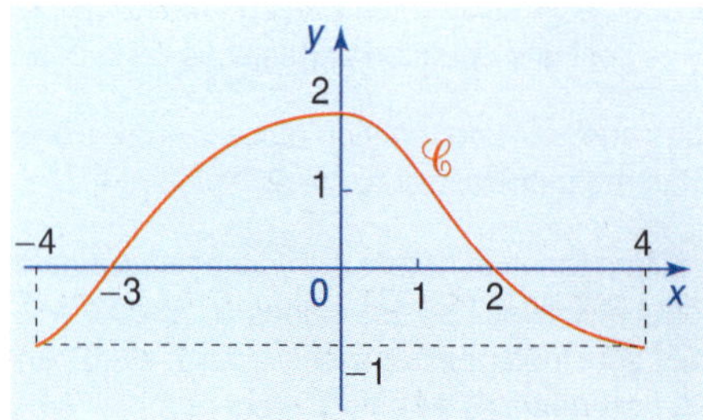

8 a) $f(x) = -1$ **b)** $f(x) > -1$ **c)** $f(x) \leqslant -1$

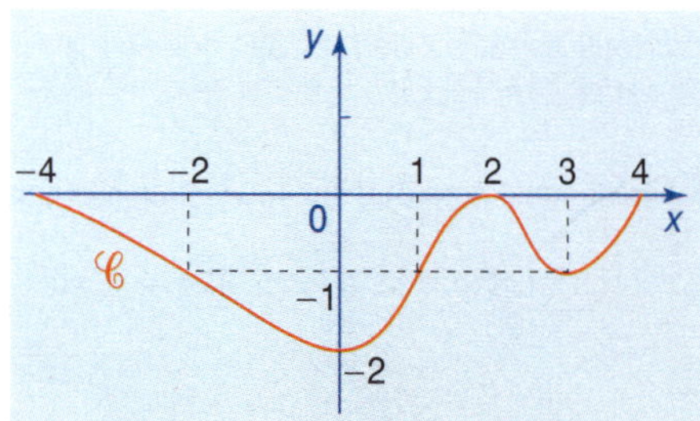

9 a) $f(x) = 2$ **b)** $f(x) > 2$ **c)** $f(x) \leqslant 2$

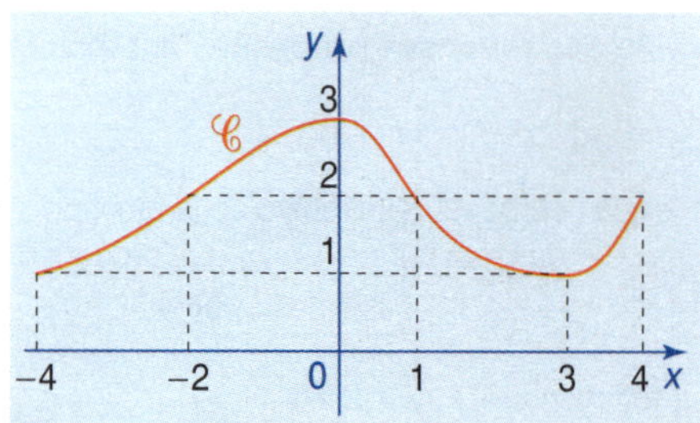

POUR S'ENTRAÎNER

Généralités

Pour les exercices 10 à 18, précisez dans chaque cas l'ensemble E des valeurs de *x* pour lesquelles le calcul de *f* (*x*) est possible. (Cet ensemble est appelé usuellement ensemble de définition de *f*.)

10 a) $f(x) = x^2 - 1$ **b)** $f(x) = \dfrac{x-3}{2} + \dfrac{3}{x-2}$

11 a) $f(x) = \dfrac{1}{x^2-3}$ **b)** $f(x) = \dfrac{2x}{x^2+1}$

12 a) $f(x) = |x-5|$ **b)** $f(x) = \dfrac{2x}{x^2-4}$

13 a) $f(x) = \sqrt{-2x+5}$ **b)** $f(x) = \sqrt{3+5x}$

14 a) $f(x) = \dfrac{x+1}{\sqrt{x}}$ **b)** $f(x) = \sqrt{x-3}$

15 a) $f(x) = x + 1$ **b)** $f(x) = \dfrac{1}{x+1}$

c) $f(x) = \sqrt{x+1}$ **d)** $f(x) = \dfrac{1}{\sqrt{x+1}}$

16 a) $f(x) = 3 - 2x$ **b)** $f(x) = \dfrac{1}{3-2x}$

c) $f(x) = \sqrt{3-2x}$ **d)** $f(x) = \dfrac{1}{\sqrt{3-2x}}$

17 a) $f(x) = x^2 - x$ b) $f(x) = \dfrac{1}{x^2 - x}$

c) $f(x) = \sqrt{x^2 - x}$ d) $f(x) = \dfrac{1}{\sqrt{x^2 - x}}$

18 a) $f(x) = \sqrt{x(x+3)}$ b) $f(x) = \sqrt{x}\sqrt{x+3}$

Pour les exercices 19 à 22, représentez graphiquement, dans un repère orthonormal, la fonction *f*, définie sur $\mathbb{R}$.

19 $f(x) = \left|x + \dfrac{3}{2}\right|$. **20** $f(x) = \left|\dfrac{x}{2}\right|$.

21 $f(x) = |x - 1| - 1$ **22** $f(x) = 2|x + 3|$.

Pour les exercices 23 et 24, calculez *f* (0), *f* (1) et *f* (– 2), puis représentez graphiquement, dans un repère orthonormal, la fonction *f*, définie sur $\mathbb{R}$.

23 $f(x) = \begin{cases} 2x & \text{si } x \geqslant 0 \\ 1 & \text{si } x < 0. \end{cases}$ **24** $f(x) = \begin{cases} 2x + 3 & \text{si } x \geqslant 0 \\ 3 & \text{si } x < 0. \end{cases}$

25 On sait que la courbe $\mathscr{C}$ ci-dessous représente une fonction $f : x \mapsto ax^2 + bx + c$.
On se propose de calculer les réels *a*, *b*, *c* en utilisant les informations fournies par le graphique.

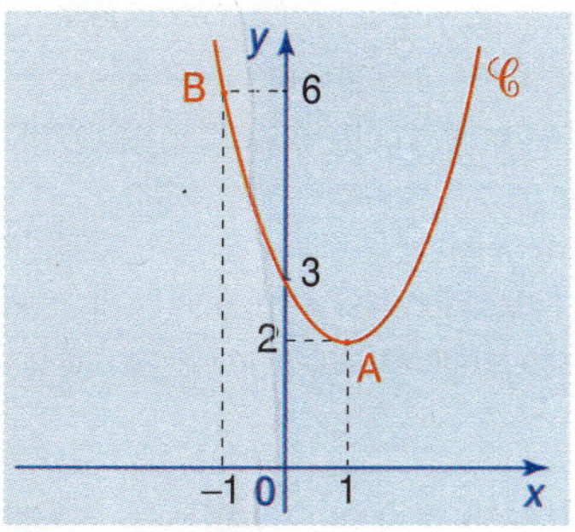

1. a. Quelle est la valeur de *f* (0) ?
b. Déduisez-en la valeur de *c*.
2. a. Complétez :
le point A est sur la courbe, donc *f* (□) = □.
le point B est sur la courbe, donc *f* (□) = □.
b. Déduisez-en que *a* et *b* sont solutions d'un système de deux équations à deux inconnues.
c. Trouvez *a* et *b*.

Sens de variation

26 Indiquez le sens de variation sur $\mathbb{R}$ de chacune des fonctions suivantes :

a) $f : x \mapsto 2x - 4$ b) $g : x \mapsto 1 - 5x$

c) $h : x \mapsto -3 + \dfrac{x}{2}$ d) $k : x \mapsto -\dfrac{1}{2}(3 - 5x)$

Pour les exercices 27 à 30, étudiez les variations de la fonction *f* proposée sur l'intervalle I donné.

27 $f : x \mapsto \dfrac{1}{x}$; I = [1 ; 5]

28 $f : x \mapsto x^2 - 5$; I = [0 ; + ∞ [

29 $f : x \mapsto x^2 + 1$; I = [– 3 ; 0]

30 $f : x \mapsto x^2 + 2x$; I = [0 ; 6]

31 *f* est la fonction qui à *x* associe $\dfrac{1}{x^2 + 1}$.

1. Pour quelles valeurs de *x* le calcul de *f* (*x*) est-il possible ?
2. *u* et *v* sont deux réels positifs quelconques tels que $u < v$.
a. Comparez successivement :
u^2 et v^2, puis $u^2 + 1$ et $v^2 + 1$, et enfin *f* (*u*) et *f* (*v*).
b. Déduisez-en le sens de variation de *f* sur [0 ; + ∞ [.

32 Dressez le tableau de variation de la fonction *f* dont la représentation graphique est la suivante :

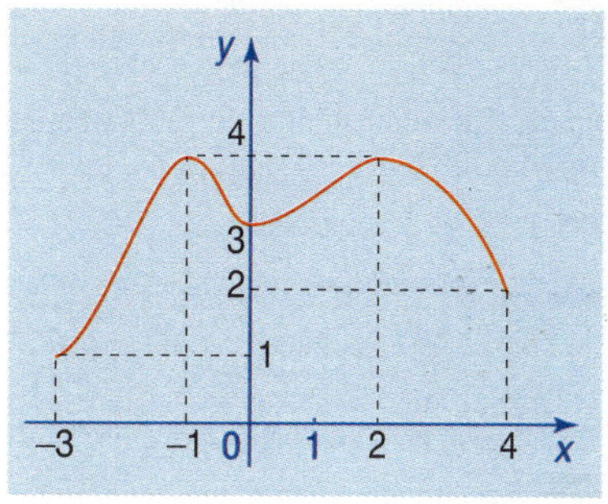

33 Une fonction *f* a pour tableau de variation :

x	–2	0	3	4
f	–1 ↗	4 ↘	–3 ↗	2

1. Tracez une courbe $\mathscr{C}$ pouvant correspondre à ce tableau.
2. Quel est le maximum de *f* sur [– 2 ; 4] ?
3. Quel est le minimum de *f* sur [– 2 ; 4] ?

34 Une fonction *f* a pour tableau de variation :

x	–1	0	1	2
f	2 ↘	– 2 ↗	2 ↘	1

1. Tracez une courbe $\mathscr{C}$ pouvant correspondre à ce tableau.
2. Trouvez un réel A > 0 tel que :
pour tout *x* de l'intervalle [– 1 ; 2], $|f(x)| \leqslant$ A.
3. Quel nombre a pour image – 2 ?
4. Quelle est l'image de 2 ?
5. Combien de nombres ont 2 pour image ?

35 Le tableau de variation suivant est celui d'une fonction f définie sur $\mathbb{R}$.

x	$-\infty$	2	$+\infty$
f	↘	1	↗

1. Démontrez que pour tout réel x, $f(x) > 0$.

2. Résolvez l'inéquation $f(x) \geqslant 1$.

36 Le tableau de variation suivant est celui d'une fonction f définie sur $\mathbb{R}$.

x	$-\infty$	1	$+\infty$
f	↗	-2	↘

1. Démontrez que pour tout réel x, $f(x) < 0$.

2. Résolvez l'inéquation $f(x) \geqslant -2$.

37 **1.** Voici quatre descriptions de fonctions définies sur l'intervalle $I = [-2\ ;\ 3]$ et six graphiques.
Associez fonctions et graphiques.

NOTE : Plusieurs graphiques peuvent être associés à une même fonction, ou aucun.

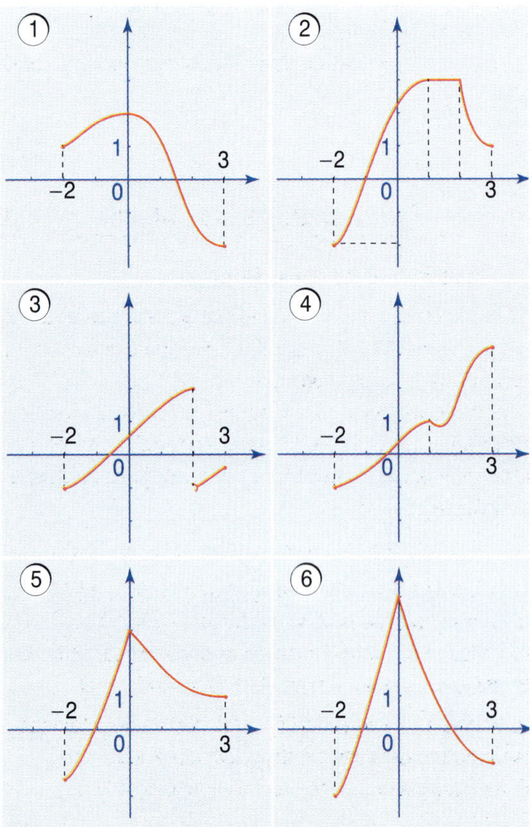

• f est croissante sur $[-2\ ;\ 0]$, décroissante sur $[0\ ;\ 3]$. De plus, $f(0) = 4$ et $f(-2) = -2$.

• g est strictement croissante sur $[-2\ ;\ 1]$, constante sur $[1\ ;\ 2]$, et strictement décroissante sur $[2\ ;\ 3]$.
De plus, $g(1{,}5) = 1$.

• h est croissante sur $[-2\ ;\ 0]$, décroissante sur $[0\ ;\ 3]$, et $h(-2) \times h(3) < 0$.

• k est croissante sur $[-2\ ;\ 2]$, strictement croissante sur $]2\ ;\ 3]$, et k atteint son maximum en $x = 2$.

2. L'une des quatre fonctions n'a pu être associée à un graphique. Quelle est cette fonction ? Tracez une représentation graphique possible de cette fonction.

En géométrie

38 $(O\ ;\ \vec{i}, \vec{j})$ est un repère orthonormal. On considère les points A $(6\ ;\ 0)$ et B $(0\ ;\ 4)$.

1. Quelle est la fonction définie par la droite (AB) ?

2. M est un point du segment [AB] ; il se projette orthogonalement en P sur l'axe des abscisses et en Q sur l'axe des ordonnées. On pose $OP = x$.
Existe-t-il des valeurs de x pour lesquelles le rectangle OPMQ est un carré ? Si oui, précisez-les.

3. On note $f(x)$ le périmètre du rectangle OPMQ.
Représentez graphiquement la fonction f.

NOTE : Ne pas oublier de préciser l'ensemble de définition de f.

4. Résolvez l'équation $f(x) = 10$, puis l'équation $f(x) = 7$.
Interprétez ces résultats sur le graphique de la question 3.

39 Un rectangle ABCD est tel que $AB = 8$ et $AD = 4$.
M est un point du segment [AB]. Il se projette orthogonalement en L sur [CD]. On pose $AM = x$.

1. Calculez, en fonction de x, l'aire $\mathscr{A}$ du rectangle AMLD et l'aire $\mathscr{A}'$ du rectangle MLCB.

2. Représentez, dans un même repère, les fonctions :

$$f : x \mapsto \mathscr{A} = f(x) \quad \text{et} \quad g : x \mapsto \mathscr{A}' = g(x).$$

3. a. Quelle relation y a-t-il entre $f(x)$ et $g(x)$?

b. Interprétez cette relation sur le graphique de la question 2.

40 Un rectangle ABCD est tel que $AB = 10$ et $AD = 4$.
M est un point du segment [AB], distinct de B. Il se projette orthogonalement en P sur [CD]. On pose $AM = x$ et on désigne par $f(x)$ l'aire du triangle MBP.

1. Calculez $f(x)$ puis tracez la courbe représentative de f.

2. À l'aide de la représentation graphique, expliquez pourquoi il existe un unique réel x tel que l'aire du triangle MBP soit égale au tiers de l'aire du rectangle ABCD.
Donnez, approximativement, la valeur de ce réel.

3. Précisez par le calcul le résultat de la question **2.**

Pour ceux qui M plus

Fonction réciproque

1 Un exemple

f est la fonction définie sur $\mathbb{R}$ par $f(x) = 2x + 3$.
Cette fonction permet d'associer à chaque réel x le réel $y = 2x + 3$. Par exemple : pour $x = 0$, $y = 3$; pour $x = -5$, $y = -7$ ...
On peut se poser la question suivante : si on fixe y, est-il possible de trouver un nombre x et un seul tel que $y = 2x + 3$?

1. Vérifiez que $y = 2x + 3$ équivaut à $x = \frac{1}{2}(y - 3)$.

2. Quelle est la valeur de x lorsque $y = 5$? lorsque $y = -1$? lorsque $y = 0$?

Ainsi dans cet exemple, la relation $y = f(x)$, "utilisée à l'envers" en quelque sorte, permet d'associer à chaque réel y un unique réel x. Cette nouvelle fonction est notée f^{-1} et on dit que c'est la **fonction réciproque de la fonction f.**

2 Est-ce toujours possible ?

1. f est la fonction $x \mapsto |x|$. Cette fonction permet d'associer à chaque réel x le positif $y = |x|$. On va voir que dans ce cas, la relation $y = |x|$ ne permet pas d'associer à chaque réel positif y un unique réel x.

a. Lorsque $y = 4$, il y a deux valeurs possibles de x telles que $4 = |x|$; lesquelles ?

b. Tracez la courbe d'équation $y = |x|$ et interprétez graphiquement le résultat de la question **a.**

c. Plus généralement, lorsque $y = a$ ($a > 0$), quels sont les réels x tels que $y = |x|$, c'est-à-dire tels que $|x| = a$?

2. Les courbes suivantes sont les représentations graphi ques de trois fonctions f, g, h, définies sur $[-3 ; 3]$ et prenant leurs valeurs dans $[-4 ; 2]$.
Dites, pour chacune des fonctions, si elle admet une fonction réciproque.

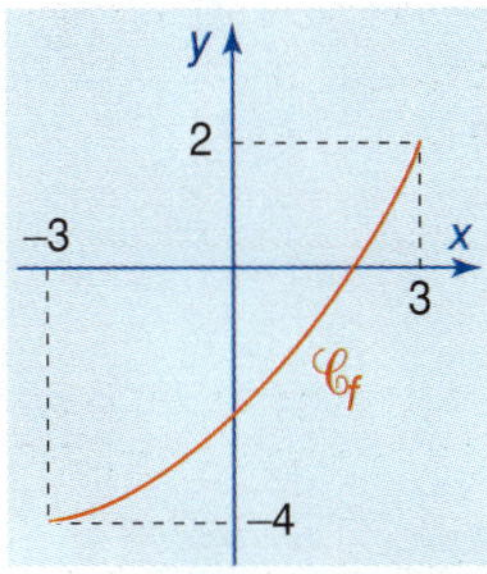

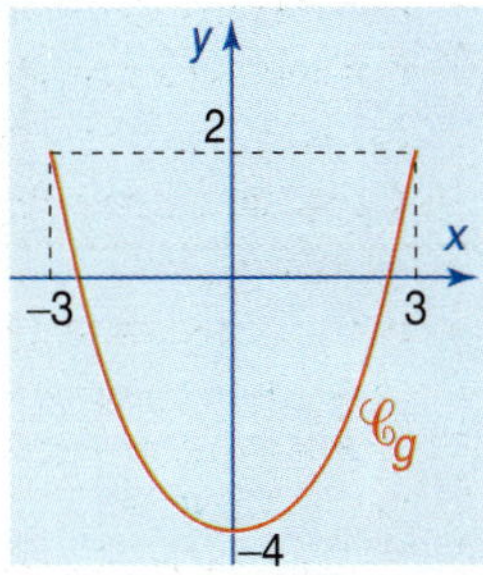

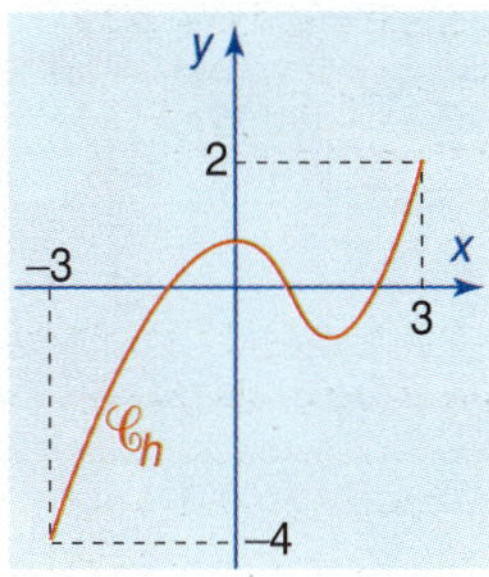

FONCTIONS USUELLES

CHAPITRE

5

L'étude de nombreux phénomènes se fait à travers l'étude de fonctions telles que :
$x \mapsto ax^2 + bx + c$, $x \mapsto \frac{a}{x}$. C'est le cas, par exemple, de la chute des corps, de la loi de Mariotte...
Ceci conduit à étudier systématiquement toutes ces fonctions.
Dans ce chapitre, nous commençons par étudier les plus simples, $x \mapsto x^2$, $x \mapsto x^3$, $x \mapsto \sqrt{x}$, $x \mapsto \frac{1}{x}$: parité, sens de variation, courbe représentative, exploration numérique pour les grandes valeurs de x, et, dans le cas de la fonction $x \mapsto \frac{1}{x}$, pour les petites valeurs positives de x.
Les premiers travaux pratiques portent sur la programmation des valeurs d'une fonction, l'étude de fonctions « voisines » des fonctions usuelles précédentes, et l'utilisation de graphiques vus en cours pour résoudre des équations ou des inéquations.
Dans le TP Module, on peut voir comment l'étude d'une fonction peut être utilisée dans un problème de géométrie dans l'espace.

SOMMAIRE

POUR PRENDRE UN BON DÉPART

Le plan est muni d'un repère **orthonormal** $(O ; \vec{OI}, \vec{OJ})$

► 1 Symétrie par rapport à O

• Image d'un point

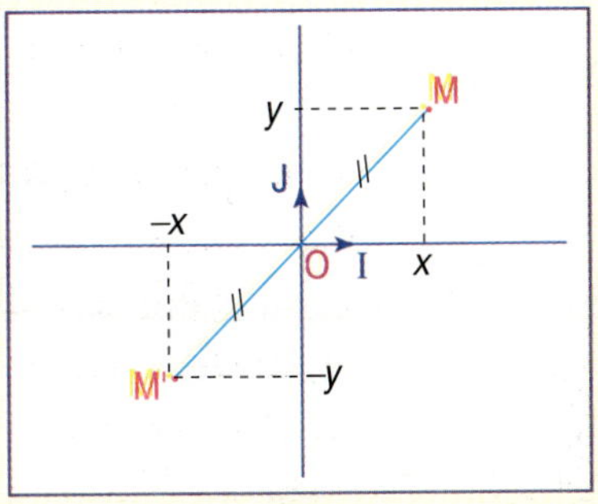

Le point M $(x ; y)$ a pour symétrique par rapport à O le point M′ $(-x ; -y)$.

• Image d'une courbe

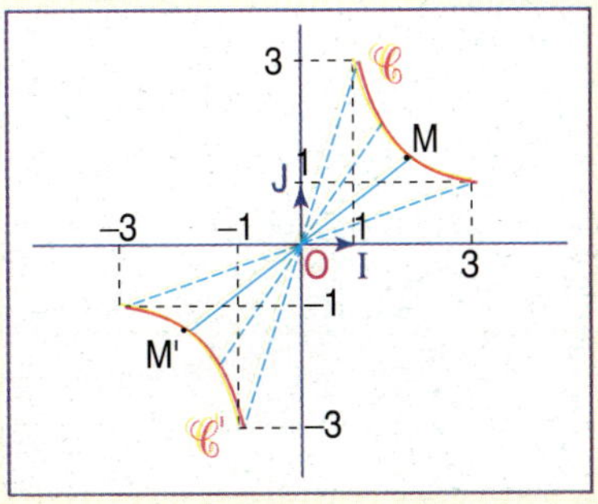

𝒞′ est la courbe symétrique de la courbe 𝒞 par rapport à O. Les points de 𝒞′ sont les symétriques des points de 𝒞 par rapport à O.

► 2 Symétrie par rapport à l'axe des ordonnées

• Image d'un point

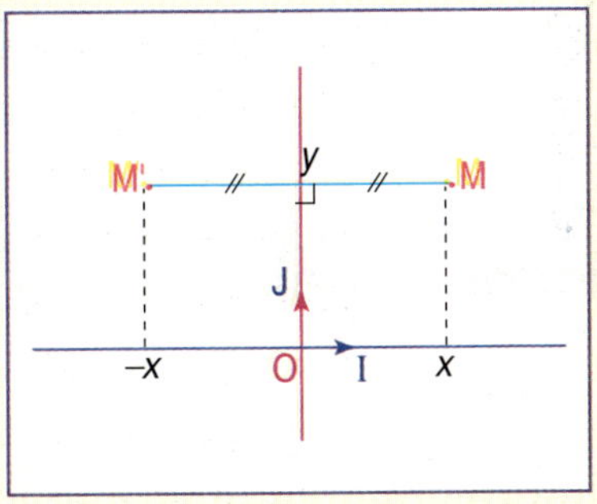

Le point M $(x ; y)$ a pour symétrique par rapport à l'axe des ordonnées le point M $(-x ; y)$.

• Image d'une courbe

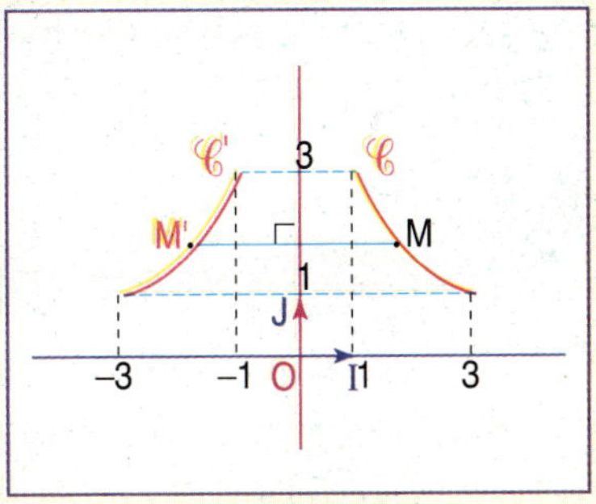

𝒞′ est la courbe symétrique de la courbe 𝒞 par rapport à l'axe des ordonnées. Les points de 𝒞′ sont les symétriques des points de 𝒞 par rapport à l'axe des ordonnées.

Exercice-test

𝒞 est la courbe ci-contre.

1. Tracez la courbe symétrique de 𝒞 par rapport à O.

2. Tracez la courbe symétrique de 𝒞 par rapport à l'axe des ordonnées.

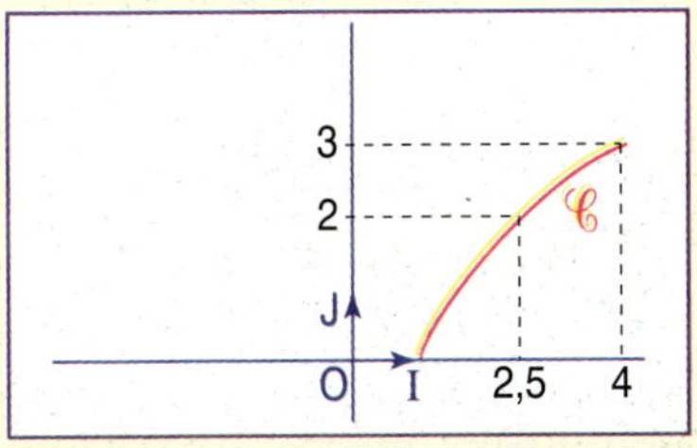

Activité

PARITÉ, IMPARITÉ D'UNE FONCTION

Le plan est muni d'un repère orthonormal $(O\,;\,\overrightarrow{OI}\,,\,\overrightarrow{OJ})$

1 Un exemple de fonction paire

1. Représentez la fonction f définie sur $\mathbb{R}$ par $f(x) = |x|$. On appelle $\mathscr{C}$ cette représentation graphique.

2. a) Calculez les coordonnées des points A et A′ de $\mathscr{C}$ d'abscisses respectives 2 et – 2. Déduisez-en que A et A′ sont symétriques par rapport à (OJ).
b) Vérifiez qu'il en est de même pour les points B et B′ de $\mathscr{C}$ d'abscisses respectives 3 et – 3.

3. Plus généralement, si on considère des points M et M′ de $\mathscr{C}$ d'abscisses respectives x et $-x$, quelles sont leurs ordonnées ?
Déduisez-en que M et M′ sont symétriques par rapport à (OJ).
On dit alors que (OJ) est un axe de symétrie de la courbe $\mathscr{C}$.

Conclusion *Pour tous les réels x de $\mathbb{R}$, la fonction $f : x \mapsto |x|$ est telle que $f(-x) = f(x)$.*
On dit alors que ***f* est paire**.
(OJ) *est un* **axe de symétrie** *de la courbe représentant f.*

2 Un exemple de fonction impaire

1. Représentez la fonction g définie sur $\mathbb{R}$ par $g(x) = 2x$. On appelle $\mathscr{C}'$ cette représentation graphique.

2. a) Calculez les coordonnées des points C et C′ de $\mathscr{C}'$ d'abscisses respectives 2 et – 2. Déduisez-en que C et C′ sont symétriques par rapport à O.
b) Vérifiez qu'il en est de même pour les points D et D′ de $\mathscr{C}'$ d'abscisses respectives 3 et – 3.

3. Plus généralement, si on considère des points M et M′ de $\mathscr{C}'$ d'abscisses respectives x et $-x$, quelles sont les ordonnées de ces deux points ?
Déduisez-en que M et M′ sont symétriques par rapport à O.
On dit alors que le point O est un centre de symétrie de $\mathscr{C}'$.

Conclusion *Pour tous les réels x de $\mathbb{R}$, la fonction $g : x \mapsto 2x$ est telle que $g(-x) = -g(x)$.*
On dit alors que ***g* est impaire**.
O *est un* **centre de symétrie** *de la courbe représentant g.*

COURS

1. PARITÉ, IMPARITÉ

1.1 Ensembles symétriques par rapport à zéro

DÉFINITION 1

Un ensemble **D** de réels est **symétrique par rapport à zéro** si pour tout réel x de D, $-x$ appartient à D.

EXEMPLES :

- $[-4 ; 4]$; $]-10 ; 10[$; $\mathbb{R}$; $\mathbb{R}^*$ sont symétriques par rapport à zéro.
- $[-4 ; 5]$; $[0 ; +\infty[$; $[-2 ; 2[$ ne sont pas symétriques par rapport à zéro.

1.2 Fonctions paires

DÉFINITION 2

Une fonction f définie sur D est **paire** si :
- D est symétrique par rapport à zéro,
- et pour tout x de D, $f(-x) = f(x)$.

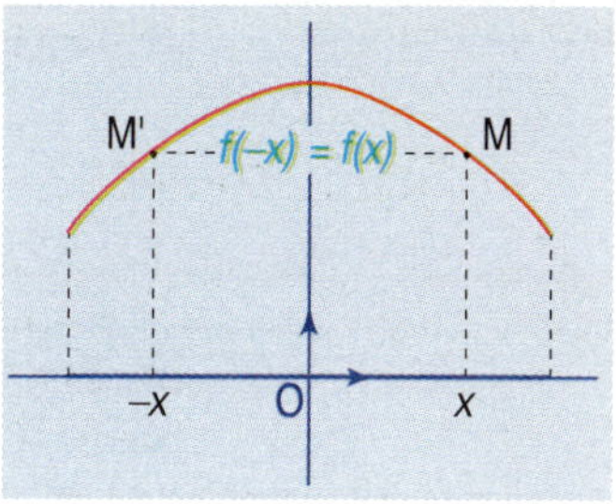

> **Note**
> *Cette étude a été abordée en activité d'approche.*

Graphiquement : Dans un repère orthogonal, la courbe représentant une fonction f paire est symétrique par rapport à l'axe des ordonnées.

EXEMPLE :

La fonction $f : x \mapsto x^2$, définie sur $\mathbb{R}$, est paire car $\mathbb{R}$ est symétrique par rapport à zéro, et pour tout x réel, $f(-x) = (-x)^2 = x^2 = f(x)$.

1.3 Fonctions impaires

DÉFINITION 3

Une fonction f définie sur D est **impaire** si :
- D est symétrique par rapport à zéro,
- et pour tout x de D, $f(-x) = -f(x)$.

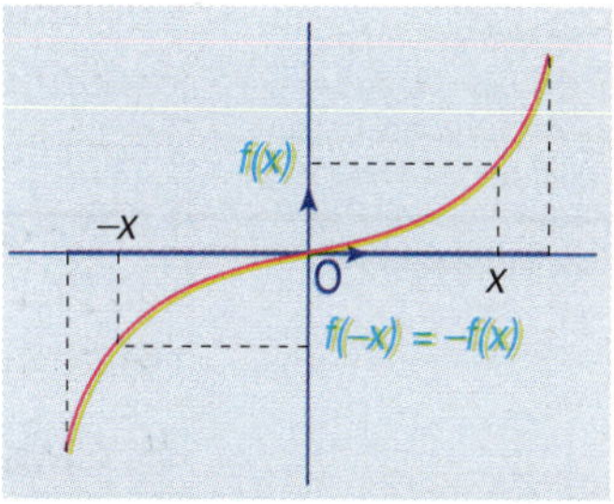

> **Note**
> *Cette étude a été abordée en activité d'approche.*

Graphiquement : Dans un repère orthogonal, la courbe représentant une fonction f impaire est symétrique par rapport à l'origine O du repère.

EXEMPLES :

- La fonction $f : x \mapsto x^3$, définie sur $\mathbb{R}$, est impaire car $\mathbb{R}$ est symétrique par rapport à zéro, et pour tout x réel, $f(-x) = (-x)^3 = -x^3 = -f(x)$.
- La fonction $f : x \mapsto \frac{1}{x}$, définie sur $\mathbb{R}^*$, est impaire car $\mathbb{R}^*$ est symétrique par rapport à zéro, et pour tout x de $\mathbb{R}^*$, $f(-x) = \frac{1}{-x} = -\frac{1}{x} = -f(x)$.

1.4 Étude d'une fonction paire ou impaire

Lorsque l'on sait qu'une fonction f définie sur $[-a\ ;\ a]$ par exemple est paire ou impaire, il suffit de l'étudier et de la représenter sur $[0\ ;\ a]$.
La portion de courbe correspondant à $[-a\ ;\ 0]$ s'obtient alors par symétrie
– par rapport à O pour une fonction impaire ;
– par rapport à l'axe des ordonnées pour une fonction paire.
On dit que la parité permet de réduire l'intervalle d'étude de f.

2. FONCTION $x \mapsto x^2$

Notons f la fonction définie sur $\mathbb{R}$ par $f(x) = x^2$.

Note
Le résultat du 1. a été établi au § 1.2. Le résultat énoncé en 2. a été démontré au chapitre 2, p. 37. Il est illustré graphiquement au TP 7, p. 128.

1. f est une fonction **paire**. Il suffit donc d'étudier f sur $[0\ ;+\infty[$

2. f est **strictement croissante sur $[0\ ;+\infty[$.**
En effet, si a et b sont deux nombres positifs tels que $a < b$, alors $a^2 < b^2$.

3. Voici le tableau de variation de f sur $[0\ ;+\infty[$:

x	0	$+\infty$
f	0 ↗	

4. Pour tracer la courbe représentative de f sur $[0\ ;+\infty[$, précisons quelques points. Le tableau ci-dessous indique les coordonnées des points d'abscisses 0, 1, 2 et 3.

x	0	1	2	3
$f(x) = x^2$	0	1	4	9

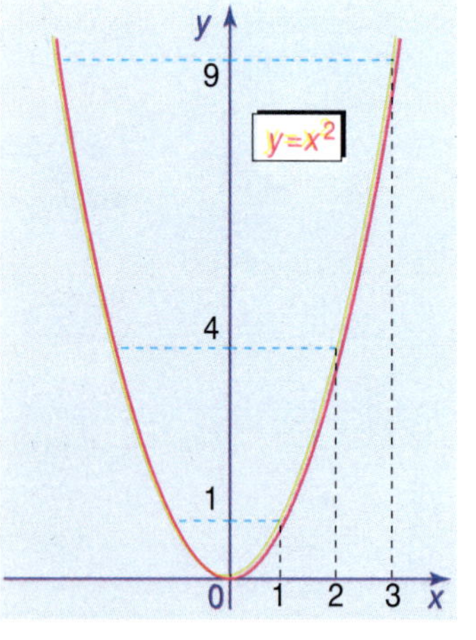

Relions ces points par une ligne continue et régulière.
f étant paire, la courbe représentant f sur $]-\infty\ ;\ 0]$ s'obtient par symétrie par rapport à la droite des ordonnées. La courbe entière ainsi obtenue s'appelle une **parabole**.
La fonction f est paire et strictement croissante sur $[0\ ;+\infty[$. Le graphique indique qu'elle est strictement décroissante sur $]-\infty\ ;\ 0]$.

Note
Plus généralement, une courbe qui admet, dans un repère, une équation de la forme $y = ax^2$ ($a \neq 0$), *s'appelle une* ***parabole***.

5. Comportement de f pour les grandes valeurs de x.
Le tableau de valeurs ci-contre suggère que les nombres $f(x)$ deviennent très grands lorsque les nombres x sont grands.

x	10	10^2	10^3	10^5
$f(x) = x^2$	10^2	10^4	10^6	10^{10}

Graphiquement, la courbe représentant f finit par dépasser n'importe quelle droite horizontale tracée à l'avance.
On dit que la fonction **f a pour limite $+\infty$ en $+\infty$.**

3. FONCTION $x \mapsto x^3$

> **Note**
> *Le résultat du 1. a été établi au § 1.2. Le résultat énoncé en 2. a été démontré au chapitre 2, p. 37.*

Notons f la fonction définie sur $\mathbb{R}$ par $f(x) = x^3$.

1. f est une fonction **impaire**. Il suffit donc d'étudier f sur $[0 ; +\infty[$.

2. f est **strictement croissante sur $[0 ; +\infty[$**.
En effet, si a et b sont deux réels positifs tels que $a < b$, alors $a^2 < b^2$.
Multiplions membre à membre les inégalités $a < b$ et $a^2 < b^2$ dans lesquelles les quatre nombres a, b, a^2 et b^2 sont positifs. Nous obtenons $a^3 < b^3$.

3. Voici le tableau de variation de f sur $[0 ; +\infty[$:

x	0	$+\infty$
f	0 ↗	

4. Pour tracer la courbe représentative de f sur $[0 ; +\infty[$, précisons quelques points. Le tableau ci-dessous indique les coordonnées des points d'abscisses 0, 1, 1,5 et 2.

x	0	1	1,5	2
$f(x) = x^3$	0	1	3,375	8

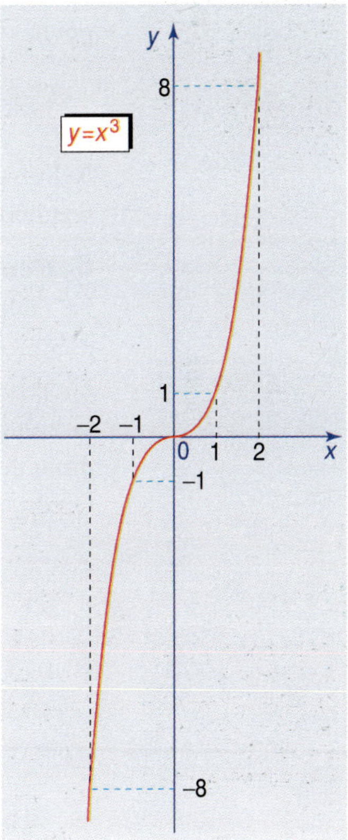

Relions ces points par une ligne continue et régulière. f étant impaire, la courbe représentant f sur $]-\infty ; 0]$ s'obtient par symétrie par rapport à O.
La fonction f est impaire et strictement croissante sur $[0 ; +\infty[$. Le graphique indique qu'elle est strictement croissante sur $]-\infty ; 0]$.

5. Comportement de f pour les grandes valeurs de x.

x	10	10^2	10^3	10^5
$f(x) = x^3$	10^3	10^6	10^9	10^{15}

Le tableau de valeurs ci-dessus suggère que les nombres $f(x)$ deviennent très grands lorsque les nombres x sont grands.
Graphiquement, la courbe représentant f finit par dépasser n'importe quelle droite horizontale tracée à l'avance.
On dit que la fonction **f a pour limite $+\infty$ en $+\infty$.**

4. FONCTION $x \mapsto \sqrt{x}$

Notons f la fonction définie sur $[0\ ;+\infty[$ par $f(x)=\sqrt{x}$.

1. f n'est **ni paire, ni impaire** puisque son ensemble de définition $[0\ ;+\infty[$ n'est pas symétrique par rapport à zéro.

> ***Note***
> *Le résultat énoncé en 2. a été démontré au chapitre 2, p. 38.*

2. f est **strictement croissante sur $[0\ ;+\infty[$**.
En effet, si a et b sont deux nombres positifs tel que $a<b$, alors $\sqrt{a}<\sqrt{b}$.

3. Voici le tableau de variation de f sur $[0\ ;+\infty[$:

x	0	$+\infty$
f	0 ↗	

4. Pour tracer la courbe représentant f, précisons quelques points.
Le tableau suivant indique les coordonnées des points d'abscisses 0, 1, 4, 9.

x	0	1	4	9
$f(x)=\sqrt{x}$	0	1	2	3

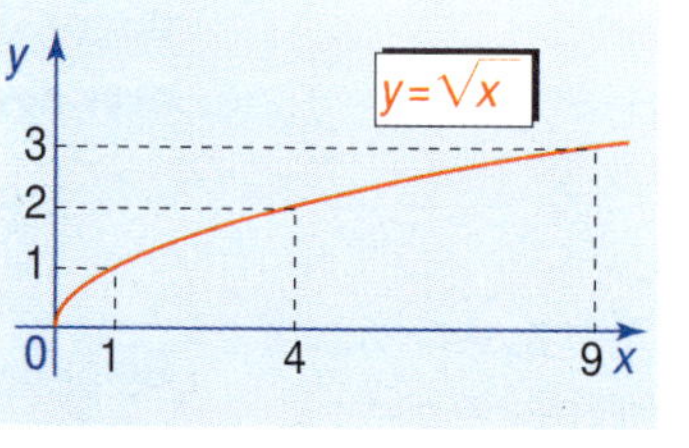

Relions ces points par une ligne continue et régulière.

5. Comportement de f pour les grandes valeurs de x.
Le tableau de valeurs ci-contre suggère que les nombres $f(x)$ deviennent très grands lorsque les nombres x sont grands.

x	10^2	10^4	10^{10}	10^{20}
$f(x)=\sqrt{x}$	10	10^2	10^5	10^{10}

> ***Note***
> *Ici, la courbe « monte moins vite » que pour les fonctions $x\mapsto x^2$ ou $x\mapsto x^3$.*

Graphiquement, la courbe représentant f finit par dépasser n'importe quelle droite horizontale tracée à l'avance.
On dit que la fonction **f a pour limite $+\infty$ en $+\infty$**.

5. FONCTION $x \mapsto \frac{1}{x}$

Notons f la fonction définie sur $\mathbb{R}^*$ par $f(x) = \frac{1}{x}$.

> **Note**
> Le résultat du 1. a été établi au § 1.3. Le résultat du 2. a été démontré au chapitre 2, p. 38.

1. f est une fonction **impaire**. Il suffit donc d'étudier cette fonction sur $]0\ ;+\infty[$.

2. f est **strictement décroissante sur $]0\ ;+\infty[$.**
En effet, si a et b sont deux nombres positifs tels que $0 < a < b$, alors $\frac{1}{a} > \frac{1}{b}$.

3. Voici le tableau de variation de la fonction f sur $]0\ ;+\infty[$.
La double barre signifie que 0 n'appartient pas à l'ensemble de définition de f.

x	0	$+\infty$
f	‖ ↘	

4. Pour tracer la courbe représentant f, précisons quelques points.
Le tableau ci-dessous indique les coordonnées des points d'abscisses $\frac{1}{4}$, $\frac{1}{2}$, 1, 2, 4.

x	$\frac{1}{4}$	$\frac{1}{2}$	1	2	4
$f(x) = \frac{1}{x}$	4	2	1	$\frac{1}{2}$	$\frac{1}{4}$

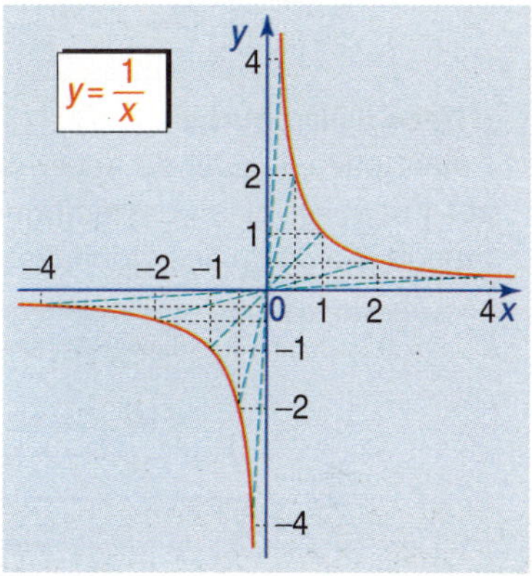

> **Note**
> Plus généralement, une courbe qui admet, dans un repère, une équation de la forme $y = \frac{a}{x}$ ($a \neq 0$), s'appelle une **hyperbole.**

Relions ces points par une ligne continue et régulière. f étant impaire, la courbe représentant f sur $]-\infty\ ;0[$ s'obtient par symétrie par rapport à O. La courbe entière ainsi obtenue s'appelle une **hyperbole**.
La fonction f est impaire et strictement décroissante sur $]0\ ;+\infty[$. Le graphique indique qu'elle est strictement décroissante sur $]-\infty\ ;0[$.

5. Comportement de f pour les grandes valeurs de x.

Le tableau de valeurs ci-contre indique que les nombres positifs $f(x)$ deviennent « petits » lorsque les nombres positifs x deviennent grands.

x	10^1	10^2	10^3	10^5
$f(x) = \frac{1}{x}$	0,1 (ou10^{-1})	0,01 (ou10^{-2})	0,001 (ou10^{-3})	0,00001 (ou10^{-5})

Graphiquement, la courbe représentant f « se rapproche indéfiniment » de l'axe des abscisses. On dit alors que la fonction **f a pour limite 0 en $+\infty$**.
L'axe des abscisses est **asymptote horizontale** à la courbe.

6. Comportement de f pour les petites valeurs positives de x.

Le tableau de valeurs ci-contre suggère que les nombres $f(x)$ deviennent grands lorsque les nombres positifs x deviennent petits.

x	10^{-1}	10^{-2}	10^{-3}	10^{-5}
$f(x) = \frac{1}{x}$	10^1	10^2	10^3	10^5

Graphiquement, la courbe représentant f « monte vers l'infini » au voisinage de 0 à droite. Elle finit par dépasser n'importe quelle droite horizontale tracée à l'avance. On dit alors que la fonction **f a pour limite $+\infty$ à droite de 0** et que l'axe des ordonnées est **asymptote verticale** à la courbe.

Exercices résolus
avec solutions commentées

Exo. 1

Étudiez les variations de la fonction f définie sur $\mathbb{R}$ par $f(x) = \frac{1}{2}x^2$ et construisez sa courbe représentative.

Solution

• ***f* est une fonction paire**

En effet, son ensemble de définition $\mathbb{R}$ est symétrique par rapport à 0.
D'autre part, pour tout réel x, $f(-x) = \frac{1}{2}(-x)^2 = \frac{1}{2}x^2 = f(x)$.

• **Étude des variations de *f***

f étant paire, il suffit de faire cette étude sur $[0 ; +\infty[$.
Notons a et b deux réels positifs tel que $a < b$. Nous savons qu'alors $a^2 < b^2$. Multiplions les deux membres de cette inégalité par le nombre positif $\frac{1}{2}$. Nous obtenons $\frac{1}{2}a^2 < \frac{1}{2}b^2$, c'est-à-dire $f(a) < f(b)$.

La fonction f est donc strictement croissante sur $[0 ; +\infty[$.
Voici le tableau de variation de f sur $[0 ; +\infty[$:

x	0	$+\infty$
f	0 ↗	

• **Tracé de la courbe**

f étant paire, il suffit de tracer la portion de courbe représentant f sur $[0 ; +\infty[$, puis la symétrique de cette portion de courbe par rapport à la droite des ordonnées. Précisons quelques points :

x	0	1	2	3
$f(x)$	0	$\frac{1}{2}$	2	$\frac{9}{2}$

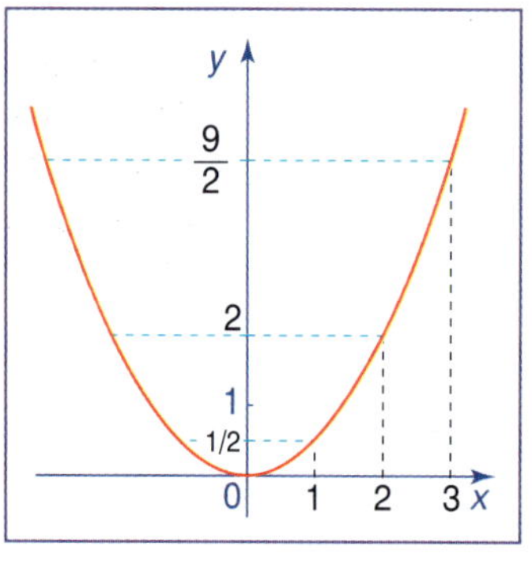

• La fonction f est paire et strictement croissante sur $[0 ; +\infty[$. Le graphique ci-dessus indique alors qu'elle est strictement décroissante sur $]-\infty ; 0]$.

▶ **REMARQUE :** On constate que la fonction admet 0 comme minimum. En effet, le point « le plus bas de la courbe » a une ordonnée égale à 0.

Commentaires

◀ L'étude de la parité est utile, car lorsqu'une fonction est paire ou impaire, on peut réduire son intervalle d'étude.

◀ Deux nombres positifs sont dans le même ordre que leurs carrés.

◀ Le sens de l'inégalité est inchangé car $\frac{1}{2} > 0$.

◀ La représentation graphique de f sur $[0 ; +\infty[$ s'obtient en reliant les points d'abscisses 0, 1, 2, 3 par une ligne continue et régulière.

Exo. 2

Étudiez les variations de la fonction f définie sur $\mathbb{R}$ par $f(x) = -2x^2$ et construisez sa courbe représentative.

Solution

• ***f* est une fonction paire**

En effet, son ensemble de définition $\mathbb{R}$ est symétrique par rapport à 0. D'autre part, pour tout réel x, $f(-x) = -2(-x)^2 = -2x^2 = f(x)$.

◀ L'étude de la parité est utile, car lorsqu'une fonction est paire ou impaire, on peut réduire son intervalle d'étude.

• **Étude des variations de *f***

f étant paire, il suffit de faire cette étude sur $[0 ; +\infty[$.

Notons a et b deux réels positifs tels que $a < b$. Nous savons qu'alors $a^2 < b^2$. Multiplions les deux membres de cette inégalité par le nombre négatif -2. Nous obtenons $-2a^2 > -2b^2$, c'est-à-dire $f(a) > f(b)$.

◀ Deux nombres positifs sont dans le même ordre que leurs carrés.

◀ Le sens de l'inégalité est changé car $-2 < 0$.

La fonction f est donc strictement décroissante sur $[0 ; +\infty[$.

Voici le tableau de variation de f sur $[0 ; +\infty[$:

x	0	$+\infty$
f	0 ↘	

• **Tracé de la courbe**

f étant paire, il suffit de tracer la portion de courbe représentant f sur $[0 ; +\infty[$, puis la symétrique de cette portion de courbe par rapport à la droite des ordonnées. Précisons quelques points :

x	0	$\frac{1}{2}$	1	2
$f(x)$	0	$-\frac{1}{2}$	-2	-8

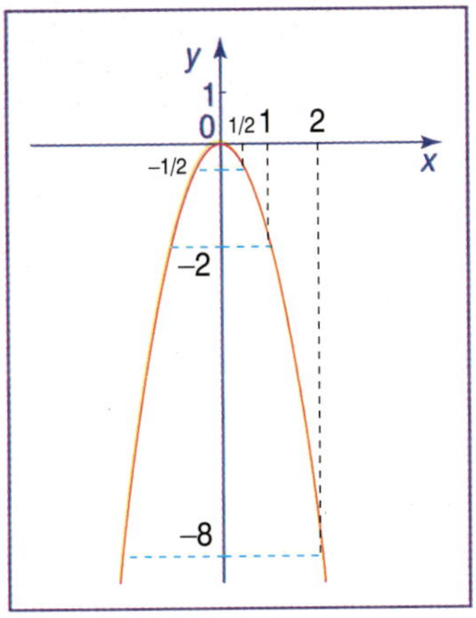

◀ La représentation graphique de f sur $[0 ; +\infty[$ s'obtient en reliant les points d'abscisses 0, $\frac{1}{2}$, 1, 2 par une ligne continue et régulière.

• La fonction f est paire et strictement décroissante sur $[0 ; +\infty[$. Le graphique ci-dessus indique alors qu'elle est strictement croissante sur $]-\infty ; 0]$.

▶ **REMARQUE :** On constate que la fonction admet 0 comme maximum. En effet, le point « le plus haut de la courbe » a une ordonnée égale à 0.

Exo. 3

Étudiez les variations et représentez graphiquement la fonction f définie sur $\mathbb{R}^*$ par $f(x) = \frac{2}{x}$.

Solution

• f est une fonction impaire

En effet, son ensemble de définition $\mathbb{R}^*$ est symétrique par rapport à 0.
D'autre part, pour tout réel x de $\mathbb{R}^*$, $f(-x) = \frac{2}{-x} = -\frac{2}{x} = -f(x)$.

• Étude des variations de f

f étant impaire, il suffit de faire cette étude sur $]0 ; +\infty[$.
Notons a et b deux réels strictement positifs tels que $a < b$. Nous savons qu'alors $\frac{1}{a} > \frac{1}{b}$.
Multiplions les deux membres de cette inégalité par le nombre positif 2. Nous obtenons $\frac{2}{a} > \frac{2}{b}$, c'est-à-dire $f(a) > f(b)$.

La fonction f est donc strictement décroissante sur $]0 ; +\infty[$.
Voici le tableau de variation de f sur $]0 ; +\infty[$:

x	0	$+\infty$
f	‖ ↘	

• Tracé de la courbe

f étant impaire, il suffit de tracer la portion de courbe représentant f sur $]0 ; +\infty[$, puis la symétrique de cette portion de courbe par rapport à l'origine du repère. Précisons quelques points :

x	$\frac{1}{2}$	1	2	4
$f(x)$	4	2	1	$\frac{1}{2}$

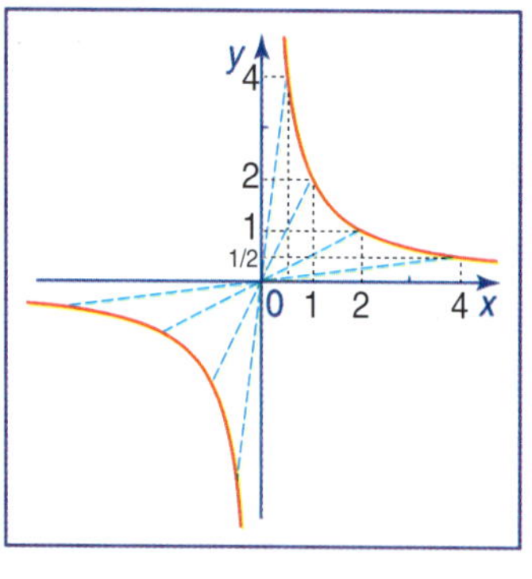

• La fonction f est impaire et strictement décroissante sur $]0 ; +\infty[$. Le graphique ci-dessus indique alors qu'elle est strictement décroissante sur $]-\infty ; 0[$.

Commentaires

◄ L'étude de la parité est utile, car lorsqu'une fonction est paire ou impaire, on peut réduire son intervalle d'étude.

◄ Ceci signifie que la fonction $x \mapsto \frac{1}{x}$ est décroissante sur $]0 ; +\infty[$.

◄ Le sens de l'inégalité est inchangé car $2 > 0$.

◄ La double barre signifie que 0 n'appartient pas à l'ensemble de définition de f.

◄ La représentation graphique de f sur $]0 ; +\infty[$ s'obtient en reliant les points d'abscisses $\frac{1}{2}$, 1, 2, 4 par une ligne continue et régulière.

Exo. 4

Étudiez les variations et représentez graphiquement la fonction f définie sur $\mathbb{R}^*$ par $f(x) = -\frac{4}{x}$.

Solution

• **f est une fonction impaire**

En effet, son ensemble de définition $\mathbb{R}^*$ est symétrique par rapport à 0.
D'autre part, pour tout réel x de $\mathbb{R}^*$, $f(-x) = -\frac{4}{-x} = \frac{4}{x} = -f(x)$.

• **Étude des variations de f**

f étant impaire, il suffit de faire cette étude sur $]0\ ;+\infty[$.
Notons a et b deux réels strictement positifs tels que $a < b$. Nous savons qu'alors $\frac{1}{a} > \frac{1}{b}$.
Multiplions les deux membres de cette inégalité par le nombre négatif -4. Nous obtenons $-\frac{4}{a} < -\frac{4}{b}$, c'est-à-dire $f(a) < f(b)$.

La fonction f est donc strictement croissante sur $]0\ ;+\infty[$.
Voici le tableau de variation de f sur $]0\ ;+\infty[$:

x	0	$+\infty$
f	‖ ↗	

• **Tracé de la courbe**

f étant impaire, il suffit de tracer la portion de courbe représentant f sur $]0\ ;+\infty[$, puis la symétrique de cette portion de courbe par rapport à l'origine du repère. Précisons quelques points :

x	1	2	3	4
$f(x)$	-4	-2	$-\frac{4}{3}$	-1

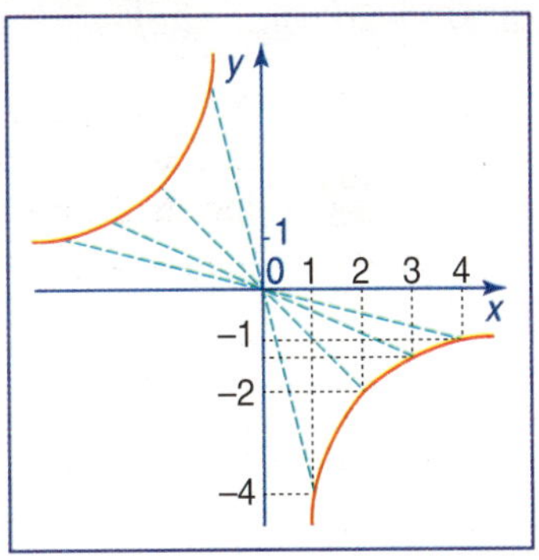

• La fonction f est impaire et strictement croissante sur $]0\ ;+\infty[$. Le graphique ci-dessus indique alors qu'elle est strictement croissante sur $]-\infty\ ;0[$.

Commentaires

◄ L'étude de la parité est utile car, lorsqu'une fonction est paire ou impaire, on peut réduire son intervalle d'étude.

◄ Ceci signifie que la fonction $x \mapsto \frac{1}{x}$ est décroissante sur $]0\ ;+\infty[$.

◄ Le sens de l'inégalité est changé car $-4 < 0$.

◄ La représentation graphique de f sur $]0\ ;+\infty[$ s'obtient en reliant les points d'abscisses 1, 2, 3, 4 par une ligne continue et régulière.

Les travaux pratiques 1 à 7 font partie du programme

TP 1

PROGRAMMATION D'UNE FONCTION

Une calculatrice programmable a deux modes de fonctionnement :

• **le mode calcul,** c'est celui que vous avez l'habitude d'utiliser ;

• **le mode programmation,** dont vous allez apprendre à vous servir pour quelques exemples simples.

1■1 Exemple

Voici comment programmer la fonction $f : x \mapsto 4x^2 - 3$ sur certaines calculatrices :

	CASIO FX-180 P	CASIO 6800 (ou 7000 ou 7700 ou ...)	TI-81
Mettre la calculatrice en mode programmation	[MODE] [0]	[MODE] [2]	[PRGM] [▶]
Choisir le programme	[P_1] ou [P_2]	Choisir un numéro de programme avec [⇐] ou [⇒] puis [EXE]	Choisir un numéro de programme avec [▲] ou [▼] puis [ENTER]
Écrire le programme	[x^2] [×] [4] [−] [3] [=]	[?] [→] [X] [:] [4] [×] [x^2] [−] [3]	Taper le nom du programme [ENTER] <Input> [X] [ENTER] [4] [×] [x^2] [−] [3] [STO▶] [Y] [ENTER] <Disp> [Y]
Quitter le mode programmation	[MODE] [.]	[MODE] [1]	[QUIT]
Exécuter le programme	• Pour calculer $f(6)$ [6] [P_1] (si on a choisi le programme P_1)	[Prog] [1] (si on a choisi le programme 1) • Pour calculer $f(6)$ [EXE] [6] [EXE]	[PRGM] [1] (si on a choisi le programme 1) • Pour calculer $f(6)$ [ENTER] [6] [ENTER]

▶ **REMARQUES :** Seule la ligne coloriée est spécifique à la fonction $x \mapsto 4x^2 - 3$. Le reste est inchangé si on programme d'autres fonctions.

1■2 Applications

1. f est la fonction définie sur $\mathbb{R}$ par $f(x) = 3x^2 + 1$.

a) Programmez cette fonction sur votre calculatrice.

b) Tabulez cette fonction sur l'intervalle $[0 ; 2]$ avec le pas $h = 0{,}25$, c'est-à-dire calculez $f(0), f(0{,}25), f(0{,}5)..., f(1{,}5), f(1{,}75), f(2)$.

c) Placez les points correspondants dans un repère, et tracez la courbe représentant la fonction f sur l'intervalle $[0 ; 2]$.

d) Si vous disposez d'une calculatrice graphique, comparez la courbe tracée sur l'écran de votre calculatrice à celle obtenue en **c)**.

2. g est la fonction définie sur $\mathbb{R}$ par $g(x) = 4x^2 - 6$.
Répondez aux questions **1. a)**, **1. b)**, **1. c)**, **1. d)** pour la fonction g.

TP 2

FONCTION $x \mapsto 2x^2 + 1$

f est la fonction définie sur $\mathbb{R}$ par $f(x) = 2x^2 + 1$.

1. Étude de la parité

Montrez que f est une fonction paire. Il suffit donc de l'étudier sur $[0 ; +\infty[$.

2. Sens de variation

a) a et b sont deux réels positifs tels que $a < b$. Complétez, en justifiant, avec l'un des signes " > " ou " < " : $a^2 \square b^2$; $2a^2 \square 2b^2$; $2a^2 + 1 \square 2b^2 + 1$.

b) Quel est le sens de variation de f sur $[0 ; +\infty[$?

3. Tableau de variation et courbe

a) Dressez le tableau de variation de f sur $[0 ; +\infty[$.

b) Programmez la fonction f sur votre calculatrice et complétez le tableau de valeurs suivant :

x	0	$\frac{1}{2}$	1	$\frac{3}{2}$	2
$f(x)$	1				

c) Placez les points correspondants dans un repère orthonormal $(O ; \vec{i}, \vec{j})$, puis tracez la courbe $\mathscr{C}$ représentant f sur $[0 ; +\infty[$. Déduisez-en la représentation graphique de f sur $]-\infty ; +\infty[$.

d) À l'aide du graphique, expliquez pourquoi f admet un minimum sur $\mathbb{R}$.

4. À partir de la courbe d'équation $y = 2x^2$

On va voir comment on peut construire la courbe $\mathscr{C}$ à partir de la courbe $\mathscr{C}'$ d'équation $y = 2x^2$.

a) Tracez dans le même repère orthonormal $(O ; \vec{i}, \vec{j})$ la courbe $\mathscr{C}'$ représentant la fonction $x \mapsto 2x^2$.

b) a est un réel quelconque.
M est le point d'abscisse a de $\mathscr{C}$, et N le point d'abscisse a de $\mathscr{C}'$.
Montrez que le vecteur $\overrightarrow{NM}$ a pour coordonnées $(0 ; 1)$. Déduisez-en que le point M est l'image de N par la translation de vecteur $\vec{v}\,(0 ; 1)$.
La courbe $\mathscr{C}$ est donc l'image de la courbe $\mathscr{C}'$ par la translation de vecteur $\vec{v}\,(0 ; 1)$.

TP 3

FONCTION $x \mapsto (x-1)^2$

f est la fonction définie sur $\mathbb{R}$ par $f(x) = (x-1)^2$.

1. Étude de la parité

a) Calculez $f(1)$ et $f(-1)$.

b) Déduisez-en que la fonction f n'est ni paire, ni impaire.

2. Sens de variation

a) a et b sont deux réels de $]-\infty\,;1]$ tels que $a < b$. Complétez, en justifiant, avec l'un des signes « $<$ » ou « $>$ » :

$a-1 \square b-1$; $(a-1)^2 \square (b-1)^2$.

b) Quel est le sens de variation de f sur $]-\infty\,;1]$?

c) Étudiez de façon analogue le sens de variation de f sur $[1\,;+\infty[$.

3. Tableau de variation et courbe

a) Dressez le tableau de variation de f sur $\mathbb{R}$.

b) Complétez le tableau de valeurs suivant :

x	-2	-1	0	1	2	3	4
$f(x)$							

c) Placez les points correspondants dans un repère orthonormal $(O\,;\vec{i},\vec{j})$, puis tracez la courbe $\mathscr{C}$ représentant f.

4. Une parabole ?

La courbe $\mathscr{C}$ a la même allure que la courbe représentant la fonction $x \mapsto x^2$. Nous allons préciser ceci.

Notons I le point de coordonnées $(1\,;0)$ et d la droite d'équation $x = 1$.

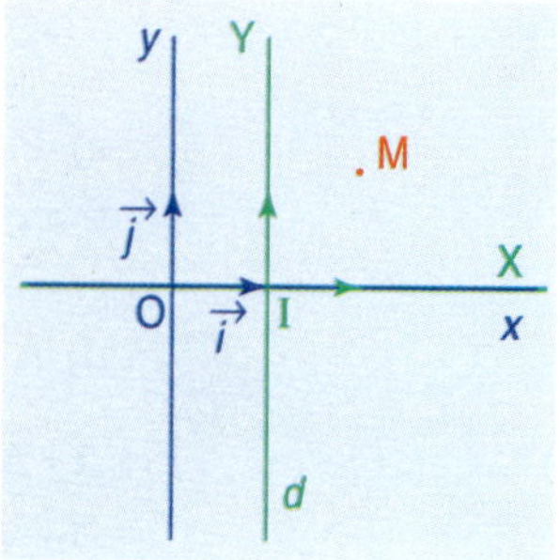

a) M étant un point quelconque, notons $(x\,;y)$ ses coordonnées dans le repère $(O\,;\vec{i},\vec{j})$ et $(X\,;Y)$ ses coordonnées dans le repère $(I\,;\vec{i},\vec{j})$.

Alors $\overrightarrow{OM} = x\vec{i} + y\vec{j}$, $\overrightarrow{IM} = X\vec{i} + Y\vec{j}$, et $\overrightarrow{OI} = \vec{i}$.

Montrez que $x = X + 1$ et $y = Y$.

INDICATION : *Remarquer que* $\overrightarrow{OM} = \overrightarrow{OI} + \overrightarrow{IM}$.

b) Dans le repère $(O\,;\vec{i},\vec{j})$, $\mathscr{C}$ a pour équation $y = (x-1)^2$. Montrez qu'une équation de $\mathscr{C}$ dans le repère $(I\,;\vec{i},\vec{j})$ est $Y = X^2$.

$\mathscr{C}$ représente donc la fonction $X \mapsto X^2$ dans le repère $(I\,;\vec{i},\vec{j})$.

$\mathscr{C}$ est donc une **parabole**.

TP 4

FONCTION $x \mapsto \dfrac{2}{x+1}$

f est la fonction définie sur $\mathbb{R} - \{-1\}$ par $f(x) = \dfrac{2}{x+1}$.

1. Étude de la parité

f n'est ni paire, ni impaire. Pourquoi ?

2. Sens de variation

a) a et b sont deux réels de $]-\infty\ ;\ -1[$ tels que $a < b$. Complétez, en justifiant, avec l'un des signes « < » ou « > » : $a + 1 \ \square\ b + 1$; $\dfrac{2}{a+1} \ \square\ \dfrac{2}{b+1}$.

b) Quel est le sens de variation de f sur $]-\infty\ ;\ -1[$?

c) Étudiez de façon analogue le sens de variation de f sur $]-1\ ;\ +\infty[$.

3. Tableau de variation et courbe

a) Dressez le tableau de variation de f sur $\mathbb{R} - \{-1\}$.

b) Programmez la fonction f sur votre calculatrice. Complétez alors le tableau de valeurs ci-contre.

x	-4	-3	-2	$-\frac{3}{2}$	$-\frac{5}{4}$	$-\frac{3}{4}$	$-\frac{1}{2}$	0	1	2	3
$f(x)$	$-\frac{2}{3}$										

c) Placez les points correspondants dans un repère orthonormal $(O\ ;\ \vec{i}, \vec{j})$, puis tracez la courbe $\mathscr{C}$ représentant f.

4. Étude pour les grandes valeurs positives de x

Calculez $f(10)$, $f(10^2)$, $f(10^5)$, $f(10^{10})$. Lorsque x prend de grandes valeurs, que peut-on dire des nombres $f(x)$? Qu'en déduisez-vous pour la courbe $\mathscr{C}$?

5. Étude pour les valeurs de x proches de -1

Calculez $f\left(-1+\dfrac{1}{10}\right)$, $f\left(-1+\dfrac{1}{10^2}\right)$, $f\left(-1+\dfrac{1}{10^5}\right)$, $f\left(-1+\dfrac{1}{10^{10}}\right)$.

Lorsque x prend des valeurs proches de -1 et supérieures à 1, que peut-on dire des valeurs de $f(x)$? Qu'en déduisez-vous pour la courbe $\mathscr{C}$?

6. Une hyperbole ?

La courbe $\mathscr{C}$ a la même allure que la courbe représentant la fonction $x \mapsto \dfrac{1}{x}$.

Nous allons préciser ceci.

Notons K le point de coordonnées $(-1\ ;\ 0)$ et d la droite d'équation $x = -1$.

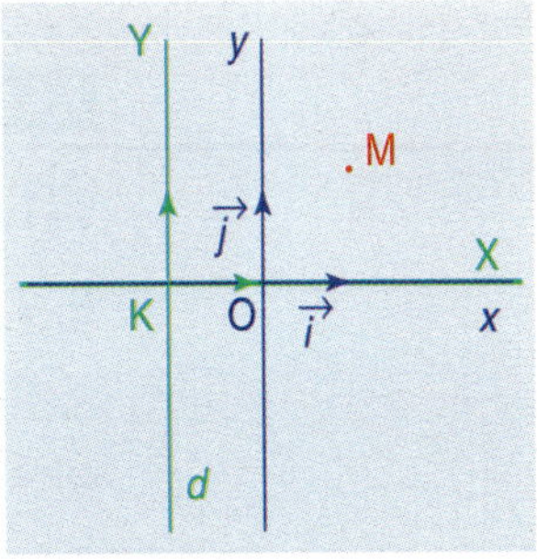

a) M étant un point quelconque, notons $(x\ ;\ y)$ ses coordonnées dans le repère $(O\ ;\ \vec{i}, \vec{j})$ et $(X\ ;\ Y)$ ses coordonnées dans le repère $(K\ ;\ \vec{i}, \vec{j})$.

Alors $\overrightarrow{OM} = x\vec{i} + y\vec{j}$, $\overrightarrow{KM} = X\vec{i} + Y\vec{j}$, et $\overrightarrow{OK} = -\vec{i}$.

Montrez que $x = X - 1$ et $y = Y$.

INDICATION : *Remarquer que $\overrightarrow{OM} = \overrightarrow{OK} + \overrightarrow{KM}$.*

b) Dans le repère $(O\ ;\ \vec{i}, \vec{j})$, $\mathscr{C}$ a pour équation $y = \dfrac{2}{x+1}$. Montrez qu'une équation de $\mathscr{C}$ dans le repère $(K\ ;\ \vec{i}, \vec{j})$ est $Y = \dfrac{2}{X}$.

$\mathscr{C}$ représente donc la fonction $X \mapsto \dfrac{2}{X}$ dans le repère $(K\ ;\ \vec{i}, \vec{j})$.

$\mathscr{C}$ est donc une **hyperbole**.

TP 5

FONCTION $x \mapsto \dfrac{1}{x^2+1}$

f est la fonction définie sur $\mathbb{R}$ par $f(x) = \dfrac{1}{x^2+1}$.

5■1 Étude de la fonction $x \mapsto \dfrac{1}{x^2+1}$

1. Étude de la parité

Démontrez que f est une fonction paire. Il suffit donc d'étudier f sur $[0 ; +\infty[$.

2. Sens de variation

a) a et b sont deux réels positifs tels que $a < b$.
Complétez, en justifiant, avec l'un des signes " < " ou " > " :
$a^2 \square b^2$; $a^2 + 1 \square b^2 + 1$; $\dfrac{1}{a^2+1} \square \dfrac{1}{b^2+1}$.

b) Quel est le sens de variation de f sur $[0 ; +\infty[$?

3. Tableau de variation et courbe

a) Dressez le tableau de variation de f sur $[0 ; +\infty[$.

b) Programmez la fonction f sur votre calculatrice et complétez le tableau de valeurs suivant :

x	0	0,2	0,5	0,8	1	1,2	2	2,5
$f(x)$	1							

c) Placez les points correspondants dans un repère orthonormal $(O ; \vec{i}, \vec{j})$, puis tracez la courbe représentant f sur $[0 ; +\infty[$ et déduisez-en la courbe $\mathcal{C}$ représentant f sur $]-\infty ; +\infty[$.

4. Étude pour les grandes valeurs positives de x

a) Calculez $f(10)$, $f(10^2)$, $f(10^3)$, $f(10^5)$.

b) Lorsque x prend de grandes valeurs, que peut-on dire des valeurs de $f(x)$?

c) Qu'en déduisez-vous pour la courbe $\mathcal{C}$?

5■2 Lectures graphiques

1. La fonction f admet-elle un maximum sur $\mathbb{R}$?

2. $\mathcal{C}$ est située au-dessus de l'axe des abscisses. Etait-ce prévisible ?

3. Étudiez graphiquement le nombre de solutions de l'équation $\dfrac{1}{x^2+1} = \lambda$ suivant les valeurs du réel λ.

TP 6

FONCTION $x \mapsto x(1-x)$

6 ■ 1 Étude de la fonction $x \mapsto x(1-x)$

On note f la fonction définie sur $\mathbb{R}$ par $f(x) = x(1-x)$.

1. Étude du sens de variation de f

a) Montrez que $f(x) = -\left(x - \frac{1}{2}\right)^2 + \frac{1}{4}$.

b) Montrez que f est strictement croissante sur $\left]-\infty\,;\frac{1}{2}\right]$.

INDICATION : a et b étant deux réels de $\left]-\infty\,;\frac{1}{2}\right]$ tels que $a < b$, montrer d'abord que : $\left(a - \frac{1}{2}\right)^2 > \left(b - \frac{1}{2}\right)^2$.

c) De façon analogue, montrez que f est strictement décroissante sur $\left[\frac{1}{2}\,;+\infty\right[$.

d) Dressez le tableau de variation de f. Déduisez-en que f admet un maximum et précisez la valeur de ce maximum. Pour quel réel x_0 ce maximum est-il atteint ?

2. Tracé de la courbe représentative de f

a) Programmez la fonction f sur votre calculatrice.

b) Complétez le tableau de valeurs suivant :

x	− 3	−2,5	− 2	…	0,5	…	3	3,5	4
$f(x)$	−12								

c) Placez les points obtenus dans un repère orthonormal $(O\,;\vec{i},\vec{j})$, ainsi que le point qui correspond au maximum de f, puis tracez la courbe représentative de f.

6 ■ 2 Une application en géométrie

Dans un repère orthonormal $(O\,;\vec{i},\vec{j})$, on considère les points A (1 ; 0) et B (0 ; 1).

1. Écrivez une équation de la droite (AB).

2. x est un réel tel que $0 \leqslant x \leqslant 1$. On considère le point M $(x\,;0)$ du segment [OA], le point P d'abscisse x sur la droite (AB) et le projeté orthogonal N du point P sur l'axe des ordonnées. Trouvez les coordonnées des points P et N en fonction de x, et montrez que l'ordonnée y de P est telle que $0 \leqslant y \leqslant 1$.

3. Montrez que l'aire du rectangle OMPN est $\mathcal{A}(x) = x(1-x)$.

4. a) Pour quelle valeur de x l'aire $\mathcal{A}(x)$ est-elle maximale ?

b) Que peut-on dire du rectangle OMPN dans ce cas ?

5. I est le milieu de [OA]. M_1 et M_2 sont deux points du segment [OA] symétriques par rapport à I. On construit, à partir des points M_1 et M_2, comme dans la question **2.**, les points P_1 et P_2 de [AB] et les points N_1 et N_2 de l'axe des ordonnées.

a) Comparez les aires des rectangles $OM_1P_1N_1$ et $OM_2P_2N_2$.

b) Le résultat précédent signifie que la courbe représentant sur [0 ; 1] la fonction $x \mapsto \mathcal{A}(x)$ a une propriété remarquable. Laquelle ?

TP 7

LE GRAPHIQUE POUR COMPRENDRE

7 ▪ 1 Résolution d'équations et d'inéquations

1. La courbe $\mathscr{C}$ représente la fonction $f : x \mapsto x^2$.

• Les solutions dans $\mathbb{R}$ de l'équation $x^2 = 4$ sont les abscisses des points d'intersection de $\mathscr{C}$ et de la droite d'équation $y = 4$; ce sont donc les nombres 2 et -2.

• Les solutions dans $\mathbb{R}$ de l'inéquation $x^2 \leqslant 4$ sont les abscisses des points de la portion de $\mathscr{C}$ coloriée en rouge : l'ensemble des solutions de l'inéquation $x^2 \leqslant 4$ dans $\mathbb{R}$ est donc l'intervalle $[-2 ; 2]$.

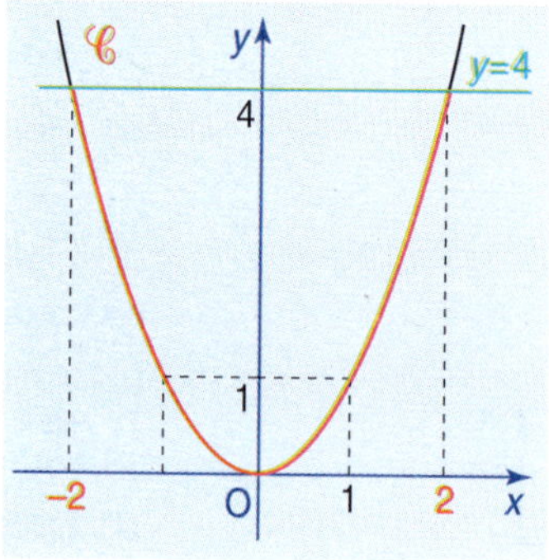

Utilisez la représentation graphique de f pour répondre aux questions suivantes :

a) Résolvez dans $\mathbb{R}$: l'équation $x^2 = 9$; l'inéquation $x^2 \leqslant 9$; l'inéquation $x^2 > 4$.

b) λ étant un réel, quel est le nombre de solutions de l'équation $x^2 = \lambda$?

INDICATION : *Discuter selon les valeurs du réel λ.*

2. λ désigne un réel quelconque. À l'aide de la représentation graphique de la fonction $x \mapsto x^3$, montrez que l'équation $x^3 = \lambda$ admet une solution unique dans $\mathbb{R}$.

7 ▪ 2 Utilisation du sens de variation

1. À l'aide de la représentation graphique de la fonction $x \mapsto x^2$, montrez que :

a) Si a et b sont deux nombres positifs tels que $a < b$, alors $a^2 < b^2$.

b) Si a et b sont deux nombres négatifs tels que $a < b$, alors $a^2 > b^2$.

2. À l'aide de la représentation graphique de la fonction $x \mapsto \frac{1}{x}$, montrez que :

a) Si a et b sont deux nombres strictement positifs tels que $a < b$, alors $\frac{1}{a} > \frac{1}{b}$.

b) Si a et b sont deux nombres strictement négatifs tels que $a < b$, alors $\frac{1}{a} > \frac{1}{b}$.

7 ▪ 3 Comparaison de nombres

1. a) Tracez, dans un même repère, les courbes représentant les fonctions $x \mapsto x$ et $x \mapsto x^2$ sur $[0 ; +\infty[$.

b) En utilisant les représentations graphiques précédentes, comparez les nombres x et x^2 lorsque x est positif.

2. a) Tracez, dans un même repère, les courbes représentant les fonctions $x \mapsto x$ et $x \mapsto \frac{1}{x}$ sur $]0 ; +\infty[$.

b) En utilisant les représentations graphiques précédentes, comparez les nombres x et $\frac{1}{x}$ lorsque x est strictement positif.

TP 8

LA PARABOLE EN GÉOMÉTRIE

$\mathscr{C}$ désigne la parabole d'équation $y = x^2$ dans un repère orthonormal $(O ; \vec{i}, \vec{j})$.

8 ■ 1 Une propriété géométrique remarquable de $\mathscr{C}$

1. Tracez la courbe $\mathscr{C}$.

2. Tracez la droite d d'équation $y = -\frac{1}{4}$ et placez le point $F\left(0 ; \frac{1}{4}\right)$.

3. M désigne un point quelconque de coordonnées $(x ; y)$ dans le repère $(O ; \vec{i}, \vec{j})$, et H son projeté orthogonal sur la droite d.

a) Montrez que si M est un point de $\mathscr{C}$, alors MF = MH.

b) Réciproquement, on suppose que MF = MH ; démontrez qu'alors $y = x^2$.
M est donc un point de $\mathscr{C}$.

Ainsi la parabole $\mathscr{C}$ est exactement l'ensemble des points du plan équidistants de la droite d et du point F.

8 ■ 2 Un procédé géométrique pour placer des points de $\mathscr{C}$

On va voir comment on peut construire géométriquement autant de points de $\mathscr{C}$ que l'on veut.

1. a) Tracez la droite d d'équation $y = -\frac{1}{4}$ et placez le point $F\left(0 ; \frac{1}{4}\right)$.

b) Placez un point H sur d et tracez la droite Δ perpendiculaire en H à d.
Tracez la médiatrice de [FH] ; elle coupe Δ en M.

c) Expliquez pourquoi MF = MH. Le point M ainsi construit est donc sur $\mathscr{C}$.

2. En utilisant le procédé de construction précédent, placez les points de $\mathscr{C}$ d'abscisses $-\frac{5}{2}, -2, -\frac{3}{2}, -1, -\frac{1}{2}, 0, \frac{1}{2}, 1, \frac{3}{2}, 2, \frac{5}{2}$.

TP 9

ACCORDER UNE GUITARE

Accorder une guitare, c'est régler la tension des cordes afin qu'elles donnent les sons fondamentaux. Les physiciens ont montré que la fréquence N du son d'une corde est proportionnelle à la racine carrée de la tension T de cette corde.
Supposons que, pour une corde donnée,
$N(T) = 10\sqrt{T}$, la tension T étant exprimée en newtons et la fréquence N en hertz.

9.1 Étude de la fonction $N : T \mapsto 10\sqrt{T}$

1. Démontrez que la fonction $N : T \mapsto 10\sqrt{T}$, définie pour $T > 0$, est une fonction strictement croissante de T.

2. Programmez la fonction N sur votre calculatrice et faites un tableau pour les valeurs de T suivantes (en newtons) :

100 ; 200 ; 300 ; 400 ; 500 ; 600 ; 700 ; 800.

3. Tracez la courbe représentative de cette fonction, dans un repère orthogonal, en prenant pour unités 0,2 mm pour 1 newton sur l'axe des abscisses et 0,5 mm pour 1 hertz sur l'axe des ordonnées.

9.2 Lectures graphiques

1. Cette corde est faite pour obtenir le « la_2 » de fréquence 220 hertz. En utilisant la courbe représentative de la fonction N, indiquez une valeur approchée de la tension qu'il faut appliquer à la corde pour obtenir cette note.
Vérifiez votre résultat par le calcul.

2. Les sons émis par cette corde deviennent identifiables lorsque la tension est supérieure à 250 newtons, et cette corde casse lorsque la tension atteint 750 newtons.
En utilisant la représentation graphique de N, dites s'il est possible d'obtenir un « do_2 » de 132 hertz, un « sol_2 » de 198 hertz, un « $ré_3$ » de 297 hertz.

TP 10

EN ÉCONOMIE

Dans une usine, la production mensuelle d'articles de consommation varie entre 500 et 2 000. Le tableau suivant indique les résultats d'une étude concernant deux procédés de fabrication de cet article :

	coût de fabrication d'un article	charges mensuelles fixes
procédé 1	50 F	20 000 F
procédé 2	45 F	25 000 F

On note x le nombre d'articles produits en un mois.

1. Expliquez pourquoi le prix de revient unitaire (en F) d'un article est donné par :
$f(x) = 50 + \dfrac{20\,000}{x}$ avec le procédé 1, $g(x) = 45 + \dfrac{25\,000}{x}$ avec le procédé 2.

2. a) a et b sont deux réels de l'intervalle [500 ; 2 000] tels que $a < b$. Complétez, en justifiant, avec l'un des signes « < » ou « > » :
$\dfrac{1}{a} \square \dfrac{1}{b}$; $\dfrac{20\,000}{a} \square \dfrac{20\,000}{b}$; $50 + \dfrac{20\,000}{a} \square 50 + \dfrac{20\,000}{b}$.

b) Déduisez-en le sens de variation de la fonction f sur [500 ; 2 000] et dressez son tableau de variation sur cet intervalle.

c) Programmez la fonction f sur votre calculatrice, puis complétez le tableau de valeurs suivant :

x	500	600	700	......	1800	1900	2000
f(x)							

d) Tracez la courbe représentant la fonction f dans un repère orthogonal $(O ; \vec{u}, \vec{v})$ (unités : 0,5 cm pour 100 objets en abscisse, 1 cm pour 10 F en ordonnée).

3. En procédant comme dans la question précédente, étudiez les variations et tracez la courbe représentative de la fonction g dans le même repère $(O ; \vec{u}, \vec{v})$.

4. a) En utilisant le graphique, indiquez une valeur approchée du nombre x_0 d'articles à partir duquel le procédé 2 est plus économique que le procédé 1.

b) Vérifiez ce résultat par le calcul.

TP 11
DU TRIANGLE AU TRAPÈZE

Le tétraèdre ABCD est tel que :

• la face ABC est un triangle rectangle en A avec AB = 8, AC = 6 et BC = 10 ;

• D est sur la perpendiculaire en C au plan (ABC) (les triangles ACD et BCD sont donc rectangles en C), et CD = 5 ;

• O est le milieu de [BC]. M désigne un point quelconque de l'arête [BC], distinct de B et C.

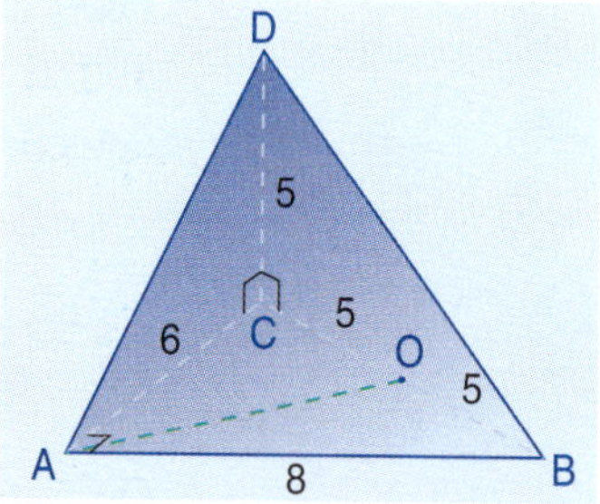

Le plan (P) passant par M et parallèle aux droites (OA) et (CD) coupe le tétraèdre ; on appelle S la section obtenue.

On pose BM = x et on note $\mathcal{A}(x)$ l'aire de la section S.

11 ▪ 1 Calcul de $\mathcal{A}(x)$

1. M est un point du segment [BO] distinct de B. Le plan (P) coupe [AB] en L et [BD] en N. La section S est alors le triangle LMN.

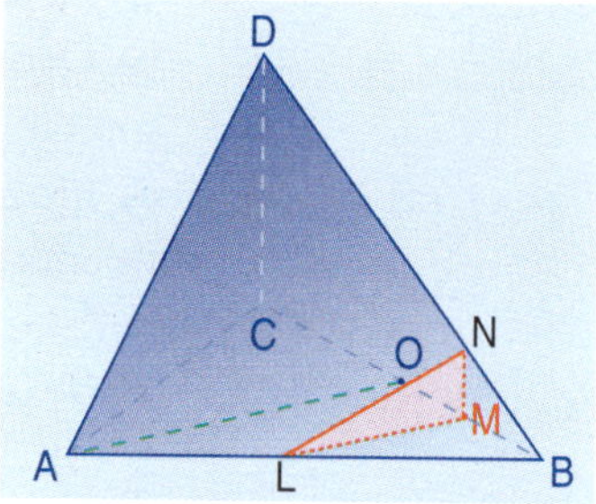

a) Expliquez pourquoi (LM) est parallèle à (OA) et pourquoi (MN) est parallèle à (CD).

b) Exprimez MN et ML en fonction de x.

INDICATION : *Utiliser le théorème de Thalès.*

c) Déduisez-en que $\mathcal{A}(x) = \frac{x^2}{4}$.

2. M est un point du segment [OC] distinct de O et de C. Le plan (P) coupe [AC] en I, [AD] en J, et [BD] en N.

La section S est alors le quadrilatère MIJN.

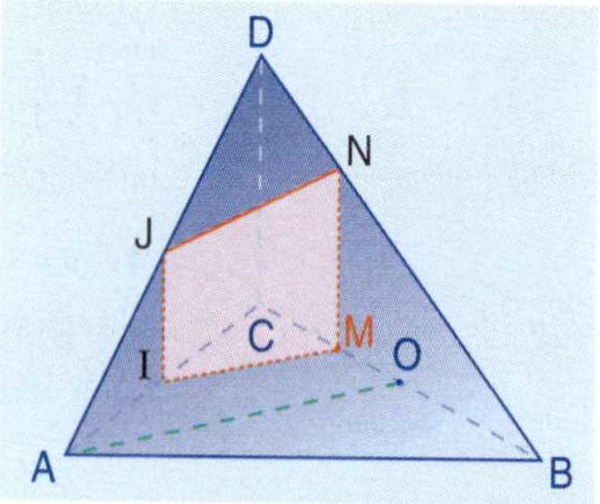

a) Expliquez pourquoi (MI) est parallèle à (OA), puis pourquoi (IJ) et (MN) sont parallèles à (CD).

b) Montrez que MIJN est un trapèze rectangle.

c) Exprimez MN et IM en fonction de x.

d) Exprimez IJ en fonction de x en utilisant le théorème de Thalès dans le triangle ACD.

INDICATION : *Calculer d'abord IC en utilisant le théorème de Thalès dans le triangle AOC. Calculer ensuite IA.*

e) Déduisez-en que $\mathcal{A}(x) = \frac{1}{4}(3x - 10)(10 - x)$.

11 ■ 2 Étude de la fonction $x \mapsto \mathcal{A}(x)$

La fonction $x \mapsto \mathcal{A}(x)$ est définie sur $]0\,;\,10[$ car M est un point du segment [BC] de longueur 10, distinct de B et de C.

Nous avons vu au paragraphe précédent que $\mathcal{A}(x)$ a des expressions distinctes sur $]0\,;\,5]$ et sur $]5\,;\,10[$. Nous allons donc étudier la fonction sur l'intervalle $]0\,;\,5]$ puis sur l'intervalle $]5\,;\,10[$.

1. Étudiez les variations et construisez la courbe représentative de la fonction $x \mapsto \mathcal{A}(x)$ sur $]0\,;\,5]$.

2. Vérifiez que si x est un réel de l'intervalle $]5\,;\,10[$, alors $\mathcal{A}(x) = \frac{25}{3} - \frac{3}{4}\left(x - \frac{20}{3}\right)^2$.

3. a) a et b désignent deux réels quelconques de l'intervalle $\left]5\,;\,\frac{20}{3}\right]$ tels que $a < b$.

Complétez, en justifiant, avec l'un des signes « $<$ » ou « $>$ » :

$a - \frac{20}{3} \;\square\; b - \frac{20}{3}$; $\left(a - \frac{20}{3}\right)^2 \;\square\; \left(b - \frac{20}{3}\right)^2$;

$-\frac{3}{4}\left(a - \frac{20}{3}\right)^2 \;\square\; -\frac{3}{4}\left(b - \frac{20}{3}\right)^2$; $\mathcal{A}(a) \;\square\; \mathcal{A}(b)$.

b) Déduisez-en que la fonction $x \mapsto \mathcal{A}(x)$ est strictement croissante sur $\left]5\,;\,\frac{20}{3}\right]$.

4. Montrez de manière analogue que la fonction $x \mapsto \mathcal{A}(x)$ est strictement décroissante sur $\left]\frac{20}{3}\,;\,10\right[$.

5. a) Programmez la fonction $f : x \mapsto \frac{25}{3} - \frac{3}{4}\left(x - \frac{20}{3}\right)^2$ sur votre calculatrice.

b) Calculez $f(5), f(6), f\left(\frac{20}{3}\right), f(7), f(8), f(9), f(10)$.

c) Tracez, dans le même repère qu'à la première question de ce paragraphe, la courbe représentant f sur l'intervalle $[5\,;\,10]$, puis sur l'intervalle $]5\,;\,10[$.

6. La courbe $\mathscr{C}$ représentant la fonction $x \mapsto \mathcal{A}(x)$ sur $]0\,;\,10[$ est la réunion des deux portions de courbes tracées aux questions **1** et **5**.

a) À l'aide du graphique, indiquez le maximum de la fonction $\mathcal{A}$ sur $]0\,;\,10[$ et précisez le réel x_0 où la fonction atteint son maximum.

b) a est un réel strictement positif tel que $a < \frac{25}{4}$. Expliquez pourquoi il existe deux sections S, l'une étant un triangle, l'autre un trapèze, dont l'aire est égale à a.

RÉSULTATS ET CONSEILS

Des résultats à retenir

- **Courbes représentatives**

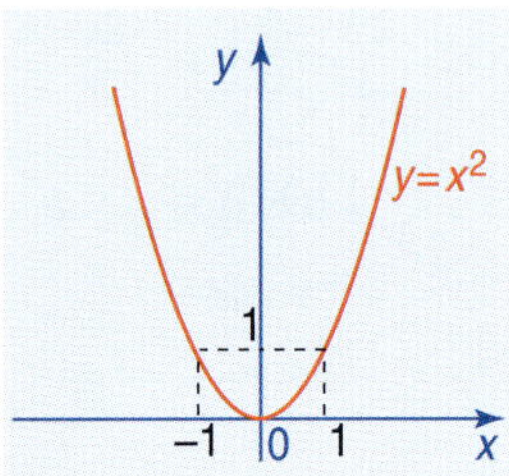

f paire car définie sur $\mathbb{R}$ et pour tout x, $f(x) = f(-x)$. f strictement décroissante sur $]-\infty\ ;\ 0]$ et strictement croissante sur $[0\ ;\ +\infty[$.

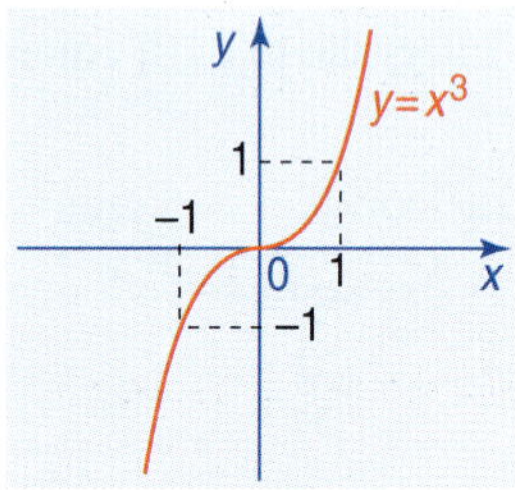

f impaire car définie sur $\mathbb{R}$ et pour tout x, $f(-x) = -f(x)$. f strictement croissante sur $\mathbb{R}$.

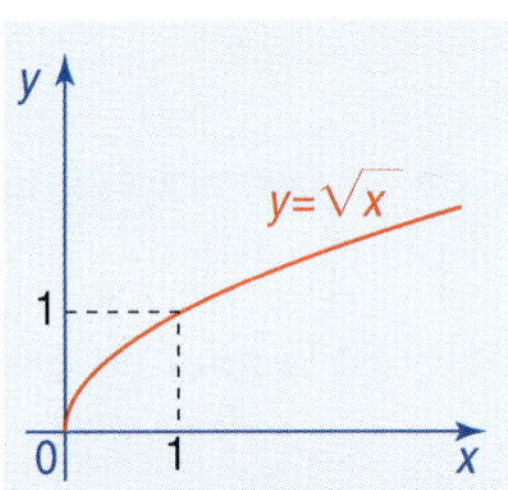

f strictement croissante sur $[0\ ;\ +\infty[$.
f ni paire, ni impaire, car définie sur $[0\ ;\ +\infty[$ ensemble non symétrique par rapport à 0.

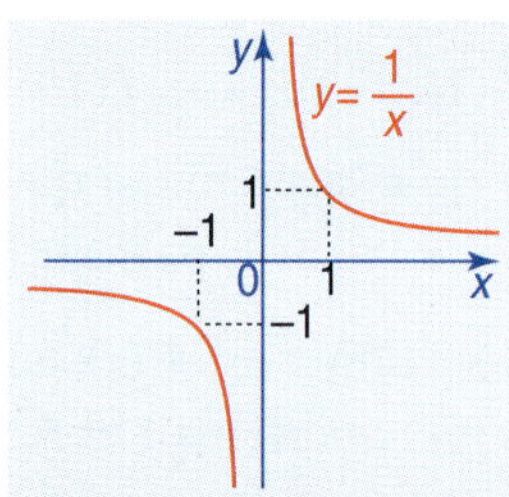

f impaire. f strictement décroissante sur $]-\infty\ ;\ 0[$ et strictement décroissante sur $]0\ ;\ +\infty[$.

- Lorsque les nombres positifs x deviennent « très grands » :
  - les nombres x^2, x^3 et $\sqrt{x}$ deviennent « très grands » eux aussi ; la courbe monte sans cesse.
  - les nombres $\frac{1}{x}$ deviennent « très petits » ; la courbe se rapproche sans cesse de la droite des abscisses.

- Lorsque les nombres positifs x deviennent « très petits », les nombres $\frac{1}{x}$ deviennent « très grands ». La courbe « monte sans cesse » au voisinage de 0, à droite.

Des conseils à suivre

▶ N'oubliez pas que la courbe représentative d'une fonction permet de mémoriser certains résultats.

EXEMPLE : D'après la courbe représentant $x \mapsto x^2$, cette fonction est strictement croissante sur $[0\ ;\ +\infty[$, ce qui illustre la propriété suivante :
si a et b sont deux nombres positifs tels que $a < b$, alors $a^2 < b^2$.

▶ L'étude de la parité est utile. En effet, lorsqu'une fonction est paire ou impaire, on peut réduire l'intervalle d'étude.

EXEMPLE : La fonction f définie sur $\mathbb{R}^*$ par $f(x) = \frac{3}{x}$ est impaire. Il suffit de l'étudier sur $]0\ ;\ +\infty[$.

Des erreurs à éviter

■ Ne pas croire que x^2 est toujours supérieur à x ; ce n'est vrai que lorsque $x \geqslant 1$.

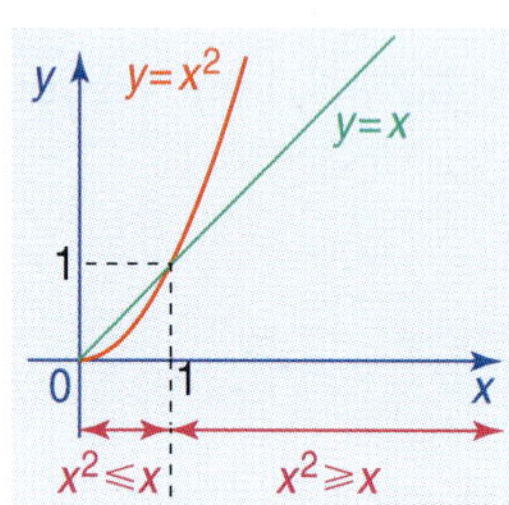

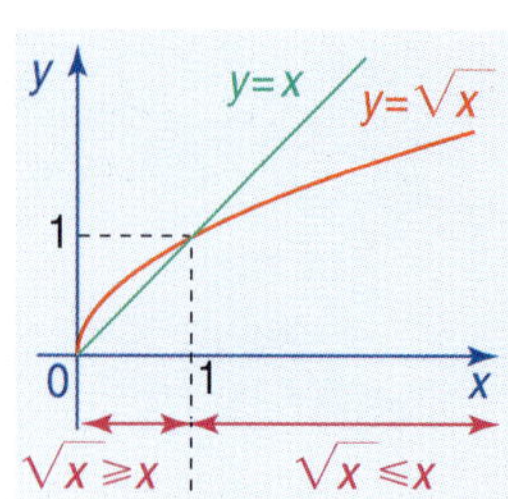

■ Ne pas croire que $\sqrt{x}$ est toujours inférieur à x ; ce n'est vrai que lorsque $x \geqslant 1$.

■ Ne pas croire que si $a < b$, alors $a^2 < b^2$. En effet, $-2 < 1$ et pourtant $(-2)^2 > 1^2$. Cependant, cette propriété est vraie si $a \geqslant 0$ et $b \geqslant 0$.

exercices et problèmes

VÉRIFICATION DES CONNAISSANCES

S1 Quand dit-on qu'une fonction f définie sur D est paire ? Quand dit-on qu'elle est impaire ?

S2 Que peut-on dire de la courbe représentant, dans un repère orthogonal, une fonction paire ? Que peut-on dire de celle représentant une fonction impaire ?

S3 Complétez par $]-\infty\,;0]$ ou par $[0\,;+\infty[$: la fonction $x \mapsto x^2$ est strictement croissante sur ...

S4 Complétez : la courbe représentant la fonction $x \mapsto x^2$ est symétrique par rapport à ...

S5 Quel est le sens de variation sur $[0\,;+\infty[$ de la fonction $x \mapsto x^3$?

S6 Complétez : la courbe représentant la fonction $x \mapsto x^3$ est symétrique par rapport à...

S7 La fonction définie sur $[0\,;+\infty[$ par $f(x)=\sqrt{x}$ est-elle paire ? Est-elle impaire ?

S8 Quel est le sens de variation sur $[0\,;+\infty[$ de la fonction $x \mapsto \sqrt{x}$?

S9 Quel est le sens de variation sur $]0\,;+\infty[$ de la fonction définie sur $\mathbb{R}^*$ par $f(x)=\dfrac{1}{x}$?

S10 Complétez : la courbe représentant la fonction $x \mapsto \dfrac{1}{x}$ est symétrique par rapport à ...

VÉRIFICATION DES SAVOIR-FAIRE

Une seule des réponses proposées est exacte	**a**	**b**	**c**
SF1 f est une fonction paire telle que $f(3)=2$. Alors $f(-3)=$ ...	-2	2	0
SF2 f est une fonction impaire telle que $f(-2)=\dfrac{5}{2}$. Alors $f(2)=$ ...	$-\dfrac{25}{10}$	$-2{,}49$	$\dfrac{5}{2}$
SF3 Dans un repère orthogonal, la courbe représentant la fonction f définie sur $[-2\,;2]$ par $f(x)=x^2$ est :	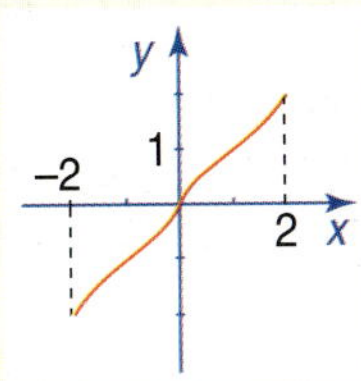	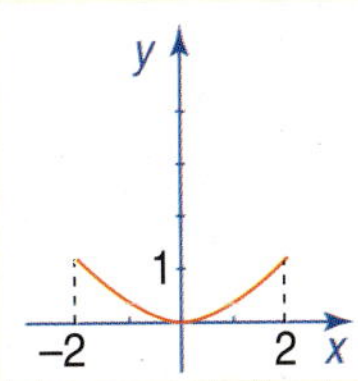	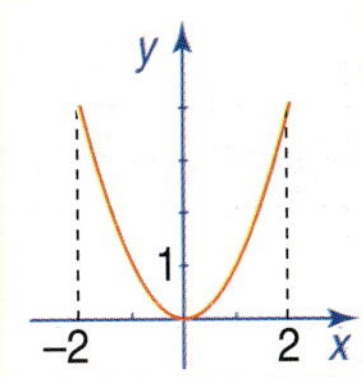
SF4 $\mathscr{C}$ est la courbe représentant la fonction $x \mapsto x^3$ sur $[0\,;1]$, et $\mathscr{C}'$ est la courbe représentant la fonction $x \mapsto \sqrt{x}$ sur $[0\,;1]$. Alors $\mathscr{C}'$ est ...	confondue avec $\mathscr{C}$	au-dessous de $\mathscr{C}$	au-dessus de $\mathscr{C}$
SF5 $\mathscr{C}$ est la courbe représentant la fonction $x \mapsto \dfrac{1}{x}$ sur $]0\,;+\infty[$. Alors, au voisinage de 0, $\mathscr{C}$ ...	« monte sans cesse »	« descend sans cesse »	se rapproche de 0

Corrigés en fin de manuel

COMME LES RÉSOLUS

Pour les exercices 1 et 2, vous pouvez vous reporter à l'exercice résolu 1, p. 118.

1 Étudiez les variations de la fonction f définie sur $\mathbb{R}$ par $f(x)=2x^2$ et construisez sa courbe représentative.

2 Étudiez les variations de la fonction f définie sur $\mathbb{R}$ par $f(x)=\dfrac{1}{4}x^2$ et construisez sa courbe représentative.

Pour les exercices 3 et 4, vous pouvez vous reporter à l'exercice résolu 2, p. 119.

3 Étudiez les variations de la fonction f définie sur $\mathbb{R}$ par $f(x)=-\dfrac{3}{2}x^2$ et construisez sa courbe représentative.

4 Étudiez les variations de la fonction f définie sur $\mathbb{R}$ par $f(x)=-\dfrac{1}{2}x^2$ et construisez sa courbe représentative.

Pour les exercices 5 et 6, vous pouvez vous reporter à l'exercice résolu 3, p. 120.

5 Étudiez les variations de la fonction f définie sur $\mathbb{R}^*$ par $f(x) = \frac{3}{x}$ et construisez sa courbe représentative.

6 Étudiez les variations de la fonction f définie sur $\mathbb{R}^*$ par $f(x) = \frac{4}{x}$ et construisez sa courbe représentative.

Pour les exercices 7 et 8, vous pouvez vous reporter à l'exercice résolu 4, p. 121.

7 Étudiez les variations de la fonction f définie sur $\mathbb{R}^*$ par $f(x) = -\frac{2}{x}$ et construisez sa courbe représentative.

8 Étudiez les variations de la fonction f définie sur $\mathbb{R}^*$ par $f(x) = -\frac{3}{x}$ et construisez sa courbe représentative.

POUR S'ENTRAÎNER

Fonctions paires. Fonctions impaires

Pour les exercices 9 à 12, les fonctions proposées sont définies sur $\mathbb{R}$. Précisez si elles sont paires, impaires, ou ni paires ni impaires.

9 **a)** $x \mapsto 3x$ **b)** $x \mapsto 3x + 1$.

10 **a)** $x \mapsto x^2 + x$ **b)** $x \mapsto x^2 - x$.

11 **a)** $x \mapsto x^4 - 4x^2$ **b)** $x \mapsto x^4 + 4x^2$.

12 **a)** $x \mapsto x^3$ **b)** $x \mapsto x^3 + 1$.

13 Les fonctions suivantes sont définies sur $\mathbb{R}^*$. Précisez si elles sont paires, impaires, ou ni paires ni impaires.
a) $x \mapsto \frac{1}{x}$ **b)** $x \mapsto \frac{1}{x^2}$.

14 Une fonction f, définie sur $[-3 ; 3]$, est paire. Elle a pour tableau de variation :

x	0	1	3
f	−1 ↗	2 ↗	5

Tracez une représentation graphique possible de f sur $[-3 ; 3]$.

15 Une fonction f, définie sur $[-3 ; 3]$, est impaire. Elle a pour tableau de variation :

x	0	1	3
f	0 ↗	2 ↗	3

Tracez une représentation graphique possible de f sur $[-3 ; 3]$.

Inégalités. Inéquations

Pour les exercices 16 à 18, résolvez dans $\mathbb{R}$ les inéquations proposées. Il est conseillé d'utiliser la représentation graphique de la fonction $x \mapsto x^2$.

16 **a)** $x^2 > 25$ **b)** $x^2 < 2$ **c)** $x^2 \leqslant 0$.

17 **a)** $x^2 < 4$ **b)** $x^2 > 8$ **c)** $x^2 > 0$.

18 **a)** $x^2 < 1$ **b)** $x^2 > \frac{4}{3}$ **c)** $x^2 \geqslant 0$.

Pour les exercices 19 à 21, résolvez dans $\mathbb{R}^*$ les inéquations proposées. Il est conseillé d'utiliser la représentation graphique de la fonction $x \mapsto \frac{1}{x}$, (p. 117).

19 **a)** $0 < \frac{1}{x} < \frac{1}{4}$ **b)** $\frac{1}{x} < \frac{1}{4}$ **c)** $\frac{1}{x} > 0$.

20 **a)** $\frac{1}{x} < 2$ **b)** $-2 < \frac{1}{x} < 2$ **c)** $\frac{1}{x} > -2$.

21 **a)** $0 > \frac{1}{x} > -\frac{1}{4}$ **b)** $\frac{1}{x} > -\frac{1}{4}$ **c)** $\frac{1}{x} \leqslant 0$.

Pour les exercices 22 et 23, résolvez dans $\mathbb{R}$ les inéquations proposées. Il est conseillé d'utiliser la représentation graphique de la fonction $x \mapsto x^3$, (p. 115).

22 **a)** $x^3 < 8$ **b)** $x^3 \geqslant 8$ **c)** $x^3 > 0$.

23 **a)** $x^3 \geqslant 1$ **b)** $x^3 \leqslant 1$ **c)** $x^3 \leqslant 0$.

24 a et b sont deux réels tels que $0 < a < b$. Comparez, dans chaque cas, les deux nombres donnés :
a) $(a + 2)^2$ et $(b + 2)^2$ **b)** $\frac{1}{(a+2)^2}$ et $\frac{1}{(b+2)^2}$.

25 a et b sont deux réels tels que $a < b < -1$. Comparez, dans chaque cas, les deux nombres donnés :
a) $(a + 1)^2$ et $(b + 1)^2$ **b)** $\frac{1}{(a+1)^2}$ et $\frac{1}{(b+1)^2}$
c) $(a + 1)^3$ et $(b + 1)^3$.

26 Résolvez dans $\mathbb{R}$ les inéquations :
a) $4 \leqslant x^2 \leqslant 25$ **b)** $-1 \leqslant x^3 \leqslant 8$ **c)** $2 \leqslant \sqrt{x} < 3$.

27 $4 \leqslant (2x + 1)^2 \leqslant 25$. **28** $4 \leqslant \frac{1}{x^2} \leqslant 25$.

Résolutions graphiques

29 **1.** Représentez, dans un même repère orthonormal, la fonction f définie sur $\mathbb{R}$ par $f(x) = x^2$ et la fonction g définie sur $\mathbb{R}$ par $g(x) = 4x$.

2. Utilisez ces représentations graphiques pour résoudre graphiquement :

a) l'équation $x^2 = 4x$ **b)** l'inéquation $x^2 \leqslant 4x$.

3. Retrouvez les résultats précédents par le calcul.

30 **1.** Représentez, dans un même repère orthonormal, la fonction f définie sur $\mathbb{R}^*$ par $f(x) = \frac{4}{x}$ et la fonction g définie par $g(x) = x$.

2. Utilisez ces représentations graphiques pour résoudre graphiquement :

a) l'équation $\frac{4}{x} = x$ **b)** l'inéquation $\frac{4}{x} > x$.

3. Retrouvez les résultats précédents par le calcul.

Pour les exercices 31 et 32, résolvez graphiquement dans $\mathbb{R}^2$ le système donné.

31 $\begin{cases} y = 3x^2 \\ y = 2 - x \end{cases}$ **32** $\begin{cases} y = -\frac{5}{3}x^2 \\ y = x - \frac{8}{3} \end{cases}$

Pour les exercices 33 et 34, résolvez graphiquement dans $\mathbb{R}^* \times \mathbb{R}^*$ le système donné.

33 $\begin{cases} y = \frac{3}{x} \\ y = x - 2 \end{cases}$ **34** $\begin{cases} y = -\frac{5}{3x} \\ y = x - \frac{8}{3} \end{cases}$

35 $\mathscr{C}$ est la courbe représentative de la fonction f définie sur $\mathbb{R}$ par $f(x) = x^2 - 1$.

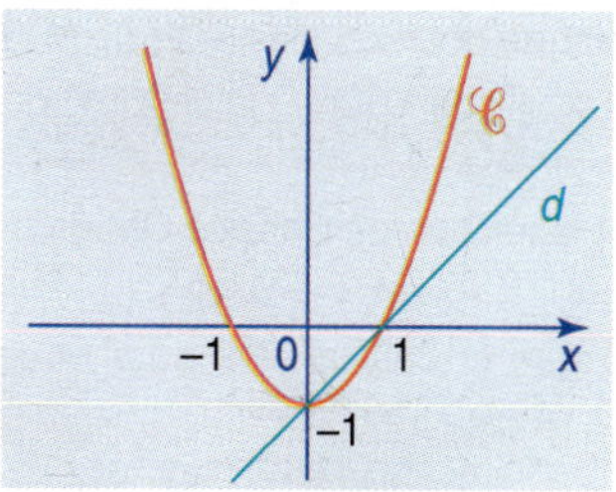

1. Indiquez de deux façons différentes le signe de $f(x)$ selon les valeurs de x :

a) graphiquement ; **b)** par le calcul.

2. Quelle est la fonction g représentée par la droite d ?

3. Résolvez de deux manières différentes l'inéquation $f(x) \leqslant g(x)$.

36 La fonction f définie sur $[-2\,;+\infty[$ par $f(x) = \sqrt{x+2}$ a pour représentation graphique la courbe $\mathscr{C}$.

Résolvez graphiquement puis par le calcul l'équation et l'inéquation suivantes :

a) $\sqrt{x+2} = 2$ **b)** $\sqrt{x+2} \leqslant 2$.

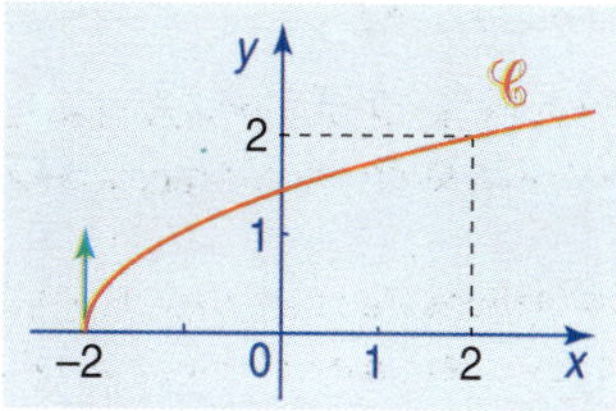

37 La fonction f définie sur $\mathbb{R} - \{-1\}$ par $f(x) = \frac{2}{x+1}$ a pour représentation graphique la courbe $\mathscr{C}$.

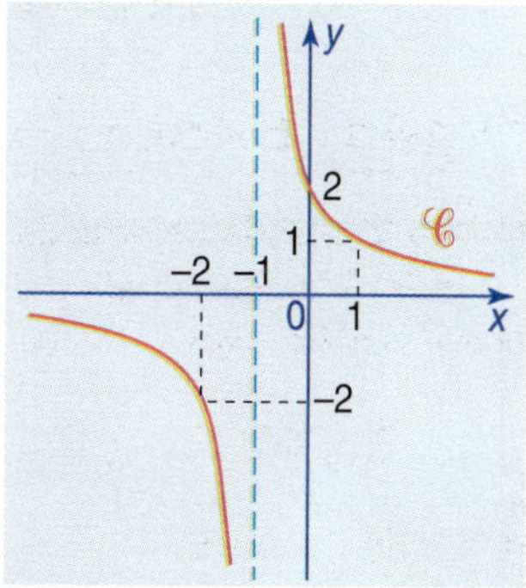

Résolvez graphiquement dans $\mathbb{R} - \{-1\}$ les équations et inéquations suivantes :

a) $\frac{2}{x+1} = 1$ **b)** $\frac{2}{x+1} \leqslant 1$

c) $\frac{2}{x+1} = x$ **d)** $\frac{2}{x+1} \leqslant x$.

Lectures graphiques

Pour les exercices 38 à 40, on donne quatre fonctions et leurs quatre courbes représentatives. Associez à chaque fonction sa courbe.

38 $f : x \mapsto (x-1)^2$; $g : x \mapsto -x^2$;
$h : x \mapsto x^2$; $k : x \mapsto x^2 + 1$.

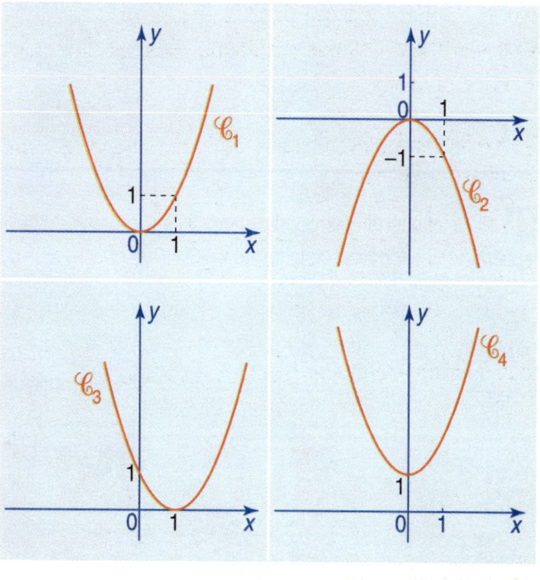

39 $f : x \mapsto x^3$; $g : x \mapsto -x^3$;
$h : x \mapsto x^3 + 1$; $k : x \mapsto (x-1)^3$.

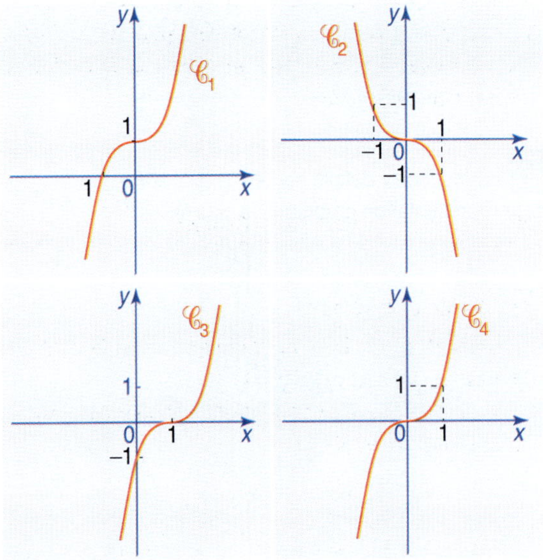

40 $f : x \mapsto \dfrac{1}{x}$; $g : x \mapsto -\dfrac{1}{x}$;
$h : x \mapsto \dfrac{1}{x-2}$; $k : x \mapsto \dfrac{1}{2-x}$.

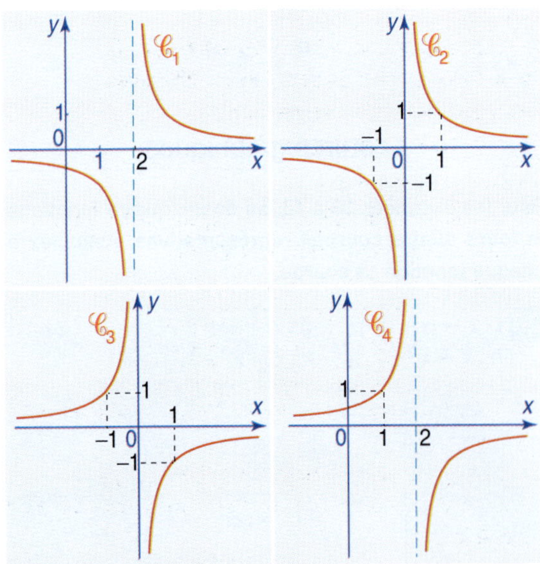

41 Pour chacune des courbes suivantes, précisez si elle représente une fonction de la forme $x \mapsto (x+a)^2$ ou $x \mapsto x^2 + b$.

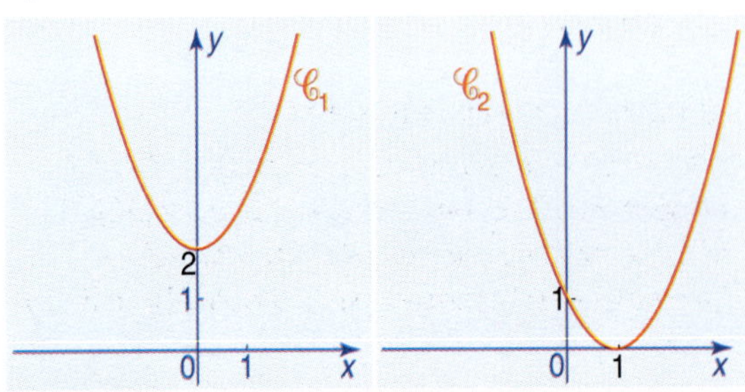

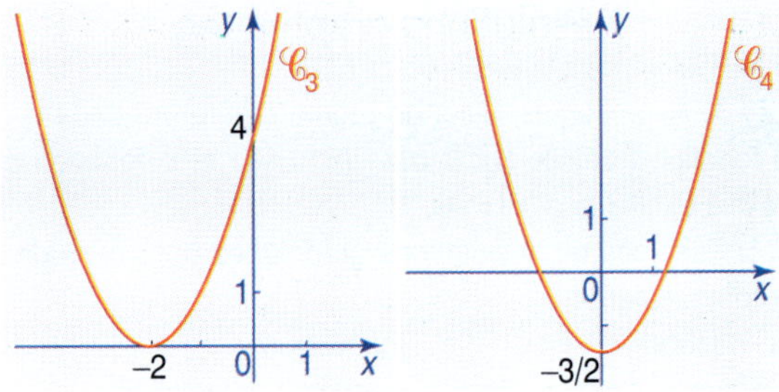

Fonctions se déduisant des fonctions usuelles

42 f est la fonction définie sur $\mathbb{R}$ par $f(x) = -x^2 + 1$.

1. Montrez que f est une fonction paire, et strictement décroissante sur $[0 ; +\infty[$.

2. Déduisez-en qu'elle admet un maximum pour $x = 0$ et tracez sa courbe représentative.

43 f est la fonction définie sur $\mathbb{R}$ par $f(x) = 0{,}5\,x^2 - 2$.

1. Montrez que f est une fonction paire, et strictement croissante sur $[0 ; +\infty[$.

2. Calculez son minimum et les abscisses des points où sa courbe représentative coupe l'axe des abscisses.

3. Tracez sa courbe représentative.

44 $\mathscr{C}$ est la courbe représentative de la fonction f définie sur $\mathbb{R}$ par $f(x) = (x+1)^2$ dans un repère orthogonal $(O ; \vec{i}, \vec{j})$.

1. Montrez que f est strictement croissante sur $[-1 ; +\infty[$ et strictement décroissante sur $]-\infty ; -1]$.

2. Calculez le minimum de f puis tracez $\mathscr{C}$.

3. A est le point de coordonnées $(-1 ; 0)$. M est le point de coordonnées $(x ; y)$ dans $(O ; \vec{i}, \vec{j})$ et $(X ; Y)$ dans $(A ; \vec{i}, \vec{j})$.

a. Complétez : $\overrightarrow{OM} = \square\,\vec{i} + \square\,\vec{j}$; $\overrightarrow{AM} = \square\,\vec{i} + \square\,\vec{j}$.

b. En utilisant la relation de Chasles $\overrightarrow{OM} = \overrightarrow{OA} + \overrightarrow{AM}$, montrez que $x = X - 1$ et $y = Y$.

Déduisez-en que la courbe $\mathscr{C}$ a pour équation $Y = X^2$ dans le repère $(A ; \vec{i}, \vec{j})$.

45 $\mathscr{C}$ est la courbe représentative de la fonction f définie sur $\mathbb{R}$ par $f(x) = -2\,(x-3)^2$.

1. Montrez que f est strictement croissante sur $]-\infty ; 3]$ et strictement décroissante sur $[3 ; +\infty[$.

2. Calculez le maximum de f puis tracez $\mathscr{C}$.

46 f est la fonction définie sur $\mathbb{R}$ par $f(x) = (x-1)^3$.

1. La fonction f est-elle paire ? Est-elle impaire ?

2. Étudiez les variations de f.

3. Tracez la courbe $\mathscr{C}$ représentative de f.

4. Résolvez graphiquement l'équation $f(x) = 8$.
Retrouvez ce résultat par le calcul.

Pour les exercices 47 à 52, étudiez les variations de la fonction définie sur $\mathbb{R}^*$ proposée, puis représentez graphiquement cette fonction.

47 $x \mapsto \frac{1}{2x} - 4.$ **48** $x \mapsto -\frac{1}{x} - 2.$

49 $x \mapsto \frac{5}{2x} + 1.$ **50** $x \mapsto \frac{2}{3x} - 1.$

51 $x \mapsto \frac{7}{2} - \frac{1}{x}$ **52** $x \mapsto \frac{3}{x} + 2.$

53 $\mathscr{C}$ est la courbe représentant, dans un repère orthonormal $(O ; \vec{i}, \vec{j})$, la fonction f définie sur $\mathbb{R}^*$ par $f(x) = 3 - \frac{2}{x}$.
A est le point de coordonnées (0 ; 3).
1. M est le point de coordonnées $(x ; y)$ dans $(O ; \vec{i}, \vec{j})$ et (X ; Y) dans $(A ; \vec{i}, \vec{j})$. Montrez que $x = X$ et $y = Y + 3$.
2. Expliquez pourquoi, dans le repère $(A ; \vec{i}, \vec{j})$, la courbe $\mathscr{C}$ a pour équation $Y = -\frac{2}{X}$.
Tracez cette courbe dans le repère $(A ; \vec{i}, \vec{j})$.
3. Cette courbe a-t-elle un centre de symétrie ? Pourquoi ?

54 $\mathscr{C}$ est la courbe représentant, dans un repère orthonormal $(O ; \vec{i}, \vec{j})$, la fonction f définie sur $\mathbb{R} - \left\{-\frac{1}{2}\right\}$ par :
$$f(x) = \frac{-3}{2x+1} - 2.$$
A est le point de coordonnées $\left(-\frac{1}{2} ; -2\right)$.
1. M est le point de coordonnées $(x ; y)$ dans $(O ; \vec{i}, \vec{j})$ et (X ; Y) dans $(A ; \vec{i}, \vec{j})$.
Montrez que $x = X - \frac{1}{2}$ et $y = Y - 2$.
2. Quelle est l'équation de $\mathscr{C}$ dans le repère $(A ; \vec{i}, \vec{j})$?
Tracez cette courbe dans le repère $(A ; \vec{i}, \vec{j})$.

55 $\mathscr{C}$ est la courbe représentant, dans un repère orthonormal $(O ; \vec{i}, \vec{j})$, la fonction f définie sur $\mathbb{R} - \{2\}$ par :
$$f(x) = -\frac{1}{2} - \frac{4}{2-x}.$$
A est le point de coordonnées $\left(2 ; -\frac{1}{2}\right)$.
1. M est le point de coordonnées $(x ; y)$ dans $(O ; \vec{i}, \vec{j})$ et (X ; Y) dans $(A ; \vec{i}, \vec{j})$.
Montrez que $x = X + 2$ et $y = Y - \frac{1}{2}$.
2. Quelle est l'équation de $\mathscr{C}$ dans le repère $(A ; \vec{i}, \vec{j})$?
Tracez $\mathscr{C}$ dans le repère $(A ; \vec{i}, \vec{j})$.

56 Nous nous proposons d'étudier la fonction f définie sur $\mathbb{R}^*$ par $f(x) = \frac{1}{x^2}$.
1. Démontrez que f est paire.
Qu'en déduisez-vous pour sa représentation graphique ?
2. Étudiez le sens de variation de f sur $]0 ; +\infty[$ à l'aide de vos connaissances sur les fonctions $x \mapsto x^2$ et $x \mapsto \frac{1}{x}$.
3. a. Lorsque $x \geqslant 1$, comparez $\frac{1}{x}$ et $\frac{1}{x^2}$ en justifiant votre réponse.
b. Déduisez-en l'étude de f pour les grandes valeurs de x. Qu'en déduisez-vous graphiquement ?
4. a. Lorsque $0 < x \leqslant 1$, comparez $\frac{1}{x}$ et $\frac{1}{x^2}$ en justifiant votre réponse.
b. Déduisez-en l'étude de f pour les petites valeurs positives de x. Qu'en déduisez-vous graphiquement ?
5. Dressez le tableau de variation de f, puis construisez sa courbe représentative dans un repère orthonormal en plaçant quelques points.

En géométrie

57 Sur un demi-cercle

Un point M se déplace sur un demi-cercle de centre O, de diamètre [AB] tel que AB = 4.
Le point M se projette orthogonalement en H sur [AB].
On pose AM = x et AH = y.

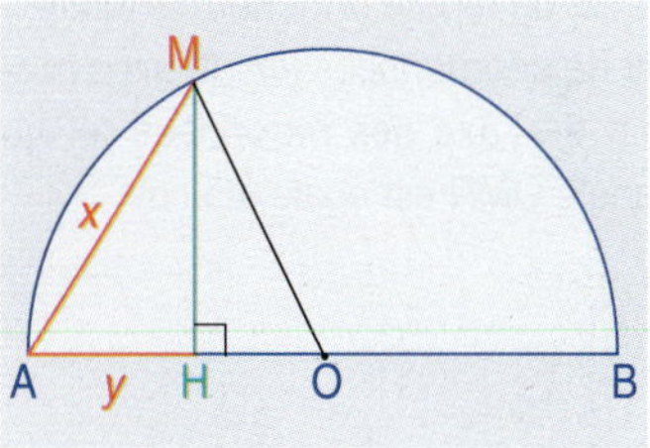

1. Vérifiez que x appartient à l'intervalle [0 ; 4].
2. a. Calculez MH^2 de deux façons différentes :
• en considérant le triangle AMH ;
• en considérant le triangle OMH.
b. Déduisez-en que $y = \frac{1}{4}x^2$.
3. f est la fonction définie sur [0 ; 4] par $f(x) = \frac{1}{4}x^2$.
a. Étudiez les variations de f sur [0 ; 4].
b. Complétez le tableau de valeurs suivant :

x	0	1	2	3	4
$f(x)$	0				

c. Tracez la courbe représentative de f dans un repère orthonormal.
4. g est la fonction définie sur [0 ; 4] par $g(x) = x$.
a. Tracez la courbe représentative de g dans le repère précédent.
b. Déduisez du graphique précédent que pour tout réel x appartenant à [0 ; 4], $g(x) \geqslant f(x)$.
c. Donnez une interprétation géométrique de ce résultat. Était-il prévisible ?

58 Dans un triangle équilatéral

ABC est un triangle équilatéral tel que BC = 4.
Le point H est le projeté orthogonal de A sur [BC].
M est un point du segment [AH]. On pose AM = x.
La parallèle à (BC) passant par M coupe (AB) en P et (AC) en Q.

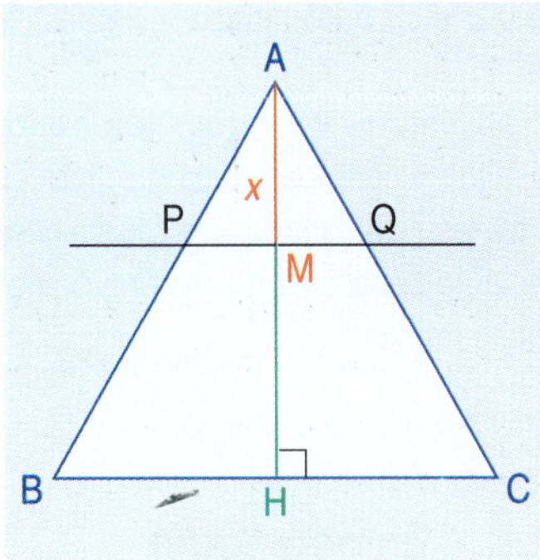

1. Vérifiez que x appartient à l'intervalle $[0 ; 2\sqrt{3}]$.
2. Calculez PQ en fonction de x.
3. Calculez l'aire $\mathcal{A}(x)$ du triangle APQ.
4. Étudiez les variations de $\mathcal{A}$ sur $[0 ; 2\sqrt{3}]$, puis tracez sa courbe représentative.

59 $(O ; \vec{i}, \vec{j})$ est un repère orthonormal (unité : 1cm).
M est le point de coordonnées $(m ; 0)$ avec $m > 0$.
N est le point de l'axe des ordonnées tel que l'aire du triangle rectangle OMN est égale à 5 cm².

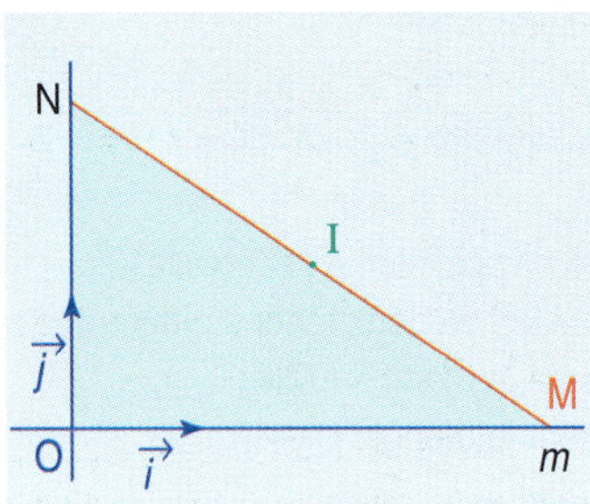

1. Quelle est l'ordonnée de N ?
2. a. I est le milieu du segment [MN].
Quelles sont les coordonnées $(x ; y)$ du point I ?
b. Vérifiez que $xy = \frac{5}{2}$.
c. Lorsque m décrit l'intervalle $]0 ; +\infty[$, quelle courbe décrit le point I ?
3. Représentez graphiquement la fonction définie sur $]0 ; +\infty[$ par $x \mapsto \frac{5}{2x}$.
4. D'après ce graphique, où faut-il choisir M pour que :
a) l'ordonnée de I soit supérieure à 2 ?
b) l'abscisse de I soit comprise entre 0 et 3 ?
c) le triangle OMN soit rectangle isocèle ?

60 Trois points d'une parabole ne sont jamais alignés

$\mathcal{P}$ est la parabole d'équation $y = x^2$ dans un repère.
A, B, C sont trois points quelconques distincts de $\mathcal{P}$.
On se propose d'étudier le problème suivant :
les points A, B, C peuvent-ils être alignés ?
On note a, b, c les abscisses respectives des points A, B, C.
1. Démontrez qu'une équation de la droite (AB) est :

$$y = (a + b)x - ab.$$

2. Montrez que « C appartient à la droite (AB) » équivaut à :

$$(c - b)(c - a) = 0.$$

3. Les points A, B, C peuvent-ils être alignés ?

61 Droites sécantes à une hyperbole

Dans un repère orthogonal $(O ; \vec{i}, \vec{j})$, $\mathcal{H}$ est l'hyperbole d'équation $\frac{a}{x}$, avec $a \neq 0$, M_1 et M_2 sont deux points de $\mathcal{H}$ d'abscisses respectives x_1 et x_2 (avec $x_1 < x_2$). La sécante (M_1M_2) coupe l'axe des abscisses en I et l'axe des ordonnées en J.
1. Représentez cette situation dans chacun des cas :
- x_1 et x_2 de même signe ;
- x_1 et x_2 de signes contraires.

2. Calculez les coordonnées de M_1, M_2, I et J.
3. Démontrez que les segments [IJ] et $[M_1 M_2]$ ont même milieu. Déduisez-en que $\overrightarrow{JM_1} = \overrightarrow{M_2I}$.

62 $\mathcal{H}$ est l'hyperbole d'équation $y = \frac{1}{x}$ dans un repère orthonormal $(O ; \vec{i}, \vec{j})$; d est la droite d'équation $y = mx$, où m est un réel donné.
1. a. Discutez graphiquement, selon les valeurs de m, le nombre de points d'intersection de $\mathcal{H}$ et d.
b. Calculez les coordonnées des deux points d'intersection M_1 et M_2 lorsqu'ils existent.
2. d' est la droite d'équation $y = \frac{x}{m}$ (avec $m \neq 0$).
a. Démontrez que lorsque M_1 et M_2 existent, la droite d' coupe aussi $\mathcal{H}$ en deux points M'_1 et M'_2.
b. Étudiez la position des points M_1, M_2, M'_1, M'_2.

63* Tangente à une hyperbole

$\mathcal{H}$ est l'hyperbole d'équation $v = \frac{1}{x}$ dans un repère $(O ; \vec{i}, \vec{j})$.
d est la droite de coefficient directeur un réel m et qui passe par le point A $\left(\frac{1}{2} ; 2\right)$.

1. Montrez que d a pour équation $y = m\left(x - \frac{1}{2}\right) + 2$.
2. Trouvez les coordonnées des points d'intersection de $\mathcal{H}$ et d.
INDICATION : On est conduit à résoudre l'équation :

$$\left(x - \frac{1}{2}\right)\left(m + \frac{2}{x}\right) = 0.$$

3. Trouvez le réel m tel que d coupe l'hyperbole $\mathcal{H}$ en un seul point. Donnez alors une équation de d, représentez cette droite et $\mathcal{H}$.
NOTE : On dit que la droite d est tangente à l'hyperbole $\mathcal{H}$.

Dans d'autres disciplines

64 En Économie

1. Un capital de 4 000 F est placé au taux annuel de 5 %. Les intérêts sont ajoutés au capital à la fin de chaque

année. On note S_1 le capital disponible au bout d'un an et S_2 le capital disponible au bout de deux ans.
Calculez S_1 et S_2.
2. Ce capital de 4 000 F est placé au taux annuel de x %. On note $C_1(x)$ le capital disponible au bout d'un an et $C_2(x)$ le capital disponible au bout de deux ans. Vérifiez que :

$$C_1(x) = 40(x + 100) \text{ et } C_2(x) = 0{,}4(x + 100)^2.$$

3. En utilisant les formules précédentes, retrouvez les résultats de la première question.
4. Pour quelle valeur du taux d'intérêt le capital disponible au bout de deux ans sera-t-il égal à 4 622,5 F ?

65 Puissance d'une pile

La puissance utile d'une pile qui débite un courant d'intensité I dans une résistance variable est donnée par :

$$P(I) = 1{,}5\,I - 0{,}3\,I^2 \quad \text{(P en watt, I en ampère).}$$

Évidemment, le dispositif ne fonctionne que lorsque $P(I) > 0$.
1. Montrez que les intensités de fonctionnement doivent vérifier $0 < I < 5$.
2. I et I′ sont deux valeurs différentes de l'intensité.
a. Montrez que $P(I) - P(I') = 0{,}3(I' - I)(I + I' - 5)$.
b. Montrez que :

$$\text{si } 2{,}5 \leqslant I < I', \text{ alors } I' - I > 0 \text{ et } (I + I' - 5) > 0$$

et que, par conséquent :
P est une fonction strictement décroissante sur [2,5 ; 5].
3. Montrez de même que P est une fonction strictement croissante sur l'intervalle [0 ; 2,5].
4. Tracez la courbe représentative de P.
5. Pour quelle valeur de l'intensité la puissance utile est-elle maximale ? Calculez cette puissance maximale.

66 Résistances

On dispose de deux résistances, l'une fixe de 10Ω, l'autre pouvant varier de façon continue de 0 à 10Ω. On désigne par x la valeur de la résistance variable.
1. On associe ces deux résistances en série.
a. Quelle est la valeur R_e de la résistance équivalente exprimée en fonction de x ?
b. Représentez graphiquement la fonction qui à x associe la résistance équivalente.
c. Calculez la valeur de x pour laquelle la résistance équivalente vaut 14Ω.
2. On associe ces deux résistances en parallèle.
a. Quelle est la valeur R_e de la résistance équivalente en fonction de x ?
b. Étudiez et représentez graphiquement la fonction qui à x associe la résistance équivalente R_e.
c. Trouvez la valeur de x pour laquelle la résistance équivalente vaut 4Ω.

NOTE : Montage de deux résistances :
- en série : $R_e = R_1 + R_2$;
- en parallèle : $\dfrac{1}{R_e} = \dfrac{1}{R_1} + \dfrac{1}{R_2}$.

PROBLÈMES DE SYNTHÈSE

67 THÈMES : Fonction « voisine » de $x \mapsto x^2$. Carré. Lectures graphiques. Symétrie. Trigonométrie

ABCD est un carré de côté 4 et P, Q, R, S sont les points des segments [AB], [BC], [CD], [DA] tels que :

$$AP = BQ = CR = DS.$$

On pose $AP = x$.

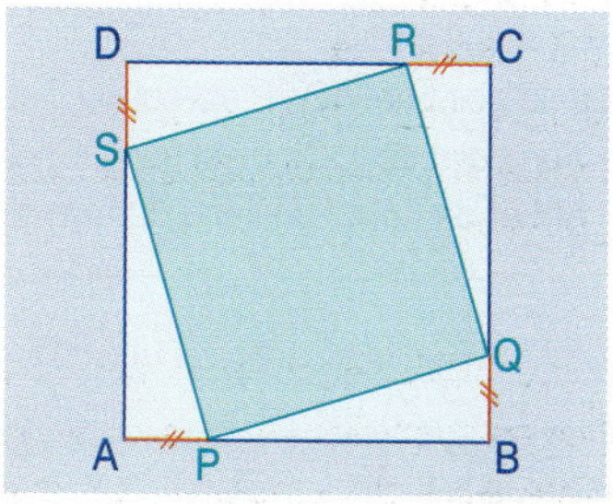

1. a. Montrez que les quatre côtés du quadrilatère PQRS ont même longueur.
b. Montrez que $\widehat{ASP} = \widehat{BPQ}$.

INDICATION : Deux angles aigus qui ont le même sinus sont égaux.

c. Montrez que PQRS est un carré.
d. Calculez l'aire $f(x)$ de ce carré.

2. Vérifiez que $f(x) = 2(x - 2)^2 + 8$.

3. Étudiez les variations de f sur [2 ; 4], puis sur [0 ; 2] ; donnez le tableau de variation de cette fonction sur [0 ; 4].

4. Pour quelle valeur de x l'aire $f(x)$ est-elle minimale ? Quelle est alors cette aire ?

5. On note $\mathscr{C}$ la courbe représentative de f dans un repère orthogonal (unités : 1 cm en abscisse pour $\frac{1}{2}$, et 1 cm en ordonnée pour 2).
a. Précisez les points de $\mathscr{C}$ d'abscisses :

$$0,\ \frac{1}{2},\ 1,\ \frac{3}{2},\ 2,\ \frac{5}{2},\ 3,\ \frac{7}{2},\ 4.$$

b. Tracez $\mathscr{C}$.

6. a. À l'aide du graphique précédent, expliquez pourquoi il existe deux positions du point P sur [AB] telles que l'aire du carré PQRS soit égale à 10.
b. Retrouvez ce résultat par le calcul et précisez les deux positions du point P.

7. a. Comparez les réels :

$$f(0) \text{ et } f(4),\ f\left(\frac{1}{2}\right) \text{ et } f\left(\frac{3}{2}\right),\ f(1) \text{ et } f(3).$$

b. Plus généralement, montrez que pour tout réel a de [0 ; 2] :

$$f(2 - a) = f(2 + a).$$

c. Le résultat précédent indique que la courbe $\mathscr{C}$ a une propriété géométrique remarquable. Laquelle ?
d. P_1 et P_2 sont deux points de [AB] symétriques par rapport au milieu I de [AB].

Q_1 et Q_2 sont deux points de [BC], R_1 et R_2 sont deux points de [CD], S_1 et S_2 sont deux points de [DA], tels que $AP_1 = BQ_1 = CR_1 = DS_1$ et $AP_2 = BQ_2 = CR_2 = DS_2$.
Comparez, à l'aide du résultat de la question **7. b.**, l'aire des carrés $P_1\,Q_1\,R_1\,S_1$ et $P_2\,Q_2\,R_2\,S_2$.

68 THÈMES **: Fonction $x \mapsto x^2$ et fonctions « voisines ». Calculs d'aires. Lectures graphiques.**

ABCD est un carré de centre O et de côté 2. M est un point quelconque du segment [AC], distinct de A et de C, et *d* est la parallèle à (BD) passant par M. [PQ] est le segment de la droite *d* contenu dans le carré ABCD.
Lorsque M est un point de [AO], P est sur [AD] et Q sur [AB].
Lorsque M est un point de [OC], P est sur [DC] et Q sur [BC].
On pose x = AM et on note $f(x)$ l'aire du triangle APQ.

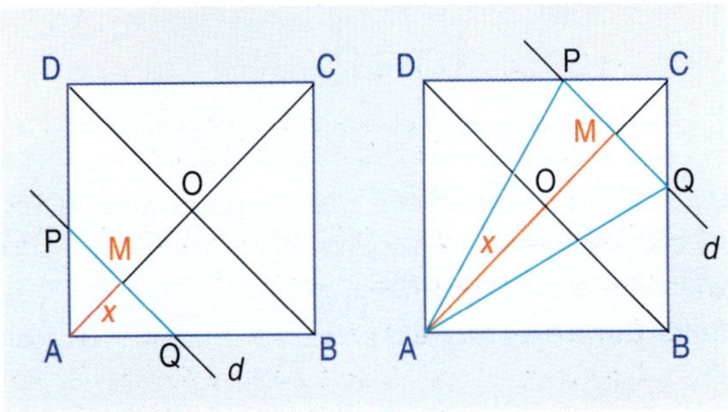

A. Calcul de $f(x)$.

1. Expliquez pourquoi la fonction f est définie sur l'intervalle $]\,0\,;\,2\sqrt{2}\,[$.

2. Montrez que si $x \in\,]\,0\,;\,\sqrt{2}\,]$, alors $f(x) = x^2$.

3. Montrez que si $x \in [\,\sqrt{2}\,;\,2\sqrt{2}\,[$, alors $f(x) = -x^2 + 2\sqrt{2}\,x$.

B. Étude de la fonction *f*.

1. Montrez de deux façons différentes que la fonction f est strictement croissante sur $]\,0\,;\,\sqrt{2}\,]$:

a) en utilisant l'expression de $f(x)$ et le sens de variation de la fonction $x \mapsto x^2$;

b) géométriquement, en utilisant le fait que $f(x)$ est l'aire du triangle APQ.

2. a. Montrez que si x appartient à l'intervalle $[\,\sqrt{2}\,;\,2\sqrt{2}\,[$, alors $f(x) = -(x-\sqrt{2})^2 + 2$.

b. a et b sont deux réels quelconques de l'intervalle $[\,\sqrt{2}\,;\,2\sqrt{2}\,[$ tels que $a < b$.
Complétez avec l'un des signes " < " ou " > " :
$a - \sqrt{2} \,\square\, b - \sqrt{2}$; $(a-\sqrt{2})^2 \,\square\, (b-\sqrt{2})^2$;
$-(a-\sqrt{2})^2 + 2 \,\square\, -(b-\sqrt{2})^2 + 2$.

c. Déduisez de ce qui précède que f est strictement décroissante sur $[\,\sqrt{2}\,;\,2\sqrt{2}\,[$.

d. Tracez la courbe $\mathscr{C}$ représentant f sur l'intervalle $]\,0\,;\,2\sqrt{2}\,[$.

INDICATION : Tracer la portion de $\mathscr{C}$ représentant f sur $]\,0\,;\,\sqrt{2}\,[$, puis celle qui représente f sur $[\,\sqrt{2}\,;\,2\sqrt{2}\,[$.

C. Lectures graphiques.

1. a. En utilisant le graphique, expliquez pourquoi la fonction f admet un maximum sur l'intervalle $]\,0\,;\,2\sqrt{2}\,[$.

b. Pour quelle position du point M l'aire $f(x)$ est-elle la plus grande ?

2. a. Montrez qu'il existe deux positions, M_1 et M_2 de M sur [AC] pour lesquelles l'aire du triangle APQ est égale à 1.

b. Les points M_1 et M_2 sont de part et d'autre du point O. Pourquoi ?

c. Désignons par M_1 le point du segment [AO] et par M_2 le point du segment [OC].
En utilisant le graphique, expliquez pourquoi $OM_1 < OM_2$.

Exercices guidés

1 Paire ? Impaire ?

On se propose d'étudier la parité de la fonction f définie sur $\mathbb{R}$ par $f(x) = 3x^2 + 5$.

1. Pour qu'une fonction soit paire ou impaire, il faut d'abord que son ensemble de définition D soit symétrique par rapport à 0.

a. Quel est l'ensemble de définition de la fonction f ?

b. Expliquez pourquoi cet ensemble est évidemment symétrique par rapport à 0, c'est-à-dire vérifie la condition : pour tout x de D, $-x$ appartient à D.

2. Pour que la fonction soit paire, elle doit vérifier la deuxième condition : pour tout x de D, $f(-x) = f(x)$.
Pour que la fonction soit impaire, elle doit vérifier la deuxième condition : pour tout x de D, $f(-x) = -f(x)$.
Pour prouver la parité ou l'imparité éventuelle de f, on calcule donc $f(-x)$. Pour cela, on remplace x par $-x$ dans l'expression de $f(x)$.

a. Vérifiez que pour tout réel x, $f(-x) = 3(-x)^2 + 5$.

b. On sait que le carré d'un nombre a est égal à $a \times a$.
Donc ici, $(-x)^2 = (-x) \times (-x)$.
Montrez alors que pour tout réel x, $f(-x) = f(x)$.

c. Concluez.

2 Étude d'une fonction. Tracé de sa courbe représentative

On se propose d'étudier les variations de la fonction f définie sur $\mathbb{R}^*$ par $f(x) = \dfrac{1}{2x}$ et de construire la courbe représentative de cette fonction.

Cette fonction est du même type que la fonction $x \mapsto \dfrac{1}{x}$.
On va procéder comme pour l'étude de cette fonction.

1. Étude de la parité de f

Vous pouvez éventuellement vous reporter à l'exercice guidé précédent.

a. Quel est l'ensemble de définition de f ? Cet ensemble est-il symétrique par rapport à 0 ?

b. Vérifiez que pour tout réel x de $\mathbb{R}^*$, $f(-x) = \dfrac{1}{-2x}$.

c. Déduisez-en que la fonction f est impaire.

La courbe représentative de f est donc symétrique par rapport à O.

Il suffit donc d'étudier la fonction f sur $]0 ; +\infty[$.

2. Étude des variations de f sur $]0 ; +\infty[$

a et b sont deux réels de $]0 ; +\infty[$ tels que $a < b$. On va comparer $f(a)$ et $f(b)$.

a. Complétez : $\dfrac{1}{a} \square \dfrac{1}{b}$.

INDICATION : Voir la courbe représentant la fonction $x \mapsto \dfrac{1}{x}$ sur $]0 ; +\infty[$; $\dfrac{1}{a}$ est l'ordonnée du point de cette courbe d'abscisse a, et $\dfrac{1}{b}$ est l'ordonnée du point d'abscisse b. Quel est le point le « plus haut » ?

b. Complétez : $\dfrac{1}{2a} \square \dfrac{1}{2b}$.

INDICATION : Lorsqu'on multiplie les deux membres d'une inéquation par un nombre strictement positif, on ne change pas le sens de l'inégalité.

c. Déduisez de ce qui précède que la fonction f est strictement décroissante sur $]0 ; +\infty[$.

3. Courbe représentative

a. Pour tracer la courbe représentative de f sur $]0 ; +\infty[$, on calcule les coordonnées de quelques points.
Complétez le tableau suivant :

x	$\frac{1}{2}$	1	2	3	4
$f(x)$					

b. Placez les points correspondants et reliez-les par une ligne continue régulière.
Attention ! La courbe n'est pas obtenue en reliant les points précédents par des segments de droite.

c. Pour tracer la courbe $\mathscr{C}$ représentant f sur $\mathbb{R}^*$, on utilise le fait que $\mathscr{C}$ est symétrique par rapport à O.
Pour cela, placez les symétriques par rapport à O des cinq points précédents, et reliez-les par une ligne continue et régulière.

d. Expliquez alors pourquoi l'allure de $\mathscr{C}$ indique que la fonction f est strictement décroissante sur $]-\infty ; 0[$.

Pour les exercices 3 et 4, vous pouvez éventuellement vous reporter aux exercices guidés 1 et 2.

3 Étudiez la parité de la fonction f définie sur $\mathbb{R}$ par :

$$f(x) = 5x^2 - 3.$$

4 Étudiez les variations de la fonction f définie sur $\mathbb{R}^*$ par $f(x) = \dfrac{5}{3x}$ et tracez sa courbe représentative.

Exercices commentés

5 On se propose de résoudre dans $]0\,;+\infty[$ l'inéquation $\frac{1}{x} \geqslant x^2$.

VERS UNE SOLUTION

• Première méthode

f et g sont les fonctions définies sur $]0\,;+\infty[$ par : $f(x) = \frac{1}{x}$ et $g(x) = x^2$.
Résoudre l'inéquation $\frac{1}{x} \geqslant x^2$ dans $]0\,;+\infty[$ revient à savoir quand $f(x)$ est supérieur à $g(x)$.

1. Tracez, dans un même repère, les courbes $\mathscr{C}_f$ et $\mathscr{C}_g$ représentant respectivement les fonctions f et g sur $]0\,;+\infty[$, et vérifiez qu'elles passent toutes les deux par le point A (1 ; 1).

2. Utilisez ce graphique pour conclure que les solutions dans $]0\,;+\infty[$ de l'inéquation $\frac{1}{x} \geqslant x^2$ sont les nombres x ...

• Deuxième méthode

1. Résoudre dans $]0\,;+\infty[$ l'inéquation $\frac{1}{x} \geqslant x^2$ revient à résoudre dans $]0\,;+\infty[$ l'inéquation $1 \geqslant x^3$. Pourquoi ?

2. Tracez, dans un même repère, la droite d'équation $y = 1$ et la courbe représentative de la fonction $x \mapsto x^3$.

3. Utilisez ce graphique pour résoudre dans $]0\,;+\infty[$ l'inéquation $1 \geqslant x^3$. Comparez avec le résultat obtenu par la première méthode.

6 On se propose de montrer que la fonction f définie sur $\mathbb{R}$ par $f(x) = x^2 - 2x$ est strictement croissante sur $[1\,;+\infty[$ et strictement décroissante sur $]-\infty\,;-1]$.

VERS UNE SOLUTION

• Première méthode

Nous allons transformer l'expression de $f(x)$ pour pouvoir utiliser le sens de variation de la fonction $x \mapsto x^2$.

1. Vérifiez que $x^2 - 2x = (x-1)^2 - 1$.

2. Cette nouvelle écriture de $f(x)$ nous incite à étudier le sens de variation sur $\mathbb{R}$ de la fonction $g : x \mapsto (x-1)^2$.
En utilisant le sens de variation de la fonction $x \mapsto x^2$, montrez que g est strictement décroissante sur $]-\infty\,;1]$ et strictement croissante sur $[1\,;+\infty[$.

3. Déduisez-en que f est strictement décroissante sur $]-\infty\,;1]$ et strictement croissante sur $[1\,;+\infty[$.

• Deuxième méthode :

a et b étant deux réels quelconques tels que $a < b$, on va étudier le signe de la différence $f(b) - f(a)$.

1. Vérifiez que $f(b) - f(a) = b^2 - a^2 - 2(b-a)$ et déduisez-en que $f(b) - f(a) = (b-a)(a+b-2)$.

2. $f(b) - f(a)$ est du signe de $(a+b-2)$. Pourquoi ?

3. Retrouvez le résultat obtenu avec la première méthode (question 3).

Pour les exercices 7 et 10, vous pouvez éventuellement vous reporter aux exercices commentés 5 et 6.

7 Résolvez dans $]0\,;+\infty[$, de deux façons différentes, l'inéquation $\frac{1}{x} \geqslant x$.

8 Résolvez dans $]0\,;+\infty[$ l'inéquation $x^3 \geqslant \frac{1}{x}$.

9 Étudiez, de deux façons différentes, les variations de la fonction f définie sur $\mathbb{R}$ par :

$$f(x) = x^2 - 4x.$$

10 Étudiez, de deux façons différentes, les variations de la fonction f définie sur $\mathbb{R}$ par :

$$f(x) = x^2 + 9x.$$

Trouvez l'erreur

Pour chaque exercice de cette rubrique, une solution vous est proposée, mais elle contient une erreur. Trouvez cette erreur.

11 Étudiez la parité de la fonction f définie sur l'intervalle $\mathrm{I} = [-2\,;3[$ par $f(x) = x^2 + 1$.

Solution

Pour tout réel x, $(-x)^2 = x^2$. Donc $(-x)^2 + 1 = x^2 + 1$.
En particulier, pour tout réel x de I, $(-x)^2 + 1 = x^2 + 1$.
D'autre part, l'intervalle de définition I de la fonction f est symétrique par rapport à 0. Donc f est paire.

12 a est un réel de l'intervalle $[-1\,;1]$. Comparez les nombres $(a+1)^2$ et $(a+1)$.

Solution

a est dans l'intervalle $[-1\,;1]$, donc $a \geqslant -1$; d'où $a + 1 \geqslant 0$.
Le nombre $(a+1)$ étant positif, il est inférieur à son carré. On a donc $(a+1) \leqslant (a+1)^2$.

13 a est un réel de l'intervalle $[-2\ ;+\infty[$. Comparez les réels $\sqrt{a+2}$ et $a+2$.

Solution

a est supérieur à -2, donc $a+2 \geqslant 0$.

Le nombre $(a+2)$ étant positif, il admet une racine carrée.

On sait alors qu'un nombre positif est toujours supérieur à sa racine carrée. D'où $a+2 \geqslant \sqrt{a+2}$.

14 a et b sont deux réels de l'intervalle $[0\ ;\ 2]$, distincts de 1. On suppose que $a < b$. Comparez les nombres $\frac{1}{a-1}$ et $\frac{1}{b-1}$.

Solution

Par hypothèse, $a \neq 1$ et $b \neq 1$;

donc $a-1 \neq 0$ et $b-1 \neq 0$.

Les nombres $\frac{1}{a-1}$ et $\frac{1}{b-1}$ sont donc définis.

On sait que $a < b$. D'où $a-1 < b-1$. Or la fonction $x \mapsto \frac{1}{x}$ est strictement décroissante sur $\mathbb{R}^*$, donc $\frac{1}{a-1} > \frac{1}{b-1}$.

Pour ceux qui M plus

Limite d'un polynôme à l'infini

On a vu que lorsque les nombres positifs x deviennent très grands vers l'infini, il en est de même des nombres x^2 et x^3. On dit alors que les fonctions $x \mapsto x^2$ et $x \mapsto x^3$ ont pour limite $+\infty$ en $+\infty$.

On peut voir aisément qu'il en est de même pour des fonctions telles que, par exemple, $x \mapsto 2x^2+1$ ou $x \mapsto 5x^2-2$.

1 D'autres exemples

1. On pose $f(x) = x^2 + 2x$.

Complétez le tableau suivant :

x	10	10^2	10^3	10^5
$f(x)$				

Ainsi, lorsque les nombres x deviennent très grands, les nombres $f(x)$ deviennent très grands.

Notez que pour x positif, $x^2+2x \geqslant x^2$. Or, puisque les nombres x^2 deviennent très grands, il en est de même, *a fortiori*, des nombres x^2+2x.

2. On pose $g(x) = x^2 - 2x$.

Lorsque les nombres x deviennent très grands, les nombres x^2 et $2x$ deviennent très grands aussi.

On va voir ce qu'il en est de leur différence.

Complétez le tableau suivant :

x	10	10^2	10^3	10^5
x^2-2x				

Ainsi, lorsque les nombres x deviennent très grands, il en est de même des nombres x^2-2x.

2 Une mise en facteurs pour mieux comprendre

1. a. Vérifiez que pour tout réel $x > 0$, $x^2 - 2x = x^2\left(1-\frac{2}{x}\right)$.

b. Complétez le tableau suivant :

x	10	10^2	10^3	10^5
$1-\frac{2}{x}$				

Lorsque les réels x deviennent très grands, les nombres $1-\frac{2}{x}$ se « rapprochent donc sans cesse » de 1. On conçoit alors aisément que les nombres $x^2\left(1-\frac{2}{x}\right)$ se comportent comme les nombres x^2 ; ils deviennent donc très grands.

2. On pose $f(x) = 2x^3 - 5x^2 + 1$.

a. Vérifiez que :

pour tout réel $x > 0$, $f(x) = 2x^3\left(1-\frac{5}{2x}+\frac{1}{2x^3}\right)$.

b. Lorsque les nombres x deviennent très grands, les nombres $\frac{5}{2x}$ et $\frac{5}{2x^3}$ « se rapprochent sans cesse » de zéro. Les réels $1-\frac{5}{2x}+\frac{1}{2x^3}$ se rapprochent donc sans cesse de 1.

On conçoit alors que les nombres $2x^3\left(1-\frac{5}{2x}+\frac{1}{2x^3}\right)$ se comportent comme les nombres $2x^3$; ils deviennent très grands.

3. On pose $u(x) = -x^3 + 2x$.

a. Vérifiez que :

pour tout réel $x > 0$, $-x^3+2x = -x^3\left(1-\frac{2}{x^2}\right)$.

b. Déduisez-en que lorsque les nombres x deviennent très grands, les nombres $-x^3+2x$ se comportent comme les nombres négatifs $-x^3$. On dit que la fonction u a pour limite $-\infty$ lorsque x tend vers $+\infty$.

3 Un résultat utile :

1. Plus généralement, on peut démontrer que lorsque les nombres positifs x deviennent très grands, un polynôme se comporte comme son monôme de plus haut degré. Par exemple :

$10x^2 - x + 1$ se comporte comme $10x^2$.

$5x^4 - 3x^2 + x + 1$ se comporte comme $5x^4$.

2. Application

Quelle est la limite lorsque x tend vers $+\infty$ de chacun des polynômes suivants ?

a) $f(x) = 3x^2 - x + 1$; **b)** $f(x) = -x^3 + 2x$;

c) $f(x) = x^2 - 5x + 2x^3$.

ANGLES DE VECTEURS ET FONCTIONS CIRCULAIRES

$\cos\left(\frac{\pi}{2} - x\right) = \sin x$

CHAPITRE

6

Dans ce chapitre, les notions d'angle, de sinus, de cosinus et de tangente prolongent les notions vues au Collège.
Nous introduisons l'angle orienté de deux vecteurs unitaires et nous verrons qu'un tel angle admet une infinité de mesures.
Les réels cos x et sin x seront définis pour x réel quelconque et pas nécessairement dans $\left[0\,;\frac{\pi}{2}\right]$ comme au Collège (trigonométrie du triangle rectangle).
La notion de périodicité apparaîtra naturellement lors de l'étude des fonctions sinus et cosinus.
Les champs d'application des fonctions sinus et cosinus sont variés et nombreux. Nous en verrons deux exemples en travaux pratiques : l'un en cosmographie et l'autre en géométrie de l'espace.

SOMMAIRE

Pour prendre un bon départ

▶1 Dans un triangle rectangle

ABH est un triangle rectangle en H.

AB est la longueur de l'hypoténuse.

AH est la longueur du côté adjacent à l'angle $\widehat{A}$.

BH est la longueur du côté opposé à l'angle $\widehat{A}$.

$\cos \widehat{A} = \frac{AH}{AB}$; $\sin \widehat{A} = \frac{BH}{AB}$; $\tan \widehat{A} = \frac{BH}{AH}$.

On peut retenir les égalités précedentes sous la forme :

$$\cos \widehat{A} = \frac{\text{côté adjacent}}{\text{hypoténuse}} \; ; \; \sin \widehat{A} = \frac{\text{côté opposé}}{\text{hypoténuse}} \; ;$$

$$\tan \widehat{A} = \frac{\text{côté opposé}}{\text{côté adjacent}}.$$

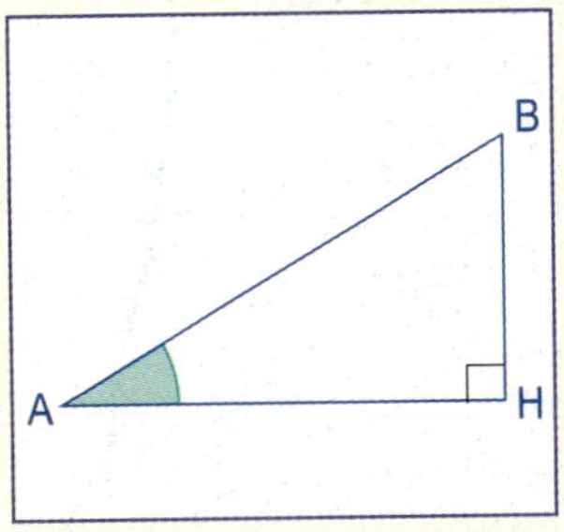

Exercice-test

ABH est un triangle rectangle en H tel que AH = 4 et BH = 3.

a) Calculez AB.

b) Calculez $\cos \widehat{A}$, $\sin \widehat{A}$, $\tan \widehat{A}$.

c) Calculez $\cos \widehat{B}$, $\sin \widehat{B}$, $\tan \widehat{B}$.

▶2 Longueur d'un arc de cercle

$\mathscr{C}$ est un cercle de rayon R et de centre O.

On sait que sa longueur (son périmètre) est $2\pi R$ et donc que la longueur d'un demi-cercle est πR.

A et B sont deux points du cercle $\mathscr{C}$ tels que, en degrés :

$$\widehat{AOB} = a \; (0 < a < 180).$$

La mesure ℓ de l'arc $\overset{\frown}{AB}$ est proportionnelle à la mesure a de l'angle $\widehat{AOB}$.

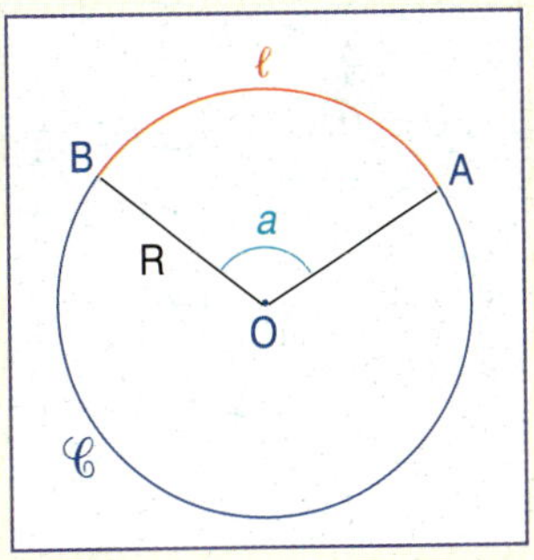

D'où le tableau de proportionnalité ci-contre.

180	a
πR	ℓ

On obtient donc, en faisant le “produit en croix” :

$$180 \times \ell = \pi R \times a, \text{ d'où } \boldsymbol{\ell = a \times \frac{\pi R}{180}}.$$

Exercice-test

$\mathscr{C}$ est un cercle de centre O et de rayon R = 75 cm.

a) Calculez la longueur de l'arc $\overset{\frown}{AB}$ lorsque $\widehat{AOB} = 120°$.

b) Donnez une valeur approchée en degrés de $\widehat{AOB}$ lorsque $\overset{\frown}{AB}$ a pour longueur 40 cm.

Activité

NOTION DE FONCTION PÉRIODIQUE

La courbe $\mathscr{C}$ ci-dessous, visualisée sur l'écran d'un oscilloscope, représente une certaine fonction $f : t \mapsto f(t)$, la variable t étant le temps.

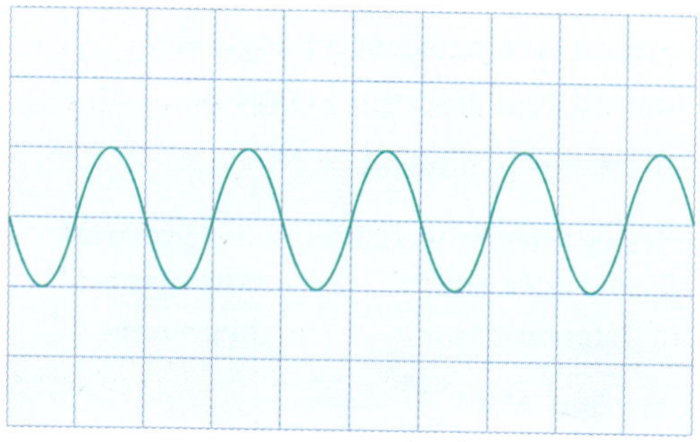

Choisissons un repère orthonormal $(O ; \vec{i}, \vec{j})$ comme l'indique la figure ci-dessous et notons a la distance entre deux points d'intersection consécutifs de $\mathscr{C}$ et de la droite des abscisses.

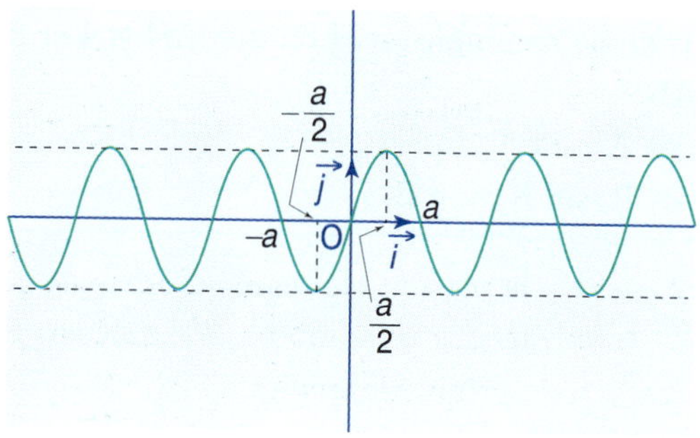

1. Comparez graphiquement :

a) les nombres $f\left(\frac{a}{2}\right)$, $f\left(\frac{a}{2}+2a\right)$, $f\left(\frac{a}{2}+4a\right)$, $f\left(\frac{a}{2}-2a\right)$, $f\left(\frac{a}{2}-4a\right)$.

b) les nombres $f\left(-\frac{a}{2}\right)$, $f\left(-\frac{a}{2}+2a\right)$, $f\left(-\frac{a}{2}+4a\right)$, $f\left(-\frac{a}{2}-2a\right)$, $f\left(-\frac{a}{2}-4a\right)$.

2. Plus généralement, notons x un réel quelconque de $[-a ; a]$.
Vérifiez graphiquement que :

$$f(x) = f(x+2a) = f(x+4a) = f(x-2a) = f(x-4a).$$

3. Expliquez comment, lorsque l'on connaît la portion de courbe représentant f sur $[-a ; a]$, on peut en déduire la portion de courbe représentant f sur $[a ; 3a]$, sur $[3a ; 5a]$, sur $[-3a ; -a]$, sur $[-5a ; -3a]$.

INDICATION : *Penser à utiliser des translations de vecteurs colinéaires à $\vec{i}$.*

Conclusion *Plus généralement, on verra qu'une fonction f, définie sur $\mathbb{R}$, telle que* **pour tout réel x, $f(x+T) = f(x)$** *(où $T > 0$), est appelée* **fonction périodique de période T**.

Pour connaître la courbe représentative de f sur $\mathbb{R}$, il suffit de connaître la portion de la courbe $\mathscr{C}$ représentant f sur un intervalle de longueur T.

COURS

1. UNE NOUVELLE UNITÉ : LE RADIAN

1.1 Des degrés aux radians et inversement

Note
$\pi \approx 3{,}14$.
Le nombre π est irrationnel (Voir Chap. 1).

1. Lorsque l'unité est le radian, l'angle plat a pour mesure π.
Donc, π **radians correspondent à 180°, et inversement**.
Les mesures en radians et les mesures en degrés sont proportionnelles.

2. Pour obtenir, par exemple, la mesure en radians d'un angle de 60°, il suffit de calculer x dans le tableau de proportionnalité ci-contre.

Degrés	180	60
Radians	π	x

En faisant le produit en croix, on obtient $180 \times x = 60\,\pi$, d'où $x = \frac{\pi}{3}$.
On peut procéder de même pour passer des radians aux degrés.

3. Le tableau suivant, que vous devez savoir retrouver facilement, donne les mesures en radians et en degrés de **certains angles remarquables**.

Mesure en degrés	0	30	45	60	90	180
Mesure en radians	0	$\frac{\pi}{6}$	$\frac{\pi}{4}$	$\frac{\pi}{3}$	$\frac{\pi}{2}$	π

4. Cas général

Notons a la mesure en degrés d'un angle géométrique $\widehat{xOy}$, et α sa mesure en radians. Le tableau ci-contre est un tableau de proportionnalité. D'où $\frac{a}{180} = \frac{\alpha}{\pi}$.

180	a
π	α

1.2 Longueur d'un arc de cercle

PROPRIÉTÉ 1

M et N sont deux points d'un cercle $\mathscr{C}$ de centre O et de rayon R.
ℓ désigne la longueur de l'arc de cercle $\overset{\frown}{MN}$.
Si α désigne la mesure **en radians** de l'angle $\widehat{MON}$, alors $\boldsymbol{\ell = \alpha R}$.

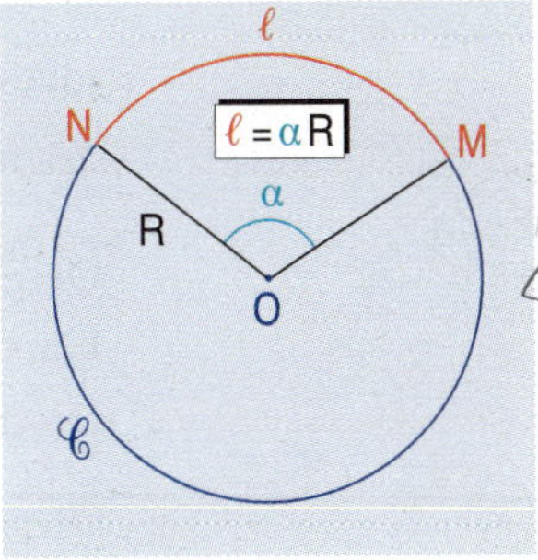

Note
Si $\widehat{MON} = 180°$, (ou π radians), la formule $\ell = \alpha R$ est vraie. En effet, l'arc $\overset{\frown}{MN}$ est alors une demi-circonférence, sa longueur est donc πR.

Démonstration

Notons a la mesure en degrés de l'angle $\widehat{MON}$.
On sait que $\ell = a \times \frac{\pi R}{180}$ **[1]** (voir *POUR PRENDRE UN BON DÉPART*).
Or $\frac{a}{180} = \frac{\alpha}{\pi}$ (voir § 1.1). D'où $a\,\pi = 180\,\alpha$, c'est-à-dire $\alpha = \frac{a\pi}{180}$. Donc $\ell = \alpha R$.

▶ **REMARQUE : Cas particulier R = 1.**
On a alors $\ell = \alpha$. La longueur de l'arc $\overset{\frown}{MN}$ est donc égale, dans ce cas, à la mesure en radians de l'angle $\widehat{MON}$.

EXEMPLE : M et N sont deux points d'un cercle $\mathscr{C}$ de centre O et de rayon 6 cm tels que $\widehat{MON} = \frac{5\pi}{6}$.
La longueur ℓ de l'arc $\overset{\frown}{MN}$ est alors égale à $\left(\frac{5\pi}{6} \times 6\right)$ cm. Donc $\ell \approx 15{,}70$ cm.

2. ANGLE ORIENTÉ DE DEUX VECTEURS UNITAIRES

2 ■ 1 Cercle trigonométrique

Coin-mémo

Le sens direct est le sens inverse de celui des aiguilles d'une montre.

$\mathscr{C}$ est un cercle de centre O et de rayon 1.
Convenons de dire que le sens de la flèche de la figure ci-contre est le **sens direct ou positif** et que le sens contraire est le **sens indirect ou négatif**.

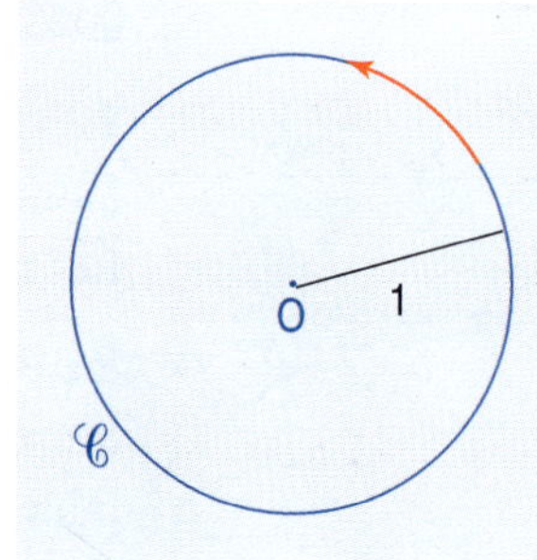

DÉFINITION 1

Un cercle trigonométrique est un cercle de rayon 1 orienté dans le sens positif.

2 ■ 2 Mesure de l'angle orienté de deux vecteurs unitaires

1. Un exemple

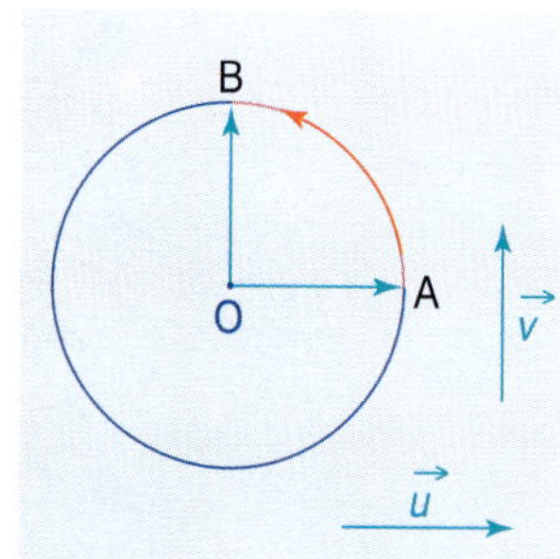

$\vec{u}$ et $\vec{v}$ sont deux vecteurs orthogonaux et de norme 1.
$\mathscr{C}$ est un cercle trigonométrique. Notons A et B les points de $\mathscr{C}$ tels que $\overrightarrow{OA} = \vec{u}$ et $\overrightarrow{OB} = \vec{v}$.
L'angle géométrique $\widehat{AOB}$ a une mesure égale à 90°, c'est-à-dire à $\frac{\pi}{2}$ radian. Pour "aller de A à B", on peut décrire l'arc de cercle rouge mais on peut aussi "faire un tour complet" de plus, ou deux tours, ou trois tours ... Le cercle $\mathscr{C}$ ayant un rayon égal à 1, la longueur d'un arc du cercle $\mathscr{C}$ est égale à la mesure **en radians** de l'angle au centre (voir remarque § 1.2).

À chaque fois que l'on effectue un tour de plus dans le sens positif, la longueur totale parcourue augmente de 2π. On dit alors que $\frac{\pi}{2}$, $\frac{\pi}{2} + 2\pi$, $\frac{\pi}{2} + 4\pi$, ... sont des mesures de l'angle orienté, noté $(\vec{u}, \vec{v})$, des vecteurs $\vec{u}$ et $\vec{v}$.

On peut aussi aller de A vers B en se déplaçant dans le sens négatif.
L'arc de cercle parcouru, en bleu sur la figure, a alors une longueur égale à $\frac{3\pi}{2}$.
On dit que $-\frac{3\pi}{2}$ est une mesure de l'angle orienté $(\vec{u}, \vec{v})$.

On peut aussi effectuer un tour de plus dans le sens négatif, ou deux tours, ou trois tours ... On dit alors que $-\frac{3\pi}{2} - 2\pi$, $-\frac{3\pi}{2} - 4\pi$, $-\frac{3\pi}{2} - 6\pi$, ... sont aussi des mesures de l'angle orienté $(\vec{u}, \vec{v})$.

On peut remarquer que les mesures $\frac{\pi}{2}$, $\frac{\pi}{2} + 2\pi$, $\frac{\pi}{2} + 4\pi$, ..., $-\frac{3\pi}{2} - 2\pi$, ... sont toutes de la forme $\frac{\pi}{2} + k \times 2\pi$, où k est un entier positif ou négatif, c'est-à-dire où k est un élément de $\mathbb{Z}$. En effet, par exemple :
$\frac{\pi}{2}$ correspond à $k = 0$, $\frac{\pi}{2} + 4\pi$ à $k = 2$, $-\frac{3\pi}{2}$ à $k = -1$, $-\frac{3\pi}{2} - 2\pi$ à $k = -2$, etc.

On dit que l'angle orienté des deux vecteurs $\vec{u}$ et $\vec{v}$, noté $(\vec{u}, \vec{v})$, admet pour mesures en radians les nombres $\frac{\pi}{2} + 2k\pi$, où $k \in \mathbb{Z}$.

2. Cas général

On procède, dans le cas général, de manière tout à fait analogue.

DÉFINITION 2

$\vec{u}$ et $\vec{v}$ sont deux vecteurs unitaires.

A et B sont les points d'un cercle trigonométrique $\mathscr{C}$ tels que :

$$\overrightarrow{OA} = \vec{u} \text{ et } \overrightarrow{OB} = \vec{v}.$$

Notons α la mesure de l'arc $\widehat{AB}$ décrit dans **le sens positif** de A vers B.

On dit alors que **l'angle orienté des vecteurs $\vec{u}$ et $\vec{v}$**, noté $(\vec{u}, \vec{v})$, admet pour mesures en radians les nombres $\alpha + 2k\pi$, où $k \in \mathbb{Z}$.

EXEMPLES : $\mathscr{C}$ est un cercle trigonométrique.

- Les mesures en radians de l'angle $(\overrightarrow{OA}, \overrightarrow{OB})$, sont égales à $\frac{\pi}{4} + 2k\pi$, où $k \in \mathbb{Z}$. En effet, l'arc $\widehat{AB}$, décrit dans le sens positif, a une longueur égale à $\frac{\pi}{4}$.
- Les mesures en radians de l'angle $(\overrightarrow{OA}, \overrightarrow{OC})$ sont égales à $\frac{3\pi}{2} + 2k\pi$, où $k \in \mathbb{Z}$. En effet, l'arc $\widehat{AC}$, décrit dans le sens positif, a une longueur égale à $\frac{3\pi}{2}$.

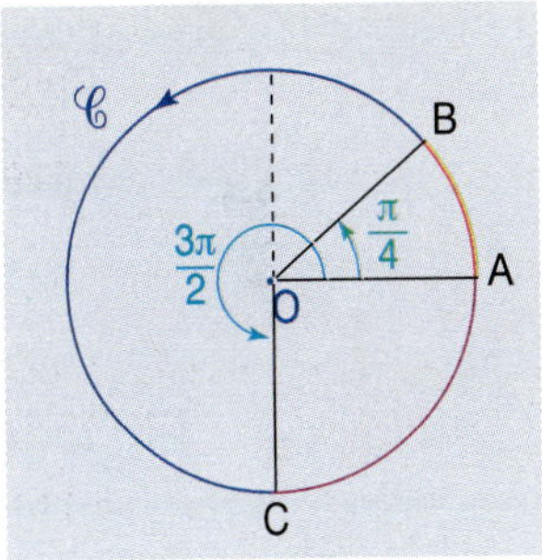

2.3 Mesure principale

DÉFINITION 3

Parmi toutes les mesures d'un angle orienté de vecteurs unitaires $\vec{u}$ et $\vec{v}$, **la mesure principale de l'angle orienté $(\vec{u}, \vec{v})$** est celle qui appartient à l'intervalle $]-\pi ; \pi]$.

EXEMPLES : Reprenons les deux exemples du **2.**, § **2.2.**

- Dans le premier exemple, la mesure principale de l'angle orienté $(\overrightarrow{OA}, \overrightarrow{OB})$ est égale à $\frac{\pi}{4}$ car cette valeur, obtenue pour $k = 0$ dans l'expression $\frac{\pi}{4} + 2k\pi$, appartient à l'intervalle $]-\pi ; \pi]$.
- Dans le deuxième exemple, les mesures de l'angle orienté $(\overrightarrow{OA}, \overrightarrow{OC})$ sont égales à $\frac{3\pi}{2} + 2k\pi$, où $k \in \mathbb{Z}$. Ici, $\frac{3\pi}{2}$ n'est pas un réel de l'intervalle $]-\pi ; \pi]$.

Pour $k = -1$, $\frac{3\pi}{2} + 2k\pi = \frac{3\pi}{2} - 2\pi = -\frac{\pi}{2}$. Le réel $-\frac{\pi}{2}$ est dans l'intervalle $]-\pi ; \pi]$.

La mesure principale de l'angle orienté $(\overrightarrow{OA}, \overrightarrow{OC})$ est donc $-\frac{\pi}{2}$.

> **Note**
> *Une méthode pour trouver la mesure principale d'un angle est proposée à l'exercice résolu 1, p. 160.*

3. POINT M DE $\mathscr{C}$ ASSOCIÉ À UN RÉEL x

$\mathscr{C}$ est un cercle trigonométrique de centre O et A est un point fixe sur $\mathscr{C}$.

DÉFINITION 4

On dit que le point M de $\mathscr{C}$ est **associé au réel x**, si x est une mesure en radians de l'angle orienté de vecteurs $(\overrightarrow{OA}, \overrightarrow{OM})$.

> **Note**
> *À chaque réel est associé un unique point de $\mathscr{C}$. Inversement, chaque point de $\mathscr{C}$ est associé à une infinité de réels.*

EXEMPLE : Le point B est associé au réel $\frac{\pi}{2}$.
Ce point est aussi associé au réel $\frac{\pi}{2} + 2\pi$, et plus généralement, à chacun des réels $\frac{\pi}{2} + 2k\pi$, où $k \in \mathbb{Z}$.

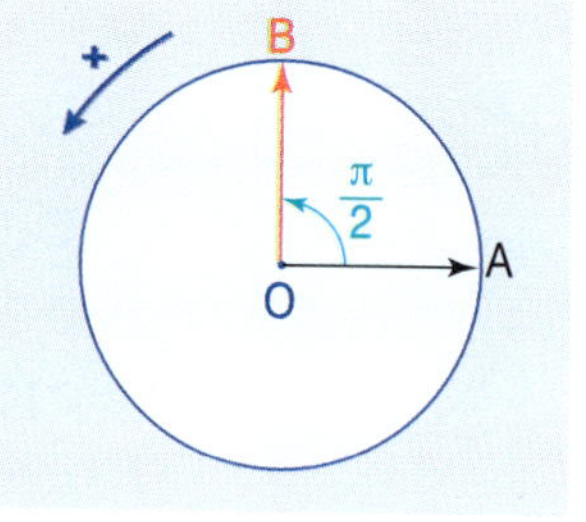

▶ **REMARQUE : Problème de notation**
Dans la pratique, on confond l'angle de vecteurs unitaires $(\overrightarrow{OA}, \overrightarrow{OM})$ avec ses mesures et même avec l'une d'elles.
On écrira donc, lorsque M est le point associé au réel x, $(\overrightarrow{OA}, \overrightarrow{OM}) = x$. Cette écriture signifie que l'une des mesures de $(\overrightarrow{OA}, \overrightarrow{OM})$ est égale à x.

4. FONCTIONS SINUS ET COSINUS

$\mathscr{C}$ désigne un cercle trigonométrique de centre O, d'origine A, B est le point de $\mathscr{C}$ tel que $(\overrightarrow{OA}, \overrightarrow{OB}) = \frac{\pi}{2}$. Donc $(O ; \overrightarrow{OA}, \overrightarrow{OB})$ est un **repère orthonormal**.

4.1 Définitions. Premières propriétés

DÉFINITION 5

x est un réel quelconque.
M est le point de $\mathscr{C}$ associé à x.
- Le cosinus de x (on écrit **cos x**) est l'abscisse de M dans le repère $(O ; \overrightarrow{OA}, \overrightarrow{OB})$.
- Le sinus de x (on écrit **sin x**) est l'ordonnée de M dans le repère $(O ; \overrightarrow{OA}, \overrightarrow{OB})$.

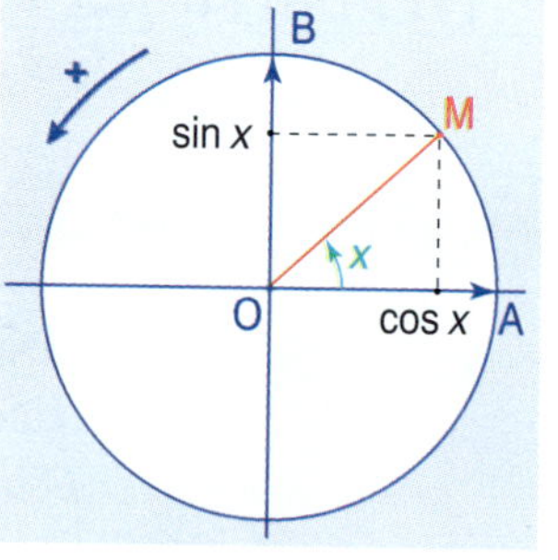

EXEMPLES :
- Si $x = 2k\pi$ ($k \in \mathbb{Z}$), M est confondu avec A (1 ; 0) ; donc $\cos(2k\pi) = 1$, $\sin(2k\pi) = 0$.
- Si $x = \frac{\pi}{2} + 2k\pi$ ($k \in \mathbb{Z}$), M est confondu avec B (0 ; 1) donc $\cos\left(\frac{\pi}{2} + 2k\pi\right) = 0$ et $\sin\left(\frac{\pi}{2} + 2k\pi\right) = 1$.

PROPRIÉTÉ 3

x est un réel quelconque. Alors :
- $-1 \leqslant \cos x \leqslant 1$ et $-1 \leqslant \sin x \leqslant 1$.
- $\cos^2 x + \sin^2 x = 1$.

> **Note**
> *Ceci est un cas particulier de : $AB^2 = (x_B - x_A)^2 + (y_B - y_A)^2$ (voir Chap. 11, p. 294).*

Démonstration
- D'après la définition de cos x et de sin x, $-1 \leqslant \cos x \leqslant 1$ et $-1 \leqslant \sin x \leqslant 1$.
- Dans le repère orthonormal $(O ; \overrightarrow{OA}, \overrightarrow{OB})$, M a pour coordonnées $(\cos x ; \sin x)$.

Donc $OM^2 = \cos^2 x + \sin^2 x$. Or $OM = 1$, donc $OM^2 = 1$. D'où $\cos^2 x + \sin^2 x = 1$.

4 ■ 2 Cas d'un angle aigu

Si $0 < x < \frac{\pi}{2}$, alors $\cos x > 0$ et $\sin x > 0$. Donc $\mathbf{\cos x = OP}$ et $\mathbf{\sin x = OQ}$.

1. Lien avec les définitions vues en Troisième.

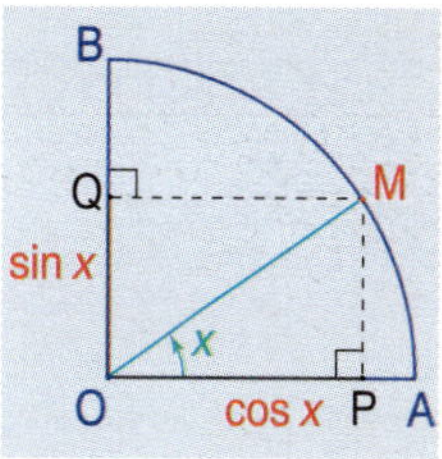

$OM = 1$ et $OQ = MP$. Ainsi, dans le triangle rectangle OPM :

$\cos x = OP = \frac{OP}{OM}$ et $\sin x = OQ = MP = \frac{MP}{OM}$.

On retrouve donc, dans le cas d'un angle aigu, les définitions vues en Troisième :

$\cos x = \frac{\text{côté adjacent}}{\text{hypoténuse}}$ et $\sin x = \frac{\text{côté opposé}}{\text{hypoténuse}}$.

2. Valeurs remarquables

• $x = \frac{\pi}{4}$

Le quadrilatère OPMQ est un carré. On a alors $OP^2 + OQ^2 = OM^2 = 1$.

Puisque $OP = OQ$, on obtient $2OP^2 = 1$, donc $OP = \frac{1}{\sqrt{2}} = \frac{\sqrt{2}}{2}$.

D'où $\mathbf{\cos \frac{\pi}{4} = \sin \frac{\pi}{4} = \frac{\sqrt{2}}{2}}$.

• $x = \frac{\pi}{3}$

Le triangle OMA est équilatéral, donc la hauteur [MP] est aussi médiane.

Donc $OP = \frac{1}{2} OA = \frac{1}{2}$.

Dans le triangle rectangle OPM, on a $OM^2 = OP^2 + MP^2$, c'est-à-dire :

$MP^2 = OM^2 - OP^2 = 1 - \frac{1}{4} = \frac{3}{4}$, donc $MP = \frac{\sqrt{3}}{2}$. D'où $OQ = \frac{\sqrt{3}}{2}$.

Ainsi, $\mathbf{\cos \frac{\pi}{3} = \frac{1}{2}}$ **et** $\mathbf{\sin \frac{\pi}{3} = \frac{\sqrt{3}}{2}}$.

• $x = \frac{\pi}{6}$

Le triangle OMB est équilatéral.

On démontre, comme ci-dessus, que $OQ = \frac{1}{2}$, puis que $OP = QM = \frac{\sqrt{3}}{2}$.

D'où $\mathbf{\cos \frac{\pi}{6} = \frac{\sqrt{3}}{2}}$ **et** $\mathbf{\sin \frac{\pi}{6} = \frac{1}{2}}$.

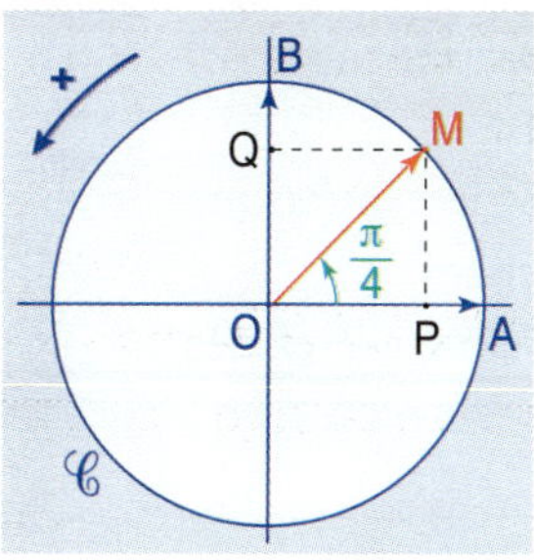

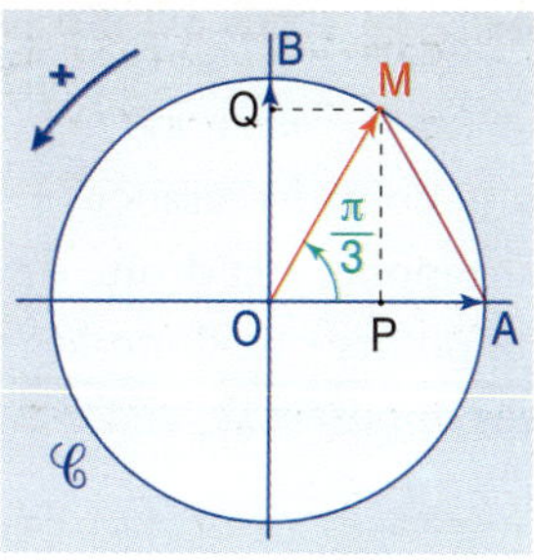

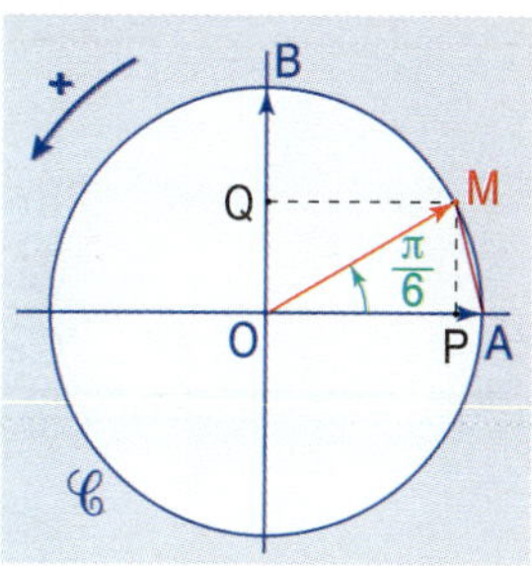

Tableau récapitulatif :

x (en radians)	0	$\frac{\pi}{6}$	$\frac{\pi}{4}$	$\frac{\pi}{3}$	$\frac{\pi}{2}$
$\cos x$	1	$\frac{\sqrt{3}}{2}$	$\frac{\sqrt{2}}{2}$	$\frac{1}{2}$	0
$\sin x$	0	$\frac{1}{2}$	$\frac{\sqrt{2}}{2}$	$\frac{\sqrt{3}}{2}$	1

Note

Il est utile de retenir ces valeurs remarquables. En effet, une calculatrice ne donne qu'une valeur approchée des réels tels que $\frac{\sqrt{3}}{2}$ ou $\frac{\sqrt{2}}{2}$.

5. FONCTIONS PÉRIODIQUES

DÉFINITION 6

f est une fonction définie sur $\mathbb{R}$ et T est un réel strictement positif.
Dire que **f est périodique de période T** signifie que pour tout réel x,

$$f(x + \mathrm{T}) = f(x).$$

▶ **REMARQUE :** Lorsque T est une période de f, alors 2T, 3T, 4T ... et plus généralement n T (n entier strictement positif) sont aussi des périodes de f.

PROPRIÉTÉ 4

Les fonctions cosinus et sinus sont périodiques de période 2π.

Démonstration

x étant un réel quelconque, notons M le point du cercle trigonométrique $\mathscr{C}$ associé à x.
M est également associé au nombre $x + 2\pi$.
Donc $\cos(x + 2\pi) = \cos x = \overline{\mathrm{OP}}$.
$\sin(x + 2\pi) = \sin x = \overline{\mathrm{OQ}}$.
Ainsi, **pour tout réel x,**
$\cos(x + 2\pi) = \cos x$ et $\sin(x + 2\pi) = \sin x$.

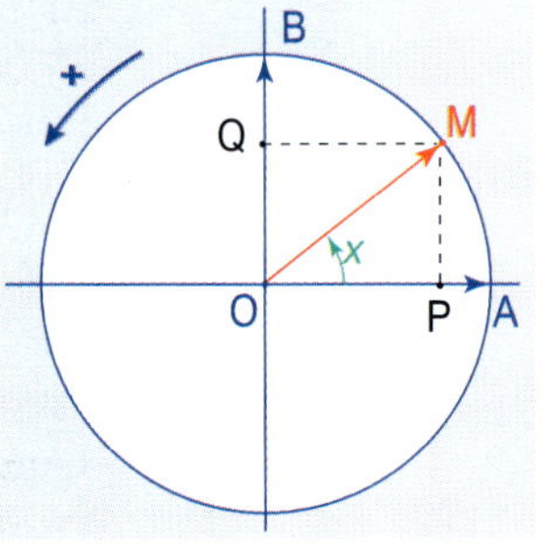

> ***Note***
> *M est également associé à tous les nombres $x + 2k\pi$ ($k \in \mathbb{Z}$) donc*
> $\cos(x + 2k\pi) = \cos x$
> $\sin(x + 2k\pi) = \sin x$.

6. FORMULES TRIGONOMÉTRIQUES USUELLES

Dans tout ce paragraphe, x désigne un réel quelconque et M le point associé à x sur un cercle trigonométrique $\mathscr{C}$.

$\cos(-x) = \cos x$; $\sin(-x) = -\sin x$.

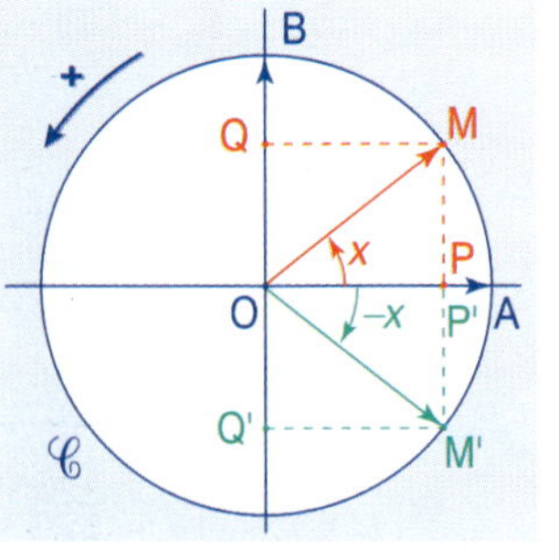

En effet, le point M′ associé à $-x$ est le symétrique de M par rapport à la droite des abscisses.
Ces deux points ont donc la même abscisse et des ordonnées opposées.

$\cos(x + \pi) = -\cos x$; $\sin(x + \pi) = -\sin x$.

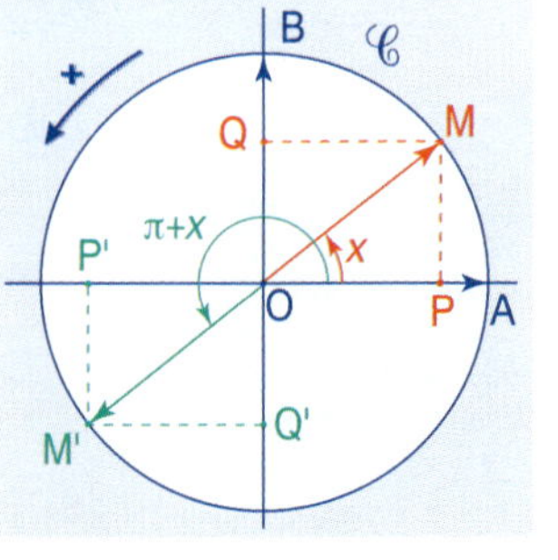

En effet, le point M′ associé à $(x + \pi)$ est le symétrique de M par rapport à O.
Les points M et M′ ont donc des abscisses opposées et des ordonnées opposées.

$$\cos(\pi - x) = -\cos x \; ; \; \sin(\pi - x) = \sin x.$$

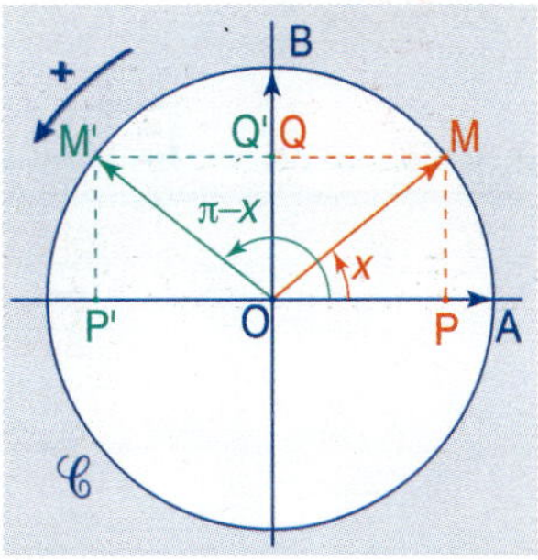

En effet, le point M′ associé à $(\pi - x)$ est le symétrique de M par rapport à la droite des ordonnées.
Les points M et M′ ont donc des abscisses opposées et la même ordonnée.

$$\cos\left(\frac{\pi}{2} - x\right) = \sin x \; ; \; \sin\left(\frac{\pi}{2} - x\right) = \cos x.$$

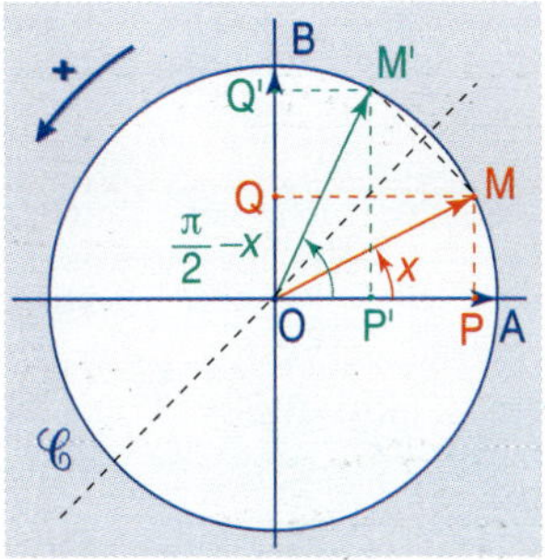

En effet, le point M′ associé à $\left(\frac{\pi}{2} - x\right)$ est le symétrique de M par rapport à la droite d'équation $y = x$.
On peut alors démontrer que :
- l'abscisse de M′ est l'ordonnée de M,
- l'ordonnée de M′ est l'abscisse de M.

$$\cos\left(x + \frac{\pi}{2}\right) = -\sin x \; ; \; \sin\left(x + \frac{\pi}{2}\right) = \cos x.$$

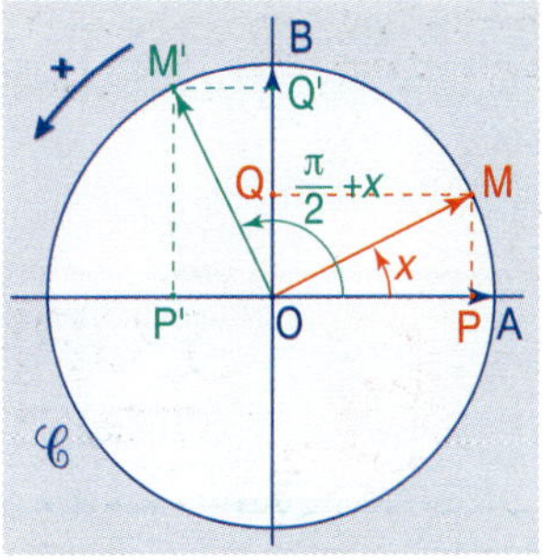

En effet, on peut écrire $x + \frac{\pi}{2} = \pi - \left(\frac{\pi}{2} - x\right)$.
- Donc $\cos\left(x + \frac{\pi}{2}\right) = \cos\left[\pi - \left(\frac{\pi}{2} - x\right)\right]$.

Or, d'après les deux formules précédentes :
$$\cos\left[\pi - \left(\frac{\pi}{2} - x\right)\right] = -\cos\left(\frac{\pi}{2} - x\right) = -\sin x.$$
On a donc bien $\cos\left(x + \frac{\pi}{2}\right) = -\sin x$.
- De même, $\sin\left(x + \frac{\pi}{2}\right) = \sin\left[\pi - \left(\frac{\pi}{2} - x\right)\right]$, d'après les deux formules précédentes :
$$\sin\left[\pi - \left(\frac{\pi}{2} - x\right)\right] = \sin\left(\frac{\pi}{2} - x\right) = \cos x.$$
On a donc bien $\sin\left(x + \frac{\pi}{2}\right) = \cos x$.

Commentaire

Vous pouvez retrouver rapidement ces relations de la manière suivante : dessinez un cercle trigonométrique, placez le point M associé à x, puis le point M′ associé à $-x$, ou $\pi + x$, ou $\pi - x$, ou $\frac{\pi}{2} - x$, ou $\frac{\pi}{2} + x$, et utilisez les définitions de sinus et cosinus.

7. ÉTUDE DE LA FONCTION SINUS

7.1 Étude sur l'intervalle $[0 ; \pi]$

1. Sens de variation

La fonction sinus est **strictement croissante sur** $\left[0 ; \frac{\pi}{2}\right]$ et **strictement décroissante sur** $\left[\frac{\pi}{2} ; \pi\right]$.

En effet, notons x_1 et x_2 deux réels quelconques de $\left[0 ; \frac{\pi}{2}\right]$ tels que $x_1 < x_2$, et M_1 et M_2 les points associés sur un cercle trigonométrique. La figure indique alors : $\overline{OQ_1} < \overline{OQ_2}$ c'est-à-dire $\sin x_1 < \sin x_2$. La fonction sinus est donc strictement croissante sur $\left[0 ; \frac{\pi}{2}\right]$.

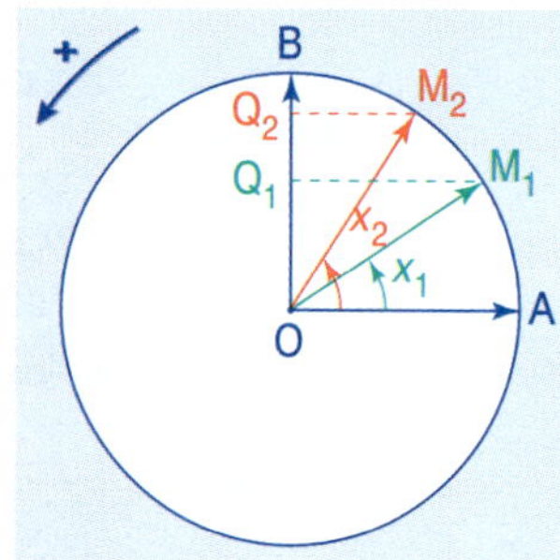

On peut vérifier de même que la fonction sinus est strictement décroissante sur $\left[\frac{\pi}{2} ; \pi\right]$.

D'où le tableau de variation sur $[0 ; \pi]$:

x	0		$\frac{\pi}{2}$		π
sin	0	↗	1	↘	0

2. Courbe représentative

Précisons quelques points de la courbe représentant la fonction sinus sur $[0 ; \pi]$. Choisissons des points dont l'abscisse est un angle remarquable (voir § 4.2).

> ***Note***
> $\frac{\sqrt{3}}{2} \approx 0{,}9$; $\frac{\sqrt{2}}{2} \approx 0{,}7$.

x	0	$\frac{\pi}{6}$	$\frac{\pi}{4}$	$\frac{\pi}{3}$	$\frac{\pi}{2}$	$\frac{2\pi}{3}$	$\frac{3\pi}{4}$	$\frac{5\pi}{6}$	π
$\sin x$	0	$\frac{1}{2}$	$\frac{\sqrt{2}}{2}$	$\frac{\sqrt{3}}{2}$	1	$\frac{\sqrt{3}}{2}$	$\frac{\sqrt{2}}{2}$	$\frac{1}{2}$	0

Notez que $\sin \frac{2\pi}{3} = \sin\left(\pi - \frac{\pi}{3}\right) = \sin \frac{\pi}{3}$ (voir § 6, p. 155).

De même, $\sin \frac{3\pi}{4} = \sin \frac{\pi}{4}$ et $\sin \frac{5\pi}{6} = \sin \frac{\pi}{6}$.

La fonction sinus a pour représentation graphique sur $[0 ; \pi]$ la courbe suivante.

> ***Note***
> *Le repère de la figure ci-contre est orthogonal mais pas orthonormal. Il en est de même des repères des trois figures suivantes (§ 7.2, 8.1, 8.2).*

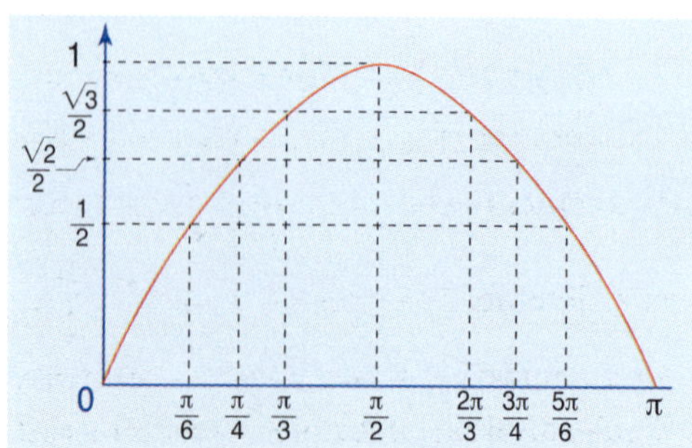

7 ■ 2 Courbe représentant la fonction sinus sur $\mathbb{R}$

On va voir comment on peut obtenir toute la courbe représentant la fonction sinus à partir de la portion de courbe tracée au paragraphe précédent.

1. Utilisation de la parité

La fonction sinus est impaire. Donc la portion de courbe représentant la fonction sinus sur $[-\pi ; 0]$ s'obtient, à partir de la courbe tracée au paragraphe précédent, par symétrie par rapport à O.

2. Utilisation de la périodicité

Notons $\mathscr{C}_0$ la courbe représentant la fonction sinus sur $[-\pi ; \pi]$.
La fonction sinus a pour période 2π, c'est-à-dire que :

$$\text{pour tout réel } x, \sin(x + 2\pi) = \sin x.$$

Donc :

- $\sin\left(-\frac{\pi}{2} + 2\pi\right) = \sin\left(-\frac{\pi}{2}\right) = -1$;

d'où le point A de la courbe, d'abscisse $-\frac{\pi}{2} + 2\pi = \frac{3\pi}{2}$.

- $\sin(0 + 2\pi) = \sin 0 = 0$; d'où le point B de la courbe, d'abscisse $0 + 2\pi = 2\pi$.
- $\sin\left(\frac{\pi}{2} + 2\pi\right) = \sin\frac{\pi}{2} = 1$; d'où le point C de la courbe, d'abscisse $\frac{\pi}{2} + 2\pi = \frac{5\pi}{2}$.
- $\sin(\pi + 2\pi) = \sin\pi = 0$; d'où le point D de la courbe, d'abscisse $\pi + 2\pi = 3\pi$.

Plus généralement, chaque point de la courbe $\mathscr{C}_1$ représentant la fonction sinus sur $[\pi ; 3\pi]$ est l'image d'un point de $\mathscr{C}_0$ par la translation de vecteur $\vec{u} = 2\pi\,\vec{i}$.

De même, sur $[3\pi ; 5\pi]$, la portion de courbe est l'image de $\mathscr{C}_1$ par la translation de vecteur $\vec{u}$.

Sur $[-3\pi ; -\pi]$, la portion de courbe représentant la fonction sinus est l'image de $\mathscr{C}_0$ par la translation de vecteur $-\vec{u} = -2\pi\,\vec{i}$, etc.

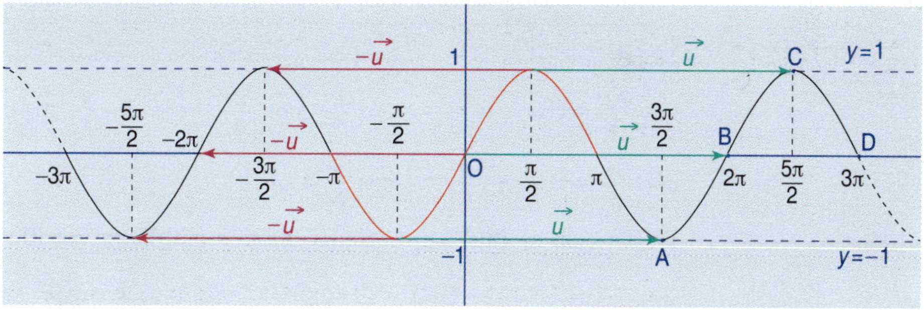

3. Exemples de lectures graphiques

- D'après le graphique, la fonction sinus est :

strictement croissante sur $\left[-\frac{\pi}{2} ; \frac{\pi}{2}\right]$, sur $\left[\frac{3\pi}{2} ; \frac{5\pi}{2}\right]$, sur $\left[-\frac{5\pi}{2} ; -\frac{3\pi}{2}\right]$, etc.,

et strictement décroissante sur $\left[\frac{\pi}{2} ; \frac{3\pi}{2}\right]$, sur $\left[\frac{5\pi}{2} ; \frac{7\pi}{2}\right]$, sur $\left[-\frac{3\pi}{2} ; -\frac{\pi}{2}\right]$, etc.

- La courbe est située entre les droites d'équations $y = -1$ et $y = 1$.

Ceci traduit la propriété : pour tout réel x, $-1 \leqslant \sin x \leqslant 1$.

8. ÉTUDE DE LA FONCTION COSINUS

L'étude de la fonction cosinus est tout à fait analogue à celle de la fonction sinus.

8.1 Étude de la fonction sur l'intervalle [0 ; π]

1. Sens de variation

La fonction cosinus est **strictement décroissante sur [0 ; π].**

En effet, notons x_1 et x_2 deux réels quelconques de [0 ; π] tels que $x_1 < x_2$, et M_1 et M_2 les points associés sur un cercle trigonométrique.
La figure indique alors que $\overline{OP_1} > \overline{OP_2}$, c'est-à-dire que $\cos x_1 > \cos x_2$.

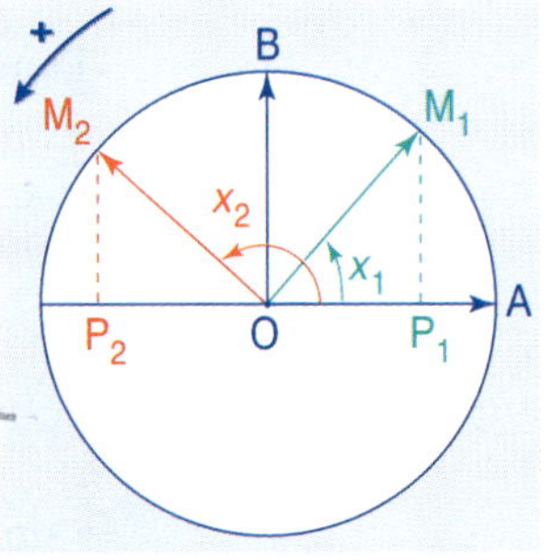

• Courbe représentative

Précisons quelques points de la courbe représentant la fonction cosinus sur [0 ; π] (voir § 4.2).

Note
$\frac{\sqrt{3}}{2} \approx 0{,}9$; $\frac{\sqrt{2}}{2} \approx 0{,}7$.

x	0	$\frac{\pi}{6}$	$\frac{\pi}{4}$	$\frac{\pi}{3}$	$\frac{\pi}{2}$	$\frac{2\pi}{3}$	$\frac{3\pi}{4}$	$\frac{5\pi}{6}$	π
$\cos x$	1	$\frac{\sqrt{3}}{2}$	$\frac{\sqrt{2}}{2}$	$\frac{1}{2}$	0	$-\frac{1}{2}$	$-\frac{\sqrt{2}}{2}$	$-\frac{\sqrt{3}}{2}$	-1

Notez que :

$\cos \frac{2\pi}{3} = \cos\left(\pi - \frac{\pi}{3}\right) = -\cos \frac{\pi}{3}$; $\cos \frac{3\pi}{4} = \cos\left(\pi - \frac{\pi}{4}\right) = -\cos \frac{\pi}{4}$;

$\cos \frac{5\pi}{6} = \cos\left(\pi - \frac{\pi}{6}\right) = -\cos \frac{\pi}{6}$.

La fonction cosinus a pour représentation graphique sur [0 ; π] la courbe suivante.

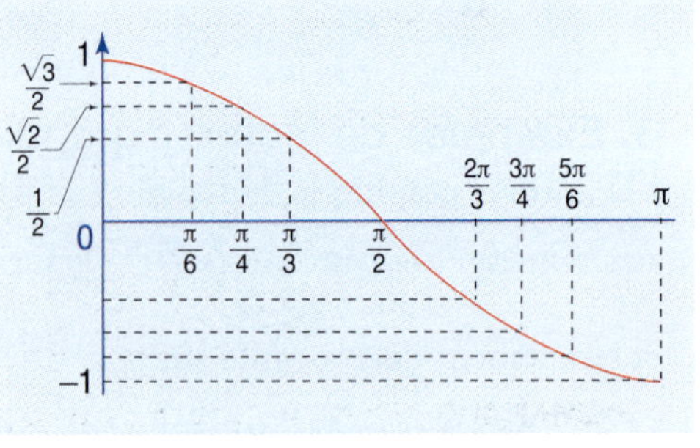

8.2 Courbe représentant la fonction cosinus sur $\mathbb{R}$

1. La fonction cosinus est **paire**. Donc, la portion de courbe représentant la fonction cosinus sur $[-\pi\ ;\ 0]$ s'obtient, à partir de la courbe tracée au paragraphe précédent, par symétrie par rapport à la droite des ordonnées.

2. La **périodicité** permet alors, comme pour la fonction sinus, d'obtenir toute la courbe.

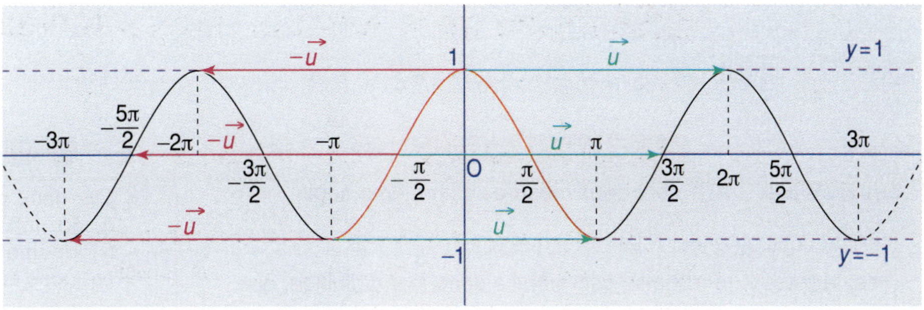

▶ **REMARQUE :** Cette courbe se déduit de celle représentant la fonction sinus à l'aide de la translation de vecteur $-\frac{\pi}{2}\vec{i}$ (voir exercice 46, p. 170).

9. FONCTION TANGENTE

DÉFINITION 6

Pour tout réel x tel que **cos x** est non nul, on appelle **tangente de x**, et on note tan x, le réel $\mathbf{\tan x = \frac{\sin x}{\cos x}}$.

• Tangentes d'angles aigus remarquables

> **Note**
> Vous pouvez vous reporter au paragraphe 4.2.

• $\tan 0 = \frac{\sin 0}{\cos 0} = \frac{0}{1} = 0.$

• $\tan \frac{\pi}{6} = \frac{\sin \frac{\pi}{6}}{\cos \frac{\pi}{6}} = \frac{\frac{1}{2}}{\frac{\sqrt{3}}{2}} = \frac{1}{\sqrt{3}} = \frac{\sqrt{3}}{3}.$

• $\tan \frac{\pi}{4} = \frac{\sin \frac{\pi}{4}}{\cos \frac{\pi}{4}} = \frac{\frac{\sqrt{2}}{2}}{\frac{\sqrt{2}}{2}} = 1.$

• $\tan \frac{\pi}{3} = \frac{\sin \frac{\pi}{3}}{\cos \frac{\pi}{3}} = \frac{\frac{\sqrt{3}}{2}}{\frac{1}{2}} = \sqrt{3}.$

> **Note**
> $\frac{\sqrt{3}}{2} \approx 0{,}9$; $\frac{\sqrt{2}}{2} \approx 0{,}7$.

Regroupons ces valeurs dans un tableau :

x	0	$\frac{\pi}{6}$	$\frac{\pi}{4}$	$\frac{\pi}{3}$
tan x	0	$\frac{\sqrt{3}}{3}$	1	$\sqrt{3}$

▶ **REMARQUE :** Pour $x = \frac{\pi}{2}$, tan x n'existe pas car $\cos \frac{\pi}{2} = 0$.

Exercices résolus
avec solutions commentées

Exo. 1

Un angle a pour mesure $-\frac{94\pi}{3}$.

Quelle est sa mesure principale α ?

Point Méthode

Pour trouver la mesure principale α de $-\frac{94\pi}{3}$, on écrit que :

$$\alpha = -\frac{94\pi}{3} + 2k\pi,$$

puis on cherche l'entier k ($k \in \mathbb{Z}$) tel que $-\pi < \alpha \leqslant \pi$.

Solution

Les réels α et $-\frac{94\pi}{3}$ sont deux mesures d'un même angle.

Il existe donc un entier relatif k tel que $\alpha = -\frac{94\pi}{3} + 2k\pi$.

α est la mesure principale ; ceci signifie donc, par définition, que :

$$-\pi < \alpha \leqslant \pi.$$

Cherchons l'entier k tel que $-\pi < -\frac{94\pi}{3} + 2k\pi \leqslant \pi$ **[1]**.

[1] s'écrit aussi $-1 < -\frac{94}{3} + 2k \leqslant 1$, c'est-à-dire encore :

$$-1 + \frac{94}{3} < 2k \leqslant 1 + \frac{94}{3},$$

$$\frac{91}{3} < 2k \leqslant \frac{97}{3},$$

$$\frac{91}{6} < k \leqslant \frac{97}{6},$$

$$15{,}166... < k \leqslant 16{,}166... .$$

k est donc l'entier compris entre 15,166.... et 16,166... .

D'où $\boldsymbol{k = 16}$.

La mesure principale α est donc $\frac{-94\pi}{3} + 2 \times 16\pi$, c'est-à-dire :

$$\alpha = \left(-\frac{94}{3} + 32\right)\pi = \left(\frac{-94 + 96}{3}\right)\pi.$$

D'où $\alpha = \boldsymbol{\frac{2\pi}{3}}$.

▶ **REMARQUE :** Notez qu'ici, l'entier k, unique, est obtenu par encadrement entre deux réels.

Commentaires

◀ Les deux mesures correspondent à un même point du cercle trigonométrique. Leur différence est donc un multiple de 2π.

◀ On divise les membres de ces inégalités par $\pi > 0$; le sens des inégalités n'est pas changé.

◀ On divise par $2 > 0$; le sens des inégalités n'est pas changé.

◀ On remplace k par 16 dans l'expression $\alpha = -\frac{94\pi}{3} + 2k\pi$.

◀ On peut contrôler que α est effectivement un réel de $]-\pi\,;\pi]$.

Exo. 2

Donnez les valeurs exactes de :

1. sin $\left(-\frac{\pi}{3}\right)$. **2.** cos $\frac{5\pi}{4}$. **3.** sin $\frac{5\pi}{6}$.

Point Méthode

Pour calculer sin $\left(-\frac{\pi}{3}\right)$ (ou cos $\frac{5\pi}{4}$ ou sin $\frac{5\pi}{6}$), on peut essayer d'écrire $-\frac{\pi}{3}$ (ou $\frac{5\pi}{4}$, ou $\frac{5\pi}{6}$) sous l'une des formes $-x$, $\pi - x$, $\pi + x$, où x est un angle aigu remarquable.

Solution

1 On sait que sin $\left(-\frac{\pi}{3}\right) = -\sin\frac{\pi}{3}$. Or sin $\frac{\pi}{3} = \frac{\sqrt{3}}{2}$.

Donc **sin** $\left(-\frac{\pi}{3}\right) = -\frac{\sqrt{3}}{2}$.

2 On peut remarquer que cos $\frac{5\pi}{4} = \cos\left(\pi + \frac{\pi}{4}\right)$.

Or cos $\left(\pi + \frac{\pi}{4}\right) = -\cos\frac{\pi}{4}$ et cos $\frac{\pi}{4} = \frac{\sqrt{2}}{2}$. Donc **cos** $\frac{5\pi}{4} = -\frac{\sqrt{2}}{2}$.

3 On peut remarquer que sin $\frac{5\pi}{6} = \sin\left(\pi - \frac{\pi}{6}\right)$.

Or sin $\left(\pi - \frac{\pi}{6}\right) = \sin\frac{\pi}{6} = \frac{1}{2}$. Donc **sin** $\frac{5\pi}{6} = \frac{1}{2}$.

▶ **REMARQUES :**

1. Il est conseillé de placer les réels $-\frac{\pi}{3}$, $\frac{5\pi}{4}$, $\frac{5\pi}{6}$ sur un cercle trigonométrique. Ceci peut vous permettre, par exemple, de contrôler le signe des valeurs trouvées.

En effet, on voit que :

sin $\left(-\frac{\pi}{3}\right) = \overline{OI} < 0$, cos $\frac{5\pi}{4} = \overline{OJ} < 0$, sin $\frac{5\pi}{6} = \overline{OK} > 0$.

2. Dans l'énoncé, on demande des valeurs exactes. On ne peut donc se contenter des résultats fournis par une calculatrice ; en effet, une calculatrice ne donne que des valeurs approchées.

Commentaires

◀ Pour tout réel x, $\sin(-x) = -\sin x$.

◀ Pour tout réel x, $\cos(\pi + x) = -\cos x$.

◀ Pour tout réel x, $\sin(\pi - x) = \sin x$.

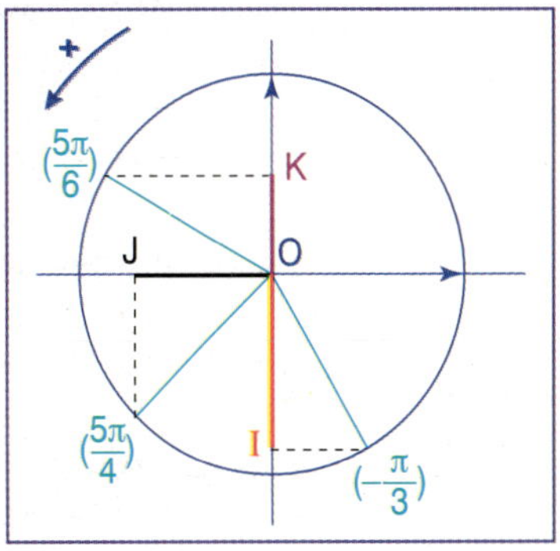

Exo. 3

x est un réel tel que $\sin x = \frac{1}{3}$ et $x \in \left[\frac{\pi}{2} ; \pi\right]$. Calculez $\cos x$.

Point Méthode

Pour calculer sin x connaissant cos x (ou cos x connaissant sin x), on peut utiliser la formule $\cos^2 x + \sin^2 x = 1$.

Solution

On sait que $\cos^2 x + \sin^2 x = 1$. On en déduit que :

$\cos^2 x = 1 - \sin^2 x = 1 - \left(\frac{1}{3}\right)^2 = 1 - \frac{1}{9}$.

D'où $\cos^2 x = \frac{8}{9}$. C'est-à-dire $\cos x = \frac{\sqrt{8}}{3}$ ou $\cos x = -\frac{\sqrt{8}}{3}$.

De plus, on sait que $x \in \left[\frac{\pi}{2} ; \pi\right]$; son cosinus est donc négatif.

Donc **cos x** $= -\frac{\sqrt{8}}{3}$.

Commentaires

◀ Lorsque $b > 0$, $a^2 = b$ équivaut à : $a = \sqrt{b}$ ou $a = -\sqrt{b}$.

TP 1

LA MÉTHODE D'HIPPARQUE

■ *Le saviez-vous ?* ■ La démonstration proposée ici est due à Hipparque de Nicée (~180 ~ 125 av. J.-C.) surnommé "le père de l'Astronomie" par les Grecs. C'est l'un des fondateurs de la trigonométrie.

Nous allons établir la propriété suivante :

pour tout réel x, $\cos 2x = 2\cos^2 x - 1$ (P).

1. On suppose que x est un réel quelconque de $\left[0\,;\frac{\pi}{4}\right]$.

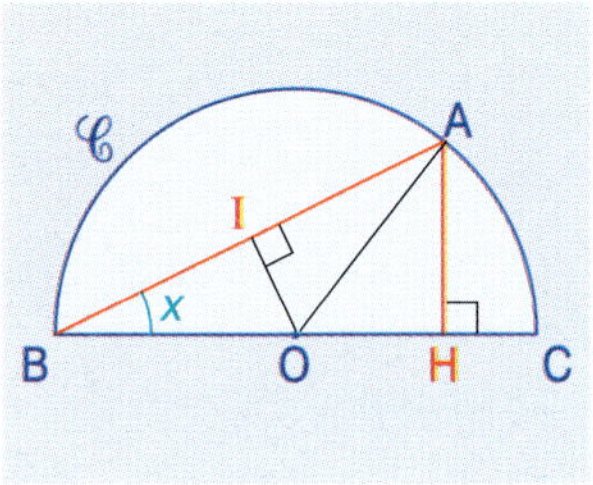

$\mathscr{C}$ est un demi-cercle de centre O et de rayon 1, [BC] est un diamètre. On note A le point de $\mathscr{C}$ tel que $\widehat{ABC} = x$, et H le projeté orthogonal de A sur [BC].

On appelle I le projeté orthogonal de O sur (AB).

a) Démontrez que $\widehat{AOC} = 2x$ et que I est le milieu de [AB].

b) En considérant le triangle AOH, montrez que $OH = \cos 2x$.

c) En considérant le triangle BOI, montrez que $BI = \cos x$.

d) En considérant le triangle BHA, montrez que $BH = 2\cos^2 x$.

e) Déduisez-en que $OH = 2\cos^2 x - 1$.

f) Déduisez de ce qui précède que pour tout x de $\left[0\,;\frac{\pi}{4}\right]$, $\cos 2x = 2\cos^2 x - 1$.

2. On suppose que x est un réel quelconque de $\left[\frac{\pi}{4}\,;\frac{\pi}{2}\right]$.

a) Montrez que $\left(\frac{\pi}{2} - x\right)$ est un réel de $\left[0\,;\frac{\pi}{4}\right]$ et que $\cos(\pi - 2x) = 2\cos^2\left(\frac{\pi}{2} - x\right) - 1$.

INDICATION : *Utiliser le résultat de la question 1.f).*

b) Déduisez-en que $-\cos 2x = 2\sin^2 x - 1$ et que $\cos 2x = 2\cos^2 x - 1$.

3. On suppose que x est un réel quelconque.

On pose $f(x) = \cos 2x - (2\cos^2 x - 1)$.

a) Quelle est la valeur de $f(x)$ sur $\left[0\,;\frac{\pi}{2}\right]$?

b) Montrez que f est paire et déduisez-en alors la valeur de $f(x)$ sur $\left[-\frac{\pi}{2}\,;\frac{\pi}{2}\right]$.

c) Comparez $f(x+\pi)$ et $f(x)$ et déduisez-en que la fonction f est de période π.

d) Expliquez alors pourquoi, pour tout x réel, $f(x) = 0$.

e) Déduisez-en que pour tout réel x, $\cos 2x = 2\cos^2 x - 1$.

4. Applications

a) En utilisant la propriété **(P)**, calculez $\cos\frac{\pi}{8}$ et $\cos\frac{\pi}{12}$.

INDICATION : *Remarquer que $\frac{\pi}{4} = 2 \times \frac{\pi}{8}$ et $\frac{\pi}{6} = 2 \times \frac{\pi}{12}$.*

b) Déduisez de la propriété **(P)** la propriété suivante :

pour tout réel x, $\sin 2x = 2\sin x\cos x$.

INDICATION : *Remarquer que $\sin^2 2x = 1 - \cos^2 2x$.*

TP 2

MOUVEMENT DE LA TERRE

1. Parallèles

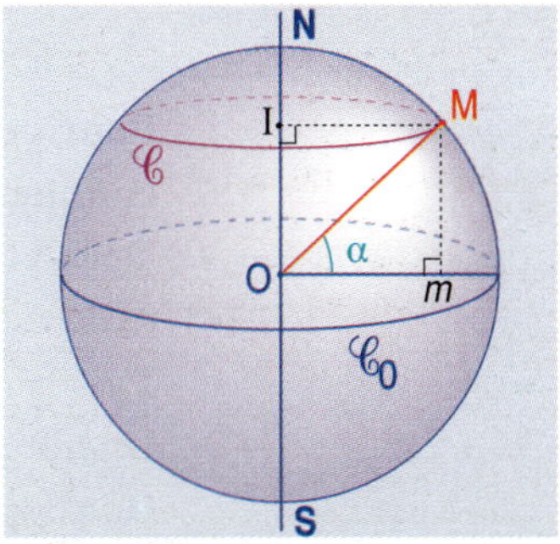

On assimile la Terre à une sphère de centre O et de rayon R = 6 378 km. L'axe Nord-Sud est un diamètre de la sphère terrestre. Le cercle équatorial $\mathscr{C}_0$ est l'intersection de la sphère terrestre avec le plan perpendiculaire à l'axe Nord-Sud en O.

I est un point de [NO]. Le plan perpendiculaire à (NS) en I coupe la sphère selon un cercle $\mathscr{C}$.

Pour repérer $\mathscr{C}$, on prend un point M sur $\mathscr{C}$, on appelle m son projeté orthogonal sur le plan équatorial et on détermine l'angle $\widehat{mOM} = \alpha$ (en degrés).

On dit alors que $\mathscr{C}$ **est le parallèle** α **Nord**.

> **Note**
> *On repère de manière analogue les parallèles de l'hémisphère Sud.*

a) Exprimez le rayon r de $\mathscr{C}$ en fonction de α et du rayon R de $\mathscr{C}_0$.

b) Pour quelle valeur de α la longueur de $\mathscr{C}$ est-elle égale à la moitié de celle de $\mathscr{C}_0$?

c) Donnez une valeur approchée :

• de la longueur de $\mathscr{C}_0$; • de la longueur du parallèle 45 Nord.

2. Distance parcourue par rapport au Soleil

Pour un observateur situé au pôle Nord et immobile par rapport au Soleil, la Terre tourne sur elle-même d'un mouvement uniforme autour de l'axe Nord-Sud et fait un tour complet en 24 heures.

M est un point situé sur le parallèle $\mathscr{C}$ de centre I, et $\overrightarrow{IA}$ est un vecteur fixe orienté dans la direction du Soleil. Par suite de la rotation de la Terre, M est animé, sur le cercle $\mathscr{C}$, d'un mouvement uniforme, ce qui signifie qu'à chaque instant de date t, $(\overrightarrow{IA}, \overrightarrow{IM}) = \omega t$, où ω est une constante appelée vitesse angulaire de M.

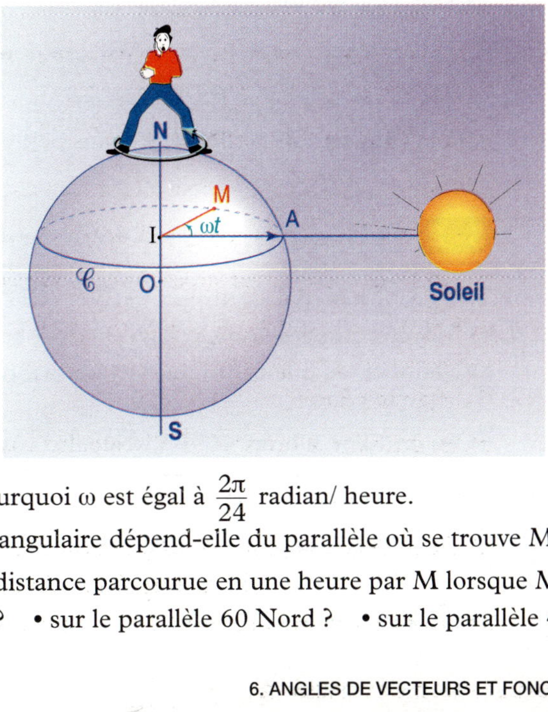

a) Expliquez pourquoi ω est égal à $\frac{2\pi}{24}$ radian/ heure.

b) Cette vitesse angulaire dépend-elle du parallèle où se trouve M ?

c) Quelle est la distance parcourue en une heure par M lorsque M est situé :

• sur l'équateur ? • sur le parallèle 60 Nord ? • sur le parallèle 45 Nord ?

TP 3

PROJECTION ORTHOGONALE D'UN TRIANGLE ISOCÈLE

Pour ce TP, les propriétés de l'orthogonalité dans l'espace sont supposées connues (voir chapitre 8).

Deux plans P et Q sont sécants suivant une droite Δ.

ABC est un triangle du plan Q, isocèle en C, tel que le segment [AB] est contenu dans la droite Δ. Le point H est le pied de la hauteur issue de C.

On note C′ le projeté orthogonal de C sur le plan P.

On suppose que l'angle $\widehat{CHC'}$ est aigu ; on pose $\widehat{CHC'} = \alpha$ ($0 \leqslant \alpha < 90°$) :

On se propose d'étudier quelques propriétés du triangle ABC′.

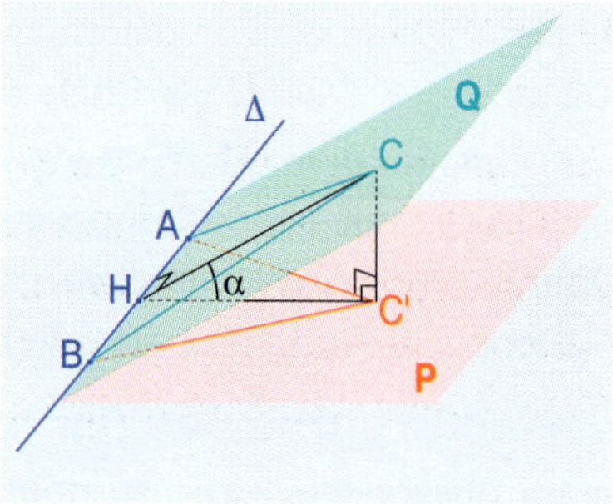

3-1 Conjectures

On suppose que le plan P est fixe et que le plan Q pivote autour de la droite Δ.
Répondez aux questions suivantes sans faire de calcul, en observant la figure.

1. Que peut-on dire du triangle ABC′ lorsque $\alpha = 0$?

2. Pensez-vous que le triangle ABC′ est toujours isocèle ?

3. L'aire du triangle ABC′ vous semble-t-elle plus grande que celle du triangle ABC ? Vous semble-t-elle égale ? plus petite ?

3-2 Démontrons, à présent

1. a) Montrez que les droites (AB) et (CH) sont orthogonales.
b) Montrez que les droites (AB) et (CC′) sont orthogonales.
c) Déduisez-en que la droite (AB) est orthogonale au plan (CC′H).

2. a) Montrez que les droites (AB) et (C′H) sont perpendiculaires.
b) Quelle est la nature du triangle C′AB ?

3. a) Démontrez que $C'H = CH \cos \alpha$.
b) Déduisez-en que aire (ABC′) = aire (ABC) × $\cos \alpha$.
c) Expliquez pourquoi aire (ABC′) $\leqslant$ aire (ABC).

3 ▪ 3 Quelques calculs

On suppose que AB = 6 cm et AC = 5 cm.

1. Calculez, en cm^2, l'aire du triangle ABC.

2. Donnez une valeur approchée de l'aire du triangle ABC′ à 10^{-2} près dans chacun des cas suivants :

a) $\alpha = 30°$. **b)** $\alpha = 45°$. **c)** $\alpha = 60°$.

3 ▪ 4 D'un triangle isocèle à un triangle équilatéral

1. On suppose que AH = 2,5 cm et AC = 5 cm.

a) Montrez qu'alors le triangle ABC est équilatéral.

b) Montrez qu'il n'existe pas de valeur non nulle de α telle que le triangle ABC′ soit équilatéral.

INDICATION : *Expliquer pourquoi* AC′ < AC.

2. On suppose que AH = 2 cm et AC = 5 cm.

a) Le triangle ABC est-il équilatéral ?

b) Montrez qu'il existe une valeur de α telle que le triangle ABC′ est équilatéral. On note α_0 cette valeur.

c) Trouvez une valeur approchée de α_0 à 10^{-2} près.

RÉSULTATS ET CONSEILS

Des résultats à retenir

- π radians correspondent à 180° ($\pi \approx 3{,}14$), donc $\frac{\pi}{2}$ correspondent à 90°, $\frac{\pi}{3}$ à 60°, $\frac{\pi}{6}$ à 30....
- A et B sont deux points d'un cercle de centre O et de rayon R. Si $\widehat{AOB} = \alpha$ radians, alors **la longueur de l'arc de cercle** $\overset{\frown}{AB}$ est αR.
- **Un cercle trigonométrique** est un cercle de rayon 1 orienté dans le sens direct ou positif.
- Si $\widehat{AOB} = \frac{\pi}{4}$, les mesures en radians de l'angle $(\overrightarrow{OA}, \overrightarrow{OB})$ sont les nombres $\frac{\pi}{4} + 2k\pi$, où $k \in \mathbb{Z}$.
- Parmi toutes les mesures de l'angle de vecteurs unitaires $(\overrightarrow{OA}, \overrightarrow{OB})$, la **mesure principale** est celle qui appartient à $]-\pi\,;\pi]$.

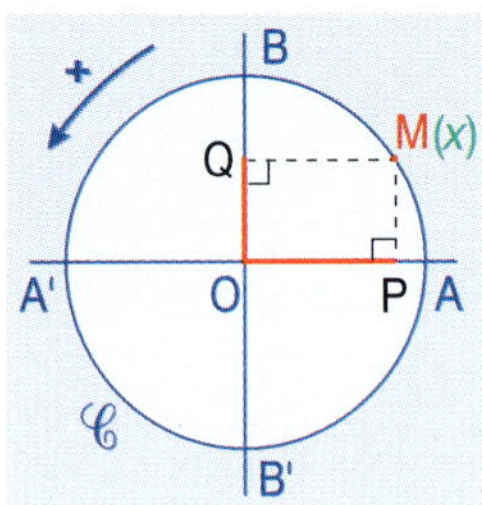

- $\mathscr{C}$ est un cercle trigonométrique de centre O, A est un point "origine" fixé sur $\mathscr{C}$. Le point M de $\mathscr{C}$ associé au réel x, est tel que $(\overrightarrow{OA}, \overrightarrow{OM}) = x$.
- $\cos x$ = abscisse de M dans le repère $(O\,;\overrightarrow{OA}, \overrightarrow{OB})$, donc $\cos x = \overline{OP}$.
  $\sin x$ = ordonnée de M, donc $\sin x = \overline{OQ}$.
- $\mathbf{-1 \leqslant \cos x \leqslant 1}$ et $\mathbf{-1 \leqslant \sin x \leqslant 1}$.
  $\mathbf{\cos^2 x + \sin^2 x = 1}$.
- **Valeurs remarquables**

x (en radian)	0	$\frac{\pi}{6}$	$\frac{\pi}{4}$	$\frac{\pi}{3}$	$\frac{\pi}{2}$
$\cos x$	1	$\frac{\sqrt{3}}{2}$	$\frac{\sqrt{2}}{2}$	$\frac{1}{2}$	0
$\sin x$	0	$\frac{1}{2}$	$\frac{\sqrt{2}}{2}$	$\frac{\sqrt{3}}{2}$	1

- Les fonctions cosinus et sinus sont périodiques, de période 2π, car pour tout réel x :
  $\cos(x + 2\pi) = \cos x$ et $\sin(x + 2\pi) = \sin x$.

Plus généralement, T est une période de f définie sur $\mathbb{R}$ si, pour tout réel x, $f(x + T) = f(x)$.

- **Formules trigonométriques usuelles**

$\cos(-x) = \cos x$; $\sin(-x) = -\sin x$.
$\cos(x + \pi) = -\cos x$; $\sin(x + \pi) = -\sin x$.
$\cos(\pi - x) = -\cos x$; $\sin(\pi - x) = \sin x$.
$\cos\left(\frac{\pi}{2} - x\right) = \sin x$; $\sin\left(\frac{\pi}{2} - x\right) = \cos x$.

- **Courbes représentatives**

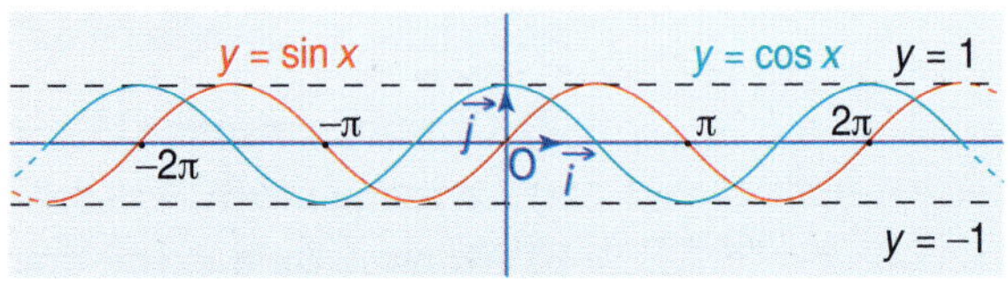

- $\mathbf{\tan x = \frac{\sin x}{\cos x}}$ (définie si $\cos x \neq 0$).
  Donc $\tan\frac{\pi}{6} = \frac{\sqrt{3}}{3}$; $\tan\frac{\pi}{4} = 1$; $\tan\frac{\pi}{3} = \sqrt{3}$.

Des conseils à suivre

▶ "$\cos^2 x = 1 - \sin^2 x$" et "$\sin^2 x = 1 - \cos^2 x$" sont utiles pour simplifier des expressions.

▶ N'oubliez pas que les nombres $\cos x$ et $\sin x$ sont toujours compris entre -1 et 1.

▶ Pour retrouver les formules (§ 6), placez x, $-x$, $x + \pi$, $\pi - x$, $\frac{\pi}{2} - x$, sur un cercle trigonométrique.

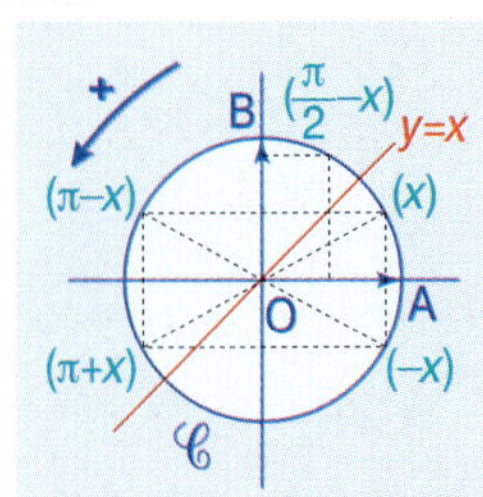

▶ Pour les angles remarquables, n'oubliez pas que $\sin\frac{\pi}{3} = \cos\frac{\pi}{6}$, $\cos\frac{\pi}{3} = \sin\frac{\pi}{6}$, et $\sin\frac{\pi}{4} = \cos\frac{\pi}{4}$.

Des erreurs à éviter

■ Lorsque vous utilisez une calculatrice, n'oubliez pas d'indiquer le mode choisi, degré ou radian.

exercices et problèmes

VÉRIFICATION DES CONNAISSANCES

S1 Complétez : π radians correspondent à □ degrés.

S2 M et N sont deux points d'un cercle de centre O et de rayon R tels que $\widehat{MON} = \alpha$ radians.
Quelle est la longueur du "petit" arc de cercle $\overset{\frown}{MN}$?

S3 Qu'appelle-t-on cercle trigonométrique ?

S4 • Si α est une mesure d'un angle orienté de vecteurs unitaires $(\overrightarrow{OA}, \overrightarrow{OB})$, quelles sont les autres mesures de cet angle ?
• Qu'appelle-t-on mesure principale de $(\overrightarrow{OA}, \overrightarrow{OB})$?

S5 $\mathscr{C}$ est un cercle trigonométrique d'origine A.
Placez les points de $\mathscr{C}$ associés à $\frac{\pi}{2}$, à π, à $\frac{3\pi}{2}$, à $-\frac{\pi}{4}$, à -3π.

S6 Comment définit-on $\cos x$ et $\sin x$?

S7 Complétez : pour tout réel x, □ $\leqslant \cos x \leqslant$ □, □ $\leqslant \sin x \leqslant$ □, $\cos^2 x + \sin^2 x =$ □.

S8 Donnez la valeur de $\sin x$, $\cos x$ pour $x = 0$, $x = \frac{\pi}{6}$, $x = \frac{\pi}{4}$, $x = \frac{\pi}{3}$, $x = \frac{\pi}{2}$.

S9 • Que signifie "f est périodique de période T" ?
• Complétez : les fonctions sin et cos sont périodiques de période □.

S10 • Exprimez $\cos(-x)$, $\cos(\pi + x)$, $\cos(\pi - x)$ en fonction de $\cos x$.
• Exprimez $\sin(-x)$, $\sin(\pi + x)$, $\sin(\pi - x)$ en fonction de $\sin x$.
• Comparez $\cos\left(\frac{\pi}{2} - x\right)$ et $\sin x$ d'une part, $\sin\left(\frac{\pi}{2} - x\right)$ et $\cos x$ d'autre part.

S11 Donnez l'allure de la courbe représentative de la fonction sinus, puis de la fonction cosinus.

S12 Quelle est la définition de $\tan x$? Donnez la valeur de $\tan x$ pour $x = 0$, $x = \frac{\pi}{6}$, $x = \frac{\pi}{4}$, $x = \frac{\pi}{3}$.

VÉRIFICATION DES SAVOIR-FAIRE

Une seule des réponses proposées est exacte	a	b	c
SF1 $\frac{5\pi}{4}$ radians correspondent à ...	210°	135°	225°
SF2 Si $\frac{\pi}{3}$ est une mesure d'un angle, cet angle admet aussi pour mesure ...	$\frac{4\pi}{3}$	$\frac{13\pi}{3}$	$-\frac{\pi}{3}$
SF3 La mesure principale de l'angle de mesure $\frac{3\pi}{2}$ est ...	$-\frac{\pi}{2}$	$\frac{\pi}{2}$	$\frac{3\pi}{2}$
SF4 Si $\cos x = 1$, alors $\sin x =$ ...	1	0	1 ou – 1
SF5 $\sin\left(-\frac{\pi}{4}\right) =$ ...	$\frac{\sqrt{2}}{2}$	$\sin \frac{5\pi}{4}$	$-\frac{1}{2}$
SF6 $\cos \frac{2\pi}{3} =$ ...	$-\frac{1}{2}$	$\cos \frac{\pi}{3}$	$-\frac{\sqrt{3}}{2}$
SF7 Pour tout réel x, $\cos(-x) =$ ...	$-\cos x$	$-\cos(\pi - x)$	$\cos(\pi + x)$
SF8 Pour tout réel x, $\sin(\pi - x) =$ ...	$-\sin x$	$\sin(\pi + x)$	$-\sin(-x)$
SF9 Pour $x = \frac{\pi}{2}$, $\tan x$ ...	est égal à 0	n'existe pas	est égal à 1

Corrigés en fin de manuel

COMME LES RÉSOLUS

Pour les exercices 1 à 3, vous pouvez vous reporter à l'exercice résolu 1, p. 160.

1 Un angle a pour mesure $\frac{54\pi}{7}$. Quelle est sa mesure principale ?

2 Un angle a pour mesure $-\frac{34\pi}{8}$. Quelle est sa mesure principale ?

3 Un angle a pour mesure $\frac{95\pi}{6}$. Quelle est sa mesure principale ?

Pour les exercices 4 et 5, vous pouvez vous reporter à l'exercice résolu 2, p. 161.

4 Donnez les valeurs exactes de :
a) $\sin\left(-\frac{\pi}{4}\right)$ **b)** $\cos\frac{7\pi}{6}$ **c)** $\sin\frac{2\pi}{3}$

5 Donnez les valeurs exactes de :
a) $\sin\left(-\frac{\pi}{6}\right)$ **b)** $\cos\frac{4\pi}{3}$ **c)** $\sin\frac{3\pi}{4}$

Pour les exercices 6 à 8, vous pouvez vous reporter à l'exercice résolu 3, p. 161.

6 x est un réel tel que $\sin x = \frac{4}{5}$ et $x \in \left[\frac{\pi}{2}\,;\pi\right]$.
Calculez $\cos x$.

7 x est un réel tel que $\sin x = \frac{2}{3}$ et $x \in \left[0\,;\frac{\pi}{2}\right]$.
Calculez $\cos x$.

8 x est un réel tel que $\cos x = -\frac{3}{4}$ et $x \in \left[\pi\,;\frac{3\pi}{2}\right]$
Calculez $\sin x$.

(Corrigés en fin de manuel.)

POUR S'ENTRAÎNER

Longueurs d'arcs

9 Sur un cercle de rayon 10 cm, calculez la longueur de chacun des arcs de cercle interceptés par des angles au centre de mesures :
1. en radians : **a)** $\frac{\pi}{2}$; **b)** $\frac{\pi}{3}$; **c)** $\frac{2\pi}{3}$; **d)** $\frac{3\pi}{4}$; **e)** 0,2.
2. en degrés : **a)** 90 ; **b)** 120 ; **c)** 80.

10 Sur un cercle de centre O et de rayon 10 cm, un arc $\overset{\frown}{AB}$ a pour longueur 5 cm. Déterminez une valeur approchée de la mesure en radians, puis en degrés, de l'angle $\widehat{AOB}$.

11 Un secteur circulaire de rayon 1 a un angle au centre de mesure x en radians.

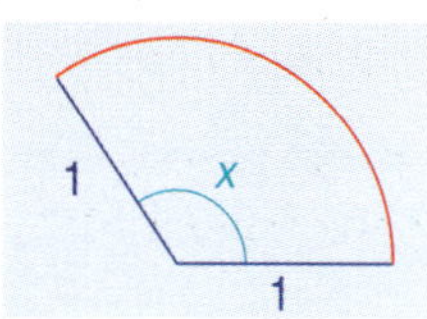

1. Déterminez x pour que le périmètre de ce secteur soit égal à 4.

2. Quelle est alors l'aire de ce secteur ?

Angles orientés

12 Convertissez en radians les mesures suivantes données en degrés : 10° ; 53° ; 180° ; 60° ; 18°.

13 Convertissez en degrés les mesures suivantes données en radians : $\frac{\pi}{3}$; $\frac{2\pi}{3}$; $\frac{\pi}{4}$; $\frac{\pi}{2}$; π ; $\frac{3\pi}{8}$.

14 $\mathscr{C}$ est un cercle trigonométrique de centre O et A est un point de $\mathscr{C}$.
Placez le point M tel qu'une mesure en radians de $(\overrightarrow{OA}, \overrightarrow{OM})$ soit :
$$\frac{\pi}{2}\,;\frac{3\pi}{2}\,;-\frac{\pi}{2}\,;\pi\,;-\pi\,;\frac{\pi}{6}\,;-\frac{\pi}{6}\,;\frac{3\pi}{4}\,;-\frac{\pi}{4}.$$

Pour les exercices 15 et 16, $\mathscr{C}$ est un cercle trigonométrique de centre O et A est un point de $\mathscr{C}$. Donnez la mesure principale de $(\overrightarrow{OA}, \overrightarrow{OM})$, dans chaque cas, lorsqu'une mesure de $(\overrightarrow{OA}, \overrightarrow{OM})$ est celle qui est indiquée.

15 **a)** $\frac{7\pi}{2}$; **b)** $\frac{5\pi}{3}$; **c)** $-\frac{4\pi}{3}$.

16 **a)** $\frac{35\pi}{6}$; **b)** $-\frac{21\pi}{4}$; **c)** $\frac{11\pi}{4}$.

17 Placez, sur un cercle trigonométrique $\mathscr{C}$, les points associés aux ensembles de réels suivants :
a) $x = \frac{2\pi}{3} + 2k\pi$ $(k \in \mathbb{Z})$. **b)** $x = \frac{\pi}{3} + k\pi$ $(k \in \mathbb{Z})$.
c) $x = -\frac{\pi}{3} + k\pi$ $(k \in \mathbb{Z})$. **d)** $x = \frac{2k\pi}{3}$ $(k \in \mathbb{Z})$.

18 Dans chacun des cas suivants, représentez sur un cercle trigonométrique l'ensemble des points M du cercle associés aux nombres x tels que :
a) $\frac{1}{2} \leqslant \cos x \leqslant 1$. **b)** $0 \leqslant \sin x \leqslant \frac{\sqrt{3}}{2}$.
c) $\sin x \geqslant \frac{1}{2}$. **d)** $\cos x \leqslant -\frac{\sqrt{2}}{2}$.

Utilisation de formules

19 $\sin x = \frac{3}{5}$. Calculez $\cos x$ lorsque :

a) $x \in \left[0 ; \frac{\pi}{2}\right]$. **b)** $x \in \left[\frac{\pi}{2} ; \pi\right]$.

20 $\cos x = -\frac{1}{3}$. Calculez $\sin x$ lorsque :

a) $x \in \left[\frac{\pi}{2} ; \pi\right]$. **b)** $x \in [-\pi ; 0]$.

21 $\sin x = -\frac{4}{5}$. Calculez $\cos x$ lorsque :

a) $x \in \left[-\pi ; -\frac{\pi}{2}\right]$. **b)** $x \in \left[-\frac{\pi}{2} ; 0\right]$.

Pour les exercices 22 à 24, trouvez la valeur exacte du cosinus et du sinus de chacun des réels donnés, sans utiliser une calculatrice.

INDICATION : Commencer éventuellement par placer les points correspondants sur un cercle trigonométrique.

22 $\frac{\pi}{6} ; \frac{5\pi}{6} ; \frac{7\pi}{6} ; \frac{11\pi}{6} ; \frac{13\pi}{6}$.

23 $\frac{\pi}{4} ; \frac{9\pi}{4} ; \frac{5\pi}{4} ; \frac{81\pi}{4} ; -\frac{108\pi}{3}$.

24 $\frac{4\pi}{3} ; \frac{\pi}{3} ; \frac{71\pi}{3} ; \frac{97\pi}{3}$.

Pour les exercices 25 à 28, montrez que l'égalité donnée est vraie pour tout réel x.

25 $(\sin x + \cos x)^2 = 1 + 2 \sin x \cos x$.

26 $\sin^4 x + \cos^4 x + 2 \sin^2 x \cos^2 x = 1$.

27 $\sin^4 x - \cos^4 x + 2 \cos^2 x = 1$.

28 $(1 + \sin x + \cos x)^2 = 2(1 + \cos x)(1 + \sin x)$.

29 **1.** Montrez que, pour tout réel x tel que $\cos x \neq 0$:

$$1 + \tan^2 x = \frac{1}{\cos^2 x} \quad \textbf{[1]}.$$

2. On sait que $x \in \left]-\frac{\pi}{2} ; 0\right]$ et que $\tan x = -2$.
Trouvez $\cos x$ et $\sin x$ en utilisant **[1]**.

30 $\mathscr{C}$ est un cercle trigonométrique d'origine A, et M est un point de $\mathscr{C}$ tel que $(\overrightarrow{OA}, \overrightarrow{OM}) = x$.

1. Placez sur $\mathscr{C}$ les points associés à $\pi - x$, $\pi + x$, $2\pi - x$ et simplifiez l'expression :

$$f(x) = \cos x + \cos(\pi - x) + \cos(\pi + x) + \cos(2\pi - x).$$

2. Placez sur $\mathscr{C}$ les points associés à $\frac{\pi}{2} + x$, $\pi + x$, $\frac{3\pi}{2} + x$ et simplifiez l'expression :

$$g(x) = \sin x + \sin\left(\frac{\pi}{2} + x\right) + \sin(\pi + x) + \sin\left(\frac{3\pi}{2} + x\right).$$

3. Placez sur $\mathscr{C}$ les points associés à $\frac{\pi}{2} - x$, $\frac{\pi}{2} + x$, $\frac{3\pi}{2} - x$, $\frac{3\pi}{2} + x$ et simplifiez l'expression :

$$h(x) = \cos x + \sin\left(\frac{\pi}{2} - x\right) + \sin\left(\frac{\pi}{2} + x\right) - \sin\left(\frac{3\pi}{2} - x\right) - \sin\left(\frac{3\pi}{2} + x\right).$$

31 Simplifiez les expressions suivantes :

a) $f(x) = \cos(\pi - x) + \cos(5\pi + x) + 2\cos(-x)$.

b) $g(x) = 2\cos\left(\frac{\pi}{2} + x\right) - 3\sin(\pi - x) + 4\sin(3\pi - x)$.

c) $h(x) = \cos\left(\frac{\pi}{2} - x\right) + \sin(6\pi + x) - 3\cos\left(\frac{3\pi}{2} - x\right)$

32 **1.** En utilisant la relation $\sin x = \sin(\pi - x)$, montrez que pour tout réel u :

$$\sin\left(\frac{\pi}{6} + u\right) = \sin\left(\frac{5\pi}{6} - u\right).$$

2. En utilisant la relation $\cos x = \sin\left(\frac{\pi}{2} - x\right)$, montrez que pour tout réel u :

$$\cos\left(\frac{\pi}{4} + u\right) = \sin\left(\frac{\pi}{4} - u\right).$$

33 **1.** Sachant que $\cos\frac{\pi}{5} = \frac{\sqrt{5}+1}{4}$, calculez $\sin\frac{\pi}{5}$ et $\tan\frac{\pi}{5}$.

2. Déduisez-en le sinus et le cosinus de $\frac{4\pi}{5}$ et de $\frac{6\pi}{5}$.

34 **1.** Sachant que $\sin\frac{\pi}{12} = \frac{\sqrt{6}-\sqrt{2}}{4}$, calculez $\cos\frac{\pi}{12}$ et $\tan\frac{\pi}{12}$.

2. Déduisez-en le sinus et le cosinus de $\frac{11\pi}{12}$, de $-\frac{287\pi}{12}$, et de $\frac{7\pi}{12}$.

Équations trigonométriques

35 Dans chaque cas, sans utiliser une calculatrice, trouvez le réel x de $[0 ; \pi]$ qui vérifie :

a) $\cos x = \frac{1}{2}$. **b)** $\cos x = 1$. **c)** $\cos x = -\frac{\sqrt{2}}{2}$.

36 Dans chaque cas, sans utiliser une calculatrice, trouvez, s'il existe, le réel x de $\left[-\frac{\pi}{2} ; \frac{\pi}{2}\right]$ qui vérifie :

a) $\sin x = -\frac{1}{2}$. **b)** $\sin x = -\frac{\sqrt{3}}{2}$. **c)** $\sin x = -\sqrt{2}$.

37 Dans chaque cas, en utilisant une calculatrice, donnez une valeur approchée à 10^{-2} près du réel x de $[0 ; \pi]$ tel que :

a) $\cos x = 0{,}2$. **b)** $\cos x = -0{,}7$.

38 Dans chacun des cas, en utilisant une calculatrice, donnez une valeur approchée à 10^{-2} près du réel x de $\left[-\frac{\pi}{2} ; \frac{\pi}{2}\right]$ tel que :

a) $\sin x = -0{,}6$. **b)** $\sin x = 0{,}4$.

39 Dans chaque cas, trouvez le réel x (valeur exacte ou approchée à 10^{-2} près) tel que :

a) $\cos x = 0{,}4$ et $x \in [-\pi ; 0]$.

b) $\cos x = -\frac{1}{2}$ et $x \in [\pi ; 2\pi]$.

c) $\sin x = \frac{1}{3}$ et $x \in \left[\frac{\pi}{2} ; \pi\right]$.

d) $\sin x = -\frac{\sqrt{3}}{2}$ et $x \in \left[-\pi ; -\frac{\pi}{2}\right]$.

exercices et problèmes

Périodicité et parité de fonctions trigonométriques

40 f est la fonction définie sur $\mathbb{R}$ par $f(x) = \cos 2x$.

1. Montrez que f a pour période π.

2. Étudiez la parité de f.

41 f est la fonction définie sur $\mathbb{R}$ par $f(x) = \sin \frac{x}{3}$.

1. Montrez que f a pour période 6π.

2. Étudiez la parité de f.

42 f est la fonction définie sur $\mathbb{R}$ par $f(x) = \sin 5x$.

1. Montrez que f a pour période $\frac{2\pi}{5}$.

2. Étudiez la parité de f.

43 f est la fonction définie sur $\mathbb{R}$ par $f(x) = \sin^2 x$.

1. Montrez que f a pour période π.

2. Étudiez la parité de f.

44 f est la fonction définie sur $\mathbb{R}$ par $f(x) = \sin x \cos x$.

1. Montrez que f a pour période π.

2. Étudiez la parité de f.

45* **1.** f est la fonction définie sur $\mathbb{R}$ par $f(x) = \sin^3 x \cos 3x$.
Comparez $f(x)$, $f(-x)$ et $f(\pi + x)$.

2. g est la fonction définie sur $\mathbb{R}$ par $g(x) = \sin 3x \cos^3 x$.
Comparez $g(x)$, $g(-x)$ et $g(\pi + x)$.

Représentations graphiques

46 **1.** Dessinez dans un même repère les courbes $\mathscr{C}$ et $\mathscr{S}$ représentant les fonctions cosinus et sinus.

2. x est un réel ; M $(x ; \cos x)$ est un point de $\mathscr{C}$ et
P $\left(x + \frac{\pi}{2} ; \sin\left(x + \frac{\pi}{2}\right)\right)$ est un point de $\mathscr{S}$.
Calculez les coordonnées du vecteur $\overrightarrow{MP}$.

3. Montrez que la courbe $\mathscr{S}$ est l'image de la courbe $\mathscr{C}$ par une translation.

NOTE : Cette propriété a été énoncée en Cours, § 8.2.

47 **Étude de la fonction $f : x \mapsto \sin 2x$**

1. a. Montrez que f est impaire.
b. Montrez que f est périodique de période π, c'est-à-dire que pour tout réel x, $f(x + \pi) = f(x)$.

2. Il résulte de la question **1.** qu'il suffit d'étudier f sur l'intervalle $\left[0 ; \frac{\pi}{2}\right]$ et de tracer la partie de sa courbe restreinte à cet intervalle. En effet, expliquez comment vous obtiendrez la partie de la courbe sur $\left[-\frac{\pi}{2} ; 0\right]$, puis comment vous obtiendrez la courbe entière.

3. a. Montrez que f est croissante sur $\left[0 ; \frac{\pi}{4}\right]$.

INDICATION : Considérer deux réels u et v dans $\left[0 ; \frac{\pi}{4}\right]$ avec $u < v$, et en utilisant la croissance de la fonction sinus sur $\left[0 ; \frac{\pi}{2}\right]$, montrer que $f(u) \leqslant f(v)$.

b. Montrez que f est décroissante sur $\left[\frac{\pi}{4} ; \frac{\pi}{2}\right]$.
c. Dressez le tableau de variation de f sur $\left[0 ; \frac{\pi}{2}\right]$ en faisant apparaître le maximum.

d. L'unité étant le radian, tabulez la fonction f avec un pas 0,2 entre 0 et 1,6, c'est-à-dire calculez $f(0)$, $f(0{,}2)$, $f(0{,}4)$, ..., $f(1{,}4)$, $f(1{,}6)$, et faites le tableau de valeurs correspondant.

4. Tracez la courbe représentative de f sur $[-\pi ; 3\pi]$.

48 **Étude de la fonction $g : x \mapsto \cos 2x$**

1. a. Montrez que g est paire.
b. Montrez que g est périodique de période π, c'est-à-dire que pour tout réel x, $g(x + \pi) = g(x)$.

2. a. Montrez que g est décroissante sur $\left[0 ; \frac{\pi}{2}\right]$.

INDICATION : Considérer deux réels u et v dans $\left[0 ; \frac{\pi}{2}\right]$ avec $u < v$, et en utilisant la décroissance de la fonction cosinus sur $[0 ; \pi]$, montrer que $f(u) \geqslant g(v)$.

b. Dressez le tableau de variation de g sur l'intervalle $\left[0 ; \frac{\pi}{2}\right]$.

3. Tracez la courbe représentative de g sur $\left[0 ; \frac{\pi}{2}\right]$.

4. En utilisant la question **1.**, tracez la courbe représentative de g sur $[-\pi ; 3\pi]$.

49 **Étude de la fonction $f : x \mapsto \cos \frac{x}{2}$**

1. a. Montrez que f est paire.
b. Montrez que f est périodique de période 4π, c'est-à-dire que pour tout réel x, $f(x + 4\pi) = f(x)$.

2. Montrez que f est décroissante sur $[0 ; 2\pi]$.

3. a. Tracez la courbe représentative de f sur $[0 ; 2\pi]$.
b. En utilisant la question **1.**, tracez la courbe représentative de f sur $[-6\pi ; 6\pi]$.

50 **Étude de la fonction $g : x \mapsto \sin \frac{x}{2}$**

1. a. Montrez que g est impaire.
b. Montrez que g est périodique de période 4π, c'est-à-dire que pour tout réel x, $g(x + 4\pi) = g(x)$.

2. Montrez que g est croissante sur $[0 ; \pi]$ et décroissante sur $[\pi ; 2\pi]$.

3. a. Dressez le tableau de variation de g sur $[0 ; 2\pi]$, puis tracez la courbe représentative de g sur $[0 ; 2\pi]$.
b. En utilisant la question **1.**, tracez la courbe représentative de f sur $[-6\pi ; 6\pi]$.

En géométrie

51 Aire et hauteurs d'un triangle

Le triangle ABC est un triangle isocèle tel que :

$$AB = AC = 1 \text{ et } \widehat{BAC} = \frac{2\pi}{3}.$$

A se projette orthogonalement en A′ sur (BC), B en B′ sur (AC), et C en C′ sur (AB).

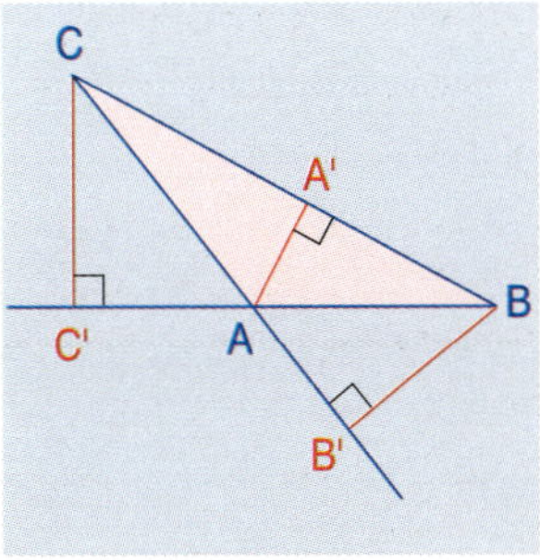

1. Calculez $\widehat{CAC'}$, puis la hauteur CC′.
Déduisez-en l'aire $\mathscr{A}$ du triangle ABC.

2. Calculez $\widehat{ABC}$, puis BC en considérant le triangle rectangle BC′ C.

3. Calculez alors les hauteurs AA′ et BB′.

INDICATION : Un triangle ABC de hauteur AH a pour aire $\frac{1}{2} \times AH \times BC$.

52 Aire d'un parallélogramme

ABCD est un parallélogramme articulé tel que la mesure x en radians de $\widehat{ADC}$ varie entre 0 et $\frac{\pi}{2}$. La tige AD est fixe, AD = 3 et AB = 2.

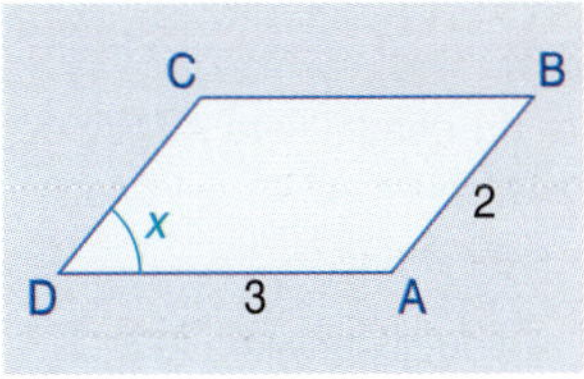

1. Exprimez l'aire $\mathscr{A}$ du parallélogramme en fonction de x.

2. Comment faut-il choisir x pour avoir $\mathscr{A} = 4$?

53* Calcul des valeurs exactes de $\cos\frac{\pi}{8}$ et $\sin\frac{\pi}{8}$

ABC est un triangle rectangle en A tel que :

$$BC = 2a \text{ et } \widehat{B} = \frac{\pi}{8}\text{radian}.$$

Le point O est le milieu de [BC] et le point H est le projeté orthogonal de A sur [BC].

1. a. Expliquez pourquoi $\widehat{AOH} = \frac{\pi}{4}$radian.

b. Déduisez-en que $AH = OH = \frac{a\sqrt{2}}{2}$, puis que :

$$AB = a\sqrt{2+\sqrt{2}}.$$

2. En utilisant le triangle AHB, trouvez $\cos\frac{\pi}{8}$ et $\sin\frac{\pi}{8}$.

54

Un demi-cercle de diamètre [AD] a pour rayon R. B et C sont deux points du demi-cercle tels que :

$$\widehat{AOB} = \frac{\pi}{6} \text{ et } \widehat{COD} = \frac{\pi}{6}.$$

Le point H est le projeté orthogonal du point O sur [BC].
On se propose de déterminer lequel des deux domaines, le bleu ou le rose, a la plus grande aire.

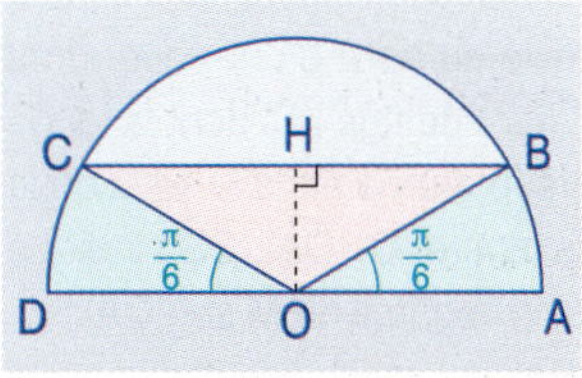

1. Calculez l'aire des triangles OHB et OBC.

2. Calculez l'aire des secteurs angulaires $\widehat{AOB}$ et $\widehat{COD}$.

3. Calculez l'aire $\mathscr{A}$ du domaine rose, puis l'aire $\mathscr{B}$ du domaine bleu.
Quel est le domaine qui a la plus grande aire ?

D'après *Rallye Mathématiques sans frontières* — 1992 — IREM de Toulouse.

55 Calcul de distance

En utilisant les indications portées sur le dessin suivant, calculez la distance entre le poteau électrique et la maison.

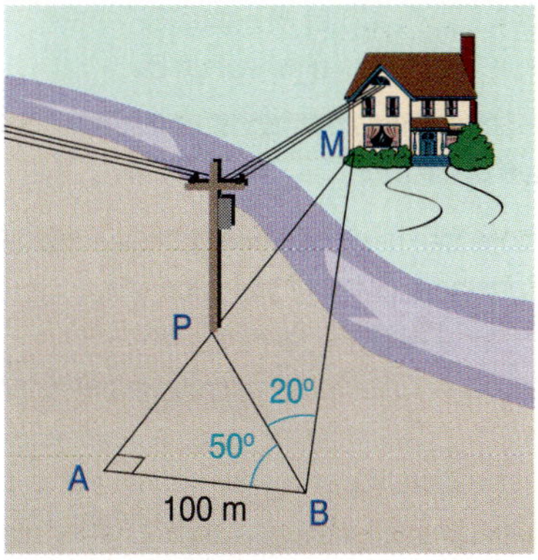

56 La hauteur de l'Obélisque

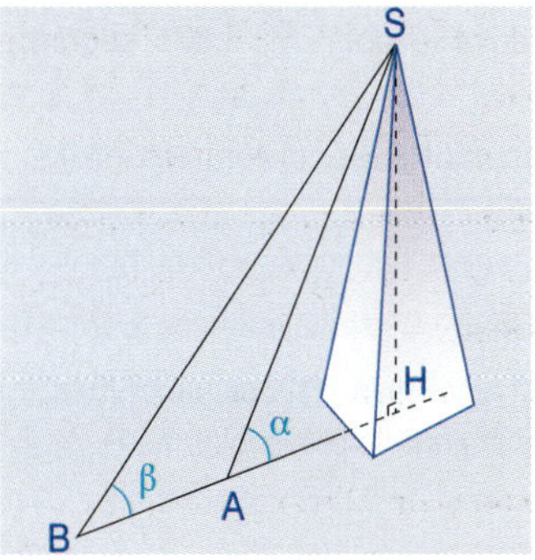

Pour mesurer la hauteur de l'Obélisque de la Place de la Concorde à Paris, des topographes ont fait les relevés suivants :

$$\alpha = 58{,}5°, \beta = 35{,}1°, AB = 18{,}7 \text{ m}.$$

Calculez la hauteur du monument.

PROBLÈMES DE SYNTHÈSE

57 **THÈMES : Fonctions circulaires. Coordonnées. Mouvement circulaire. Approximations.**

Un piston est relié au bord d'une roue, dont le rayon est égal à 1 mètre, par une tige MT dont la longueur est égale à 3 mètres. La roue tourne dans le sens de la flèche.
On considère le repère $(O ; \overrightarrow{OA}, \overrightarrow{OB})$ indiqué sur la figure.
H est le projeté orthogonal de M sur (OA).
On pose $\alpha = \widehat{MTH}$.

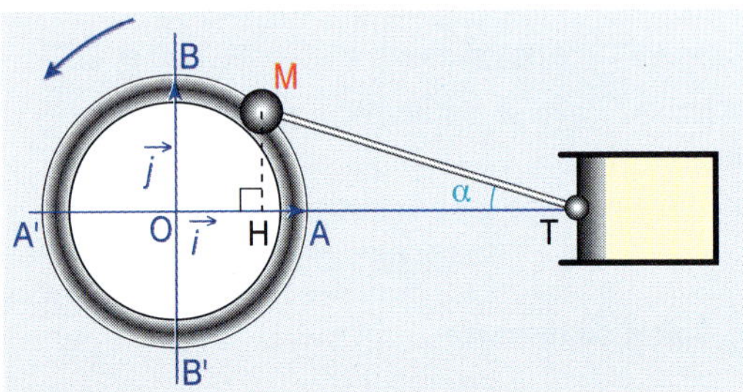

A. 1. Précisez les coordonnées de M et de T lorsque :

a) M est en A. **b)** M est en B.
c) M est en A′. **d)** M est en B′.

2. Donnez une valeur approchée en radians de α à 10^{-2} près lorsque M est en B.

B. On suppose que la roue tourne dans le sens de la flèche à vitesse constante : un tour par seconde.
À la date $t = 0$, M coïncide avec le point A.

1. a. Quelle est la distance d parcourue par le point M en 1 seconde ?
b. Quelle est la distance totale parcourue par le point T en 1 seconde ?

2. a. Où se trouve le point M, 2,25 secondes après le départ ?
b. Où se trouve le point M, 5,875 secondes après le départ ?

3. a. Quelles sont les coordonnées de M, t secondes après le départ ?
b. Montrez qu'alors l'abscisse $x(t)$ du point T est :

$$x(t) = \sqrt{9 - \sin^2 2\pi t} + \cos 2\pi t \quad \textbf{[1]}.$$

4. En utilisant la formule **[1]**, calculez $x(0)$ et $x\left(\frac{1}{2}\right)$.
Ces résultats étaient-ils prévisibles ?

58 **THÈMES : Trigonométrie. Calcul de distances et d'angles. Étude de variations.**

ABC est un triangle équilatéral de côté 4 ; M est un point quelconque du segment [BC], distinct de B et de C.
On note P le projeté orthogonal de M sur (AB) et Q le projeté orthogonal de M sur (AC). On pose $BM = x$.
On se propose d'étudier les angles, le périmètre et l'aire du quadrilatère APMQ.

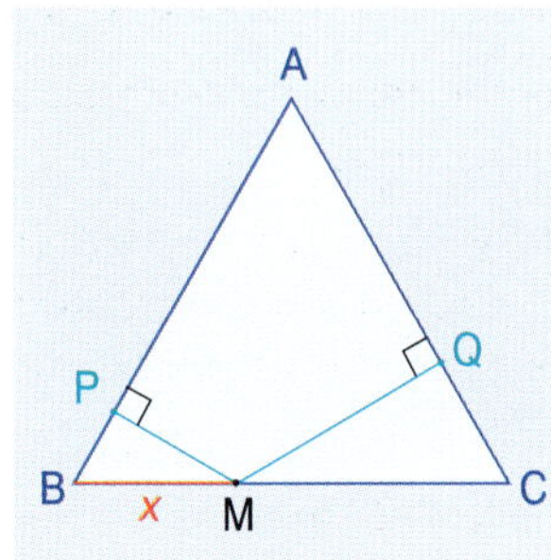

A. Angles

1. a. Calculez les angles $\widehat{BMP}$ et $\widehat{CMQ}$.
b. Déduisez-en la valeur de l'angle $\widehat{PMQ}$.

2. Vérifiez que les quatre angles du quadrilatère APMQ sont indépendants de x.

B. Périmètre

On note $p(x)$ le périmètre du quadrilatère APMQ.

1. Calculez, en fonction de x, la longueur des segments [MP] et [MQ].

2. Calculez, en fonction de x, la longueur des segments [BP] et [CQ].

3. a. Calculez $p(x)$.
b. Le périmètre du quadrilatère APMQ dépend-il de la position du point M ?

C. Aire

On note $\mathcal{A}(x)$ l'aire du quadrilatère APMQ.

1. a. Calculez, en fonction de x, l'aire du triangle BPM.
b. Calculez, en fonction de x, l'aire du triangle CQM.
c. Déduisez-en $\mathcal{A}(x)$.

2. a. Expliquez pourquoi la fonction $x \mapsto -(x-2)^2$ est croissante sur $]0 ; 2]$ et décroissante sur $[2 ; 4[$.
b. Déduisez-en les variations, sur $]0 ; 4[$, de la fonction :

$$x \mapsto 3\sqrt{3} - \frac{\sqrt{3}}{4}(x-2)^2.$$

c. Expliquez alors pourquoi l'aire du quadrilatère APMQ est la plus grande lorsque M est le milieu de [BC].

Exercices guidés

1 Savoir utiliser les angles aigus remarquables

On se propose de trouver la valeur exacte de $\cos \frac{3\pi}{4}$ en remarquant que $\frac{3\pi}{4} = \pi - \frac{\pi}{4}$.

Il est précisé dans l'énoncé "valeur exacte".

Une calculatrice ne permet pas de donner directement la réponse car elle ne donne que des valeurs approchées.

Puisque $\frac{3\pi}{4} = \pi - \frac{\pi}{4}$, $\cos \frac{3\pi}{4}$ s'écrit $\cos\left(\pi - \frac{\pi}{4}\right)$.

Il est alors naturel de penser à la formule donnant $\cos(\pi - x)$ en fonction de $\cos x$.

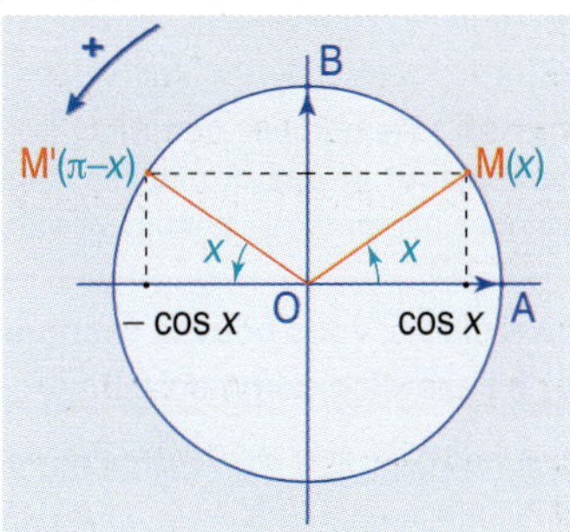

1. Quelle est cette formule ?

CONSEIL : Penser à utiliser un cercle trigonométrique.

2. Quelle est la valeur exacte de $\cos \frac{\pi}{4}$?

3. Déduisez-en la valeur exacte de $\cos \frac{3\pi}{4}$.

REMARQUE : Il est conseillé de contrôler, à l'aide d'une calculatrice, le résultat trouvé. Pour cela, en utilisant directement la touche [cos] de votre calculatrice, donnez une valeur approchée de $\cos \frac{3\pi}{4}$. (Attention ! N'oubliez pas, pour la calculatrice, d'écrire $\cos \frac{3\pi}{4}$ sous la forme $\cos\left(\frac{3\pi}{4}\right)$.)
Comparez alors cette valeur approchée et la valeur exacte obtenue au **3.**

2 Trouver la mesure principale d'un angle

Trouvez la mesure principale de l'angle de mesure $\frac{5\pi}{4}$.

Il s'agit d'abord de bien comprendre le point suivant : un angle a une infinité de mesures.

Par exemple, ici, $\frac{5\pi}{4}$ est une des mesures de l'angle considéré ; $\frac{5\pi}{4} + 2\pi$, $\frac{5\pi}{4} + 4\pi$ ... $\frac{5\pi}{4} - 2\pi$, $\frac{5\pi}{4} - 4\pi$ .... sont aussi des mesures de cet angle.

Plus généralement, tous les nombres $\frac{5\pi}{4} + 2k\pi$, avec k élément de $\mathbb{Z}$, sont des mesures de cet angle.

Vous pouvez retenir ceci de la façon suivante : notons M le point d'un cercle trigonométrique tel que $(\overrightarrow{OA}, \overrightarrow{OM}) = \frac{5\pi}{4}$. Si le point M décrit un ou plusieurs tours complets sur un cercle trigonométrique, dans le sens positif ou dans le sens négatif, M revient à sa place initiale. Parmi toutes les mesures d'un angle, une seule est dans l'intervalle $]-\pi\,;\pi]$; on l'appelle la mesure principale.

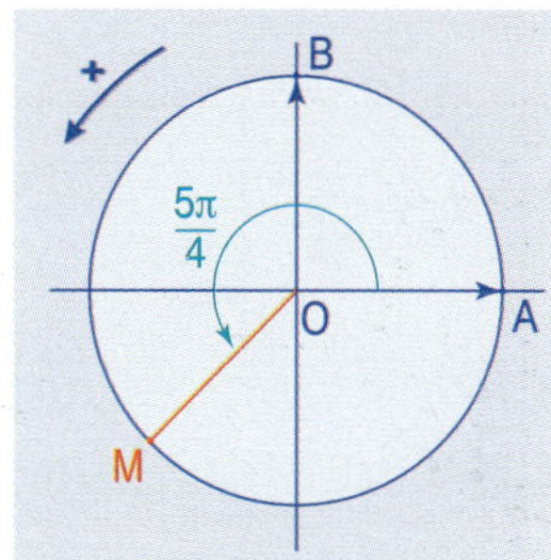

1. Expliquez pourquoi $\frac{5\pi}{4}$ n'est pas dans $]-\pi\,;\pi]$.

2. Notons α la mesure principale de l'angle considéré. α est de la forme $\alpha = \frac{5\pi}{4} + 2k\pi$, avec $k \in \mathbb{Z}$.

Cherchons donc l'entier k tel que :

$$-\pi < \frac{5\pi}{4} + 2k\pi \leqslant \pi \quad \textbf{[1]}.$$

La méthode consiste alors à utiliser la double inégalité **[1]** pour obtenir une double inégalité de la forme ... $< k \leqslant$ ... .

Montrez que **[1]** peut s'écrire successivement :

a) $-1 < \frac{5}{4} + 2k \leqslant 1$. **b)** $-1 - \frac{5}{4} < 2k \leqslant 1 - \frac{5}{4}$.

c) $-\frac{9}{8} < k \leqslant -\frac{1}{8}$ **[2]**.

3. Notez que dans la double inégalité **[2]**, k est "isolé" et n'oubliez surtout pas que k est un entier (positif ou négatif).

Expliquez alors pourquoi –1 est l'unique entier pour lequel la double inégalité **[2]** est vraie.

CONSEIL : Pour mieux comprendre, placer $-\frac{9}{8}$ et $-\frac{1}{8}$ sur une droite graduée.

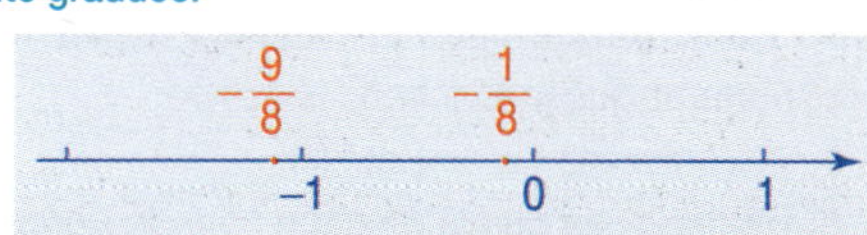

4. Pour obtenir α, il suffit alors de remplacer k par –1 dans la formule $\alpha = \frac{5\pi}{4} + 2k\pi$.

Vérifiez que la mesure principale cherchée est $-\frac{3\pi}{4}$.

CONSEIL : Contrôler éventuellement que $-\frac{3\pi}{4}$ est effectivement dans l'intervalle $]-\pi\,;\pi]$. Ceci est conseillé mais non obligatoire.

Exercices commentés

3 M, N, P, Q sont quatre points d'un cercle trigonométrique $\mathscr{C}$ tels que :

$$(\overrightarrow{OA}, \overrightarrow{OM}) = x \;; \quad (\overrightarrow{OA}, \overrightarrow{ON}) = x + \frac{\pi}{2} \;;$$

$$(\overrightarrow{OA}, \overrightarrow{OP}) = x + \pi \;; (\overrightarrow{OA}, \overrightarrow{OQ}) = x + \frac{3\pi}{2}.$$

On pose $\vec{u} = \overrightarrow{OM} + \overrightarrow{ON} + \overrightarrow{OP} + \overrightarrow{OQ}$.

On se propose de démontrer que $\vec{u} = \vec{0}$.

VERS UNE SOLUTION

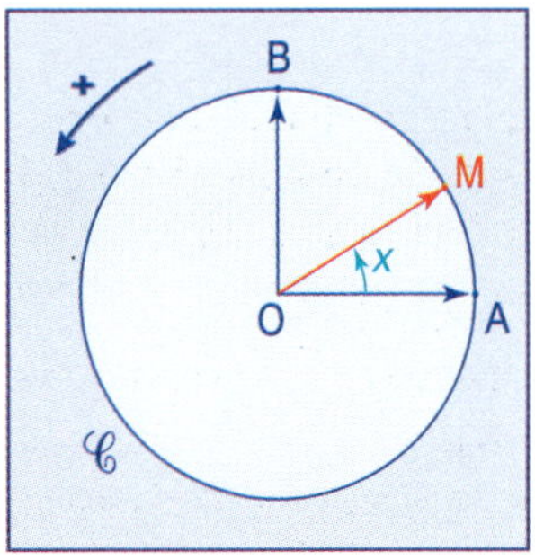

• **Première méthode :** vectoriellement

1. a. Expliquez pourquoi O est le milieu de [MP] et de [NQ].

b. Précisez les vecteurs $\overrightarrow{OM} + \overrightarrow{OP}$ et $\overrightarrow{ON} + \overrightarrow{OQ}$.

2. Montrez que $\vec{u} = \vec{0}$.

• **Deuxième méthode :** analytiquement

On écrit les coordonnées de chacun des vecteurs $\overrightarrow{OM}$, $\overrightarrow{ON}$, $\overrightarrow{OP}$, $\overrightarrow{OQ}$ dans le repère orthonormal $(O ; \overrightarrow{OA}, \overrightarrow{OB})$.

1. Exprimez en fonction de $\cos x$ et $\sin x$ les coordonnées, dans le repère $(O ; \overrightarrow{OA}, \overrightarrow{OB})$, des vecteurs $\overrightarrow{OM}$, $\overrightarrow{ON}$, $\overrightarrow{OP}$, $\overrightarrow{OQ}$.

2. Déduisez-en que $\vec{u} = \vec{0}$.

4 On se propose de construire la courbe représentative de la fonction $f : x \mapsto |\sin x|$.

VERS UNE SOLUTION

• **Première méthode : en étudiant la fonction *f*.**

1. Montrez que la fonction f est paire.

2. a. Comparez $f(x + \pi)$ et $f(x)$.

b. Déduisez-en que la fonction f est de période π.

3. a. Expliquez pourquoi, lorsque x est un réel de $\left[0 ; \frac{\pi}{2}\right]$, on a $f(x) = \sin x$.

b. Construisez la courbe représentative de f sur $\left[0 ; \frac{\pi}{2}\right]$.

4. Déduisez-en la courbe représentative de f sur $\left[-\frac{\pi}{2} ; \frac{\pi}{2}\right]$.

5. Déduisez-en, en utilisant la période de f, la courbe représentative de f sur $\left[-\frac{3\pi}{2} ; \frac{3\pi}{2}\right]$.

• **Deuxième méthode : en utilisant la courbe représentative de la fonction sinus.**

On sait que : $|\sin x| = \sin x$ lorsque $\sin x \geqslant 0$

$|\sin x| = -\sin x$ lorsque $\sin x \leqslant 0$.

On va voir alors comment on peut obtenir directement la courbe représentative de f à partir de la courbe représentative de la fonction sinus.

1. Construisez la courbe représentative de la fonction sinus sur l'intervalle $I = \left[-\frac{3\pi}{2} ; \frac{3\pi}{2}\right]$.

2. Précisez les intervalles de I sur lesquels $\sin x$ est positif et ceux sur lesquels $\sin x$ est négatif.

3. Expliquez comment on peut construire la courbe représentative de f sur $\left[-\frac{3\pi}{2} ; \frac{3\pi}{2}\right]$ à partir de la courbe représentative de la fonction sinus sur $\left[-\frac{3\pi}{2} ; \frac{3\pi}{2}\right]$.

INDICATION : Remarquer que deux points qui ont même abscisse et des ordonnées opposées sont symétriques par rapport à la droite des abscisses.

Pour l'exercice 5, vous pouvez éventuellement vous reporter à l'exercice commenté 3.

5 A est un point fixé d'un cercle trigonométrique $\mathscr{C}$. M, N, P, Q sont quatre points de $\mathscr{C}$ tels que :

$$(\overrightarrow{OA}, \overrightarrow{OM}) = \frac{\pi}{6} \;; \; (\overrightarrow{OA}, \overrightarrow{ON}) = \frac{5\pi}{6} \;;$$

$$(\overrightarrow{OA}, \overrightarrow{OP}) = \frac{7\pi}{6} \;; \; (\overrightarrow{OA}, \overrightarrow{OQ}) = \frac{11\pi}{6}.$$

Démontrez que $\overrightarrow{OM} + \overrightarrow{ON} + \overrightarrow{OP} + \overrightarrow{OQ} = \vec{0}$

Pour l'exercice 6, vous pouvez éventuellement vous reporter à l'exercice commenté 4.

6 Construisez la courbe représentative de la fonction

$$f : x \mapsto |\cos x|, \text{ sur } \left[-\frac{3\pi}{2} ; \frac{3\pi}{2}\right]$$

Trouvez l'erreur

Pour chaque exercice de cette rubrique, une solution vous est proposée, mais elle contient une erreur. Trouvez cette erreur.

7 Existe-t-il un réel x tel que $\cos x + 2 = 0$?

Solution
$\cos x + 2 = 0$ équivaut à $\cos x = -2$,
c'est-à-dire à $\cos\frac{x}{2} = -1$.
Or $\cos \pi = -1$; donc le réel x tel que $\frac{x}{2} = \pi$ est solution.
2π est donc solution de l'équation $\cos x + 2 = 0$.

8 Simplifiez l'expression $A = \sin(x + \pi) - \sin x$.

Solution
A peut s'écrire $A = \sin x + \sin \pi - \sin x = \sin \pi$.
Or $\sin \pi = 0$, donc $A = 0$.

9 Déterminez la mesure principale α de l'angle de mesure $\frac{7\pi}{2}$.

Solution
On peut écrire $\frac{7\pi}{2} = \frac{4\pi + 3\pi}{2} = 2\pi + \frac{3\pi}{2}$.
Donc $\frac{3\pi}{2}$ et $\frac{7\pi}{2}$ sont deux mesures du même angle.
D'autre part, $\frac{3\pi}{2}$ appartient à $[0 ; 2\pi[$.
La mesure principale α est donc $\frac{3\pi}{2}$.

10 Existe-t-il un réel x de l'intervalle $\left[\frac{\pi}{2} ; \pi\right]$ tel que $2 \sin x - \sqrt{3} = 0$?

Solution
$2 \sin x - \sqrt{3} = 0$ équivaut à $2 \sin x = \sqrt{3}$,
c'est-à-dire à $\sin x = \frac{\sqrt{3}}{2}$.
Or $\sin\frac{\pi}{3} = \frac{\sqrt{3}}{2}$, et $\frac{\pi}{3}$ n'appartient pas à $\left[\frac{\pi}{2} ; \pi\right]$.
L'équation n'admet donc aucune solution dans $\left[\frac{\pi}{2} ; \pi\right]$.

Pour ceux qui en veulent plus

Les fonctions Arc sin et Arc cos

1 Pour s'échauffer

1. Tracez, dans un repère orthonormal $(O ; \vec{i}, \vec{j})$, la courbe $\mathscr{C}$ représentant la fonction sinus.

2. Tracez, dans $(O ; \vec{i}, \vec{j})$, la droite d'équation $y = 2$.
a. Cette droite coupe-t-elle la courbe $\mathscr{C}$?
b. Expliquez pourquoi ceci signifie qu'il n'existe aucun réel x tel que $\sin x = 2$.

3. a. Tracez, dans $(O ; \vec{i}, \vec{j})$, la droite d'équation $y = \frac{1}{2}$.
Vérifiez graphiquement que cette droite coupe $\mathscr{C}$ en une infinité de points.
b. Expliquez pourquoi ceci signifie qu'il existe une infinité de réels x tels que $\sin x = \frac{1}{2}$.
c. En utilisant le graphique, montrez qu'il existe un unique réel α de l'intervalle $\left[-\frac{\pi}{2} ; \frac{\pi}{2}\right]$ tel que $\sin \alpha = \frac{1}{2}$.
Quel est ce réel ?

2 La fonction Arc sin

1. Expliquez graphiquement pourquoi, lorsque $\lambda > 1$ ou lorsque $\lambda < -1$, il n'existe aucun réel x tel que $\sin x = \lambda$.

2. Expliquez graphiquement pourquoi, lorsque $-1 \leqslant \lambda \leqslant 1$, il existe une infinité de réels x tels que $\sin x = \lambda$ et pourquoi un seul de ces réels est dans l'intervalle $\left[-\frac{\pi}{2} ; \frac{\pi}{2}\right]$.
Ce réel unique de $\left[-\frac{\pi}{2} ; \frac{\pi}{2}\right]$ est noté Arc sin λ, ce qui se lit “arc sinus λ”.
On définit ainsi une nouvelle fonction sur l'intervalle $[-1 ; 1]$, Arc sin : $\lambda \mapsto$ Arc sin λ.
Notez que le réel Arc sin λ est toujours dans $\left[-\frac{\pi}{2} ; \frac{\pi}{2}\right]$.

3. Complétez :
Arc sin $\frac{1}{2} = \square$; Arc sin $\left(\frac{-\sqrt{3}}{2}\right) = \square$;
Arc sin $(-1) = \square$; Arc sin $\left(\frac{\sqrt{2}}{2}\right) = \square$.

3 La fonction Arc cos

1. Tracez la courbe $\mathscr{C}'$ représentant la fonction cosinus.

2. En procédant comme précédemment, montrez graphiquement que lorsque $-1 \leqslant \lambda \leqslant 1$, il existe une infinité de réels x tels que $\cos x = \lambda$, et qu'un seul de ces réels est dans l'intervalle $[0 ; \pi]$.
Ce réel unique de $[0 ; \pi]$ est noté Arc cos λ, ce qui se lit “arc cosinus λ”.
On définit ainsi une nouvelle fonction sur l'intervalle $[-1 ; 1]$, Arc cos : $\lambda \mapsto$ Arc cos λ.
Notez que le réel Arc cos λ est toujours dans $[0 ; \pi]$.

3. Complétez :
Arc cos $\frac{1}{2} = \square$; Arc cos $\left(\frac{-\sqrt{3}}{2}\right) = \square$;
Arc cos $(-1) = \square$; Arc cos $\left(\frac{\sqrt{2}}{2}\right) = \square$.

NOTE : Sur les calculatrices, la fonction Arc sin est souvent notée $\boxed{\sin^{-1}}$, et la fonction Arc cos, $\boxed{\cos^{-1}}$.

TRAVAUX PRATIQUES DE STATISTIQUES

CHAPITRE

7

La plupart des notions de ce chapitre ont été abordées au Collège. Il y aura essentiellement un point nouveau : l'écart-type.

D'autre part, les élèves pourront utiliser à présent les fonctions statistiques des calculatrices.

Conformément au programme, ce chapitre ne comporte pas de cours au sens usuel du terme ; il n'a donc pas la structure habituelle. Les notions sont introduites dans les trois premiers travaux pratiques, à travers l'étude de situations très simples faisant intervenir de faibles effectifs.

Les statistiques sont utilisées dans de nombreux domaines : Économie, Sciences humaines, Médecine, ... On les rencontre de plus en plus dans notre vie quotidienne. Il convient donc de posséder quelques connaissances de base afin de mieux comprendre, et aussi de ne pas se laisser abuser par une interprétation tendancieuse des statistiques.

SOMMAIRE

TP 1

UNE SÉRIE DE DIX NOTES

Dans un groupe de dix élèves, voici les notes obtenues à un devoir de Mathématiques :

12 ; 4 ; 16 ; 16 ; 10 ; 7 ; 9 ; 12 ; 9 ; 12.

1■1 Moyenne

Vérifiez que la moyenne de ce groupe est 10,7.

1■2 Tableau d'effectifs. Diagramme en bâtons

1. Recopiez et complétez le tableau des effectifs de cette série statistique.

Note	4	7	9	10	12	16
Effectif	1	…	2	…	3	…

Note

Des unités étant choisies sur les axes, il s'agit simplement de vérifier que la hauteur du bâton correspondant à une note donnée est égale au nombre d'élèves ayant obtenu cette note.

2. Vérifiez que **le diagramme en bâtons des effectifs** correspondant à cette série de notes est le diagramme donné ci-dessous.

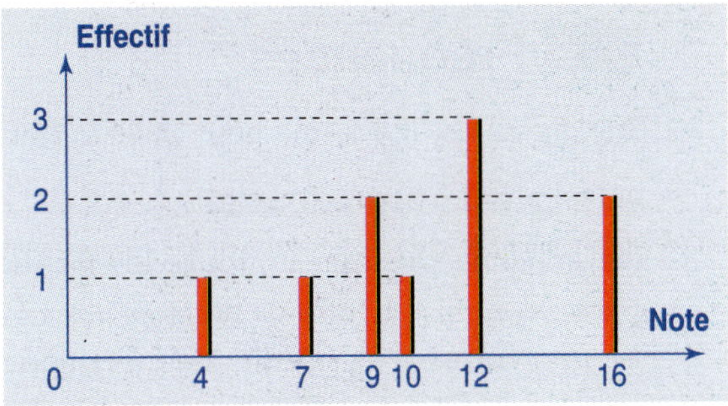

1■3 Répartition en classes. Histogrammes

1. Répartissons les notes en quatre sous-groupes selon qu'elles appartiennent à l'intervalle [0 ; 5[, [5 ; 10[, [10 ; 15[ou [15 ; 20[. On dit, en Statistiques, que l'on effectue **une répartition en classes** d'amplitude 5.

a) Combien y a-t-il de notes dans chacune de ces classes ?

b) Recopiez et complétez le tableau des effectifs correspondant à cette répartition :

Classe	[0 ; 5 [	[5 ; 10 [	[10 ; 15 [	[15 ; 20 [
Effectif	1	…	…	…

2. **L'histogramme** correspondant à cette répartition est donné ci-contre. Des unités étant choisies, la hauteur de chaque rectangle est égale au nombre des notes de la classe correspondante.

Expliquez pourquoi cet histogramme pourrait être associé à la série de dix notes suivante :

1 ; 8 ; 8 ; 8 ; 11 ; 14 ; 14 ; 14 ; 19 ; 19.

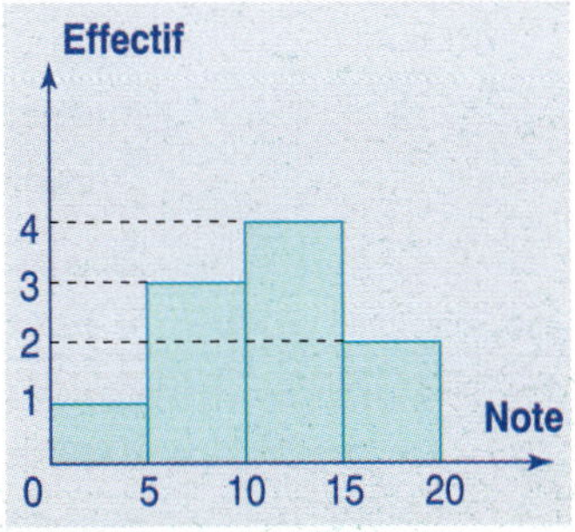

3. **a)** Tracez, pour la série des notes donnée en début de ce TP, l'histogramme correspondant à une répartition en deux classes, [0 ; 10[et [10 ; 20[.
b) Un diagramme en bâtons et deux histogrammes ont été construits.
Parmi ces trois représentations, laquelle permet de savoir le plus rapidement si une majorité d'élèves a obtenu une note supérieure ou égale à 10 ?

4. Classes d'amplitudes inégales

Dans le cas d'une répartition en classes de même amplitude, comme ci-dessus, l'effectif d'une classe peut être indiqué par la hauteur du rectangle correspondant (une unité ayant été choisie sur l'axe des ordonnées). Ceci n'est plus vrai si les classes n'ont pas toutes la même amplitude. On utilise alors le fait que **l'effectif de chaque classe est proportionnel à l'aire du rectangle correspondant** ; il convient, dans ce cas, de choisir une unité d'aire dans le plan et non pas une unité de longueur sur l'axe des ordonnées.
Construisez l'histogramme correspondant à la répartition en classes suivante :

[0 ; 8[, [8 ; 10[, [10 ; 12[, [12 ; 16[, [16 ; 20[.

INDICATION : *Prendre 1 cm pour 2 points sur l'axe des abscisses, et 1 cm^2 pour un effectif égal à 1.*

1■4 Fréquences

Sur dix notes, il y a une note égale à 4 et trois notes égales à 12. On dit que la note 4 a une fréquence égale à $\frac{1}{10}$, et que la note 12 a une fréquence égale à $\frac{3}{10}$.
On exprime presque toujours les fréquences en pourcentages : on dit, par exemple, qu'il y a 30 % de notes égales à 12.
Le diagramme en bâtons des fréquences se construit de manière tout à fait analogue à celui des effectifs : cette fois, la hauteur de chaque bâton est égale à la fréquence (et non à l'effectif) de la note correspondante.

1. **a)** Calculez la fréquence de chacune des notes de la série et construisez le diagramme en bâtons des fréquences.
b) Vérifiez que la somme des fréquences des six notes de la série est égale à 1.

2. Comment choisir les unités pour que le diagramme en bâtons des fréquences coïncide avec le diagramme en bâtons des effectifs ?

1■5 Effectifs cumulés

1. Il n'y a aucune note de la série inférieure ou égale à 3, il y en a une inférieure ou égale à 4 (c'est la note 4), une inférieure ou égale à 6,5 (c'est la note 4).
Combien y a-t-il de notes inférieures ou égales à 8 ? à 16 ? à 17 ?

2. On définit une fonction f sur l'intervalle [0 ; 20] de la manière suivante :
si x est un nombre de [0 ; 20], $f(x)$ est égal au nombre de notes inférieures ou égales à x. Ainsi : $f(3) = 0$; $f(4) = 1$; $f(6{,}5) = 1$.
Expliquez pourquoi la courbe représentant la fonction f est la courbe ci-après.

INDICATION : *Calculer f (x) sur [0 ; 4[, sur [4 ; 7[sur [7 ; 9[...*

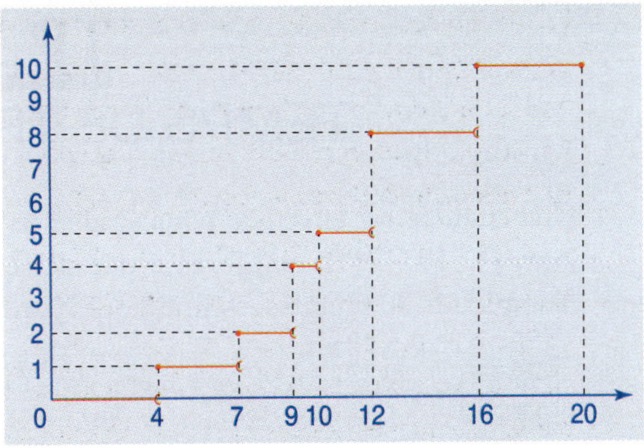

3. Cette courbe est appelée **courbe des effectifs cumulés croissants**.

Elle permet, par simple lecture graphique, de connaître le nombre de notes inférieures ou égales à une valeur donnée. Par exemple, on lit que $f(13) = 8$; cela signifie qu'il y a huit notes inférieures ou égales à 13.

a) La fonction f est croissante, mais non strictement croissante. Pourquoi ?

b) Pour $x = 7$, il y a un saut entre deux paliers de la courbe.

Expliquez pourquoi la hauteur de ce saut est égale à la hauteur du bâton qui correspond à $x = 7$ dans le diagramme en bâtons des effectifs.

Vérifiez que la propriété ci-dessus est vraie pour tous les paliers consécutifs.

1■6 Variable quantitative. Variable qualitative

Dans ce groupe de dix élèves, il y a quatre externes, cinq internes et un demi-pensionnaire.

Dans le cas de la série de notes étudiées précédemment, la variable est un nombre : la note. On dit que **la variable est quantitative**.

À présent, nous nous intéressons à la qualité d'externe, d'interne ou de demi-pensionnaire des élèves. On dit que **la variable est qualitative**.

1. On peut représenter ces données, comme précédemment, par le diagramme en bâtons suivant.

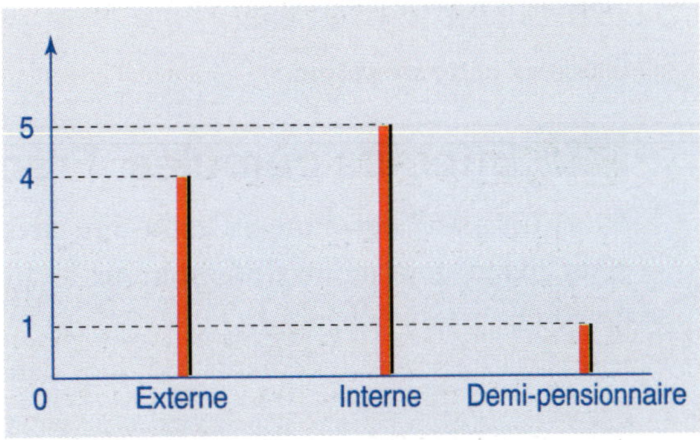

Note

Ici, la "droite des abscisses" n'est évidemment pas ordonnée.

2. On répartit cette population de dix élèves en deux sous-groupes : le groupe des externes et le groupe constitué par les internes et les demi-pensionnaires.

Tracez un diagramme en bâtons représentant les effectifs de ces deux classes.

TP 2

TEMPS DE TRANSPORT

Une enquête est effectuée pour étudier le temps consacré au transport, chaque jour, par les 1 312 employés d'une usine. Les résultats, regroupés en classes d'amplitude 30 minutes, sont indiqués dans le tableau suivant :

Classe	[0 ; 30[	[30 ; 60[	[60 ; 90[	[90 ; 120[	[120 ; 150[	[150 ; 180[	[180 ; 210[
Effectif	175	392	267	127	168	120	63

2.1 Histogrammes

1. Construisez l'histogramme des effectifs en prenant comme unités 2 cm pour 30 min en abscisses et 1 cm pour un effectif de 50 en ordonnées.

2. Calculez la fréquence de chaque classe et indiquez les résultats obtenus dans un tableau analogue au tableau ci-dessus.

INDICATION : *La fréquence de la classe [0 ; 30[, par exemple, est égale à* $\frac{175}{1312}$.

3. Comment faut-il choisir, en ordonnées, la longueur associée à une fréquence égale à 1 (ou à 100 %) pour que l'histogramme des fréquences soit identique à l'histogramme des effectifs ?

2.2 Calcul d'une moyenne dans le cas d'une population répartie en classes

Les résultats fournis par le tableau ci-dessus ne nous permettent pas, *a priori*, de calculer la moyenne de la série statistique puisqu'on ne connaît pas le tableau des effectifs de celle-ci.

On suppose que, dans chaque classe, les effectifs sont répartis de manière régulière. Alors, pour obtenir une valeur approximative de la moyenne, on procède usuellement de la façon suivante : on remplace chaque classe par son milieu. On est ainsi amené à calculer la moyenne de la série statistique suivante :

Durée de transport (en min)	15	45	75	105	135	165	195
Effectif	175	392	267	127	168	120	63

Calculez cette moyenne.

2.3 Effectifs cumulés. Fréquences cumulées

1. a) Il y a 567 personnes, c'est-à-dire environ 43 % de l'effectif total, qui consacrent chaque jour moins de 60 minutes au transport, et 834 qui y consacrent moins de 90 minutes. Pourquoi ?

b) Justifiez les renseignements indiqués dans le tableau suivant :

Temps de transport inférieur à (en min)	0	30	60	90	120	150	180	210
Effectif	0	175	567	834	961	1 129	1 249	1 312
Fréquence	0 %	13 %	43 %	64 %	73 %	86 %	95 %	100 %

Les deux premières lignes de ce tableau constituent **le tableau des effectifs cumulés croissants**, les première et troisième lignes constituent **le tableau des fréquences cumulées croissantes**.

2. Nous avons placé, dans un repère orthogonal, les points de coordonnées (0 ; 0), (30 ; 175), ..., (210 ; 1 312). On suppose encore que, dans chaque classe, les effectifs sont répartis de manière régulière. La ligne polygonale $\mathcal{P}$ obtenue en joignant ces points s'appelle **la courbe des effectifs cumulés croissants.**

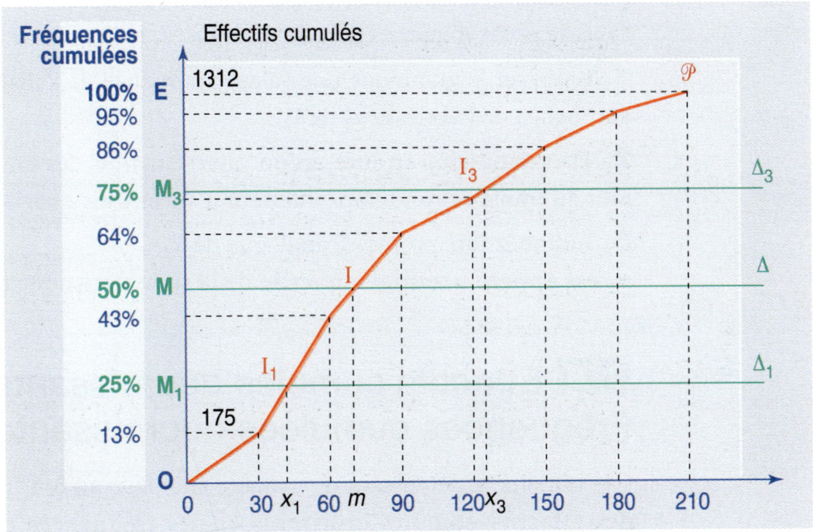

On définit de même l**a courbe des fréquences cumulées croissantes** en remplaçant sur l'axe des ordonnées les effectifs par les fréquences. Cette courbe est identique à la courbe des effectifs cumulés croissants si, en ordonnée, la longueur OE représente une fréquence égale à 1, ou à 100 %.

a) D'après le graphique, quel est le pourcentage d'employés consacrant chaque jour au transport un temps inférieur à 75 minutes ?

b) D'après le graphique, quel est le pourcentage d'employés consacrant chaque jour au transport un temps inférieur à 135 minutes ?

▶ **REMARQUE :** L'utilisation du graphique pour répondre aux questions **a)** et **b)** est légitime car on suppose que dans chaque classe, les effectifs sont répartis de manière régulière.

2.4 Médiane

Δ est la droite horizontale passant par le point M de l'axe des ordonnées correspondant à une fréquence de 50 %.

I est le point d'intersection de Δ et de $\mathcal{P}$.

1. Lisez sur le graphique une valeur approchée de l'abscisse m de I.

2. Considérons les points A (60 ; 43), B (90 ; 64), C (90 ; 43) et H (m ; 43) (les ordonnées sont exprimées en pourcentages).

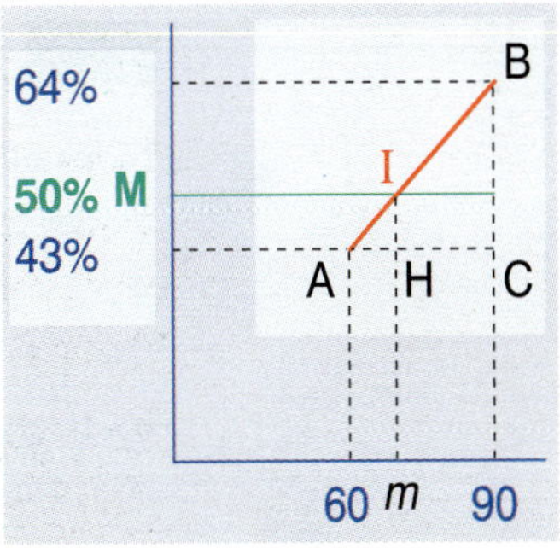

Démontrez que $\frac{IH}{BC} = \frac{AH}{AC}$ et déduisez-en la valeur de m.

3. Une moitié environ des employés consacre chaque jour au transport un temps supérieur à m, l'autre moitié y consacre un temps inférieur. Pourquoi ?
Le nombre m est appelé médiane de la série statistique.

2.5 Quartiles

Δ_1 et Δ_3 sont les droites horizontales passant par les points M_1 et M_2 de l'axe des ordonnées correspondant respectivement à des fréquences de 25 % et de 75 %. I_1 est le point d'intersection de Δ_1 et de $\mathcal{P}$, I_3 le point d'intersection de Δ_3 et de $\mathcal{P}$.

1. Lisez sur le graphique une valeur approchée de l'abscisse x_1 de I_1, et une valeur approchée de l'abscisse x_3 de I_3.

2. Pourquoi peut-on dire qu'un quart environ des employés consacrent chaque jour au transport un temps inférieur à x_1, et trois quarts un temps supérieur ?

3. Indiquez une propriété analogue de x_3.
x_1 est appelé premier quartile de la série statistique et **x_3 troisième quartile**.

2.6 Effectifs cumulés décroissants. Fréquences cumulées décroissantes

Ces notions se définissent de manière analogue au cas "croissant" ; dans le tableau des effectifs cumulés croissants et des fréquences cumulées croissantes, on remplace "temps de transport inférieur à" par "temps de transport supérieur à".

1. Recopiez et complétez le tableau ci-dessous :

Temps de transport supérieur à (en min)	0	30	60	90	120	150	180	210
Effectif	1 312	1 137	...	...	...	...	...	0
Fréquence	100 %	87 %	...	...	...	...	...	0 %

2. Refaites la courbe des effectifs cumulés croissants.
Placez les huit points de coordonnées (0 ; 1 312), (30 ; 1 137), ..., (210 ; 0) dans le même repère. La ligne polygonale $\mathcal{P}'$ obtenue en joignant ces points s'appelle **la courbe des effectifs cumulés décroissants.**
Tracez $\mathcal{P}'$ dans le même repère que $\mathcal{P}$.

2.7 Un peu de géométrie

Nous allons démontrer que la courbe $\mathcal{P}$ des effectifs cumulés croissants et la courbe $\mathcal{P}'$ des effectifs cumulés décroissants sont symétriques par rapport à la droite Δ.

1. a) Le point O de coordonnées (0 ; 0) de $\mathcal{P}$ et le point E de coordonnées (0 ; 1312) de $\mathcal{P}'$ sont symétriques par rapport à Δ. Pourquoi ?
b) Il en est de même du point de coordonnées (30 ; 175) de $\mathcal{P}$ et du point de coordonnées (30 ; 1 137) de $\mathcal{P}'$. Pourquoi ?

2. a) Expliquez pourquoi $\mathcal{P}$ et $\mathcal{P}'$ sont symétriques par rapport à Δ.
b) Déduisez-en que $\mathcal{P}$ et $\mathcal{P}'$ se coupent en I.

TP 3

L'ÉCART-TYPE : UNE CARACTÉRISTIQUE DE DISPERSION

Dans deux groupes, l'un de dix élèves et l'autre de huit élèves, les notes obtenues à un même devoir de Mathématiques sont les suivantes :

Premier groupe : 1 ; 1 ; 1 ; 2 ; 3 ; 17 ; 20 ; 20 ; 20 ; 20.

Deuxième groupe : 8 ; 10 ; 10 ; 11 ; 11 ; 11 ; 11 ; 12 ;

Présentons ces renseignements dans deux tableaux d'effectifs :

Première série					
Note x_i	1	2	3	17	20
Effectif n_i	3	1	1	1	4

Deuxième série				
Note x_i	8	10	11	12
Effectif n_i	1	2	4	1

1. Vérifiez que la moyenne des notes obtenues dans chaque groupe est 10,5.

2. Les deux moyennes sont donc égales. Cependant, la répartition des notes n'est vraiment pas la même : pour le deuxième groupe, les notes sont regroupées autour de la moyenne ; dans le premier groupe, au contraire, elles sont très dispersées.

Pour traduire cette différence de comportement, on utilise usuellement en statistiques la notion d'**écart-type**.

DÉFINITIONS

Valeurs de la variable	x_1	x_2	....	x_p
Effectifs	n_1	n_2	....	n_p

Notons N l'effectif total de cette série statistique.

• **La moyenne** de cette série est le réel, noté $\overline{x}$, donné par la formule :

$$\overline{x} = \frac{n_1x_1 + n_2x_2 + \dots + n_px_p}{N}.$$

• **L'écart-type** σ de cette série est le réel positif dont le carré σ^2 est égal à :

$$\sigma^2 = \frac{1}{N}\left[n_1(x_1 - \overline{x})^2 + n_2(x_2 - \overline{x})^2 + \dots + n_p(x_p - \overline{x})^2\right].$$

Note
• σ est une lettre grecque qui se lit « sigma ».
• σ s'exprime dans la même unité que les x_i.

Le numérateur de σ^2 est constitué par une somme de termes de la forme $n_i(x_i - \overline{x})^2$.

Le nombre σ^2 est appelé **la variance** de cette série statistique.

Intuitivement, on peut se rendre compte que σ^2, donc σ, est d'autant plus grand que les x_i s'écartent davantage de la moyenne $\overline{x}$.

3. Quelques calculs

Désignons par σ_1 et σ_2 les écarts-types des deux séries de notes précédentes.

a) Vérifiez que :

$$\sigma_1{}^2 = \frac{1}{10}\left[3(1 - 10{,}5)^2 + (2 - 10{,}5)^2 + (3 - 10{,}5)^2 + (17 - 10{,}5)^2 + 4(20 - 10{,}5)^2\right].$$

b) Calculez σ_1 et σ_2 sans utiliser les touches statistiques de votre calculatrice.

[*Réponse* : $\sigma_1 \simeq 8{,}96$ points, $\sigma_2 \simeq 1{,}12$ point.]

▶ **REMARQUE : σ_1 est plus grand que σ_2. Ceci traduit le fait que dans la première série, les notes sont plus dispersées que dans la deuxième.**

TP 4

AVEC UNE CALCULATRICE

Le calcul d'un écart-type peut se faire aisément en utilisant les touches statistiques des calculatrices. Ces touches permettent aussi de calculer la moyenne.

4.1 Comment faire

Nous allons indiquer comment ces touches s'utilisent sur certaines calculatrices. Nous avons choisi comme exemple la deuxième série de notes du TP 3.

Note x_i	8	10	11	12
Effectif n_i	1	2	4	1

1. Casio FX-180 P, FX-180 P "plus"

- **Mise en mode statistique**

[MODE] [3]   [KAC]

- **Entrée des données**

[8] [DATA]   [10] [×] [2] [DATA]   [11] [×] [4] [DATA]   [12] [DATA]

- **Obtention de σ, $\bar{x}$ et de l'effectif total N**

σ : [$x\sigma_n$] $\bar{x}$: [$\bar{x}$]   N : [K out] [3]

- **Sortie du mode statistique**

[MODE] [•]

2. Casio FX-6800 G

- **Mise en mode statistique**

[MODE] [X] [Scl]

- **Entrée des données**

[8] [DT]   [10] [;] [2] [DT]   [11] [;] [4] [DT]   [12] [DT]

- **Obtention de σ, $\bar{x}$ et de l'effectif total N**

σ : [$x\sigma_n$] [EXE] $\bar{x}$: [$\bar{x}$] [EXE]   N : [ALPHA] [3] [EXE]

- **Sortie du mode statistique**

[MODE] [+]

3. TI-81 ou 85

- **Mise en mode statistique**

[STAT] [▶] [▶] [2]   [ENTER]

•••

- **Entrée des données**

[STAT] [▶] [▶] [1]

[8] [ENTER] [ENTER] [10] [ENTER] [2] [ENTER]

[11] [ENTER] [4] [ENTER] [12] [ENTER] [ENTER]

- **Obtention de $\bar{x}$, σ et de l'effectif total N**

[STAT] [1] [ENTER]

- **Sortie du mode statistique**

[CLEAR]

> **Note**
> *D'autres résultats s'affichent, mais nous retenons ici $\bar{x}$ = 10,5, σ = 1,118 ... et n = 8.*

4. TI-82

[STAT] [4] [L1] [ENTER] (Efface les variables)

[STAT] [4] [L2] [ENTER] (Efface les effectifs)

- **Entrée des données**

[STAT] [1]

[8] [ENTER] [10] [ENTER] [11] [ENTER] [12] [ENTER]

[▶] (Amène le curseur dans la colonne L2)

[1] [ENTER] [2] [ENTER] [4] [ENTER] [1] [ENTER]

- **Obtention de $\bar{x}$, σ et de l'effectif total N**

[STAT] [▶] [3]

Amener l'inversion vidéo sur L1, si elle n'y est pas déjà, à l'aide des touches [◀] ou [▶] dans [X list :], puis [▼] et amener l'inversion vidéo sur L2, si elle n'y est pas déjà, à l'aide d'une des touches [◀] ou [▶] dans [Freq :]

[STAT] [▶] [1] [ENTER]

Tous les résultats s'affichent.

> **Note**
> *Cette étape peut être sautée si* L1 *a déjà été sélectionné dans la rubrique* X list *et si* L2 *a déjà été sélectionné dans la rubrique* Freq.

4 ■ 2 Applications

1. Calculez, en utilisant les touches statistiques de votre calculatrice, la moyenne et l'écart-type de la première série de dix notes du TP 3, c'est-à-dire la série :

Note x_i	1	2	3	17	20
Effectif n_i	3	1	1	1	4

2. Calculez, en utilisant les touches statistiques de votre calculatrice, la moyenne et l'écart-type de chacune des séries de notes suivantes :

a)

Note x_i	1	2	3	5	8	9	10	13	15	19
Effectif n_i	2	2	1	3	4	8	12	5	2	1

b)

Note x_i	5	7,5	9	11	12,5	13	14	15,5	17	20
Effectif n_i	4	2	7	6	8	3	2	5	1	3

TP 5

CONTRÔLE DE FABRICATION

Dans un atelier de production de tiges en acier, un contrôleur est chargé de vérifier le diamètre des tiges à la sortie d'une machine automatique. Il examine pour cela un échantillon de cent tiges.
Les mesures en millimètres de leur diamètre son indiquées dans le tableau suivant.

10,025	10,050	10,061	10,046	10,065	10,065	10,051	10,064	10,029	10,062	10,055	10,016
10,057	10,057	10,031	10,064	10,045	10,034	10,069	10,054	10,057	10,060	10,034	10,064
10,066	10,015	10,053	10,043	10,055	10,036	10,050	10,061	10,042	10,040	10,064	10,051
10,060	10,065	10,048	10,078	10,002	10,064	10,051	10,053	10,067	10,041	10,060	10,021
10,063	10,049	10,059	10,03	10,065	10,054	10,065	10,03	10,065	10,044	10,056	10,061
10,062	10,069	10,063	10,053	10,068	10,045	10,054	10,062	10,045	10,056	10,059	10,055
10,066	10,045	10,092	10,068	10,052	10,067	10,052	10,071	10,04	10,063	10,02	10,062
10,095	10,047	10,061	10,012	10,067	10,038	10,056	10,050	10,068	10,052	10,075	10,069
10,048	10,066	10,039	10,070								

1. **a)** Regroupez ces données en classes d'amplitude 0,01 mm ([10; 10,01[, [10,01; 10,02[...) et donnez le tableau des effectifs correspondant à cette répartition en classes.

b) Construisez l'histogramme correspondant à cette répartition en classes.

CONSEIL : *Choisir convenablement les unités.*

2. **a)** À partir de cette répartition en classes, construisez la courbe des effectifs cumulés croissants.

b) Déduisez-en graphiquement une valeur approximative de la médiane de cette série statistique, ainsi que du premier quartile et du troisième quartile.

INDICATION : *Pour les notions de médiane et de quartile, voir* TP 2, § 2.4 *et* 2.5.

3. Usuellement, pour calculer la moyenne et l'écart-type de cette série statistique, on remplace chaque classe par son milieu.
Calculez la moyenne $\overline{x}$ et l'écart-type σ ainsi obtenus.

4. Quel est approximativement le pourcentage des effectifs dans chacun des trois intervalles $]\overline{x}-\sigma ; \overline{x}+\sigma[$, $]\overline{x}-2\sigma ; \overline{x}+2\sigma[$, $]\overline{x}-3\sigma ; \overline{x}+3\sigma[$?

5. Le contrôleur considère la machine comme étant bien réglée si les quatre conditions suivantes sont toutes réalisées :
- $10{,}05 \leqslant \overline{x} \leqslant 10{,}06$.
- $\sigma \leqslant 0{,}02$.
- 68 % au moins des effectifs sont compris dans l'intervalle $]\overline{x}-\sigma ; \overline{x}+\sigma[$.
- 95 % au moins des effectifs sont compris dans l'intervalle $]\overline{x}-2\sigma ; \overline{x}+2\sigma[$.

La machine est-elle bien réglée ?

TP 6

DANS LA CLASSE : UNE ACTIVITÉ

Nous proposons, dans ce TP, une activité facile à mettre en place : c'est un exemple de collecte, d'organisation et d'analyse de données statistiques.
Le professeur consigne, au tableau, les renseignements suivants concernant les élèves de la classe. Chacun des nombres est donné sans virgule.

Par exemple, ici, la première colonne correspondrait à une fille de 15 ans 4 mois, de taille 1,60 m.

Fille ou Garçon	F	...	...
Âge (en mois)	184	...	...
Taille (en cm)	160	...	...

1. On obtient deux séries statistiques : série des âges et série des tailles. Pour chacune d'elles, construisez le diagramme en bâtons des effectifs, puis calculez la moyenne et l'écart-type.

2. **a)** Étudiez séparément l'âge des filles et l'âge des garçons, et faites de même pour la taille. Pour chacune de ces quatre nouvelles séries statistiques, répondez aux mêmes questions qu'en **1.** : diagramme en bâtons, moyenne, écart-type.
b) Comparez la moyenne et l'écart-type de la série des âges chez les filles à ceux de la série des âges chez les garçons. Faites de même pour les séries des tailles.

TP 7

EFFICACITÉ D'UN MÉDICAMENT

Afin de tester l'efficacité d'un médicament contre l'hypertension, 60 patients hypertendus, ayant environ 16,5 de tension, ont accepté de participer à un essai clinique. Après tirage au sort, deux groupes de 30 patients ont été constitués.
Les sujets de l'un des deux groupes ont pris le médicament, chaque jour, pendant trois semaines. Ceux de l'autre groupe ont pris chaque jour, pendant la même période, un comprimé "placebo", c'est-à-dire d'aspect identique mais dénué de toute efficacité. Voici la tension des patients après le traitement :

■ *Le saviez-vous ?* ■
Usuellement, les statisticiens médicaux utilisent, pour mesurer l'efficacité d'un médicament, la formule :

$$\varepsilon = \frac{|\overline{x_1} - \overline{x_0}|}{\sqrt{\frac{\sigma_1^2}{n_1} + \frac{\sigma_0^2}{n_0}}}$$ où

$\overline{x_1}$ et $\overline{x_0}$ désignent les moyennes des deux séries, σ_1 et σ_0 leurs écarts-types respectifs, et n_1 et n_0 leurs effectifs respectifs.
Lorsque $\varepsilon \geqslant$ **1,96**, on estime que le médicament a de fortes chances d'être efficace.

• Groupe "placebo"

16	16,5	14	17,5	17	17	15	17,5	16	16	16,5	15,5	17	16	16,5
15,5	16	16,5	16,5	15,5	17	16	16,5	17	14	17	16,5	16	16,5	17,5

• Groupe "médicament"

12	13,5	14,5	15	13	13	18	15	14	17	13	14,5	15	14	14,5
14,5	13,5	13	16	15	14	14	15	12	14	18	14	14,5	14,5	14

1. Calculez pour chaque groupe la moyenne et l'écart-type.

INDICATION : *Pour chaque groupe, commencer par réaliser le tableau des effectifs de la série.*

2. Comparez les deux moyennes. Quel effet semble avoir le médicament ?

TP 8
AVEC UN TRIANGLE ÉQUILATÉRAL

8 1 Un peu de géométrie

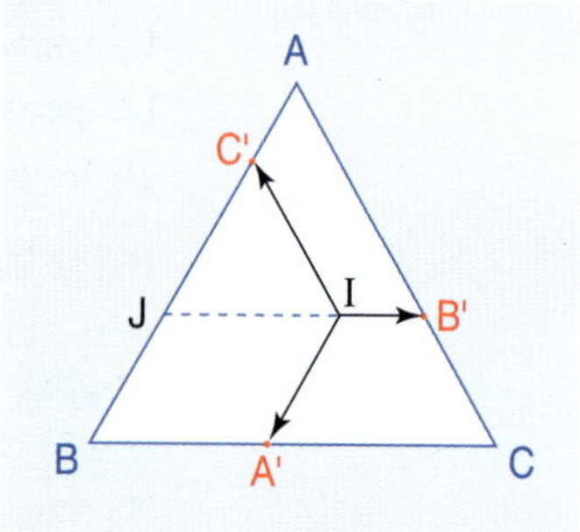

ABC est un triangle équilatéral de côté a, et I un point intérieur à ce triangle.
Projetons I sur [BC] parallèlement à (AB), sur [CA] parallèlement à (BC) et sur [AB] parallèlement à (AC). On obtient ainsi respectivement les points A′, B′, C′.
On pose S = AC′ + BA′ + CB′.
On se propose d'étudier le problème suivant : "Comment varient les réels S lorsqu'on modifie la position du point I ?".

1. Calculez S dans chacun des cas suivants :
a) I est en A ; **b)** I est en B ; **c)** I est en C ; **d)** I est sur [AB], distinct de A et de B ;
e) I est sur [BC], distinct de B et de C ; **f)** I est sur [CA], distinct de C et A.

2. Tracez un triangle équilatéral de côté 10 cm, et placez, à l'intérieur de ce triangle, trois points quelconques I_1, I_2, I_3.
a) Pour chacun de ces trois points, mesurez AC′, CB′ et BA′, puis donnez une valeur approchée de S.
b) Quelle semble être, pour un point I quelconque, la valeur de S ?

3. Nous allons confirmer par une démonstration le résultat de la question **2. b)**.
Montrez que CB′ = BJ et que BA′ = C′J, et déduisez-en la valeur de S.

8 2 Avec des pourcentages

Traçons un triangle équilatéral et graduons chacun de ses côtés de 0 à 100 %.

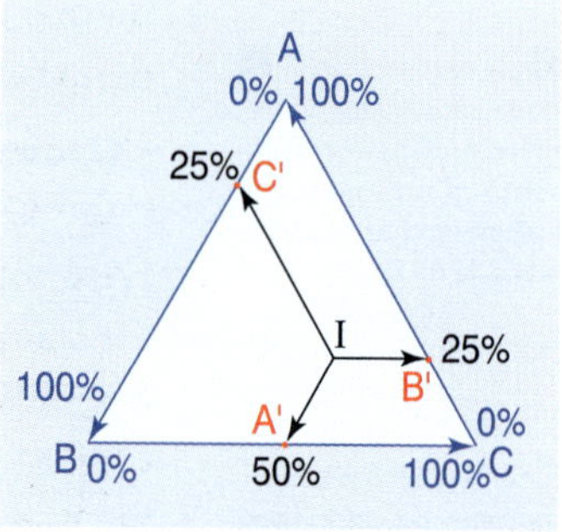

D'après l'étude précédente, on sait que pour un point intérieur au triangle, la somme des trois pourcentages lus sur les côtés est égale à 100 %.
Notez que :
• Chaque côté est gradué de 0 % à 100 % dans le sens des vecteurs $\overrightarrow{AB}$, $\overrightarrow{BC}$, $\overrightarrow{CA}$.
• Les projetés A′, B′, C′ du point I sont tels que $\overrightarrow{IA'}$ et $\overrightarrow{AB}$ d'une part, $\overrightarrow{IB'}$ et $\overrightarrow{BC}$ d'autre part, et enfin $\overrightarrow{IC'}$ et $\overrightarrow{CA}$, sont colinéaires et de même sens.

1. Dans chacun des cas, placez le point I défini par les pourcentages indiqués :
a) 50 % sur [AB] et 25 % sur [BC] ;
b) 75 % sur [AB] et 25 % sur [BC] ;
c) 50 % sur [AC] et 50 % sur [BC].

2. Quels sont les pourcentages, sur [AB], [BC] et [AC], correspondant au centre de gravité du triangle ABC ?

3. On note E_1 l'ensemble des points I pour lesquels le pourcentage sur [AB] est supérieur à 75 %.

a) Montrez que E_1 est l'intérieur d'un triangle et que ce triangle est équilatéral.

b) De même, montrez que :

• l'ensemble E_2 des points I pour lesquels le pourcentage sur [BC] est supérieur à 75 % est l'intérieur d'un triangle équilatéral ;

• l'ensemble E_3 des points I pour lesquels le pourcentage sur [CA] est supérieur à 75 % est l'intérieur d'un triangle équilatéral.

c) Hachurez les triangles E_1, E_2, E_3 et démontrez qu'ils ont la même aire. Exprimez cette aire en fonction de l'aire $\mathscr{A}$ du triangle ABC.

8■3 Exemple d'utilisation en Statistiques

Le tableau suivant donne, en pourcentages, la répartition de la population active en France entre 1950 et 1990.

	1950	1955	1960	1965	1970	1975	1980	1985	1990
Agriculture	28	25	21	17	13	10	8	7	5
Industrie	34	35	36	38	39	38	35	33	30
Services	38	40	43	45	48	52	57	60	65

1. a) Construisez un triangle équilatéral ABC de côté 10 cm, et associez, comme sur la figure ci-contre, l'agriculture au côté [AB], l'industrie au côté [BC], les services au côté [CA].

b) Placez, dans ce triangle, les neufs points I_1, I_2, I_3, …, I_9 correspondant à la répartition par secteur d'activités en 1950, 1955, 1960, …, 1990. Le point I_1 a été placé sur la figure ci-contre.

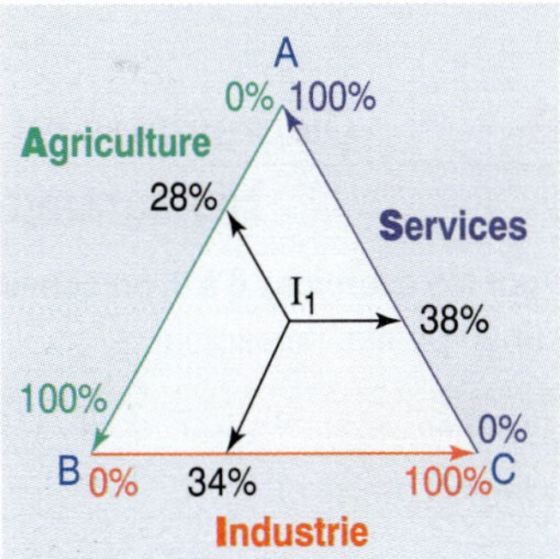

2. Le sommet A correspond à la répartition : “100 % de services, 0 % d'agriculture, 0 % d'industrie”.

De même, le sommet B correspond à la répartition “100 % d'agriculture”, et le point C à la répartition “100 % d'industrie”.

Pour un point I intérieur au triangle ABC, la proximité du sommet A traduit un fort pourcentage de services, la proximité du sommet B un fort pourcentage d'agriculture, et la proximité du sommet C un fort pourcentage d'industrie.

a) Que traduit la proximité du côté [AB] ?

b) Que traduit la proximité du côté [BC] ? du côté [CA] ?

3. a) Tracez la ligne polygonale $I_1I_2I_3I_4I_5I_6I_7I_8I_9$.

b) En utilisant la question précédente, interprétez l'évolution de la répartition à l'aide de l'allure de cette ligne polygonale.

POUR S'ENTRAÎNER

Moyenne. Écart-type

Pour les exercices 1 à 5, calculez, pour chaque série de notes donnée, la moyenne et l'écart-type, d'abord sans utiliser les touches statistiques de votre calculatrice, puis en les utilisant.

1

Note x_i	8	10	12
Effectif n_i	1	1	1

2

Note x_i	7	10	13
Effectif n_i	3	1	2

3

Note x_i	0	10	20
Effectif n_i	4	4	4

4

Note x_i	1	2	18	19
Effectif n_i	1	1	10	10

5

Note x_i	7	1	12	20
Effectif n_i	2	1	4	1

Diagrammes en bâtons
Histogrammes

Pour les exercices 6 à 9, on considère la série de notes, sur 20 points, suivante :

Note x_i	4	7	8	10	13	17	18
Effectif n_i	1	2	1	3	1	2	1

6 Construisez le diagramme en bâtons des effectifs et celui des fréquences de cette série.

7 Construisez l'histogramme des effectifs et celui des fréquences correspondant à la répartition en classes :

[0 ; 5[, [5 ; 10[, [10 ; 15[et [15 ; 20[.

8 Construisez l'histogramme des effectifs et celui des fréquences correspondant à la répartition en classes :

[0 ; 4[, [4 ; 8[, [8 ; 12[, [12 ; 16[et [16 ; 20[.

9 Construisez l'histogramme des effectifs et celui des fréquences correspondant à la répartition en classes :

[0 ; 8[; [8 ; 12[; [12 ; 18[; [18 ; 20[.

INDICATION : Les classes ne sont pas de même amplitude.

Fréquences cumulées. Médianes

10 Voici la répartition des notes attribuées par un correcteur lors d'une épreuve d'un concours.

Notes dans l'intervalle	[0 ; 4[	[4 ; 8[	[8;12[	[12;16[	[16;20[
Effectif	7	10	60	15	8

On suppose une répartition régulière à l'intérieur de chaque classe.

1. Tracez la courbe des fréquences cumulées croissantes de cette série.

2. Déduisez-en une valeur approchée de la médiane.

11 La série statistique suivante correspond à un lot de cinquante arbres d'une pépinière. Les arbres ont été classés suivant leur diamètre, en centimètres, mesuré à une même distance du sol.

Diamètre x_i (en cm)	[8,65 ; 8,75[	[8,75 ; 8,85[	[8,85 ; 8,95[
Effectif n_i	6	8	13

Diamètre x_i (en cm)	[8,95 ; 9,05[	[9,05 ; 9,15[	[9,15 ; 9,25[
Effectif n_i	11	7	5

On suppose une répartition régulière dans chaque classe.

1. a. Tracez la courbe des fréquences cumulées croissantes de cette série.

b. Déduisez-en graphiquement une valeur approchée de la médiane et des quartiles.

2. Tracez la courbe des effectifs cumulés décroissants de cette série.

3. a. La courbe des effectifs cumulés croissants et celle des effectifs cumulés décroissants sont symétriques par rapport à une droite : laquelle ?

b. Que peut-on dire de leur point d'intersection ?

12 Les tableaux ci-dessous donnent la répartition, en France, des communes de moins de 2 000 habitants.

Nombre d'habitants	[0;50[	[50;100[	[100;200[	[200;300[
Nombre de communes	1087	2995	6680	4887

Nombre d'habitants	[300;400[	[400;500[	[500;700[	[700;1000[
Nombre de communes	3522	2403	3675	2934

Nombre d'habitants	[1000;1500[	[1500;2000[
Nombre de communes	2628	1346

Source I.N.S.E.E.

On suppose que dans chaque classe, la répartition des communes est régulière.

1. Tracez l'histogramme correspondant à cette répartition en dix classes. (Unités : 1 cm pour 200 habitants, 1 cm^2 pour 2 000 communes.)

2. Indiquez une valeur approximative de la médiane de cette série statistique en utilisant l'histogramme précédent.

3. a. Tracez la courbe des effectifs cumulés croissants de cette série statistique et déduisez-en graphiquement une valeur approximative de la médiane et des deux quartiles.
b. Comparez les deux valeurs approximatives trouvées pour la médiane.

Utilisations de l'écart-type

13 Contrôle de qualité

Une machine fabrique des fers cylindriques pour le béton armé, de diamètre théorique 25 mm. On contrôle le fonctionnement de la machine en prélevant un échantillon de cent pièces au hasard dans la fabrication. Les mesures des diamètres ont donné les résultats suivants :

Classes par diamètres	[24,0 ; 24,2[	[24,2 ; 24,4[	[24,4 ; 24,6[	[24,6 ; 24,8[	[24,8 ; 25,0[	[25,0 ; 25,2[	[25,2 ; 25,4[	[25,4 ; 25,6[	[25,6 ; 25,8[	[25,8 ; 26,0[
Effectifs	0	5	13	24	19	14	10	8	5	2

On suppose la répartition régulière dans chaque classe.

1. Calculez la moyenne $\bar{x}$ et l'écart-type σ de la série statistique obtenue en considérant les centres des classes affectés des effectifs correspondants.

2. La production de la machine est jugée bonne si la série des mesures de l'échantillon remplit les trois conditions suivantes :
- $\bar{x}$ appartient à l'intervalle [24,9 ; 25,1] ;
- σ est strictement inférieur à 0,4 ;
- 90 %, au moins, de l'effectif figure dans l'intervalle $[\bar{x} - 2\sigma ; \bar{x} + 2\sigma]$.

La production de la machine est-elle bonne ?

14 Statistique médicale

Pour étudier l'effet de la caféine sur la fréquence cardiaque, on réalise l'expérience suivante.
Douze sujets prennent une tasse de café décaféiné puis, vingt-quatre heures plus tard, une tasse de café avec caféine. Ils ignorent, à chaque fois, si le café contient de la caféine ou non. La fréquence cardiaque, en nombre de battements par minute, est mesurée à chaque fois deux heures après absorption du café.
On note x_i la fréquence cardiaque du sujet n° i après absorption de café décaféiné et y_i sa fréquence cardiaque après absorption de café normal.
Le tableau suivant indique les résultats obtenus :

Sujet n°	1	2	3	4	5	6	7	8	9	10	11	12
x_i	82	96	88	62	74	82	64	76	80	72	91	68
y_i	80	90	92	64	72	76	74	84	90	92	89	84

On pose $z_i = y_i - x_i$ (par exemple, $z_1 = 80 - 82 = -2$).

1. Calculez la moyenne $\bar{z}$ et l'écart-type σ_z de la série statistique $z_1, z_2, ..., z_{12}$.

2. On pose $t = \dfrac{\bar{z}\sqrt{n}}{\sigma_z}$, n désignant le nombre de sujets (ici n = 12). Lorsque $t > 2,2$, les statisticiens médicaux estiment que la caféine augmente de façon significative la fréquence cardiaque deux heures après son absorption. Calculez t et concluez.

D'autres diagrammes

15 Recettes publicitaires

Le tableau suivant donne la répartition, en France, des recettes publicitaires dans les grands médias en 1991.

Presse	Télévision	Affichage	Radio	Cinéma
53,7%	27,2%	12%	6,5%	0,6%

Source I.R.E.P. 1992

1. Représentez cette répartition à l'aide d'un diagramme circulaire, c'est-à-dire en divisant un disque en cinq secteurs circulaires dont l'aire est proportionnelle au pourcentage correspondant.

2. On se propose de représenter cette répartition par un diagramme en bâtons, sur une feuille 21 cm × 29,7 cm. On convient qu'un bâton ne peut être visible que si sa hauteur est supérieure à 1 mm.
a. Est-il possible de choisir des axes tels que le "bâton Cinéma" soit visible ?
b. Construisez un diagramme en bâtons représentant cette répartition.

16 L'âge des proviseurs

Voici la pyramide des âges en 1994 des personnels de direction des lycées et collèges.

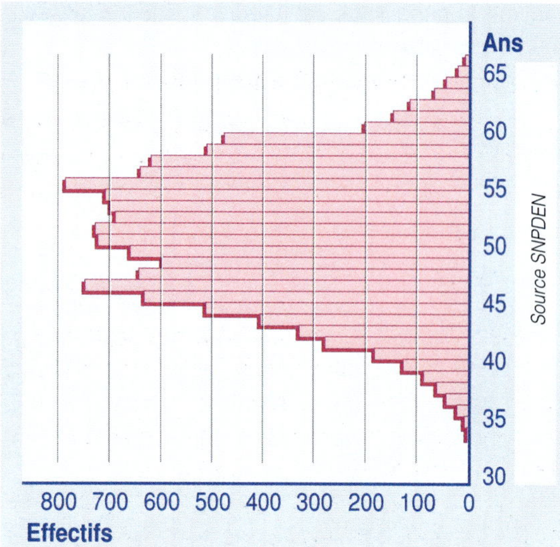

1. En tournant votre livre de 90° dans le sens ↷, cette pyramide devient un histogramme classique dont les classes ont la même amplitude. Quelle est cette amplitude ?

2. Combien y a-t-il approximativement de chefs d'établissements âgés de 40 ans ? de 50 ans ? de 60 ans ? de 65 ans ?

3. a. Combien y a-t-il approximativement de chefs d'établissements dont l'âge est strictement supérieur à 60 ans ?

b. Combien y en a-t-il dont l'âge est strictement inférieur à 40 ans ?

4. Quel est approximativement l'âge médian des chefs d'établissements, c'est-à-dire la médiane de cette série statistique ?

INDICATION : Expliquer pourquoi, dans un histogramme classique, la médiane correspond à la droite verticale qui divise l'histogramme en deux parties d'aires égales.

Autour de la moyenne

17* **1.** On ajoute un terme à une série statistique de N termes. Dans quel(s) cas la moyenne n'est-elle pas modifiée ?

2. On ajoute deux termes à une série statistique de N termes. Dans quel(s) cas la moyenne n'est-elle pas modifiée ?

18* Un cycliste parcourt un trajet à la vitesse moyenne v_1 et le même trajet retour à la vitesse moyenne v_2.
Quelle est la vitesse moyenne sur le trajet aller-retour ?

19 Baccalauréat

Le graphique suivant indique la proportion d'une classe d'âge titulaire du baccalauréat depuis l'année 1984.

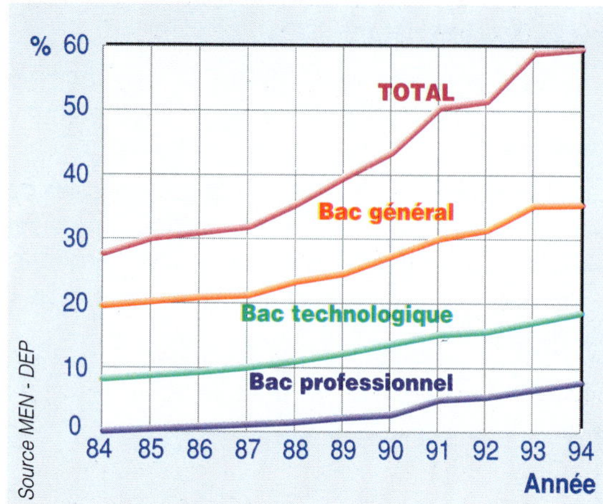

1. Recopiez et complétez le tableau suivant :

Année	1984	1985	1986	...	1993	1994
Proportion d'une classe d'âge titulaire d'un bac	28%					

2. Calculez la moyenne m des onze pourcentages précédents.

3. Calculez de même la moyenne des onze pourcentages correspondant aux baccalauréats suivants :
a) professionnel ; **b)** technologique ; **c)** général.

4. On note m_1, m_2, m_3 les moyennes calculées respectivement aux questions **3. a)**, **3. b)** et **3. c)**. Vérifiez que le nombre m est approximativement égal à $m_1 + m_2 + m_3$.

5. Le résultat de la question **4** est, en réalité, un cas particulier d'une propriété que l'on pourrait énoncer, de façon résumée, ainsi :
"La moyenne du total est égale au total des moyennes…".

a. On se propose de démontrer cette propriété dans un cas simple. Vérifiez que :
si m_1 est la moyenne des nombres x_1 et x_2, et m_2 celle des nombres x'_1 et x'_2, la moyenne des nombres $(x_1 + x'_1)$ et $(x_2 + x'_2)$ est égale à $m_1 + m_2$.

b. On considère les trois séries statistiques suivantes :

Valeur de la variable	x_1	x_2
Effectif	n_1	n_2

Valeur de la variable	x'_1	x'_2
Effectif	n_1	n_2

Valeur de la variable	$x_1 + x'_1$	$x_2 + x'_2$
Effectif	n_1	n_2

On note m_1, m_2 et m leurs moyennes respectives.
Montrez que $m = m_1 + m_2$.

Pour réviser le chapitre

20 Supermarchés

Le tableau suivant donne la répartition des supermarchés de France en 1992, en fonction de leur superficie.

Tranche de surface (en m^2)	Nombre
de 400 à 800	2561
de 800 à 1200	1765
de 1200 à 1800	2116
de 1800 à 2500	484

On suppose la répartition régulière dans chaque classe.

1. Calculez la moyenne et l'écart-type de la série statistique obtenue en remplaçant chaque classe par son milieu.

2. Tracez la courbe des fréquences cumulées croissantes.

b. Déduisez-en une valeur approchée de la médiane.

3. a. Construisez l'histogramme correspondant à cette répartition.

INDICATION : Les classes n'ont pas la même amplitude.

b. À l'aide de cet histogramme, indiquez une valeur approximative de la médiane. Comparez votre résultat à celui de la question **2.** b.

21 Lampes électriques

On effectue des essais sur un échantillon de deux cent vingt lampes électriques afin de tester leur durée de vie. Cette durée est exprimée en heures.

Les résultats sont regroupés par classes d'amplitude égale à 100 heures dans les tableaux ci-dessous :

Classe	[1100;1200[	[1200;1300[	[1300;1400[	[1400;1500[
Effectif	6	14	25	75

Classe	[1500;1600[	[1600;1700[	[1700;1800[	[1800;1900[
Effectif	80	10	8	2

On suppose la répartition régulière dans chaque classe.

1. Tracez la courbe des fréquences cumulées croissantes. Déduisez-en, graphiquement, une valeur approchée de la médiane et des quartiles. Calculez ces trois valeurs.

2. Calculez, en remplaçant chaque classe par son centre, la moyenne $\bar{x}$ et l'écart-type σ de la série.

3. Calculez le pourcentage de lampes dont la durée de vie est dans l'intervalle $[\bar{x} - \sigma ; \bar{x} + \sigma]$. Même question avec $[\bar{x} - 2\sigma ; \bar{x} + 2\sigma]$, puis avec $[\bar{x} - 3\sigma ; \bar{x} + 3\sigma]$.

4. Un autre lot de lampes de même puissance, provenant d'un autre fabricant, est également testé. La moyenne de durée de vie est 1 400 h, l'écart-type 140 h. Quel est celui des deux lots qui vous semble être le meilleur ?

PROBLÈMES DE SYNTHÈSE

22 THÈMES : Moyenne. Systèmes linéaires

Voici cinq des sept notes obtenues par un candidat à un examen (les notes des différentes épreuves sont sur 20). n_i désigne le coefficient correspondant à la note x_i.

x_i	5	8	11	14	17
n_i	2	3	1	4	1

1. Quelle est la moyenne de cette série statistique ?

2. Les deux notes manquantes, x et y, sont les notes de matières de coefficients respectifs 2 et 3.

Exprimez en fonction de x et de y la moyenne de la série des sept notes affectées de leurs coefficients.

3. On sait que la somme des deux notes manquantes est égale à 20. La moyenne m peut-elle être égale :

a) à 7 ? **b)** à 10 ? **c)** à 13 ? **d)** à 14 ?

23 THÈMES : Moyenne. Écart-type. Équations. Systèmes non linéaires.

Dans la série statistique suivante, x et y sont des réels.

Valeur de la variable	x	y
Effectif	1	1

On note $\bar{x}$ la moyenne de cette série et σ son écart-type. On suppose que $\bar{x} = 2$ et $\sigma = 1$. On se propose de voir si on peut en déduire les valeurs de x et de y.

1. a. Écrivez la formule donnant $\bar{x}$ et déduisez-en que :

$$x + y = 4. \quad \textbf{[1]}$$

b. Écrivez la formule donnant σ et déduisez-en que :

$$x^2 + y^2 - 4x - 4y = -6. \quad \textbf{[2]}$$

2. a. Déduisez de **[1]** et **[2]** que x est solution de l'équation :

$$x^2 - 4x + 3 = 0.$$

b. Vérifiez que $x^2 - 4x + 3 = (x - 1)(x - 3)$.

Déduisez-en les valeurs de x.

c. Trouvez les couples $(x ; y)$ solutions des équations **[1]** et **[2]**.

3. On considère à présent la série statistique suivante dans laquelle n est un entier naturel quelconque :

Valeur de la variable	x	y
Effectif	n	n

On suppose que la moyenne de cette série est égale à 2 et son écart-type à 1. Calculez x et y.

modules

Exercice guidé

1 Calculer "à la main" une moyenne et un écart-type

On se propose de calculer la moyenne et l'écart-type de la série statistique suivante :

Valeur de la variable	5,4	12,5	16,5
Effectif	10	8	6

1. Moyenne

Il faut bien comprendre ce que signifie ce tableau.

L'effectif total N de la population considérée est égal à 10 + 8 + 6, c'est-à-dire à 24.

Il y a donc 24 données en tout.

La première colonne, par exemple, signifie que parmi ces 24 données, il y a 10 fois la valeur 5,4.

a. Combien de fois y a-t-il la valeur 12,5 ? la valeur 16,5 ?

b. La moyenne, notée usuellement $\bar{x}$, est égale à la somme de toutes les données divisée par l'effectif total. Expliquez pourquoi :

$$\bar{x} = \frac{1}{N}\Big[\underbrace{(5{,}4+5{,}4+\ldots+5{,}4)}_{10\,\text{fois}} + \underbrace{(12{,}5+\ldots+12{,}5)}_{8\,\text{fois}} + \underbrace{(16{,}5+\ldots+16{,}5)}_{6\,\text{fois}}\Big]$$

c'est-à-dire $\bar{x} = \dfrac{(10\times5{,}4)+(8\times12{,}5)+(6\times16{,}5)}{24}$.

c. Calculez $\bar{x}$.

NOTE : Dans les exercices, on peut utiliser directement la formule $\bar{x} = \dfrac{n_1x_1 + n_2x_2 + \ldots + n_px_p}{N}$, où $N = n_1 + n_2 + \ldots + n_p$.

Ici, $x_1 = 5{,}4$, $x_2 = 12{,}5$, $x_3 = 16{,}5$; $n_1 = 10$, $n_2 = 8$, $n_3 = 6$.

D'où $\bar{x} = \dfrac{10\times5{,}4 + 8\times12{,}5 + 6\times16{,}5}{24}$.

2. Écart-type

On dispose d'une formule qu'il convient de connaître pour calculer l'écart-type σ :

$$\sigma^2 = \frac{1}{N}\,[n_1(x_1-\bar{x})^2 + n_2(x_2-\bar{x})^2 + \ldots + n_p(x_p-\bar{x})^2].$$

Notez bien que cette formule ne donne pas directement σ mais σ^2, c'est-à-dire le carré de l'écart-type cherché.

Pour pouvoir utiliser ici cette formule, il faut au préalable avoir calculé $\bar{x}$.

Les réels x_1, x_2, x_3, n_1, n_2, n_3 ont été donnés dans la remarque précédente.

a. Calculez $(x_1-\bar{x})^2$, $(x_2-\bar{x})^2$ et $(x_3-\bar{x})^2$.

b. Calculez $n_1(x_1-\bar{x})^2$, $n_2(x_2-\bar{x})^2$ et $n_3(x_3-\bar{x})^2$.

c. Déduisez-en σ^2 puis σ.

Trouvez l'erreur

Pour chaque exercice de cette rubrique, une solution vous est proposée, mais elle contient une erreur. Trouvez cette erreur.

2 Calculez la moyenne de la série statistique suivante :

Valeur de la variable	150	140	160
Effectif	1	2	1

Solution

Il y a trois valeurs de la variable : 150, 140 et 160.

Donc la moyenne est égale à $\dfrac{150+140+160}{3} = 150$.

3 L'histogramme suivant indique la répartition des élèves d'une classe en fonction de leur taille (en cm).

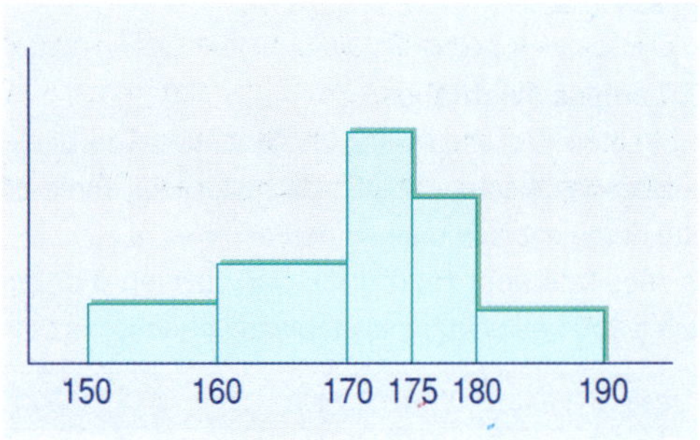

On note N_1 le nombre d'élèves dont la taille est comprise entre 160 cm et 170 cm, N_2 le nombre d'élèves dont la taille est comprise entre 180 cm et 190 cm, N_3 le nombre d'élèves dont la taille est comprise entre 175 cm et 180 cm.

Comparez les nombres N_1 et N_2 d'une part, puis N_1 et N_3 d'autre part.

Solution

La hauteur du rectangle correspondant à l'intervalle [160 ; 170[est plus grande que celle du rectangle correspondant à [180 ; 190[, donc $N_1 > N_2$.

La hauteur du rectangle correspondant à l'intervalle [175 ; 180[est plus grande que la hauteur du rectangle correspondant à l'intervalle [160 ; 170[, donc $N_1 < N_3$.

Pour ceux qui M plus

Des Statistiques aux Probabilités

Voici la répartition d'un groupe de 120 personnes en fonction de leur poids.
On dira, pour simplifier, que si P est dans l'intervalle [50 ; 55[, la personne est de type A, si P est dans l'intervalle [55 ; 60[, la personne est de type B, ...

Poids P (en kg) dans l'intervalle	[50;55[	[55;60[	[60;65[	[65;70[	[70;75[	[75;80[	[80;85[	[85;90[
Nombre de personnes	2	3	12	20	60	15	5	3
"Type"	A	B	C	D	E	F	G	H

On écrit les noms de chacune de ces personnes sur une étiquette et on met les 120 étiquettes dans un sac.
On tire au hasard une étiquette du sac.
On conçoit que l'on a 2 chances sur 120 de tirer une étiquette portant le nom d'une personne de type A, 3 chances sur 120 de tirer une étiquette portant le nom d'une personne de type B, 12 sur 120 de tirer une étiquette portant le nom d'une personne de type C ...
On dit que la probabilité de tirer l'étiquette d'une personne de type A est $\frac{2}{120}$ (c'est-à-dire $\frac{1}{60}$ $\approx 0,016$), et l'on note $p\,(A) = \frac{1}{60}$.

De même , $p\,(B) = \frac{3}{120} = \frac{1}{40}$, $p\,(C) = \ldots$

1. Calculez $p\,(C)$, $p\,(D)$, $p\,(E)$, $p\,(F)$, $p\,(G)$, $p\,(H)$.

2. Calculez :

$p\,(A) + p\,(B) + p\,(C) + p\,(D) + p\,(E) + p\,(F) + p\,(G) + p\,(H)$.

3. On se propose à présent de répondre à la question suivante :
Combien de chances a-t-on de tirer une étiquette portant le nom d'une personne dont le poids P est dans l'intervalle [65 ; 75[, c'est-à-dire de type D ou E ?
a. Combien de personnes ont un tel poids ?
Montrez que l'on a 2 chances sur 3 de tirer une étiquette portant le nom d'une personne de type D ou E.
On écrit alors $p\,\{D, E\} = \frac{2}{3}$.
b. Vérifiez que $p\,\{D, E\} = p\,(D) + p\,(E)$.

4. Vérifiez de même que :

a) $p\,\{E, F\} = p\,(E) + p\,(F)$;

b) $p\,\{E, F, G\} = p\,(E) + p\,(F) + p\,(G)$.

DROITES ET PLANS DANS L'ESPACE

CHAPITRE

8

Certaines configurations de l'espace ont été introduites au Collège : parallélépipède rectangle, tétraèdre, prisme droit, pyramide, ... Vous connaissez déjà des formules, par exemple pour le calcul des volumes.

Dans ce chapitre, nous allons vous indiquer des règles et des propriétés qui vous permettront de résoudre des problèmes de géométrie dans l'espace analogues à ceux que vous savez résoudre en géométrie plane.

Mais la représentation des objets de l'espace par une figure plane est plus délicate. L'étude de ce chapitre devrait vous permettre de vous familiariser avec quelques règles essentielles de la perspective cavalière.

SOMMAIRE

POUR PRENDRE UN BON DÉPART

DES CONFIGURATIONS DE L'ESPACE

	Parallélépipède rectangle	Tétraèdre	Prisme droit de bases ABCDE et A′B′C′D′E′	Pyramide de sommet S et de base ABCDEF
Des figures possibles	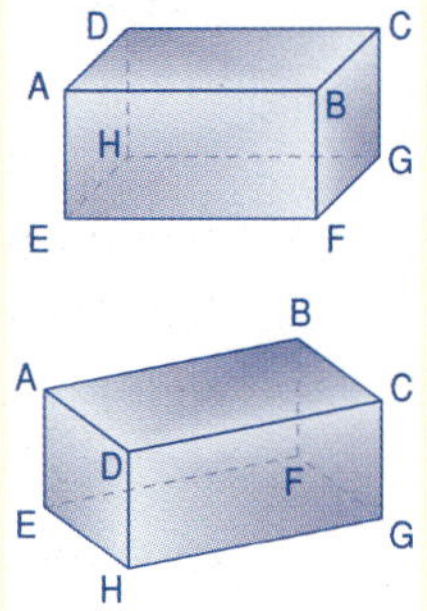	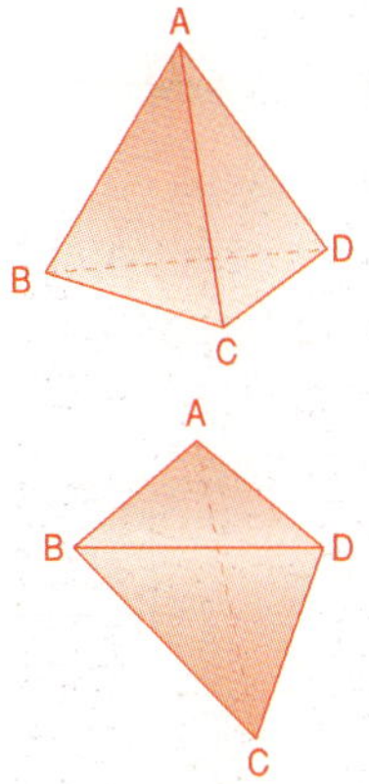	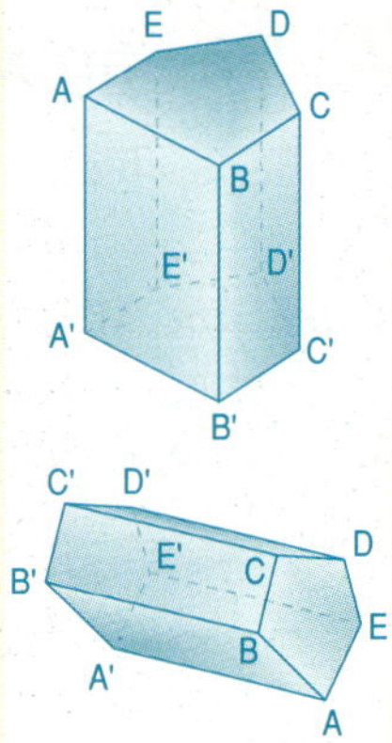	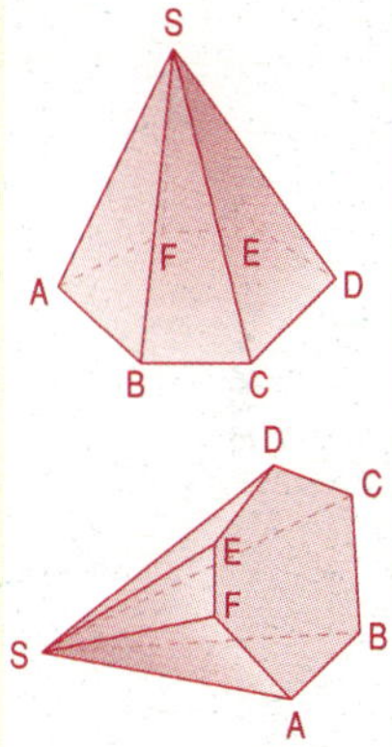
Propriété caractéristique	Les six faces sont des rectangles.	Les quatre faces sont des triangles.	Les faces latérales sont des rectangles.	Les faces latérales sont des triangles.

● **Cas particuliers :**

• **Un cube** est un parallélépipède rectangle dont toutes les faces sont des carrés.

• **Un tétraèdre régulier** est un tétraèdre dont toutes les arêtes ont même longueur.

• **Un parallélépipède rectangle** est un prisme droit dont les deux bases sont des rectangles.

• **Une pyramide régulière** est une pyramide dont toutes les faces latérales sont des triangles isocèles ayant les mêmes dimensions.

Exercice-test

Indiquez le nombre d'arêtes de chacun des solides ci-dessus.

Activité 1

REPRÉSENTER EN PERSPECTIVE CAVALIÈRE

Première convention : les arêtes visibles sont dessinées en traits pleins ; les autres sont dessinées en pointillés.
Seconde convention : deux droites parallèles sont représentées par deux droites parallèles.

1 ■ 1 Des figures à compléter

Complétez les figures ci-dessous en traçant les arêtes qui manquent.

Tétraèdre ABCD

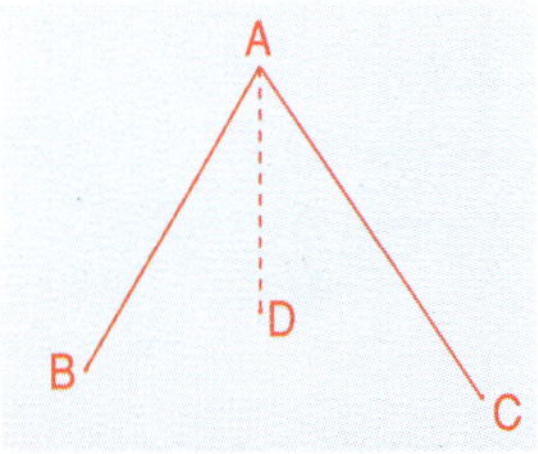

Prisme droit de bases ABC et DEF

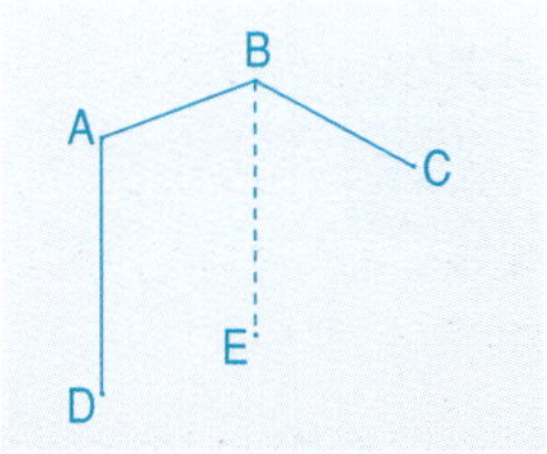

Pyramide de sommet E et de base carrée ABCD

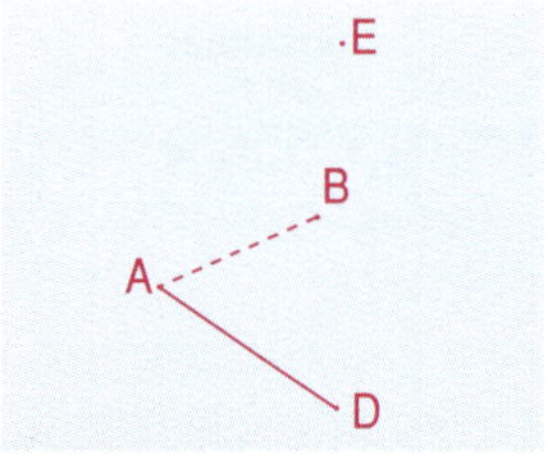

1 ■ 2 Des différences avec la géométrie plane

1. En général, deux droites sécantes sur une figure ne représentent pas des droites sécantes dans l'espace.

EXEMPLE : Dans le cube représenté ci-contre, le point M de la droite (AE) semble être sur la droite (FG). Il n'en est rien car lorsqu'on prolonge le segment [FG], on reste dans le plan horizontal (EFGH), alors que le point M, situé sur la verticale (AE), est au-dessous de ce plan.

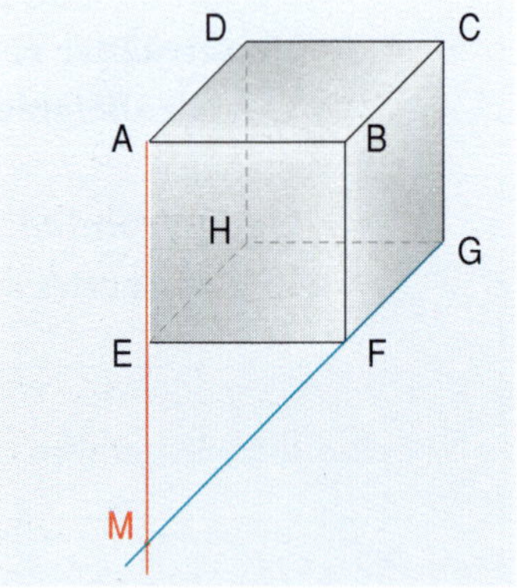

• Donnez d'autres exemples analogues.

2. En général, l'égalité de deux longueurs n'est pas conservée.

EXEMPLE : Dans le cube ci-dessus, les longueurs AB et BC sont égales puisque les faces du cube sont des carrés. Ces longueurs ne sont pas représentées par des longueurs égales sur la figure.

• Donnez d'autres exemples.

3. En général, les angles ne sont pas conservés.

EXEMPLE : L'angle $\widehat{ABC}$ est droit puisque les faces du cube sont des carrés. Cet angle n'est pas représenté par un angle droit sur la figure.

• Donnez d'autres exemples.

Activité 2

ORTHOGONALITÉ DANS L'ESPACE

2.1 Une illustration

Une porte rectangulaire ABCD tourne autour de la droite (AB). Dans ce mouvement, la droite (BC) reste perpendiculaire à (AB), et dans le plan du plancher.
Si on trace une droite (BX) sur le plancher, on pourra faire tourner la porte de façon que la droite (BC) coïncide avec (BX).
Donc (AB) est aussi perpendiculaire à (BX) et donc à toute droite du plancher qui passe par B.

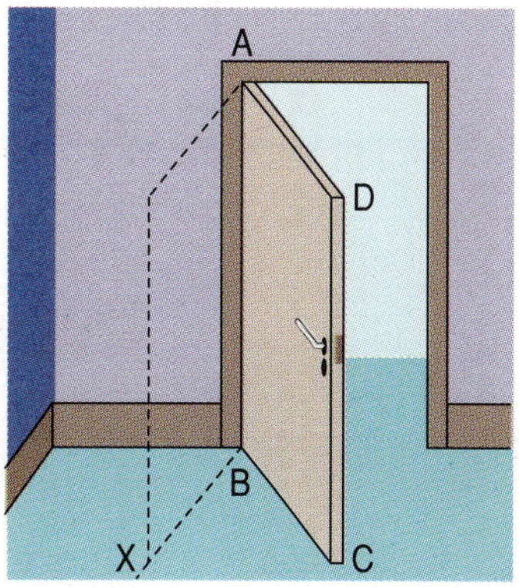

2.2 Deux droites suffisent

d est une droite coupant un plan P en un point B. On suppose que d est perpendiculaire en B à deux droites d_1 et d_2.

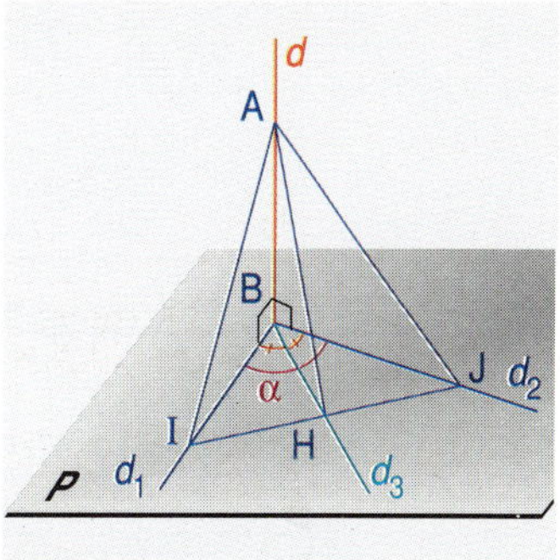

1. Notons α l'angle formé par les droites d_1 et d_2. On se propose de démontrer que d est perpendiculaire à la droite d_3, bissectrice de l'angle α.
Notons A, I, J les points situés respectivement sur d, d_1, d_2 tels que AB = BI = BJ = 1, et H le point d'intersection des droites d_3 et (IJ).
a) Montrez que $AI = AJ = \sqrt{2}$ et déduisez-en la nature de triangle AIJ.
b) Pour démontrer que la droite d_3 est perpendiculaire à la droite d, nous allons démontrer que le triangle BAH est rectangle en B.
Expliquez pourquoi il suffit de démontrer que $AB^2 = AH^2 - BH^2$.
c) Démontrez que l'angle $\widehat{BHI}$ est droit et déduisez-en que $BH^2 = BI^2 - HI^2$.
d) Démontrez que l'angle $\widehat{AHI}$ est droit et déduisez-en que $AH^2 = AI^2 - HI^2$.
e) Déduisez-en que la droite d est perpendiculaire à la droite d_3.

2. On peut démontrer de même que d est perpendiculaire à la bissectrice d_4 d'un angle formé par d_1 et d_3, puis à la bissectrice d_5 d'un angle formé par d_1 et d_4, etc.

Conclusion *Nous admettrons que si une droite d est perpendiculaire à deux droites d'un plan* P *sécantes en* B, *elle est perpendiculaire à toutes les droites de* P *passant par* B. *On dit alors que :*
- *la droite* ***d*** **est orthogonale au plan P ;**
- *toutes les droites du plan* P *sont orthogonales à la droite d.*

COURS

1. RÈGLES DE BASE DE LA GÉOMÉTRIE DE L'ESPACE

1■1 Les trois règles de base

RÈGLE 1

Par trois points non alignés A, B, C, passe un seul plan.
Ce plan est noté (ABC).

EXEMPLE : Les sommets A, B, C du tétraèdre ci-contre déterminent un unique plan, le plan (ABC).

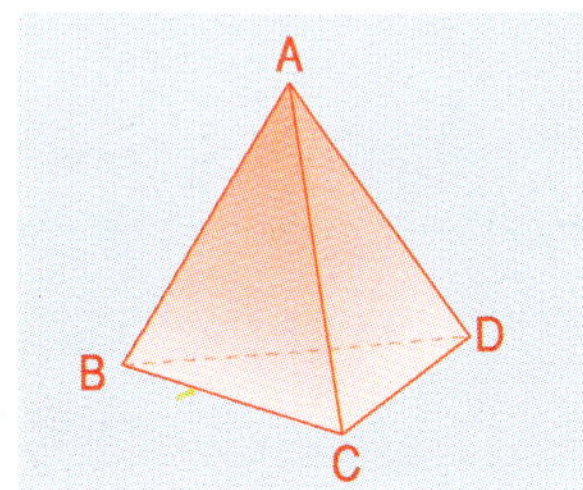

RÈGLE 2

Si A et B sont deux points d'un plan P, tous les points de la droite (AB) appartiennent à P.

EXEMPLE : A et B sont deux points du plan (ABD), donc le point M de la droite (AB) appartient à ce plan.
A et B sont deux points du plan (ABC), donc le point M appartient au plan (ABC).
De même, le point N de la droite (AC) appartient aux plans (ABC) et (ACD).

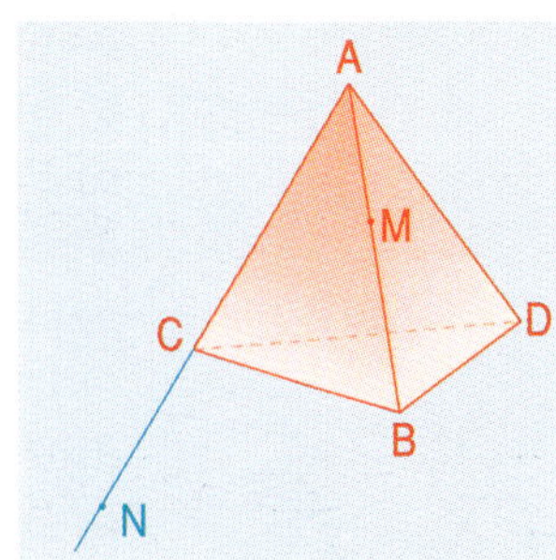

RÈGLE 3

Si deux plans distincts ont un point commun, leur intersection est une droite qui passe par ce point.

Conséquence importante : Si deux plans distincts ont deux points communs, leur intersection est la droite passant par ces points.

EXEMPLE : Sur la figure de l'exemple précédent, les plans (ABC) et (ACD) ont deux points communs A et C. Leur intersection est donc la droite (AC).
L'intersection des plans (ABD) et (BCD) est la droite (BD).

1.2 Conséquences

• Si A est un point non situé sur une droite *d*, il existe un unique plan contenant A et *d*.
• Si *d* et *d'* sont deux droites sécantes, il existe un unique plan contenant *d* et *d'*.

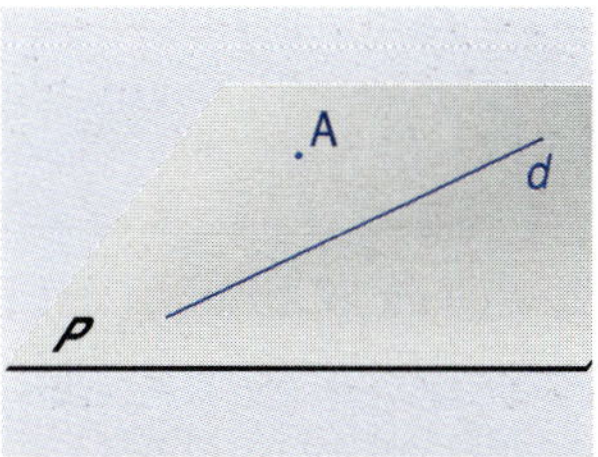

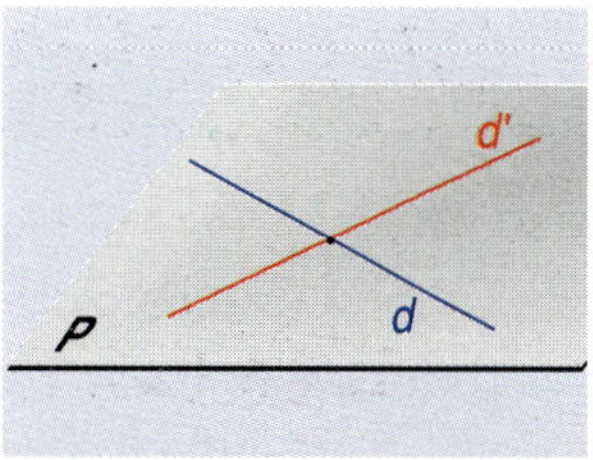

2. LE PARALLÉLISME DANS L'ESPACE

2.1 Définitions

DÉFINITION 1

Dire que **les plans P et P' sont parallèles** signifie qu'ils sont confondus ou qu'ils n'ont aucun point commun.

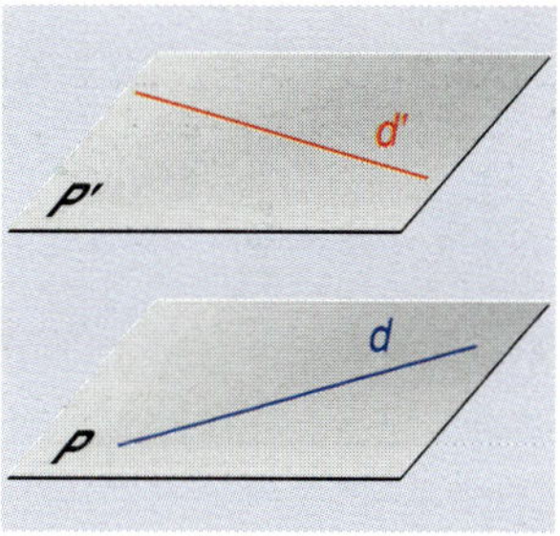

Conséquence : Si deux droites *d* et *d'* sont contenues dans deux plans parallèles et distincts P et P', alors les droites *d* et *d'* n'ont pas de point commun.

DÉFINITION 2

Dire que **les droites *d* et *d'* sont parallèles** signifie qu'elles sont confondues, ou coplanaires et sans point commun.

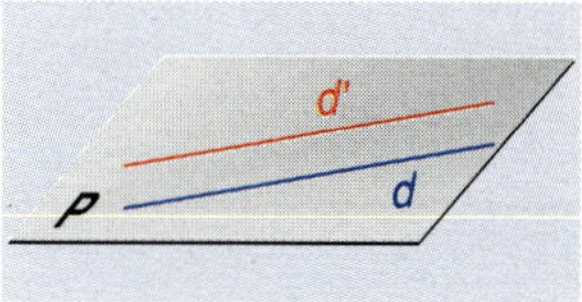

Note
Dans l'espace, deux droites sans point commun ne sont pas toujours parallèles.

DÉFINITION 3

Dire que **la droite *d* et le plan P sont parallèles** signifie que *d* est contenue dans P ou que *d* et P n'ont aucun point commun.

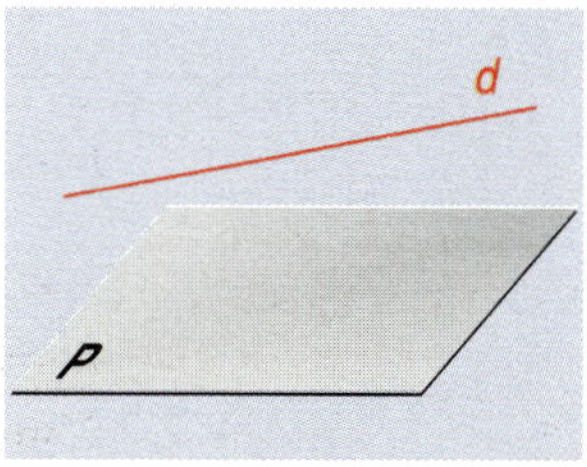

2■2 Parallélisme entre droites. Parallélisme entre plans

PROPRIÉTÉ 1

Par tout point de l'espace :
- il passe une seule droite parallèle à une droite donnée.
- il passe un seul plan parallèle à un plan donné.

EXEMPLE : Par le point A passe :
- une unique droite parallèle à la droite (CG) ; c'est donc la droite (AE).
- un unique plan parallèle au plan (DCG) ; c'est donc le plan (ABF).

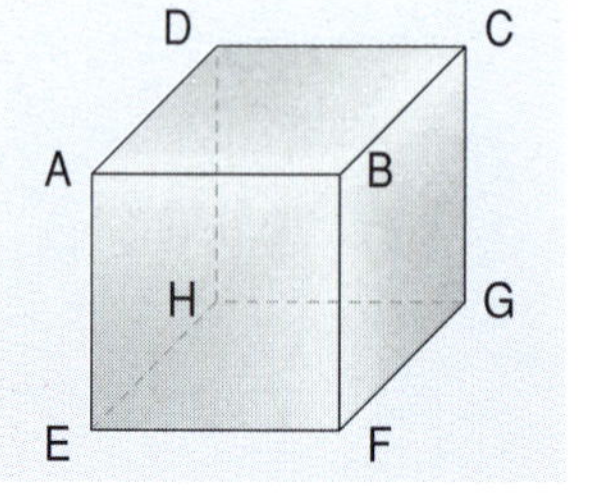

PROPRIÉTÉ 2

- Deux droites parallèles à une même troisième sont parallèles entre elles.
- Deux plans parallèles à un même troisième sont parallèles entre eux.

PROPRIÉTÉ 3

Lorsque *d* et *d'* sont deux droites parallèles, tout plan qui coupe *d* coupe *d'*.

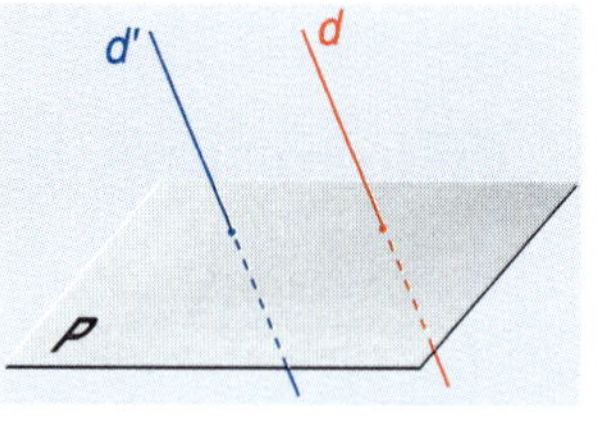

PROPRIÉTÉ 4

Lorsque P et P′ sont deux plans parallèles, tout plan qui coupe P coupe P′ et les intersections sont des droites parallèles.

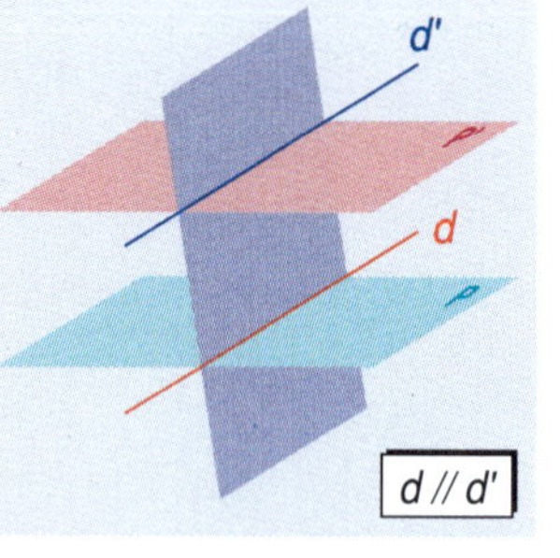

2■3 Parallélisme entre droites et plans

PROPRIÉTÉ 5

Si une droite *d* est parallèle à une droite *d'* contenue dans un plan P, alors la droite *d* est parallèle au plan P.

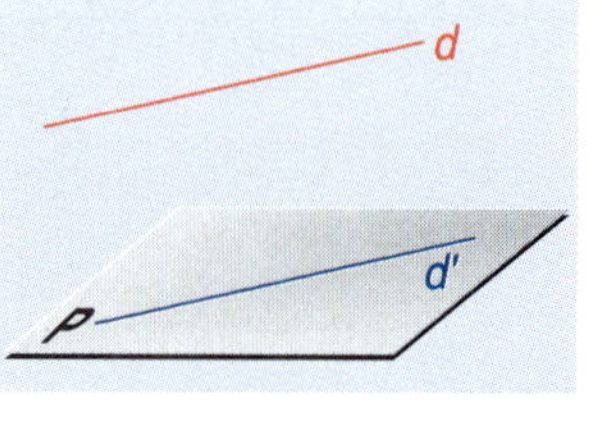

PROPRIÉTÉ 6

Si les plans P et Q sont sécants et parallèles à une droite *d*, alors leur intersection est une droite parallèle à la droite *d*.

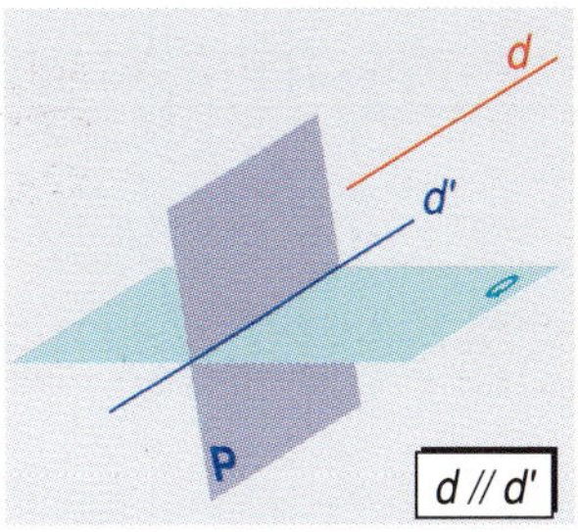

PROPRIÉTÉ 7

Si un plan P contient deux droites sécantes et parallèles à un plan Q, alors le plan P est parallèle au plan Q.

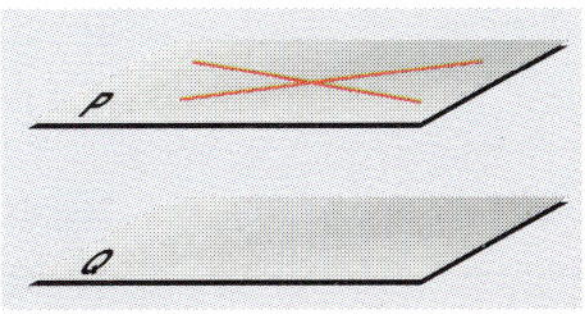

2 ■ 4 Projection sur un plan parallèlement à une droite

DÉFINITION 4

P est un plan et *d* une droite non parallèle au plan P.
M est un point de l'espace ; la parallèle à la droite *d* passant par le point M coupe le plan P en *m*. On dit que **le point *m* est le projeté du point M sur le plan P parallèlement à la droite *d*.**

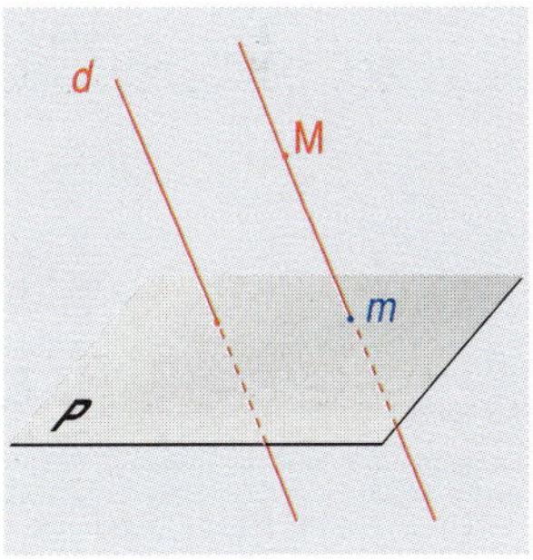

3. ORTHOGONALITÉ

3 ■ 1 Droites orthogonales

EXEMPLE : ABCDEFGH est un cube.
Les droites (BC) et (AE) ne sont pas coplanaires. Si on mène, par un sommet quelconque du cube, les droites parallèles à (BC) et (AE), on obtient deux droites perpendiculaires. Par exemple, les droites obtenues à partir du sommet F sont (FG) et (FB) ; celles obtenues à partir de A sont (AD) et (AE) ...

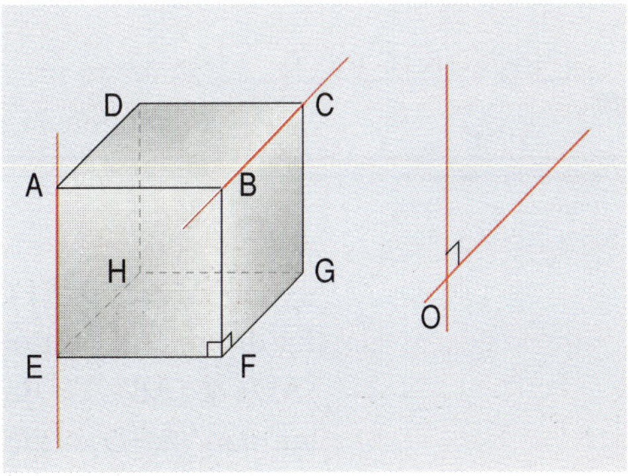

On conçoit qu'il en est de même si on mène les droites parallèles à (BC) et (AE) à partir d'un point quelconque O de l'espace.
Nous dirons que les droites (BC) et (AE) sont orthogonales.

DÉFINITION 5

Dans l'espace, on dit que deux droites ***d* et Δ** (non nécessairement coplanaires) **sont orthogonales** si on peut trouver un point I tel que les parallèles à ces droites passant par I sont perpendiculaires.

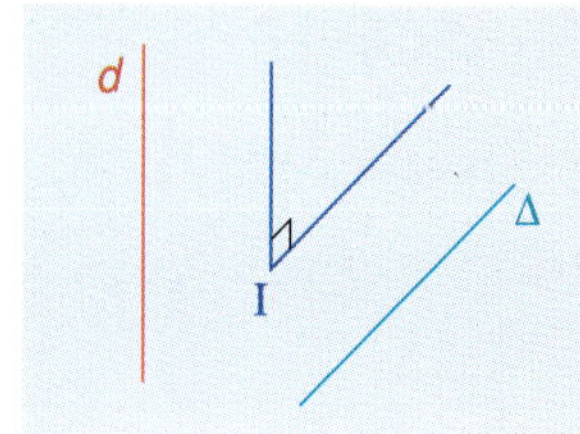

Nous admettrons qu'alors les parallèles à d et Δ passant par n'importe quel autre point sont également perpendiculaires.
La propriété suivante se déduit immédiatement de la définition 5.

PROPRIÉTÉ 8

Si une droite d est orthogonale à une droite Δ, alors d est orthogonale à toute droite parallèle à Δ.

▶ **REMARQUE : Droites perpendiculaires et droites orthogonales.**
Deux droites perpendiculaires sont évidemment orthogonales : il suffit en effet de prendre comme point I le point d'intersection de ces deux droites.
Mais deux droites orthogonales ne sont pas nécessairement perpendiculaires ; elles ne sont perpendiculaires que lorsqu'elles sont coplanaires.

3 ▪ 2 Droites orthogonales à un plan

1. Définition et propriété fondamentale

DÉFINITION 6

On dit qu'**une droite *d* est orthogonale à un plan P** lorsqu'elle est orthogonale à toutes les droites du plan P.

Note
Un fil à plomb d suspendu sur la surface P d'un liquide illustre la notion de droite orthogonale à un plan.

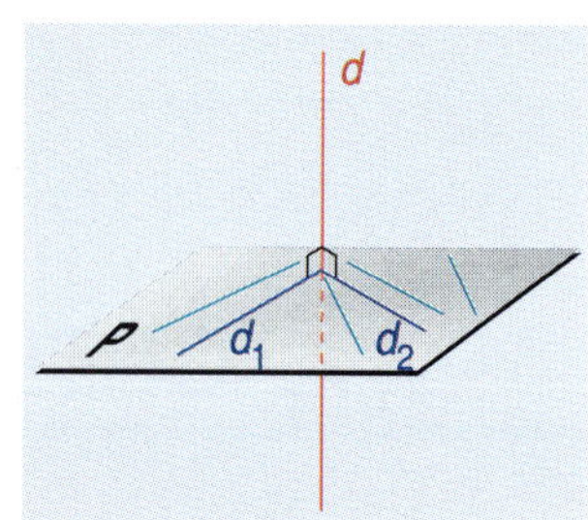

On dit aussi que le plan P est orthogonal à la droite d ou encore que la droite d et le plan P sont orthogonaux.

PROPRIÉTÉ 9

Pour qu'une droite d soit orthogonale à un plan P, il suffit qu'elle soit orthogonale à deux droites sécantes de P.

Note
Cette propriété a été introduite en activité d'approche 2, p. 199.

EXEMPLE : ABCDEFGH est un cube.
La droite (AE) est orthogonale aux droites sécantes (AD) et (AB). La droite (AE) est donc orthogonale au plan (ABD). Elle est alors orthogonale à toutes les droites de ce plan, par exemple à (AC), (BC), (BD) ...

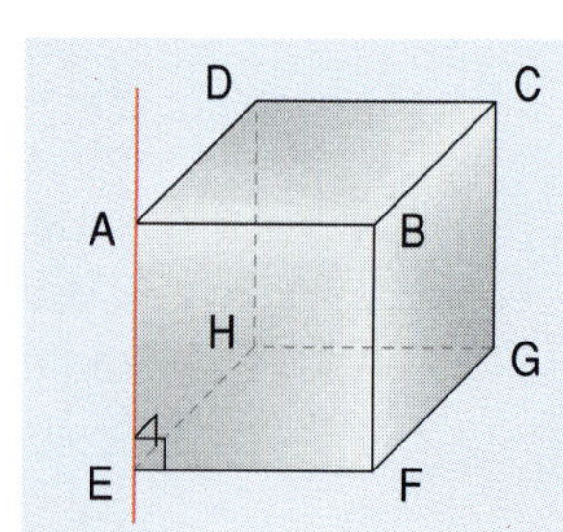

> **Note**
> *L'illustration graphique de ces deux propriétés peut permettre de les retenir aisément.*

2. Deux autres propriétés

• Il existe une unique droite passant par un point donné et orthogonale à un plan donné.

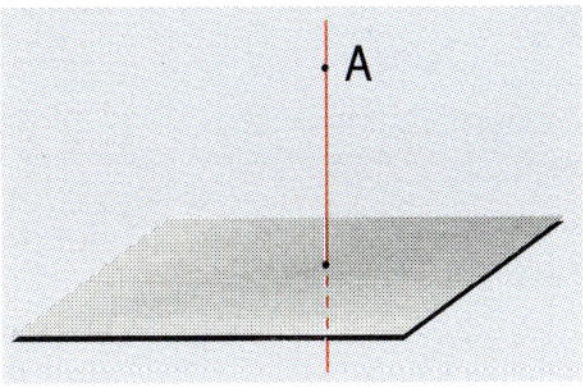

• Il existe un unique plan passant par un point donné et orthogonal à une droite donnée.

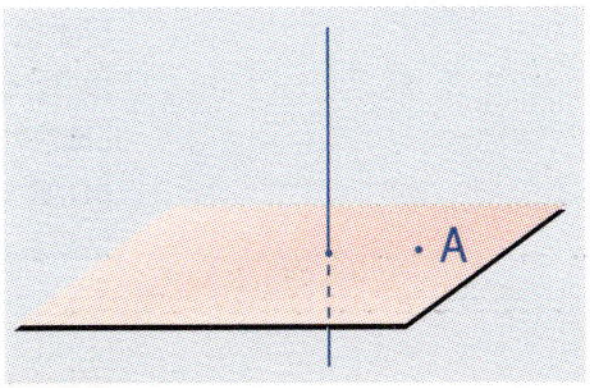

3■3 Orthogonalité et parallélisme

Les propriétés suivantes, illustrées graphiquement, se conçoivent aisément.

• Deux plans orthogonaux à une même droite sont parallèles.

• Si deux plans sont parallèles, toute droite orthogonale à l'un est orthogonale à l'autre.

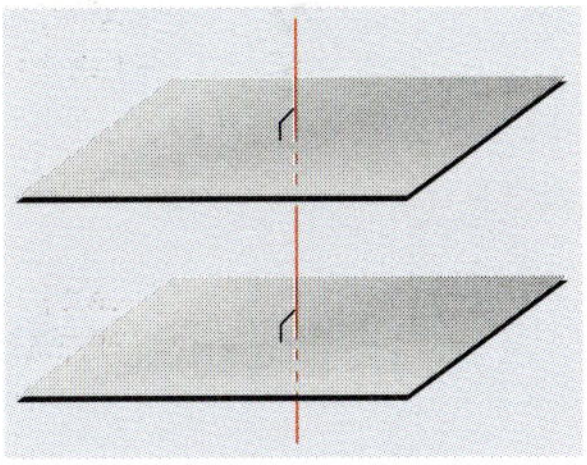

• Si deux droites sont parallèles, tout plan orthogonal à l'une est orthogonal à l'autre.

• Deux droites orthogonales à un même plan sont parallèles.

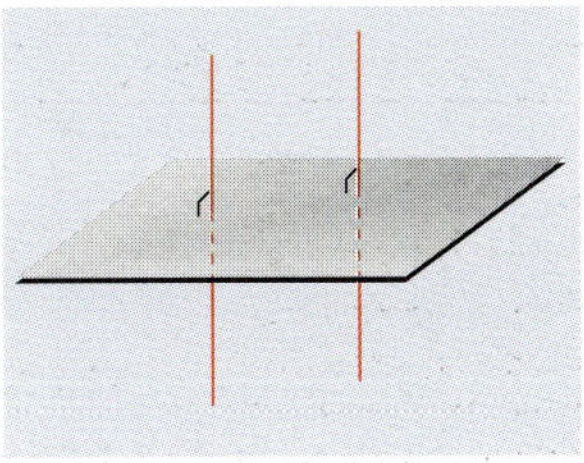

3■4 Plan médiateur d'un segment

DÉFINITION 7

Le plan médiateur d'un segment [AB] est le plan passant par le milieu O de [AB] et orthogonal à la droite (AB).

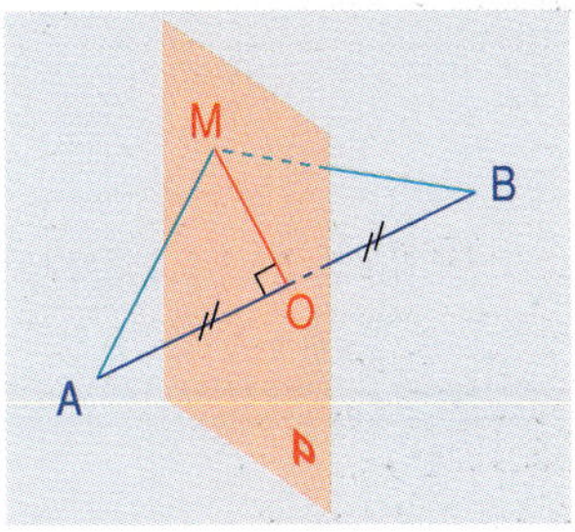

EXEMPLE : ABCDEFGH est un cube.
Le plan médiateur de [AC] est le plan (DBFH).

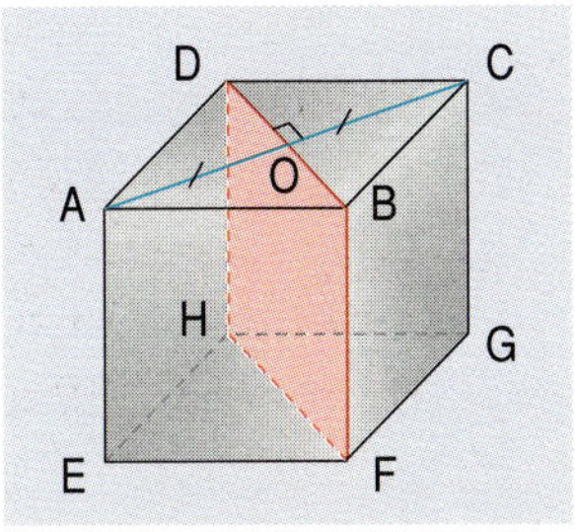

PROPRIÉTÉ 10

Dire qu'un point M de l'espace appartient au plan médiateur de [AB] équivaut à dire que MA = MB.

Note

La démonstration de cette propriété est proposée en exercice. (Voir exercice 51, p. 224).

Commentaire

On peut noter l'analogie entre la notion de **médiatrice d'un segment dans le plan** (ensemble des points du plan équidistants des extrémités du segment) et la notion de **plan médiateur dans l'espace** (ensemble des points de l'espace équidistants des extrémités du segment).
Dans le plan, la notion de **médiatrice** peut permettre de démontrer que deux droites sont **perpendiculaires**.
Dans l'espace, la notion de **plan médiateur** peut permettre de démontrer que deux droites sont **orthogonales** (voir exercice résolu 6, p. 209).

3.5 Projeté orthogonal d'un point sur un plan

DÉFINITION 8

M est un point de l'espace et P un plan ne contenant pas M. La droite orthogonale au plan P passant par M coupe P en un point m. **On dit que m est le projeté orthogonal du point M sur le plan P.**

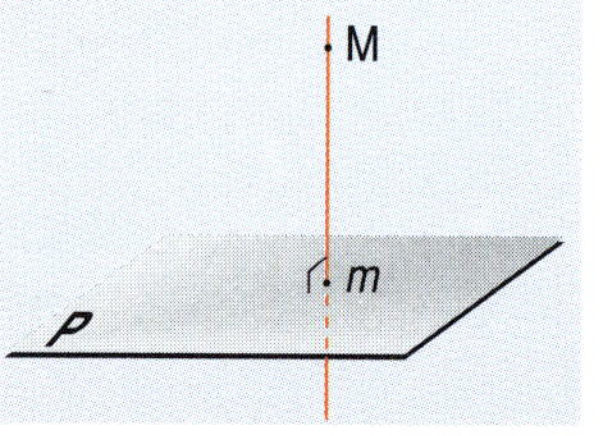

▶ REMARQUE :
Si M est un point de P, on convient de dire que M est son propre projeté orthogonal sur P.

Exercices résolus

avec solutions commentées

Exo. 1

ABCD est un tétraèdre.

B′ est un point de l'arête [BD], distinct de B et de D.

C′ est un point de l'arête [CD], distinct de C et de D.

On suppose que les droites (B′C′) et (BC) du plan (BCD) se coupent en E. Trouvez l'intersection des plans (ABC) et (AB′C′).

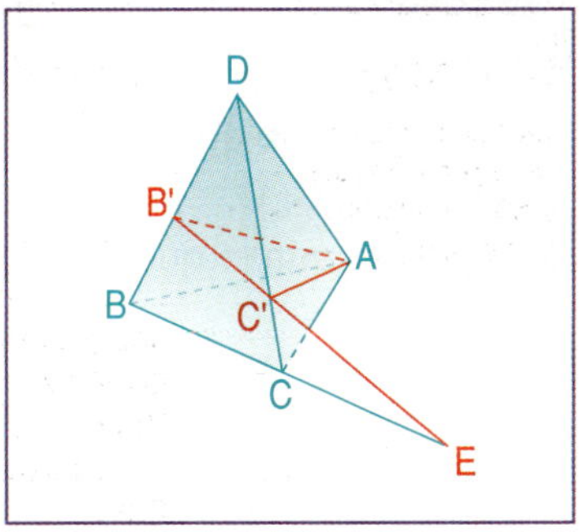

Point Méthode

Pour trouver l'intersection de deux plans sécants, il suffit de trouver deux points qui appartiennent aux deux plans.

Solution

Les plans (ABC) et (AB′C′) ont en commun le point A. Ces plans ne sont pas confondus car le point B′, par exemple, du plan (AB′C′), n'est pas dans le plan (ABC). Les plans (ABC) et (A′B′C′) sont donc sécants. Leur intersection est donc une droite.

Pour déterminer cette droite, il suffit d'en préciser deux points. Le point A appartient, bien sûr, aux plans (ABC) et (AB′C′).

Le point E appartient également à ces deux plans. En effet, B et C sont deux points du plan (ABC). Donc tous les points de la droite (BC) appartiennent au plan (ABC), en particulier le point E. De même, B′ et C′ sont deux points du plan (AB′C′). Donc le point E de la droite (B′C′) appartient au plan (AB′C′).

L'intersection des plans (ABC) et (AB′C′) est donc **la droite (AE)**.

Commentaires

◀ Chacun des deux plans est défini par trois points distincts non alignés.

◀ De même, C′ n'appartient pas au plan (ABC).

◀ Règle 3, p. 200.

◀ Règle 2, p. 200.

Exo. 2

P est un plan ; A, B, C sont trois points non alignés qui n'appartiennent pas à P. On suppose que (AB) coupe P en C′, que (AC) coupe P en B′ et que (BC) coupe P en A′.

Montrez que les points A′, B′ et C′ sont alignés.

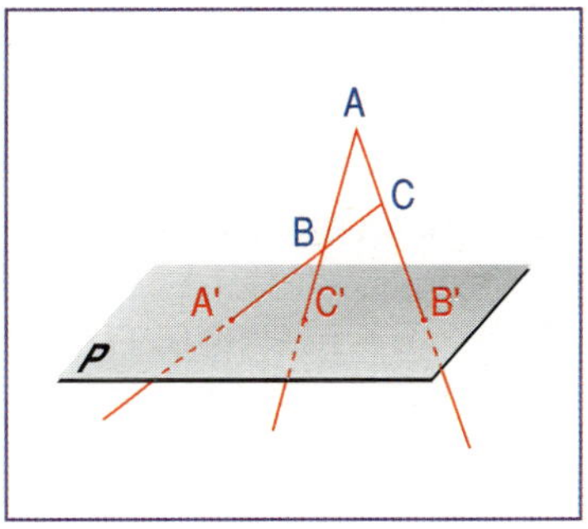

Point Méthode

Pour démontrer que trois points sont alignés, il suffit de démontrer qu'ils appartiennent à deux plans distincts.

Solution

Les trois points A, B, C, non alignés, déterminent un plan.

A′ appartient au plan (ABC) ; en effet, B et C sont deux points distincts de ce plan, donc tous les points de la droite (BC) appartiennent au plan (ABC).

De même, B′ est un point de la droite (AC) et C′ un point de la droite (AB) ; ces deux points appartiennent donc au plan (ABC).

Les points A′, B′, C′ appartiennent donc à la fois au plan (ABC) et au plan P. Or ces plans sont distincts puisque A, B, C n'appartiennent pas au plan P. Leur intersection est donc une droite et cette droite contient les points A′, B′ et C′. Ces trois points sont donc alignés.

▶ **REMARQUE :** Dans le plan, une figure tracée avec soin permet, en général, de voir apparaître un alignement de trois points. Ce n'est pas le cas dans l'espace. Dans cet exercice, par exemple, la figure ne peut pas permettre de voir que A′, B′, C′ sont alignés.

Commentaires

◀ Règle 1, p. 200.

◀ Règle 2, p. 200.

◀ Règle 3, p. 200.

◀ Si un point appartient à deux plans, il appartient à l'intersection de ces deux plans.

Exo. 3

On considère deux droites parallèles distinctes *d′* et *d″*, qui coupent deux plans parallèles distincts P et P′ en quatre points A, B, C, D.
Démontrez que le quadrilatère ABCD est un parallélogramme.

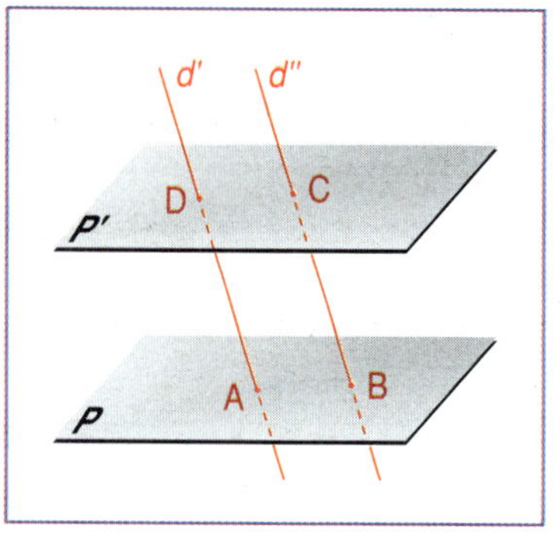

Point Méthode

Pour démontrer que deux droites de l'espace sont parallèles, on peut démontrer qu'elles sont coplanaires et situées dans deux plans parallèles distincts.

Solution

Les droites *d ′* et *d ″* étant parallèles, elles sont contenues dans un même plan. Notons Q ce plan.
Les points A et D sont sur la droite *d ′* contenue dans Q, ils appartiennent donc à Q.
De même, les points B et C appartiennent à Q.
Les droites (CD) et (AB), contenues dans le plan Q, sont parallèles puisqu'elles sont coplanaires, et sans point commun (car elles sont situées dans deux plans parallèles distincts). Dans le plan Q, le quadrilatère ABCD a ses côtés opposés parallèles. C'est donc un parallélogramme.

Commentaires

◂ D'après la définition 2, p. 201.

◂ Règle 2, p. 200.

Exo. 4

Dans le tétraèdre SABC, le point I est le milieu de [SA], le point J le milieu de [SB], et le point K le milieu de [SC].
Montrez que le plan (IJK) est parallèle au plan (ABC).

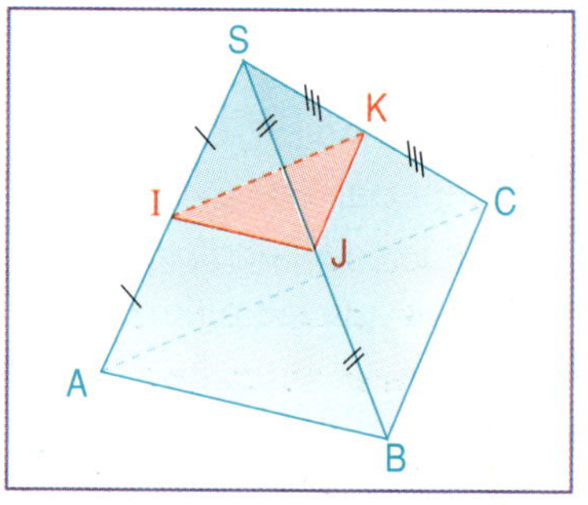

Point Méthode

Pour démontrer que deux plans sont parallèles, on peut démontrer que deux droites sécantes de l'un sont parallèles à deux droites sécantes de l'autre.

Solution

La droite (IJ), contenue dans le plan (IJK), est parallèle à la droite (AB) contenue dans le plan (ABC). En effet, dans le triangle SAB, la droite (IJ) joint les milieux des côtés [SA] et [SB] du triangle SAB ; elle est donc parallèle au troisième côté (AB).
De même, la droite (JK) du plan (IJK) est parallèle à la droite (BC) du plan (ABC).
Les deux droites sécantes (IJ) et (JK) du plan (IJK) sont donc parallèles aux deux droites sécantes (AB) et (BC) du plan (ABC).
Les plans (IJK) et (ABC) sont donc parallèles.

Commentaires

◂ Les points I, J, K déterminent un plan car ils ne sont pas alignés.

◂ Théorème des milieux, chap. 9, § 3.1, p. 238.

◂ Les droites (IJ) et (JK) sont évidemment sécantes en J et les droites (AB) et (BC) en B.

Exo. 5

Le tétraèdre ABCD est tel que les triangles ADB et ADC sont rectangles en D.

Montrez que les droites (BC) et (AD) sont orthogonales.

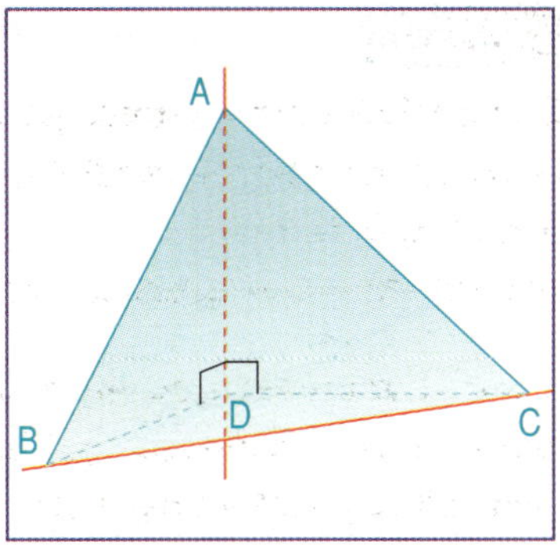

Point Méthode

Pour démontrer que deux droites de l'espace sont orthogonales, on peut démontrer que l'une d'elles est orthogonale à un plan P passant par l'autre, c'est-à-dire à deux droites sécantes contenues dans P.

Solution

Le triangle ADB est rectangle en D, donc la droite (AD) est perpendiculaire, donc orthogonale, à la droite (BD).

De même, le triangle ADC est rectangle en D, donc la droite (AD) est perpendiculaire, donc orthogonale à la droite (CD).

La droite (AD), orthogonale aux deux droites sécantes (BD) et (CD) du plan (BCD), est donc orthogonale au plan (BCD).

Par suite, (AD) est orthogonale à toutes les droites du plan (BCD), en particulier à la droite (BC).

▶ **REMARQUE :** Dans la définition de l'orthogonalité de deux droites, les deux droites jouent des rôles symétriques. Ce n'est pas le cas dans le point méthode proposé ici et souvent utilisé : lorsqu'aucune indication n'est donnée dans l'énoncé, on doit chercher laquelle des deux droites est contenue dans un plan orthogonal à l'autre.

Commentaires

◀ Deux droites perpendiculaires sont orthogonales (voir remarque, p. 204).

◀ Voir propriété 9, p. 204.

Exo. 6

ABCD est un tétraèdre tel que AB = AC et DB = DC.

Montrez que les droites (AD) et (BC) sont orthogonales.

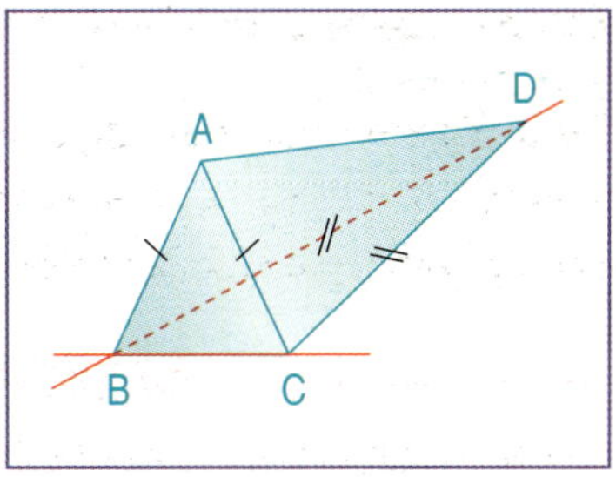

Point Méthode

Pour démontrer que deux droites de l'espace, (AD) et (BC), sont orthogonales, on peut démontrer que la droite (AD) est dans le plan médiateur du segment [BC].

Solution

Notons P le plan médiateur de [BC].

Par hypothèse, AB = AC ; donc le point A, équidistant des extrémités du segment [BC] est dans le plan médiateur de [BC].

De même, DB = DC ; donc D est dans le plan médiateur de [BC].

P contient les deux points A et D ; il contient donc la droite (AD).

Or, d'après la définition du plan médiateur, la droite (BC) est orthogonale au plan P ; (BC) est donc orthogonale à toutes les droites contenues dans P, en particulier à la droite (AD).

▶ **NOTE :** On déduit de l'exercice précédent que dans un tétraèdre régulier, deux arêtes opposées, c'est-à-dire sans point commun, sont orthogonales.

Commentaires

◀ P est le plan orthogonal à [BC] en son milieu (§ 3.4, p. 205).

◀ Lorsqu'un point est équidistant des extrémités d'un segment, il est naturel de penser à la notion de plan médiateur.

Les travaux pratiques 1 à 4 font partie du programme.

TP 1

EN PERSPECTIVE CAVALIÈRE

Nous avons indiqué, en activité d'approche, une règle fondamentale de la perspective cavalière :

"Deux droites parallèles de l'espace sont représentées par deux droites parallèles".

Voici deux autres règles importantes :

• "Trois points alignés dans l'espace sont représentés par trois points alignés ".

• "Les rapports de longueurs de segments ayant même support ou des supports parallèles sont conservés.". En particulier, "les milieux sont conservés".

Pour résumer ces règles, on dit que "**la perspective cavalière conserve le parallélisme, l'alignement et les rapports de segments parallèles**".

1-1 Quelques mises en garde

1. Alignement

En général, trois points alignés sur une figure ne représentent pas trois points alignés dans l'espace.

EXEMPLE : ABCDEFGH est un cube.

Les points A, D, F, G sont alignés sur la figure. Représentent-ils des points alignés dans l'espace ?

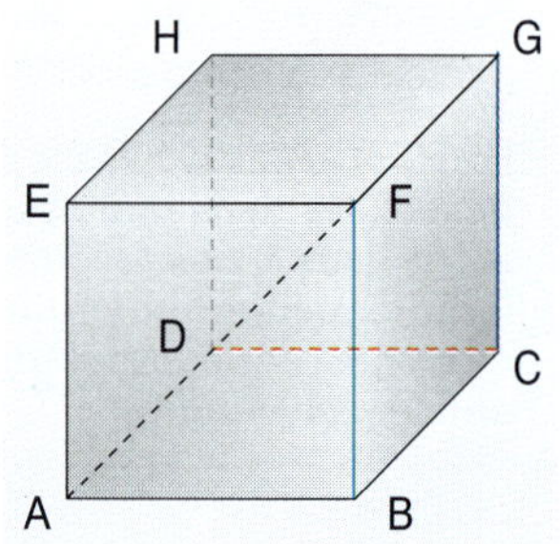

2. Rapports de longueurs

En général, les rapports de longueurs de segments de supports non parallèles ne sont pas conservés.

EXEMPLE : Sur la figure, mesurez approximativement AD et DF, et déduisez-en que $\frac{AD}{DF} \approx 1$.

Expliquez pourquoi dans l'espace, $\frac{AD}{DF} = \frac{\sqrt{3}}{3}$, donc $\frac{AD}{DF} \approx 0{,}58$.

1-2 Utilisation d'une figure

Nous allons voir des exemples d'utilisation des règles énoncées en introduction.

1. ABCD est un tétraèdre ; d et Δ sont les droites tracées sur la figure ; d est contenue dans le plan (ACD), et Δ dans le plan (ABC).

En utilisant la figure, expliquez pourquoi ces droites ne sont pas sécantes.

INDICATION : *Quelle est l'intersection des plans (ACD) et (ABC) ?*

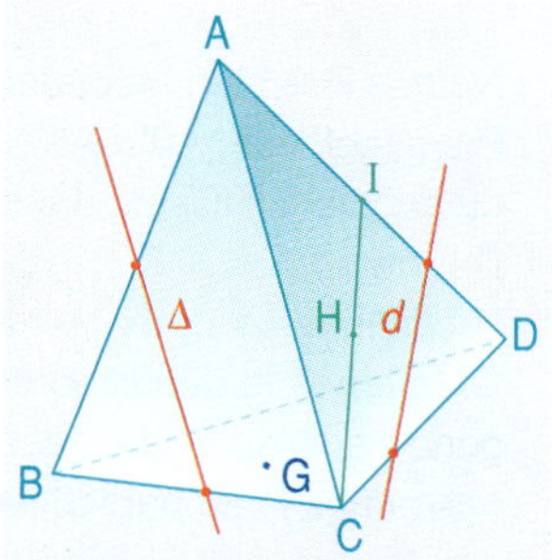

2. a) Le point G est un point du plan (BCD).

G est-il le centre de gravité du triangle (BCD) ?

b) Le point I est le milieu de [AD] et H est le point de [IC] placé sur la figure. H est-il le centre de gravité du triangle ACD ?

3. a) Les points I, G, H peuvent-ils représenter des points alignés dans l'espace ?

b) Les points I , G, C peuvent-ils représenter des points alignés dans l'espace ?

TP 2

EN COUPANT UN CUBE

ABCDEFGH est un cube de côté a. Un plan P passant par G coupe le segment [AE] en I, le segment [BF] en J, le segment [DH] en K.

2-1 Pour se familiariser avec la figure

1. Répondez aux quatre questions suivantes, sans justification, uniquement en observant la figure.

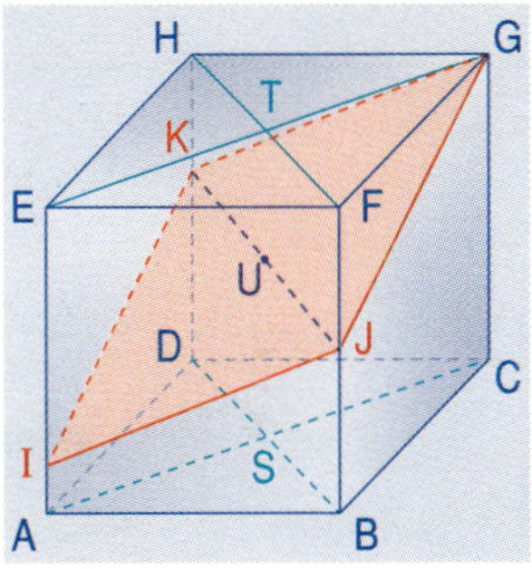

a) Où se trouve K lorsque I est confondu avec A, et J avec F ?

b) Lorsque J est en F, que peut-on dire de HK et EI ?

c) Lorsque K est en H, que peut-on dire de FJ et EI ?

d) Si KH = FJ, que peut-on dire de (KJ) et (DB) ?

2. **a)** Montrez que (GJ) et (KI) sont parallèles, ainsi que (JI) et (GK).

b) Quelle est la nature du quadrilatère IJGK ?

2-2 Un losange

On suppose dorénavant que KH = FJ.

1. Montrez que les quadrilatères BDKJ et HKJF sont des rectangles.

2. **a)** Comparez les longueurs GK et GJ.

b) Déduisez-en que le quadrilatère IJGK est un losange.

3. On note T le milieu de [EG], S le milieu de [AC], et U le milieu de [GI].

a) Expliquez pourquoi les points S, T, U sont dans le plan (EACG).

b) Quelle est la nature du quadrilatère EACG ?

c) Montrez que les points S, T et U sont alignés.

INDICATION : *Dessiner, sur une figure à part, le quadrilatère* EACG *et les points* S, T *et* U.

d) Montrez que $TU = \frac{1}{2}$ EI.

2-3 Comment utiliser un patron

Dans cette question, **on suppose que a = 4 cm et que I est le milieu de [AE]**.

1. Montrez que FJ = 1 cm.

2. Dessinez un patron en vraie grandeur du solide ABCDIJGK.

3. Calculez la somme des aires des six faces du solide ABCDIJGK.

4. Une mouche se déplace du point A au point G en restant sur les faces du solide ABCDIJGK. En utilisant le patron, trouvez le chemin le plus court.

INDICATION : *Ne pas oublier que, sur le patron, la face supérieure peut être placée de quatre manières différentes.*

TP 3

UN DÉCOUPAGE INHABITUEL EN TROIS PARTIES ÉGALES

> ***Note***
> *Un parallélépipède est un solide dont les six faces sont des parallélogrammes.*

ABCDEFGH est un parallélépipède. La diagonale (AG) coupe le plan (EDB) en I et le plan (HCF) en J. On se propose de démontrer que les points I et J partagent le segment [AG] en trois parties égales.

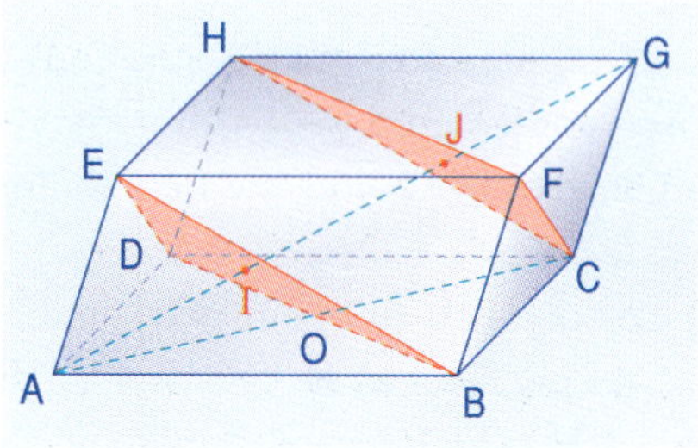

3 ■ 1 Un centre de gravité dissimulé

On note O le point d'intersection des diagonales (BD) et (AC) du parallélogramme ABCD.

1. Montrez que EACG est un parallélogramme.

2. a) Démontrez que les points E, O et I appartiennent au plan (EACG).

b) Démontrez que les points E, O et I appartiennent au plan (EDB).

c) Déduisez-en que E, O et I sont alignés.

> ***Note***
> *Vous pouvez retenir que parfois, il est commode de faire une figure annexe dans un plan.*

3. Il est commode de représenter le parallélogramme EACG sur une autre figure. Notons K le milieu du segment [EC].

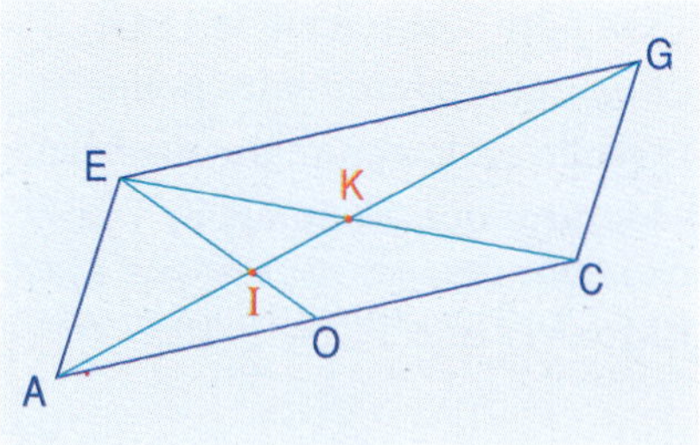

a) Expliquez pourquoi I est le centre de gravité du triangle EAC.

b) Montrez que $AI = \frac{2}{3} AK$.

3 ■ 2 Un autre centre de gravité pour conclure

Notons O′ le point d'intersection des diagonales (EG) et (HF) du parallélogramme EFGH. On peut démontrer de manière analogue que le point J est le centre de gravité du triangle ECG. Nous l'admettrons.

1. Montrez que $GJ = \frac{2}{3} GK$.

2. Déduisez de ce qui précède que AI = IJ = JG.

TP 4

CALCUL DE DISTANCES DANS L'ESPACE

4 ■ 1 Deux formules pour un volume

ABED est un tétraèdre ; AB = AD = AE = a et les angles $\widehat{BAE}$, $\widehat{BAD}$ et $\widehat{EAD}$ sont droits.

On note d la droite passant par A et orthogonale au plan (EBD), et H le point d'intersection de d et du plan (EBD).

On se propose de calculer la distance AH.

On pose AH = h.

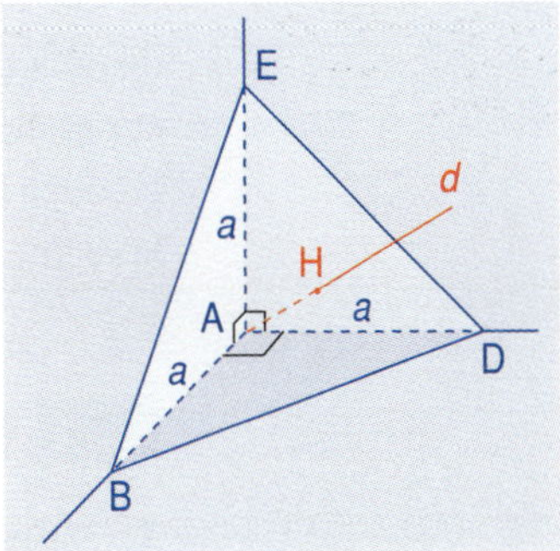

Note
Le volume V d'une pyramide de base B et de hauteur h est donné par la formule $V = \frac{1}{3}Bh$.

1. Calculez, en fonction de a et de h, le volume V du tétraèdre ABDE en le considérant comme une pyramide de base EBD.

2. Calculez V en considérant cette fois le tétraèdre ABDE comme une pyramide de base ABD.

3. Déduisez-en une expression de h en fonction de a.

4 ■ 2 Diagonale d'un cube

ABCDEFGH est un cube de côté a.

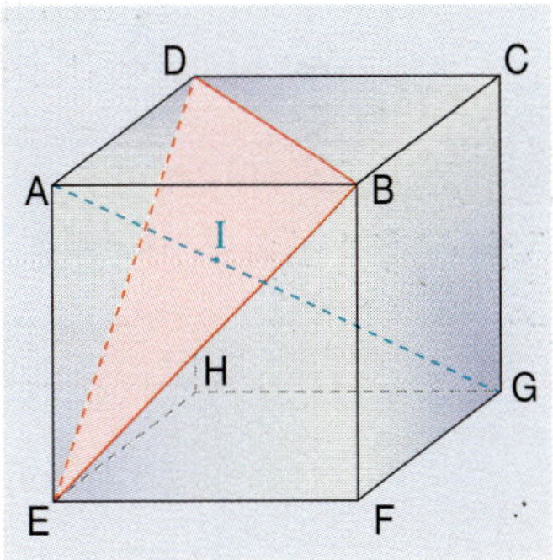

1. a) Montrez que la droite (DB) est orthogonale au plan (AEGC).

b) Déduisez-en que les droites (DB) et (AG) sont orthogonales.

2. a) Montrez que la droite (BE) est orthogonale au plan (ADGF).

b) Déduisez-en que les droites (BE) et (AG) sont orthogonales.

3. Déduisez de ce qui précède que la droite (AG) est orthogonale au plan (EBD).

4. Calculez AG.

5. On note I le point d'intersection de la droite (AG) et du plan (EBD). Précisez la position de I sur le segment [AG].

Commentaire

Le résultat de la question 5 a été établi d'une autre manière dans le cas plus général d'un parallélépipède, au TP 3.

TP 5

DANS UN TÉTRAÈDRE

OABC est un tétraèdre ; les angles $\widehat{AOC}$, $\widehat{AOB}$, $\widehat{BOC}$ sont droits et OA = OB = OC = 2.
On note N le milieu de [AB].
M est un point quelconque du segment [ON], distinct de O et de N, et P le plan passant par M et parallèle aux droites (AB) et (OC).
P coupe le segment [OA] en I, le segment [OB] en J, le segment [BC] en K, et le segment [AC] en L.

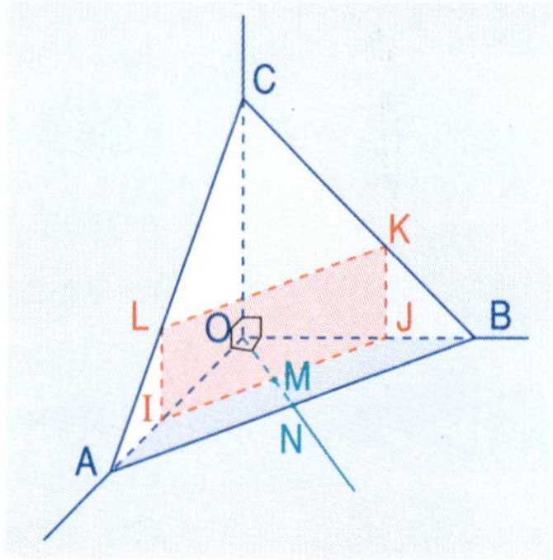

5 ▪ 1 Nature du quadrilatère IJKL

1. Montrez que les droites (IJ) et (AB) sont parallèles.
INDICATION : *Utiliser la propriété 6, p. 203.*

2. Quelle est l'intersection du plan (ABC) et du plan P ?
Montrez que la droite (LK) est parallèle à la droite (IJ).

3. Montrez que les droites (IL) et (JK) sont parallèles à (OC).
INDICATION : *Utiliser la propriété 6, p. 203.*

4. **a)** Expliquez pourquoi la droite (OC) est orthogonale au plan (OAB).
b) Déduisez-en que la droite (IL) est perpendiculaire à la droite (IJ).

5. Déduisez de ce qui précède que le quadrilatère IJKL est un rectangle.

5 ▪ 2 Calcul d'aire

On se propose de calculer l'aire du rectangle IJKL en fonction de OM.
Pour cela, on pose OM = x et on note $\mathscr{A}(x)$ cette aire.

1. Montrez que IJ = $2x$.

2. Montrez que JK = $2 - x\sqrt{2}$.
INDICATION : *Utiliser le théorème de Thalès dans le triangle OBC.*

3. Déduisez-en que $\mathscr{A}(x) = -2\sqrt{2}\,x^2 + 4x$.

5 ▪ 3 Étude de la fonction $\mathscr{A}$

1. Expliquez pourquoi la fonction $\mathscr{A}$ est définie sur l'intervalle $]\,0\,;\sqrt{2}\,]$.

2. **a)** Montrez que $\mathscr{A}(x) = -2\sqrt{2}\left(x - \frac{\sqrt{2}}{2}\right)^2 + \sqrt{2}$.

b) On désigne par a et b deux réels de l'intervalle $\left]0\,;\frac{\sqrt{2}}{2}\right]$ tels que $a < b$.

Complétez par l'un des signes "<" ou ">" :

$\left(a-\frac{\sqrt{2}}{2}\right) \square \left(b-\frac{\sqrt{2}}{2}\right)$; $\left(a-\frac{\sqrt{2}}{2}\right)^2 \square \left(b-\frac{\sqrt{2}}{2}\right)^2$;

$-2\sqrt{2}\left(a-\frac{\sqrt{2}}{2}\right)^2 \square -2\sqrt{2}\left(b-\frac{\sqrt{2}}{2}\right)^2$;

$-2\sqrt{2}\left(a-\frac{\sqrt{2}}{2}\right)^2+\sqrt{2} \square -2\sqrt{2}\left(b-\frac{\sqrt{2}}{2}\right)^2+\sqrt{2}$.

c) Déduisez-en que la fonction $\mathcal{A}$ est strictement croissante sur $\left]0\,;\frac{\sqrt{2}}{2}\right]$.

d) Montrez de même que la fonction $\mathcal{A}$ est strictement décroissante sur $\left[\frac{\sqrt{2}}{2}\,;\sqrt{2}\right[$

3. Tracez la courbe représentative $\mathcal{C}$ de la fonction $\mathcal{A}$ sur l'intervalle $]0\,;\sqrt{2}[$.

5.4 Lectures graphiques

1. a) Expliquez pourquoi la fonction $\mathcal{A}$ admet un maximum sur l'intervalle $]0\,;\sqrt{2}[$ et précisez pour quelle valeur x_0 ce maximum est atteint.

b) Quelle est la nature du quadrilatère IJKL pour cette valeur x_0 ?

2. a) La courbe $\mathcal{C}$ admet un axe de symétrie d. Donnez une équation de d.

b) Comment peut-on interpréter géométriquement, dans le tétraèdre OABC, le fait que d est un axe de symétrie de $\mathcal{C}$?

3. On note N′ le milieu de [ON] ; M_1 et M_2 désignent deux points du segment [ON] symétriques par rapport à N′ (on suppose que $OM_1 < OM_2$).
$I_1J_1K_1L_1$ et $I_2J_2K_2L_2$ désignent les rectangles associés respectivement à M_1 et M_2.

a) Montrez que $J_1K_1 = \frac{\sqrt{2}}{2}\, I_2J_2$ et que $I_1J_1 = \sqrt{2}\, J_2K_2$.

b) Retrouvez alors le résultat de la question **2. b)**.

RÉSULTATS ET CONSEILS

Des résultats à retenir

Dans ce chapitre, conformément au programme, tous les résultats sont admis. Le cours, essentiellement constitué par des résultats à retenir, peut donc remplacer cette rubrique.

Des conseils à suivre

▶ N'oubliez pas que deux droites parallèles dans l'espace sont toujours représentées par deux droites parallèles sur la figure.

▶ N'oubliez pas que la propriété :
"l'intersection de deux plans sécants est une droite" permet de résoudre des problèmes d'alignement et des problèmes d'intersection de droites.

EXEMPLE : Pour montrer que trois points sont alignés, il suffit de montrer qu'ils appartiennent à deux plans sécants distincts.

▶ Pour démontrer que deux plans sont parallèles, il suffit de démontrer que deux droites sécantes de l'un sont parallèles à deux droites sécantes de l'autre.

▶ Pour démontrer que deux droites sont orthogonales, il suffit de démontrer que l'une d'elles est orthogonale à un plan P passant par l'autre, c'est-à-dire à deux droites sécantes contenues dans P.

▶ Dans le plan, une condition telle que "MA = MB" doit faire penser à la médiatrice Δ de [AB] :
MA = MB signifie que M est sur Δ.
Dans l'espace, une condition telle que "MA = MB" doit faire penser au plan médiateur P de [AB] :
MA = MB signifie que M est dans P.

▶ Pensez que l'orthogonalité de deux droites peut parfois se démontrer à l'aide du plan médiateur : si P est le plan médiateur du segment [AB], la droite (AB) est orthogonale à toute droite de P.

Des erreurs à éviter

■ En général :
- deux droites parallèles sur la figure ne représentent pas deux droites parallèles dans l'espace ;
- trois points alignés sur la figure ne représentent pas trois points alignés dans l'espace.

EXEMPLES :
ABCD est un tétraèdre, I est le milieu de [BD].
- Sur la figure, (AB) et (CD) sont parallèles. Elles ne le sont pas dans l'espace car elles ne sont pas coplanaires.
- Sur la figure, les points A, I, et C sont alignés. Ils ne le sont pas dans l'espace. En effet, (AI) et (AC) sont sécantes en A.

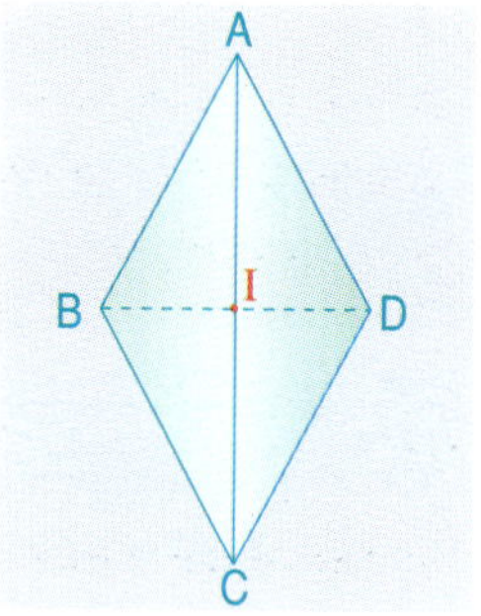

■ Attention, certaines propriétés vraies dans le plan ne le sont pas dans l'espace :
- dans l'espace, deux droites n'ayant aucun point commun ne sont pas nécessairement parallèles ;
- dans l'espace, deux droites orthogonales à une même droite ne sont pas nécessairement parallèles.

EXEMPLES :
Dans le cube ABCDEFGH :
- les droites (AB) et (EH) n'ont aucun point commun mais ne sont pas parallèles.
- les droites (AB) et (AD) sont orthogonales à (AE) mais ne sont pas parallèles.

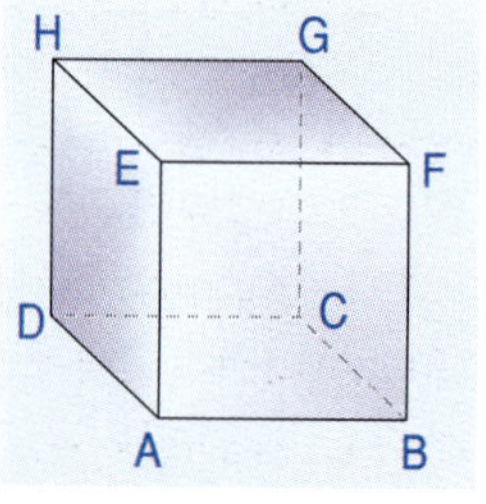

exercices et problèmes

VÉRIFICATION DES CONNAISSANCES

S1 Quand dit-on que deux plans sont parallèles ?
Quand dit-on que deux droites sont parallèles ?
Quand dit-on qu'une droite et un plan sont parallèles ?

S2 Que peut-on dire de deux droites parallèles à une même troisième ?
Que peut-on dire de deux plans parallèles à un même troisième ?

S3 Si d et d' sont deux droites parallèles et si un plan P coupe d, est-on sûr que le plan P coupe d' ?
Si P et P′ sont deux plans parallèles et si un plan Q coupe P selon une droite d, que peut-on dire de la droite d'intersection de Q et de P′ ?

S4 Si une droite d est parallèle à une droite d' contenue dans P, est-on sûr que d est parallèle à P ?

S5 Deux plans P et Q sont sécants selon une droite Δ et sont parallèles à une droite d. Que peut-on dire des droites d et Δ ?

S6 Si un plan P contient deux droites sécantes parallèles à un plan Q , que peut-on dire des plans P et Q ?

S7 Comment définit-on le projeté d'un point M sur un plan P parallèlement à une droite d ?

S8 Quelle est la définition de deux droites orthogonales ?

S9 Quand dit-on qu'une droite est orthogonale à un plan P ?
Donnez une condition suffisante pour qu'une droite d soit orthogonale à un plan P.

S10 Que peut-on dire de deux plans orthogonaux à une même droite ?
Que peut-on dire de deux droites orthogonales à un même plan ?

S11 Si deux plans P et Q sont parallèles et si une droite d est orthogonale à P, que peut-on dire de d et de Q ?

S12 Quelle est la définition du plan médiateur d'un segment [AB] ?

S13 Indiquez une propriété caractéristique du plan médiateur du segment [AB].

S14 Comment définit-on le projeté orthogonal d'un point M sur un plan P ?

VÉRIFICATION DES SAVOIR-FAIRE

Les questions SF1 à SF8 se rapportent au cube ABCDEFGH ci-contre.

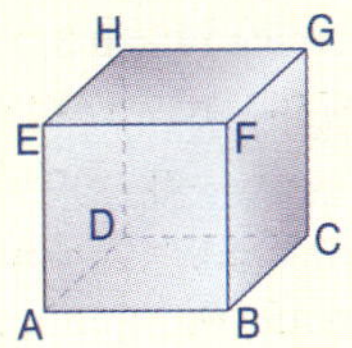

Une seule des réponses proposées est exacte	a	b	c
SF1 Le plan (EAB) est parallèle au plan ...	(FDG)	(CGD)	(BFG)
SF2 La droite (EF) est parallèle ...	à la droite (CG)	à la droite (DH)	au plan (DGH)
SF3 Le projeté orthogonal du point B sur le plan (EHG) est le point ...	B	F	H
SF4 Le projeté orthogonal du point A sur le plan (BFH) est ...	le point D	le point C	le milieu de [BD]
SF5 La droite (AC) est orthogonale à la droite ...	(HG)	(HF)	(GF)
SF6 La droite (FB) est orthogonale au plan ...	(EHG)	(CGF)	(CGE)
SF7 Le plan médiateur du segment [HF] est ...	la droite (EG)	le plan (EGC)	le plan (BDH)
SF8 Si un point M de l'espace est tel que ME = MG, alors le point M est ...	sur la médiatrice de [EG]	dans le plan médiateur de [BD]	dans le plan médiateur de [AC]

Réponses en fin de manuel

COMME LES RÉSOLUS

Pour l'exercice 1, vous pouvez vous reporter à l'exercice résolu 1, p. 207.

1 ABCD est un tétraèdre, M est un point de l'arête [AD] distinct de A et de D, et N un point de la face (ABC) ; la droite (AN) coupe la droite (BC) en I.
Trouvez l'intersection des plans (AMN) et (BCD).

Pour l'exercice 2, vous pouvez vous reporter à l'exercice résolu 2, p. 207.

2 ABCD est un tétraèdre et P un plan ne passant pas par les points A, B, C, D. Les droites (AD), (DC) et (CA) coupent le plan P respectivement en I, J et K.
Montrez que les points I, J et K sont alignés.

Pour les exercices 3 et 4, vous pouvez vous reporter à l'exercice résolu 3, p. 208.

3 ABC et A′ B′ C′ sont les bases d'un prisme droit. I est un point du segment [BC]. La droite parallèle à la droite (AA′) et qui passe par I coupe la droite (B′C′) en J.

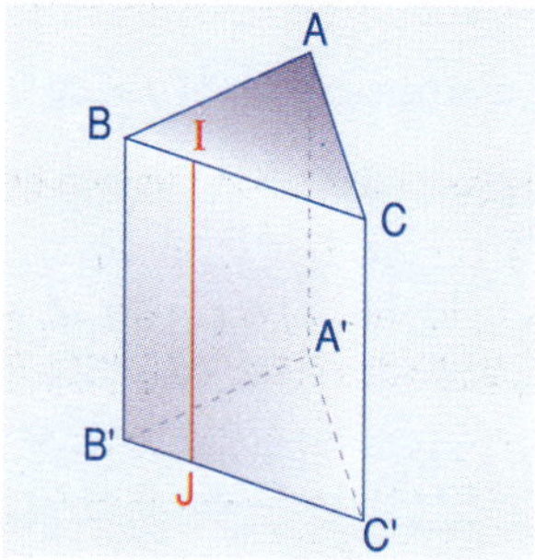

Montrez que AA′JI est un parallélogramme.

4 ABCDEFGH est un cube.

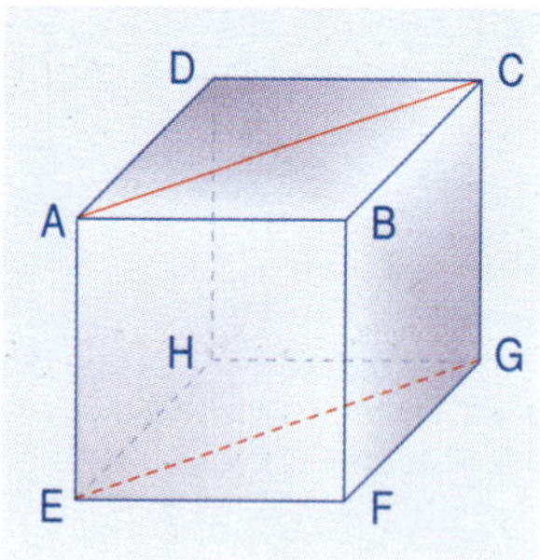

Pour l'exercice 5, vous pouvez vous reporter à l'exercice résolu 4, p. 208.

5 Dans un tétraèdre SABC, I est le point de [SA] tel que SI = $\frac{3}{4}$ SA, J le point de [SB] tel que SJ = $\frac{3}{4}$ SB, et K le point de [SC] tel que SK = $\frac{3}{4}$ SC.
Montrez que le plan (IJK) est parallèle au plan (ABC).

Pour les exercices 6 et 7, vous pouvez vous reporter à l'exercice résolu 5, p. 209.

6 ABCD est un tétraèdre tel que les pieds des hauteurs relatives au côté [BC] dans les triangles ABC et DBC sont confondus (le point H sur la figure).

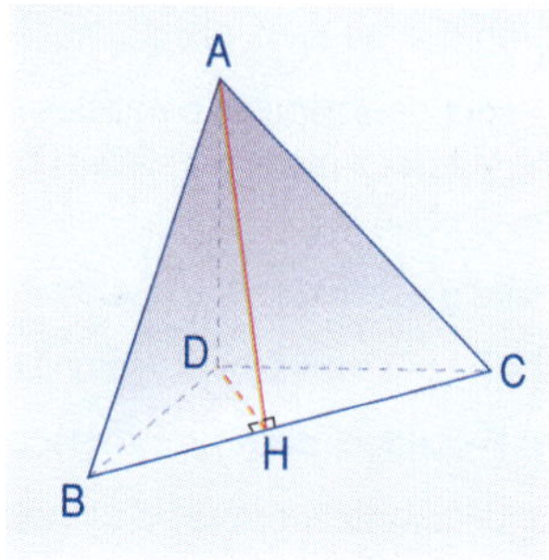

Montrez que les droites (AD) et (BC) sont orthogonales.

7 Deux rectangles ABCD et CDEF, situés dans deux plans distincts, ont en commun le côté [CD], et AD = DE.

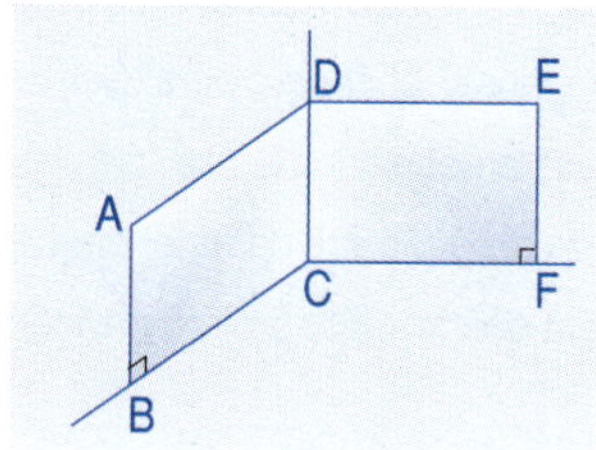

Montrez que les droites (CD) et (BF) sont orthogonales.

Pour les exercices 8 et 9, vous pouvez vous reporter à l'exercice résolu 6, p. 210.

8 SABCD est une pyramide régulière de sommet S et de base carrée ABCD.
Montrez que (SA) est orthogonale à la diagonale (BD) du carré ABCD.

9 ABCDEDFGH est un cube.

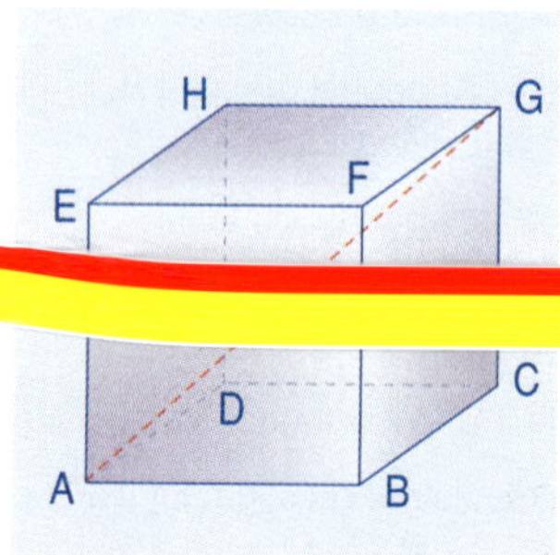

Montrez que les droites (HF) et (AG) sont orthogonales.

(Corrigés en fin de manuel.)

POUR S'ENTRAÎNER

Tracés et patrons

10 ABCDEFGH est un cube de bases ABCD et EFGH.

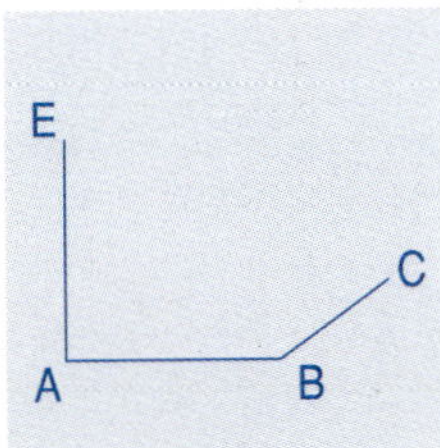

Complétez la figure ci-dessus.

11 ABCD est un tétraèdre, I est le milieu de [AD] et G est un point de la face (ABC).

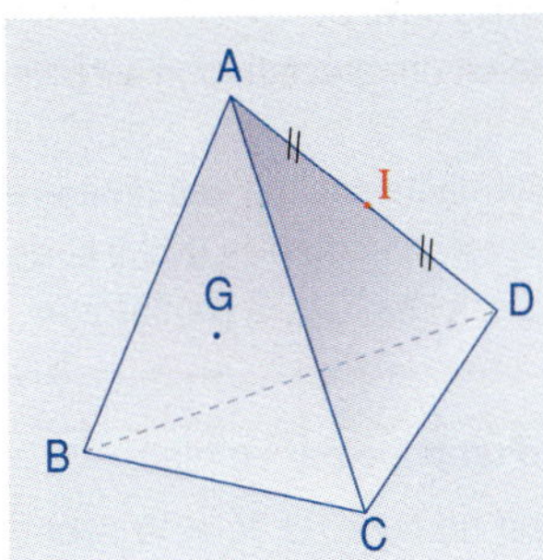

1. Faites une figure.
2. Tracez le segment [IG] et la droite (IG).
3. Tracez le segment [GD] et la droite (GD).
4. Tracez le segment [CI] et la droite (CI).
5. Tracez le segment [BI] et la droite (BI).

12 ABCDEFGH est un cube, I est le milieu de l'arête [EF] et J le milieu de l'arête [AB].

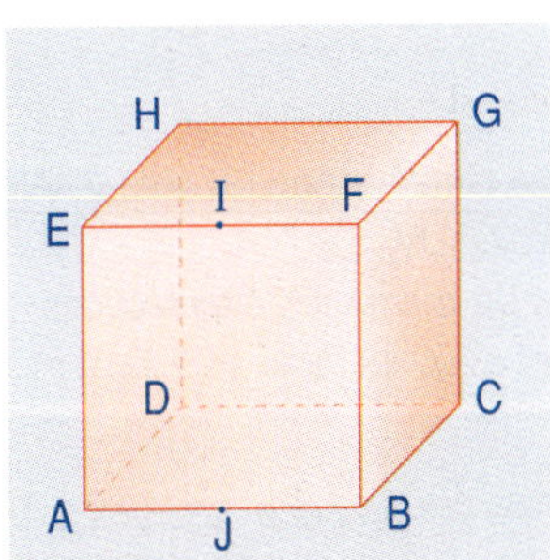

1. Faites une figure.
2. Tracez le segment [IG].
3. Tracez le segment [JC].
4. Tracez la droite parallèle à (BG) et qui passe par I.
5. Tracez la droite parallèle à (BG) et qui passe par J.

13* ABCD est un tétraèdre régulier d'arête 5 cm.
I, J, K sont les milieux respectifs des arêtes [AB], [AC], [AD].
Construisez un patron du solide que l'on obtient en coupant le tétraèdre par le plan (IJK). (Il s'agit ici d'un tronc de tétraèdre.)

14* ABCD est un tétraèdre régulier d'arête 5 cm.
I, J, K, M et N sont les milieux respectifs des arêtes [AB], [AC], [AD], [BC] et [CD].

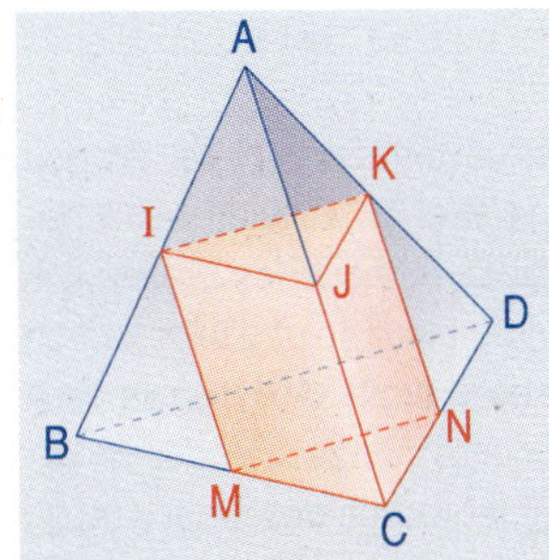

Construisez un patron du prisme "oblique" IJKMCN obtenu en coupant le tétraèdre suivant les plans (IJK) et (IMNK).

15* **Un parallélépipède inclus dans un cube**

ABCDEFGH est un cube. On note I et J les centres respectifs des faces (ABCD) et (EFGH). M, N, P et Q sont les milieux respectifs des arêtes [AB], [BC], [GH] et [HE].

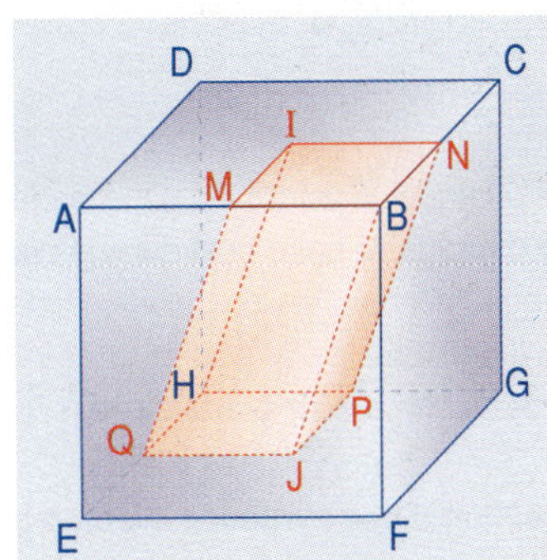

Construisez un patron du parallélépipède MBNIQJPH.

INDICATION : Le triangle BIJ est rectangle en I et le triangle HJI est rectangle en J. Prendre 6 cm comme arête du cube.

Intersection de droites et de plans

16 *d* et *d* ′ sont deux droites sécantes en A, contenues dans un plan P. Le point M est extérieur au plan P.
Q est le plan défini par M et la droite *d*, Q′ le plan défini par M et la droite *d* ′.
Quelle est l'intersection de Q et de Q′ ?

17 Une droite *d* coupe un plan P en O ; A et B sont deux points de *d* tels que O est entre A et B, M est un point tel que (MA) coupe P en I et (MB) coupe P en J.
Démontrez que les points O, I, J sont alignés.

INDICATION : Montrer que O, I, J sont dans le plan (MAB).

18 ABCD est un tétraèdre. Les points M, N, P appartiennent respectivement aux arêtes [AB], [AD], [AC] et sont distincts des extrémités. (MN) coupe (BD) en I, (NP) coupe (CD) en J, (MP) coupe (BC) en K.
Montrez que les points I, J et K sont alignés.

19 ABCD est un tétraèdre. H est un point de la droite (BD) distinct de B et D, et K un point de la droite (CD) distinct de C et D, tels que les droites (HK) et (BC) sont sécantes. On note I leur point d'intersection.
G est un point de la droite (AD) distinct de A et D.
On note E le point d'intersection des droites (HG) et (AB), et F le point d'intersection des droites (KG) et (AC).

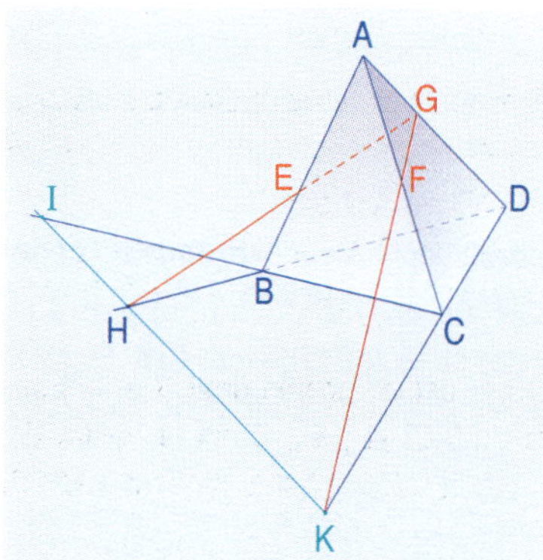

1. Expliquez pourquoi le point I est dans le plan (ABC).
2. Expliquez pourquoi le point I est dans le plan (GHK).
3. Montrez que l'intersection des plans sécants (ABC) et (GHK) est la droite (EF).
4. Déduisez de ce qui précède que la droite (EF) passe par I.

20* Intersection d'une pyramide avec un plan

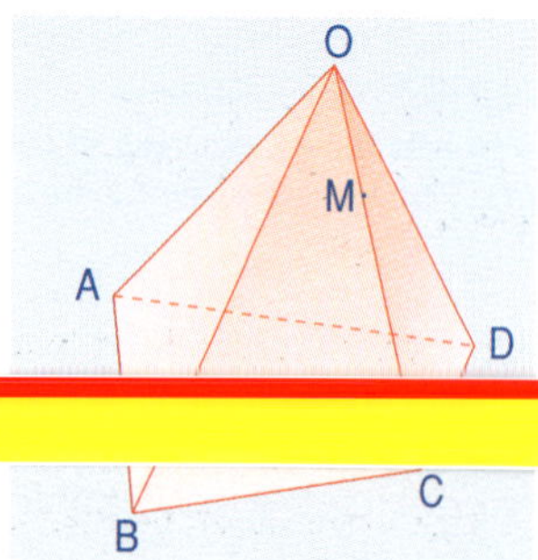

La figure représente une pyramide de base ABCD, et M est un point de l'arête [OC]. Tracez les intersections des faces (OCD), (OBC), et (OAB) avec le plan (MAD).

INDICATION : Construire le point I d'intersection de (AD) et (BC).

21* Dans la figure suivante, OABCD est une pyramide de sommet O et de base ABCD. Les points K, L , M sont des points des arêtes [OA], [OD] et [OC] distincts des extrémités. Les droites (AC) et (BD) sont sécantes en I, et les droites (OI) et (KM) sont sécantes en J.

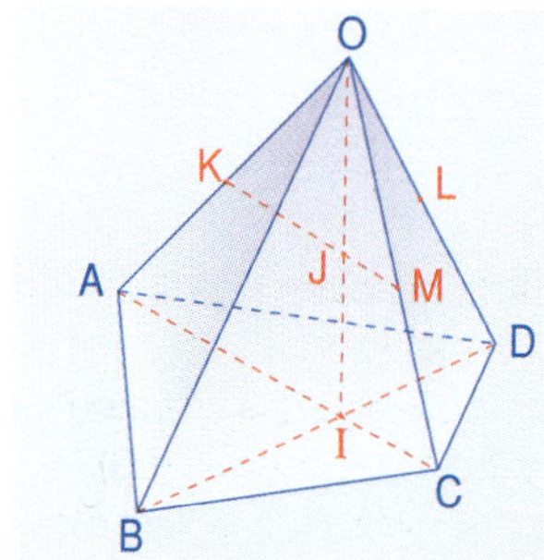

1. Quel est le point d'intersection du plan (KLM) et de la droite (OI) ?
2. N est le point d'intersection de la droite (OB) et du plan (KLM). Montrez que l'intersection des plans (OBD) et (KLM) est la droite (LN).
3. Déduisez de ce qui précède que les points N, J, L sont alignés.
4. S est le point d'intersection des droites (AD) et (BC), et G le point d'intersection du plan (KLM) et de la droite (OS). Montrez que les points K, L, S sont alignés.

22 Section d'un cube par un plan

ABCDEFGH est un cube. U, V, et W sont des points des arêtes [AE], [AD] et [AB], distincts des extrémités.

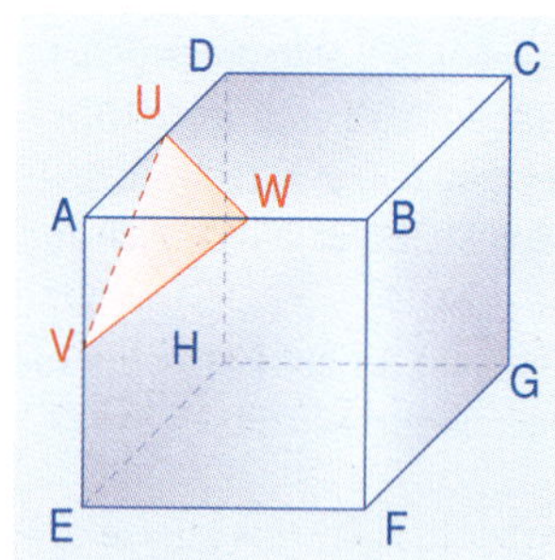

1. Montrez que l'intersection du plan (UVW) avec la face (ADE) est la droite (UV).
2. Déterminez de même les intersections du plan (UVW) respectivement avec les faces (ABFE) et (ABCD).

tiennent respectivement aux faces (ADHE), (ABFE), (BCGF), mais ne sont pas sur les arêtes.
On note *m*, *n*, *p* les projetés respectifs de M, N, P sur le plan (EGH) parallèlement à (AE). Les droites (MN) et (*mn*) se coupent en I, les droites (MP) et (*mp*) en J, et les droites (*np*) et (NP) en K.

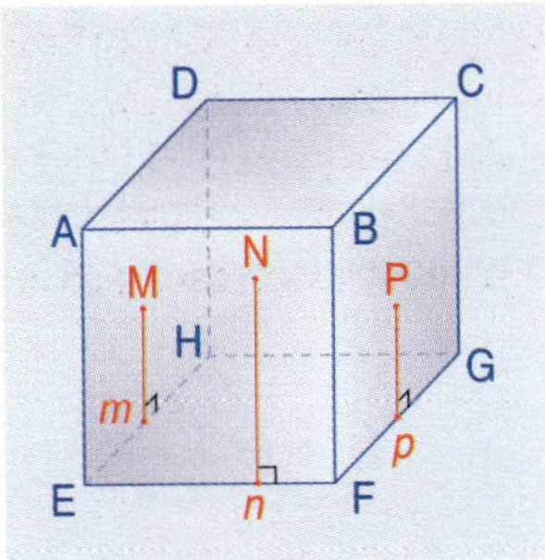

1. Montrez que le point d'intersection de la droite (MN) et du plan (EFG) est le point I.
2. Déterminez de même les points d'intersection des droites (MP) et (NP) avec le plan (EFG).
3. Montrez que les points I, J, K sont alignés.

24 ABCDEFGH est un cube. I, J, K sont des points des arêtes [EH], [EA], [HG], distincts des extrémités.
La droite (IJ) coupe les droites (DA) et (DH) en S et T.

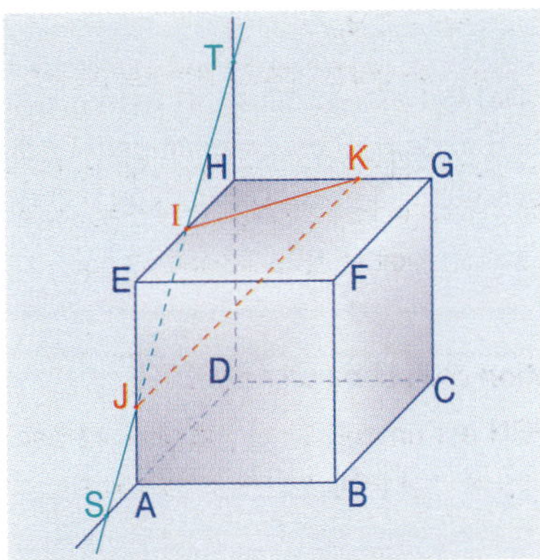

1. Montrez que l'intersection du plan (IJK) avec la face (ADHE) est la droite (IJ).
2. Montrez que l'intersection du plan (IJK) avec la face (DCGH) est la droite (KT).
3. La droite (KT) coupe l'arête (CD) en U. Montrez que l'intersection du plan (IJK) avec la face (ABCD) est la droite (SU).
4. Complétez, sur la figure, les intersections du plan (IJK) avec les autres faces du cube.

25 ABCD est un tétraèdre ; P est le plan qui contient la face BCD, Δ est une droite du plan P qui coupe les droites (BC), (CD) et (BD) en trois points distincts, respectivement D′, B′ et C′. M est un point de l'arête [AC].
Π est le plan défini par le point M et la droite Δ.
1. Dessinez l'intersection du plan Π et du plan (ABC).
2. Quel est le point d'intersection de la droite (AD) et du plan Π ?
3. a. Quelle est l'intersection du plan Π et du plan (ABD) ?
b. Démontrez que l'intersection des plans (ABD) et Π coupe la droite (BD) en un point de Δ.

26 ABCD est un tétraèdre.
1. Montrez que les plans déterminés par A et chaque médiane du triangle BCD se coupent suivant une droite Δ_1.
INDICATION : Penser au centre de gravité G_1 du triangle BCD.
2. Δ_2 est la droite passant par B et par le centre de gravité G_2 de la face ACD. Démontrez que Δ_1 et Δ_2 sont sécantes.

27* **Nappe de lumière**
Une cabane ABCDEFGH a la forme d'un parallélépipède rectangle. La porte IJKL est rectangulaire. Une source de lumière ponctuelle S est placée au "plafond" (EFGH).

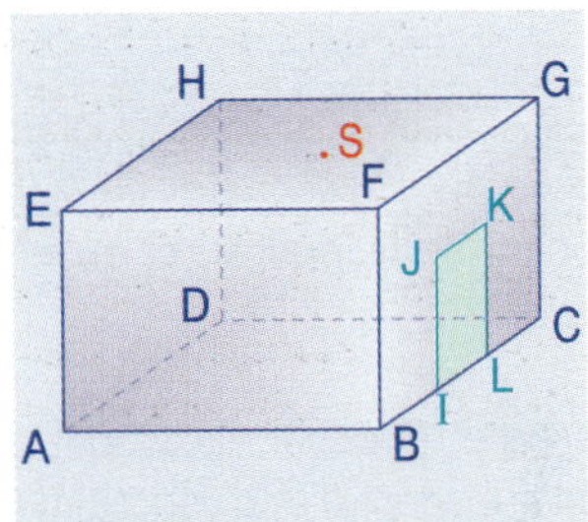

Reproduisez la figure et représentez la nappe de lumière que laisse passer la porte ouverte, à l'extérieur de la cabane, sur le "sol" (ABCD).
INDICATION : Construire les intersections des droites (SJ) et (SK) avec le plan (ABCD) en s'inspirant de l'exercice 23.

28 ABCDEF est un prisme droit, I et J sont les milieux respectifs de [AC] et [DF], G est le centre de gravité du triangle ABC, et H le centre du rectangle ADFC.

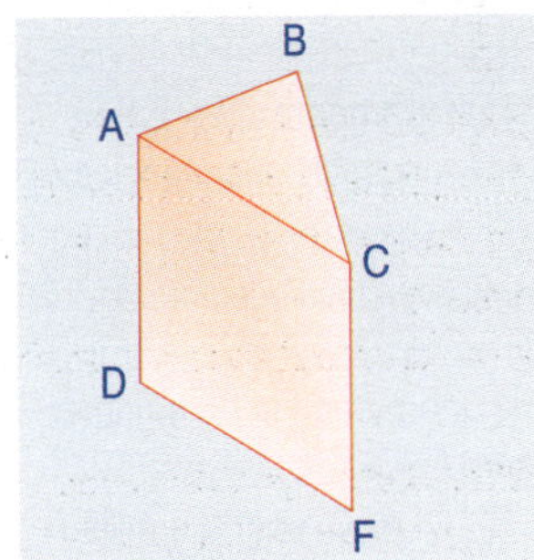

1. Complétez la figure en perspective.
2. La droite (GH) et le plan (DEF) sont sécants en M. Placez M et calculez $\frac{MJ}{ME}$.

29* Dans un tétraèdre ABCD, M et N sont les milieux respectifs de [AD] et [DC], G est le centre de gravité du triangle ABC.
1. Faites une figure précise en perspective ; expliquez pourquoi les droites (MG) et (ND) sont sécantes.
On note O leur point d'intersection.
2. Quelle est la nature du quadrilatère OCDB ?
INDICATION : Considérer le symétrique O′ de D par rapport à N et montrer qu'il est confondu avec O.

Parallélisme

30 ABCDA′B′C′D′ est un parallélépipède rectangle.

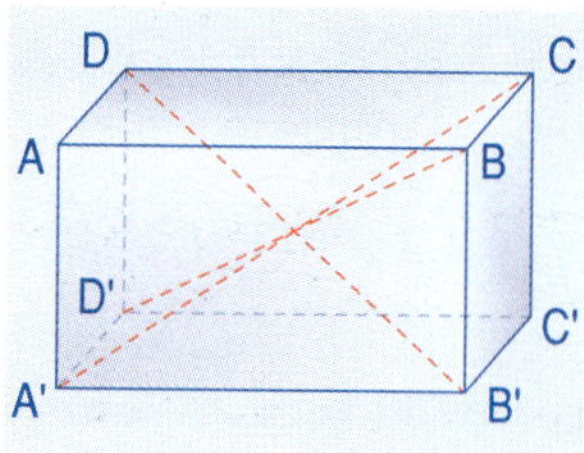

1. Montrez que AA′C′C et BB′D′D sont des parallélogrammes.
2. Montrez que ABC′ D′ est un parallélogramme.
3. Démontrez que les diagonales [AC′], [BD′], [DB′] et [CA′] se coupent en leur milieu et qu'elles sont donc concourantes.

31 Dans l'espace, ABCD et AECF sont deux parallélogrammes dont la diagonale [AC] est commune.
1. Montrez que BFDE est un parallélogramme.
2. Démontrez que les droites (BE) et (DF) sont parallèles, ainsi que les droites (BF) et (DE).

32 ABCD est un parallélogramme d'un plan P.
1. Tracez quatre droites parallèles passant par chaque sommet de ce parallélogramme et non situées dans P.
2. Un plan Π coupe ces droites en M, N, P et Q.
Quelle est la nature du quadrilatère MNPQ ?
INDICATION : Penser à la propriété 4, § 2.2, p. 202.

33 ABCD est un tétraèdre. Les points I, J, K sont les centres de gravité respectifs des triangles ABC, ACD, ABD.
Démontrez que les plans (BCD) et (IJK) sont parallèles.
INDICATION : Voir le point méthode, Exo. 4, p. 208.

34 SABCD est une pyramide de sommet S, dont la base est le quadrilatère ABCD.
Les points A′, B′, C′ et D′ sont les milieux respectifs des arêtes [SA], [SB], [SC] et [SD].
Montrez que le plan parallèle à (ABC) passant par A′ contient les droites (A′B′), (A′D′) et (A′C′).

35 ABC est un triangle, G est son centre de gravité.
A′, B′, C′, G′ sont les images respectives de A, B, C, G par la projection sur un plan P parallèlement à une droite *d*.

INDICATION : Le milieu d'un segment est conservé par projection.

36 ABCD est un tétraèdre. H est un point de la droite (BD) distinct de B et de D, et K un point de la droite (CD) distinct de C et de D tels que la droite (HK) est parallèle à la droite (BC).
G est un point de l'arête [AD] distinct de A et de D.
On note E le point d'intersection des droites (HG) et (AB), et F le point d'intersection des droites (KG) et (AC).

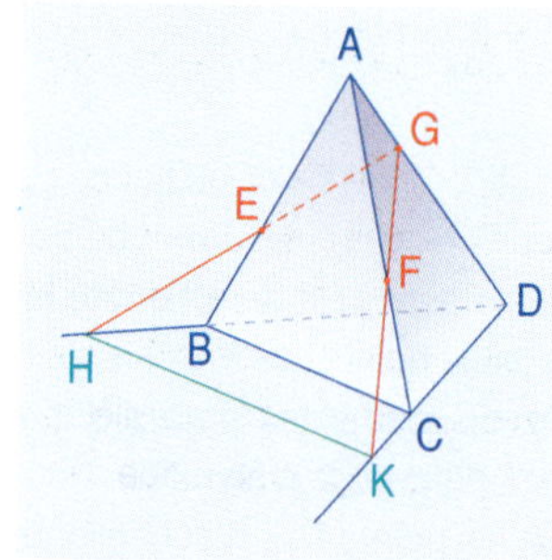

1. Montrez que l'intersection des plans sécants (GHK) et (ABC) est la droite (EF).
2. Déduisez de ce qui précède que la droite (EF) est parallèle à la droite (BC).

37 ABCDEFGH est un cube ; R est un point de [EH] distinct de E et de H, S est un point de [FG] distinct de F et de G, et T un point de [BF] distinct de B et de F.

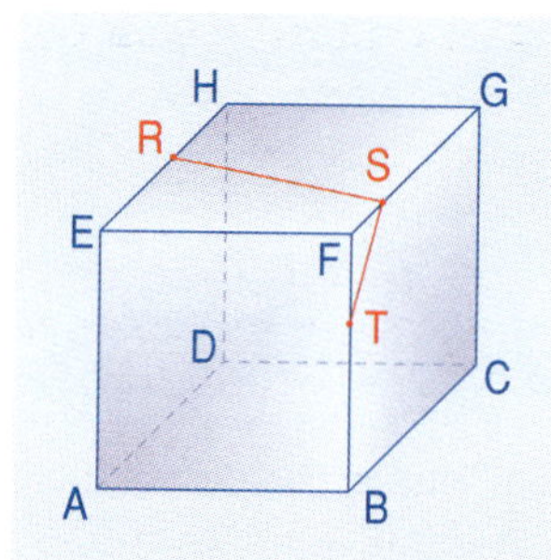

1. a. Montrez que l'intersection du plan (RST) et de la face (AEHD) est une droite parallèle à (ST).
b. Représentez cette intersection.
2. On note I le point d'intersection de la droite (EA) et du plan (RST).
a. Placez le point I.
b. Montrez que l'intersection des plans sécants (RST) et (ABF) est la droite (IT).
3. On suppose que les droites (RS) et (EF) sont sécantes et on note J leur point d'intersection.
a. Expliquez pourquoi J est dans le plan (EFG).
b. Expliquez pourquoi J est dans le plan (ABF).

INDICATION : L'intersection des plans (RST) et (ABF) est la droite (IT) (question 2.b.).
4. On suppose maintenant que les droites (RS) et (EF) sont parallèles.
Montrez qu'alors elles sont aussi parallèles à la droite (IT).

38 I est un point de l'arête [AB] d'un tétraèdre ABCD, distinct des extrémités A et B. Le plan passant par I et parallèle aux deux droites (AC) et (BD) coupe (AD) en J, (CD) en K, et (CB) en L.
Montrez que IJKL est un parallélogramme.

39 OABCD est une pyramide de sommet O et de base ABCD.
K est un point de [OA] distinct de O et de A, L un point de [OD] distinct de O et de D, et M un point de [OC] distinct de O et de C. On suppose que les droites (KL) et (AD) sont parallèles ainsi que les droites (LM) et (CD).
1. Montrez que le plan (KLM) est parallèle au plan (ACD).
2. Déduisez de ce qui précède que la droite (KM) est parallèle à la droite (AC).
3. Construisez le point N d'intersection du plan (KLM) et de la droite (OB).

Orthogonalité

40 Des propriétés classiques du cube

ABCDEFGH est un cube. En utilisant uniquement le fait que les six faces du cube sont des carrés, démontrez les quatre propriétés énoncées ci-après.

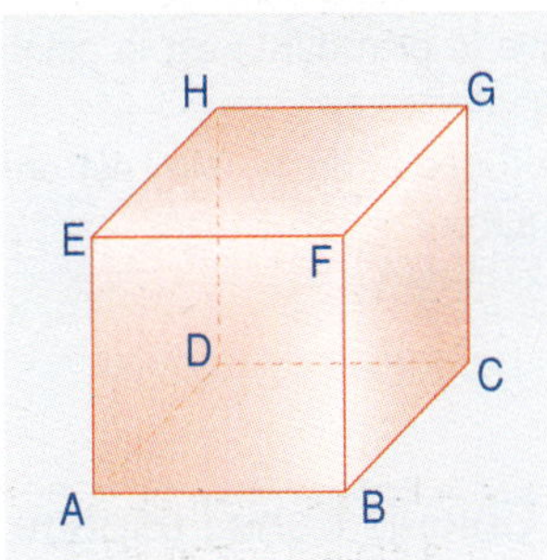

1. La droite (DH) est orthogonale au plan (ABC).
2. Les droites (DH) et (FB) sont parallèles.
3. Les droites (DH) et (BD) sont perpendiculaires.
4. Les plans (FGC) et (HEA) sont parallèles.

41 ABCD est un tétraèdre régulier, [AH] est la hauteur issue de A dans le triangle ACD.

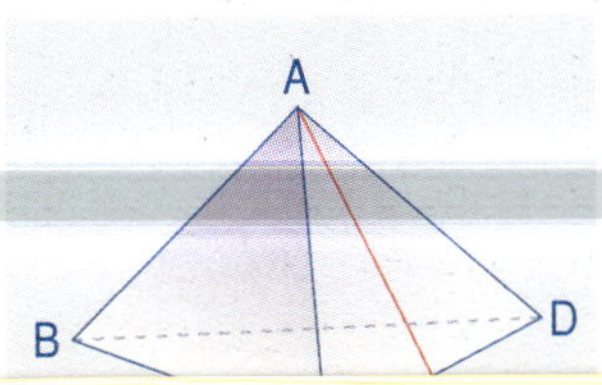

1. Montrez que [BH] est la hauteur issue de B dans le triangle BCD.
2. Montrez que la droite (CD) est orthogonale au plan (BAH).
3. Déduisez de la question précédente que les droites (CD) et (BA) sont orthogonales.

42 Dans un tétraèdre ABCD, on suppose que le projeté orthogonal de A sur le plan (BCD) est l'orthocentre H du triangle BCD.
1. a. Démontrez que les droites (CD) et (AH) sont orthogonales.
b. Déduisez de ce qui précède que (CD) est orthogonale au plan (ABH).
c. Expliquez alors pourquoi (CD) est orthogonale à (AB).
2. En vous inspirant de la question précédente, prouvez que (BC) est orthogonale à (AD).

43 P est un plan, Δ est une droite orthogonale à P en O. A est un point de Δ et B un point de P ; *d* est une droite du plan P passant par B. On mène par A la perpendiculaire à *d* ; elle coupe *d* en H.
1. Montrez que (OH) est perpendiculaire à *d*.
2. La droite *d* tourne autour du point B en restant dans le plan P. Où se situent alors les points H ?

44 Dans un plan P, $\mathscr{C}$ est un cercle de diamètre [AB].
On appelle Δ la droite orthogonale en A au plan P.
M est un point du cercle $\mathscr{C}$ et N un point de Δ.
Montrez que (MN) est perpendiculaire à (MB).

45 ABC est un triangle équilatéral et D est un point de la droite orthogonale au plan (ABC) en A. Le point I est le milieu de [BC] et (AH) est la hauteur issue de A dans le triangle ADI.
1. Montrez que (BC) est orthogonale à (AI).
2. Expliquez pourquoi (BC) est orthogonale à (AD).
3. Déduisez des questions précédentes que la droite (BC) est orthogonale au plan (ADI).
4. Montrez alors que (BC) et (AH) sont orthogonales.
5. Déduisez-en que H est le projeté orthogonal de A sur le plan (BCD).

46* Les mesures des arêtes d'un tétraèdre ABCD sont :
$$AB = 3,\ BC = BD = 4,\ AC = AD = DC = 5.$$
1. Quelles sont les particularités de ce tétraèdre ?
2. Précisez la hauteur issue de A dans le tétraèdre ABCD, puis celle issue de D.

Plan médiateur

47 ABCDEFGH est un cube. Les points I, J et K sont les milieux respectifs des arêtes [AB], [BC] et [GH].

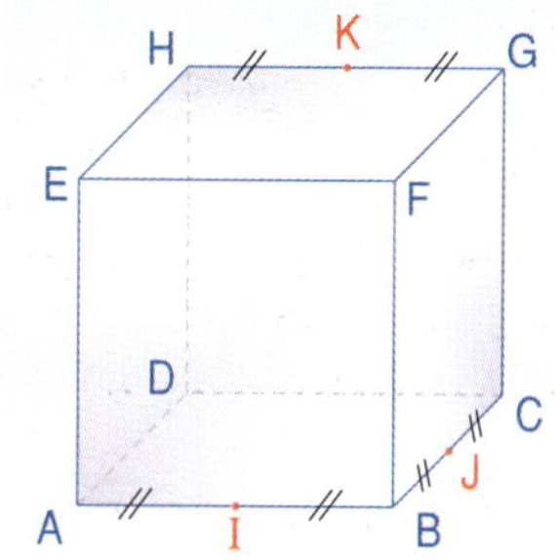

1. Montrez que le plan (ACE) est le plan médiateur du segment [BD].
2. Expliquez pourquoi IF = ID, JF = JD, KF = KD.
Déduisez-en que le plan (IJK) est le plan médiateur du segment [DF].

48 ABCDEFGH est un cube. Les points I, J, K, L sont les milieux respectifs des arêtes [EH], [FB], [CD], [EF].

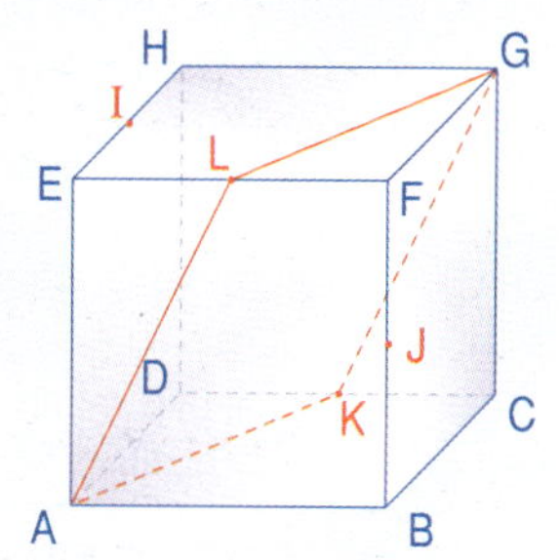

1. Montrez que les points A, K, G, L sont dans le plan médiateur du segment [IJ].
2. Montrez que AKGL est un parallélogramme.
3. Placez sur la figure le point d'intersection M de la droite (IJ) avec le plan (AKGL).

49 ABCD est un tétraèdre régulier, H est le milieu de [CD].
1. Montrez que le plan (ABH) est le plan médiateur du segment [CD].
2. Déduisez-en que (CD) et (AB) sont orthogonales.

50 SABC est un tétraèdre tel que SAB, SAC et BAC sont des triangles rectangles en A. On note I le milieu de [BC] et Δ la droite orthogonale au plan (ABC) en I.
1. a. Montrez que Δ est parallèle à (SA).
b. Montrez que Δ est dans le plan médiateur de [BC].
2. On note J le milieu de [AB].
a. Montrez que (IJ) est perpendiculaire à (AB).
b. Déduisez-en que Δ est dans le plan médiateur de [AB].
3. Montrez que quel que soit le point M de Δ :

MA = MB = MC.

51 **On se propose de démontrer que le plan médiateur d'un segment est l'ensemble des points de l'espace équidistants des extrémités de ce segment.**
On note P le plan médiateur d'un segment [AB] et I le milieu de [AB].
A. M est un point de l'espace non situé sur la droite (AB).
1. On suppose que M est un point de P.
a. Montrez que la droite (MI) est, dans le plan (MAB), la médiatrice du segment [AB].
b. Déduisez-en que MA = MB.
2. Réciproquement, on suppose que MA = MB. On note Q le plan orthogonal à la droite (AB) et qui passe par M, et J son intersection avec (AB).
a. Expliquez pourquoi (MJ) est perpendiculaire à (AB).
b. Déduisez-en que J = I.
c. Montrez alors que les plans P et Q sont confondus.
d. Déduisez-en que M appartient au plan médiateur du segment [AB].
B. On suppose à présent que M est un point de la droite (AB). Montrez que :
dire que M est dans le plan médiateur de [AB] équivaut à dire que MA = MB.

52 ABCD est un tétraèdre régulier. On note I, J, K, L, M et N les milieux respectifs des arêtes [AB], [CD], [AC], [BD], [AD] et [BC].
1. Montrez que IKJL est un losange.
2. Montrez que le plan (IJKL) est le plan médiateur du segment [MN].
3. Déduisez-en que la droite (MN) est orthogonale aux droites (IJ) et (LK).

Calculs dans l'espace

53 ABCD est un tétraèdre régulier de côté a.
Le point I est le milieu de [AD], le point J celui de [BC].
1. Calculez JA et JD en fonction de a.
2. Calculez JI en fonction de a.
3. Calculez $\cos \widehat{JDA}$ et déduisez-en une valeur approchée en degrés de l'angle $\widehat{JDA}$.

54 ABCDEFGH est un cube de côté a.
1. Justifiez que le triangle ACG est rectangle en C, puis calculez AG en fonction de a.
2. Calculez $\cos \widehat{CAG}$ et déduisez-en une valeur approchée en degrés de l'angle $\widehat{CAG}$.

55 Les côtés d'un parallélépipède rectangle ont pour longueurs 1,2 cm, 3,7 cm, et 5,9 cm.
Calculez le volume de ce parallélépipède rectangle.

56 Un prisme droit a un volume égal à 36 cm^3 et l'aire de son polygone de base est 12 cm^2. Calculez sa hauteur.

57 Le polygone de base d'un prisme droit est un losange dont les diagonales ont pour longueurs 6 cm et 8 cm. La hauteur de ce prisme est égale au périmètre de base.
1. Calculez l'aire de la surface latérale.
2. Calculez l'aire de la surface totale.
3. Calculez le volume du prisme.

58 Calculez l'aire de la surface latérale d'un cylindre de révolution dont le disque de base a pour diamètre 4 cm et dont la hauteur a pour longueur 10 cm.

59 Calculez la hauteur d'un cylindre de révolution sachant que son volume est 2,6 m^3 et que l'aire du disque de base est 3,25 m^2.

60 Une pyramide régulière a pour base un carré inscrit dans un cercle de rayon 5 cm. Ses arêtes latérales ont pour longueur 9,2 cm. Calculez son volume.

61 ABCDEFGH est un cube et M est un point de la droite (CD) distinct de C et de D.

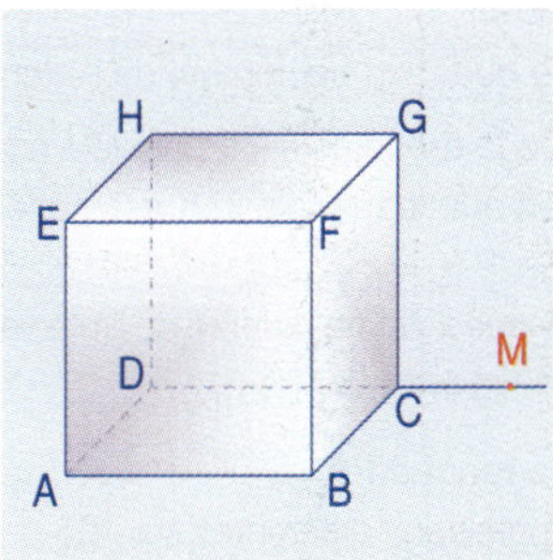

1. Montrez que F, D, M sont équidistants de B et G.
2. Montrez alors que le plan (FDM) est le plan médiateur du segment [BG].
3. On note I le milieu de [BM] et J celui de [GM].
Montrez que la droite (IJ) est orthogonale au plan (FDM).
4. On note K le milieu de [BG].
Montrez que IMJK est un losange.

62* ABCD est un tétraèdre régulier, α est la longueur commune des six arêtes. Les points a, b, c, d sont les projetés orthogonaux respectifs des sommets A, B, C, D sur les faces opposées.
Les points I, J, K, L, M, N sont les milieux respectifs des arêtes [AB], [CD], [AC], [BD], [AD], [BC].
1. Démontrez que les plans (AJB) et (CDI) sont orthogo-

2. Démontrez que la droite (Aa) est la droite d'intersection des plans (ABJ), (ADN) et (ACL).
Déduisez-en que a est le point de concours des médianes du triangle BCD et calculez en fonction de α la distance de A au plan (BCD).
3. a. Démontrez que IKJL est un quadrilatère plan.
Quelle est sa nature ?
b. Démontrez que les trois droites (IJ), (KL) et (MN) sont concourantes en un point O et que le plan médiateur du segment [MN] est le plan (IKJL).
4. Démontrez que les quatre droites (Aa), (Bb), (Cc) et (Dd) sont concourantes en O.
5. Calculez en fonction de α les distances de O aux sommets du tétraèdre, puis aux faces du tétraèdre, et enfin aux arêtes du tétraèdre.

63 Dans un cône de révolution, la hauteur a pour longueur 4 cm et le rayon du disque de base 3 cm.
Dessinez avec précision un développement de la surface latérale et calculez l'aire de cette surface latérale.

64 Calculez le volume d'un cône dont la hauteur a pour longueur 2 m et le rayon du disque de base 0,5 m.

65 Calculez le rayon d'une sphère d'aire 12,56 cm^2.

66 On dispose de trois récipients :
• le récipient A est un cylindre de révolution de hauteur h et de diamètre de base h ;
• le récipient B est un cône de révolution de hauteur h et de diamètre de base h ;
• le récipient C est une sphère de diamètre h.
1. B étant plein, on transvase son contenu dans A.
Quelle est la hauteur atteinte par le liquide dans A ?
2. Répondez à la question **1.** en remplaçant B par C.

67 **Volume d'un tétraèdre régulier**

Dans le cube ABCDEFGH, AFHC est un tétraèdre régulier, et AF = a.

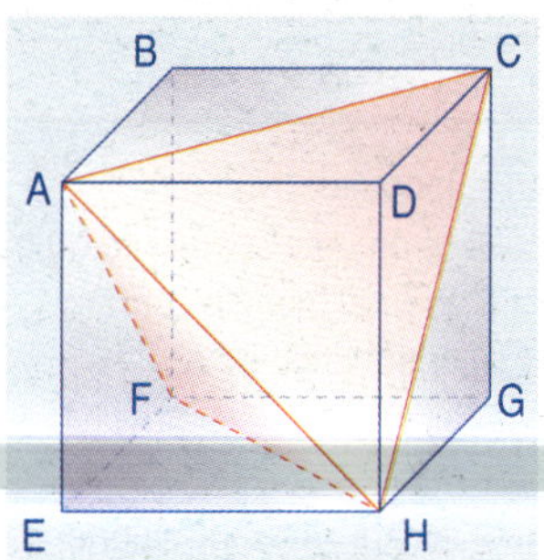

1. Calculez AB en fonction de a et déduisez-en le volume

PROBLÈMES DE SYNTHÈSE

68 **THÈMES : Orthogonalité. Plan médiateur. Théorème de Thalès. Équations. Calculs d'aires.**

SABCD est une pyramide dont la base ABCD est un trapèze isocèle.
Le projeté orthogonal du point S sur le plan (ABCD) est le point d'intersection I des diagonales (AC) et (BD). Le point M est le milieu de [AB], le point N le milieu de [CD].
On note P le plan médiateur de [AB].

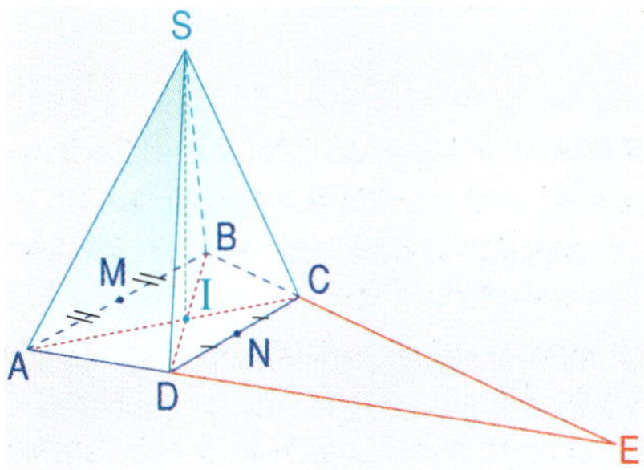

A. 1. Montrez que P est aussi le plan médiateur de [CD].
2. Montrez que les points I et S appartiennent à P.
3. On note E le point d'intersection des droites (AD) et (BC). Montrez que E est un point de P.

B. On suppose que AB = 4 cm, CD = 3 cm et MN = 2 cm.
1. On pose EM = a.
a. Montrez que $\frac{1,5}{2} = \frac{a-2}{a}$.
b. Calculez la longueur EM, et l'aire du trapèze ABCD.
c. Calculez l'aire des triangles EAB et ECD, et retrouvez alors l'aire du trapèze ABCD.
2. On pose IN = b.
a. Montrez que $\frac{1,5}{2} = \frac{b}{2-b}$.

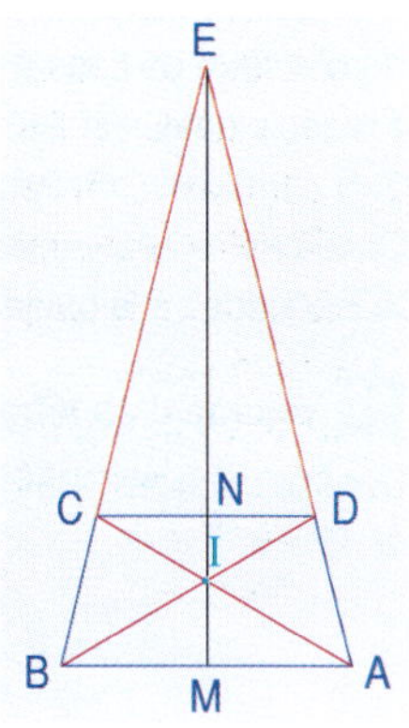

b. Déduisez-en la longueur IN.
3. On pose x = SI et on note $\mathcal{A}(x)$ l'aire du triangle SIE.
a. Quelle est la nature du triangle SIE ?
b. Exprimez $\mathcal{A}(x)$ en fonction de x.
c. Tracez, dans un repère orthogonal, la représentation graphique de $\mathcal{A}$.
d. Montrez qu'il existe deux positions de S, S_1 et S_2, symétriques par rapport à I, pour lesquelles $\mathcal{A}(x)$ est égal à l'aire du trapèze ABCD.

69 **THÈMES : Plans parallèles. Prismes droits. Volumes. Étude de fonctions. Lectures graphiques.**

ABCDEFGH est un cube de côté 1 et M est un point quelconque du segment [EG], distinct de E et de G.
On désigne par P le plan parallèle au plan (BDHF) et qui passe par M. On pose EM = x.
Lorsque M est un point du segment [EO], le plan P coupe [AD] en I, [AB] en J, [EH] en L, et [EF] en K.
Lorsque M est un point du segment [OG], le plan P coupe [DC] en I′, [BC] en J′, [HG] en L′, et [FG] en K′.
On note $\mathcal{V}(x)$ le volume du prisme droit AIJELK lorsque M est un point de [EO], du prisme droit ADI′J′BEHL′K′ F lorsque M est un point de [OG].

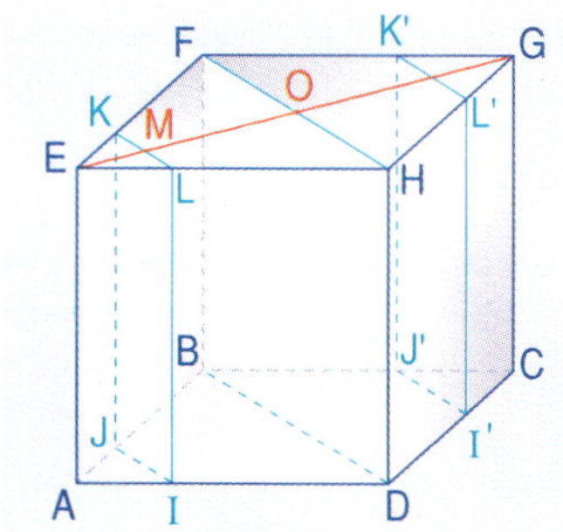

A. Calcul de $\mathcal{V}(x)$
1. On suppose que x est un nombre de l'intervalle $\left]0;\frac{\sqrt{2}}{2}\right]$.
a. Montrez que la droite (FH) est parallèle à la droite (KL).
b. Déduisez-en que le triangle ELK est isocèle.
c. Montrez que $\mathcal{V}(x) = x^2$.
2. On suppose que x est un nombre de l'intervalle $\left[\frac{\sqrt{2}}{2};\sqrt{2}\right[$.
Montrez que $\mathcal{V}(x) = 1 - (x - \sqrt{2})^2$.

B. Étude de la fonction $\mathcal{V}$
$\mathcal{V}(x)$ a des expressions différentes sur $\left]0;\frac{\sqrt{2}}{2}\right]$ et $\left[\frac{\sqrt{2}}{2};\sqrt{2}\right[$.
On étudie donc $\mathcal{V}$ sur chacun de ces intervalles.
1. Tracez, dans un repère orthonormal $(O ; \vec{i}, \vec{j})$, la courbe représentative de la fonction $\mathcal{V}$ sur $\left]0;\frac{\sqrt{2}}{2}\right]$.
2. a. a et b sont des nombres de $\left[\frac{\sqrt{2}}{2};\sqrt{2}\right[$ tels que $a < b$.
Complétez par l'un des signes "<" ou ">" :
$a - \sqrt{2} \square b - \sqrt{2}$; $(a - \sqrt{2})^2 \square (b - \sqrt{2})^2$;
$-(a - \sqrt{2})^2 \square -(b - \sqrt{2})^2$; $1 - (a - \sqrt{2})^2 \square 1 - (b - \sqrt{2})^2$.
b. Déduisez de la question précédente que la fonction $\mathcal{V}$ est strictement croissante sur $\left[\frac{\sqrt{2}}{2};\sqrt{2}\right[$.
c. Tracez la courbe représentative de la fonction $\mathcal{V}$ sur $\left[\frac{\sqrt{2}}{2};\sqrt{2}\right[$, dans le repère $(O ; \vec{i}, \vec{j})$.
3. D'après le graphique, existe-t-il M tel que $\mathcal{V}(x) = 1,2$?
Expliquez géométriquement ce résultat.

m o d M u l e s

Exercices guidés

1 Démontrer que trois points sont alignés

Dans le tétraèdre ABCD, (IJ) est une droite du plan (ABC) et (KL) une droite du plan (ADC). On suppose que les droites (IJ) et (KL) sont sécantes.
On note E leur point d'intersection.
On se propose de démontrer que A, C, E sont alignés.

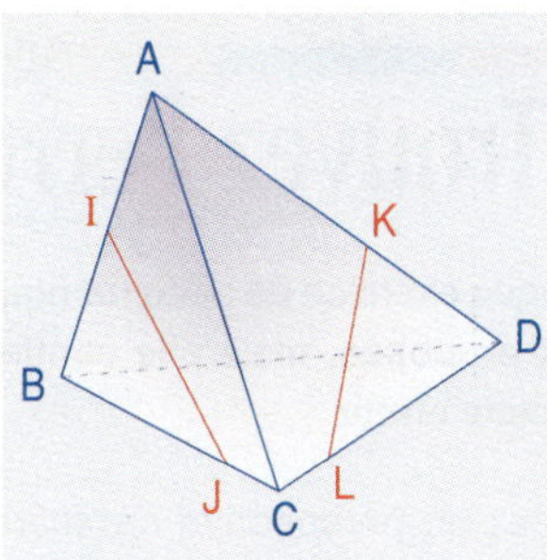

On va utiliser le fait que l'intersection de deux plans sécants est une droite. Ici, l'intersection des plans (ABC) et (ADC) est la droite (AC).

1. Le point E appartient aux droites (IJ) et (KL).
On sait que si deux points appartiennent à un plan P, alors toute la droite passant par ces deux points est contenue dans le plan P. Expliquez alors pourquoi :
a. le point E appartient au plan (ABC) ;
b. le point E appartient au plan (ADC).

2. L'intersection des deux plans (ABC) et (ADC) est la droite (AC). Ceci implique que si un point appartient aux deux plans (ABC) et (ADC), alors le point est nécessairement sur la droite (AC). Expliquez alors pourquoi les trois points A, C, E sont alignés.

2 Démontrer qu'une droite est orthogonale à un plan

ABCDEFGH est un cube. On se propose de démontrer que la droite (EG) est orthogonale au plan (BDHF).
Par définition, une droite *d* est orthogonale à un plan P lorsqu'elle est orthogonale à toutes les droites de ce plan. Mais on dispose d'une propriété commode : pour que *d* soit orthogonale au plan P, il suffit qu'elle soit orthogonale à deux droites sécantes de P.

On va voir comment on peut trouver deux telles droites.

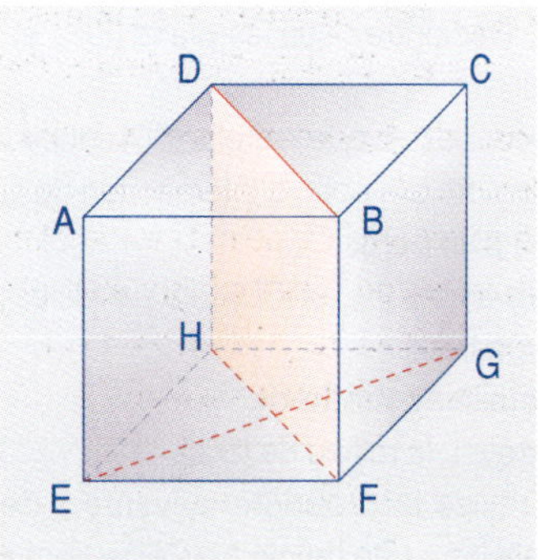

1. Essayons d'abord de repérer naturellement sur la figure des droites non parallèles, perpendiculaires à la droite (EG). (Rappelons que deux droites perpendiculaires sont deux droites orthogonales qui se coupent.).
a. Expliquez pourquoi la droite (HF) est perpendiculaire à la droite (EG).
b. Remarquez que la droite (AE) est perpendiculaire aux droites (EF) et (EH), et déduisez-en qu'elle est orthogonale au plan (EFH).
c. Expliquez pourquoi la droite (AE) est perpendiculaire à la droite (EG).

2. On va voir comment trouver alors deux droites sécantes du plan (BDHF) et orthogonales à (EG).
a. L'une des deux droites (HF) et (AE) est contenue dans le plan (BDHF) : laquelle ?
b. Il nous suffit de trouver une autre droite du plan (BDHF), orthogonale à (EG) et coupant la droite (HF).
Expliquez pourquoi les droites (BF) et (EG) sont orthogonales.

INDICATION : Si une droite *d* est perpendiculaire à une droite Δ, alors elle est orthogonale à toute droite parallèle à la droite Δ.

c. Concluez.

Exercices commentés

3 ABCD est un parallélogramme d'un plan P, et S est un point extérieur à P. On considère la pyramide de sommet S et de base ABCD et on note I le milieu de

VERS UNE SOLUTION

• **Première méthode**

On va démontrer que le plan (IJK) est parallèle au plan (ABC), puis étudier l'intersection des plans parallèles (IJK) et (ABC) avec le plan (SCD).

1. a. Démontrez que les plans (IJK) et (ABC) sont parallèles.

b. Déduisez-en que la droite (SD) coupe le plan (IJK).

2. On note L le point d'intersection de la droite (SD) et du plan (IJK).

a. Les droites (KL) et (CD) sont parallèles ; pourquoi ?

b. Concluez.

• **Deuxième méthode**

On note L le milieu de [SD].

On utilise la propriété suivante : deux droites parallèles à une même troisième sont parallèles.

1. Montrez que les droites (IJ) et (KL) sont parallèles.

2. Expliquez alors pourquoi le plan (IJK) passe par le point L.

INDICATION : Par deux droites parallèles passe un unique plan.

4 ABCDEFGH est un cube. Les points I, J, K et L sont les milieux respectifs de [AB], [BC], [CD] et [GH].
On se propose de démontrer que le triangle IJL est rectangle en J.

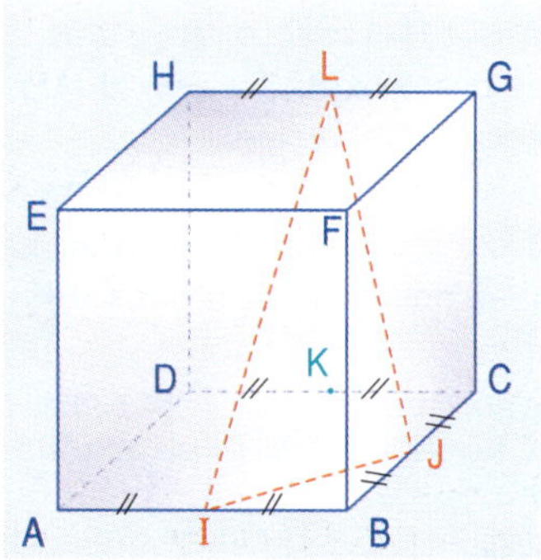

VERS UNE SOLUTION

• **Première méthode :** par le calcul

On utilise la réciproque du théorème de Pythagore.
On note a l'arête du cube :

1. Exprimez IJ et KJ en fonction de a.

2. a. Démontrez que le triangle KLJ est rectangle en K.

b. Déduisez-en LJ en fonction de a.

3. Déduisez de ce qui précède, à l'aide de la réciproque du théorème de Pythagore, que le triangle IJL est rectangle en J.

• **Deuxième méthode :** en utilisant l'orthogonalité d'une droite et d'un plan

Pour montrer que le triangle IJL est rectangle en J, on va montrer que la droite (IJ) est orthogonale à un plan contenant (JL).

1. a. Montrez que (KJ) et (IJ) sont perpendiculaires.

b. Montrez que (LK) et (IJ) sont orthogonales.

2. Déduisez-en que (IJ) et (LJ) sont orthogonales, puis concluez.

Trouvez l'erreur

Pour chaque exercice de cette rubrique, une solution vous est proposée, mais elle contient une erreur. Trouvez cette erreur.

5 Tracez en perspective cavalière un tétraèdre ABCD dont les faces (ABC) et (ACD) sont visibles.

Solution

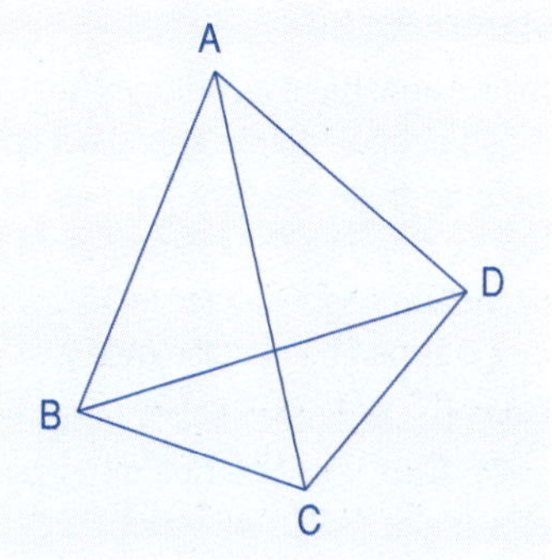

6 Tracez en perspective cavalière un parallélépipède rectangle tel que les faces (ABCD) et (EFGH) soient opposées et tel que [DA] soit une arête.

Solution

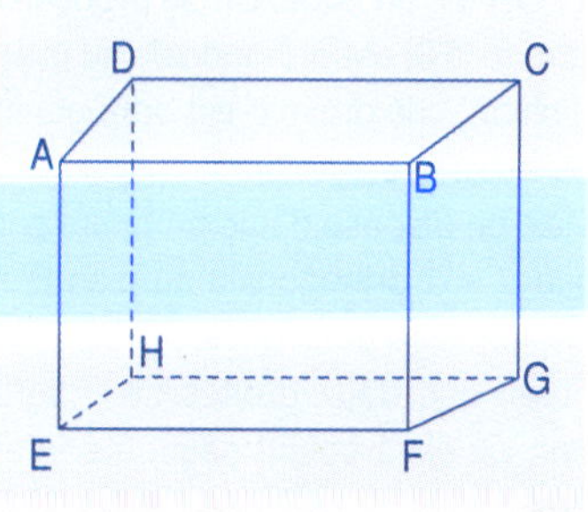

7 ABCD est un tétraèdre. Les points I, J, K sont les milieux respectifs de [BC], [CD] et [AC].
Les deux droites (AI) et (JK) sont-elles coplanaires ?

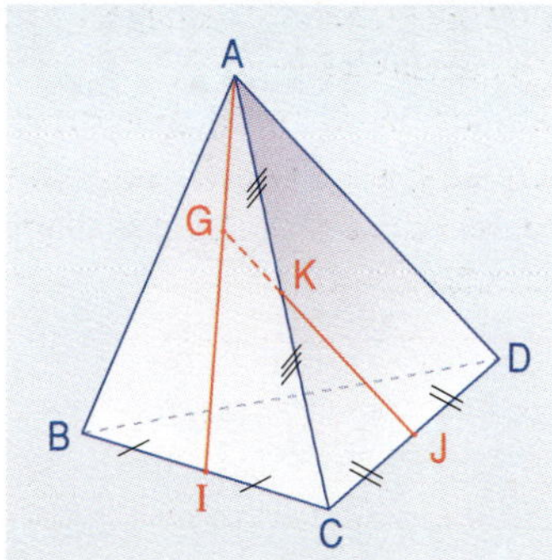

Solution

Les droites (AI) et (JK) se coupent en G.
Or deux droites sécantes déterminent un plan.
Les droites (AI) et (JK) sont donc coplanaires.

8 ABCDEFGH est un parallélépipède.
I est le milieu de [CD] et L celui de [EF].
Montrez que les droites (AI) et (LG) sont parallèles.

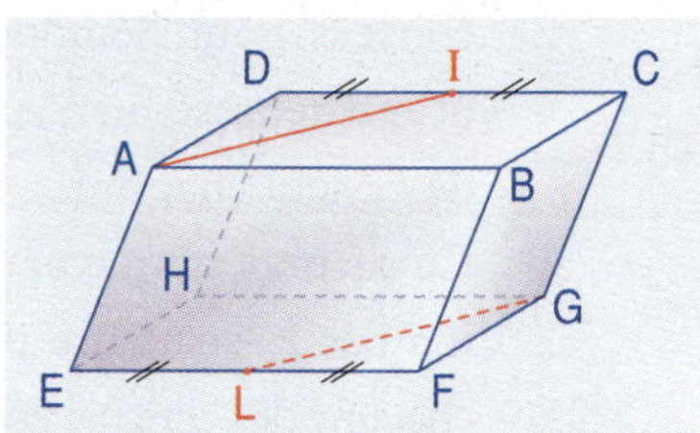

Solution

Les plans (ABCD) et (EFGH) sont parallèles car ce sont les faces opposées d'un parallélépipède.
Les points A et I appartiennent au plan (ABCD) donc la droite (AI) est contenue dans ce plan.
De même, la droite (LG) est contenue dans le plan (EFGH).
Les droites (AI) et (LG), contenues dans des plans parallèles et distincts, n'ont aucun point commun.
Elles sont donc parallèles.

9 ABCD et BCEF sont des rectangles situés dans des plans distincts et ont le côté [BC] en commun. Montrez que les droites (AF) et (DE) sont parallèles.

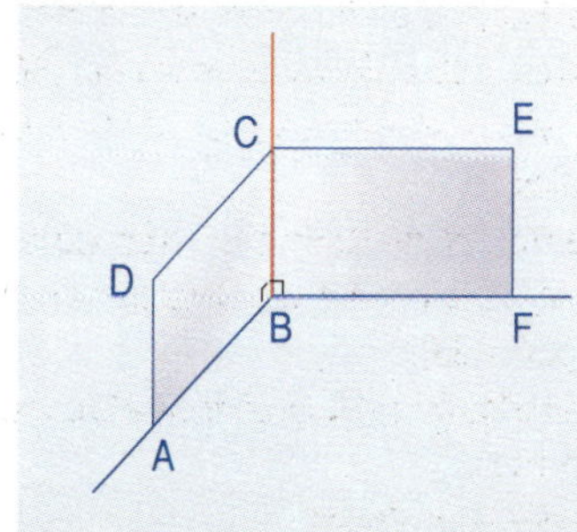

Solution

La droite (BC) est orthogonale à deux droites sécantes (AB) et (BF) du plan (ABF). Elle est alors orthogonale au plan (ABF). Elle est donc orthogonale à toutes les droites de ce plan, en particulier à la droite (AF).
De même, la droite (BC) est orthogonale à la droite (DE).
Les droites (AF) et (DE) sont orthogonales à la même droite (BC), elles sont donc parallèles.

10 ABCDEFGH est un cube. Montrez que la droite (HF) est orthogonale au plan (AEGC).

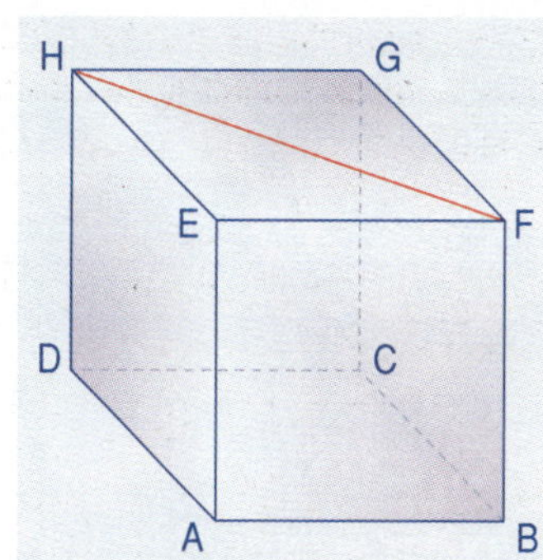

Solution

(AE) est perpendiculaire aux deux droites sécantes (EF) et (EH) du plan (EFGH), elle est donc orthogonale à toutes les droites contenues dans ce plan ; en particulier, la droite (AE) est orthogonale à la droite (HF). De même, (GC) est orthogonale à la droite (HF).
La droite (HF) est orthogonale à deux droites (AE) et (GC) du plan (AEGC), elle est donc orthogonale à ce plan.

POUR UN BON DÉPART EN GÉOMÉTRIE PLANE

CHAPITRE

9

Ce chapitre doit permettre de faire le point sur des propriétés importantes de géométrie vues au Collège : médiatrice, cercle, parallèles, triangle, théorème de Thalès. Dans les trois premières pages, nous donnons quelques conseils pour démontrer ; leur utilité dépasse bien sûr le cadre de ce seul chapitre.

Ce chapitre d'un type particulier n'a pas la structure habituelle : chacune des cinq parties du cours, présentée sur une page gauche, est suivie de deux exercices sur la page droite en vis-à-vis.

SOMMAIRE

QUELQUES CONSEILS POUR DÉMONTRER

La résolution d'un problème de géométrie n'est pas une question de chance, de hasard.
En géométrie aussi, la recherche peut et doit être menée avec méthode.
Vous trouverez dans ces pages quelques conseils pour résoudre un problème de géométrie, du moins pour bien commencer sa recherche. (En réalité, la plupart de ces conseils valent pour n'importe quel exercice de mathématiques.)
Ces conseils :
— ne garantissent pas une réussite certaine et immédiate, celle-ci ne peut venir que d'une pratique constante et réfléchie ;
— ne doivent pas être considérés comme un mode d'emploi qu'il faut connaître dès le départ.
Ils ne concernent évidemment pas que ce chapitre. Vous pouvez vous y reporter chaque fois que vous le jugerez utile en cours d'année, pour acquérir finalement les démarches qu'ils décrivent.
Mais n'oubliez pas que pour résoudre, il faut connaître le cours, les définitions, théorèmes, figures-clés (la présence de figures-clés doit faire penser à l'utilisation de tel ou tel théorème).

Nous proposons un guide de résolution que nous exposons sur un exemple simple.
Dans un triangle ABC, (B*x*) est la bissectrice de l'angle $\widehat{B}$, M est le milieu de [AB].
La parallèle à (BC) menée par M coupe (B*x*) en I.
Démontrez que les droites (AI) et (BI) sont perpendiculaires.

1 PREMIÈRE ÉTAPE : faire la figure de manière active et réfléchie

Les conseils qui vont suivre concernant la construction de la figure ne sont sûrement pas nouveaux.

- Faire la figure n'est pas une activité passive.

Le tracé de la figure doit être fait avec réflexion pour :
— bien repérer les données, c'est-à-dire les hypothèses ;
— les traduire plus explicitement.

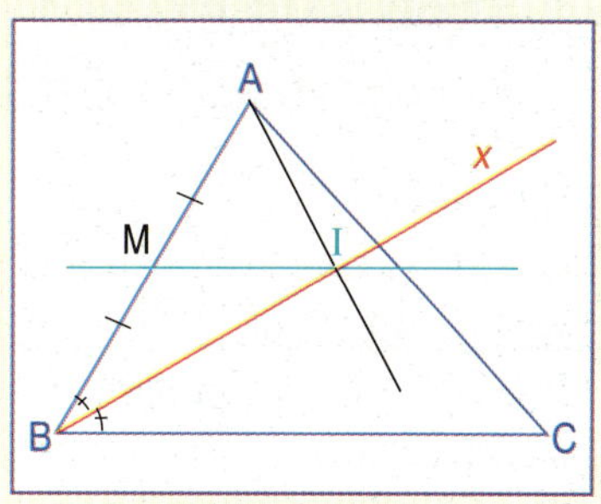

Par exemple, ici, « (B*x*) est la bissectrice de l'angle $\widehat{B}$ du triangle ABC » se traduit immédiatement par :
« (B*x*) est la droite qui passe par B et qui divise l'angle $\widehat{ABC}$ en deux angles égaux ».

- Faire éventuellement plusieurs figures : d'abord une figure approximative pour éviter les cas particuliers lors du tracé de la figure finale, qui, elle, doit être soignée, précise et générale.

Par exemple, ici, si on trace un triangle presque isocèle en B, le point I semble être sur [AC]. Le tracé rapide d'une autre figure où le triangle ABC est “loin” d'être isocèle en B

- Indiquer sur la figure, par l'emploi de signes conventionnels, certains renseignements donnés par l'énoncé.

Par exemple, ici, on fera apparaître sur la figure, par le signe conventionnel d'usage, les hypothèses : M milieu de [AB] ; (Bx) bissectrice de l'angle $\widehat{B}$.

2 Deuxième étape : examiner la figure, repérer des figures-clés, en tirer des conséquences immédiates

Il ne s'agit pas, dans ce travail, d'expliciter toutes les conséquences des hypothèses.
Mais il s'agit, sans se préoccuper encore de la conclusion, de se livrer à un travail préparatoire indispensable. Essayons de repérer quelques figures-clés.
Elles pourront faire penser à l'utilisation de tel ou tel théorème.

Par exemple, ici, sur la figure 1, nous pouvons repérer la présence des figures-clés "angles alternes-internes" et "angles correspondants".
Conséquence immédiate :
nous marquons par le signe conventionnel que l'angle $\widehat{IBC}$ est égal aux deux autres angles marqués en rouge.

fig. 1

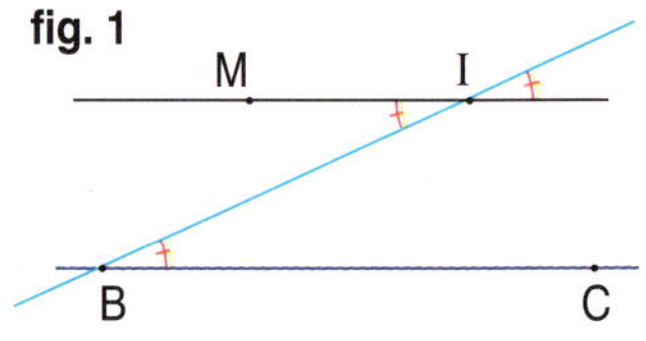

Nous pouvons voir apparaître alors une autre figure-clé : celle du triangle isocèle (fig. 2).
Conséquence immédiate :
nous remarquons sur la figure que les segments [MI] et [MB] ont la même longueur.

fig. 2

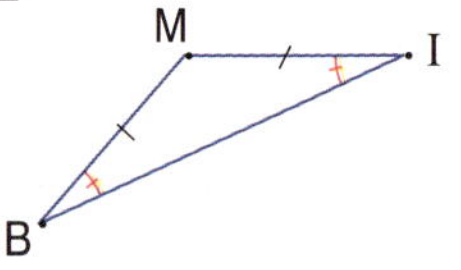

3 Troisième étape : la recherche de l'idée "heureuse"

- Comprendre la conclusion.

Partir de la conclusion en une sorte de "découverte à reculons" pour tenter de rejoindre les hypothèses ou leurs premières conséquences (déduites lors de la deuxième étape).
En général, ce cheminement à reculons se fait en disant : « pour que ceci soit vrai, il suffit que cela le soit ».

Par exemple, ici, la conclusion est claire : il s'agit de démontrer que les droites (AI) et (BI) sont perpendiculaires. D'où la question "point de départ" : comment démontrer que deux droites sont perpendiculaires ?

- Choisir une bonne façon de démontrer que ...

C'est en fait avec cette question que les véritables difficultés commencent, car il y a de nombreuses façons de démontrer que deux droites sont perpendiculaires et, parmi ces façons, laquelle choisir ?

D'où le retour vers les hypothèses et leurs conséquences immédiates, vers les observations faites lors de la deuxième étape.

Il s'agit de trouver un lien entre les propriétés mises en évidence et la conclusion, afin de choisir une façon appropriée à la situation pour démontrer la conclusion.

Par exemple, ici, une façon appropriée consiste à démontrer que le triangle AIB est rectangle en I.

Le choix de cette méthode est assez naturel à condition de reconnaître la figure-clé ci-contre du triangle rectangle.

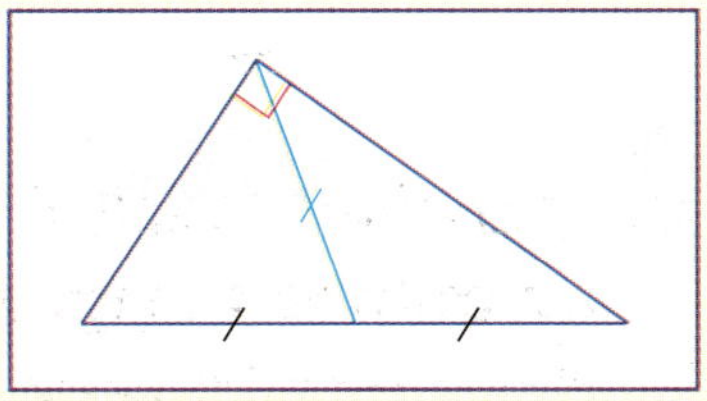

4 QUATRIÈME ÉTAPE : rédiger la solution trouvée

Il est permis de rédiger rapidement sans expliquer en détail comment on est arrivé à la solution. (Mais lorsque l'on n'arrive pas à une solution, il est permis aussi d'expliquer la recherche entreprise et qui n'a pas abouti.)

La rédaction suivante est donnée à titre d'exemple.

(Bx) est la bissectrice de l'angle $\widehat{B}$. Donc $\widehat{MBI} = \widehat{IBC}$.

Les droites (MI) et (BC) sont parallèles. Donc les angles alternes-internes $\widehat{MIB}$ et $\widehat{IBC}$ sont égaux.

Les angles $\widehat{MIB}$ et $\widehat{MBI}$, tous deux égaux à l'angle $\widehat{IBC}$, sont donc égaux : $\widehat{MIB} = \widehat{MBI}$.

Le triangle MIB, ayant deux angles égaux $\widehat{MIB}$ et $\widehat{MBI}$, est donc isocèle en M.

Donc MB = MI.

Dans le triangle IAB, (IM) est une médiane, car M est, par hypothèse, le milieu de [AB].

De plus, IM = AM = MB. Le triangle IBM est donc rectangle en I.

Les droites (AI) et (BI) sont donc perpendiculaires.

REMARQUES :

1. Nous avons noté, comme conséquence immédiate des hypothèses, le fait que l'angle $\widehat{IBC}$ était égal à son "angle correspondant". Cette propriété n'a pas été utilisée par la suite.
Ainsi, certaines conséquences immédiates peuvent ne pas être utilisées. Il convient néanmoins de les noter car, a priori, on ne sait pas si elles seront utilisées ou non.

2. Dans la quatrième étape, il n'est évidemment pas faux de rédiger en partant de la conclusion. Ainsi, par exemple, la rédaction peut commencer par :
"Pour démontrer que les droites (AI) et (BI) sont perpendiculaires, il suffit de démontrer que le triangle AIB est rectangle en I ..."

COURS

1. MÉDIATRICE - CERCLE

1■1 Médiatrice

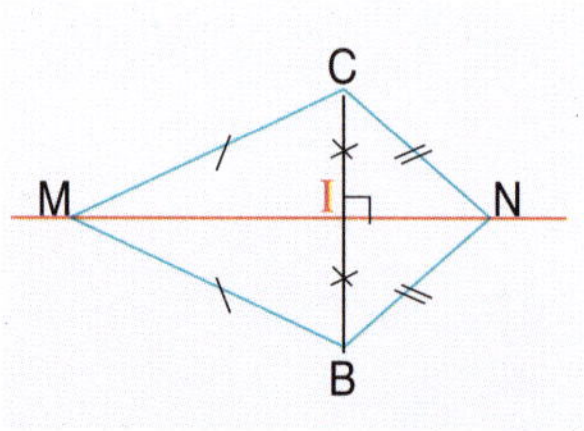

DÉFINITION 1

I est le milieu d'un segment [BC].
La droite perpendiculaire en I à la droite (BC) est **la médiatrice** du segment [BC].

PROPRIÉTÉ 1

Si M est un point de la médiatrice de [BC], alors **MB = MC**.
Réciproquement, si NB = NC, alors N est sur la médiatrice de [BC].

1■2 Cercle et médiatrice d'une corde

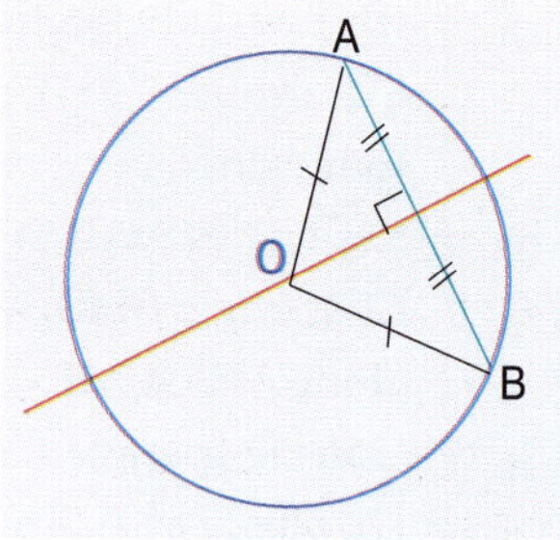

DÉFINITION 2

O est un point et r un réel positif. **Le cercle de centre O et de rayon *r*** est l'ensemble des points situés à la distance r de O.

PROPRIÉTÉ 2

La médiatrice d'une corde passe par le centre du cercle.

1■3 Cercle et angle droit

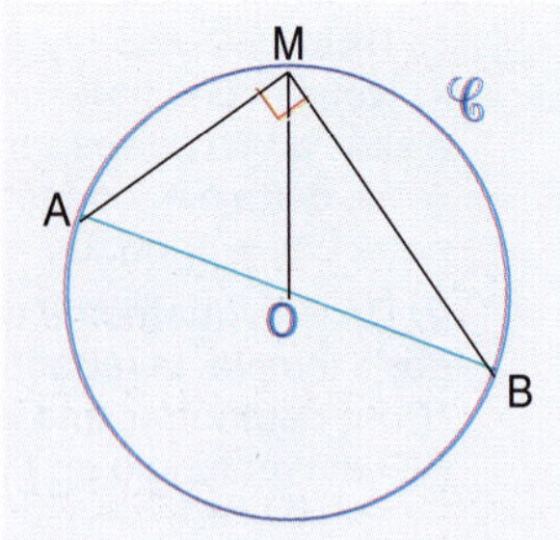

PROPRIÉTÉ 3

𝒞 est un cercle de diamètre [AB].
• Si M est un point de 𝒞 distinct de A et de B, alors $\widehat{AMB} = 90°$.
• Réciproquement, si $\widehat{AMB} = 90°$, alors M est sur le cercle 𝒞 de diamètre [AB].

1■4 Tangentes à un cercle

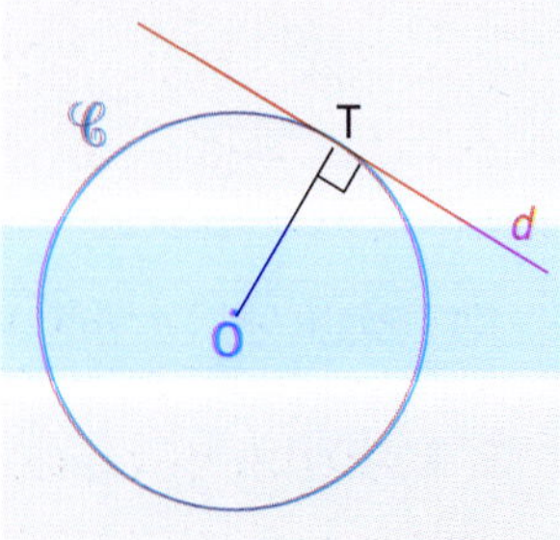

DÉFINITION 3

𝒞 est un cercle de centre O et T est un point de ce cercle.
La tangente en T au cercle 𝒞 est la droite d perpendiculaire en T au rayon [OT].

Exercices résolus

avec solutions commentées

Exo. 1

Un losange ABCD qui n'est pas un carré et un carré AECF ont même diagonale [AC].
Démontrez que les droites (BE) et (AC) sont perpendiculaires.

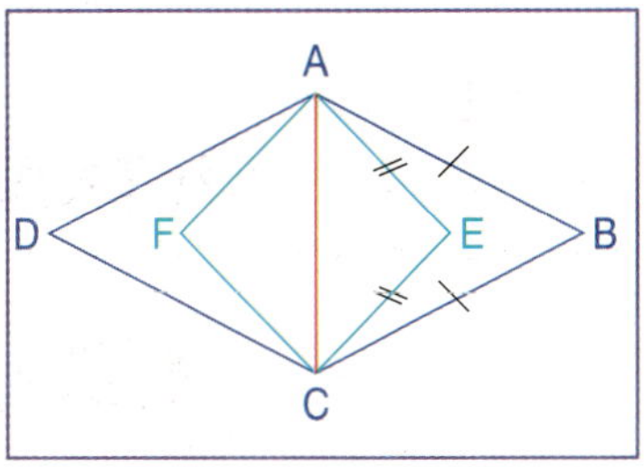

Point Méthode

Pour démontrer que deux droites sont perpendiculaires, on peut démontrer que l'une est la médiatrice d'un segment de l'autre.

Solution

Dans un losange, les quatre côtés sont égaux ; donc en particulier ici, BA = BC. Le point B, équidistant des points A et C, appartient donc à la médiatrice de [AC].
De même, les quatre côtés du carré AECF sont égaux ; donc :

EA = EC.

E est donc sur la médiatrice de [AC]. Ainsi la droite (BE) est la médiatrice de [AC]. La droite (BE) est donc perpendiculaire à (AC).

▶ **REMARQUE : On peut démontrer de même que les points F et D sont sur la médiatrice de [AC]. Les quatre points B, E, F et D sont donc situés sur une même droite perpendiculaire à (AC) et passant par le milieu de [AC].**

Commentaires

◀ **La médiatrice est l'ensemble de tous les points situés à égale distance de A et de C.**

Exo. 2

ABC est un triangle rectangle en A, M est un point de [BC]. La bissectrice de l'angle $\widehat{BMA}$ coupe la droite (AB) en N, celle de l'angle $\widehat{AMC}$ coupe la droite (AC) en P
Démontrez que M appartient au cercle $\mathscr{C}$ de diamètre [NP].

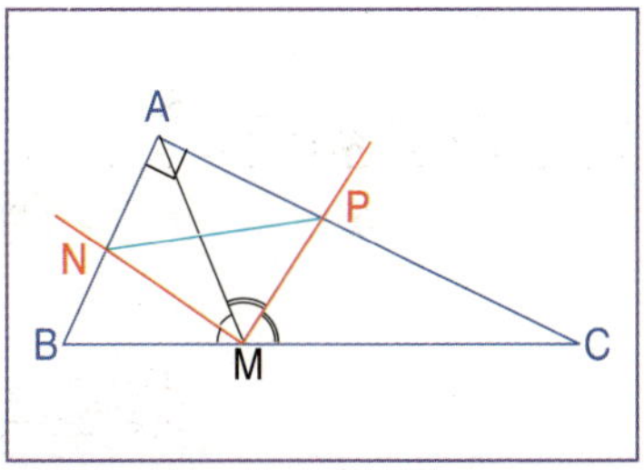

Point Méthode

Pour démontrer qu'un point M appartient au cercle de diamètre [NP], on peut démontrer que $\widehat{NMP} = 90°$.

Solution

Pour démontrer que M appartient au cercle de diamètre [NP], démontrons que $\widehat{NMP} = 90°$.
(MN) est la bissectrice de $\widehat{BMA}$, donc $\widehat{NMA} = \frac{1}{2}\widehat{BMA}$.
(MP) est la bissectrice de $\widehat{AMC}$, donc $\widehat{AMP} = \frac{1}{2}\widehat{AMC}$.
D'où $\widehat{NMA} + \widehat{AMP} = \frac{1}{2}\widehat{BMA} + \frac{1}{2}\widehat{AMC}$,
donc $\widehat{NMA} + \widehat{AMP} = \frac{1}{2}\left(\widehat{BMA} + \widehat{AMC}\right)$.
Or $\widehat{BMA} + \widehat{AMC} = 180°$, car les points B, M et C sont alignés ;
d'où $\widehat{NMA} + \widehat{AMP} = \frac{1}{2}180° = 90°$.
Or $\widehat{NMA} + \widehat{AMP} = \widehat{NMP}$, donc $\widehat{NMP} = 90°$.
M appartient donc au cercle $\mathscr{C}$ de diamètre [NP].

▶ **REMARQUE :** $\mathscr{C}$ passe aussi par le point A car $\widehat{PAN} = 90°$.

Commentaires

◀ **Nous avons ajouté deux égalités membre à membre.**

2. PARALLÉLISME

2.1 Angles alternes-internes, correspondants

d et *d'* sont deux droites coupées par une même sécante Δ.

Si *d* et *d'* sont parallèles, alors :
- des angles tels que $\widehat{1}$ et $\widehat{3}$ sont égaux ;
- des angles tels que $\widehat{1'}$ et $\widehat{3}$ sont égaux.

On dit que :
- $\widehat{1}$ et $\widehat{3}$ (ou $\widehat{2}$ et $\widehat{4}$) sont **alternes-internes** ;
- $\widehat{1'}$ et $\widehat{3}$ (ou $\widehat{4'}$ et $\widehat{2}$) sont **correspondants**.

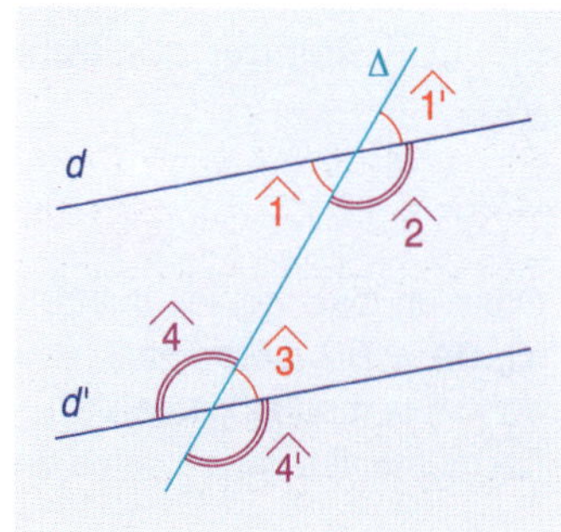

Si deux angles alternes-internes sont égaux, alors *d* et *d'* sont parallèles.
Si deux angles correspondants sont égaux, alors *d* et *d'* sont parallèles.

2.2 Projection

DÉFINITION 4

Le projeté M' du point M sur la droite *d* parallèlement à la droite Δ, est l'intersection de *d* et de la parallèle à Δ menée par M.

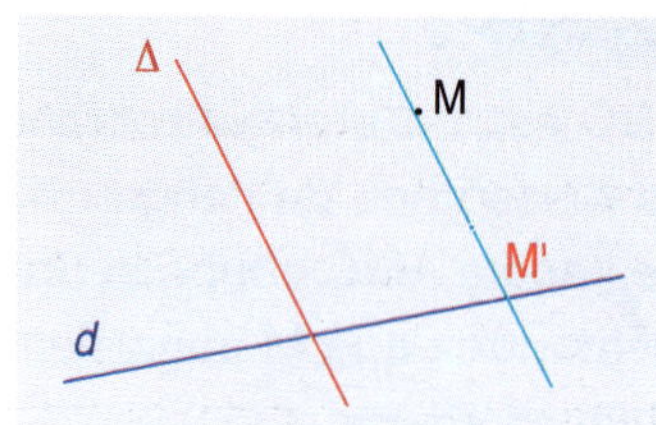

En particulier, si M est sur *d*, alors M' = M.

▶ **REMARQUE :** Lorsque Δ est parallèle à *d*, on ne peut pas définir le projeté d'un point M sur *d* parallèlement à Δ.

2.3 Parallélogramme

Si ABCD est un parallélogramme, alors :
- deux côtés opposés sont parallèles et ont même longueur ;
- les diagonales ont le même milieu ;
- les côtés opposés sont deux à deux parallèles ;
- les côtés opposés sont deux à deux égaux.

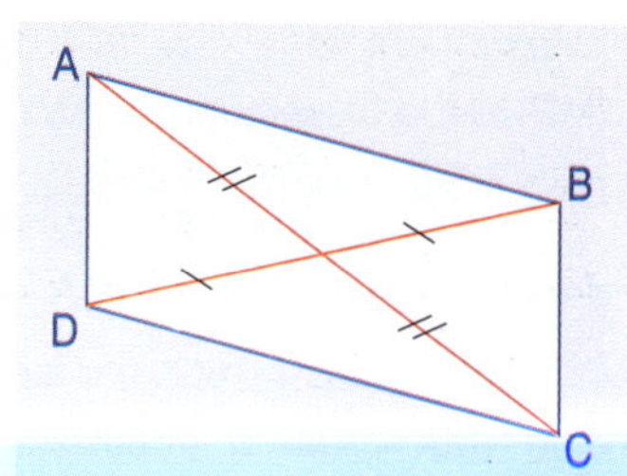

Réciproquement, si un quadrilatère non croisé ABCD possède **l'une** quelconque des quatre propriétés ci-dessus, alors ABCD est un parallélogramme.

Exercices résolus
avec solutions commentées

Exo. 3

ABC est un triangle, M un point de [AB].
La parallèle à (BC) passant par M et la bissectrice de l'angle $\widehat{ABC}$ se coupent en I.
Démontrez que MB = MI.

Solution

MB = MI signifie que le triangle MBI est isocèle en M.
Pour démontrer que ce triangle est isocèle en M, démontrons que ses deux angles à la base sont égaux.

Les droites (MI) et (BC) sont parallèles.
Les angles $\widehat{IBC}$ et $\widehat{MIB}$ sont alternes-internes ; ils sont donc égaux.
Or $\widehat{IBC} = \widehat{IBM}$, car (BI) est la bissectrice de l'angle $\widehat{ABC}$; donc $\widehat{IBM} = \widehat{MIB}$.
Le triangle MIB est isocèle en M, d'où MB = MI.

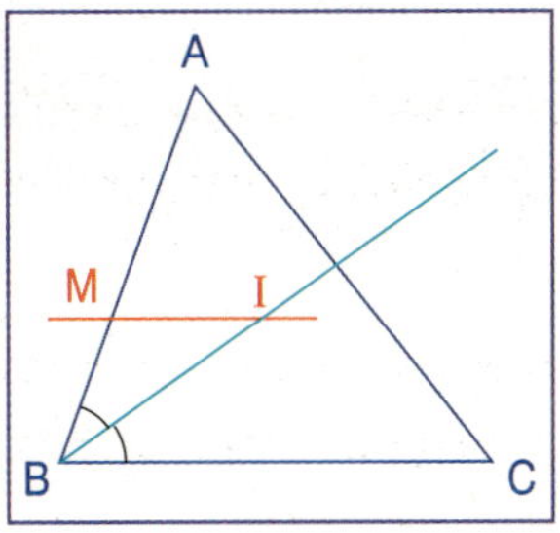

Commentaires

◀ **On a des hypothèses faisant intervenir des angles ; il est donc normal d'essayer de démontrer l'égalité des angles à la base.**

Exo. 4

ABCD est un parallélogramme de centre I, et *d* une droite quelconque. On trace par chacun des points A, B, C, D et I, la perpendiculaire à *d*. Ces droites coupent *d* respectivement en A′ , B′, C′, D′ et I′.
Démontrez que I′ est le milieu de [A′ C′] et de [D′ B′].

Point Méthode

Pour démontrer qu'un point est le milieu d'un segment, on peut utiliser le fait que la projection conserve le milieu.

Solution

A′, B′, C′, D′ et I′ sont les projetés orthogonaux respectifs de A, B, C, D et I sur *d*.
I est le point d'intersection des diagonales du parallélogramme ABCD; I est donc le milieu de [AC] et de [BD].

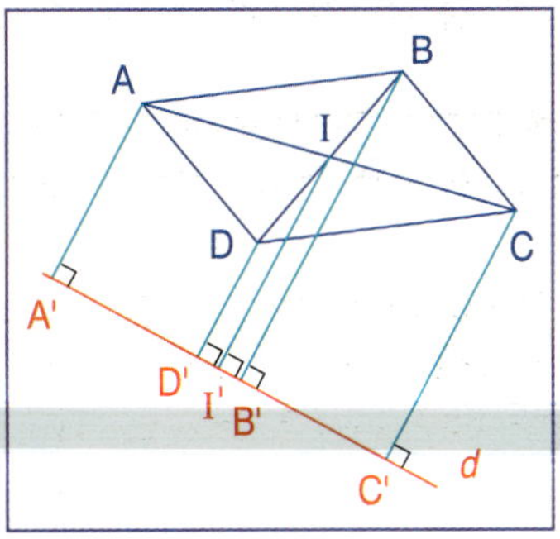

Donc I′, projeté du milieu de [AC], est le milieu de [A′ C′].
De même, I′ est le milieu de [D′ B′].

Commentaires

◀ **Il est naturel, dans cet exercice où il est question de "milieux", d'utiliser cette propriété de I′.**

3. GÉOMÉTRIE DU TRIANGLE

3.1 Théorème des milieux

ABC est un triangle.

THÉORÈME 1

Si I est le milieu de [AB] et J le milieu de [AC], alors les droites (IJ) et (BC) sont parallèles et $IJ = \frac{1}{2} \times BC$.

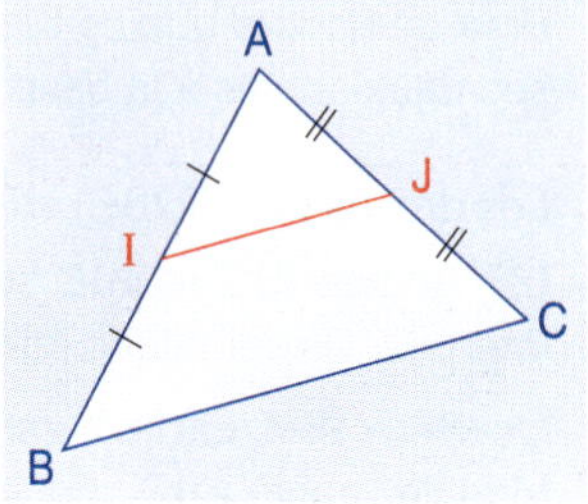

THÉORÈME 2

Si I est le milieu de [AB] et si la parallèle à (BC) menée par I coupe (AC) en J, alors J est le milieu de [AC].

3.2 Triangles rectangles

Si ABM est un triangle rectangle en M, alors :
- $\widehat{AMB} = 90°$;
- M est sur le cercle de diamètre [AB] ;
- O étant le milieu de [AB], $OM = \frac{1}{2}AB$;
- le milieu O de l'hypoténuse [AB] est le centre du cercle circonscrit au triangle AMB ;
- $AB^2 = AM^2 + BM^2$ (théorème de Pythagore).

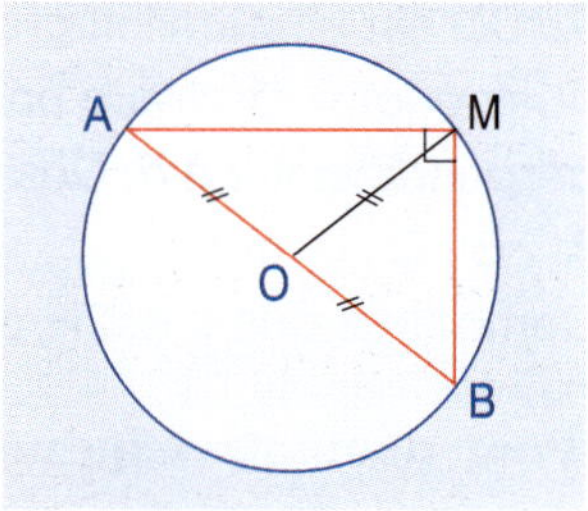

Réciproquement, si un triangle ABM possède **l'une** quelconque des cinq propriétés ci-dessus, alors ABM est un triangle rectangle en M.

3.3 Somme des angles

PROPRIÉTÉ 4

Quel que soit le triangle ABC,

$$\widehat{A} + \widehat{B} + \widehat{C} = 180°.$$

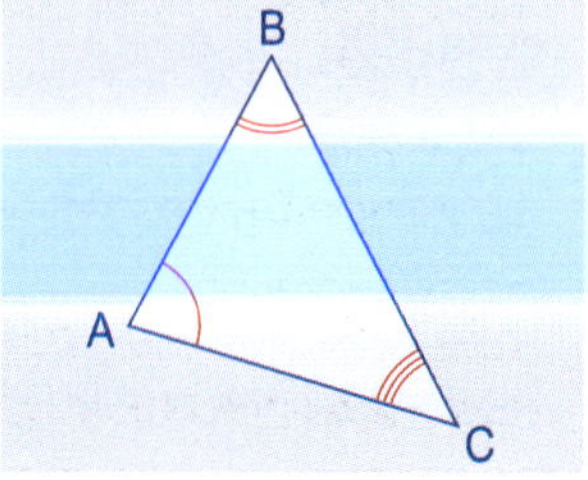

En particulier, si $\widehat{A}$ est droit, alors $\widehat{B} + \widehat{C} = 90°$.

Exercices résolus
avec solutions commentées

Exo. 5

Dans le quadrilatère ABCD, I est le milieu de la diagonale [AC]. La parallèle à (BC) menée par I coupe [AB] en E, la parallèle à (CD) menée par I coupe [AD] en F.
Montrez que (EF) est parallèle à (BD).

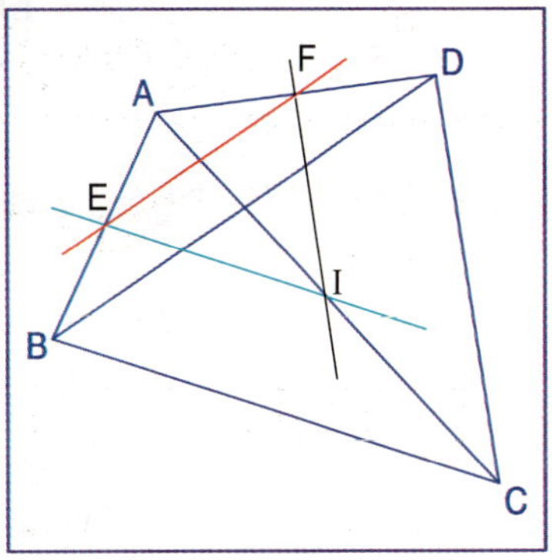

Solution

Dans le triangle ABC, la droite (IE) passe par le milieu I de [AC] et est parallèle à (BC). Cette droite coupe donc le côté [AB] en son milieu.
De même, dans le triangle ADC, on démontre que F est le milieu de [AD].
Dans le triangle ABD, la droite (EF) passe par les milieux E et F de deux des côtés.
Cette droite est donc parallèle au troisième côté, c'est-à-dire à (BD).

Commentaires

◀ D'après le théorème des milieux.

◀ D'après la réciproque du théorème des milieux.

Exo. 6

Sur la figure ci-contre,
- **$\widehat{ABC} = 45°$ et $\widehat{ACB} = 60°$;**
- **le triangle ADC est isocèle et rectangle en D ;**
- **le triangle AEB est équilatéral.**

Démontrez que les points D, A et E sont alignés.

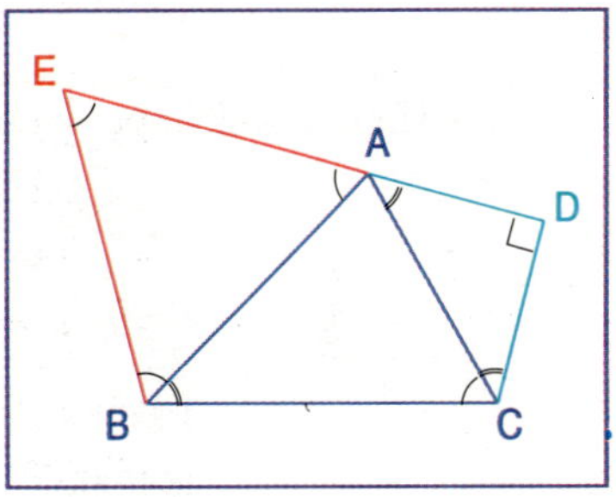

Point Méthode

Pour démontrer que trois points D, A et E sont alignés, on peut démontrer que $\widehat{DAE} = 180°$.

Solution

Démontrons que $\widehat{DAE} = 180°$.
On écrit $\widehat{DAE} = \widehat{DAC} + \widehat{CAB} + \widehat{BAE}$.
• Calculons donc chacun des angles $\widehat{DAC}$, $\widehat{CAB}$ et $\widehat{BAE}$.
– Angle $\widehat{DAC}$:
Le triangle ADC est rectangle isocèle, donc $\widehat{DAC} = \widehat{DCA}$ et $\widehat{DAC} + \widehat{DCA} = 180° - 90° = 90°$; d'où $\widehat{DAC} = 45°$.

– Angle $\widehat{CAB}$:
Dans le triangle CAB, $\widehat{CAB} + \widehat{ACB} + \widehat{CBA} = 180°$
donc $\widehat{CAB} + 60° + 45° = 180°$;
d'où $\widehat{CAB} = 75°$.

– Angle $\widehat{BAE}$:
Le triangle BAE est équilatéral, donc $\widehat{BAE} = 60°$.
• D'où finalement :
$\widehat{DAE} = \widehat{DAC} + \widehat{CAB} + \widehat{BAE} = 45° + 75° + 60° = 180°$.
Les points D, A et E sont donc alignés.

Commentaires

◀ Ce "découpage" est naturel car on a des renseignements pour chacun des triangles DAC, CAB et BAE.

◀ Lorsqu'on connaît deux angles d'un triangle, on en déduit le troisième puisque la somme des trois est égale à 180°.

◀ Chaque angle d'un triangle équilatéral est égal à 60°.

3 ■ 4 Droites remarquables du triangle

1. Médianes et centre de gravité

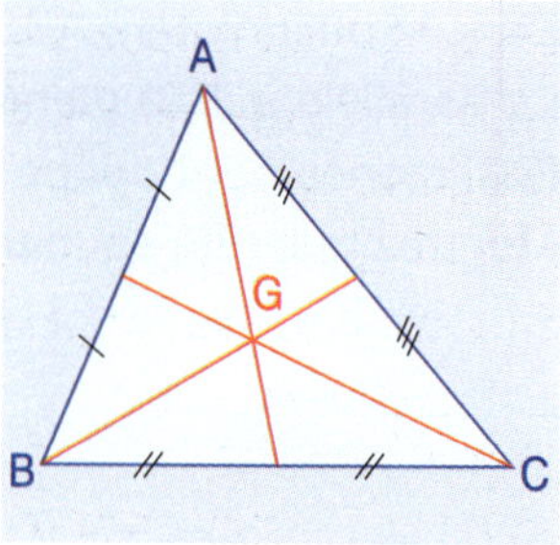

DÉFINITION 5

On appelle **médiane** d'un triangle ABC, une droite qui passe par un sommet et le milieu du côté opposé à ce sommet.

Les trois médianes d'un triangle sont concourantes ; leur point d'intersection est appelé **centre de gravité** du triangle.

G est situé aux $\frac{2}{3}$ de chaque médiane à partir du sommet correspondant.

2. Hauteurs et orthocentre

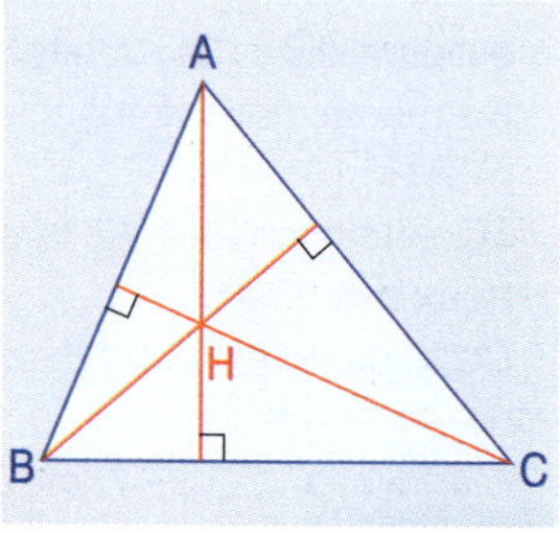

DÉFINITION 6

On appelle **hauteur** d'un triangle, une droite qui passe par un sommet et qui est perpendiculaire au côté opposé à ce sommet.

Les trois hauteurs d'un triangle sont concourantes ; leur point d'intersection est appelé **orthocentre** du triangle.

3. Bissectrices et cercle inscrit

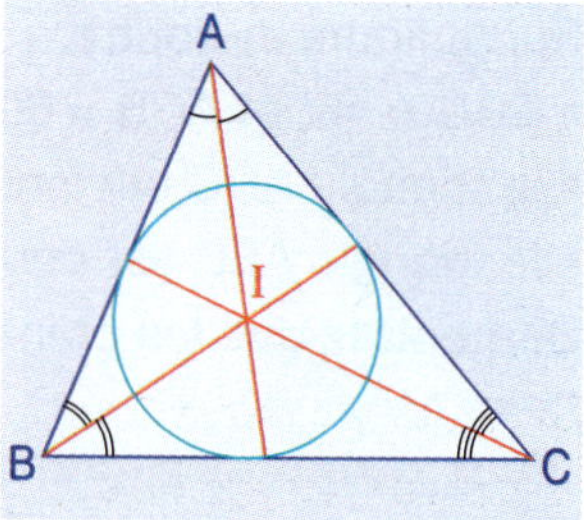

DÉFINITION 7

On appelle **bissectrice** d'un triangle, une droite qui passe par un sommet (A ou B ou C) et qui partage l'angle ($\widehat{A}$ ou $\widehat{B}$ ou $\widehat{C}$) en deux angles égaux.

Les trois bissectrices d'un triangle sont concourantes ; leur point d'intersection est équidistant de chacun des trois côtés du triangle : c'est donc **le centre du cercle** inscrit dans le triangle.

4. Médiatrices et cercle circonscrit

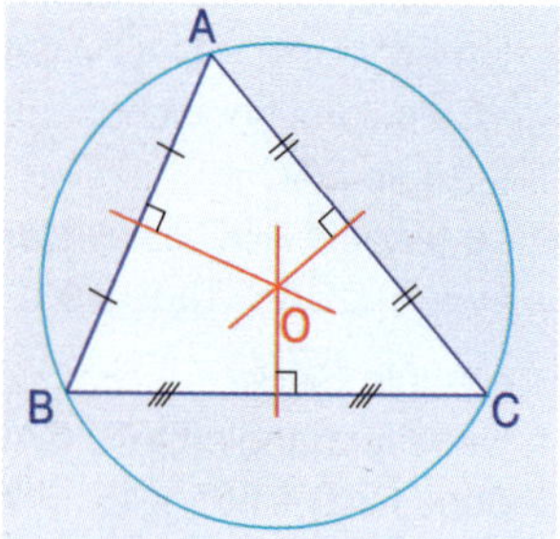

DÉFINITION 8

On appelle **médiatrice** d'un triangle, une droite qui est la médiatrice de l'un des côtés du triangle.

Les trois médiatrices d'un triangle sont concourantes ; leur point d'intersection est équidistant de chacun des trois sommets du triangle :
c'est donc **le centre du cercle circonscrit** au triangle.

Exercices résolus

avec solutions commentées

Exo. 7

[AB] et [AC] sont deux segments non perpendiculaires.
B′ est le projeté orthogonal de B sur (AC) et C′ est le projeté orthogonal de C sur (AB). Les droites (BB′) et (CC′) se coupent en I. On note *d* la parallèle à (BC) passant par A.
Démontrez que les droites (AI) et *d* sont perpendiculaires.

Point Méthode

Pour démontrer qu'une droite est perpendiculaire à une droite *d*, on peut démontrer qu'elle est perpendiculaire à une droite parallèle à *d*.

Solution

Démontrons d'abord que (AI) est perpendiculaire à (BC).

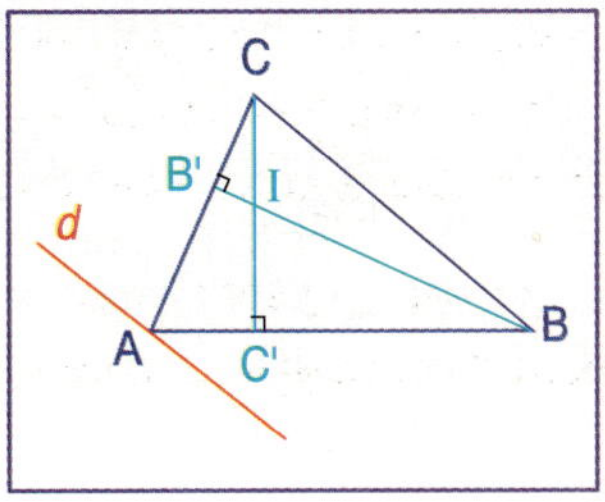

(BB′) est une hauteur du triangle ABC ; de même, (CC′) est une hauteur de ce triangle.
I est donc le point d'intersection de deux hauteurs.
Or, dans un triangle, les trois hauteurs sont concourantes.
Donc (AI) est la troisième hauteur, donc les droites (AI) et (BC) sont perpendiculaires.
Or *d* est parallèle à (BC), donc (AI) est perpendiculaire à *d*.

Commentaires

◀ S'il en est ainsi, (AI) sera perpendiculaire à *d*, qui est parallèle à (BC).

◀ Un réflexe à avoir : dans le triangle ABC, les deux hauteurs (BB′) et (CC′) se coupent en I ; donc (AI) est la troisième hauteur.

Exo. 8

ABCD est un quadrilatère ; les points M, N, P et Q sont les milieux respectifs des segments [AB], [BC], [CD] et [DA].
Les droites (BQ) et (DM) se coupent en I.
Les droites (BP) et (DN) se coupent en J.
Démontrez que les droites (AI) et (CJ) se coupent sur (BD).

Solution

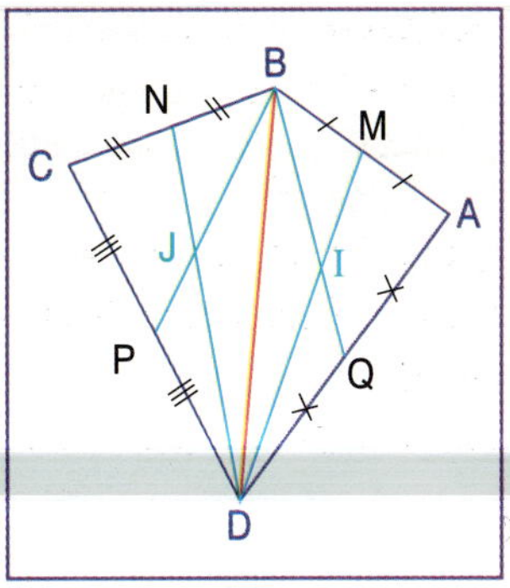

Q est le milieu de [AD] ; donc (BQ) est une médiane du triangle ABD.
De même, (DM) est une médiane du triangle ABD.
I est donc le point d'intersection de deux médianes. Or les trois médianes d'un triangle sont concourantes. Donc (AI) est la troisième médiane. Cette droite coupe donc le segment [BD] en son milieu.
De même, dans le triangle BCD, J est le point d'intersection des deux médianes (BP) et (DN) ; (CJ) est donc la troisième médiane. (CJ) coupe donc [BD] en son milieu.
Ainsi les droites (AI) et (CJ) se coupent au milieu de [BD].

Commentaires

◀ Un réflexe à avoir : dans le triangle ABD, les deux médianes (BQ) et (DM) se coupent en I ; donc (AI) est la troisième médiane.

◀ Ainsi, les trois droites (AI), (CJ) et (BD) sont concourantes.

4. LE THÉORÈME DE THALÈS ET SA RÉCIPROQUE

THÉORÈME 3

Le théorème de Thalès

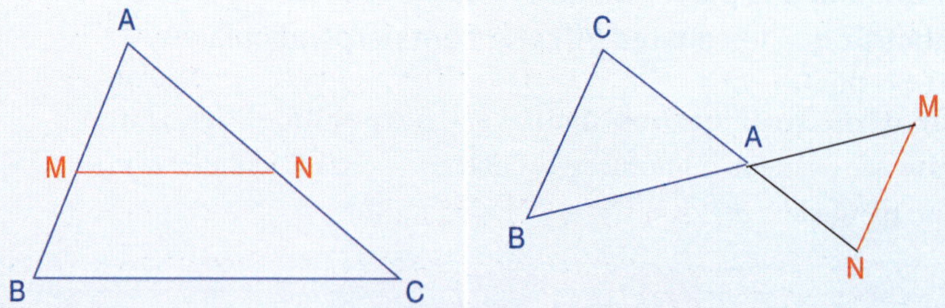

Si ABC et AMN sont deux triangles tels que :

• le point M est sur la droite (AB),

• et le point N est sur la droite (AC),

• et les droites (MN) et (BC) sont parallèles,

alors $\mathbf{\frac{AM}{AB} = \frac{AN}{AC} = \frac{MN}{BC}}$.

THÉORÈME 4

• ABC est un triangle, M est un point de la droite (AB) et N un point de la droite (AC).

• La place de A par rapport à M et B est la même que par rapport à N et C. Cela signifie que nous sommes dans l'une ou l'autre des situations illustrées par les figures ci-dessous.

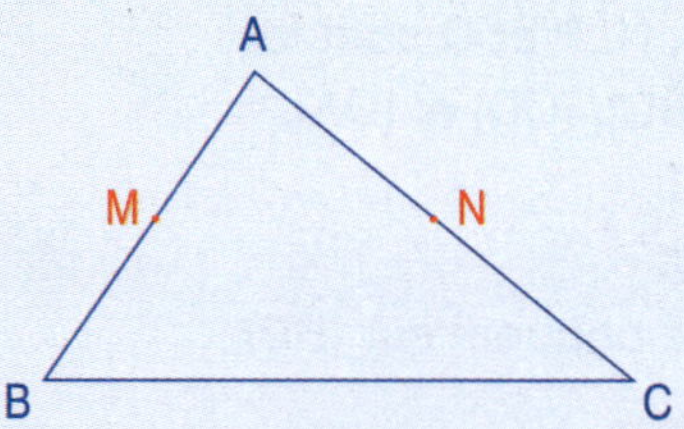

A extérieur à [BM] et à [CN]

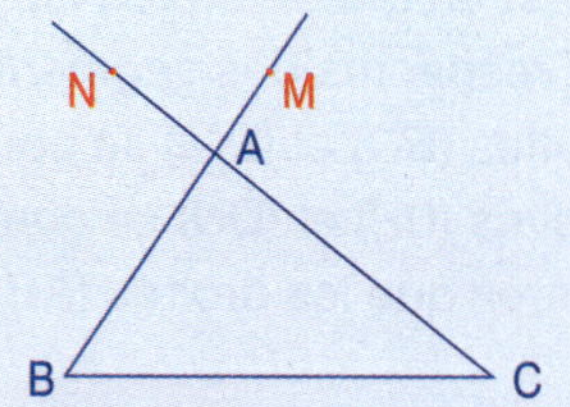

A entre B et M, et entre C et N

Dans le cas de l'une de ces deux figures, **si** en outre $\frac{AM}{AB} = \frac{AN}{AC}$,

alors les droites **(MN) et (BC) sont parallèles.**

Exercices résolus

avec solutions commentées

Exo. 9

ABCD est un carré de côté 4 et M est le point du segment [BC] tel que BM = 1. La droite (PM) est la perpendiculaire à la droite (BC) menée par M. Calculez BP.

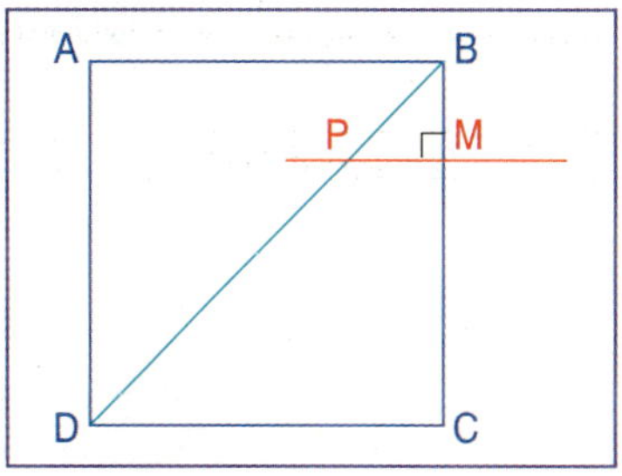

Point Méthode

Lorsque $\frac{a}{b} = \frac{c}{d}$, on peut calculer l'un des quatre nombres *a*, *b*, *c*, *d*, dès que l'on connaît les trois autres, en faisant le "produit en croix" $ad = bc$.

Solution

Les droites (PM) et (DC) sont perpendiculaires à (BC) ; elles sont donc parallèles : (PM) ∥ (DC).

Nous pouvons donc appliquer le théorème de Thalès, donc $\frac{BP}{BD} = \frac{BM}{BC}$.

Or BD = $4\sqrt{2}$; donc $\frac{BP}{4\sqrt{2}} = \frac{1}{4}$, c'est-à-dire 4BP = $4\sqrt{2}$, d'où **BP =** $\sqrt{2}$.

Commentaires

◀ Deux droites perpendiculaires à une même troisième sont parallèles.

◀ La diagonale d'un carré de côté *a* a pour longueur $a\sqrt{2}$.

Exo. 10

Deux triangles ABC et DBC ont en commun le côté [BC].
On note O le milieu de [BC], I le centre de gravité du triangle ABC et J celui du triangle DBC.
Démontrez que (IJ) est parallèle à (AD).

Point Méthode

Pour démontrer que deux droites sont parallèles, on peut utiliser la réciproque du théorème de Thalès.

Solution

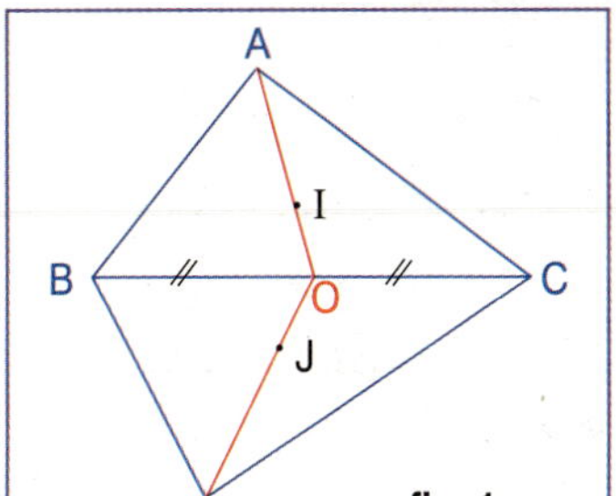

fig. 1

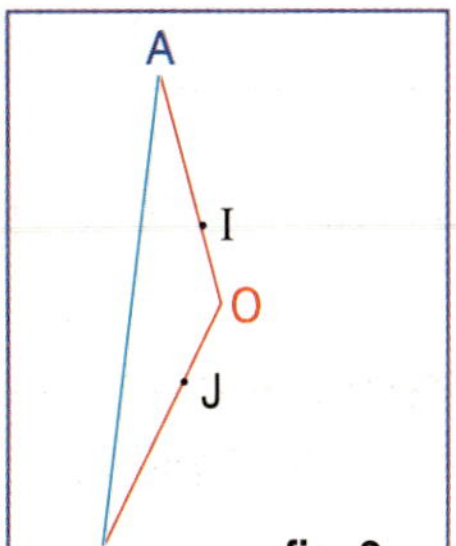

fig. 2

La figure 2 est un extrait de la figure 1.

I est le centre de gravité du triangle ABC, donc $\frac{OI}{OA} = \frac{1}{3}$.

J est le centre de gravité du triangle DBC, donc $\frac{OJ}{OD} = \frac{1}{3}$.

Ainsi $\frac{OI}{OA} = \frac{OJ}{OD}$. On en déduit, d'après la réciproque du théorème de Thalès, que (IJ) et (AD) sont parallèles.

Commentaires

◀ Un extrait de la figure permet parfois "d'y voir plus clair".

TP
À PARTIR D'UN PARALLÉLOGRAMME

1 Découpage d'un parallélogramme

1. À vue d'œil

ABCD est un parallélogramme donné, et I un point situé à l'intérieur de ce parallélogramme.

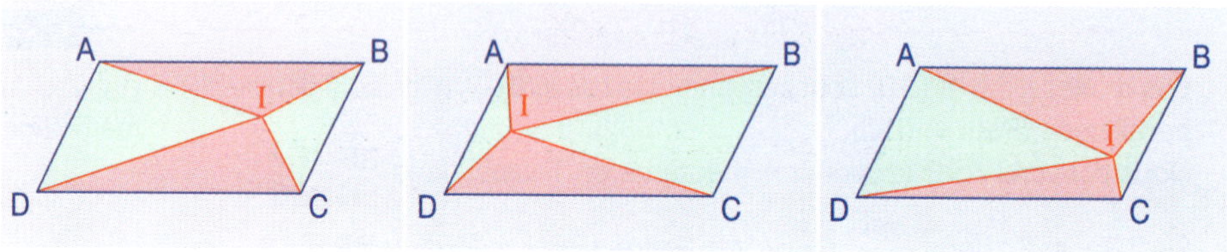

a) Sans calculs, dans lequel de ces trois cas l'aire de la surface coloriée en rouge semble-t-elle la plus grande ?

b) Dans chacun des trois cas, quelle surface vous semble avoir l'aire la plus grande, la surface coloriée en rouge ou celle coloriée en vert ?

2. En calculant, c'est plus sûr

Rappel
$S = \ell h$.

On pose AB = ℓ et on note h la distance entre les droites (AB) et (CD). On note S l'aire du parallélogramme ABCD. On pose enfin IH = a, où H désigne le pied de la perpendiculaire à la droite (AB) passant par I.

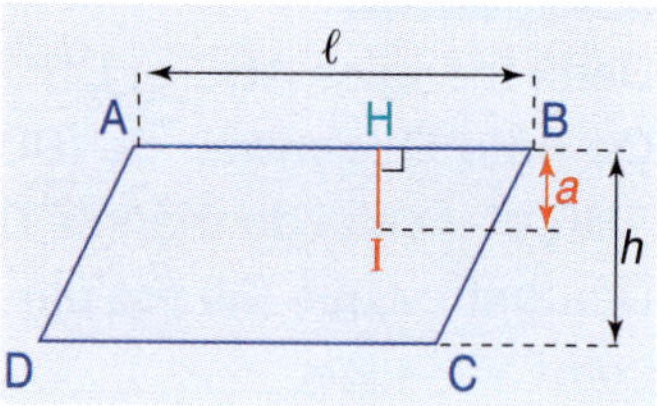

a) Calculez l'aire du triangle IAB en fonction de a et de ℓ.

b) Calculez l'aire du triangle IDC en fonction de a, de h et de ℓ.

c) Répondez à présent de façon précise aux questions **1. a)** et **1. b)**.

2 Plus généralement

I désigne à présent un point quelconque du plan, non nécessairement situé à l'intérieur du parallélogramme ABCD comme dans le paragraphe 1.
On pose $\mathscr{A}$ = (aire du triangle IAB) + (aire du triangle ICD).
On convient que l'aire d'un triangle "aplati" est nulle.

1. Cas où I est sur l'un des côtés du parallélogramme

a) Que vaut $\mathscr{A}$ lorsque I est sur [AB] ? sur [CD] ?

INDICATION : *Dans ces deux cas, l'un des triangles IAB ou ICD est aplati.*

b) Que vaut $\mathscr{A}$ lorsque I est sur [BC] ? sur [AD] ?

c) Que vaut $\mathscr{A}$ lorsque I est sur le bord du parallélogramme ABCD ?

2. Cas général

I est un point quelconque du plan. $(x'Ax)$ désigne un axe orienté d'origine A, perpendiculaire à (AB), orienté comme l'indique la figure ci-dessous.
I′ désigne le projeté orthogonal de I sur $(x'Ax)$ et x l'abscisse de I′ sur cet axe.
a) Précisez l'abscisse de I′ dans chacun des cas suivants :

$$I = A\ ;\quad I = B\ ;\quad I = C\ ;\quad I = D.$$

b) Démontrez que :
- lorsque $x < 0$, $\mathcal{A} = -\ell x + \dfrac{S}{2}$;
- lorsque $0 \leqslant x \leqslant h$, $\mathcal{A} = \dfrac{S}{2}$;
- lorsque $x > h$, $\mathcal{A} = \ell x - \dfrac{S}{2}$.

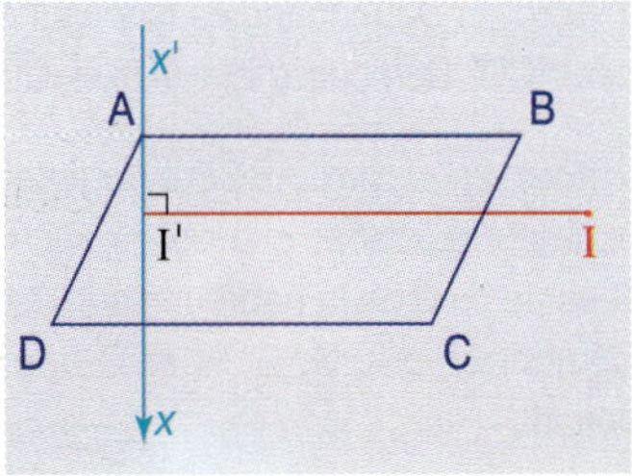

c) Pourquoi peut-on en déduire les résultats de la question **2.c)** du paragraphe précédent ?

3 La fonction $x \mapsto \mathcal{A}(x)$

On suppose à présent que $\ell = 5$ cm et $h = 2$ cm.

1. Tracez, dans un repère orthogonal, la courbe $\mathscr{C}$ représentant la fonction :

$$\mathcal{A} : x \mapsto \mathcal{A}(x).$$

2. D'après le graphique :
a) Existe-t-il des positions de I telles que $\mathcal{A}(x) = 4$?
b) Pour combien de valeurs de x a-t-on $\mathcal{A}(x) = 7$?

3. a) Comparez $\mathcal{A}(-1)$ et $\mathcal{A}(3)$, $\mathcal{A}(-2)$ et $\mathcal{A}(4)$, $\mathcal{A}(-3)$ et $\mathcal{A}(5)$.
b) α désignant un nombre positif, vérifiez que $\mathcal{A}(2 + \alpha) = \mathcal{A}(-\alpha)$.

4. La propriété de la question **3. b)** signifie que la courbe $\mathscr{C}$ possède une propriété géométrique remarquable ; laquelle ?

exercices et problèmes

COMME LES RÉSOLUS

Pour chacun des exercices 1 à 10, vous pouvez vous reporter éventuellement à l'exercice résolu indiqué entre parenthèses, en début d'énoncé.

1 (Exo. 1) Deux triangles isocèles ACD et BCD ont même base [CD]. Démontrez que (AB) et (CD) sont perpendiculaires.

2 (Exo. 2) Le carré ABCD a pour centre O ; le triangle CDE, extérieur au carré, a le côté [CD] commun avec le carré ; H est le pied de la hauteur issue de C dans ce triangle. Démontrez que O, C, H et D appartiennent à un même cercle.

3 (Exo. 3) Dans un parallélogramme ABCD, la bissectrice de $\widehat{ABC}$ coupe (AD) en M et (CD) en N. Démontrez que les triangles AMB et DMN sont isocèles.

4 (Exo. 4) $\mathscr{C}$ est un cercle de centre O, *d* est une droite quelconque, [AB] et [DC] sont deux diamètres de $\mathscr{C}$. Les points A′, B′, C′, D′ et O′ sont les projetés orthogonaux respectivement de A, B, C, D et O sur *d*. Démontrez que O′ est le milieu commun des segments [A′ B′] et [C′ D′].

5 (Exo. 5) ABCD est un quadrilatère, I, J, K et L sont les milieux respectifs de [AB], [BC], [CD] et [DA]. Montrez que le quadrilatère IJKL est un parallélogramme.

6 (Exo. 7) ABCD est un parallélogramme. Les hauteurs (AH) et (BK) du triangle ABC se coupent en I. Démontrez que (CI) et (CD) sont perpendiculaires.

7 (Exo. 9) Dans un triangle équilatéral ABC de côté 5, [AH] est une hauteur, M est le point de [AC] tel que AM = 3, P est le projeté orthogonal de M sur [AH]. Calculez AP.

8 (Exo. 6) Dans la figure suivante, ABC est un triangle rectangle en A et $\widehat{BCA} = 30°$. Le triangle équilatéral ACD est extérieur à ABC. Le point E appartient à (BC), il est extérieur à [BC] et du côté de B, et BE = BA. Démontrez que les points E, A et D sont alignés.

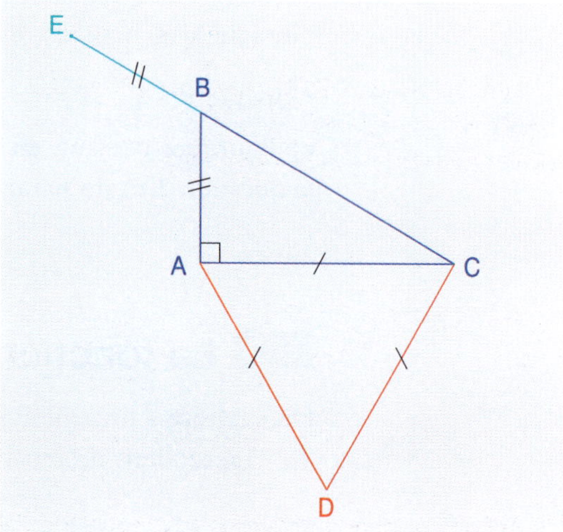

9 (Exo. 8) Dans un quadrilatère ABCD, I et J sont les milieux respectifs de [AD] et [BC], E et F sont respectivement sur (BI) et (DJ), et tels que $\frac{BE}{BI} = \frac{2}{3}$ et $\frac{DF}{DJ} = \frac{2}{3}$.
Démontrez que (AE), (CF) et (BD) sont concourantes.

10 (Exo. 10) Dans un quadrilatère ABCD, M et N sont les milieux de [AB] et [CB], I est le centre de gravité du triangle ABD, J est le centre de gravité du triangle BCD. Démontrez que (IJ) et (MN) sont parallèles.

(Corrigés en fin de manuel.)

POUR S'ENTRAÎNER

Calculs de distances et d'aires

11 Les droites (RS) et (MN) sont parallèles ; OS = 2, ON = 4, OR = 2,5, MN = 3,8. Calculez OM et RS.

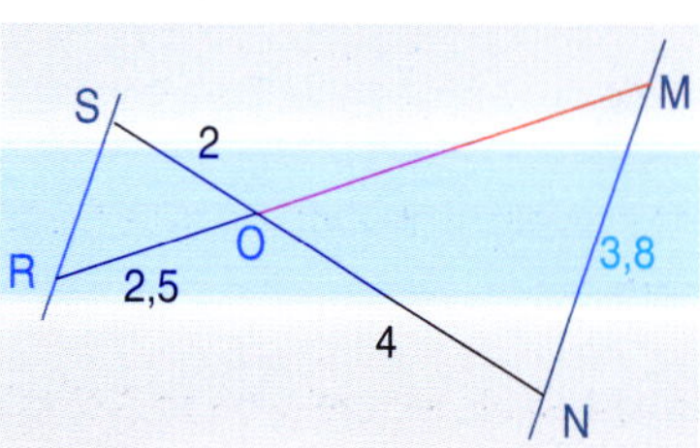

12 Les droites *d* et *d′* sont parallèles. Calculez OB″, A″ B″, BB′, OA′ .

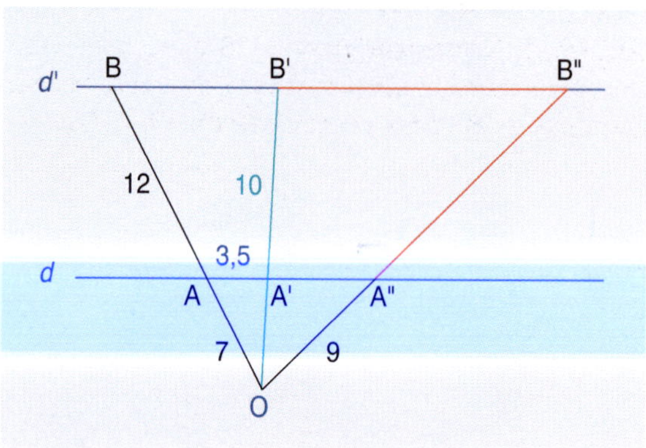

13 ABC est un triangle et les droites (MN) et (BC) sont parallèles ; AN = 2, MN = 3, BC = 5. Calculez NC.

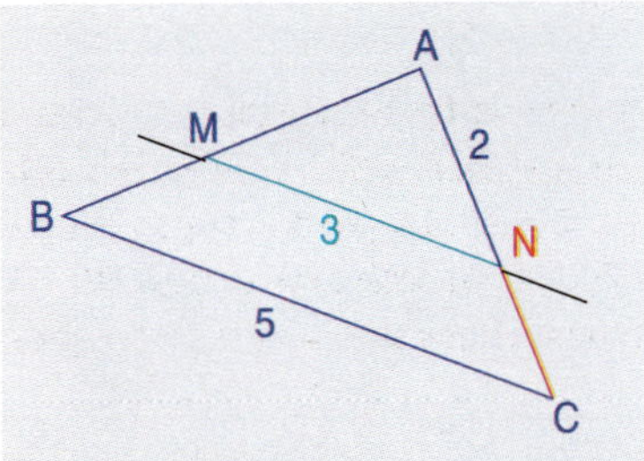

14 Les droites (BC) et (DE) sont parallèles ; AC = 2, CE = $\sqrt{2}$, BD = 1, BC = 2,5.
Calculez AB et DE sans approximations.

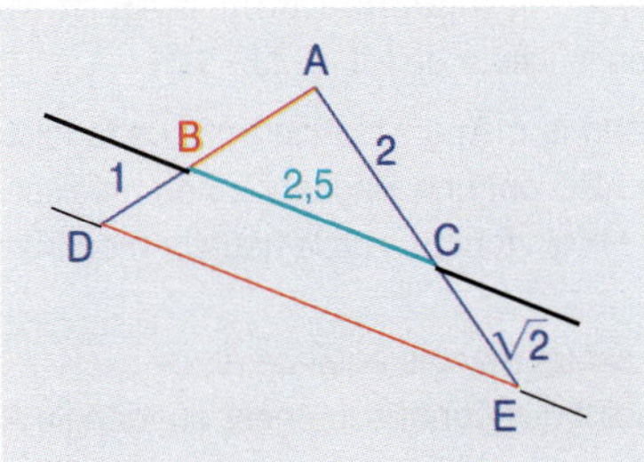

15 ABC est un triangle tel que ses deux hauteurs [BH] et [CK] ont la même longueur.
Calculez l'aire du triangle ABC de deux façons différentes et déduisez-en qu'il est isocèle.

16 ABCD et BEFC sont deux carrés de côté a. Le point I est le milieu de [EF]. Calculez CJ, ID et AJ en fonction de a.

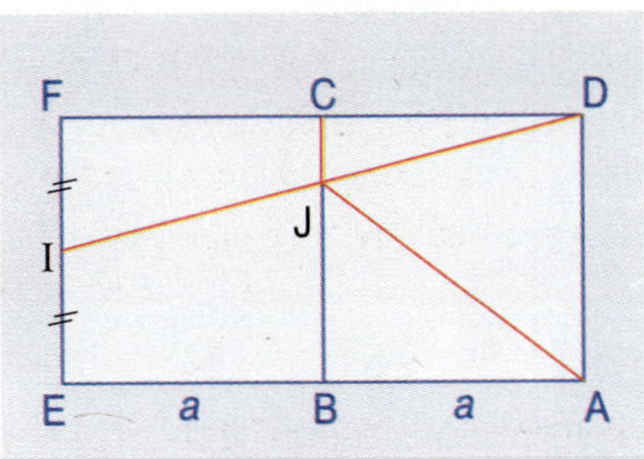

17 **Les lunules d'Hippocrate**

ABC est un triangle rectangle en A. Sur le dessin suivant, on a tracé un demi-cercle de diamètre [BC], un demi-cercle de diamètre [AB] et un demi-cercle de diamètre [AC].

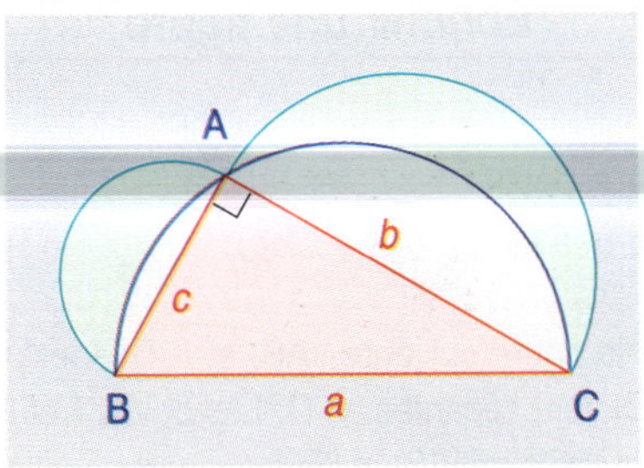

1. Exprimez, en fonction de b et c, l'aire du triangle ABC.

2. Exprimez, en fonction de a, b, c, les aires des demi-disques de diamètres [BC], [AC], [AB].

3. Déduisez-en l'aire du domaine en vert sur la figure, en fonction de a, b, c. Que remarquez-vous ?

18 **1.** ABCD est un parallélogramme.
Démontrez que les triangles ABC et ADC ont même aire.

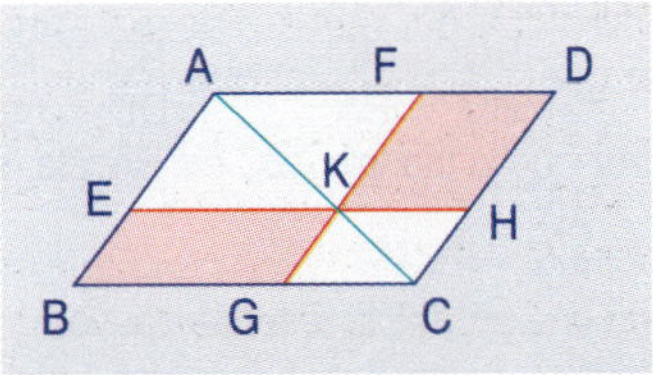

2. Euclide écrivait dans son livre *Éléments* : « Dans tout parallélogramme, les compléments des parallélogrammes autour du diamètre sont égaux entre eux... ».
En langage moderne, cela signifie que pour tout point K de [AC], les parallélogrammes BEKG et DFKH ont même aire.
Démontrez cette proposition.

3. Manesson Mallet pose, en 1702, le problème suivant : « MNOP est un champ qui a la forme d'un parallélogramme ; R est un point du segment [NO]. On supprime le parallélogramme MNRS ».

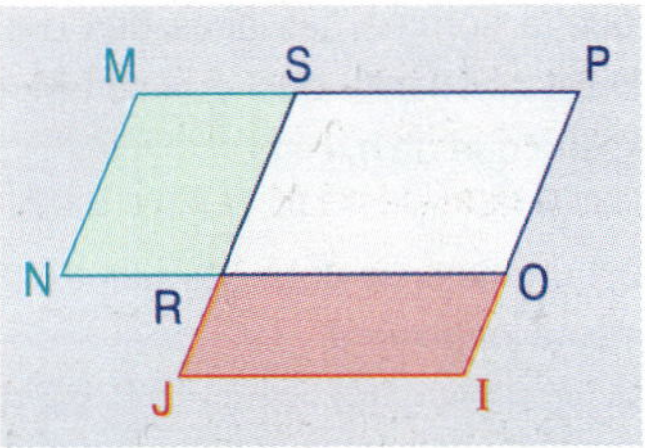

Construisez le parallélogramme RJIO qu'il faut rajouter afin que le champ retrouve son aire initiale.

19 ABCD est un trapèze de bases [AB] et [CD] ; E est le quatrième sommet du parallélogramme ABCE.
I est le point de [AD] tel que $\frac{AI}{AD} = \frac{3}{5}$. La parallèle aux bases passant par I coupe (BC) en J et (AE) en K ; JC = 3.

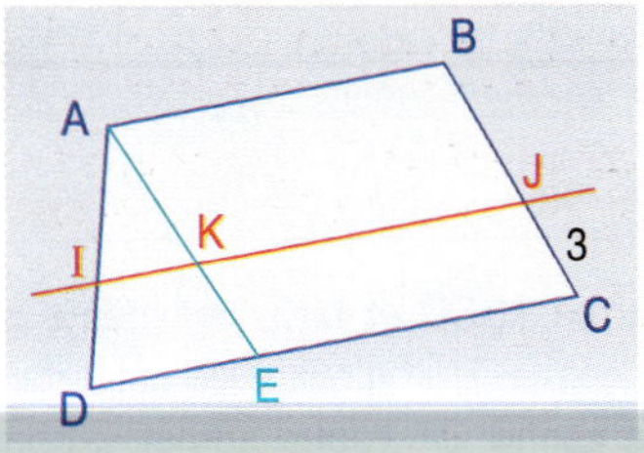

1. Nommez tous les parallélogrammes de la figure.

2. Calculez BC.

20 **1.** ABC est un triangle rectangle en A et AB = 4 cm, AC = 6 cm. Calculez BC.

2. ABC est un triangle rectangle en A et BC = 5 cm, AC = 2 cm. Calculez AB.

3. M, N, P sont trois points tels que PN = 5, MN = 6, PM = $2\sqrt{3}$. Le triangle MNP est-il rectangle ?

21 Le pied des bissectrices

ABC est un triangle. La bissectrice de l'angle $\widehat{BAC}$ coupe le segment [BC] en D. Par C, on trace la parallèle à (AD) ; elle coupe (AB) en E.

1. Démontrez que $\frac{BC}{BD} = \frac{BE}{BA}$ et que $\frac{BD}{DC} = \frac{BA}{AE}$.

2. a. Démontrez que le triangle AEC est isocèle, et déduisez-en que $\frac{DB}{DC} = \frac{AB}{AC}$.

b. Énoncez en une phrase le résultat trouvé.

3. O est le milieu de [BC].

a. La bissectrice de l'angle $\widehat{AOB}$ coupe (AB) en N. Quelle égalité pouvez-vous écrire ?

b. La bissectrice de l'angle $\widehat{AOC}$ coupe (AC) en M. Quelle égalité pouvez-vous écrire ?

c. Démontrez que (MN) et (BC) sont parallèles.

22 Dans un trapèze ABCD de bases [AB] et [CD], I et J sont les milieux respectifs des côtés [AD] et [BC].
AB = ℓ, CD = L, et h est la hauteur du trapèze.
M est un point quelconque de la droite (IJ).
Démontrez que la somme des aires des deux triangles MAB et MCD est constante, quel que soit M, c'est-à-dire qu'elle ne dépend que de h, ℓ et L.

23 ABCD est un carré de côté 1m. Les douze côtés de la croix ont même longueur a.
L'angle formé par deux côtés consécutifs est droit.

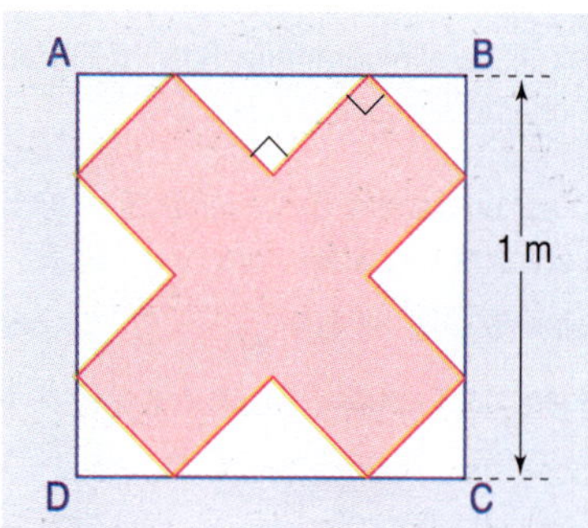

Calculez a en mm.

24 Les carrés ABCD et IJKL ont même centre O et mêmes diagonales. L'un d'eux a les côtés tangents à un cercle $\mathscr{C}$ de centre O ; l'autre admet $\mathscr{C}$ comme cercle circonscrit. Enfin, AB = 8.
Calculez l'aire du carré IJKL.

25 ABC est un triangle équilatéral.
M est un point quelconque situé à l'intérieur du triangle.
On appelle I, J, K les projetés orthogonaux de M respectivement sur [BC], [CA] et [AB].

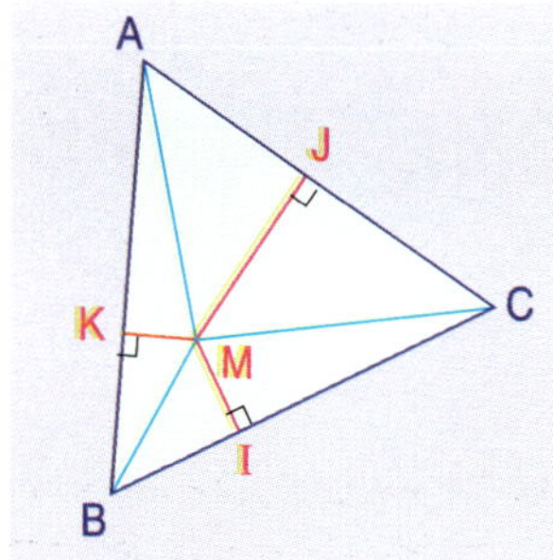

1. On suppose que AB = 6.
Exprimez l'aire de MBC en fonction de MI.
Faites un calcul analogue pour MAB et MAC, puis déduisez-en la valeur de MI + MJ + MK.

2. On reprend la même situation mais cette fois, les côtés du triangle ABC ont une longueur a non précisée. Calculez MI + MJ + MK en fonction de la hauteur h du triangle ABC.

26* ABC est un triangle équilatéral.
M est un point quelconque intérieur au triangle ABC.
On mène par M les parallèles aux droites (AC), (AB), (BC), qui coupent les droites (BC), (AC) et (AB) respectivement en P, Q et R.
Démontrez que MP + MQ + MR = BC.

27 ABCD est un carré de côté 1, M et N sont les milieux respectifs de [AB] et [CD].

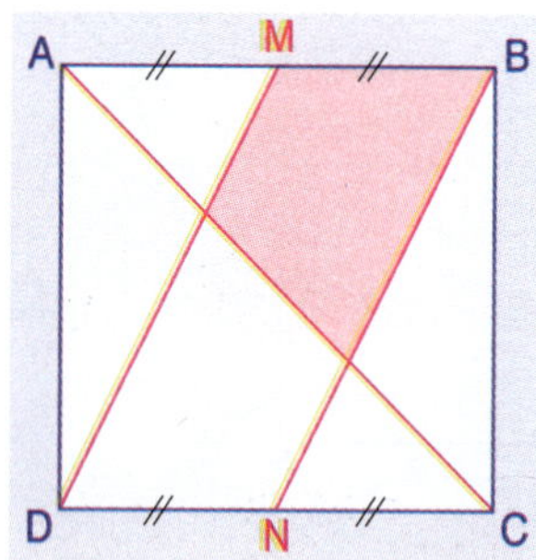

Trouvez l'aire de la région en rose sur la figure.

Enrichir une figure

28 ABCD est un trapèze de bases [AB] et [CD]. I et J sont les milieux respectifs des côtés [AD] et [BC].
Démontrez que IJ = $\frac{1}{2}$ (AB + CD).

29 Dans la figure suivante, (AB) et (CD) sont parallèles, (CB) et (AD) sont sécantes en O. Les points I et J sont les milieux respectifs de [AD] et [BC].

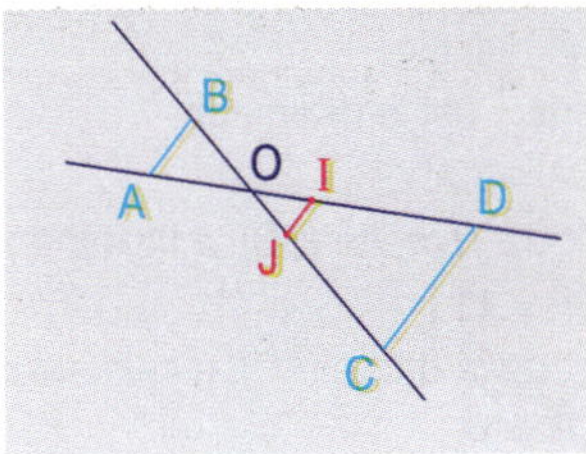

Démontrez que $IJ = \frac{1}{2}|CD - AB|$.

30 Dans la figure suivante, OA = OB, I et J sont les milieux de [OA] et [OB], H est le projeté orthogonal de B sur (OA), K est le projeté orthogonal de A sur (OB) ; (BI) et (AJ) sont sécantes en M, (BH) et (AK) sont sécantes en N.

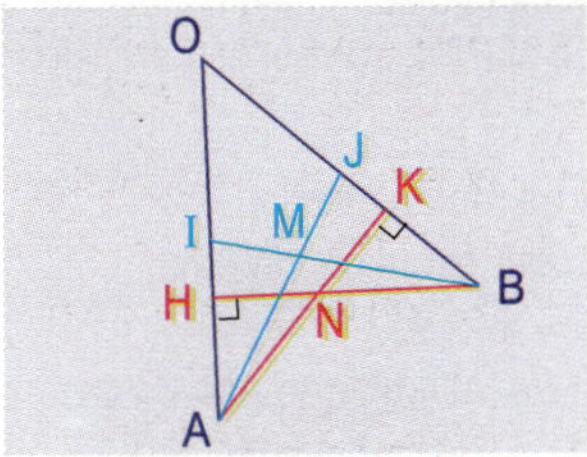

Démontrez que les points O, M et N sont alignés.

31 ABCD est un rectangle. Les points A′, B′, C′ et D′ sont les projetés respectifs de A, B, C et D sur une droite *d* parallèlement à une direction (AA′).
Démontrez que A′B′ = D′C′.

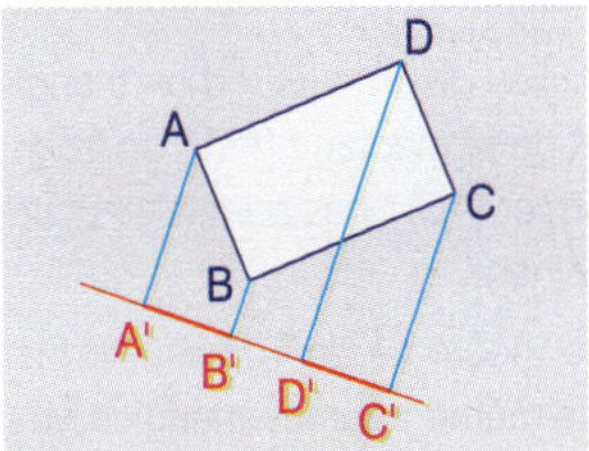

Parallélisme

32 ABCD et DCFE sont deux parallélogrammes.
Faites la figure et expliquez pourquoi le quadrilatère ABFE est un parallélogramme.

33 ABCD est un parallélogramme, Δ est la parallèle à (BD) qui passe par A, les droites Δ et (BC) sont sécantes en un point M.
Démontrez que AMBD est un parallélogramme.

34 ABC est un triangle quelconque.
On sait que le projeté de A sur une droite *d* parallèlement à une droite Δ est A lui-même, et que celui de B est C.
Que peut-on dire de *d* et Δ ?

35 ABC est un triangle, I est le point d'intersection des bissectrices des angles $\widehat{B}$ et $\widehat{C}$. La parallèle menée par I à (BC) coupe (AB) en D et (AC) en E.

1. En utilisant des angles alternes-internes, démontrez que les triangles BID et IEC sont isocèles.

2. Démontrez que DE = BD + CE.

36 ABC est un triangle.
Les bissectrices des angles $\widehat{B}$ et $\widehat{C}$ coupent respectivement en D et E la parallèle à (BC) menée par A.

1. En utilisant des angles alternes-internes, démontrez que les triangles AEC et ABD sont isocèles.

2. Démontrez que DE = AB + AC.

37 *d* et Δ sont deux droites sécantes ; A et B deux points.
A′ et B′ sont les projetés de A et B sur *d* parallèlement à Δ.
Comment faut-il choisir le segment [AB] pour que A′B′ = AB ?

38 ABCD est un parallélogramme de centre O.

1. B et D se projettent orthogonalement en B′ et D′ sur (AC). Pourquoi O est-il le milieu de [B′D′] ?

2. A et C se projettent orthogonalement en A′ et C′ sur (BD). Pourquoi O est-il le milieu de [A′C′] ?

3. Que peut-on dire du quadrilatère A′B′C′D′ ?

39 $\mathscr{C}$ est le cercle de centre O et de rayon R ; [AB] est l'un de ses diamètres. M est un point de $\mathscr{C}$ et T est la tangente à $\mathscr{C}$ en M. Les points *a* et *b* sont les projetés orthogonaux respectifs de A et B sur T.

1. Démontrez que M est le milieu de [*ab*].

2. P et Q sont les projetés orthogonaux de A respectivement sur (B*b*) et (OM). Démontrez que P est sur $\mathscr{C}$ et exprimez BP en fonction de OQ.

3. Démontrez que A*a* + B*b* = 2R.
Énoncez ce résultat sous forme de théorème.

40* ABCD est un parallélogramme de centre O, I est le point tel que OCBI est un parallélogramme.
J est le symétrique de O par rapport au milieu E de [DC].
Démontrez que O est le milieu de [IJ].

41* ABC est un triangle isocèle en A, M est un point de [BC]. La parallèle à (AB) menée par M coupe [AC] en E, et la parallèle à (AC) menée par M coupe [AB] en F.

1. Quelle est la nature des triangles BFM et MEC ?

2. Démontrez que le parallélogramme AEMF a un périmètre constant lorsque M décrit [BC].

3. Les projetés orthogonaux de A, E, F sur [BC] sont respectivement A′, E′, F′. Démontrez que F′M = A′E′.

Droites remarquables du triangle

42 Dans un triangle ABC quelconque dont les trois angles sont aigus, O est le point d'intersection des trois médiatrices. Les points I, J et K sont les milieux respectifs de [BC], [CA] et [AB]. Les points M, N et P sont les milieux respectifs de [OA], [OB] et [OC].

1. Démontrez que l'hexagone IPJMKN a ses six côtés de même longueur et deux à deux parallèles.

2. Que peut-on en déduire pour cet hexagone si ABC est équilatéral ?

43 H est l'orthocentre d'un triangle ABC.

1. Vérifiez que C est l'orthocentre du triangle ABH.

2. Quel est l'orthocentre du triangle ACH ?

44 ABC est un triangle isocèle en A et A′ est le milieu de [BC] ; H est le projeté orthogonal de A′ sur (AC), K est le milieu de [HC], et I le milieu de [A′ H].

1. Quel rôle joue le point I dans le triangle AA′ K ?

2. Démontrez que (AI) et (BH) sont perpendiculaires.

45 $\mathscr{C}$ est un cercle de centre O, [AB] un diamètre de $\mathscr{C}$. M est un point quelconque de $\mathscr{C}$ distinct de A et de B. R est un point quelconque de [AB], distinct de A, O, B. La perpendiculaire en R à (AB) coupe (AM) en P et (BM) en Q. On note I le point d'intersection de (BP) et (AQ). Démontrez que le point I est sur le cercle $\mathscr{C}$.

Théorème de Thalès et sa réciproque

46 [Ox) et [Oy) sont deux demi-droites. On place :
– sur [Ox), les points I et J tels que OI = 2 cm, IJ = 3 cm.
– sur [Oy), les points M et N tels que OM = 3 cm, MN = 4,5 cm.

1. Faites une figure.

2. Démontrez que les droites (IM) et (JN) sont parallèles.

47 Dans la figure suivante, les droites (AB) et (EF) d'une part, (CB) et (ED) d'autre part, sont parallèles.

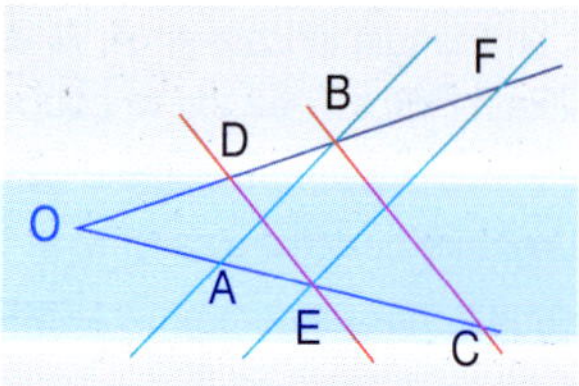

Traduisez ces deux hypothèses à l'aide du théorème de Thalès. Déduisez-en que (AD) et (CF) sont parallèles.

48 ABC est un triangle.
L'unité de longueur est le millimètre.
• BC = 45 et CA = 33 ;
• P est le point de la droite (BC), à l'extérieur du segment [BC], tel que CP = 15 ;
• R est le point de la droite (AC), à l'extérieur du segment [AC], tel que CR = 11.
Les droites (PR) et (AB) sont-elles parallèles ?

49 EFG est un triangle.
L'unité de longueur est le centimètre.
• EF = 5 et EG = 8 ;
• M est le point du segment [EF] tel que EM = 3 ;
• N est le point du segment [EG] tel que EN = 4,9.
Les droites (FG) et (MN) sont-elles parallèles ?

50 ABCD est un rectangle.
L'unité de longueur est le centimètre.
• AB = 4 et BC = 3 ;
• M est le point de [AD] tel que AM = 1,2 ;
• N est le point de [BC] tel que BN = 1,2 ;
• P est le point de [AC] tel que AP = 2.

1. En utilisant le théorème de Pythagore, calculez AC.

2. Les droites (PM) et (CD) sont-elles parallèles ?

3. Les droites (PN) et (AB) sont-elles parallèles ?

4. Pourquoi les points M, N, P sont-ils alignés ?

51 M est le milieu du côté [BC] d'un triangle ABC.
Par un point R de la médiane [AM], on trace les parallèles aux droites (AB) et (AC) ; ces parallèles coupent (BC) en D et E respectivement.

1. Appliquez le théorème de Thalès aux triangles MAB et MDR. Faites de même pour les triangles MAC et MER.

2. Déduisez-en que $\frac{MD}{MB} = \frac{ME}{MC}$, puis que le point M est le milieu de [DE].

3. Comment choisir R sur [AM] pour que BD = DE = CE ?

52 **1.** Expliquez pourquoi, sur la figure suivante, les droites (MB) et (NS) d'une part, et les droites (MR) et (NC) d'autre part, sont parallèles.

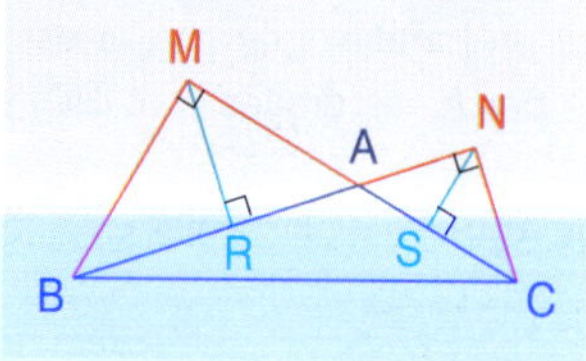

2. Appliquez le théorème de Thalès aux triangles AMR et ANC.
Déduisez-en que les droites (RS) et (BC) sont parallèles.

53 ABCD est un parallélogramme.

$\frac{AI}{AB} = \frac{AJ}{AD} = \frac{1}{3}$ et IE = JF = 2 IJ.

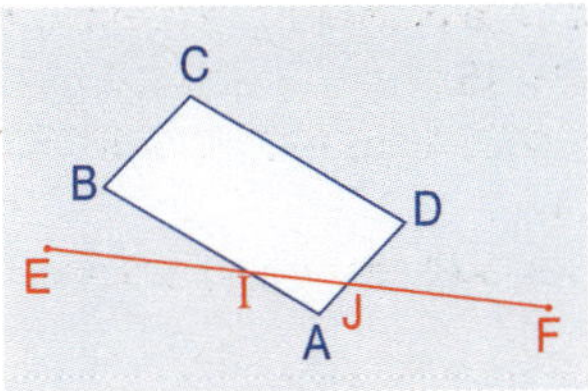

1. Démontrez que les droites (AJ) et (BE) sont parallèles.

2. Déduisez-en que les points E, B et C sont alignés.
En est-il de même pour F, D et C ?

54 Deux parallélogrammes ABCD et A′BC′D ont une diagonale, [BD], commune.

1. Démontrez que [AC] et [A′ C′] ont le même milieu.

2. Déduisez-en que les droites (AA′) et (CC′) sont parallèles et que AA′= CC′.

55 ABC est un triangle et O un point quelconque.
A′ est le milieu de [OA].
B′ est le projeté de A′ sur (OB) parallèlement à (AB).
C′ est le projeté de B′ sur (OC) parallèlement à (BC).
Démontrez que les droites (AC) et (A′ C′) sont parallèles.

Angles

56 Dans un triangle ABC rectangle en A, [AH] est une hauteur. Démontrez que $\widehat{BAH} = \widehat{HCA}$.

57 Dans la figure suivante,

- $\widehat{BAC} = 90°$; $\widehat{ABC} = 60°$; $\widehat{BCE} = 90°$;
- le triangle BDA est isocèle en B ;
- le triangle ACE est isocèle en C ;

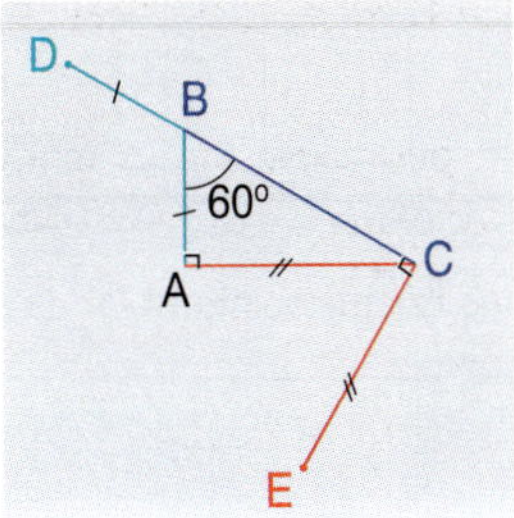

1. Démontrez que les points D, A et E sont alignés.

2. A est-il le milieu de [DE] ?

58 Dans un triangle ABC rectangle en A, [AH] est une hauteur, et E est le point d'intersection de la bissectrice de $\widehat{BAH}$ et de la droite (BC). Comparez CE et CA.

59 Dans la figure suivante, ABCD est un carré et le triangle DEC est équilatéral. Calculez l'angle $\widehat{AEB}$.

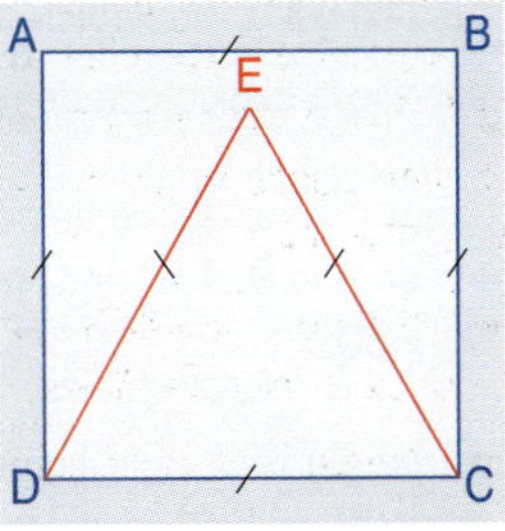

60* ABC est un triangle rectangle en A, [AH] est une hauteur. Les points I et J sont les centres des cercles inscrits dans les triangles ABH et ACH respectivement.
K est le point d'intersection des droites (BI) et (CJ).

1. Démontrez que les droites (BK) et (AJ) d'une part, (CK) et (AI) d'autre part sont perpendiculaires.

2. Démontrez que (AK) et (IJ) sont perpendiculaires.

61 $\mathscr{C}$ est un cercle de centre O.
A est un point extérieur à $\mathscr{C}$ et la droite (AB) est tangente en B à $\mathscr{C}$, C est le point du segment [OA] tel que AC = AB.
La droite (BC) recoupe le cercle $\mathscr{C}$ en D.
Démontrez que $\widehat{DOA} = 90°$.

Divers

62 $\mathscr{C}$ et $\mathscr{C}'$ sont deux cercles sécants en A et B.
On appelle O le centre de $\mathscr{C}$ et O′ celui de $\mathscr{C}'$.

1. Expliquez pourquoi O et O′ sont sur la médiatrice du segment [AB].

2. Que peut-on dire alors des droites (OO′) et (AB) ?

63 $\mathscr{C}$ et $\mathscr{C}'$ sont deux cercles de centre O et O′, sécants en A et B, (AO) recoupe $\mathscr{C}$ en M et (AO′) recoupe $\mathscr{C}'$ en N.
On veut démontrer que M, B, N sont alignés.
Expliquez pourquoi $\widehat{ABM} = 90°$ et $\widehat{ABN} = 90°$. Concluez.

64 Les triangles MAB et NAB sont rectangles en M et N et situés d'un même côté de (AB). Le point I est milieu du segment [AB]. Quelle est la nature du triangle MIN ?

65 Dans un triangle quelconque ABC, [BH] et [CK] sont deux hauteurs. Démontrez que les points B, C, H et K appartiennent à un même cercle $\mathscr{C}$. Précisez le centre de $\mathscr{C}$.

66 ABC est un triangle tel que AB > AC.
Le cercle de centre A et de rayon AC coupe le segment [AB] en D. On note E le second point d'intersection de ce cercle et de la droite (AB).

exercices et problèmes

On mène par A la parallèle (Ax) à (CE).

1. Pourquoi l'angle $\widehat{DCE}$ a-t-il pour mesure 90° ?

2. Déduisez-en que (Ax) est la médiatrice de [DC].

3. Pourquoi (Ax) est-elle la bissectrice de $\widehat{BAC}$?

67 $\mathscr{C}$ et $\mathscr{C}'$ sont deux cercles de même centre O.
Une droite coupe $\mathscr{C}$ en A et B et $\mathscr{C}'$ en C et D.
Démontrez que AC = BD.

68 ABC est un triangle rectangle en A, [AH] est une hauteur, M est un point de [BC], distinct de B et C. Le cercle $\mathscr{C}$ de diamètre [AM] recoupe [AB] en I et [AC] en J.

1. Expliquez pourquoi le point H est sur $\mathscr{C}$.

2. Démontrez que AIMJ est un rectangle.

3. Démontrez que le milieu O de [AM] appartient à la médiatrice de [AH].

4. Démontrez que le triangle IHJ est rectangle en H.

69 $\mathscr{C}$ et $\mathscr{C}'$ sont deux cercles sécants en A et B.
O et O′ sont leurs centres respectifs.
Une droite qui passe par A recoupe $\mathscr{C}$ en C et $\mathscr{C}'$ en D.
M est le projeté orthogonal de O sur (CD).
N est le projeté orthogonal de O′ sur (CD).
Montrez que MN = $\frac{1}{2}$ CD.

70 ABCD est un trapèze rectangle avec $\widehat{B} = \widehat{C} = 90°$ et AB = 10, BC = CD = 5.
Le cercle de diamètre [AD] recoupe la droite (AB) en H.
Que pouvez-vous dire du triangle AHD et du quadrilatère HBCD ? Calculez AD.

71 Dans la figure suivante, AC = 1, $\widehat{ABC} = 60°$, $\widehat{ADC} = 45°$, [AC] et [BE] sont des hauteurs du triangle ABD.

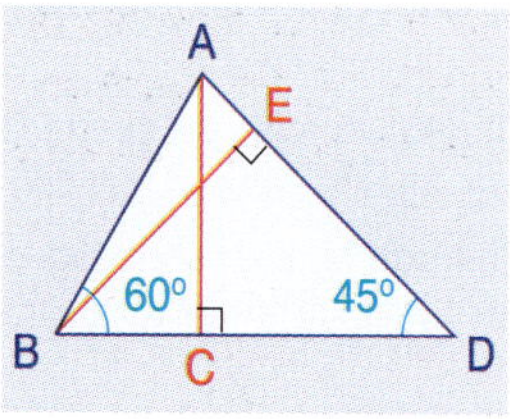

1. Calculez BD et $\widehat{BAE}$, puis calculez AD et BE.

2. Calculez la valeur exacte de cos 75° et celle de sin 75°.

72 Dans la figure suivante, les droites (AC), (BD) et (CD) sont tangentes au cercle $\mathscr{C}$; E est le point de contact de (CD) et de $\mathscr{C}$.

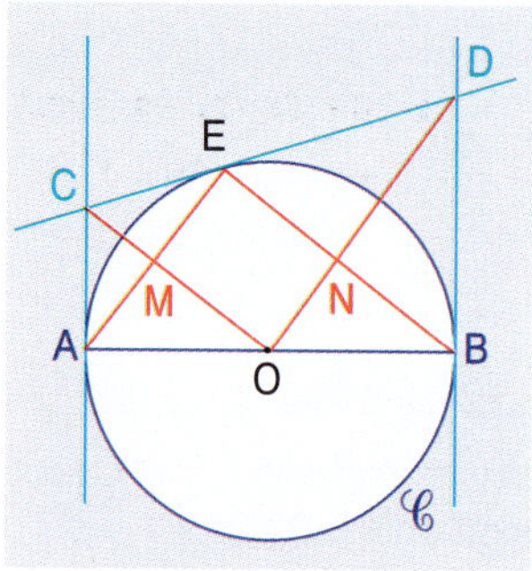

1. Démontrez que $\widehat{COD} = 90°$.

2. (OC) coupe (AE) en M et (OD) coupe (EB) en N.
Quelle est la nature du quadrilatère AMNB ?

3. Quelle est la nature du quadrilatère EMON ?

73 ABCD est un rectangle, K est le point du segment [AB] tel que AK = $\frac{2}{3}$ AB.
I est le milieu de [BC] ; par I, on trace la parallèle à (DK) ; cette droite coupe [CD] en J.

1. Démontrez que DJ = AK. Déduisez-en que les droites (KJ) et (AB) sont perpendiculaires.

2. À quoi doit être égal le rapport $\frac{AB}{BC}$ pour que les droites (KI) et (DK) soient perpendiculaires ?

74* Dans la figure suivante, les six carrés ont pour côté 1.

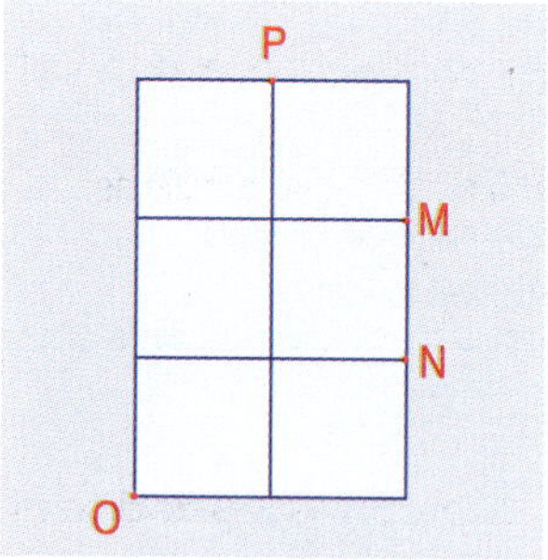

Démontrez que les quatre points M, N, O et P appartiennent à un même cercle.

PROBLÈMES DE SYNTHÈSE

75 THÈMES : Théorème de Thalès. Systèmes

Dans le triangle ABC ci-dessous, AB = 4, AC = 6 et BC = 8.

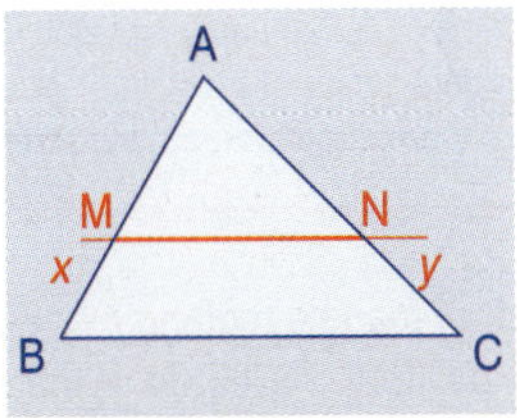

A. On se propose d'étudier le problème suivant :
existe-t-il un point M sur [AB] et un point N sur [AC] tels que :

- les droites (MN) et (BC) sont parallèles **(propriété (P_1))** ;
- et 2 BM + 4 CN = BC **(propriété (P_2))** ?

Posons BM = x et CN = y.

1. On suppose que M et N existent.

a. Montrez qu'alors :
$\begin{cases} x+2y=4 \\ 3x-2y=0 \end{cases}$ et $0 \leqslant x \leqslant 4$ et $0 \leqslant y \leqslant 6$.

b. Déduisez-en que BM = 1 et CN = $\frac{3}{2}$, puis placez les deux points M et N.
Ces deux points sont donc les deux seuls points possibles satisfaisant aux propriétés (P_1) et (P_2).

2. Étude de la réciproque.
Montrez que les points M et N de la question **1. b.** satisfont aux propriétés (P_1) et (P_2).

B. Existe-t-il un point M sur [AB] et un point N sur [AC] tels que :

- les droites (MN) et (BC) sont parallèles ;
- et $\frac{3}{4}$ BM + $\frac{2}{3}$ CN = BC ?

CONSEIL : On peut procéder comme dans la partie A, mais on peut aussi aller plus vite.

76 THÈMES : Aires. Équations de droites

OABC est un trapèze tel que OA = 3, BC = 5 et OH = 4.
($x'Ox$) est l'axe orienté comme l'indique la figure.
d est une droite parallèle à (OA), J le point d'intersection de d et de ($x'Ox$), et x l'abscisse de J sur l'axe. On note $\mathcal{A}_1$ l'aire du triangle JOA et $\mathcal{A}_2$ celle du triangle JBC.

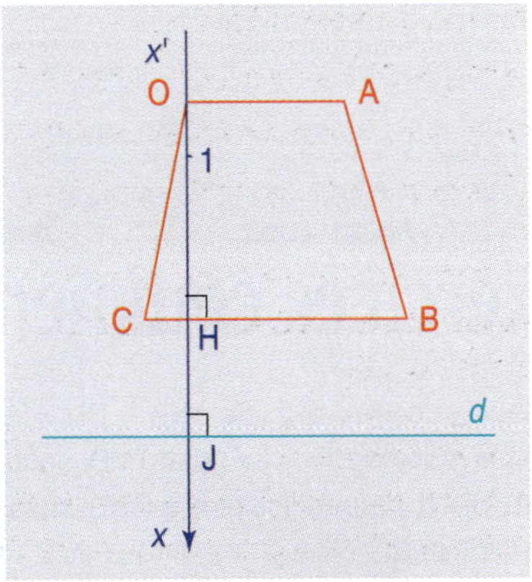

1. Calculez $\mathcal{A}_1$ et $\mathcal{A}_2$ en fonction de x dans chacun des cas suivants : $x \leqslant 0$; $0 \leqslant x \leqslant 4$; $x \geqslant 4$.
Vous utiliserez la convention suivante : un triangle aplati a une aire nulle.

2. Montrez que si I est un point quelconque de d, alors :
(aire du triangle IOA) + (aire du triangle IBC) = $\mathcal{A}_1 + \mathcal{A}_2$.

3. On pose $f(x) = \mathcal{A}_1 + \mathcal{A}_2$.

a. Vérifiez que :

- lorsque $x \leqslant 0$, $f(x) = -4x + 10$;
- lorsque $0 \leqslant x \leqslant 4$, $f(x) = -x + 10$;
- lorsque $x \geqslant 4$, $f(x) = 4x - 10$.

b. Tracez, dans un repère orthonormal, la courbe $\mathscr{C}$ représentative de la fonction f sur l'intervalle [– 2 ; 7].

c. En utilisant le graphique, précisez le minimum et le maximum de la fonction f sur [– 2 ; 7].
Pour quelles valeurs de x la fonction f atteint-elle son maximum ? son minimum ?

4. a. Calculez l'aire S du trapèze OABC.

b. En utilisant le graphique, expliquez pourquoi $f(x)$ = S pour deux valeurs de x.

5. a. Trouvez, par le calcul, tous les points I situés à l'intérieur du trapèze OABC tels que le domaine colorié en rouge et celui colorié en jaune ont la même aire.

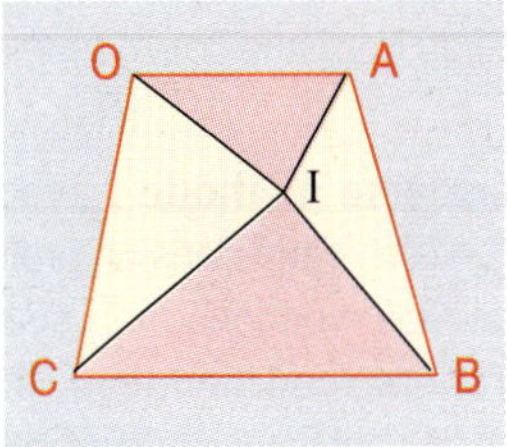

b. Retrouvez ce résultat en utilisant la courbe $\mathscr{C}$.

Exercices commentés

1 Dans un carré ABCD de côté 1, DM = $\frac{1}{4}$, CN = $\frac{1}{3}$ et P est le milieu de [AB]. La droite (MP) coupe la droite (CB) en S. La perpendiculaire à (MP) passant par N coupe (DC) en R.

On se propose de démontrer que les droites (MN) et (RS) sont perpendiculaires.

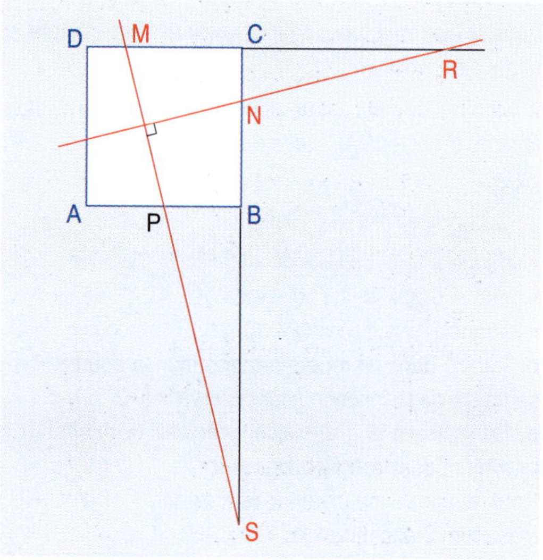

VERS UNE SOLUTION

• **Une première méthode : géométriquement.** Il y a bien sûr plusieurs façons de montrer que deux droites sont perpendiculaires. Ici, il est possible de le faire rapidement en enrichissant la figure par le tracé du troisième côté d'un triangle : à vous de "jouer".

• **Une deuxième méthode : avec un repère.** La présence d'un carré dans un problème permet de créer un repère orthonormal ; souvent, en utilisant ce repère (coordonnées, équations de droites, ...), on peut résoudre le problème proposé. Considérons le repère orthonormal d'origine A tel que B a pour coordonnées (1 ; 0) et D a pour coordonnées (0 ; 1).

1. a. Trouvez une équation de la droite (MP) et déduisez-en les coordonnées du point S.

b. Trouvez une équation de la droite (RN) et déduisez-en les coordonnées du point R.

2. Montrez que les droites (MN) et (RS) sont perpendiculaires.

COMMENTAIRE : La deuxième solution est plus longue que la première, mais elle est peut-être plus simple : une fois le repère choisi, on est sûr d'aboutir.

2 ABC est un triangle rectangle en A, M est un point quelconque de [BC] ; S est le symétrique de M par rapport à (AB), T le symétrique de M par rapport à (AC). On se propose de démontrer, de trois manières différentes, que A est le milieu de [ST].

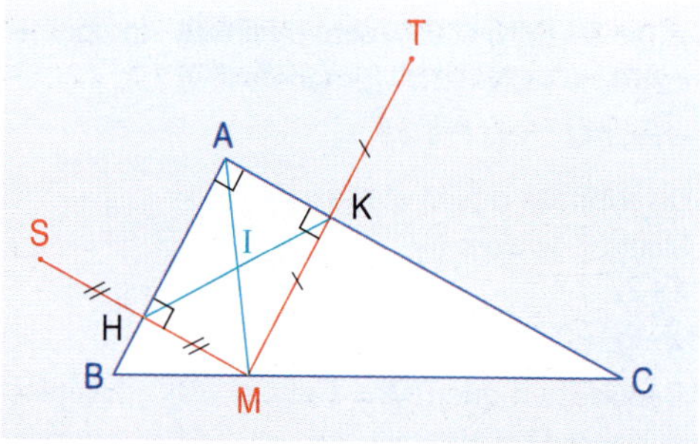

VERS UNE SOLUTION

• **Un résultat préliminaire**

On note K le point d'intersection des droites (MT) et (AC), et H le point d'intersection des droites (MS) et (AB). Montrez que le quadrilatère AKMH est un rectangle.

• **Une première méthode**

1. Montrez que AS = AM et AM = AT.

2. Déduisez-en que A est le milieu de [ST].

• **Une deuxième méthode**

1. Montrez que le quadrilatère AKHS est un parallélogramme.

2. Montrez de même que le quadrilatère ATKH est un parallélogramme.

3. Déduisez-en que (AS) et (AT) sont parallèles et que A est le milieu de [ST].

• **Une troisième méthode**

On note I le milieu du segment [AM].

1. Montrez que la droite (AS) est parallèle à la droite (IH) et que AS = 2 IH.

2. Montrez de même que (AT) est parallèle à (IK) et que AT = 2 TK.

3. Déduisez-en que (AS) et (AT) sont parallèles et que A est le milieu de [ST].

Pour l'exercice suivant, vous pouvez éventuellement vous reporter à l'exercice commenté 1.

3 ABCD est un carré de côté 1.
M est le milieu de [BC] et N celui de [DC].
Démontrez, de deux manières différentes, que les droites (AN) et (DM) sont perpendiculaires :
1. sans utiliser de repère ;
2. en utilisant un repère orthonormal.

Trouvez l'erreur

Pour chaque exercice de cette rubrique, une solution vous est proposée, mais elle contient une erreur. Trouvez cette erreur.

4 ABCD est un quadrilatère. Les points M, N, P, Q sont tels que l'indique la figure ci-contre. Démontrez que le quadrilatère MNPQ est un parallélogramme.

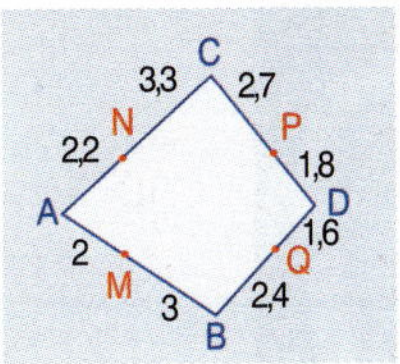

Solution

$\frac{AM}{AB} = \frac{2}{5}$ et $\frac{AN}{AC} = \frac{2,2}{5,5} = \frac{2}{5}$, donc $\frac{AM}{AB} = \frac{AN}{AC}$;

donc, d'après la réciproque du théorème de Thalès, (MN) et (BC) sont parallèles.

De même, $\frac{DQ}{DB} = \frac{1,6}{4} = \frac{2}{5}$ et $\frac{DP}{DC} = \frac{1,8}{4,5} = \frac{2}{5}$,

donc $\frac{DQ}{DB} = \frac{DP}{DC}$; donc (PQ) et (BC) sont parallèles.

Ainsi, (MN) et (PQ) sont parallèles, donc MNPQ est un parallélogramme.

5 Dans un triangle ABC rectangle en A, les médiatrices de [AB] et [AC] sont sécantes en O.
Démontrez que O est le milieu de [BC].

Solution

O est sur la médiatrice de [AB] donc OA = OB ;
O est sur la médiatrice de [AC], donc OA = OC.
Donc OB = OC, et par suite, O est le milieu de [BC].

6 Dans un trapèze ABCD de bases [AB] et [CD], I, J, K et L sont les milieux de [DA], [DB], [CA] et [CB] respectivement. Démontrez que les points I, J, K et L sont alignés.

Solution

I et J sont les milieux de [DA] et [DB] ; donc (IJ) et (AB) sont parallèles. K et L sont les milieux de [CA] et [CB] ; donc (KL) et (AB) sont parallèles.
(IJ) ⫽ (AB) et (KL) ⫽ (AB), donc (IJ) ⫽ (KL) ;
donc I, J, K et L sont alignés.

7 Dans la figure ci-contre, AM = 2, MB = 3 et CB = 7 ; (MN) et (BC) sont parallèles. Calculez MN.

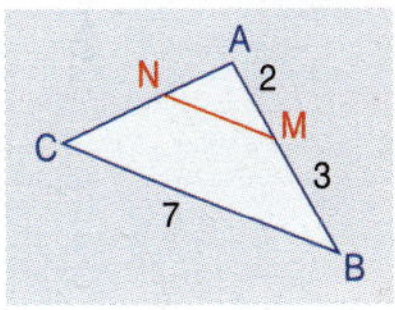

Solution

Appliquons le théorème de Thalès :
$\frac{MN}{CB} = \frac{MA}{MB}$, donc $\frac{MN}{7} = \frac{2}{3}$, donc $MN = \frac{14}{3}$.

8 Dans la figure ci-contre, ABC est un triangle isocèle de sommet A, et $\widehat{BAC} = 55°$. Placez le centre du cercle circonscrit.

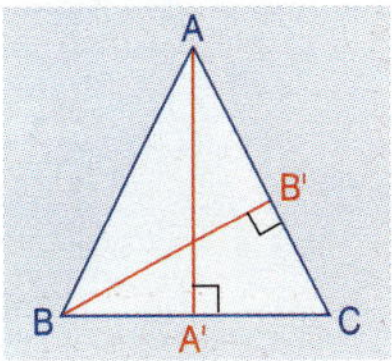

Solution

Le centre du cercle circonscrit est le point d'intersection des trois médiatrices.
Donc pour le placer, il suffit de tracer les deux médiatrices [AA′] et [BB′].

L'OUTIL VECTORIEL

CHAPITRE

10

La notion de vecteur, déjà abordée au collège, est essentielle en géométrie. Elle est aussi utilisée dans d'autres disciplines, par exemple en cinématique (vecteur vitesse), en Physique (vecteur force). Nous présentons essentiellement, dans ce chapitre, deux points nouveaux :
la multiplication d'un vecteur par un réel, et la notation $\vec{u}$.
Mais nous verrons aussi comment l'outil vectoriel peut être utilisé dans des problèmes de colinéarité ou de parallélisme.
Signalons enfin que les propriétés de l'addition vectorielle et de la multiplication d'un vecteur par un réel ne sont qu'un cas particulier d'une théorie mathématique importante plus générale, la théorie des espaces vectoriels.

SOMMAIRE

Pour prendre un bon départ

▶1 Direction. Sens

- Lorsque deux droites sont parallèles, on dit qu'elles ont **même direction**. Deux droites sécantes n'ont pas la même direction.
- Il y a **deux sens de parcours** sur la droite (AB) : de A vers B, ou de B vers A.

▶2 Vecteurs

- **Vecteur non nul**

À deux points distincts A et B, nous pouvons associer le vecteur $\overrightarrow{AB}$ et le vecteur $\overrightarrow{BA}$.
Nous disons que le vecteur $\overrightarrow{AB}$:
– a pour **direction**, la direction de la droite (AB) ;
– a pour **sens**, le sens de A vers B ;
– a pour **longueur** AB.
A est **l'origine** du vecteur $\overrightarrow{AB}$, et B son **extrémité**.
Le vecteur $\overrightarrow{BA}$ est différent du vecteur $\overrightarrow{AB}$: il n'a pas le même sens que $\overrightarrow{AB}$.

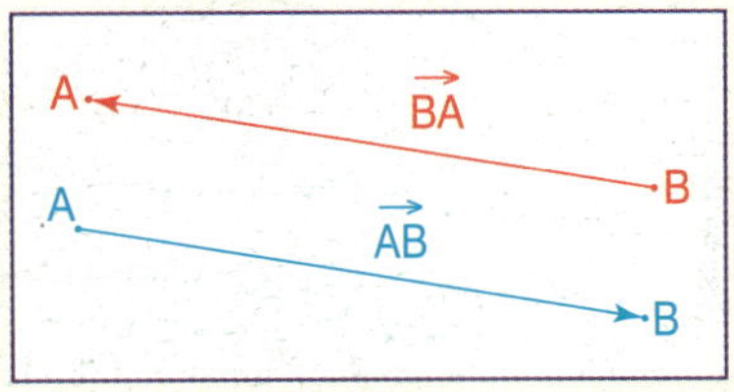

- **Vecteur nul**

Lorsque les points A et B sont confondus, le vecteur $\overrightarrow{AA}$ est appelé **vecteur nul**.
Nous écrivons $\overrightarrow{AA} = \vec{0}$.
Le vecteur nul n'a pas de direction : un point n'indique pas une direction. La longueur du vecteur nul est égale à zéro.

▶3 Vecteurs égaux

- Dire que deux vecteurs non nuls, $\overrightarrow{AB}$ et $\overrightarrow{CD}$, sont **égaux** signifie :
– qu'ils ont **même direction**
(les droites (AB) et (CD) sont parallèles) ;
– qu'ils ont **même sens** ;
– qu'ils ont **même longueur** (AB = CD).

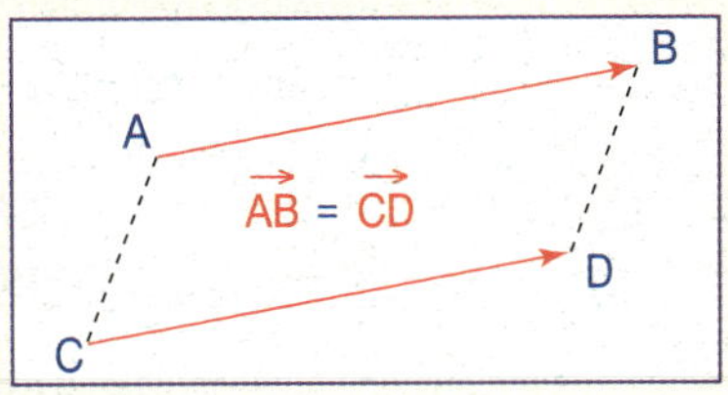

- A, B, C et D sont quatre points **non alignés**.
Dire que $\overrightarrow{AB} = \overrightarrow{CD}$ signifie que **ABDC** est un **parallélogramme**.

Exercices-tests

1. Sur la figure ci-contre, les six quadrilatères ACIB, BLAI, ABLE, SALE, CAES, SAIC, sont des parallélogrammes.
Indiquez tous les vecteurs égaux à $\overrightarrow{EL}$, à $\overrightarrow{LB}$, à $\overrightarrow{AE}$, à $\overrightarrow{AL}$.

2. ABCD est un quadrilatère tel que $\overrightarrow{DA} = \overrightarrow{CB}$. Que peut-on en conclure ? Citez d'autres vecteurs égaux.

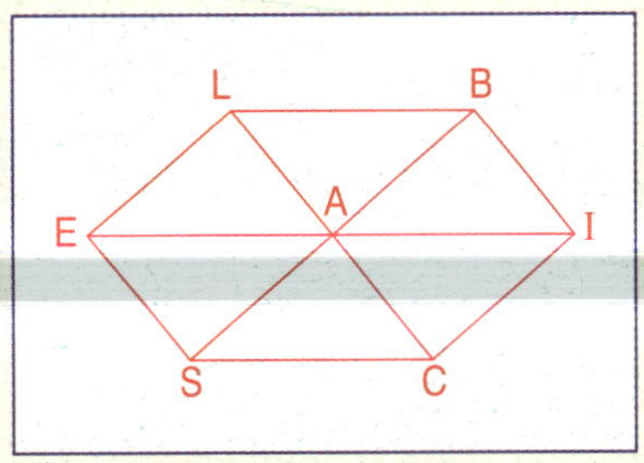

Activité

MULTIPLICATION D'UN VECTEUR PAR UN RÉEL

1 Exemples

1. Lorsqu'on additionne le vecteur $\overrightarrow{AB}$ et le vecteur $\overrightarrow{AB}$, il apparaît commode de noter le vecteur somme $\mathbf{2\,\overrightarrow{AB}}$, plutôt que $\overrightarrow{AB} + \overrightarrow{AB}$.

$$\overrightarrow{AB} + \overrightarrow{AB} = 2\,\overrightarrow{AB}.$$

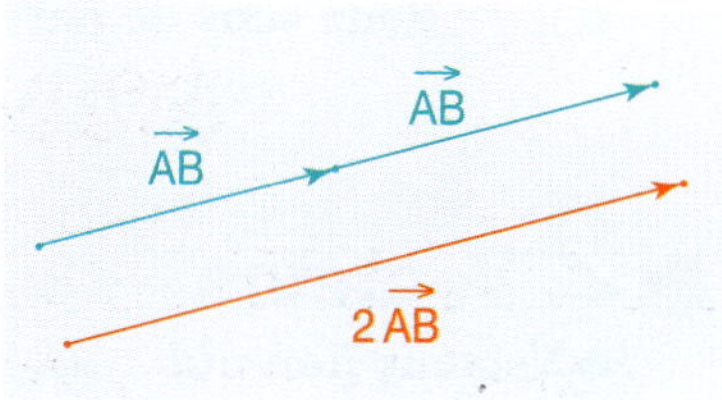

2. A, B, C, D sont les quatre points de la droite graduée ci-dessous.

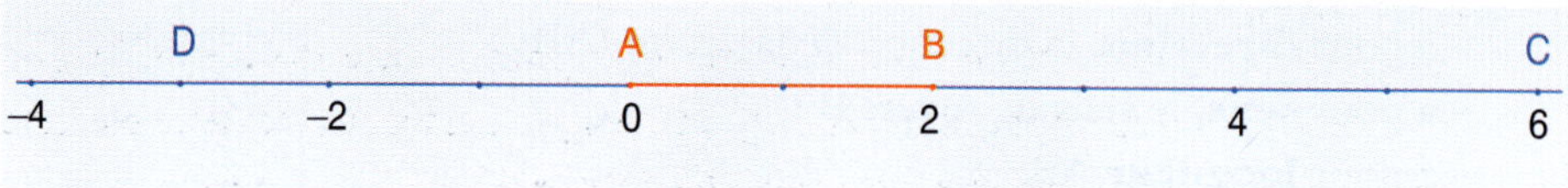

a) Les vecteurs $\overrightarrow{AB}$ et $\overrightarrow{AC}$ sont de même sens, et de plus, AC = 3 × AB.
On réunit ces deux renseignements en une seule égalité, $\mathbf{\overrightarrow{AC} = 3\,\overrightarrow{AB}}$.

b) Les vecteurs $\overrightarrow{AD}$ et $\overrightarrow{AB}$ sont de sens différents, et de plus, AD = $\frac{3}{2}$ × AB.

On réunit ces deux renseignements en une seule égalité, $\mathbf{\overrightarrow{AD} = -\frac{3}{2}\,\overrightarrow{AB}}$.

2 Plus généralement

Si k est un réel non nul et $\overrightarrow{AB}$ un vecteur non nul, alors le vecteur $k\,\overrightarrow{AB}$ a :
– pour direction, celle de $\overrightarrow{AB}$;
– pour sens, celui de $\overrightarrow{AB}$ si $k > 0$, et le sens contraire si $k < 0$;
– pour longueur, $|k| \times$ AB.

3 À vous à présent

Dessinez une droite graduée (unité de longueur : le centimètre).
Placez ensuite les points suivants :

• M tel que $\overrightarrow{AM} = \frac{1}{2}\,\overrightarrow{AB}$; • N tel que $\overrightarrow{AN} = \frac{7}{4}\,\overrightarrow{AB}$; • P tel que $\overrightarrow{AP} = -3\,\overrightarrow{AB}$;

• Q tel que $\overrightarrow{BQ} = -2\,\overrightarrow{AB}$; • R tel que $\overrightarrow{BR} = -\frac{1}{2}\,\overrightarrow{AB}$; • S tel que $\overrightarrow{AS} = \frac{1}{2}\,\overrightarrow{AP}$;

• T tel que $\overrightarrow{ST} = \frac{1}{4}\,\overrightarrow{PN}$.

COURS

1. POINTS ET VECTEURS

1■1 Vecteurs. Égalité de deux vecteurs

DÉFINITION 1 On dit que **deux vecteurs sont égaux** lorsqu'ils ont même direction, même sens et même longueur.

Note
Ces notions ont été rappelées dans "Pour prendre un bon départ".

Nouvelle notation d'un vecteur

De même que l'on désigne parfois une droite (AB) par une seule lettre (par exemple, d, D, Δ, ...), on désigne parfois un vecteur par une seule lettre.

En général, on utilise les lettres u, v, w, ..., mais en les surmontant d'une flèche, $\vec{u}$, $\vec{v}$, $\vec{w}$, ... pour rappeler qu'il s'agit de vecteurs.

Ainsi, on écrit $\overrightarrow{\mathbf{AB}} = \vec{\boldsymbol{u}}$.

Bien entendu, on désignera alors par la même lettre tous les vecteurs égaux à $\overrightarrow{AB}$; si $\overrightarrow{CD} = \overrightarrow{AB}$, on écrira donc $\overrightarrow{CD} = \vec{u}$.

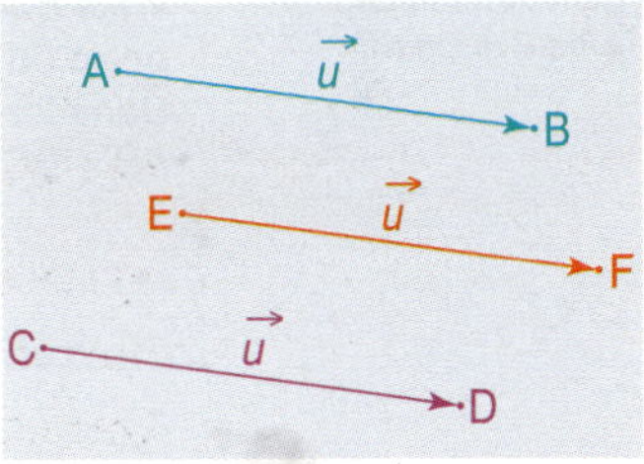

1■2 Norme d'un vecteur

La norme d'un vecteur $\overrightarrow{AB}$ est, par définition, la longueur de ce vecteur.
On la note $\|\overrightarrow{AB}\|$ (qui se lit « norme de $\overrightarrow{AB}$ »). On a donc $\|\overrightarrow{\mathbf{AB}}\| = \mathbf{AB}$.

1■3 Représentation d'un vecteur

Pour représenter un vecteur $\vec{u}$, nous pouvons choisir l'origine à notre guise.
En particulier, supposons $\vec{u} = \overrightarrow{AB}$.
Par un point M quelconque, nous pouvons tracer le vecteur $\overrightarrow{MN}$ tel que $\overrightarrow{MN} = \vec{u}$.

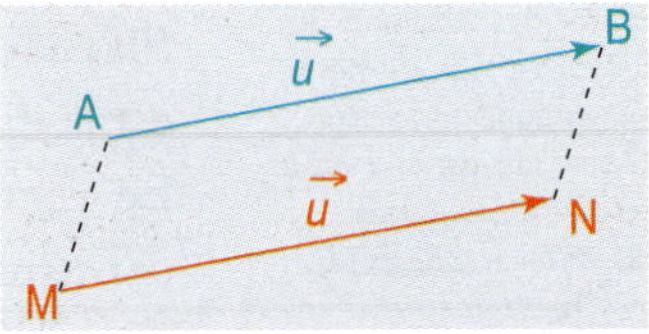

Commentaire

Vecteurs en Mécanique et en Mathématiques
En Mécanique, l'origine d'un vecteur force est le point d'application de la force ; il a une importance considérable : une force n'a pas le même effet selon qu'elle est appliquée en tel point ou en tel autre.
Par exemple, les deux vecteurs forces représentés sur la figure ci-contre ne sont pas égaux ; la force appliquée au point O ne fait pas bouger la balançoire tandis que l'autre la fait bouger.
Mais en Mathématiques, l'origine n'ayant pas d'importance, ces deux vecteurs sont égaux.

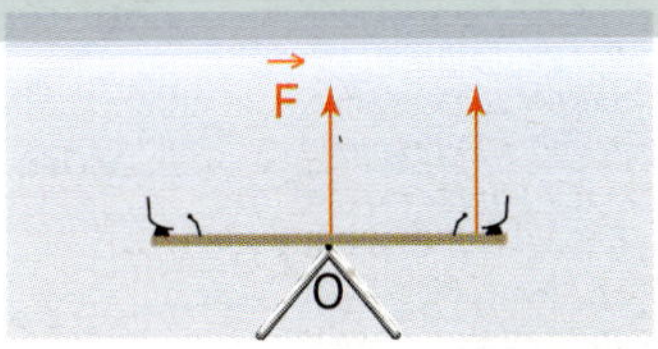

2. ADDITION DE VECTEURS

2.1 Somme de deux vecteurs

DÉFINITION 2

La somme de deux vecteurs $\vec{u}$ et $\vec{v}$ est le vecteur, noté $\vec{u} + \vec{v}$, défini ainsi :
A étant un point quelconque, on place le point B tel que $\overrightarrow{AB} = \vec{u}$, puis le point C tel que $\overrightarrow{BC} = \vec{v}$; alors $\vec{u} + \vec{v} = \overrightarrow{AC}$.

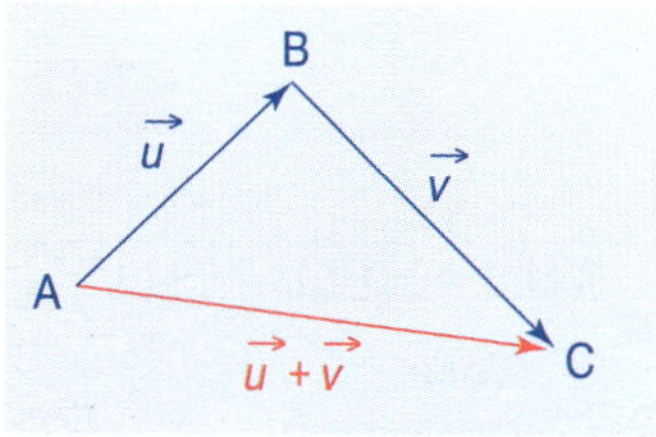

Note
Remarquez que l'extrémité B d'un vecteur est l'origine B de l'autre. Dans le résultat, "la lettre B disparaît".

L'égalité $\overrightarrow{AB} + \overrightarrow{BC} = \overrightarrow{AC}$ est connue sons le nom de **relation de Chasles**.

▶ **REMARQUE :** Pour tous points A et B, $\overrightarrow{AB} + \overrightarrow{BC} = \overrightarrow{AC}$, mais en général AB + BC ≠ AC.

L'égalité AB + BC = AC n'est vraie que si le point B est un point du segment [AC].
Dans les autres cas,
AB + BC > AC.

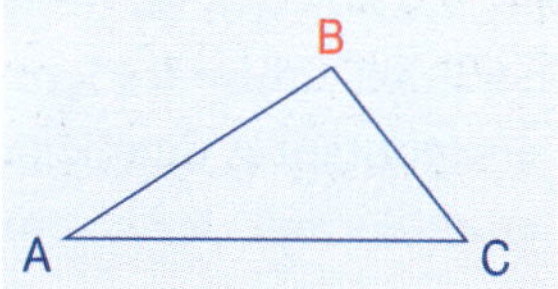

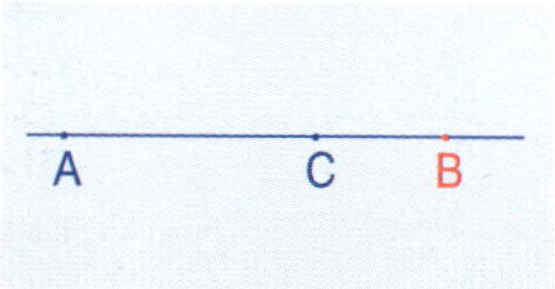

EXEMPLE : Sur la figure ci-dessous, le vecteur $\vec{u} + \vec{v}$ a été obtenu de deux façons différentes : à partir du point A et à partir du point A′.

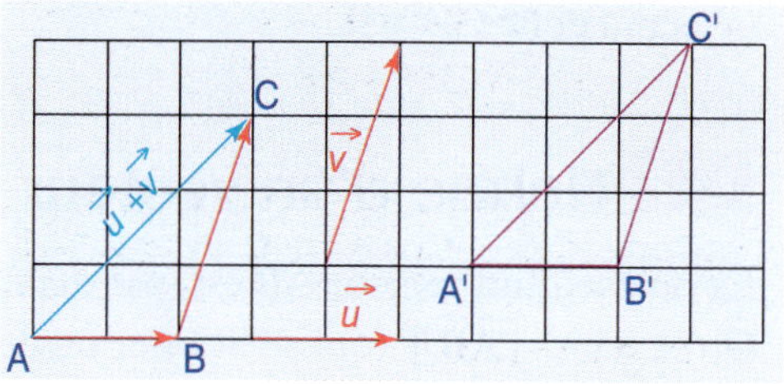

2.2 Somme de deux vecteurs et parallélogramme

■ *Le saviez-vous ?* ■
L'idée de l'addition des forces à l'aide du parallélogramme est ancienne. Il semble qu'elle était connue d'Archimède (~ 287 – ~ 212 av. J.C.).

$\vec{u} = \overrightarrow{AB}$ et $\vec{v} = \overrightarrow{BC}$ sont deux vecteurs.
Plaçons le point D tel que $\overrightarrow{AD} = \vec{v}$. Alors [AC] est la diagonale du parallélogramme ABCD.
Le vecteur $\vec{u} + \vec{v}$, égal à $\overrightarrow{AC}$, peut donc être construit en traçant le parallélogramme ABCD,

$$\overrightarrow{AC} = \overrightarrow{AB} + \overrightarrow{AD}.$$

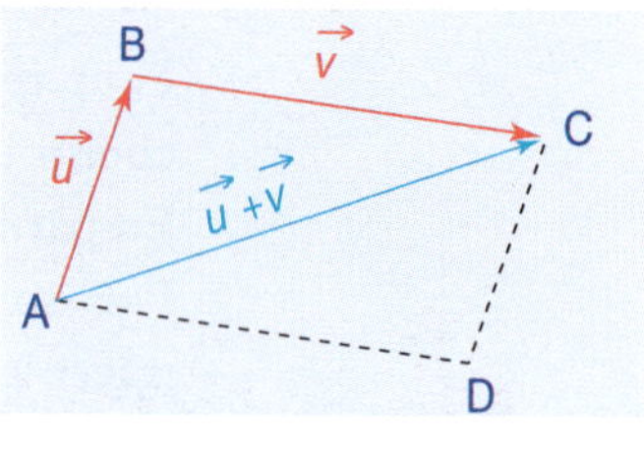

D'où le nom de **règle du parallélogramme** donné à cette construction.

Note
*On traduit la propriété $\vec{u} + \vec{v} = \vec{v} + \vec{u}$ en disant que l'addition des vecteurs est **commutative**.*
*On traduit la propriété $\vec{u} + (\vec{v} + \vec{w}) = (\vec{u} + \vec{v}) + \vec{w}$ en disant que l'addition des vecteurs est **associative**.*

2.3 Somme de plusieurs vecteurs

Pour représenter le vecteur somme de plusieurs vecteurs, on remplace successivement deux d'entre eux par leur somme.
L'ordre dans lequel on opère est indifférent.

3. SOUSTRACTION DE DEUX VECTEURS

DÉFINITION 3

On appelle **opposé du vecteur non nul $\vec{u}$** le vecteur, noté $-\vec{u}$,
- de même direction et de même longueur que $\vec{u}$;
- de sens contraire.

Ainsi, l'opposé du vecteur $\overrightarrow{AB}$ est le vecteur $\overrightarrow{BA}$, $-\overrightarrow{AB} = \overrightarrow{BA}$.

EXEMPLE : Si ABCD est un parallélogramme et si $\vec{u} = \overrightarrow{AB}$, alors $-\vec{u} = \overrightarrow{BA} = \overrightarrow{CD}$.

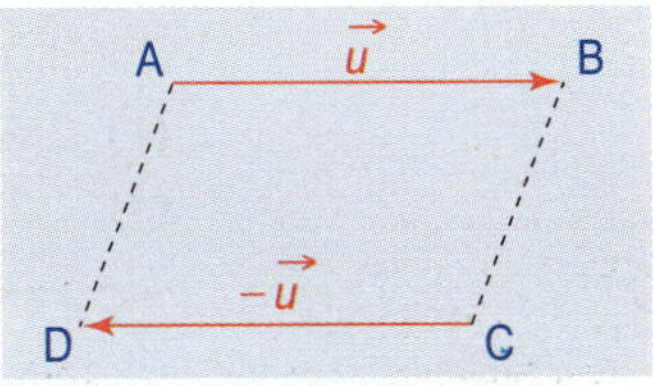

Note
$\vec{u} + (-\vec{u}) = \vec{0}$ *est analogue à* $x + (-x) = 0$ *dans* $\mathbb{R}$.

▶ **REMARQUES :**

1. $\vec{u} + (-\vec{u}) = \vec{0}$.
En effet d'après la relation de Chasles, $\overrightarrow{AB} + \overrightarrow{BA} = \overrightarrow{AA}$.
Or $\overrightarrow{AA} = \vec{0}$.

2. Opposé d'un vecteur et symétrie centrale.
Supposons que $\vec{u} = \overrightarrow{CD}$ et $\vec{v} = \overrightarrow{CE}$.
Dire que $\vec{v} = -\vec{u}$ équivaut à dire que :
E est le symétrique de D par rapport à C.

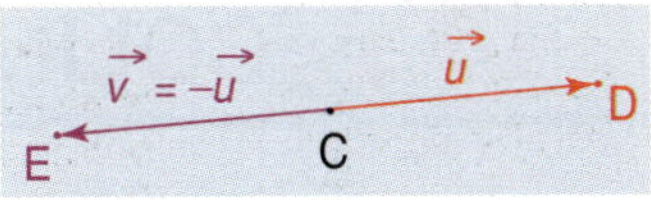

DÉFINITION 4

$\vec{u}$ et $\vec{v}$ étant deux vecteurs, nous posons
$$\vec{u} - \vec{v} = \vec{u} + (-\vec{v}).$$
Ainsi, **soustraire un vecteur** $\vec{v}$ c'est ajouter son opposé $-\vec{v}$.

Note
$\vec{u} - \vec{v}$ *est appelé* ***vecteur différence entre*** $\vec{u}$ *et* $\vec{v}$.

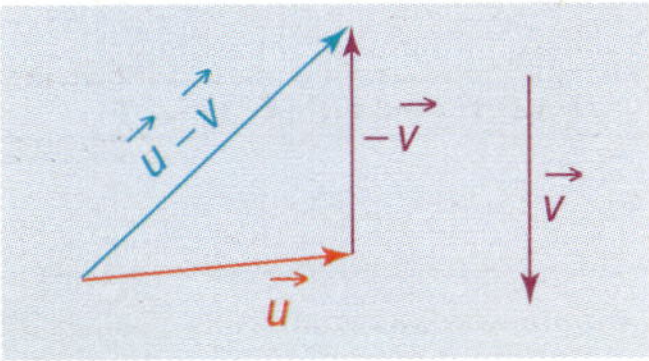

PROPRIÉTÉ

Pour tous points O, A et B, $\overrightarrow{AB} = \overrightarrow{OB} - \overrightarrow{OA}$.

Démonstration :
Par définition, $\overrightarrow{OB} - \overrightarrow{OA} = \overrightarrow{OB} + (-\overrightarrow{OA}) = \overrightarrow{OB} + \overrightarrow{AO}$.
Or $\overrightarrow{OB} + \overrightarrow{AO} = \overrightarrow{AO} + \overrightarrow{OB}$, et $\overrightarrow{AO} + \overrightarrow{OB} = \overrightarrow{AB}$ d'après la relation de Chasles.
D'où le résultat.

4. PRODUIT D'UN VECTEUR PAR UN RÉEL

DÉFINITION 5

- Lorsque $\overrightarrow{AB}$ est un vecteur non nul et k un nombre réel non nul, le vecteur $k\,\overrightarrow{AB}$:
  – a même direction que $\overrightarrow{AB}$;
  – est de même sens que $\overrightarrow{AB}$ si $k > 0$, et de sens contraire si $k < 0$;
  – a pour longueur $|k|$AB.
- Lorsque $\overrightarrow{AB} = \vec{0}$ ou lorsque $k = 0$, on pose $k\,\overrightarrow{AB} = \vec{0}$.

Note
Cette notion a fait l'objet de l'activité d'approche, p. 258.

EXEMPLES :

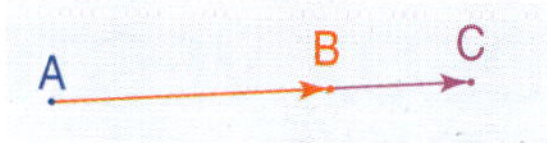

$\overrightarrow{AC} = \frac{3}{2}\,\overrightarrow{AB}$

$\overrightarrow{AC} = -\frac{1}{2}\,\overrightarrow{AB}$

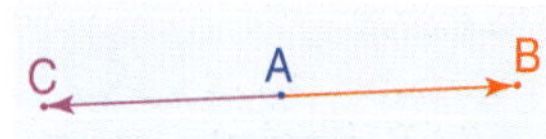

$\overrightarrow{AC} = (-1)\,\overrightarrow{AB} = -\overrightarrow{AB}$.

Nous admettrons les résultats suivants, valables pour tous réels k, k' et tous vecteurs $\vec{u}$, $\vec{v}$:

(1) $(k + k')\,\vec{u} = k\,\vec{u} + k'\,\vec{u}$

(2) $k\,(\vec{u} + \vec{v}) = k\,\vec{u} + k\,\vec{v}$

(3) $k\,(k'\,\vec{u}) = (kk')\,\vec{u}$

(4) $k\,\vec{u} = \vec{0}$ équivaut à $k = 0$ ou $\vec{u} = \vec{0}$.

EXEMPLES :

(1) $2\,\overrightarrow{AB} + 4\,\overrightarrow{AB} = (2 + 4)\,\overrightarrow{AB} = 6\,\overrightarrow{AB}$

(2) $5\,(\vec{u} + \vec{v}) = 5\,\vec{u} + 5\,\vec{v}$

(3) $-2\,(3\,\vec{u}) = (-2 \times 3)\,\vec{u} = -6\,\vec{u}$

(4) $0\,\vec{u} = \vec{0}$; $k\,\vec{0} = \vec{0}$; si $3\,\overrightarrow{AB} = \vec{0}$, alors $\overrightarrow{AB} = \vec{0}$, c'est-à-dire A = B.

5. COLINÉARITÉ

5■1 Vecteurs colinéaires

DÉFINITION 6

Deux vecteurs non nuls $\vec{u} = \overrightarrow{AB}$ et $\vec{v} = \overrightarrow{CD}$ sont **colinéaires** s'ils ont la même direction, c'est-à-dire si les droites (AB) et (CD) sont parallèles.

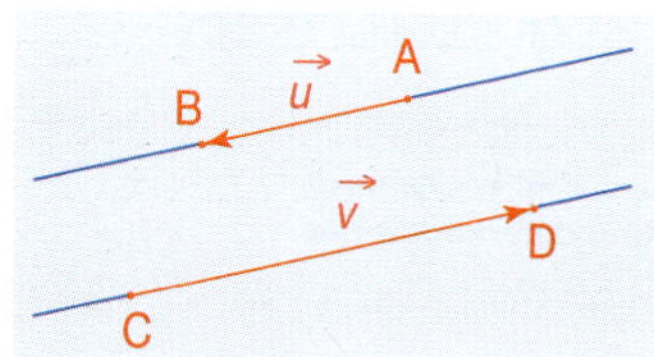

THÉORÈME 1

$\vec{u}$ et $\vec{v}$ sont deux vecteurs **non nuls**. Dire que **$\vec{u}$ et $\vec{v}$ sont colinéaires** équivaut à dire qu'il existe un nombre réel k non nul tel que **$\vec{u} = k\,\vec{v}$**.

Démonstration

• Supposons que les vecteurs non nuls $\vec{u} = \overrightarrow{AB}$ et $\vec{v} = \overrightarrow{CD}$ sont colinéaires.
Notons a le réel tel que AB = a CD $\left(a = \frac{AB}{CD}\right)$.

Si $\overrightarrow{AB}$ et $\overrightarrow{CD}$ sont de même sens, alors $\overrightarrow{AB} = a\,\overrightarrow{CD}$. Ceci se déduit immédiatement de la définition du vecteur $a\,\overrightarrow{CD}$.

De même, si $\overrightarrow{AB}$ et $\overrightarrow{CD}$ sont de sens contraires, alors $\overrightarrow{AB} = -a\,\overrightarrow{CD}$.

Il existe donc un réel k tel que $\vec{u} = k\,\vec{v}$, à savoir :

$k = a$ si $\vec{u}$ et $\vec{v}$ sont de même sens, $k = -a$ si $\vec{u}$ et $\vec{v}$ sont de sens contraires.

• Réciproquement, supposons que $\vec{u} = k\,\vec{v}$. Le vecteur $k\,\vec{v}$ a même direction que le vecteur $\vec{v}$. Donc $\vec{u}$ et $\vec{v}$ sont colinéaires.

5■2 Conséquences : parallélisme, alignement

THÉORÈME 2

Dire que deux droites **(AB) et (CD) sont parallèles** équivaut à dire qu'il existe un nombre réel k tel que **$\overrightarrow{AB} = k\,\overrightarrow{CD}$**.

> **Note**
> *Les théorèmes 2 et 3 résultent directement de la définition 6 et du théorème 1.*

EXEMPLE : ABC est un triangle. Si $\overrightarrow{CD} = \frac{2}{3}\overrightarrow{AB}$, alors les droites (CD) et (AB) sont parallèles.

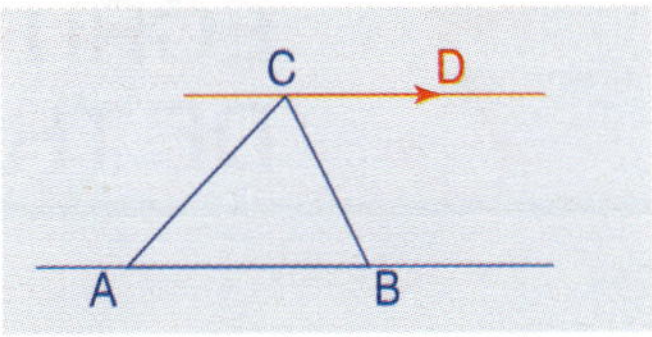

THÉORÈME 3 Dire que trois points **A, B et C sont alignés** équivaut à dire qu'il existe un nombre réel k tel que $\overrightarrow{\mathbf{AB}} = \boldsymbol{k}\,\overrightarrow{\mathbf{AC}}$.

EXEMPLE : Si $\overrightarrow{AB} = 3\,\overrightarrow{AC}$, alors les points A, B, C sont alignés.

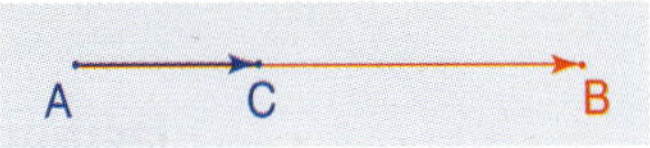

6. CARACTÉRISATION VECTORIELLE D'UN MILIEU, D'UN CENTRE DE GRAVITÉ

6.1 Milieu d'un segment

Le théorème suivant est une conséquence immédiate des diverses définitions.

THÉORÈME 4 Le **milieu** de [AB] est le point I tel que :

$$\overrightarrow{\mathbf{IA}} + \overrightarrow{\mathbf{IB}} = \vec{0}.$$

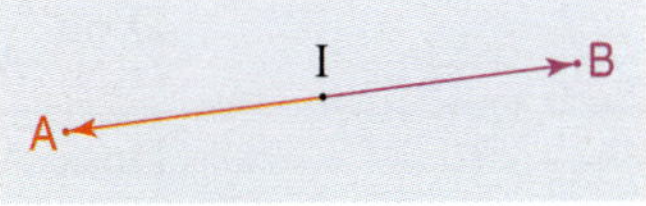

▶ **REMARQUE :** Il y a d'autres caractérisations vectorielles, par exemple :
$\overrightarrow{AI} = \overrightarrow{IB}$ ou $\overrightarrow{AB} = 2\,\overrightarrow{AI}$ ou $\overrightarrow{IB} = -\frac{1}{2}\,\overrightarrow{BA}$.

6.2 Centre de gravité d'un triangle

THÉORÈME 5 Le **centre de gravité** d'un triangle ABC est le point G tel que :

$$\overrightarrow{\mathbf{GA}} + \overrightarrow{\mathbf{GB}} + \overrightarrow{\mathbf{GC}} = \vec{0}.$$

> **Coin Mémo**
> *Notez l'analogie entre $\overrightarrow{IA} + \overrightarrow{IB} = \vec{0}$ dans le cas de deux points et $\overrightarrow{GA} + \overrightarrow{GB} + \overrightarrow{GC} = \vec{0}$ dans le cas de trois points.*

Démonstration : notons M le milieu de [BC].
G étant un point quelconque du plan, montrons d'abord que $\overrightarrow{GA} + \overrightarrow{GB} + \overrightarrow{GC} = \overrightarrow{GA} + 2\overrightarrow{GM}$.
D'après la relation de Chasles :
$\overrightarrow{GB} = \overrightarrow{GM} + \overrightarrow{MB}$ et $\overrightarrow{GC} = \overrightarrow{GM} + \overrightarrow{MC}$. Donc :

$$\overrightarrow{GA} + \overrightarrow{GB} + \overrightarrow{GC} = \overrightarrow{GA} + (\overrightarrow{GM} + \overrightarrow{MB}) + (\overrightarrow{GM} + \overrightarrow{MC})$$
$$= \overrightarrow{GA} + 2\,\overrightarrow{GM} + \overrightarrow{MB} + \overrightarrow{MC}.$$

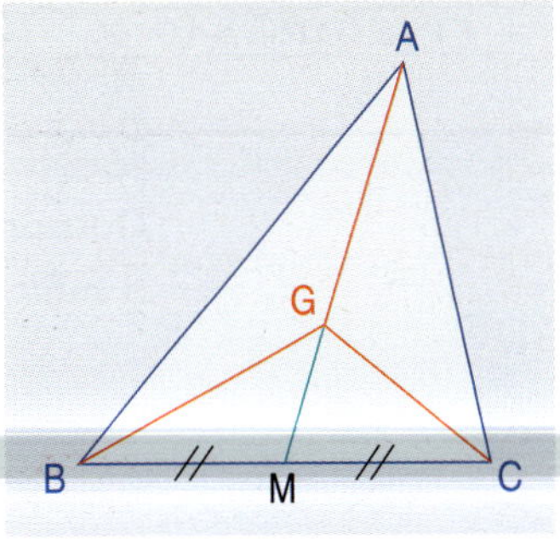

Or $\overrightarrow{MB} + \overrightarrow{MC} = \vec{0}$ car M est le milieu de [BC].
Donc $\overrightarrow{GA} + \overrightarrow{GB} + \overrightarrow{GC} = \overrightarrow{GA} + 2\,\overrightarrow{GM}$.

> **Note**
> *Le centre de gravité d'un triangle est situé aux $\frac{2}{3}$ de chaque médiane à partir du sommet.*

Donc dire que $\overrightarrow{GA} + \overrightarrow{GB} + \overrightarrow{GC} = \vec{0}$ équivaut à dire que $\overrightarrow{GA} + 2\overrightarrow{GM} = \vec{0}$, c'est-à-dire que $\overrightarrow{GA} = -2\,\overrightarrow{GM}$. Or $\overrightarrow{GA} = -2\overrightarrow{GM}$ signifie que G appartient à [AM] et que GA = 2GM, c'est-à-dire que G est le centre de gravité du triangle ABC.

7. ÉCRITURE VECTORIELLE DU THÉORÈME DE THALÈS ET DE SA RÉCIPROQUE

THÉORÈME 6

A, B, C sont trois points alignés.
A′, B′, C′ sont leurs projetés respectifs sur une droite d, parallèlement à une droite donnée.

Si $\overrightarrow{AC} = k\,\overrightarrow{AB}$, alors $\overrightarrow{A'C'} = k\,\overrightarrow{A'B'}$.

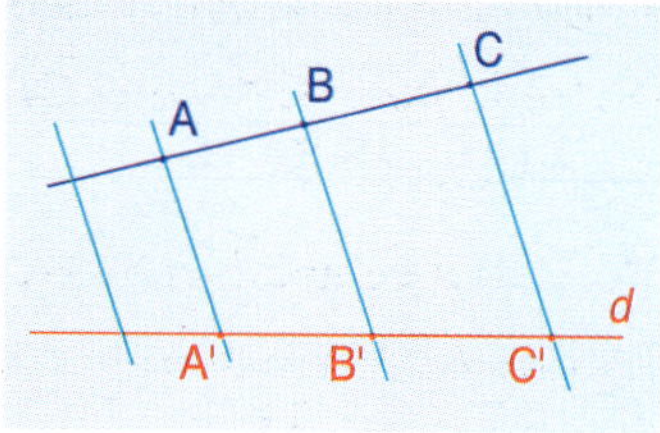

Démonstration

Supposons que $\overrightarrow{AC} = k\,\overrightarrow{AB}$.

• **Cas $k > 0$.**

Menons par A la droite parallèle à d et notons B_1 et C_1 les points d'intersection de cette droite avec (BB′) et (CC′). Les triangles AC_1C et AB_1B forment alors une configuration de Thalès.

Donc $\dfrac{AC_1}{AB_1} = \dfrac{AC}{AB}$. Or $\dfrac{AC}{AB} = k$ car la longueur AC du vecteur $\overrightarrow{AC} = k\,\overrightarrow{AB}$ est égale à $|k|\,AB$, et ici $k > 0$.

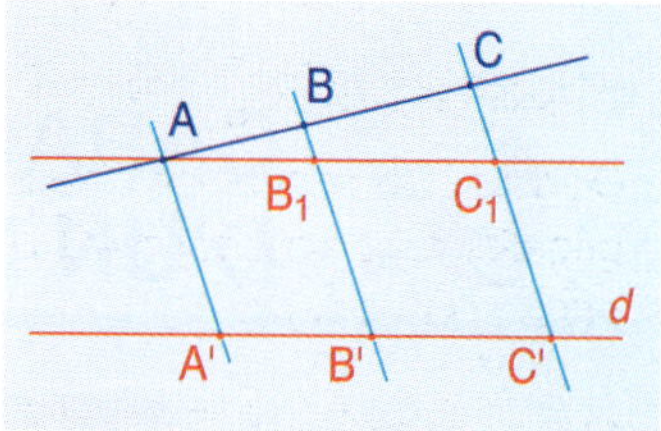

D'où $\dfrac{AC_1}{AB_1} = k$, c'est-à-dire $AC_1 = k\,AB_1$.

Donc $\overrightarrow{AC_1} = k\,\overrightarrow{AB_1}$, d'après la définition du vecteur $k\,\overrightarrow{AB_1}$.

Or $\overrightarrow{A'C'} = \overrightarrow{AC_1}$ et $\overrightarrow{A'B'} = \overrightarrow{AB_1}$, car les quadrilatères $AC_1C'A'$ et $AB_1B'A'$ sont des parallélogrammes. D'où $\overrightarrow{A'C'} = k\,\overrightarrow{A'B'}$.

• **Cas $k < 0$**

La démonstration est analogue. Cette fois, les points B et C sont de part et d'autre du point A. On utilise alors l'autre configuration de Thalès.

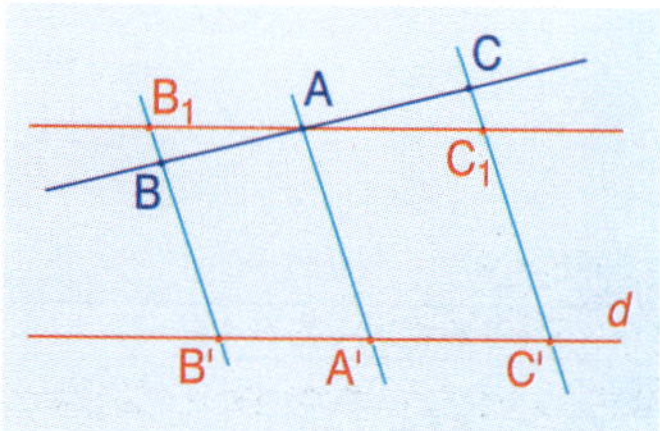

THÉORÈME 7

A, B, C sont trois points tels que $\overrightarrow{AC} = k\,\overrightarrow{AB}$.

Si $\overrightarrow{AC'} = k\,\overrightarrow{AB'}$, alors les droites (BB′) et (CC′) sont parallèles.

Démonstration

Il suffit d'utiliser la réciproque du théorème de Thalès.

Exercices résolus

avec solutions commentées

Exo. 1

A et B sont deux points distincts.

Placez le point G tel que $\overrightarrow{GA} = \frac{7}{5}\,\overrightarrow{GB}$.

Point Méthode

Pour placer le point G tel que $\overrightarrow{GA} = \frac{7}{5}\,\overrightarrow{GB}$, on écrit d'abord, à l'aide de la relation de Chasles, l'égalité $\overrightarrow{GA} = \frac{7}{5}\,\overrightarrow{GB}$ sous la forme $\overrightarrow{AG} = k\,\overrightarrow{AB}$. (Le point G ne figure alors que dans un seul membre de l'égalité.)

Solution

L'égalité **(1)**, $\overrightarrow{GA} = \frac{7}{5}\,\overrightarrow{GB}$, peut s'écrire $\overrightarrow{AG} = -\frac{7}{5}\,\overrightarrow{GB}$, car $\overrightarrow{AG} = -\overrightarrow{GA}$.

Or, d'après la relation de Chasles, $\overrightarrow{GB} = \overrightarrow{GA} + \overrightarrow{AB}$, donc $\overrightarrow{GB} = -\overrightarrow{AG} + \overrightarrow{AB}$.

L'égalité **(1)** s'écrit donc $\overrightarrow{AG} = -\frac{7}{5}\left(-\overrightarrow{AG} + \overrightarrow{AB}\right)$ c'est-à-dire

$\overrightarrow{AG} = \frac{7}{5}\,\overrightarrow{AG} - \frac{7}{5}\,\overrightarrow{AB}$.

D'où : $\quad \overrightarrow{AG} - \frac{7}{5}\,\overrightarrow{AG} = -\frac{7}{5}\,\overrightarrow{AB}, \qquad -\frac{2}{5}\,\overrightarrow{AG} = -\frac{7}{5}\,\overrightarrow{AB},$

$$\overrightarrow{AG} = \frac{-\frac{7}{5}}{-\frac{2}{5}}\,\overrightarrow{AB}, \qquad \boldsymbol{\overrightarrow{AG} = \frac{7}{2}\,\overrightarrow{AB}}.$$

Les vecteurs $\overrightarrow{AG}$ et $\overrightarrow{AB}$ sont donc colinéaires. Ils ont même direction, même sens (car $\frac{7}{2} > 0$). D'où la construction du point G.

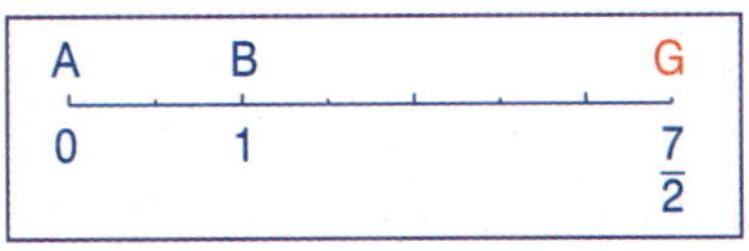

Commentaires

◀ Il est naturel, ici, d'introduire le point A.

◀ On "transpose" $\frac{7}{5}\,\overrightarrow{AG}$ de droite à gauche.

◀ D'après la définition de $k\,\overrightarrow{AB}$ (voir p. 261)

Exo. 2

ABCD est un trapèze de bases [AB] et [CD], tel que CD = 3 AB.

E est le point de la demi-droite [DA) tel que DE = $\frac{3}{2}$ DA.

Montrez que les points B, C, E sont alignés.

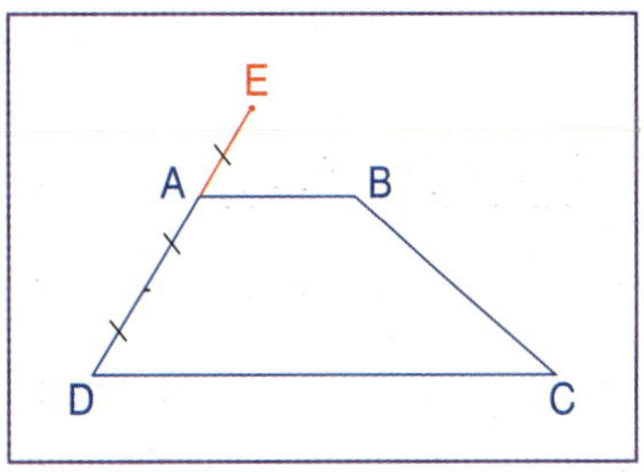

Point Méthode

Pour démontrer que trois points B, C, E sont alignés, on peut démontrer une égalité du type $\overrightarrow{CE} = k\,\overrightarrow{BE}$ (ou $\overrightarrow{BE} = k'\,\overrightarrow{BC}$, ou ...).

Solution

D'après la relation de Chasles, $\overrightarrow{BE} = \overrightarrow{BA} + \overrightarrow{AE}$ et $\overrightarrow{CE} = \overrightarrow{CD} + \overrightarrow{DE}$.

D'après l'hypothèse, $\overrightarrow{CD} = 3\,\overrightarrow{BA}$ et $\overrightarrow{DE} = 3\,\overrightarrow{AE}$.

D'où $\overrightarrow{CE} = 3\,\overrightarrow{BA} + 3\,\overrightarrow{AE} = 3\left(\overrightarrow{BA} + \overrightarrow{AE}\right)$.

On a donc $\overrightarrow{CE} = 3\,\overrightarrow{BE}$.

Les vecteurs $\overrightarrow{CE}$ et $\overrightarrow{BE}$ sont donc colinéaires.

Les points B, C, E sont donc alignés.

Commentaires

◀ Cette décomposition de $\overrightarrow{BE}$ et $\overrightarrow{CE}$ est utile car on connaît une relation entre $\overrightarrow{BA}$ et $\overrightarrow{CD}$ d'une part, et entre $\overrightarrow{AE}$ et $\overrightarrow{DE}$ d'autre part.

◀ D'après le théorème 1, p. 262.

◀ D'après le théorème 3, p. 263.

Exo. 3

ABC est un triangle et I est le milieu du segment [AB].
P est le point tel que $\overrightarrow{AP} = \overrightarrow{AB} - 2\,\overrightarrow{AC}$.
Montrez que les droites (AP) et (IC) sont parallèles.

Point Méthode

Pour démonter que les droites (AP) et (IC) sont parallèles, on peut démontrer une égalité du type $\overrightarrow{AP} = k\,\overrightarrow{IC}$.

Solution

Essayons d'écrire le vecteur $\overrightarrow{AB} - 2\,\overrightarrow{AC}$ sous la forme $k\,\overrightarrow{IC}$.
D'après la relation de Chasles, $\overrightarrow{AC} = \overrightarrow{AI} + \overrightarrow{IC}$.
Donc $\overrightarrow{AB} - 2\,\overrightarrow{AC} = \overrightarrow{AB} - 2\,\overrightarrow{AI} - 2\,\overrightarrow{IC}$ **(1)**
Or I est le milieu de [AB], donc $\overrightarrow{AB} = 2\,\overrightarrow{AI}$, c'est-à-dire $\overrightarrow{AB} - 2\,\overrightarrow{AI} = \vec{0}$.
D'où, avec l'égalité **(1)**, $\overrightarrow{AB} - 2\,\overrightarrow{AC} = -2\,\overrightarrow{IC}$.
L'égalité $\overrightarrow{AP} = \overrightarrow{AB} - 2\,\overrightarrow{AC}$ s'écrit donc $\overrightarrow{AP} = -2\,\overrightarrow{IC}$.
Les vecteurs $\overrightarrow{AP}$ et $\overrightarrow{IC}$ sont donc colinéaires.
Les droites (AP) et (IC) sont donc parallèles.

▶ **REMARQUE :** On peut construire le point P tel que $\overrightarrow{AP} = \overrightarrow{AB} - 2\,\overrightarrow{AC}$. On peut ainsi observer que les droites (AP) et (IC) semblent être parallèles.

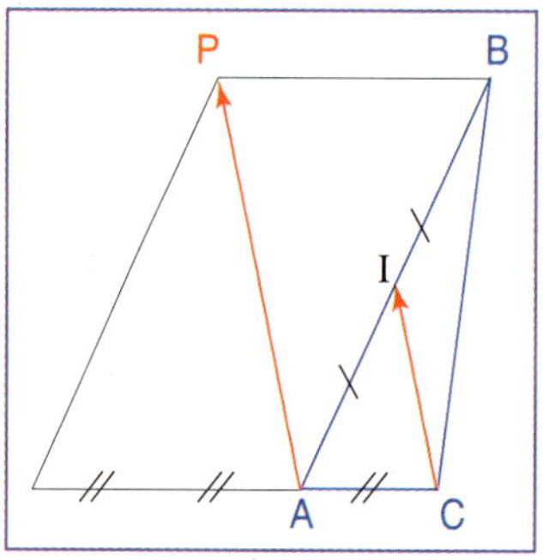

Commentaires

◀ On introduit ainsi le vecteur $\overrightarrow{IC}$.

◀ D'après le théorème 1, p. 262.

◀ D'après le théorème 2, p. 262.

Exo. 4

ABCD est un trapèze de bases [AB] et [CD].
La droite (MN) est parallèle à la droite (AB).
À l'aide des indications portées sur la figure, calculez NB.

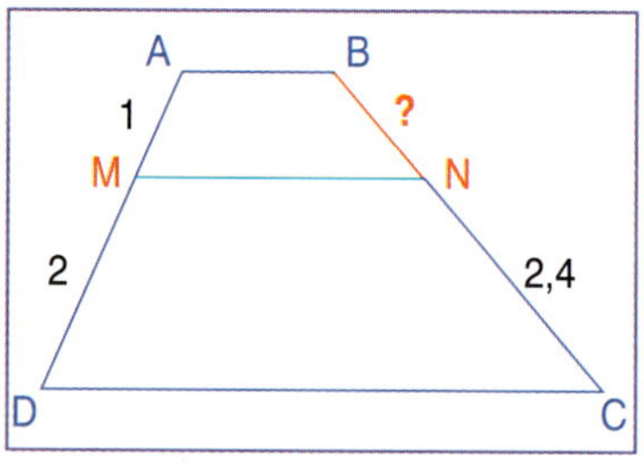

Solution

Nous reconnaissons une configuration de Thalès.
Or, AM = 1 et MD = 2. De plus, les vecteurs $\overrightarrow{MA}$ et $\overrightarrow{MD}$ ont même direction et des sens opposés. Donc $\overrightarrow{MA} = -\frac{1}{2}\,\overrightarrow{MD}$.
Donc, d'après le théorème de Thalès, $\overrightarrow{NB} = -\frac{1}{2}\,\overrightarrow{NC}$.
D'où $NB = \left|-\frac{1}{2}\right| NC = \frac{1}{2}\,NC$.
D'où $NB = \frac{1}{2} \times 2{,}4$. Donc **NB = 1,2.**

Commentaires

◀ Il s'agit ici d'une configuration de Thalès dans le trapèze (et non pas dans le triangle).

◀ Voir p. 264.

◀ La longueur du vecteur $k\,\overrightarrow{BC}$ est $|k|$ BC.

Les travaux pratiques 1 à 4 font partie du programme.

TP 1

À L'AIDE DU MILIEU

1■1 Une propriété utile

[AB] est un segment de milieu I.
Montrez que pour tout point M du plan, $\overrightarrow{MA} + \overrightarrow{MB} = 2\,\overrightarrow{MI}$.

1■2 Applications

1. O, A et B sont trois points du plan.
Trouvez le (les) point(s) K, s'il en existe, tel(s) que $\overrightarrow{KA} + \overrightarrow{KB} = \overrightarrow{OA}$.

2. O, A et B sont trois points du plan.
Quel est l'ensemble des points P du plan tels que $\|\overrightarrow{PA} + \overrightarrow{PB}\| = OA$?

TP 2

À L'AIDE DU CENTRE DE GRAVITÉ

2■1 Une propriété utile

ABC est un triangle et G son centre de gravité.
Montrez que pour tout point M du plan, $\overrightarrow{MA} + \overrightarrow{MB} + \overrightarrow{MC} = 3\,\overrightarrow{MG}$.

2■2 Applications

1. A, B, C sont trois points distincts du plan.
Trouvez le (les) point(s) K, s'il en existe, tel(s) que $\overrightarrow{KA} + \overrightarrow{KB} + \overrightarrow{KC} = 3\,\overrightarrow{AB}$.

2. A, B, C sont trois points distincts du plan.
Quel est l'ensemble des points P tels que $\|\overrightarrow{PA} + \overrightarrow{PB} + \overrightarrow{PC}\| = AB$?

TP 3

UN VECTEUR NUL INATTENDU

ABC est un triangle quelconque, G est son centre de gravité, et M est le milieu de [BC].
d est une droite quelconque passant par G, et A′, B′, C′ sont les projetés orthogonaux des points A, B, C sur *d*.
On se propose de calculer le vecteur :

$$\vec{v} = \overrightarrow{AA'} + \overrightarrow{BB'} + \overrightarrow{CC'}.$$

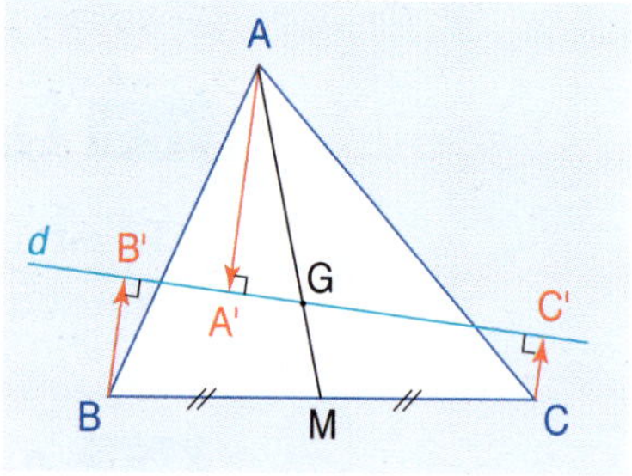

3 ▪ 1 Quelques cas particuliers

1. Calculez $\vec{v}$ lorsque le triangle ABC est isocèle en A et que *d* passe par A.

2. On suppose que *d* passe par A et que le triangle ABC n'est pas isocèle en A.

a) Montrez que les segments [BC] et [B′C′] ont le même milieu.

b) Calculez $\vec{v}$.

3. On suppose que *d* est parallèle à (BC).
H est le projeté orthogonal de A sur (BC).

a) Montrez que $\overrightarrow{BB'} = \overrightarrow{CC'}$.

b) Montrez que $\dfrac{AA'}{AH} = \dfrac{AG}{AM}$.

c) Calculez $\vec{v}$.

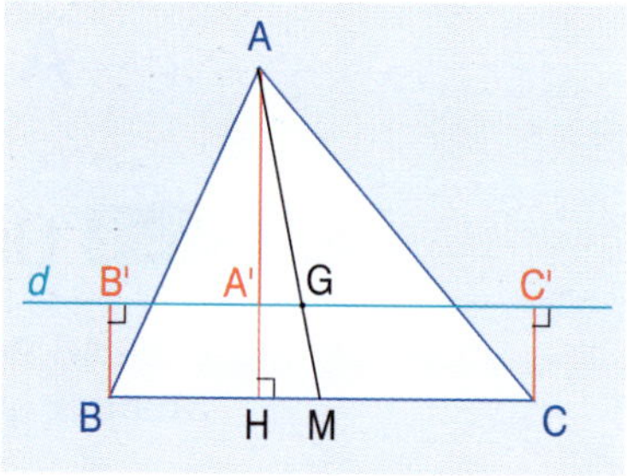

3 ▪ 2 Cas général

On note M′ le projeté orthogonal du milieu M de [BC] sur *d*.

1. a) Montrez que $\vec{v} = \overrightarrow{GA'} + \overrightarrow{GB'} + \overrightarrow{GC'}$.

b) Montrez que $\overrightarrow{M'B'} + \overrightarrow{M'C'} = \vec{0}$, et déduisez-en que $\vec{v} = 3\,\overrightarrow{GM'} + \overrightarrow{M'A'}$.

2. Calculez $\vec{v}$.

3 ▪ 3 Deux applications

1. Trouvez les droites *d*, s'il en existe, telles que $\overrightarrow{BB'} + \overrightarrow{CC'} = \vec{0}$.

2. Dans le cas où B et C sont du même côté de *d* (c'est le cas sur les figures), comparez l'aire du triangle AB′C′ et celle du trapèze BB′C′C.

POUR S'ENTRAÎNER

Relation de Chasles
Addition de vecteurs

9 Sur la figure, les quadrilatères SALE, SAIC, SCAE, BAEL, LAIB et BACI sont des parallélogrammes.
En n'utilisant que les points de la figure, écrivez chacun des vecteurs suivants sous la forme d'un seul vecteur.

$\overrightarrow{AB}+\overrightarrow{AL}$;
$\overrightarrow{AB}+\overrightarrow{BL}+\overrightarrow{LA}$;
$\overrightarrow{AB}-\overrightarrow{AL}$;
$\overrightarrow{AB}+\overrightarrow{AL}+\overrightarrow{AE}$;
$\overrightarrow{EL}-\overrightarrow{IB}$;
$\overrightarrow{AE}-(\overrightarrow{CA}+\overrightarrow{SC})$;
$\overrightarrow{SA}-\overrightarrow{LB}$;
$\overrightarrow{SI}-\overrightarrow{EL}-\overrightarrow{SL}$;
$\overrightarrow{SI}-\overrightarrow{EL}+\overrightarrow{SL}$.

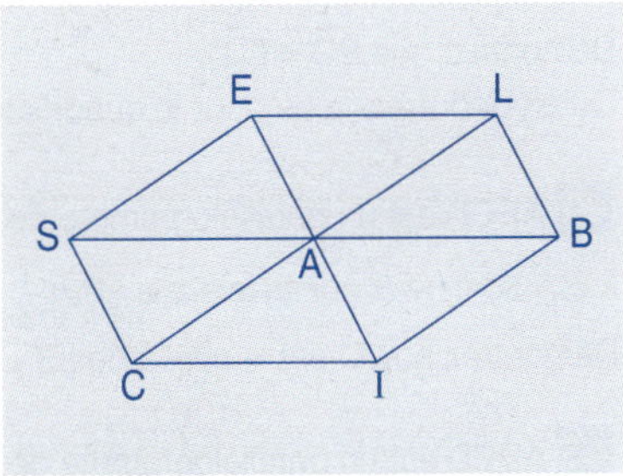

10 Sur la figure, le point I est le milieu de [AB].
Les triangles BIC, ICD et AID sont équilatéraux de côté 3 cm. Calculez la norme de chacun des vecteurs suivants :

$$\overrightarrow{AI}+\overrightarrow{IB}\ ;\quad \overrightarrow{AI}+\overrightarrow{AD}\ ;\quad \overrightarrow{AI}+\overrightarrow{BC}.$$

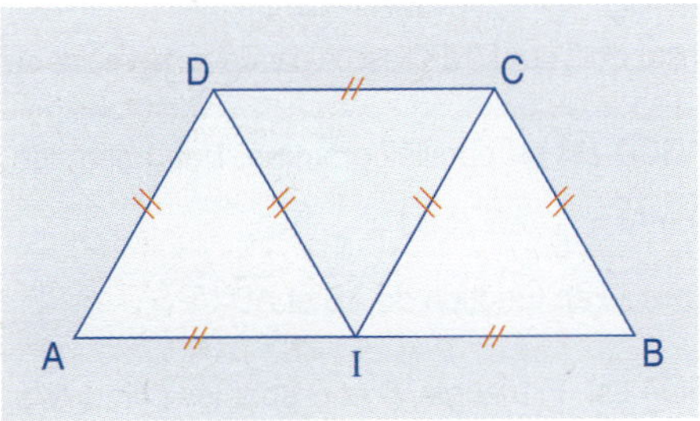

11 Étant donné un triangle ABC, déterminez l'ensemble des points M tels que $\|\overrightarrow{AB}+\overrightarrow{BM}\| = \|\overrightarrow{AB}+\overrightarrow{BC}\|$.

12 Démontrez que quels que soient les points A, B, C, D :

$$\overrightarrow{AB}-\overrightarrow{CD}-(\overrightarrow{AC}-\overrightarrow{BA})=\overrightarrow{DA}.$$

13 Démontrez que quels que soient les points A, B, C, D :

$$\overrightarrow{AD}+\overrightarrow{BC}=\overrightarrow{AC}+\overrightarrow{BD}.$$

14 Simplifiez l'écriture du vecteur $\vec{u}=\overrightarrow{AB}-\overrightarrow{AC}$.

15 Simplifiez l'écriture du vecteur $\vec{u}=\overrightarrow{AC}+\overrightarrow{BA}+\overrightarrow{CB}$, puis celle du vecteur $\vec{v}=\overrightarrow{AB}-\overrightarrow{AC}+\overrightarrow{BC}-\overrightarrow{BA}$.

16 Simplifiez l'écriture du vecteur $\vec{u}=\overrightarrow{MA}-\overrightarrow{MB}-\overrightarrow{AB}$.

17 Simplifiez l'écriture du vecteur $\vec{u}$ donné par :

$$\vec{u}=\overrightarrow{AB}-\overrightarrow{AC}+\overrightarrow{DC}-\overrightarrow{DB}.$$

18 Utilisez les points de la figure ci-dessous pour écrire $\overrightarrow{AB}$ comme somme de trois vecteurs, puis de quatre vecteurs.

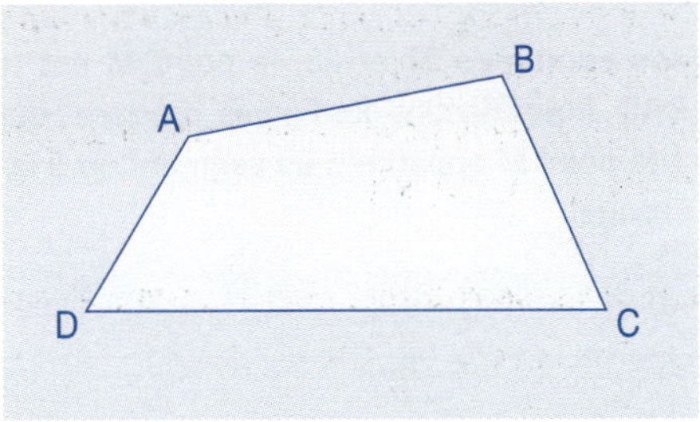

19* ABC est un triangle, on note O le symétrique de B par rapport à A.

1. Montrez que pour tout point M du plan, $\overrightarrow{AB}+\overrightarrow{AM}=\overrightarrow{OM}$.
2. Déduisez-en l'ensemble des points M tels que :
$$\|\overrightarrow{AB}+\overrightarrow{AM}\| = \|\overrightarrow{AB}+\overrightarrow{AC}\|.$$
3. Déterminez les points P de la droite (AC) tels que :
$$\|\overrightarrow{AB}+\overrightarrow{AP}\| = \|\overrightarrow{AB}+\overrightarrow{AC}\|.$$

Calculer avec des vecteurs

20 Écrivez chacun des vecteurs suivants sous la forme d'un seul vecteur :

a) $\overrightarrow{BC}-\overrightarrow{BA}+\overrightarrow{BD}-\overrightarrow{BC}$; **b)** $(\overrightarrow{AB}+\overrightarrow{CD})-(\overrightarrow{AB}-\overrightarrow{BC})$;
c) $\overrightarrow{CD}-(\overrightarrow{FE}-\overrightarrow{GH})-\overrightarrow{EH}-\overrightarrow{GF}-\overrightarrow{DK}+\overrightarrow{CK}$.

21 Exprimez les vecteurs $\vec{u}$, $\vec{v}$, $\vec{w}$ à l'aide des vecteurs $\overrightarrow{AB}$ et $\overrightarrow{AC}$:

$\vec{u}=2\,\overrightarrow{AB}-3\,\overrightarrow{CB}$; $\vec{v}=\frac{1}{2}\,\overrightarrow{BC}+\frac{3}{4}\,\overrightarrow{AB}-\frac{1}{3}\,\overrightarrow{AC}$;
$\vec{w}=\frac{1}{5}\,\overrightarrow{AB}-3\,\overrightarrow{CB}$.

22 Simplifiez l'écriture des vecteurs $\vec{u}$, $\vec{v}$, $\vec{w}$:

$\vec{u}=3\left(\vec{i}-\frac{2}{9}\,\vec{j}\right)-\frac{2}{3}\,(3\,\vec{i}-\vec{j})$; $\vec{v}=-\frac{1}{2}(\vec{i}-\vec{j})+\frac{1}{2}(\vec{i}+\vec{j})$;
$\vec{w}=-\frac{3}{4}\,(2\,\vec{i}+\vec{j})+2\left(\frac{5}{2}\,\vec{i}-\frac{3}{4}\,\vec{j}\right)$.

23 Exprimez le vecteur $\vec{X}$ en fonction des vecteurs $\vec{i}$ et $\vec{j}$ dans les cas suivants :

a) $2\,\vec{X}-3\,\vec{i}=\vec{j}$; **b)** $\vec{X}+\vec{i}=3\,\vec{X}-\vec{j}$; **c)** $\vec{i}-2\,\vec{X}=\vec{j}$.

24* Sachant que $\vec{u}=\frac{1}{2}(\vec{i}+\vec{j})$ et $\vec{v}=\frac{1}{2}(\vec{i}-\vec{j})$, exprimez $\vec{i}$ et $\vec{j}$ en fonction de $\vec{u}$ et $\vec{v}$.

25 ABC est un triangle. E et D sont les points tels que :

$$\overrightarrow{BE}=\overrightarrow{AB} \text{ et } \overrightarrow{ED}=2\,\overrightarrow{BC}.$$

Démontrez que C est le milieu de [AD].

26* Sachant que $\vec{u}=2\,\vec{i}-3\,\vec{j}$ et $\vec{v}=\vec{i}+2\,\vec{j}$, exprimez $\vec{i}$ et $\vec{j}$ en fonction de $\vec{u}$ et $\vec{v}$.

Placer un point défini par une égalité vectorielle

Pour les exercices 27 et 28, le point M est tel que $\overrightarrow{AM} = k\,\overrightarrow{AB}$. Pour chacune des figures, précisez pour quels réels k le point M appartient au segment ou à la demi-droite rouge.

27

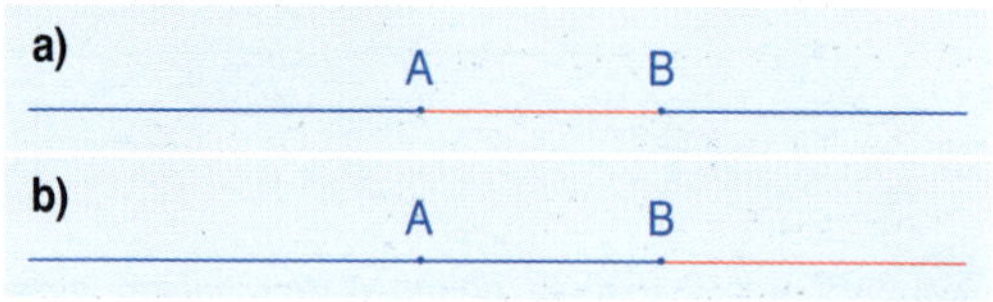

28

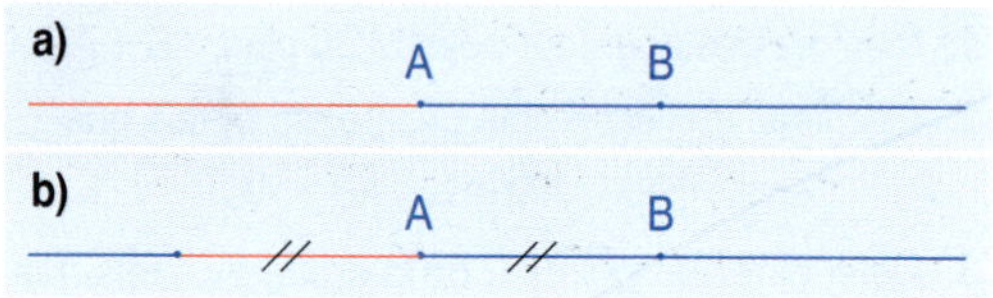

Pour les exercices 29 à 37, ABC est un triangle. Placez les points M et N.

29 **a)** $\overrightarrow{MA} = -2\,\overrightarrow{BA}$; **b)** $\overrightarrow{NB} = \frac{3}{2}\,\overrightarrow{AB}$.

30 **a)** $\overrightarrow{BM} = \frac{5}{4}\,\overrightarrow{AB}$; **b)** $\overrightarrow{NB} = -\frac{3}{2}\,\overrightarrow{AB}$.

31 **a)** $\overrightarrow{MC} = 2\,\overrightarrow{AB}$; **b)** $\overrightarrow{NA} + \overrightarrow{NB} = \vec{0}$.

32 **a)** $\overrightarrow{MA} + 2\,\overrightarrow{MB} = \vec{0}$; **b)** $2\,\overrightarrow{NA} = 6\,\overrightarrow{NB}$.

33 **a)** $\frac{3}{4}\,\overrightarrow{MA} = \frac{7}{8}\,\overrightarrow{MB}$; **b)** $\frac{3}{2}\,\overrightarrow{AN} + \frac{1}{3}\,\overrightarrow{BN} = \vec{0}$.

34 **a)** $\overrightarrow{MA} = -2\,\overrightarrow{MA} + 3\,\overrightarrow{MB}$;

b) $-5\,\overrightarrow{NA} + 4\,\overrightarrow{NB} = 2\,\overrightarrow{NA} + \overrightarrow{NB}$.

35 **a)** $3\,\overrightarrow{MA} - \overrightarrow{AB} = \overrightarrow{MB} + 2\,\overrightarrow{AB}$; **b)** $\overrightarrow{BN} - \overrightarrow{AB} = \overrightarrow{AC}$.

36 **a)** $2\,\overrightarrow{MC} - \overrightarrow{MB} = \overrightarrow{AB}$; **b)** $\overrightarrow{NB} - 3\,\overrightarrow{AB} = 2\,\overrightarrow{CB}$.

37 **a)** $2\,\overrightarrow{AB} = \overrightarrow{MC} + 2\,\overrightarrow{BC}$; **b)** $\overrightarrow{NA} + \overrightarrow{NB} + \overrightarrow{NC} = \vec{0}$.

38 ABC est un triangle. Placez les points H et G tels que :

a) $3\,\overrightarrow{HC} = 4\,(\overrightarrow{BC} - \overrightarrow{AH})$; **b)** $\overrightarrow{HG} = \overrightarrow{BA} - \overrightarrow{BC}$.

39 A, B, C, D sont quatre points.

1. Construisez le point M tel que $\overrightarrow{AM} = \overrightarrow{AB} + \overrightarrow{AC} - \overrightarrow{BC}$.

2. Construisez le point N tel que $\overrightarrow{AN} = \overrightarrow{AB} - \overrightarrow{AC} + \overrightarrow{AD}$.

3. Démontrez que $\overrightarrow{NM} = \overrightarrow{AC} + \overrightarrow{DB}$.

Parallélogramme et vecteurs

40 EFGH est un parallélogramme de centre O.

1. Construisez les points S et T tels que :

$$\overrightarrow{OT} = \overrightarrow{OE} + \overrightarrow{OF} \quad \text{et} \quad \overrightarrow{OS} = \overrightarrow{OG} + \overrightarrow{OH}.$$

2. Prouvez que $\overrightarrow{OT} + \overrightarrow{OS} = \vec{0}$.

Qu'en déduisez-vous pour le point O ?

41 A, B, C, D et E sont cinq points tels que :

$$\overrightarrow{AB} + \overrightarrow{AD} = \overrightarrow{AC} + \overrightarrow{AE}.$$

Démontrez que $\overrightarrow{BC} = \overrightarrow{ED}$.

Qu'en déduisez-vous pour le quadrilatère BCDE ?

42 ABCD est un parallélogramme de centre O.

E et F sont deux points tels que $\overrightarrow{AE} = \frac{1}{3}\,\overrightarrow{AB}$ et $\overrightarrow{CF} = \frac{1}{3}\,\overrightarrow{CD}$.

Démontrez que O est le milieu de [EF].

43 ABCD est un parallélogramme de centre O.

Les points M, N, P et Q sont tels que :

$\overrightarrow{AM} = \frac{3}{2}\,\overrightarrow{AB}$, $\overrightarrow{BN} = \frac{3}{2}\,\overrightarrow{BC}$, $\overrightarrow{CP} = \frac{3}{2}\,\overrightarrow{CD}$ et $\overrightarrow{DQ} = \frac{3}{2}\,\overrightarrow{DA}$.

1. Prouvez que O est le milieu de [MP].

2. En écrivant que $\overrightarrow{MN} = \overrightarrow{MA} + \overrightarrow{AB} + \overrightarrow{BN}$, démontrez que :

$$\overrightarrow{MN} = \overrightarrow{QP}.$$

3. Montrez alors que MNPQ est un parallélogramme de centre O.

44 ABCD est un parallélogramme, I et J sont les points tels que $\overrightarrow{AI} = \frac{1}{5}\,\overrightarrow{AB}$ et $\overrightarrow{BJ} = \frac{1}{3}\,\overrightarrow{BC}$.

Exprimez $\overrightarrow{IJ}$ en fonction de $\overrightarrow{AB}$ et $\overrightarrow{AD}$.

45 BOA est un triangle, D et C sont les points tels que :

$$\overrightarrow{OD} = \overrightarrow{OA} + \overrightarrow{OB} \quad \text{et} \quad \overrightarrow{OA} + \overrightarrow{OB} + \overrightarrow{OC} = \vec{0}.$$

1. Démontrez que O est le milieu de [CD].

2. E et F sont les points tels que :

$$\overrightarrow{OE} = \overrightarrow{OA} + \overrightarrow{OC} \text{ et } \overrightarrow{OF} = \overrightarrow{OB} + \overrightarrow{OC}.$$

Démontrez que ABFE est un parallélogramme.

Autour de la colinéarité

46 A et B sont deux points donnés, C est le point tel que $3\,\overrightarrow{AB} - 2\,\overrightarrow{AC} = \vec{0}$.

1. Justifiez que $\overrightarrow{AB}$ et $\overrightarrow{AC}$ sont colinéaires.

2. Placez le point C.

47 Même exercice que le précédent avec $\frac{1}{2}\overrightarrow{AC} - \frac{1}{3}\overrightarrow{BC} = \vec{0}$.

48 $\vec{i}$ et $\vec{j}$ sont deux vecteurs. Montrez que les vecteurs $\vec{u} = 2\,\vec{i} - 3\,\vec{j}$ et $\vec{v} = \frac{2}{3}\vec{i} - \vec{j}$ sont colinéaires.

49 Même exercice que le précédent avec :

$$\vec{u} = 2\vec{i} + 3\vec{j} \quad \text{et} \quad \vec{v} = -\frac{1}{3}\vec{i} - \frac{1}{2}\vec{j}.$$

50* ABC est un triangle. Déterminez le nombre réel x tel que les vecteurs $\vec{u} = 2\,\overrightarrow{AB} - \overrightarrow{AC}$ et $\vec{v} = \overrightarrow{AB} + x\,\overrightarrow{AC}$ soient colinéaires.

51* $\vec{i}$ et $\vec{j}$ sont deux vecteurs non colinéaires. Déterminez le nombre réel a tel que les vecteurs $\vec{u} = \frac{1}{2}\vec{i} - \frac{3}{4}\vec{j}$ et $\vec{v} = a\,\vec{i} - \vec{j}$ soient colinéaires.

Démontrer un alignement

52 ABC est un triangle, I est le milieu de [AB].
Les points J et K sont tels que $\overrightarrow{JC} = 2\,\overrightarrow{JA}$ et $\overrightarrow{KB} = -\frac{1}{2}\overrightarrow{KC}$.

1. Exprimez $\overrightarrow{AJ}$ et $\overrightarrow{AK}$ en fonction de $\overrightarrow{AB}$ et $\overrightarrow{AC}$.

2. Prouvez alors que les points I, J et K sont alignés.

53 Même exercice que le précédent avec :

$$\overrightarrow{JC} = \frac{1}{5}\overrightarrow{JA} \text{ et } \overrightarrow{KB} = -5\,\overrightarrow{KC}.$$

54 ABC est un triangle, k est un réel.
Les points M et N sont tels que $\overrightarrow{AM} = k\,\overrightarrow{AB}$ et $\overrightarrow{AN} = k\,\overrightarrow{AC}$.
Les points I et J sont les milieux respectifs de [MN] et [BC].

1. Prouvez que $\overrightarrow{AI} = \frac{1}{2}(\overrightarrow{AM} + \overrightarrow{AN})$ et $\overrightarrow{AJ} = \frac{1}{2}(\overrightarrow{AB} + \overrightarrow{AC})$.

2. Déduisez-en que les points A, I et J sont alignés.

55 ABCD est un parallélogramme, I est le milieu de [AB].
E est le point tel que $\overrightarrow{DE} = \frac{2}{3}\overrightarrow{DI}$.

1. Prouvez que $\overrightarrow{AE} = \frac{1}{3}\overrightarrow{AB} + \frac{1}{3}\overrightarrow{AD}$.

2. Déduisez-en que les points A, C et E sont alignés.

56 OIJK est un parallélogramme, A et B sont les points tels que $\overrightarrow{OA} = \frac{1}{2}\overrightarrow{OI}$ et $\overrightarrow{OB} = \frac{1}{3}\overrightarrow{OK}$, et G est le point tel que $\overrightarrow{AG} = \frac{3}{5}\overrightarrow{AB}$. Prouvez que les points O, G et J sont alignés.

57 ABC est un triangle, M est le milieu de [AB] et I celui de [MC], K est le point tel que $\overrightarrow{CK} = \frac{1}{3}\overrightarrow{CB}$.

1. Montrez que $\overrightarrow{AI} = \frac{1}{4}\overrightarrow{AB} + \frac{1}{2}\overrightarrow{AC}$ et $\overrightarrow{AK} = \frac{1}{3}\overrightarrow{AB} + \frac{2}{3}\overrightarrow{AC}$.

2. Déduisez-en que les points A, I et K sont alignés.

58 [AB] est un segment de longueur 10 cm.

1. Placez le point G tel que $2\,\overrightarrow{GA} + 3\,\overrightarrow{GB} = \vec{0}$.

2. M est un point non situé sur la droite (AB). Construisez le point S tel que $\overrightarrow{MS} = 2\,\overrightarrow{MA} + 3\,\overrightarrow{MB}$.

3. Prouvez que les points M, S et G sont alignés.

Démontrer un parallélisme

59 ABC est un triangle et O est un point quelconque.
Le point I est le milieu de [AC] et P est le point tel que :

$$\overrightarrow{OP} = \overrightarrow{OA} - 2\,\overrightarrow{OB} + \overrightarrow{OC}.$$

Montrez que les droites (OP) et (IB) sont parallèles.

60 ABC est un triangle et O est un point quelconque.
G et P sont les points tels que :

$$\overrightarrow{AG} = -\frac{1}{2}\overrightarrow{AB} \text{ et } \overrightarrow{OP} = 3\,\overrightarrow{OA} - \overrightarrow{OB} - 2\,\overrightarrow{OC}.$$

1. Prouvez que $3\,\overrightarrow{OA} - \overrightarrow{OB} = 2\,\overrightarrow{OG}$.

2. Montrez que les droites (OP) et (GC) sont parallèles.

61 ABC est un triangle et O est un point quelconque.
G et P sont les points tels que :

$$\overrightarrow{AG} = \frac{2}{3}\overrightarrow{AB} \text{ et } \overrightarrow{OP} = \overrightarrow{OA} + 2\,\overrightarrow{OB} - 3\,\overrightarrow{OC}.$$

1. Prouvez que $\overrightarrow{OA} + 2\,\overrightarrow{OB} = 3\,\overrightarrow{OG}$.

2. Montrez que les droites (OP) et (GC) sont parallèles.

62 ABCD est un parallélogramme.
E et G sont les points tels que $\overrightarrow{AE} = \frac{1}{4}\overrightarrow{AB}$ et $\overrightarrow{AG} = \frac{3}{4}\overrightarrow{AD}$.
La droite parallèle à (AD) passant par E coupe (CD) en F.
La droite parallèle à (AB) passant par G coupe (BC) en H.

1. Montrez que $\overrightarrow{GF} = \frac{1}{4}\overrightarrow{AB} + \frac{1}{4}\overrightarrow{AD}$ et $\overrightarrow{EH} = \frac{3}{4}\overrightarrow{AB} + \frac{3}{4}\overrightarrow{AD}$.

2. Montrez que les droites (GF), (EH), (AC) sont parallèles.

63* ABCD est un parallélogramme.
E et G sont les points tels que $\overrightarrow{AE} = \frac{2}{5}\overrightarrow{AB}$ et $\overrightarrow{AG} = \frac{3}{5}\overrightarrow{AD}$.
F est le projeté de E sur (CD) parallèlement à (AD) et H est le projeté de G sur (BC) parallèlement à (AB).
Montrez que les droites (GF), (EH) et (AC) sont parallèles.

Utiliser les projections et le théorème de Thalès

64 ABC est un triangle et M est le point tel que $\overrightarrow{AM} = \frac{1}{3}\overrightarrow{AB}$.
N est le projeté de M sur la droite (AC) parallèlement à (BC).
Montrez que $\overrightarrow{MN} = \frac{1}{3}\overrightarrow{BC}$.

65 ABC est un triangle et M est le point tel que $\overrightarrow{AM} = -2\overrightarrow{AB}$.
N est le projeté de M sur (AC) parallèlement à (BC).
Montrez que $\overrightarrow{MN} = -2\,\overrightarrow{BC}$.

66 ABC est un triangle, D est le point tel que $\overrightarrow{AD} = \frac{2}{3}\overrightarrow{AB}$.
Par D, on mène la parallèle à (BC) qui coupe (AC) en E.
Démontrez que $\overrightarrow{CE} = \frac{1}{3}\overrightarrow{CA}$.

67 ABCD est un trapèze tel que $\overrightarrow{BC} = 2\,\overrightarrow{AD}$, k est un nombre réel et M est le point tel que $\overrightarrow{AM} = k\,\overrightarrow{AB}$.
M se projette en K sur (AC) et en N sur (CD), parallèlement à (BC).

1. Montrez que $\overrightarrow{MK} = 2k\,\overrightarrow{AD}$ et $\overrightarrow{KN} = (1-k)\,\overrightarrow{AD}$.

2. Déterminez le réel k pour que K soit le milieu de [MN].

3. Déterminez le réel k pour que $\overrightarrow{MN} = \frac{3}{2}\overrightarrow{AD}$.

68 ABC est un triangle, K un point de la médiane [AA′]. Par K, on mène la parallèle à (AB) qui coupe (BC) en M, et la parallèle à (AC) qui coupe (BC) en N.
Il s'agit de démontrer que A′ est milieu de [MN].

Notons k le réel tel que $\overrightarrow{A'K} = k\,\overrightarrow{A'A}$.

1. Démontrez que $\overrightarrow{A'M} = k\,\overrightarrow{A'B}$, puis que $\overrightarrow{A'N} = k\,\overrightarrow{A'C}$.

2. Déduisez-en que A′ est le milieu de [MN].

69* ABC est un triangle, M le milieu de [BC], I le milieu de [AB] et J celui de [AC]. La droite (IJ) coupe (AM) en K.

1. Démontrez que K est le milieu de [AM].

2. Démontrez que K est milieu de [IJ].

70 ABCD est un parallélogramme de centre O, E est le milieu de [AB], F est le milieu de [CD]. Les droites (DE) et (BF) coupent la droite (AC) respectivement en L et M.

1.a. Pourquoi L est-il le centre de gravité du triangle ABD ?

b. Déduisez-en que $\overrightarrow{OL} = \frac{1}{3}\overrightarrow{OA}$.

2. Prouvez de même que $\overrightarrow{OM} = \frac{1}{3}\overrightarrow{OC}$.

3. Montrez alors que O est le milieu de [ML].

71 **1.** ABCD est un quadrilatère quelconque. Les points I et J sont les milieux respectifs de [AB] et [CD].
Prouvez que $\overrightarrow{IJ} = \frac{1}{2}(\overrightarrow{AD} + \overrightarrow{BC})$.

2. On suppose maintenant que ABCD est un trapèze tel que $\overrightarrow{BC} = x\,\overrightarrow{AD}$, où x est un nombre réel non nul.
K et L sont les milieux respectifs de [AC] et de [BD].

a. Prouvez que $\overrightarrow{IL} = \overrightarrow{KJ} = \frac{1}{2}\overrightarrow{AD}$.

b. En utilisant le résultat du **1.**, prouvez que $\overrightarrow{IJ} = \frac{x+1}{2}\,\overrightarrow{AD}$.

c. Déterminez x pour que $\overrightarrow{IL} = \overrightarrow{LK} = \overrightarrow{KJ}$.

72 ABCD est un parallélogramme, a et b sont deux réels non nuls. E et F sont les points tels que :

$$\overrightarrow{AE} = a\,\overrightarrow{AB} \text{ et } \overrightarrow{AF} = b\,\overrightarrow{AD}.$$

La droite parallèle à (AD) passant par E coupe (CD) en G, et la droite parallèle à (AB) passant par F coupe (BC) en H.
On note K le point d'intersection des droites (EG) et (FH).

A.1. Montrez que $\overrightarrow{FG} + \overrightarrow{EH} = \overrightarrow{AC}$.

2. Montrez que $\overrightarrow{FE} + \overrightarrow{GH} = \overrightarrow{DB}$.

B.1.a. En utilisant le résultat du **A.1.**, démontrez que si (FG) et (EH) sont parallèles, alors elles sont parallèles à (AC).

b. Montrez que $\overrightarrow{DG} = a\,\overrightarrow{DC}$ et que $\overrightarrow{DF} = (1-b)\,\overrightarrow{DA}$.

c. En utilisant le théorème de Thalès dans le triangle ADC, déduisez des deux questions précédentes que si (FG) est parallèle à (EH), alors $a + b = 1$.

2. Réciproquement, en utilisant les résultats du **A.1.**, et du **B.1.b.**, montrez que si $a + b = 1$, alors (FG) et (EH) sont parallèles à (AC).

3. Montrez que si $a + b = 1$, alors K est sur la droite (AC).

C.1.a. En utilisant le résultat du **A.2.**, démontrez que si (EF) et (GH) sont parallèles, alors elles sont parallèles à (DB).

b. En utilisant la question précédente et le théorème de Thalès dans le triangle ABD, montrez que si les droites (EF) et (GH) sont parallèles, alors $a = b$.

2. Réciproquement, montrez que si $a = b$, alors les droites (EF), (GH) et (DB) sont parallèles.

3. Montrez que si $a = b$, alors le point K est sur la droite (BD).

D.1. Déduisez des questions précédentes que : dire que le quadrilatère EFGH est un parallélogramme équivaut à dire que : $\begin{cases} a+b=1 \\ a=b \end{cases}$.

2. Montrez qu'alors E et F sont les milieux respectifs de [AB] et [CD], et que les parallélogrammes ABCD et EFGH ont même centre.

73* ABCD est un parallélogramme de centre O, Δ est une droite passant par A, extérieure à ABCD. On appelle O′, B′, C′, D′ les projetés orthogonaux respectifs de O, B, C, D sur Δ.

1. Prouvez que O′ est le milieu de [AC′] et de [B′D′].

2. Montrez alors que $\overrightarrow{AC'} = \overrightarrow{AB'} + \overrightarrow{AD'}$.

3. Déduisez de la question précédente que $\overrightarrow{CC'} = \overrightarrow{BB'} + \overrightarrow{DD'}$.

4. Montrez que CC′ = BB′ + DD′.

5. Comparez les aires du trapèze BDD′B′ et du triangle B′CD′.

En Physique

74 Un solide est soumis à deux forces $\vec{F}_1$ et $\vec{F}_2$ de même intensité ($F_1 = F_2 = 10$ newtons), dont les directions font un angle de 120°. Calculez l'intensité de la force $\vec{F}_3$ qu'il faudrait appliquer au solide pour qu'il soit en équilibre, c'est-à-dire pour que $\vec{F}_1 + \vec{F}_2 + \vec{F}_3 = \vec{0}$.

75 Un solide est en équilibre sous l'action de trois forces $\vec{F}_1$, $\vec{F}_2$ et $\vec{F}_3$ qui ont même point d'application.
Les forces $\vec{F}_1$ et $\vec{F}_2$ ont des directions perpendiculaires; de plus $F_1 = 6$ newtons, $F_2 = 8$ newtons.
La condition d'équilibre s'écrit $\vec{F}_1 + \vec{F}_2 + \vec{F}_3 = \vec{0}$.
Calculez l'intensité de $\vec{F}_3$. Quel angle α fait-elle avec $\vec{F}_1$?

76 **La bonne réaction**

La figure suivante représente un solide placé sur une table inclinée d'un angle de 25° sur l'horizontale.

Il est maintenu en équilibre sous l'action de trois forces : son poids $\vec{P}$, d'intensité 3,6 newtons ; la tension $\vec{T}$ du fil, parallèle à la table et d'intensité 1,5 newtons, et la réaction $\vec{R}$ de la table sur le solide.

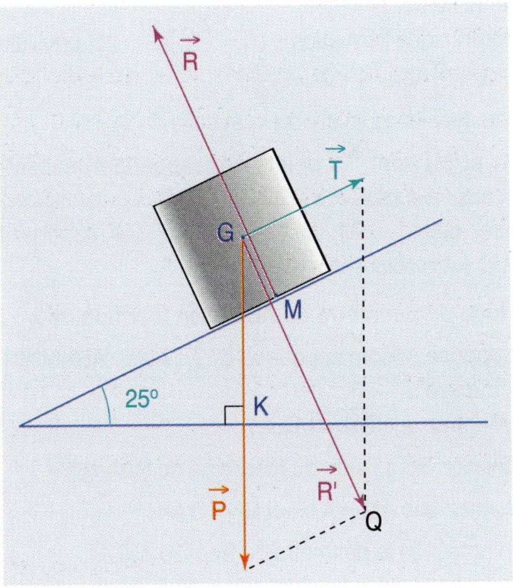

1. Démontrez que $\widehat{QGK} = 25°$.

2. La condition d'équilibre s'écrit $\vec{R} + \vec{T} + \vec{P} = \vec{0}$.
Quelle est l'intensité de $\vec{R}$?

INDICATION : Pour le mathématicien, le problème revient à trouver la longueur GQ. Faire une figure auxiliaire.

PROBLÈMES DE SYNTHÈSE

77 **THÈMES : Théorème de Thalès. Calculs d'aires. Construction de courbes. Lectures graphiques. Étude d'un maximum. Résolution d'équation.**

ABCD est un trapèze rectangle de bases [AB] et [CD].
Les mesures, en dm, de AB, BC et CD sont respectivement 4, 5 et 1. Les points M, N et P sont des points des côtés [BC], [AD] et [AB] respectivement, tels que le quadrilatère BMNP est un rectangle. On note x la longueur, en dm, du segment [BM]. On se propose d'étudier, en fonction de x, l'aire du rectangle BMNP.

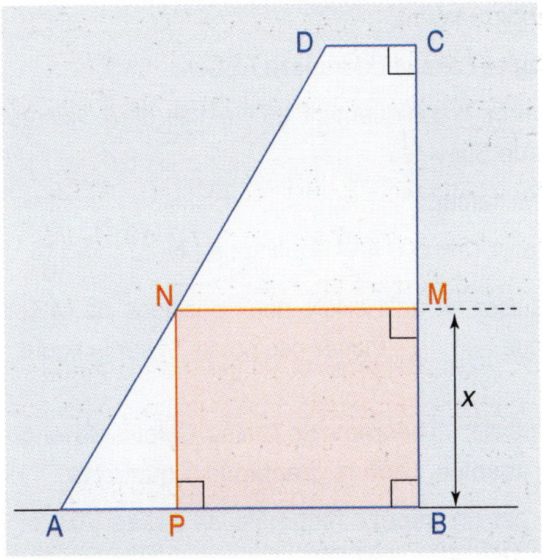

A. Calculs vectoriels

On appelle E le projeté orthogonal de D sur la droite (AB).

1.a. Montrez que $\overrightarrow{BM} = \frac{x}{5}\overrightarrow{BC}$.

b. Déduisez-en que $\overrightarrow{AN} = \frac{x}{5}\overrightarrow{AD}$, puis que $\overrightarrow{AP} = \frac{x}{5}\overrightarrow{AE}$.

2.a. Montrez que $\overrightarrow{AE} = \frac{3}{4}\overrightarrow{AB}$.

b. Déduisez-en que $\overrightarrow{BP} = \left(1 - \frac{3x}{20}\right)\overrightarrow{BA}$, puis que :

$$BP = 4 - \frac{3x}{5}.$$

B. De l'aire

On note S(x) l'aire en dm^2 du rectangle BMNP.

1. Montrez que $S(x) = 4x - \frac{3}{5}x^2$.

Sur quel intervalle la fonction S est-elle définie ?

2.a. Recopiez et complétez le tableau suivant :

x	0	1	2	…	5
$y = S(x)$					

b. Placez, dans un repère orthonormal, les points M(x ; y) pour $x = 0$, $x = 1$, …, $x = 5$ (unité : 1 cm).

c. Tracez une courbe continue et régulière passant par ces six points.

C. Une étude de maximum

1. Montrez graphiquement que la fonction S admet un maximum $S(x_0)$ sur [0 ; 5] et donnez une valeur approchée de x_0.

2. a. Montrez que pour tout x de [0 ; 5] :

$$S(x) = -\frac{3}{5}\left(x - \frac{10}{3}\right)^2 + \frac{20}{3}.$$

b. Déduisez-en que le maximum de S(x) est $S(x_0) = \frac{20}{3}$ et que $x_0 = \frac{10}{3}$.

D. Découpage

On se propose de chercher les positions du point M telles que l'aire du rectangle BMNP soit la moitié de celle du trapèze ABCD.

1. Graphiquement.

a. Calculez l'aire $\mathscr{A}$ du trapèze ABCD.

b. Montrez graphiquement qu'il existe deux valeurs de x telles que $S(x) = \frac{\mathscr{A}}{2}$.

2. Par le calcul.

a. Montrez que $S(x) = \frac{\mathscr{A}}{2}$ équivaut à $\left(x - \frac{10}{3}\right)^2 = \left(\frac{5}{6}\right)^2$.

b. Déduisez-en qu'il existe deux positions de M sur [BC] telles que $S(x) = \frac{\mathscr{A}}{2}$. Placez ces points M sur la figure.

78 THÈMES : **Théorème de Thalès. Calculs de longueurs. Valeur absolue. Lecture graphique. Équations.**

ABCD est un trapèze rectangle de bases [AB] et [CD], tel que AB = AD = 4 et CD = 1.
M est le point tel que $\overrightarrow{AM} = x\,\overrightarrow{AD}$ (x étant un nombre réel).
La droite parallèle à (AB) passant par M coupe (BC) en N.
(La figure correspond à un cas où M est sur [AD].)
On se propose d'étudier, en fonction de x, la longueur MN, puis le périmètre du trapèze ABNM.

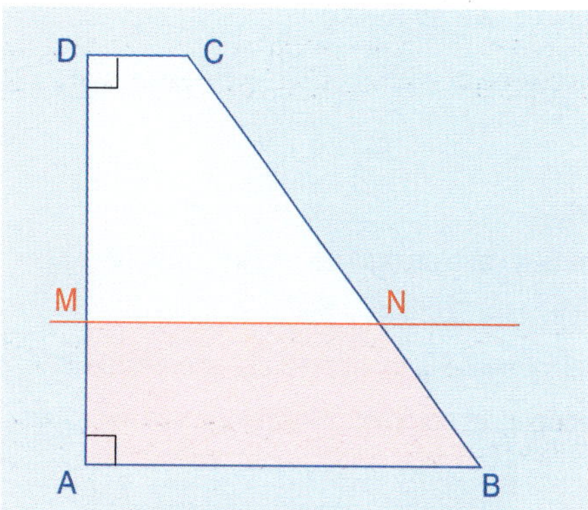

A. Étude de la longueur MN en fonction de x

1.a. Montrez que $\overrightarrow{MN} = (1 - x)\,\overrightarrow{AB} + x\,\overrightarrow{DC}$.

b. Expliquez pourquoi $\overrightarrow{AB} = 4\,\overrightarrow{DC}$.

c. Déduisez-en que $\overrightarrow{MN} = (4 - 3x)\,\overrightarrow{DC}$, donc que $MN = |4 - 3x|$.

d. Pour quelle valeur de x a-t-on M = N ?
On note I ce point pour la suite du problème.

2. ℓ est la fonction qui à tout réel x associe MN.

a. Montrez que :

$$\ell(x) = 4 - 3x \text{ si } x \leqslant \frac{4}{3} \quad \text{et} \quad \ell(x) = 3x - 4 \text{ si } x \geqslant \frac{4}{3}.$$

b. Représentez graphiquement ℓ sur l'intervalle [– 3 ; 6] dans un repère orthonormal (unité : 1 cm).

B. Résolution de l'équation $MN = \frac{AB + CD}{2}$

1. Graphiquement

a. Calculez $\frac{AB + CD}{2}$.

b. Montrez, en utilisant le graphique, qu'il existe deux valeurs x_1 et x_2 telles que $MN = \frac{AB + CD}{2}$.
Lisez une valeur approchée de x_1 et de x_2.

2. Par le calcul

a. Montrez que l'équation $\ell(x) = \frac{AB + CD}{2}$ est équivalente à $4 - 3x = \frac{5}{2}$ ou $4 - 3x = -\frac{5}{2}$.

b. Déduisez-en la valeur de x_1 et celle de x_2.

3. M_1 et M_2 sont les points correspondant respectivement aux valeurs x_1 et x_2.
Montrez que M_1 et M_2 sont symétriques par rapport à I.
NOTE : I est le point défini en **A.1.d.**

C. Étude du périmètre de ABNM en fonction de *x*

On suppose désormais que $x \leqslant \frac{4}{3}$. Ainsi, ABNM est un “vrai trapèze”.

1.a. Montrez que $\overrightarrow{BN} = x\,\overrightarrow{BC}$.

b. Calculez BC à l'aide du théorème de Pythagore.

c. Montrez que $AM = 4\,|x|$ et $BN = 5\,|x|$

2. On note $p(x)$ le périmètre du trapèze ABNM.
Montrez que $p(x) = 4 + 9\,|x| + |4 - 3x|$.

3.a. Expliquez pourquoi $p(x) = 8 + 6x$ pour $0 \leqslant x \leqslant \frac{4}{3}$ et $p(x) = 8 - 12x$ pour $x \leqslant 0$.

b. Déduisez-en la représentation graphique de la fonction p sur l'intervalle $\left[-1\,; \frac{4}{3}\right]$ (unités : 2 cm sur l'axe des abscisses et 0,5 cm sur l'axe des ordonnées).

D. Recherche des positions de M pour lesquelles les trapèzes ABCD et ABNM ont le même périmètre

1. Graphiquement

On appelle P le périmètre de ABCD. Montrez graphiquement qu'il existe deux valeurs x_3 et x_4, dans l'intervalle $\left[-1\,; \frac{4}{3}\right]$, telles que $p(x) = P$. Lisez une valeur approchée de x_3 et x_4.

2. Par le calcul

a. Montrez que l'équation $p(x) = P$ est équivalente à

$$\begin{cases} 8 + 6x = P \\ 0 \leqslant x \leqslant \frac{4}{3} \end{cases} \quad \text{ou} \quad \begin{cases} 8 - 12x = P \\ x \leqslant 0. \end{cases}$$

b. Déduisez-en la valeur de x_3 et celle de x_4.
Placez les points correspondants sur la figure.

Exercices guidés

1 **A et B sont deux points distincts. On se propose de placer le point G tel que $\overrightarrow{AG} = -\frac{3}{2}\overrightarrow{AB}$ et le point K tel que $\overrightarrow{KA} = -\frac{2}{5}\overrightarrow{KB}$.**

1. Point G

On sait (voir définition 5, p. 261) que $\overrightarrow{AG} = -\frac{3}{2}\overrightarrow{AB}$ signifie que :

- $\overrightarrow{AG}$ et $\overrightarrow{AB}$ ont même direction, donc ici A, B, G sont alignés ;
- $\overrightarrow{AG}$ et $\overrightarrow{AB}$ sont de sens opposés, car $-\frac{3}{2} < 0$;
- $AG = \frac{3}{2}AB$.

D'où la construction du point G :

2. Point K

Dans $\overrightarrow{KA} = -\frac{2}{5}\overrightarrow{KB}$, le point inconnu K figure dans les deux membres, alors que dans $\overrightarrow{AG} = -\frac{3}{2}\overrightarrow{AB}$, le point inconnu, G, ne figure que dans un seul membre.

On va donc commencer par écrire $\overrightarrow{KA} = -\frac{2}{5}\overrightarrow{KB}$ sous la forme $\overrightarrow{AK} = k\,\overrightarrow{AB}$; on sera ainsi dans la même situation que pour G, et on pourra donc placer K.

a. Expliquez pourquoi $\overrightarrow{KA} = -\frac{2}{5}\overrightarrow{KB}$ équivaut à $\overrightarrow{AK} = \frac{2}{5}\overrightarrow{KB}$.

b. Pour obtenir une égalité du type $\overrightarrow{AK} = k\,\overrightarrow{AB}$, il vous faut donc transformer l'écriture du vecteur $\overrightarrow{KB}$ en faisant apparaître le vecteur $\overrightarrow{AB}$. Ceci doit faire penser à la relation de Chasles.

Complétez : $\overrightarrow{KB} = \overrightarrow{KA} + \square$.

c. Montrez que $\overrightarrow{AK} = \frac{2}{5}\overrightarrow{KB}$ équivaut à $\overrightarrow{AK} = -\frac{2}{5}\overrightarrow{AK} + \frac{2}{5}\overrightarrow{AB}$.

d. Déduisez-en que $\overrightarrow{AK} = \frac{2}{5}\overrightarrow{KB}$ équivaut à $\overrightarrow{AK} = \frac{2}{7}\overrightarrow{AB}$.

e. Placez alors K en procédant comme pour G.

2 **ABC est un triangle. On se propose de représenter les vecteurs $\vec{u} = \frac{1}{3}\overrightarrow{AB} + \frac{1}{2}\overrightarrow{AC}$ et $\vec{v} = \frac{1}{3}\overrightarrow{AB} - \frac{1}{2}\overrightarrow{AC}$.**

1. Vecteur $\vec{u}$

$\vec{u}$ est la somme des deux vecteurs $\frac{1}{3}\overrightarrow{AB}$ et $\frac{1}{2}\overrightarrow{AC}$.

Nous allons donc représenter d'abord les vecteurs $\frac{1}{3}\overrightarrow{AB}$ et $\frac{1}{2}\overrightarrow{AC}$ puis leur vecteur somme.

a. Quelle est la direction du vecteur $\frac{1}{3}\overrightarrow{AB}$? Quel est son sens ? Quelle est sa longueur ?

b. Quelle est la direction du vecteur $\frac{1}{2}\overrightarrow{AC}$? Quel est son sens ? Quelle est sa longueur ?

c. Dessinez un triangle ABC. Placez le point M tel que $\overrightarrow{AM} = \frac{1}{3}\overrightarrow{AB}$ et le point N tel que $\overrightarrow{AN} = \frac{1}{2}\overrightarrow{AC}$.

d. Il faut donc représenter le vecteur $\vec{u} = \overrightarrow{AM} + \overrightarrow{AN}$.

À l'aide, par exemple, de la règle du parallélogramme, placez le point P tel que $\overrightarrow{AP} = \overrightarrow{AM} + \overrightarrow{AN}$. Ainsi, $\vec{u} = \overrightarrow{AP}$.

2. Vecteur $\vec{v}$

Les vecteurs $\overrightarrow{AN} = \frac{1}{3}\overrightarrow{AB}$ et $\overrightarrow{AN} = \frac{1}{2}\overrightarrow{AC}$ ont été représentés à la question **1**. Avec ces notations, $\vec{v} = \overrightarrow{AM} - \overrightarrow{AN}$. Or on sait que pour soustraire un vecteur, on ajoute son opposé (voir définition 4, p. 261). Donc $\vec{v} = \overrightarrow{AM} + (-\overrightarrow{AN})$.

a. Quelle est la direction du vecteur $-\overrightarrow{AN}$? Quel est son sens ? Quelle est sa longueur ?

b. Placez le point Q tel que $\overrightarrow{AQ} = -\overrightarrow{AN}$.

c. En utilisant, par exemple, la règle du parallélogramme, placez le point R tel que $\overrightarrow{AR} = \overrightarrow{AM} + \overrightarrow{AQ}$. Ainsi $\vec{v} = \overrightarrow{AR}$.

Exercices commentés

3 ABC est un triangle. Une droite *d*, parallèle à (BC), coupe (AB) en M et (AC) en N, I est le point du segment [BC] tel que $CI = \frac{1}{3}CB$, J est le point du segment [NM] tel que $NJ = \frac{1}{3}NM$.

Montrez que les points A, I, J sont alignés.

VERS UNE SOLUTION

• Une première méthode

Pour démontrer que les points A, I, J sont alignés, on va démontrer une égalité du type $\overrightarrow{AI} = k\,\overrightarrow{AJ}$.

1. a. Expliquez pourquoi il existe un réel *k* tel que :

$$\overrightarrow{AC} = k\,\overrightarrow{AN}$$

b. Déduisez-en que $\overrightarrow{AB} = k\,\overrightarrow{AM}$.

c. Démontrez, en utilisant les deux questions précédentes, que $\overrightarrow{CB} = k\,\overrightarrow{NM}$.

2. Démontrez que $\overrightarrow{AI} = k\,\overrightarrow{AJ}$. Concluez.

INDICATION : Utiliser la relation de Chasles.

▸▸▸

• **Une deuxième méthode**

Pour démontrer que les points A, I, J sont alignés, on va procéder de la manière suivante :

On appelle I′ le point d'intersection de (AJ) et de (BC), et on va démontrer que I et I′ sont confondus.

Posons $a = \dfrac{AC}{AN}$.

1. a. Montrez que $\dfrac{CI'}{NJ} = a$ et que $\dfrac{BC}{MN} = a$.

b. Déduisez-en que $\dfrac{CI}{NJ} = a$.

2 a. Démontrez que CI = CI′.

b. Déduisez-en que I et I′ sont confondus.

Concluez.

4 ABCD est un parallélogramme, M est le point de [AB] tel que $AM = \frac{1}{3}AB$, et N le point de [DC] tel que $CN = \frac{1}{3}DC$. La droite (MN) coupe (BC) en P.

Prouvez que N est le milieu de [MP].

VERS UNE SOLUTION

• **Première méthode : on utilise la configuration de Thalès dans le triangle BMP.**

1. Montrez que MB = 2 NC.
2. Déduisez-en que $\dfrac{MP}{NP} = \dfrac{BP}{CP} = 2$.
3. Expliquez pourquoi, alors, N est le milieu de [MP].

• **Deuxième méthode : par le calcul vectoriel.** On va considérer le symétrique M′ de M par rapport à N et prouver qu'il est confondu avec P.

1. Montrez que $\overrightarrow{BM'} = \overrightarrow{BM} + 2\,\overrightarrow{MN}$.

2.a. Prouvez, en utilisant la relation de Chasles pour décomposer $\overrightarrow{MN}$, que $\overrightarrow{BM'} = 2\,\overrightarrow{BC}$.

b. Déduisez-en que M′ est sur la droite (BC).

3. Expliquez pourquoi M′ et P sont confondus.
4. Concluez.

Pour les exercices 5 et 6, vous pouvez éventuellement vous reporter à l'exercice 3.

5 ABC est un triangle. Une droite *d*, parallèle à (BC), coupe (AB) en M et (AC) en N, I est le point de [BC] tel que $CI = \frac{3}{4}CB$, J est le point de [NM] tel que $NJ = \frac{3}{4}NM$.

Montrez que les points A, I, J sont alignés.

6 ABC est un triangle. Une droite *d*, parallèle à (BC), coupe (AB) en M et (AC) en N, I est le point de la demi-droite [BC) tel que $BI = \frac{3}{2}BC$, J est le point de la demi-droite [MN) tel que $MJ = \frac{3}{2}MN$.

Montrez que les points A, I et J sont alignés.

Pour les exercices 7 et 8, vous pouvez éventuellement vous reporter à l'exercice 4.

7 ABCD est un parallélogramme, M est le point du segment [AB] tel que $AM = \frac{2}{3}AB$, et N le point tel que $\overrightarrow{CN} = -\frac{1}{3}\overrightarrow{CD}$.

La droite (MN) coupe (BC) en I et (AC) en J.

1. Montrez que N est le milieu de [MJ].

2. Montrez que I est le milieu de [MN].

8 ABCD est un parallélogramme, M est le point de la demi-droite [AB) tel que $AM = \frac{3}{2}AB$, et N le point de [CD] tel que $CN = \frac{1}{4}CD$. La droite (MN) coupe (BC) en P.

Montrez que $\overrightarrow{PM} = -2\,\overrightarrow{PN}$.

Trouvez l'erreur

9 ABCD est un parallélogramme, M est le point du segment [CB] tel que $CM = \frac{1}{3}CB$. Le point N est le symétrique du milieu I de [CD] par rapport à C.

Montrez que les points A, M et N sont alignés.

Solution

N est le symétrique de I par rapport à C ; donc $\overrightarrow{NC} = \overrightarrow{CI}$.

D'où $\overrightarrow{NC} = \frac{1}{3}\overrightarrow{ND}$. D'après le théorème de Thalès sous forme vectorielle, on en déduit que $\overrightarrow{NM} = \frac{1}{3}\overrightarrow{NA}$.

Donc les points A, M, N sont alignés.

10 Simplifiez l'écriture du vecteur :

$$\vec{v} = \overrightarrow{AB} + \overrightarrow{OA} - \overrightarrow{OB} + 2\,\overrightarrow{AO}.$$

Solution

$\overrightarrow{AO} = -\overrightarrow{OA}$, donc $\overrightarrow{OA} + 2\,\overrightarrow{AO} = \overrightarrow{OA} - 2\,\overrightarrow{OA} = -\overrightarrow{OA}$;

d'où $\vec{v} = \overrightarrow{AB} - \overrightarrow{OA} - \overrightarrow{OB}$.

Or $\overrightarrow{AB} = \overrightarrow{OA} + \overrightarrow{OB}$; d'où $\vec{v} = \overrightarrow{OA} + \overrightarrow{OB} - \overrightarrow{OA} - \overrightarrow{OB} = \vec{0}$.

11 I est le milieu du segment [AB], O est un point quelconque. Simplifiez l'écriture du vecteur :

$$\vec{v} = \overrightarrow{AI} - (\overrightarrow{OA} + \overrightarrow{OB}) + 2\,\overrightarrow{OI} + \overrightarrow{IB} + \overrightarrow{BA}.$$

Solution

On peut écrire $\vec{v} = \overrightarrow{AI} + \overrightarrow{IB} + \overrightarrow{BA} + 2\,\overrightarrow{OI} - (\overrightarrow{OA} + \overrightarrow{OB})$.

I est le milieu de [AB] équivaut à $\overrightarrow{AI} + \overrightarrow{IB} = \overrightarrow{AB}$.

Or $\overrightarrow{BA} = -\overrightarrow{AB}$. D'où :

$\vec{v} = \overrightarrow{AB} - \overrightarrow{AB} + 2\,\overrightarrow{OI} - (\overrightarrow{OA} + \overrightarrow{OB}) = 2\,\overrightarrow{OI} - \overrightarrow{OA} - \overrightarrow{OB}$.

12 Dans un triangle ABC, AB = 4 et AC = 6.
I est le point du segment [AB] tel que AI = 2 et J le point de [AC] tel que AJ = 3.
Montrez que les vecteurs $\overrightarrow{IJ}$ et $\overrightarrow{BC}$ sont colinéaires.

Solution
I est le milieu de [AB] et J est le milieu de [AC] ; d'où BC = 2 IJ. Donc les vecteurs $\overrightarrow{BC}$ et $\overrightarrow{IJ}$ sont colinéaires.

13 A, B et C sont trois points tels que AB = 4 et BC = 5.
L'inégalité $\|\overrightarrow{AC}\| \geqslant 8$ est-elle exacte ?

Solution
$AB = \|\overrightarrow{AB}\|$ et $BC = \|\overrightarrow{BC}\|$.
D'après la relation de Chasles, $\overrightarrow{AC} = \overrightarrow{AB} + \overrightarrow{BC}$.
D'où $\|\overrightarrow{AC}\| = \|\overrightarrow{AB}\| + \|\overrightarrow{BC}\| = 4 + 5 = 9$.
Donc $\|\overrightarrow{AC}\| \geqslant 8$.

Pour ceux qui [pages M] plus

Notion d'espace vectoriel

1 Préliminaire

Rappelons d'abord les propriétés de l'addition de deux vecteurs et de la multiplication d'un vecteur par un réel.
Pour tous vecteurs $\vec{u}$, $\vec{v}$, $\vec{w}$ et pour tous réels k, k' :

- **Addition :**

(A_1) $\vec{u} + \vec{v} = \vec{v} + \vec{u}$
(A_2) $(\vec{u} + \vec{v}) + \vec{w} = \vec{u} + (\vec{v} + \vec{w})$
(A_3) $\vec{u} + \vec{0} = \vec{0} + \vec{u} = \vec{u}$
(A_4) $\vec{u} + (-\vec{u}) = \vec{0}$

- **Multiplication par un réel :**

(M_1) $k(k'\vec{u}) = (kk')\vec{u}$
(M_2) $1\,\vec{u} = \vec{u}$
(M_3) $k(\vec{u} + \vec{v}) = k\vec{u} + k\vec{v}$
(M_4) $(k + k')\vec{u} = k\vec{u} + k'\vec{u}$

Nous allons retrouver des propriétés analogues à ces huit propriétés dans un autre ensemble, l'ensemble des couples de nombres réels.

2 Égalité de deux couples de réels

X = (a ; b) et Y = (c ; d) sont deux couples de réels.
Par définition, **X = Y signifie que $a = c$ et $b = d$.**

1. Indiquez, parmi les couples de réels suivants, ceux qui sont égaux au couple (2 ; – 5) :
$\left(\frac{30}{15}; -\frac{15}{3}\right)$, $\left(-\frac{6{,}4}{3{,}2}; \frac{35}{-7}\right)$, $\left(\frac{-4}{-2}; -5\right)$, (2,01 ; – 5,01).

2. Trouvez tous les réels x tels que $(x^2 - x\,;\, x^2 - 1) = (0\,;\,0)$.

3 Addition de deux couples de réels

On pose, par définition, **(a ; b) + (c ; d) = ($a + c$; $b + d$).**
Par exemple, (3 ; – 2) + (1 ; 7) = (3 + 1 ; – 2 + 7) = (4 ; 5).

1. Calculez :
a) $\left(4; -\frac{5}{2}\right) + (10\,;\,3)$; **b)** (– 5 ; 7) + (3 ; – 5).

2. Montrez que (a ; b) + (c ; d) = (c ; d) + (a ; b) **(A_1).**

3.a. On pose A = (2 ; – 1), B = (– 4 ; 3), C = (5 ; – 2).
Complétez les égalités suivantes :
- A + B = (... ; ...) ; (A + B) + C = (... ; ...).
- B + C = (... ; ...) ; A + (B + C) = (... ; ...).

Que constatez-vous ?
b. Plus généralement, vérifiez que :
si X = (a ; b), Y = (c ; d), Z = (e ; f) sont trois couples de réels quelconques, alors (X + Y) + Z = X + (Y + Z) **(A_2).**

4. Vérifiez que :
(A_3) (a ; b) + (0 ; 0) = (a ; b) ;
(A_4) (a ; b) + (– a ; – b) = (0 ; 0).

4 Multiplication d'un couple de réels par un réel

On pose, par définition, **k (a ; b) = (ka ; kb)**, où k est un réel quelconque.
Par exemple, 2 (3 ; 5) = (2 × 3 ; 2 × 5) = (6 ; 10).

1. Calculez :
a) $3\left(-\frac{5}{2}; 17\right)$; **b)** $-\frac{3}{5}\left(\frac{5}{3}; -\frac{15}{12}\right)$.

2.a. On pose A = (7 ; – 5).
Complétez les égalités suivantes :
- 2A = (... ; ...) ; 3 (2A) = (... ; ...) ;
- 6A = (... ; ...).

Que constatez-vous ?
b. Plus généralement, vérifiez que :
si X = (a ; b) est un couple de réels quelconque, et k, k' deux réels quelconques, alors k (k' X) = (kk') X **(M_1)**

3. Vérifiez que 1 (a ; b) = (a ; b) **(M_2).**

4. On pose X = (a ; b) et Y = (c ; d).
a. k désignant un réel quelconque, calculez :
- X + Y, puis k (X + Y) ;
- k X, k Y, puis k X + k Y.

b. Vérifiez que k (X + Y) = k X + k Y **(M_3).**

5. On pose X = (a ; b). Vérifiez que :
$(k + k')$ X = k X + k' X **(M_4).**

COMMENTAIRE : On appelle **espace vectoriel** sur ℝ un ensemble dans lequel on a défini une addition et une multiplication par un réel telles que les huit propriétés (A_1), ..., (A_4), (M_1), ..., (M_4) sont vraies.
L'ensemble des vecteurs du plan et l'ensemble des couples de réels sont deux exemples d'espaces vectoriels sur ℝ.

GÉOMÉTRIE ANALYTIQUE

CHAPITRE

11

Les équations de droites de la forme $y = mx + p$ dans un repère orthogonal $(O\ ;\ \overrightarrow{OI}, \overrightarrow{OJ})$ ont été introduites au Collège, ainsi que les équations de la forme $x = q$ pour les droites parallèles à (OJ).
Dans ce chapitre, nous présenterons ces équations sous la forme générale $ax + by + c = 0$.
Les problèmes de parallélisme et d'orthogonalité dans un repère ont été eux aussi abordés au Collège, en utilisant essentiellement les équations de droites.
Deux nouveaux critères sont vus dans ce chapitre, l'un pour la colinéarité de deux vecteurs, l'autre pour l'orthogonalité de deux vecteurs.
La géométrie analytique permet de résoudre certains problèmes de géométrie de manière calculatoire, en utilisant les coordonnées de points et de vecteurs dans un repère. Nous en proposons de nombreux exemples.

SOMMAIRE

POUR PRENDRE UN BON DÉPART

1 Équation d'une droite dans un repère $(O ; \overrightarrow{OI}, \overrightarrow{OJ})$

d **n'est pas parallèle à (OJ)**			***d*** **est parallèle à (OJ)**
Cas général	***d*** **passe par O**	***d*** **parallèle à (OI)**	
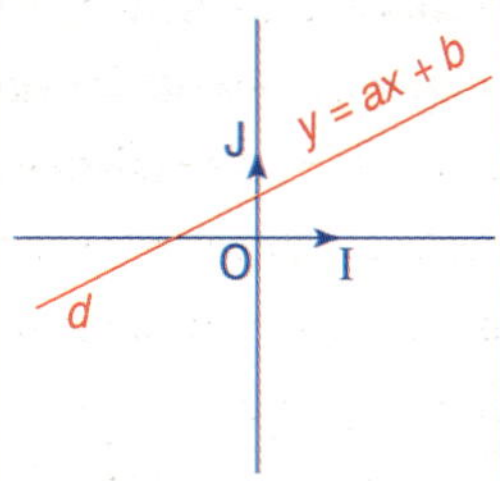	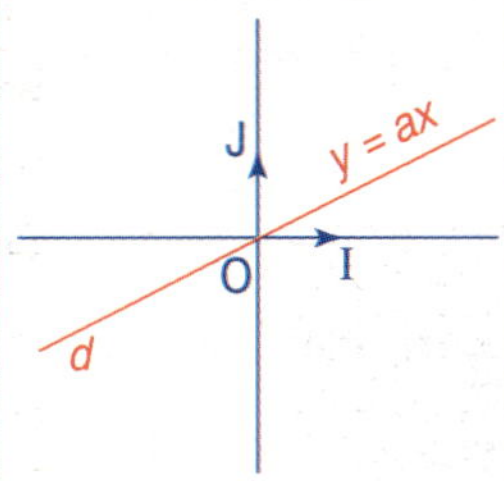	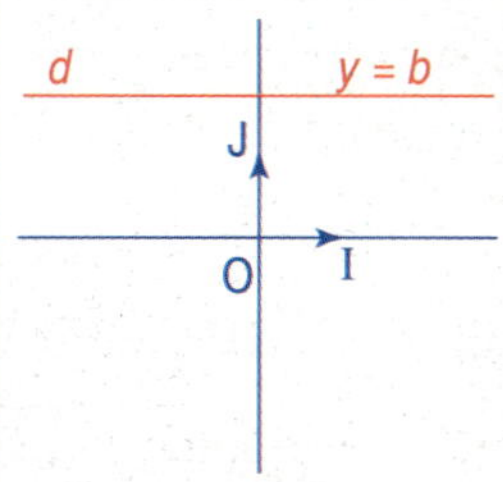	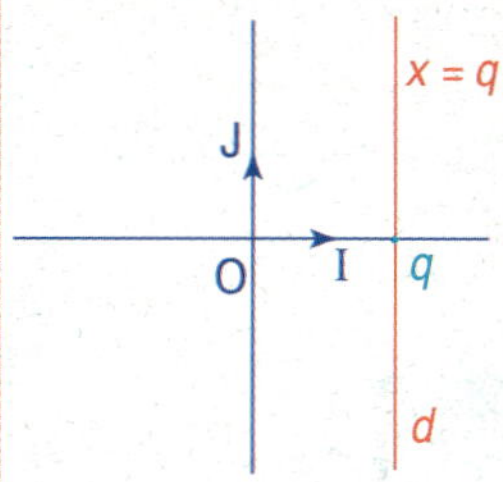

Exercice-test

Les droites d et Δ ont respectivement pour équations, dans un repère $(O ; \overrightarrow{OI}, \overrightarrow{OJ})$:

$$y = 2x - 3 \quad \text{et} \quad x = 5.$$

1. Tracez ces droites.

2. Les points A (1 ; – 1), B (5 ; 7) et C (– 5 ; 1) appartiennent-ils à d ?
Ces points appartiennent-ils à Δ ?

2 Parallélisme et orthogonalité de deux droites

d est la droite d'équation $y = ax + b$, et d' est la droite d'équation $y = a'x + b'$.
"d et d' sont **parallèles**" équivaut à $\boldsymbol{a = a'}$.
En repère orthonormal, "d et d' sont **perpendiculaires**" équivaut à $\boldsymbol{aa' = -1}$.

Exercice-test

Voici trois équations de droites dans un repère orthonormal :

$$\boldsymbol{d_1} : y = 2x - 5 \; ; \quad \boldsymbol{d_2} : y = 2 - \frac{1}{2}x \; ; \quad \boldsymbol{d_3} : y = \frac{6}{3}x + 1.$$

Parmi ces trois droites, lesquelles sont parallèles ? lesquelles sont perpendiculaires ?

Activité

COLINÉARITÉ DE DEUX VECTEURS ORTHOGONALITÉ DE DEUX VECTEURS

$(O ; \vec{i}, \vec{j})$ est un repère orthonormal. On voit sur la figure que les vecteurs $\overrightarrow{AB}$, $\overrightarrow{CD}$ et $\overrightarrow{EF}$ sont colinéaires, et que (IJ) est perpendiculaire à (AB) donc à (EF) et (CD).
On va mettre en évidence un critère de colinéarité de deux vecteurs et un critère d'orthogonalité de deux vecteurs.

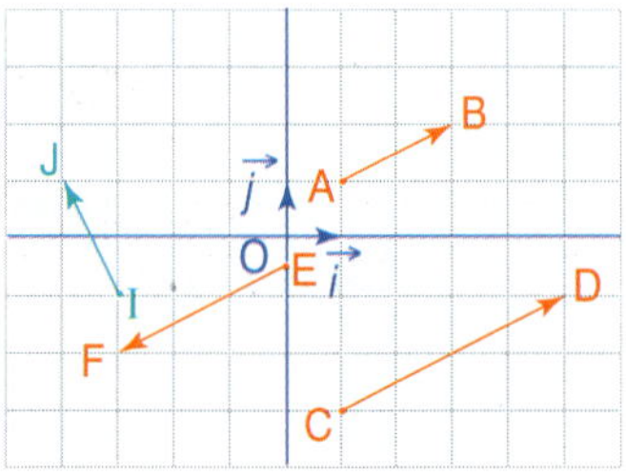

1 Un critère de colinéarité

1. Lisez sur le graphique les coordonnées des points A, B, C, D, E, F, I, J.
2. Déduisez-en les coordonnées des vecteurs $\overrightarrow{AB}$, $\overrightarrow{CD}$, $\overrightarrow{EF}$, $\overrightarrow{IJ}$.
3. $\vec{u}\,(x\,;y)$ et $\vec{v}\,(x';y')$ sont deux vecteurs quelconques.
On range leurs coordonnées dans un tableau :

x	x'
y	y'

a) Montrez que pour $\vec{u} = \overrightarrow{AB}$ et $\vec{v} = \overrightarrow{CD}$, on obtient un tableau de proportionnalité, c'est-à-dire que $\frac{x}{y} = \frac{x'}{y'}$, ou encore que $xy' - yx' = 0$.

b) Montrez qu'il en est de même pour $\vec{u} = \overrightarrow{AB}$ et $\vec{v} = \overrightarrow{EF}$, et enfin pour $\vec{u} = \overrightarrow{CD}$ et $\vec{v} = \overrightarrow{EF}$.

2 Un critère d'orthogonalité

$\vec{u}\,(x\,;y)$ et $\vec{v}\,(x';y')$ sont deux vecteurs quelconques. On pose $P = xx' + yy'$.
Calculez P pour $\vec{u} = \overrightarrow{IJ}$ et $\vec{v} = \overrightarrow{AB}$, puis pour $\vec{u} = \overrightarrow{IJ}$ et $\vec{v} = \overrightarrow{CD}$, et enfin pour $\vec{u} = \overrightarrow{IJ}$ et $\vec{v} = \overrightarrow{EF}$.

Conclusion *On verra plus généralement que :*

- **en repère orthonormal,** *la condition* "$xx' + yy' = 0$" *est un* **critère d'orthogonalité** *des vecteurs* $\vec{u}\,(x\,;y)$ *et* $\vec{v}\,(x';y')$.
- *la condition* "$xy' - yx' = 0$" *est un* **critère de colinéarité** *des vecteurs* $\vec{u}\,(x\,;y)$ *et* $\vec{v}\,(x';y')$.

COURS

1. ABSCISSE D'UN POINT MESURE ALGÉBRIQUE D'UN VECTEUR

1■1 Repère d'une droite *d*

DÉFINITION 1

On choisit deux points **O et I distincts** d'une droite d. Le point O et le vecteur $\overrightarrow{OI}$ constituent un **repère** de cette droite :
O est l'origine et $\overrightarrow{OI}$ le vecteur de base.

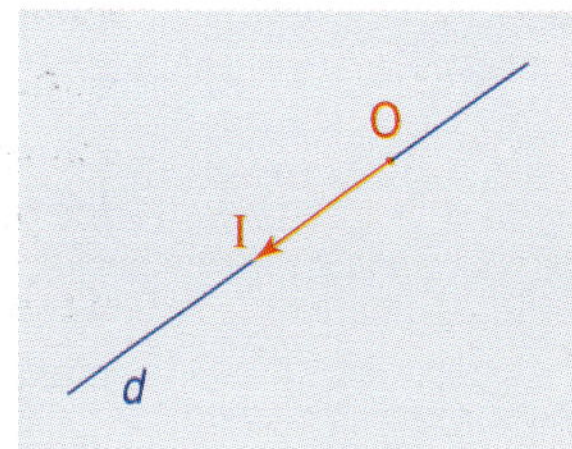

Nous noterons $(\mathbf{O} ; \overrightarrow{\mathbf{OI}})$ ce repère.

1■2 Abscisse d'un point dans un repère $(O ; \overrightarrow{OI})$

DÉFINITION 2

On appelle **abscisse d'un point** M d'une droite d dans le repère $(O ; \overrightarrow{OI})$ de d, le réel k tel que $\overrightarrow{OM} = k\,\overrightarrow{OI}$.

La connaissance de l'abscisse k du point M permet de placer ce point sur la droite d.

EXEMPLES :

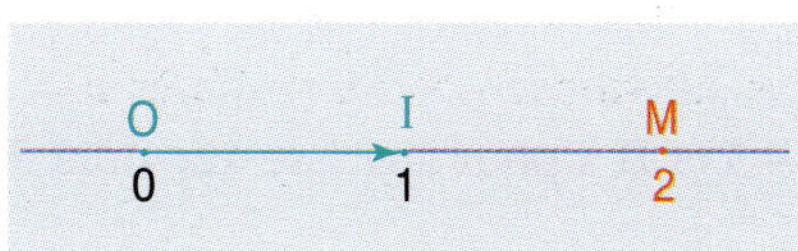

$\overrightarrow{OM} = 2\,\overrightarrow{OI}$: l'abscisse de M est 2.

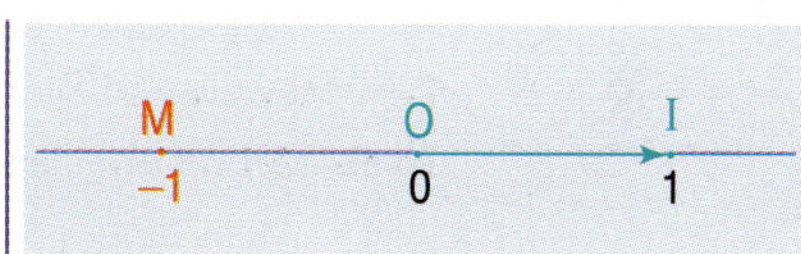

$\overrightarrow{OM} = -\,\overrightarrow{OI}$: l'abscisse de M est – 1.

1■3 Mesure algébrique d'un vecteur sur une droite

DÉFINITION 3

A et B sont deux points d'une droite d munie d'un repère $(O ; \overrightarrow{OI})$.
On appelle **mesure algébrique du vecteur** $\overrightarrow{\mathbf{AB}}$ dans le repère $(O ; \overrightarrow{OI})$ le réel k tel que $\overrightarrow{AB} = k\,\overrightarrow{OI}$.

> ***Note***
> *Attention ! $\overrightarrow{AB}$ est un vecteur, $\overline{AB}$ est un nombre.*

Ce réel k est noté $\overline{\mathbf{AB}}$.

► **REMARQUE :** L'égalité $\overrightarrow{AB} = k\,\overrightarrow{OI}$ s'écrit donc $\overrightarrow{AB} = \overline{AB} \times \overrightarrow{OI}$.

EXEMPLES :

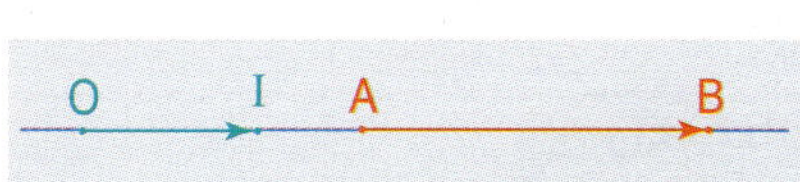

$\overline{AB} = 2$

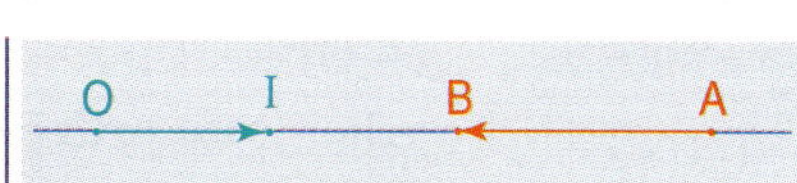

$\overline{AB} = -\dfrac{3}{2}$.

1.4 Relation de Chasles pour des points d'une droite

PROPRIÉTÉ 1

Quels que soient les points A, B, C d'une droite d munie d'un repère $(O ; \overrightarrow{OI})$:

$$\overline{AC} = \overline{AB} + \overline{BC}.$$

Coin-mémo

Cette relation est analogue à la relation de Chasles pour les vecteurs $\overrightarrow{AC} = \overrightarrow{AB} + \overrightarrow{BC}$.

Démonstration

D'après la remarque du paragraphe **1.3**, on peut écrire :

$$\overrightarrow{AC} = \overline{AC} \times \overrightarrow{OI}, \quad \overrightarrow{AB} = \overline{AB} \times \overrightarrow{OI} \quad \text{et} \quad \overrightarrow{BC} = \overline{BC} \times \overrightarrow{OI}.$$

La relation de Chasles $\overrightarrow{AC} = \overrightarrow{AB} + \overrightarrow{BC}$ s'écrit donc :

$$\overline{AC} \times \overrightarrow{OI} = \overline{AB} \times \overrightarrow{OI} + \overline{BC} \times \overrightarrow{OI},$$

c'est-à-dire $\quad (\overline{AC} - \overline{AB} - \overline{BC}) \times \overrightarrow{OI} = \vec{0}$.

Or $\overrightarrow{OI} \neq \vec{0}$. D'où $\overline{AC} - \overline{AB} - \overline{BC} = 0$ (voir chapitre 10, § 4, p. 262), c'est-à-dire :

$$\overline{AC} = \overline{AB} + \overline{BC}.$$

Conséquence : **Expression de $\overline{AB}$ en fonction de l'abscisse de A et de B.**

PROPRIÉTÉ 2

Sur une droite d munie d'un repère $(O ; \overrightarrow{OI})$, A est le point d'abscisse x_A et B le point d'abscisse x_B. Alors $\overline{AB} = x_B - x_A$.

Note

La mesure algébrique $\overline{AB}$ du vecteur $\overrightarrow{AB}$ est égale à l'abscisse de son extrémité moins l'abscisse de son origine.

Démonstration

D'après la relation de Chasles, $\overline{OB} = \overline{OA} + \overline{AB}$. D'où $\overline{AB} = \overline{OB} - \overline{OA}$, c'est-à-dire :

$$\overline{AB} = x_B - x_A.$$

EXEMPLE :

Si **A** a pour abscisse **– 5** et **B** a pour abscisse **12**, alors $\overline{AB} = 12 - (-5) = 17$.

2. REPÈRES DU PLAN. COORDONNÉES DE POINTS ET DE VECTEURS

2.1 Repère quelconque du plan

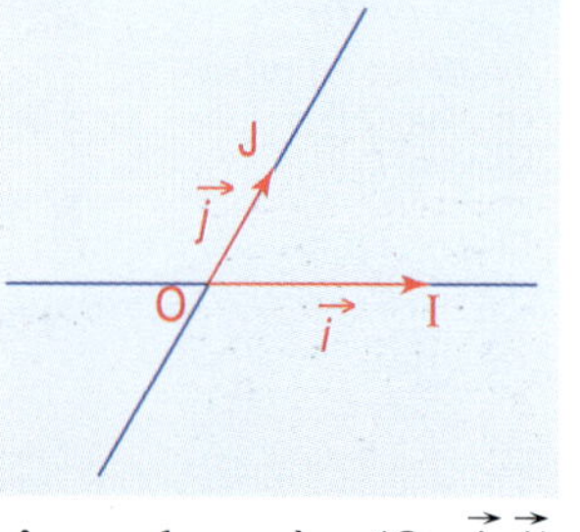

Choisir un repère dans le plan, c'est :

- choisir un point O, qui sera appelé **origine** du repère,
- choisir deux vecteurs **non colinéaires** $\vec{i} = \overrightarrow{OI}$ et $\vec{j} = \overrightarrow{OJ}$,
- choisir **un ordre** entre $\vec{i}$ et $\vec{j}$.

Note

Souvent, on note $\vec{i}$ le premier vecteur et $\vec{j}$ le second.

La droite (OI) munie du repère $(O ; \vec{i})$ est **l'axe des abscisses** du repère $(O ; \vec{i}, \vec{j})$ et la droite (OJ) munie du repère $(O ; \vec{j})$ est **l'axe des ordonnées**.

2.2 Repère orthogonal

$(O\,;\vec{i},\vec{j})$ est un repère du plan. Si **les directions de $\vec{i}$ et de $\vec{j}$ sont perpendiculaires**, on dit que le repère est orthogonal.

Tous les repères que nous considérerons seront des repères orthogonaux.

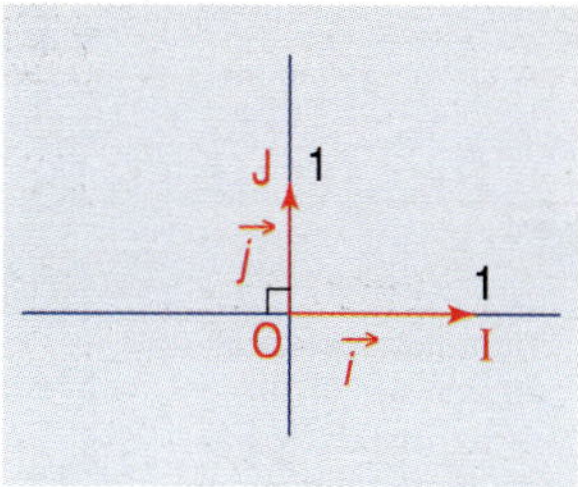

2.3 Coordonnées d'un point dans un repère

$(O\,;\vec{i},\vec{j})$ est un repère du plan, $\overrightarrow{OI}=\vec{i}$ et $\overrightarrow{OJ}=\vec{j}$.

M est un point qui se projette orthogonalement en P et Q respectivement sur (OI) et (OJ). Alors :

$$\overrightarrow{OM}=\overrightarrow{OP}+\overrightarrow{OQ}.$$

D'autre part, nous savons qu'il existe deux réels x, y tels que $\overrightarrow{OP}=x\vec{i}$, $\overrightarrow{OQ}=y\vec{j}$. Donc :

$$\overrightarrow{OM}=x\vec{i}+y\vec{j}.$$

Nous posons alors la définition suivante :

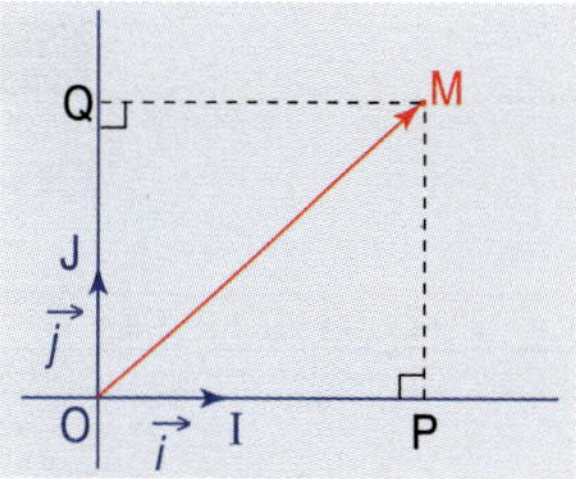

DÉFINITION 4

Dire que le point M a pour coordonnées $(x\,;y)$ dans le repère $(O\,;\vec{i},\vec{j})$ signifie que $\boldsymbol{\overrightarrow{OM}=x\vec{i}+y\vec{j}}$. On écrit alors **M $(x\,;y)$**.

x est l'**abscisse** de M et y son **ordonnée**.

2.4 Coordonnées d'un vecteur dans une base

$(O\,;\vec{i},\vec{j})$ est un repère, $\vec{u}$ est un vecteur donné. M est le point tel que $\overrightarrow{OM}=\vec{u}$. Notons $(x\,;y)$ les coordonnées de M. Alors $\overrightarrow{OM}=x\vec{i}+y\vec{j}$.

Donc $\vec{u}=x\vec{i}+y\vec{j}$. Ainsi, tout vecteur $\vec{u}$ du plan s'écrit donc sous la forme $\vec{u}=x\vec{i}+y\vec{j}$.

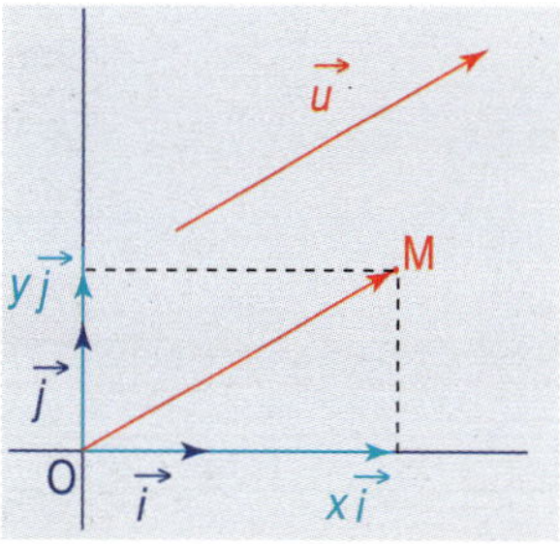

DÉFINITIONS 5

• $\vec{i}$ et $\vec{j}$ sont deux vecteurs non nuls et non colinéaires.
On dit que $(\vec{i}\,;\vec{j})$ est une **base** de l'ensemble des vecteurs du plan.

• Dire que le vecteur $\vec{u}$ a pour coordonnées $(x\,;y)$ dans la base $(\vec{i},\vec{j})$ signifie que $\boldsymbol{\vec{u}=x\vec{i}+y\vec{j}}$. On écrit alors $\boldsymbol{\vec{u}\,(x\,;y)}$.

Note

Les coordonnées, dans la base $(\vec{i},\vec{j})$, du vecteur $\vec{u}$ sont les coordonnées dans le repère $(O\,;\vec{i},\vec{j})$, du point M tel que $\overrightarrow{OM}=\vec{u}$.

EXEMPLE : Le vecteur $\vec{u}$ a pour coordonnées $(2\,;1)$ dans la base $(\vec{i},\vec{j})$.

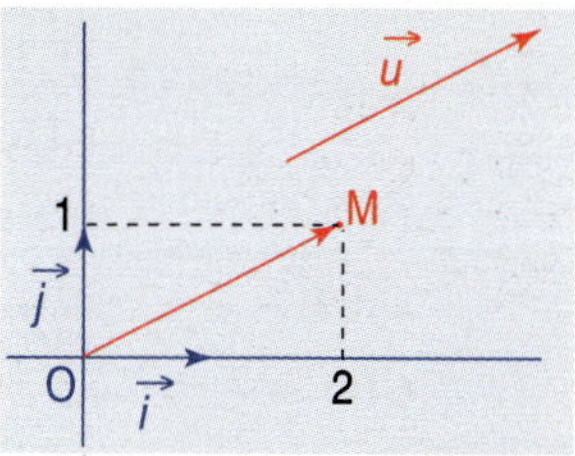

• Égalité de deux vecteurs et coordonnées

PROPRIÉTÉ 3

Dire que deux vecteurs $\vec{u}\,(x\,;y)$ **et** $\vec{v}\,(x'\,;y')$ sont **égaux** équivaut à dire que : $x = x'$ **et** $y = y'$.

Note

Cette démonstration repose sur la propriété : dans un repère $(O\,;\vec{i},\vec{j})$, dire que deux points sont confondus équivaut à dire qu'ils ont les mêmes coordonnées.

Démonstration

Notons M et M′ les points tels que $\overrightarrow{OM} = \vec{u}$ et $\overrightarrow{OM'} = \vec{v}$.
$\overrightarrow{OM} = \overrightarrow{OM'}$ équivaut à M = M′, c'est-à-dire à $x = x'$ et $y = y'$.

▶ **REMARQUES :** $\vec{u}\,(x\,;y) = \vec{0}$ équivaut à $x = 0$ et $y = 0$.
En effet, le vecteur nul a pour coordonnées (0 ; 0).

2■5 Coordonnées du vecteur $\overrightarrow{AB}$ en fonction des coordonnées de A et de B

PROPRIÉTÉ 4

Si on note $(x_A\,;y_A)$ les coordonnées de A dans un repère $(O\,;\vec{i},\vec{j})$ et $(x_B\,;y_B)$ celles de B, alors les coordonnées du vecteur $\overrightarrow{AB}$ sont :

$$(x_B - x_A\,;y_B - y_A).$$

Démonstration

D'après la définition 4, $\overrightarrow{OA} = x_A\vec{i} + y_A\vec{j}$ et $\overrightarrow{OB} = x_B\vec{i} + y_B\vec{j}$.

D'autre part, nous savons que $\overrightarrow{AB} = \overrightarrow{OB} - \overrightarrow{OA}$.

Donc $\overrightarrow{AB} = x_B\vec{i} + y_B\vec{j} - (x_A\vec{i} + y_A\vec{j}) = (x_B - x_A)\vec{i} + (y_B - y_A)\vec{j}$.

Les coordonnés de $\overrightarrow{AB}$ sont donc $(x_B - x_A\,;y_B - y_A)$.

EXEMPLE :

Dans un repère, **A** et **B** ont respectivement pour coordonnées **(– 1 ; 2)** et **(3 ; 5)**.
Le vecteur $\overrightarrow{AB}$ a donc pour coordonnées (3 – (– 1) ; 5 – 2), c'est-à-dire **(4 ; 3)**.

2■6 Coordonnées de $\vec{u} + \vec{v}$ et de $k\,\vec{u}$

PROPRIÉTÉ 5

$\vec{u}$ et $\vec{v}$ sont des vecteurs de coordonnées $(x\,;y)$ et $(x'\,;y')$ dans une base $(\vec{i},\vec{j})$, et k est un réel. Alors :
- $\vec{u} + \vec{v}$ a pour coordonnées $(x + x'\,;y + y')$.
- $k\,\vec{u}$ a pour coordonnées $(kx\,;ky)$.

Démonstration

$\vec{u} = x\vec{i} + y\vec{j}$ et $\vec{v} = x'\vec{i} + y'\vec{j}$.

• Donc $\vec{u} + \vec{v} = (x + x')\vec{i} + (y + y')\vec{j}$. Les coordonnées de $\vec{u} + \vec{v}$ sont donc $(x + x'\,;y + y')$.

• De même, $k\,\vec{u} = k\,(x\vec{i} + y\vec{j}) = kx\,\vec{i} + ky\,\vec{j}$. Les coordonnées de $k\,\vec{u}$ sont donc $(kx\,;ky)$.

2.7 Coordonnées du milieu d'un segment

PROPRIÉTÉ 6

On note $(x_A ; y_A)$ et $(x_B ; y_B)$ les coordonnées de deux points A et B dans un repère $(O ; \vec{i}, \vec{j})$.

Les coordonnées $(x_I ; y_I)$ du milieu I du segment [AB] sont alors :

$$x_I = \frac{x_A + x_B}{2} \text{ et } y_I = \frac{y_A + y_B}{2}.$$

Note

L'abscisse de I est la demi-somme des abscisses de A et de B. L'ordonnée de I est la demi-somme des ordonnées de A et de B.

Démonstration

$\overrightarrow{OA} = x_A \vec{i} + y_A \vec{j}$ et $\overrightarrow{OB} = x_B \vec{i} + y_B \vec{j}$.

Or $\overrightarrow{OI} = \frac{1}{2}(\overrightarrow{OA} + \overrightarrow{OB})$ (voir chap. 10, p. 267).

Donc $\overrightarrow{OI} = \frac{1}{2}[(x_A \vec{i} + y_A \vec{j}) + (x_B \vec{i} + y_B \vec{j})]$

$= \left(\frac{x_A + x_B}{2}\right)\vec{i} + \left(\frac{y_A + y_B}{2}\right)\vec{j}$.

Les coordonnées x_I et y_I de I sont donc :

$$x_I = \left(\frac{x_A + x_B}{2}\right) \text{ et } y_I = \left(\frac{y_A + y_B}{2}\right).$$

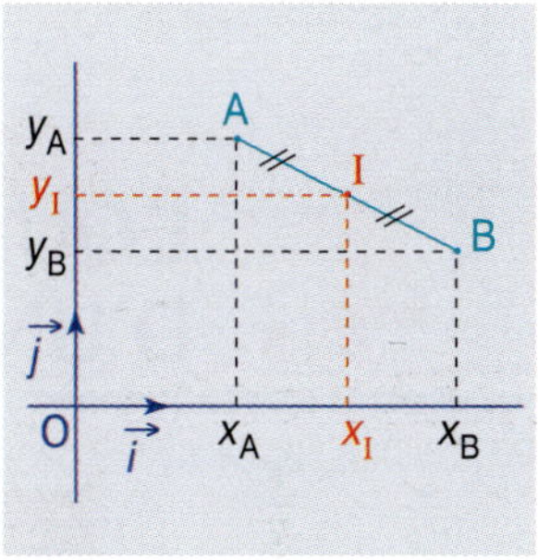

EXEMPLE : Considérons les points **A(3 ; 2)** et **B(–5 ; 6)**. Alors :

$$x_I = \frac{3 + (-5)}{2} \text{ et } y_I = \frac{2 + 6}{2}, \text{ c'est-à-dire } \mathbf{I\ (-1 ; 4)}.$$

3. TRADUCTION ANALYTIQUE DE LA COLINÉARITÉ DE DEUX VECTEURS

PROPRIÉTÉ 7

Dire que deux vecteurs non nuls $\vec{u}\,(x ; y)$ et $\vec{v}\,(x' ; y')$ sont **colinéaires** équivaut à dire que $xy' - yx' = 0$.

Note

*Si l'un des vecteurs est nul, $\vec{u}$ par exemple, alors $x = 0$ et $y = 0$. D'où $xy' - yx' = 0$. Ceci justifie la convention souvent utilisée : **le vecteur nul est colinéaire à n'importe quel vecteur.***

Démonstration

• Supposons que les vecteurs $\vec{u}\,(x ; y)$ et $\vec{v}\,(x' ; y')$ sont colinéaires. Alors il existe un réel k tel que $\vec{v} = k\,\vec{u}$. Les vecteurs $\vec{v}$ et $k\,\vec{u}$ ont donc les mêmes coordonnées. Or le vecteur $k\,\vec{u}$ a pour coordonnées $(kx ; ky)$.

D'où $x' = kx$ et $y' = ky$, donc $xy' - yx' = x\,(ky) - y\,(kx) = 0$.

• Réciproquement, supposons que $xy' - yx' = 0$.

$\vec{u}$ est non nul, donc l'une de ses coordonnées, x par exemple, est non nulle.

L'égalité $xy' - yx' = 0$ peut s'écrire $xy' = yx'$, c'est-à-dire $y' = \frac{x'}{x}y$.

En posant $k = \frac{x'}{x}$, nous obtenons $x' = kx$ et $y' = ky$.

Donc $\vec{v} = k\,\vec{u}$, donc $\vec{u}$ et $\vec{v}$ sont colinéaires.

EXEMPLE : Les vecteurs $\vec{u}\,(2 ; -5)$ et $\vec{v}\left(-1 ; \frac{5}{2}\right)$ sont colinéaires car :

$2 \times \left(\frac{5}{2}\right) - (-5)(-1) = 2 \times \left(\frac{5}{2}\right) - 5 = 0$.

Commentaire

Déterminant de deux vecteurs dans une base ($\vec{i}$, $\vec{j}$)

• Le réel $xy' - yx'$ est appelé déterminant des vecteurs $\vec{u}$ $(x ; y)$ et $\vec{v}$ $(x' ; y')$.
Voici un moyen commode pour le calculer :
on écrit en colonnes les coordonnées de $\vec{u}$ et de $\vec{v}$,
dans le même ordre,
on effectue ensuite les produits en croix, d'abord $x \times y'$, puis $y \times x'$,
et on écrit leur différence.

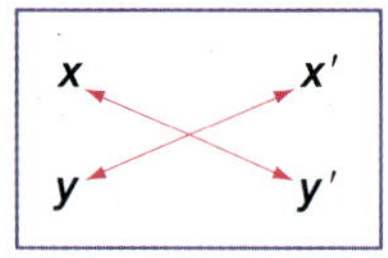

4. ÉQUATIONS CARTÉSIENNES D'UNE DROITE DANS UN REPÈRE

4■1 Exemples

Voici trois équations de droites dans un repère $(O ; \overrightarrow{OI}, \overrightarrow{OJ})$:

$$\boldsymbol{d_1} : y = 2x - 3 \; ; \quad \boldsymbol{d_2} : y = 3x \; ; \quad \boldsymbol{d_3} : x = 1.$$

d_1 et d_2 ne sont pas parallèles à (OJ), d_3 est parallèle à (OJ).
On peut remarquer que ces trois équations sont de la forme $ax + by + c = 0$.
En effet : l'équation de d_1 peut s'écrire $2x - y - 3 = 0$ $(a = 2 ; b = -1 ; c = -3)$;
l'équation de d_2 peut s'écrire $3x - y = 0$ $(a = 3 ; b = -1 ; c = 0)$;
l'équation de d_3 peut s'écrire $x - 1 = 0$ $(a = 1 ; b = 0 ; c = -1)$.

4■2 Équations cartésiennes d'une droite

PROPRIÉTÉ 8

Dans un repère $(O ; \overrightarrow{OI}, \overrightarrow{OJ})$:
• une droite a une équation de la forme $ax + by + c = 0$.
• si a, b, c sont trois réels donnés tels que a et b ne sont pas nuls tous les deux, alors l'ensemble des points M $(x ; y)$ tels que $ax + by + c = 0$ est une droite.

Démonstration

• Une droite non parallèle à (OJ) a une équation de la forme $y = mx + p$, c'est-à-dire $mx - y + p = 0$.
Une droite parallèle à (OJ) a une équation de la forme $x = q$, c'est-à-dire $x - q = 0$.
Dans les deux cas, la droite a donc une équation de la forme $ax + by + c = 0$.

• Démontrons maintenant la deuxième partie de la propriété.
– Si $b \neq 0$, alors $ax + by + c = 0$ équivaut à $y = -\frac{a}{b}x - \frac{c}{d}$; c'est donc l'équation d'une droite non parallèle à (OJ).
– Si $b = 0$, alors $a \neq 0$ et $ax + by + c = 0$ équivaut à $x = -\frac{c}{a}$; c'est donc l'équation d'une droite parallèle à (OJ).

DÉFINITION 6

Une équation de droite telle que $\boldsymbol{ax + by + c = 0}$ est appelée **équation cartésienne** de la droite.

• Lorsque $b \neq 0$, on peut écrire cette équation sous la forme :

$$y = -\frac{a}{b}x - \frac{c}{b}.$$

Une telle équation est appelée **équation réduite**.

Note

On dira souvent "équation" au lieu d'"équation cartésienne".

4.3 Vecteurs directeurs d'une droite

DÉFINITION 7

Dire que le vecteur $\vec{u} = \overrightarrow{CD}$ est **un vecteur directeur** de la droite d signifie que $\vec{u}$ est non nul et que les droites d et (CD) sont parallèles.

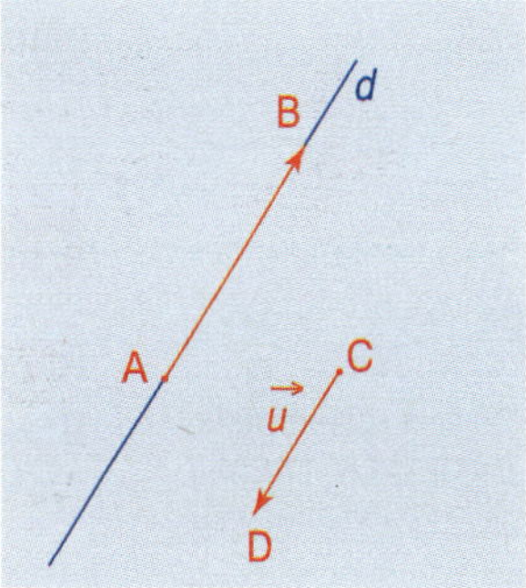

Autrement dit, la direction de $\overrightarrow{CD}$ est celle de d.
En particulier, lorsqu'une droite est désignée par deux de ses points, par exemple la droite (AB), le vecteur $\overrightarrow{AB}$ est un vecteur directeur de cette droite.

▶ **REMARQUE : Une droite a donc une infinité de vecteurs directeurs puisqu'il y a une infinité de façons de choisir deux points distincts de cette droite.**

PROPRIÉTÉ 9

Un vecteur directeur de la droite d d'équation $ax + by + c = 0$ est le vecteur $\boldsymbol{\vec{u}\ (-b\ ;\ a)}$.

Démonstration

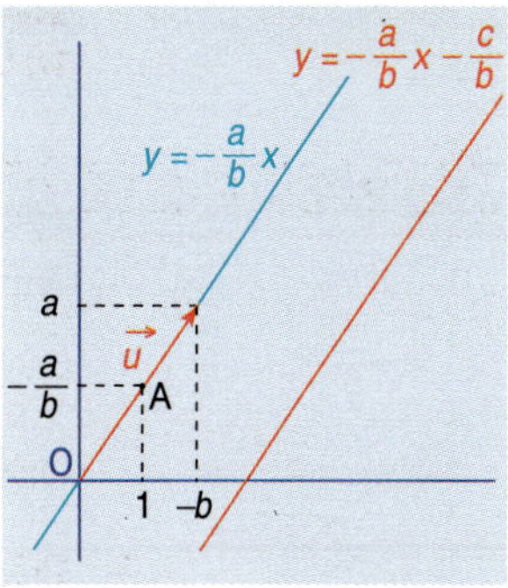

• Lorsque $\boldsymbol{b \neq 0}$, $ax + by + c = 0$ équivaut à :

$$y = -\frac{a}{b}x - \frac{c}{b}.$$

d est donc parallèle à la droite d'équation $y = -\frac{a}{b}x$.
Cette droite passe par O et par le point A $(1\ ;-\frac{a}{b})$.
Elle admet donc pour vecteur directeur le vecteur $\overrightarrow{OA}\ (1\ ;-\frac{a}{b})$, et donc aussi le vecteur $(-b)\ \overrightarrow{OA}$, c'est-à-dire le vecteur $\vec{u}$ de coordonnées $(-b\ ;a)$.

• Lorsque $\boldsymbol{b = 0}$, la droite d est parallèle à l'axe des ordonnées. Elle admet donc pour vecteur directeur tout vecteur dont la direction est la droite des ordonnées, par exemple, le vecteur $\vec{u}\ (0\ ;a)$, c'est-à-dire $\vec{u}\ (-b\ ;a)$ puisque $b = 0$.

EXEMPLE : d est la droite d'équation $\boldsymbol{2x - 5y + 1 = 0}$.
Ici, $a = 2$, $b = -5$, $c = 1$.
Cette droite admet donc pour vecteur directeur le vecteur $\boldsymbol{\vec{u}\ (5\ ;2)}$.

▶ **REMARQUE : Le vecteur $\vec{u}$ (1 ; m) est un vecteur directeur de la droite d'équation $y = mx + p$. En effet, l'équation réduite $y = mx + p$ peut aussi s'écrire $mx - y + p = 0$. Ici, $a = m$, $b = -1$, $c = p$. Un vecteur directeur est donc $\vec{u}$ (1 ; m).**

5. DISTANCE ET ORTHOGONALITÉ EN REPÈRE ORTHONORMAL

5.1 Repère orthonormal

DÉFINITION 8

Dire qu'un repère $(O ; \vec{i}, \vec{j})$ est **orthonormal** (ou orthonormé) signifie qu'il est **orthogonal** et que les vecteurs $\vec{i}$ et $\vec{j}$ ont pour longueur, la longueur unité du plan, $\|\vec{i}\| = \|\vec{j}\| = 1$.

On dit alors que $(\vec{i} ; \vec{j})$ est une base orthonormale de l'ensemble des vecteurs du plan.

5.2 Norme d'un vecteur

Note
On écrit souvent cette relation sous la forme : $AB^2 = (x_B - x_A)^2 + (y_B - y_A)^2$.

Rappelons d'abord la formule donnant la distance entre deux points $A(x_A ; y_A)$ et $B(x_B ; y_B)$ dans un repère orthonormal :

$$AB = \sqrt{(x_A - x_B)^2 + (y_A - y_B)^2}.$$

PROPRIÉTÉ 10

Dans une base orthonormale $(\vec{i}, \vec{j})$, la norme du vecteur $\vec{u}\,(x ; y)$ est égale à $\sqrt{x^2 + y^2}$.

Démonstration

Choisissons un point O et considérons le repère orthonormal $(O ; \vec{i}, \vec{j})$. Notons alors M le point tel que $\overrightarrow{OM} = \vec{u}$.

$\vec{u} = x\vec{i} + y\vec{j}$, donc $\overrightarrow{OM} = x\vec{i} + y\vec{j}$.

Le point M a donc pour coordonnées $(x ; y)$ dans le repère $(O ; \vec{i}, \vec{j})$.

Donc d'après la formule rappelée ci-dessus :

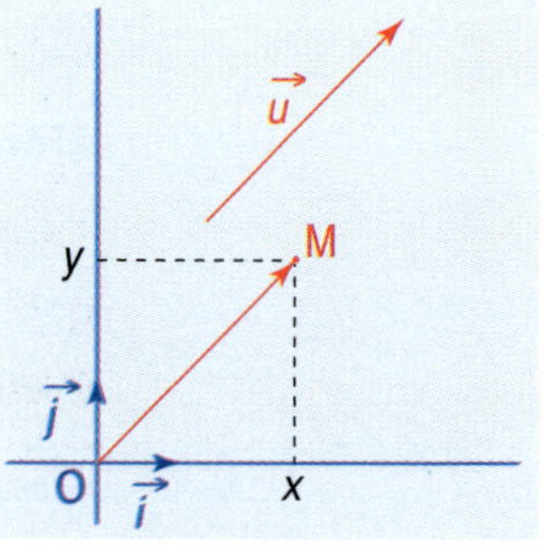

$$OM = \sqrt{(x-0)^2 + (y-0)^2} = \sqrt{x^2 + y^2}.$$

$$\text{Or } OM = \|\overrightarrow{OM}\| = \|\vec{u}\| \text{ ; d'où } \|\vec{u}\| = \sqrt{x^2 + y^2}.$$

5.3 Vecteurs orthogonaux

DÉFINITION 9

$\vec{u}$ et $\vec{v}$ sont deux vecteurs non nuls.
A, B, C et D sont des points du plan tels que $\overrightarrow{AB} = \vec{u}$ et $\overrightarrow{CD} = \vec{v}$.
Dire que $\vec{u}$ et $\vec{v}$ sont **orthogonaux** signifie que les droites (AB) et (CD) sont perpendiculaires.

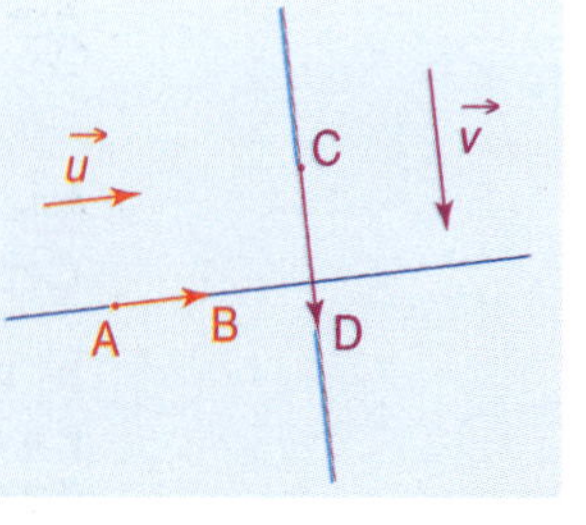

PROPRIÉTÉ 11

Dans un repère orthonormal $(O ; \vec{i}, \vec{j})$, les vecteurs $\vec{u}$ et $\vec{v}$ ont respectivement pour coordonnées $(x ; y)$ et $(x' ; y')$.
Dire que **$\vec{u}$ et $\vec{v}$ sont orthogonaux** équivaut à dire que **$xx' + yy' = 0$.**

> ***Note***
> *Si l'un des deux vecteurs $\vec{u}$, $\vec{v}$ est nul, $\vec{u}$ par exemple, alors $x = 0$ et $y = 0$. D'où $xx' + yy' = 0$. Ceci justifie la convention souvent utilisée : **le vecteur nul est orthogonal à n'importe quel vecteur.***

Démonstration

Notons M et N les points tels que $\overrightarrow{OM} = \vec{u}$ et $\overrightarrow{ON} = \vec{v}$.
Dire que $\vec{u}$ et $\vec{v}$ sont orthogonaux équivaut à dire que le triangle OMN est rectangle en O, c'est-à-dire :

$$MN^2 = OM^2 + ON^2.$$

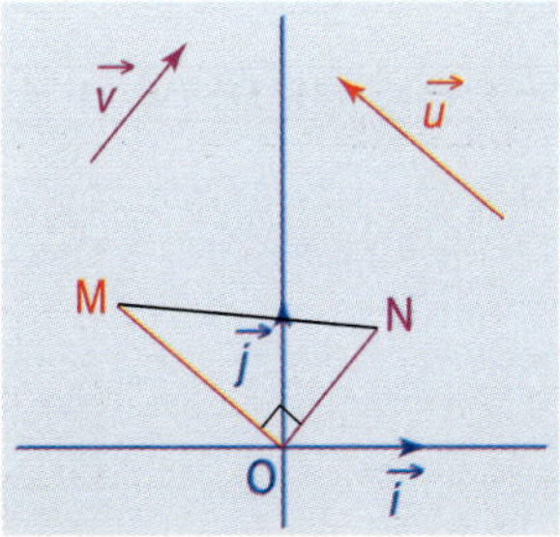

Or $OM^2 = x^2 + y^2$ et $ON^2 = x'^2 + y'^2$.
Et d'autre part, le vecteur $\overrightarrow{MN}$ a pour coordonnées $(x' - x ; y' - y)$, donc $MN^2 = (x' - x)^2 + (y' - y)^2$, c'est-à-dire, en développant :

$$MN^2 = x'^2 + x^2 + y'^2 + y^2 - 2xx' - 2yy'.$$

$MN^2 = OM^2 + ON^2$ équivaut donc à $-2xx' - 2yy' = 0$, c'est-à-dire à $xx' + yy' = 0$.

5 ■ 4 Droites perpendiculaires

PROPRIÉTÉ 12

Dans un repère orthonormal, les droites d et d' ont pour équations respectives $ax + by + c = 0$ et $a'x + b'y + c' = 0$.
Dire que **d et d' sont perpendiculaires** équivaut à dire que :

$$\boldsymbol{aa' + bb' = 0}.$$

Démonstration

D'après la propriété 9, le vecteur $\vec{u}\,(-b ; a)$ est un vecteur directeur de d et le vecteur $\vec{v}\,(-b' ; a')$ est un vecteur directeur de d'.
Dire que d et d' sont perpendiculaires équivaut à dire que les vecteurs $\vec{u}$ et $\vec{v}$ sont orthogonaux, c'est-à-dire, d'après la propriété 11, $(-b) \times (-b') + a \times a' = 0$, c'est-à-dire encore $aa' + bb' = 0$.

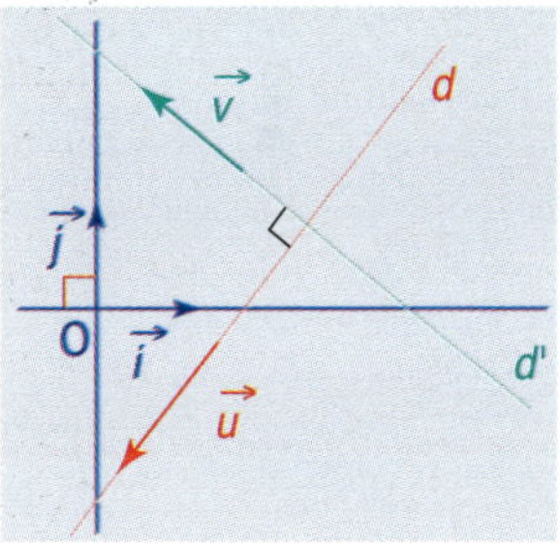

▶ **REMARQUE : Cas des équations réduites. Lien avec les coefficients directeurs.**
Dans le cas où b et b' sont non nuls tous les deux, d et d' admettent pour équations réduites respectives : $y = -\frac{a}{b}x - \frac{c}{b}$ et $y = -\frac{a'}{b'}x - \frac{c'}{b'}$.

La condition d'orthogonalité $aa' + bb' = 0$ peut s'écrire $-\frac{a}{b} = \frac{b'}{a'}$,
c'est-à-dire $\left(-\frac{a}{b}\right) \times \left(-\frac{a'}{b'}\right) = -1$.

Cette dernière égalité signifie que le produit des coefficients directeurs de d et d' est égal à -1.
On retrouve ainsi la condition d'orthogonalité vue en Troisième.

6. PARTITION DU PLAN PAR UNE DROITE

Nous admettrons la propriété suivante, déjà utilisée en classe de Troisième :

PROPRIÉTÉ 13

Toute droite d d'équation $ax + by + c = 0$ partage le plan en deux demi-plans :

- l'un est l'ensemble des points de coordonnées $(x ; y)$ telles que :

$$ax + by + c > 0 ;$$

- l'autre est l'ensemble des points de coordonnées $(x ; y)$ telles que :

$$ax + by + c < 0.$$

EXEMPLE : La droite d d'équation $x + y - 2 = 0$ partage le plan en deux demi-plans P_1 et P_2.
Dans P_1, $x + y - 2 > 0$.
Dans P_2, $x + y - 2 < 0$.

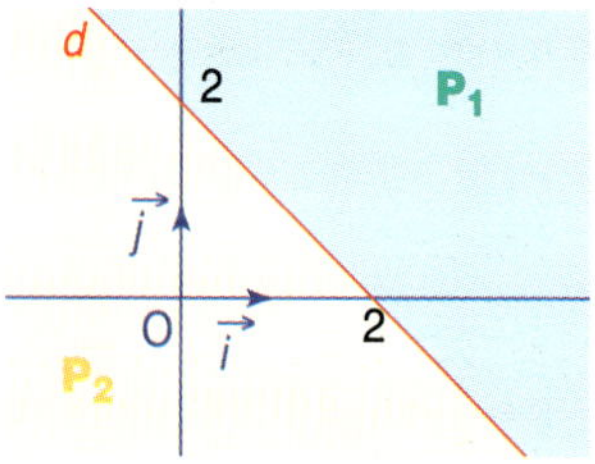

Exercices résolus
avec solutions commentées

Exo. 1

On considère, dans un repère, les points A (7 ; 3), B (13 ; 6) et C (28 ; 14). Ces points sont-ils alignés ?

Point Méthode

Pour savoir si les points A, B, C sont alignés, on peut étudier la colinéarité éventuelle des vecteurs $\overrightarrow{AB}$ et $\overrightarrow{AC}$ (ou $\overrightarrow{BC}$ et $\overrightarrow{BA}$, ou ...) à l'aide du critère "$xy' - yx' = 0$".

Solution

Le vecteur $\overrightarrow{AB}$ a pour coordonnées (13 – 7 ; 6 – 3), c'est-à-dire (6 ; 3).
De même, les coordonnées du vecteur $\overrightarrow{AC}$ sont (21 ; 11).
"A, B et C alignés" équivaut à "$\overrightarrow{AB}$ et $\overrightarrow{AC}$ colinéaires", c'est-à-dire, en notant $(x ; y)$ les coordonnées de $\overrightarrow{AB}$ et $(x' ; y')$ celles de $\overrightarrow{AC}$, à :

$$xy' - yx' = 0.$$

Ici, $x = 6$, $y = 3$ et $x' = 21$, $y' = 11$. Donc $xy' - yx' = 3$.
Donc $xy' - yx' \neq 0$. Les points **A, B, C ne sont donc pas alignés**.

▶ **REMARQUE : Si on place les points A, B et C dans un repère, ils peuvent sembler alignés. Seul le calcul permet de savoir avec certitude s'ils le sont ou non.**

Commentaires

◀ **"Abscisse de l'extrémité moins abscisse de l'origine", et "ordonnée de l'extrémité moins ordonnée de l'origine".**

◀ **Propriété 7, p. 291.**

Exo. 2

On considère, dans un repère $(O ; \vec{i}, \vec{j})$, le point A (3 ; 2) et le vecteur $\vec{u}$ (5 ; 2). Trouvez une équation de la droite *d* passant par A et de vecteur directeur $\vec{u}$.

Point Méthode

Pour trouver une équation de la droite *d* déterminée par A et $\vec{u}$, on traduit la condition "M $(x ; y)$ appartient à d" en écrivant que les vecteurs $\overrightarrow{AM}$ et $\vec{u}$ sont colinéaires

Solution

Notons M $(x ; y)$ un point quelconque du plan.
"M appartient à d" équivaut à "les vecteurs $\overrightarrow{AM}$ et $\vec{u}$ sont colinéaires".
Traduisons cette colinéarité à l'aide des coordonnées des vecteurs $\overrightarrow{AM}$ et $\vec{u}$.
Les coordonnées de $\overrightarrow{AM}$ sont $(x - 3 ; y - 2)$, celles de $\vec{u}$ sont (5 ; 2) par hypothèse.
Donc "$\overrightarrow{AM}$ et $\vec{u}$ colinéaires", équivaut à $(x - 3) \times 2 - (y - 2) \times 5 = 0$, c'est-à-dire $2x - 6 - 5y + 10 = 0$, ou encore $2x - 5y + 4 = 0$.
Une équation de d est donc $\mathbf{2x - 5y + 4 = 0}$.

Commentaires

◀ On utilise le critère "$xy' - yx' = 0$" (propriété 7, p. 291).

◀ On écrit l'équation sous la forme $ax + by + c = 0$.

Exo. 3

Trouvez une équation de la droite d passant par les points :

$A\,(2\,;\,1)$ et $B\,(3\,;\,-1)$.

Point Méthode

Pour trouver une équation d'une droite d passant par deux points A et B, on peut remarquer que d est la droite passant par A et de vecteur directeur $\overrightarrow{AB}$ et utiliser alors le point méthode de l'exercice résolu 2.

Solution

Le vecteur $\overrightarrow{AB}$ est un vecteur directeur de la droite (AB), d est donc la droite passant par A et de vecteur directeur $\overrightarrow{AB}$.

"M $(x\,;\,y)$ appartient à d" équivaut à "$\overrightarrow{AM}$ et $\overrightarrow{AB}$ sont colinéaires".

Le vecteur $\overrightarrow{AM}$ a pour coordonnées $(x-2\,;\,y-1)$ et le vecteur $\overrightarrow{AB}$ a pour coordonnées $(3-2\,;\,-1-1)$ c'est-à-dire $(1\,;\,-2)$.

"$\overrightarrow{AM}$ colinéaire à $\overrightarrow{AB}$" équivaut à $(x-2)\times(-2)-(y-1)\times 1=0$, c'est-à-dire $-2x-y+5=0$.

Une équation de d est donc $\mathbf{-2x-y+5=0}$.

▶ **REMARQUE :** En classe de Troisième, vous avez appris à trouver l'équation d'une droite passant par deux points. La méthode exposée ici est différente.

Commentaires

◀ d est aussi la droite passant par B de vecteur directeur $\overrightarrow{AB}$.

◀ Voir Point Méthode de l'exercice résolu 2.

◀ Critère "$xy'-yx'=0$" (propriété 7).

Exo. 4

Dans un repère, la droite Δ a pour équation cartésienne :

$$3x-2y+5=0.$$

Trouvez une équation cartésienne de la droite d passant par le point $A\,(1\,;\,-2)$ et parallèle à Δ.

Point Méthode

Pour trouver une équation de la droite d passant par un point A et parallèle à une droite Δ donnée, on peut déterminer d'abord un vecteur directeur $\vec{u}$ de Δ.

On traduit ensuite le fait que d est la droite passant par A et de vecteur directeur $\vec{u}$, comme dans l'exercice résolu 2.

Solution

Un vecteur directeur de la droite d'équation $ax+by+c=0$ est le vecteur $\vec{u}\,(-b\,;\,a)$. Donc, ici, $\vec{u}\,(2\,;\,3)$ est un vecteur directeur de Δ.

Puisque d est parallèle à Δ, $\vec{u}$ est aussi un vecteur directeur de d ; d est donc la droite passant par A et de vecteur directeur $\vec{u}$.

"M $(x\,;\,y)$ appartient à d" équivaut "$\overrightarrow{AM}$ et $\vec{u}$ sont colinéaires".

Or le vecteur $\overrightarrow{AM}$ a pour coordonnées $(x-1\,;\,y+2)$.

Donc "$\overrightarrow{AM}\,(x-1\,;\,y+2)$ et $\vec{u}\,(2\,;\,3)$ sont colinéaires" équivaut à :

$$(x-1)\times 3-(y+2)\times 2=0,\text{ c'est-à-dire } 3x-2y-7=0.$$

Une équation de d est donc $\mathbf{3x-2y-7=0}$.

Commentaires

◀ Propriété 9, p. 293.

◀ Δ a pour équation cartésienne $3x-2y+5=0$, donc $a=3$, $b=-2$, $c=5$.

◀ Critère "$xy'-yx'=0$" (propriété 7).

Exo. 5

Dans un repère orthonormal, on considère les points :

A (– 2 ; 1), B (4 ; – 2) ,et C (2 ; 9).

Montrez que l'angle $\widehat{BAC}$ est droit.

Point Méthode

Pour montrer que l'angle $\widehat{BAC}$ est droit, on peut montrer que les vecteurs $\overrightarrow{AB}$ et $\overrightarrow{AC}$ sont orthogonaux en utilisant le critère d'orthogonalité de deux vecteurs "$xx' + yy' = 0$".

Solution

Le vecteur $\overrightarrow{AB}$ a pour coordonnées (6 ; – 3) et le vecteur $\overrightarrow{AC}$ a pour coordonnées (4 ; 8).

Dire que l'angle $\widehat{BAC}$ est droit équivaut à dire que les droites (AB) et (AC) sont perpendiculaires, c'est-à-dire que les vecteurs $\overrightarrow{AB}$ et $\overrightarrow{AC}$ sont orthogonaux.

Or dire que deux vecteurs $\vec{u}$ $(x ; y)$ et $\vec{v}$ $(x' ; y')$ sont orthogonaux équivaut à dire que $xx' + yy' = 0$.

Cette condition est satisfaite, car ici, $xx' + yy' = 6 \times 4 - 3 \times 8 = 0$.

Les vecteurs $\overrightarrow{AB}$ et $\overrightarrow{CD}$ sont donc orthogonaux.

L'angle $\widehat{BAC}$ est donc droit.

Commentaires

◀ **Définition 9, p. 294.**

◀ **Propriété 11, p. 295.**

Exo. 6

Dans un repère orthonormal, la droite Δ a pour équation $3x + 4y = 0$.
d **est la droite orthogonale à Δ passant par le point A (3 ; – 1).**
Trouvez une équation cartésienne de *d*.

Point Méthode

Pour trouver une équation cartésienne de la droite *d* orthogonale à Δ passant par A, on détermine un vecteur directeur $\vec{u}$ de Δ, puis on traduit alors la condition "M $(x ; y)$ appartient à d" en écrivant que les vecteurs $\overrightarrow{AM}$ et $\vec{u}$ sont orthogonaux.

Solution

Un vecteur directeur de la droite d'équation $ax + by + c = 0$ est le vecteur $\vec{u}$ $(-b ; a)$. Donc, ici, $\vec{u}$ (– 4 ; 3) est un vecteur directeur de Δ.

d est la perpendiculaire à Δ passant par A. Donc "M $(x ; y)$ appartient à d" équivaut à "AM et $\vec{u}$ sont orthogonaux".

Le vecteur $\overrightarrow{AM}$ a pour coordonnées $(x - 3 ; y + 1)$.

Dire que $\overrightarrow{AM}$ $(x - 3 ; y + 1)$ et $\vec{u}$ (– 4 ; 3) sont orthogonaux équivaut à dire que $(x - 3) \times (-4) + (y + 1) \times 3 = 0$, c'est-à-dire :

$$-4x + 3y + 15 = 0.$$

Une équation de d est donc $\mathbf{-4x + 3y + 15 = 0}$.

Commentaires

◀ **Propriété 9, p. 293.**

◀ **Critère "$xx' + yy' = 0$". (propriété 11).**

TP 1

CHOISIR UN REPÈRE POUR DÉMONTRER

1 ■ 1 Dans un carré

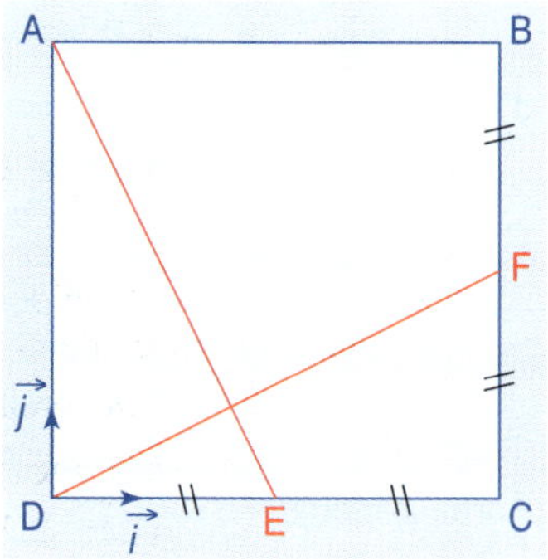

ABCD est un carré, la longueur du côté est a.
E est le milieu de [CD] et F celui de [BC].
Nous vous proposons de démontrer que les droites (AE) et (DF) sont perpendiculaires, en utilisant la géométrie analytique.
Pour cela, il vous faut d'abord choisir un repère orthonormal.
Les droites perpendiculaires ici ne manquent pas.
Choisissez, par exemple, le repère $(I\ ;\ \vec{i}, \vec{j})$.

1. Quelles sont alors les coordonnées des points D, A, E et F ?

2. Démontrez que les droites (AE) et (DF) sont perpendiculaires.

1 ■ 2 Dans un triangle rectangle

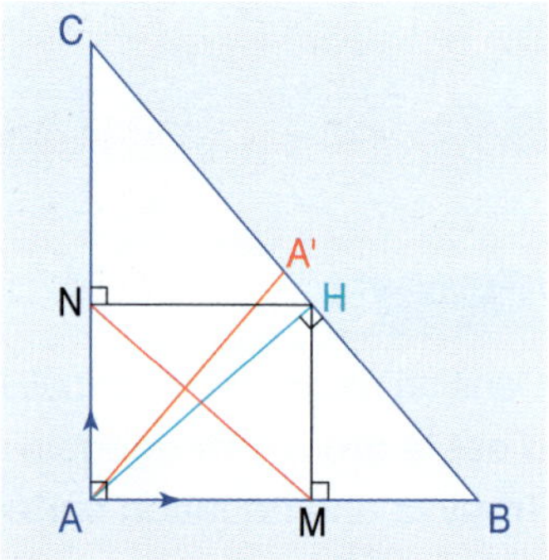

ABC est un triangle rectangle en A, AB = ℓ, AC = L.
Le point A′ est le milieu de [BC], le point H est le pied de la hauteur issue de A.
Les points M et N sont les projetés orthogonaux de H sur (AB) et (AC) respectivement.
Nous vous proposons de démontrer que les droites (AA′) et (MN) sont perpendiculaires, en utilisant la géométrie analytique.
Nous choisissons un repère orthonormal d'origine A, dont l'axe des abscisses est la droite (AB) orientée de A vers B et l'axe des ordonnées la droite (AC) orientée de A vers C.

1. Quelles sont alors les coordonnées des points B, C, A′ ?

2. **a)** Trouvez une équation cartésienne de la droite (BC).
b) Trouvez une équation cartésienne de la droite (AH).
c) Déduisez-en les coordonnées de H.

3. Trouvez les coordonnées de M et de N.

4. Démontrez que les vecteurs $\overrightarrow{MN}$ et $\overrightarrow{AA'}$ sont orthogonaux.
Que peut-on dire des droites (MN) et (AA′) ?

TP 2
AVEC DES RECTANGLES

ABCD est un rectangle, I et K sont les milieux respectifs de [AB] et de [CD]. On note L la longueur AB du rectangle et ℓ sa largeur AD.

2 ■ 1 Une propriété surprenante

On se propose de trouver une condition pour que les droites (AK) et (BD) soient orthogonales.
On considère un repère orthonormal $(A ; \vec{i}, \vec{j})$ tel que le vecteur $\vec{i}$ ait pour direction la droite (AB) et le vecteur $\vec{j}$ la droite (AD).

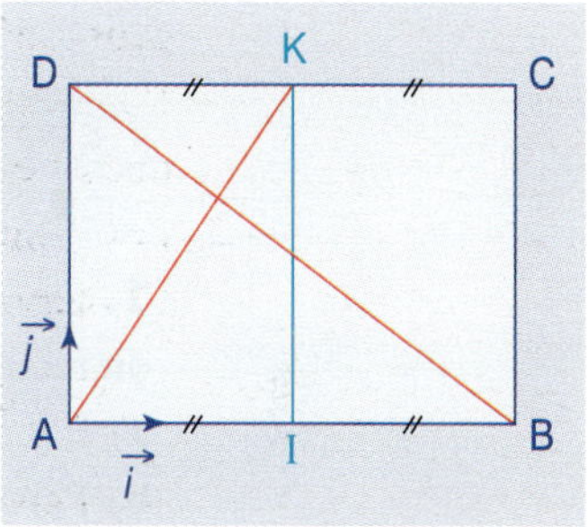

1. **a)** Quelles sont les coordonnées des points A, K, B et D dans le repère $(A ; \vec{i}, \vec{j})$?
b) Calculez les coordonnées des vecteurs $\overrightarrow{AK}$ et $\overrightarrow{BD}$ dans le repère $(A ; \vec{i}, \vec{j})$.

2. Déduisez de ce qui précède que :
"(AK) perpendiculaire à (BD)" équivaut à $\frac{L}{\ell} = \sqrt{2}$.

3. On suppose que le rectangle ABCD est tel que $\frac{L}{\ell} = \sqrt{2}$.
a) Exprimez en fonction de ℓ la longueur et la largeur du rectangle AIKD.
b) On note L_1 la longueur du rectangle AIKD et ℓ_1 sa largeur. Vérifiez que $\frac{L_1}{\ell_1} = \sqrt{2}$.

2 ■ 2 Format A_4

On dira qu'un rectangle satisfait à la propriété **(P)** si le quotient de sa longueur par sa largeur est égale à $\sqrt{2}$.
Ainsi, si le rectangle ABCD satisfait à la propriété **(P)**, il en est de même pour le rectangle AIKD. On peut de manière analogue partager le rectangle AIKD en deux autres rectangles qui satisfont donc eux aussi à la propriété **(P)**, etc.

1. Une feuille de format A_4, d'utilisation courante (classeurs, photocopies, ...), est un rectangle de dimensions 21 cm × 29,7 cm.
Vérifiez que ce rectangle satisfait approximativement à la propriété **(P)**.

2. Calculez la longueur d'une grande feuille de papier rectangulaire satisfaisant à la propriété **(P)** et d'aire égale à 1 m^2.

3. Par pliages successifs, chaque fois autour de la droite joignant les milieux des grands côtés du rectangle, on obtient des feuilles rectangulaires de format A_4.
Vérifiez qu'il en est bien ainsi et indiquez le nombre de pliages nécessaires et le nombre de feuilles de format A_4 obtenues à partir d'une feuille de 1 m^2.

2■3 Étude des rectangles

On suppose dans toute la suite du problème que le rectangle ABCD vérifie la propriété **(P)**.

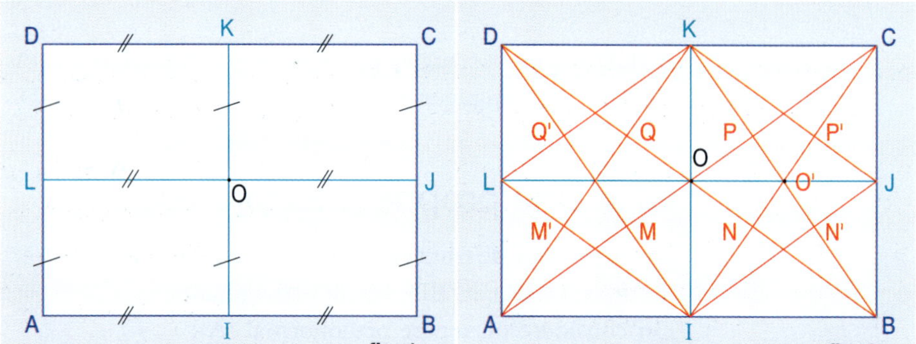

fig. 1 fig. 2

1. On note I, J, K, L les milieux respectifs de [AB], [BC], [CD], [DA], et O le centre du rectangle.

a) Il y a neuf rectangles tracés sur la figure 1. Lesquels ?

b) Parmi ces rectangles, trouvez tous ceux qui vérifient la propriété **(P)**.

2. On a complété la figure 1 et placé les points M, N, P, Q, M′, N′, P′, Q′, O′.

a) Montrez que $OP = \frac{1}{3}$ OC, et déduisez-en que OP = OQ = OM = ON.

b) Montrez que les droites (PN) et (BC) sont parallèles.

INDICATION : *Considérer le triangle OBC.*

c) Montrez que le quadrilatère MNPQ est un rectangle. Vérifie-t-il la propriété **(P)** ?

3. a) Montrez que $JP' = \frac{1}{3}$ JK, et déduisez-en que JP′ = JN′ = LM′ = LQ′.

b) Montrez que les droites (P′ N′) et (BC) sont parallèles.

INDICATION : *Considérer le triangle JKI.*

c) Montrez que le quadrilatère M′ N′ P′ Q′ est un rectangle.

4. Montrez que les points P, P′, Q sont alignés, de deux façons :

a) analytiquement, en choisissant un repère orthogonal $(O ; \vec{i}, \vec{j})$ et en vérifiant que les vecteurs $\overrightarrow{P'P}$ et $\overrightarrow{PQ}$ sont colinéaires.

b) géométriquement, en montrant que les droites (PP′) et (PQ) sont parallèles.

5. Montrez que P, Q, P′, Q′ sont alignés, ainsi que M, N, M′, N′.

6. Le rectangle M′N′P′Q′ vérifie-t-il la propriété **(P)** ?

2■4 Du plus petit au plus grand

On considère les rectangles ABCD, AIOL, ABJL, AIKD, MNPQ et M′N′P′Q′ de la figure 2.

1. Calculez le périmètre de chacun de ces rectangles en fonction de ℓ et rangez-les dans l'ordre croissant de leur périmètre.

2. Calculez l'aire de chacun de ces rectangles en fonction de ℓ et rangez-les dans l'ordre croissant de leur aire.

RÉSULTATS ET CONSEILS

Des résultats à retenir

- d est une droite munie d'un repère $(O\ ;\ \overrightarrow{OI})$.

• Si A et B sont des points de d, d'abscisses x_A et x_B, alors la mesure algébrique de $\overline{AB}$ est le nombre :

$$\overline{\mathbf{AB}} = x_B - x_A.$$

• Si A, B, C sont des points de d, alors :

$$\overline{AC} = \overline{AB} + \overline{BC} \text{ (relation de Chasles).}$$

- Un repère $(O\ ;\ \vec{i}, \vec{j})$ du plan est déterminé par un point O et par deux vecteurs non colinéaires $\overrightarrow{OI} = \vec{i}$ et $\overrightarrow{OJ} = \vec{j}$.

• Si les vecteurs $\vec{i}$ et $\vec{j}$ sont orthogonaux, c'est-à-dire si **(OI) et (OJ)** sont **perpendiculaires**, on dit que le repère est **orthogonal**.

• Si, de plus, $\|\vec{i}\| = \|\vec{j}\| = 1$, on dit que le repère est **orthonormal**.

- Si, dans un repère, $(x_A\ ;\ y_A)$ désignent les coordonnées de A et $(x_B\ ;\ y_B)$ celles de B, alors les coordonnées de $\overrightarrow{\mathbf{AB}}$ sont $(x_B - x_A\ ;\ y_B - y_A)$.

- $\vec{u}\,(x\ ;\ y)$ et $\vec{v}\,(x'\ ;\ y')$ sont deux vecteurs dans un repère et k est un réel.

• $\vec{u} = \vec{v}$ équivaut à $x = x'$ **et** $y = y'$.

• $\vec{u} + \vec{v}$ a pour coordonnées $(x + x'\ ;\ y + y')$.

• $k\vec{u}$ a pour coordonnées $(kx\ ;\ ky)$.

- A $(x_A\ ;\ y_A)$ et B $(x_B\ ;\ y_B)$ sont deux points. Les coordonnées $(x_I\ ;\ y_I)$ du **milieu I de [AB]** sont :

$$x_I = \frac{x_A + x_B}{2},\ y_I = \frac{y_A + y_B}{2}.$$

- $\vec{u}\,(x\ ;\ y)$ **et** $\vec{v}\,(x'\ ;\ y')$ **colinéaires** équivaut à :

$$xy' - yx' = 0.$$

- Les équations de droites sont de la forme $ax + by + c = 0$, a et b non nuls tous les deux.

- Dire que $\vec{u}$ **est un vecteur directeur de la droite** d signifie que $\vec{u} = \overrightarrow{AB}$ où A et B sont deux points distincts de d.

Le vecteur $\vec{u}\,(-b\ ;\ a)$ est un vecteur directeur de la droite d'équation $ax + by + c = 0$.

- $(O\ ;\ \vec{i}, \vec{j})$ est un repère **orthonormal**.

• Si $(x_A\ ;\ y_A)$ désignent les coordonnées de A et $(x_B\ ;\ y_B)$ celles de B, alors :

$$\mathbf{AB} = \sqrt{(x_B - x_A)^2 + (y_B - y_A)^2}.$$

• La norme du vecteur $\vec{u}\,(x\ ;\ y)$ est :

$$\|\vec{u}\| = \sqrt{x^2 + y^2}.$$

• $\vec{u}\,(x\ ;\ y)$ **et** $\vec{v}\,(x'\ ;\ y')$ **orthogonaux** équivaut à :

$$xx' + yy' = 0.$$

• d, d' sont deux droites d'équations $ax + by + c = 0$, $a'x + b'y + c' = 0$.

Alors **d et d' perpendiculaires** équivaut à :

$$aa' + bb' = 0.$$

Des conseils à suivre

▶ N'oubliez pas que vous disposez à présent de deux outils nouveaux importants pour résoudre certains problèmes (que vous avez déjà résolus parfois par d'autres méthodes en Troisième) :

– le critère de colinéarité "$xy' - yx' = 0$".

– le critère d'orthogonalité "$xx' + yy' = 0$" en repère orthonormal.

Des erreurs à éviter

■ Lorsque le repère n'est pas orthonormal, les critères d'orthogonalité de deux vecteurs ou de deux droites, et les formules permettant de calculer AB et $\|\vec{u}\|$ ne sont pas vraies.

exercices et problèmes

VÉRIFICATION DES CONNAISSANCES

S1 Par quoi est constitué un repère d'une droite ? Par quoi est constitué un repère du plan ? Quand dit-on qu'un repère du plan est orthogonal ? Quand dit-on qu'il est orthonormal ?

S2 Qu'appelle-t-on abscisse du point M d'une droite d dans le repère $(O ; \overrightarrow{OI})$? Qu'appelle-t-on mesure algébrique du vecteur $\overrightarrow{AB}$ dans le repère $(O ; \overrightarrow{OI})$?

S3 A, B, C sont trois points d'une même droite munie d'un repère. Complétez l'égalité $\overline{AC} = \overline{AB} + \square$.

S4 x et y sont les coordonnées de $\vec{u}$ dans la base $(\vec{i}, \vec{j})$. Complétez l'égalité $\vec{u} = \square + \square$.

S5 Exprimez les coordonnées $(x ; y)$ de $\overrightarrow{AB}$ en fonction des coordonnées $(x_A ; y_A)$ de A et $(x_B ; y_B)$ de B.

S6 $\vec{u}\,(x ; y)$ et $\vec{v}\,(x' ; y')$ sont deux vecteurs et k est un réel.
- Quelles sont les coordonnées de $\vec{u} + \vec{v}$? Quelles sont les coordonnées de $k\,\vec{v}$?
- Comment peut-on traduire l'égalité $\vec{u} = \vec{v}$ en utilisant les coordonnées de $\vec{u}$ et $\vec{v}$?

S7 Exprimez les coordonnées $(x_I ; y_I)$ du milieu I de [AB] en fonction des coordonnées $(x_A ; y_A)$ de A et $(x_B ; y_B)$ de B.

S8 Indiquez un critère pour que les vecteurs $\vec{u}\,(x ; y)$ et $\vec{v}\,(x' ; y')$ soient colinéaires.

S9 Complétez :
- Une équation d'une droite d est de la forme …
- L'équation réduite d'une droite d non parallèle à la droite des ordonnées est de la forme …

S10 Quand dit-on que le vecteur $\vec{u} = \overrightarrow{CD}$ est un vecteur directeur de la droite d ? Donnez un vecteur directeur de la droite d d'équation $ax + by + c = 0$.

S11 A $(x_A ; y_A)$ et B $(x_B ; y_B)$ sont deux points dans un repère orthonormal et $\vec{u}\,(x ; y)$ est un vecteur. Complétez : • AB = … ; • $\|\vec{u}\|$ = …

S12 En repère orthonormal, indiquez un critère pour que les vecteurs $\vec{u}\,(x ; y)$ et $\vec{v}\,(x' ; y')$ soient orthogonaux. Indiquez un critère pour que les droites d et d' d'équation $ax + by + c = 0$ et $a'x + b'y + c' = 0$ soient perpendiculaires.

VÉRIFICATION DES SAVOIR-FAIRE

Une seule des réponses proposées est exacte	a	b	c
SF1 $\overrightarrow{OM} = \frac{5}{2}\overrightarrow{OI}$. Alors l'abscisse de M dans le repère $(O ; \overrightarrow{OI})$ est ..	3	2,5	$-\frac{5}{2}$
SF2 Sur la droite d munie du repère $(O ; \overrightarrow{OI})$, A a pour abscisse 5. Alors $\overline{AI}$ = …	– 4	4	5
SF3 A (3 ; 5) et B (– 3 ; – 5) sont deux points dans un repère $(O ; \vec{i}, \vec{j})$. Alors $\overrightarrow{AB}$ a pour coordonnées …	(0 ; 0)	(6 ; 10)	(– 6 ; – 10)
SF4 A (– 1 ; 4) et B (2 ; 3) sont deux points dans un repère $(O ; \vec{i}, \vec{j})$. Alors les coordonnées du milieu I de [AB] sont …	(0,5 ; 3,5)	(3 ; – 1)	$\left(\frac{3}{2} ; -\frac{1}{2}\right)$
SF5 $\vec{u}\,(2 ; 5)$ et $\vec{v}\,(-3 ; 1)$ sont deux vecteurs dans un repère orthonormal $(O ; \vec{i}, \vec{j})$. Alors :	$\vec{u}$ et $\vec{v}$ sont colinéaires	$\vec{u}$ et $\vec{v}$ sont orthogonaux	$\vec{u}$ et $\vec{v}$ ne sont ni colinéaires, ni orthogonaux
SF6 Un vecteur directeur de la droite d d'équation $y = \frac{2}{5}x + 3$ est …	$\vec{u}\left(1 ; \frac{2}{5}\right)$	$\vec{u}\left(-1 ; \frac{2}{5}\right)$	$\vec{u}\left(-\frac{2}{5} ; 1\right)$
SF7 $\vec{u}\,(-3 ; 4)$ est un vecteur dans un repère orthonormal. Alors $\|\vec{u}\|$ = …	$\sqrt{49}$	5	1
SF8 Dans un repère orthonormal, les droites d'équations $2x - y + 1 = 0$ et $-\frac{1}{2}x - y + 3 = 0$ …	sont perpendiculaires	sont parallèles	ne sont ni perpendiculaires, ni parallèles

Réponses en fin de manuel

COMME LES RÉSOLUS

Pour les exercices 1 et 2, vous pouvez vous reporter à l'exercice résolu 1, p. 297.

1 On considère, dans un repère, les points A (– 2 ; – 3), B (– 8 ; – 12) et C (18 ; 27). Sont-ils alignés ?

2 On considère, dans un repère, les points A (14 ; – 19), B (9 ; – 5) et C (5 ; 7). Sont-ils alignés ?

Pour les exercices 3 et 4, vous pouvez vous reporter à l'exercice résolu 2, p.297.

3 On considère, dans un repère $(O ; \vec{i}, \vec{j})$, le point A (– 5 ; 4) et le vecteur $\vec{u}\left(1 ; -\frac{4}{5}\right)$. Trouvez une équation de la droite *d* passant par A et de vecteur directeur $\vec{u}$.

4 On considère, dans un repère $(O ; \vec{i}, \vec{j})$, le point A (– 3 ; – 3) et le vecteur $\vec{u}\left(-\frac{2}{3} ; 1\right)$. Trouvez une équation de la droite *d* passant par A et de vecteur directeur $\vec{u}$.

Pour les exercices 5 et 6, vous pouvez vous reporter à l'exercice résolu 3, p. 298.

5 Trouvez une équation de la droite *d* passant par le point A (– 6 ; 5) et le point B (1 ; 4).

6 Trouvez une équation de la droite *d* passant par le point A (2 ; 3) et le point B (– 6 ; – 9).

Pour les exercices 7 et 8, vous pouvez vous reporter à l'exercice résolu 4, p. 298.

7 Dans un repère, la droite Δ a pour équation cartésienne $-2x + 5y - 1 = 0$. Trouvez une équation de la droite *d* passant par A (– 3 ; 2) et parallèle à Δ.

8 Dans un repère, la droite Δ a pour équation cartésienne $x - y - 1 = 0$. Trouvez une équation de la droite *d* passant par A (– 2 ; 2) et parallèle à Δ.

Pour les exercices 9 et 10, vous pouvez vous reporter à l'exercice résolu 5, p. 299.

9 Dans un repère orthonormal, on considère les points :

A (0 ; – 5), B (– 6 ; 7), C (8 ; – 1).

Montrez que l'angle $\widehat{BAC}$ est droit.

10 Dans un repère orthonormal, on considère les points :

A (5 ; – 10), B (– 5 ; 15), C (0 ; – 12).

Montrez que l'angle $\widehat{BAC}$ est droit.

Pour les exercices 11 et 12, vous pouvez vous reporter à l'exercice résolu 6, p. 299.

11 Dans un repère orthonormal, la droite Δ a pour équation cartésienne $-2x + 4y - 1 = 0$.
d est la droite orthogonale à Δ et passant par le point A (2 ; 2). Trouvez une équation cartésienne de *d*.

12 Dans un repère orthonormal, la droite Δ a pour équation cartésienne $\frac{1}{2}x - y = 0$.
d est la droite orthogonale à Δ et passant par le point A (– 1 ; 0). Trouvez une équation cartésienne de *d*.

Corrigés en fin de manuel

POUR S'ENTRAÎNER

Dans la quasi-totalité des exercices, le repère n'est pas précisé. Il est sous entendu que les coordonnées de points (ou de vecteurs) données dans les énoncés sont relatives à un repère orthonormal $(O ; \vec{i}, \vec{j})$ (ou à une base orthonormale $(\vec{i}, \vec{j})$).

Mesure algébrique d'un vecteur

13 Sur une droite graduée de repère $(O ; \overrightarrow{OI})$, les points A et B ont pour abscisses respectives -2 et 3.

1. Calculez $\overline{OA}$, $\overline{OB}$, $\overline{AB}$.

2. On note M le milieu de [AB]. Calculez $\overline{AM}$.

3. Montrez que pour tout point P de la droite (OI) :

$$\overline{PM} = \frac{1}{2}(\overline{PA} + \overline{PB}).$$

14 Sur une droite graduée de repère $(O ; \overrightarrow{OI})$, les points A et B ont pour abscisses respectives $\frac{7}{3}$ et -4.

1. Déterminez le réel k tel que $\overrightarrow{AB} = k\,\overrightarrow{OI}$.

2. On note C le point de (OI) tel que $\overline{BC} = 2$. Calculez $\overline{OC}$ et déduisez-en l'abscisse de C dans le repère $(O ; \overrightarrow{OI})$.

15 Sur une droite graduée de repère $(O ; \overrightarrow{OI})$, les points A et B ont pour abscisses respectives 3 et -4.

1. Déterminez l'abscisse du point G de (OI) tel que :

$$2\,\overline{GA} + 3\,\overline{GB} = 0.$$

2. Montrez que pour tout point P de la droite (OI) :

$$2\,\overline{PA} + 3\,\overline{PB} = 5\,\overline{PG}.$$

16 ABCD est un trapèze de bases [AB] et [CD] telles que AB = 3 CD.
Les points E et F sont tels que $\overrightarrow{BE} = \overrightarrow{DC}$ et $\overrightarrow{BF} = \overrightarrow{CD}$.

1. Expliquez pourquoi E et F sont sur la droite (AB).

2. On munit la droite (AB) du repère $(A ; \overrightarrow{CD})$.

a. Précisez $\overline{AB}$, $\overline{BE}$, $\overline{BF}$.

b. Calculez $\overline{AE}$ et $\overline{AF}$.

3. Quelles sont les abscisses des points E et F dans le repère $(A ; \overrightarrow{CD})$?

17 * A et B sont des points d'une droite graduée Δ.
On note M le milieu de [AB].
Montrez que pour tout point P de Δ :

$$\overline{PA}^2 + \overline{PB}^2 = 2\,\overline{PM}^2 + \frac{\overline{AB}^2}{2}.$$

Coordonnées de points et de vecteurs

Pour les exercices 18 à 21, calculez les coordonnées des vecteurs $\overrightarrow{AB}$, $\overrightarrow{AC}$, $\overrightarrow{AM}$, puis les coordonnées de M.

18 A (4 ; 2), B (– 2 ; 1), C (– 3 ; 5), et $\overrightarrow{AM} = 2\,\overrightarrow{AB} - 3\,\overrightarrow{AC}$.

19 A (– 5 ; – 3), B (2 ; – 1), C (1 ; – 2), et $\overrightarrow{AM} = \frac{3}{2}\overrightarrow{AB} + \frac{2}{3}\overrightarrow{AC}$.

20 A (– 3 ; 1), B (5 ; – 2), C (4 ; – 1), et $\overrightarrow{AM} = \frac{3}{5}\overrightarrow{AB} - \frac{2}{5}\overrightarrow{AC}$.

21 A($\sqrt{2}$; $-\sqrt{2}$), B(2 ; – 1), C($3\sqrt{2}$; $-\sqrt{2}$), et $\overrightarrow{AM} = \sqrt{2}\,\overrightarrow{AB} - \sqrt{2}\,\overrightarrow{AC}$.

Pour les exercices 22 à 24, on donne les vecteurs $\vec{u}$ (3 ; 2) et $\vec{v}$ (– 2 ; – 5). Calculez les coordonnées des vecteurs $\vec{x}$, $\vec{y}$, $\vec{z}$ et $\vec{t}$.

22 $\vec{x} = 3\vec{u}$, $\vec{y} = \vec{u} - \vec{v}$, $\vec{z} = \vec{u} + \vec{v}$, $\vec{t} = \vec{x} + \vec{y}$.

23 $\vec{x} = -5\vec{u}$, $\vec{y} = -3\vec{u} - \vec{v}$, $\vec{z} = \vec{u} - 2\vec{v}$, $\vec{t} = \vec{z}$.

24 $\vec{x} = \frac{3}{2}\vec{u}$, $\vec{y} = \frac{5}{2}\vec{u} + \frac{1}{3}\vec{v}$, $\vec{z} = \vec{0}$, $\vec{t} = \vec{x} - \vec{y} + \vec{z}$.

25 $\vec{u}\,(t - 7 ; 4 - m)$ et $\vec{v} = 3t\,\vec{i} + (m + 1\,\vec{j})$.
Comment faut-il choisir les réels t et m pour que :

a) $\vec{u} = \vec{0}$? **b)** $\vec{v} = \vec{0}$? **c)** $\vec{u} = \vec{v}$?

26 A est un point quelconque, B et C ont respectivement pour coordonnées (4 ; 8) et (– 6 ; 2). M est le milieu de [BC], N est le point tel que $\overrightarrow{AN} = \frac{1}{2}(\overrightarrow{AB} + \overrightarrow{AC})$, et L est le point tel que $\overrightarrow{AL} = \frac{1}{2}\overrightarrow{CB} + \overrightarrow{AC}$.
Montrez que les points M, L, N sont confondus et calculez leurs coordonnées.

27 **Points et quadrillage**

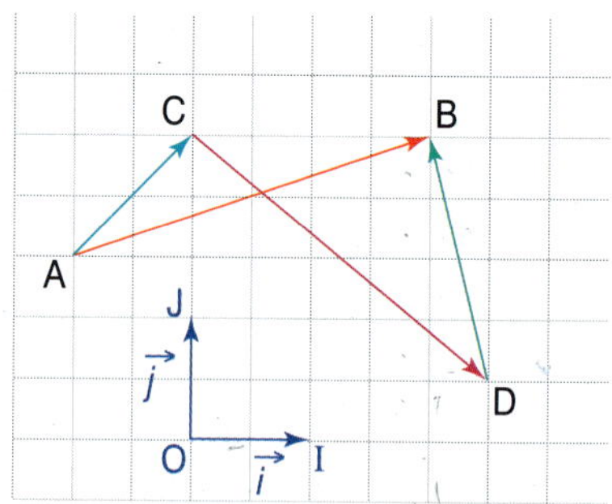

1. Lisez sur la figure les coordonnées des vecteurs $\overrightarrow{AB}$ et $\overrightarrow{CD}$, $\overrightarrow{AC}$ et $\overrightarrow{BD}$.

2. a. Reproduisez la figure puis placez le point P tel que $\overrightarrow{OP} = \overrightarrow{AB} + \overrightarrow{CD}$.

b. Déterminez graphiquement, puis par le calcul, les coordonnées du point P.

3. Faites de même pour le point Q tel que $\overrightarrow{OQ} = \overrightarrow{AC} + \overrightarrow{BD}$.

28 **Vecteurs et quadrillage**

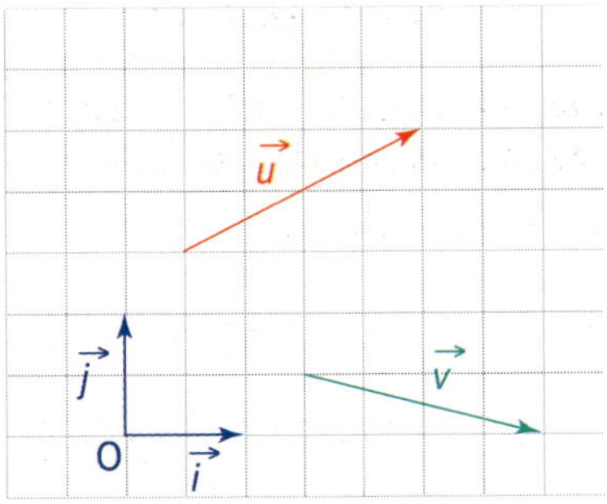

1. Lisez sur la figure les coordonnées des vecteurs $\vec{u}$ et $\vec{v}$.

2. Après avoir reproduit la figure, représentez les vecteurs $\vec{u}+\vec{v}$, $2\vec{u}$, $2\vec{v}$, $2\vec{u}+2\vec{v}$.

3. Déterminez graphiquement, puis par le calcul les coordonnées de ces vecteurs.

4. Vérifiez sur le dessin et par le calcul que :
$$2\vec{u}+2\vec{v}=2(\vec{u}+\vec{v}).$$

INDICATION : Représenter les vecteurs demandés à partir de la même origine O.

Vecteurs colinéaires. Alignement. Parallélisme

29 Calculez les coordonnées des vecteurs $\overrightarrow{AB}$ et $\overrightarrow{AC}$ avec A (4 ; – 1), B (7 ; – 3) et C (– 5 ; 5).
Les points A, B, C sont-ils alignés ?

30 On donne les points A (5 ; – 3), B (2 ; – 5) et C (*x* ; *y*).
Comment faut-il choisir les réels *x* et *y* pour avoir l'égalité $\overrightarrow{AC}=\frac{7}{3}\overrightarrow{AB}$?

31 On donne le points A (3 ; 7), B (8 ; 2), C (– 4 ; – 2), et le vecteur $\vec{u}$ (2 ; 5). À tout réel *x*, on associe le point M tel que $\overrightarrow{CM}=x\vec{u}$.

1. Quelles sont les coordonnées de M ?
Les coordonnées de $\overrightarrow{AM}$?

2. Comment faut-il choisir *x* pour que M soit sur (AB) ?

Pour les exercices 32 à 35, comment faut-il choisir le réel *k* pour que les vecteurs $\vec{u}$ et $\vec{v}$ soient colinéaires ?

32 $\vec{u}$ (5 ; – 2), $\vec{v}$ (*k* ; 5),

33 $\vec{u}$ (2 ; – *k*), $\vec{v}$ (– 3*k* ; 5).

34 $\vec{u}$ (– 3 ; $|k|$), $\vec{v}$ (2 ; – 4).

35 $\vec{u}$ (4 ; 3*k*), $\vec{v}$ (– 5 ; $k^2\sqrt{2}$).

Pour les exercices 36 à 38, trouvez une relation entre les réels *x* et *y* pour que les vecteurs $\vec{u}$ et $\vec{v}$ soient colinéaires, ou pour que les points A, B et M soient alignés.

36 **a)** $\vec{u}$ (– 3 ; 3), $\vec{v}$ (*x* + 5 ; *y* – 2).
b) A (– 3 ; 7), B (– 2 ; – 3), $\overrightarrow{AM}$ (*x* ; *y*).

37 A (– 5 ; – 4), B (7 ; – 1), $\overrightarrow{BM}$ (*x* ; *y*).

38 A (– 2 ; 3), B (– 3 ; – 4), $\overrightarrow{AM}$ (*x* + *y* ; *x* – *y*).

39 On donne les points A (2 ; – 1), B (5 ; – 3) et C (3 ; 2).
Les droites (AB) et (OC) sont-elles parallèles ?

Pour les exercices 40 à 42, on donne quatre points A, B, C, D. Sans faire une figure, dites si les droites (AC) et (BD) sont parallèles.

40 A (3 ; – 1), B (5 ; 7), C (– 8 ; 1), D (7 ; 4).

41 A (2 ; 3), B (4 ; – 1), C (3 ; – 4), D (1 ; 5,2).

42 A (2 ; 3), B (4 ; – 1), C (3 ; – 4), D (– 2,4 ; 2).

43 A, B, C et D ont pour coordonnées respectives :
$$\left(-1;\frac{3}{2}\right),\ \left(2;\frac{5}{2}\right),\ \left(0;\frac{5}{2}\right),\ \text{et}\ \left(\frac{5}{2};\frac{1}{2}\right).$$

1. a. Calculez les coordonnées des vecteurs $\overrightarrow{AB}$ et $\overrightarrow{CD}$.
b. Déduisez-en que les droites (AB) et (CD) son sécantes.

2. On note M leur point commun et *k* le réel tel que :
$$\overrightarrow{AM}=k\,\overrightarrow{AB}.$$
a. Exprimez les coordonnées de M en fonction de *k*.
b. Exprimez les coordonnées de $\overrightarrow{CM}$ en fonction de *k*.
c. En traduisant le fait que les vecteurs $\overrightarrow{CM}$ et $\overrightarrow{CD}$ sont colinéaires, calculez *k*.
d. Déduisez-en les coordonnées de M.

3. Trouvez des équations des droites (AC) et (BD), puis déduisez-en les coordonnées de leur point d'intersection N.

44 A, B, C et D ont pour coordonnées respectives :
$$\left(-1;\frac{3}{2}\right),\ \left(2;\frac{5}{2}\right),\ \left(0;\frac{5}{2}\right),\ \text{et}\ \left(\frac{5}{2};\frac{1}{2}\right).$$

1. a. Calculez les coordonnées des vecteurs $\overrightarrow{AC}$ et $\overrightarrow{BD}$.
b. Déduisez-en que les droites (AC) et (BD) sont sécantes.

2. On note N leur point d'intersection et *k* le réel tel que :
$$\overrightarrow{AN}=k\,\overrightarrow{AC}.$$
a. Exprimez les coordonnées de N en fonction de *k*.
b. Exprimez les coordonnées de $\overrightarrow{BN}$ en fonction de *k*.
c. En traduisant le fait que les vecteurs $\overrightarrow{BN}$ et $\overrightarrow{BD}$ sont colinéaires, calculez *k*.
d. Déduisez-en les coordonnées de N.

3. Trouvez des équations des droites (AB) et (CD), puis déduisez-en les coordonnées de leur point d'intersection M.

Calculs de distances

Pour les exercices 45 à 47, calculez les distances AB, AC, BC et dites si le triangle ABC est rectangle ou non.

45 A (– 1 ; 3), B (– 4 ; 3), C (5 ; 0).

46 A (– 1 ; 3), B (– 2 ; – 1), C (8 ; 1).

47 A (– 2 ; – 1), B (– 5 ; 4), C (5 ; 3).

48 On donne les points A (– 2 ; 1) et B (3 ; t).
Comment faut-il choisir t pour que AB = 7 ?

49 On donne les points A (3 ; 5) et B (6 ; t).
Comment faut-il choisir t pour que AB = 6 ?

50 On donne les points A (3 ; 2) et B (5 ; $2t$).
Comment faut-il choisir t pour que AB = 4 ?

51 On donne les points A (– 7 ; 1), B (– 4 ; 5) et un point M tel que MB = 2 et MA = 7.
Les points A, B et M sont-ils alignés ?

52 On donne les points A (– 4 ; – 1), B (2 ; 2,5), et un point M tel que MA = 3,5 et MB = 3.
Les points A, B et M sont-ils alignés ?

53 On donne les points A $(-6 ; 3\sqrt{3})$, B $(2\sqrt{3} ; 4)$ et deux points M et N tels que MA = 3, MB $= -3 + \sqrt{91}$, NB = 3 et NA $= -3 + \sqrt{91}$.
Les points N, A, M et B sont-ils alignés ?

54 Équation d'un cercle

A est le point de coordonnées (1 ; 2).

1. Calculez la distance AO.

2. Montrez que "M (x ; y) est sur le cercle $\mathscr{C}$ de centre A et de rayon AO" équivaut à :
"(x ; y) vérifie l'équation $x^2 + y^2 - 2x - 4y = 0$".

3. Calculez les coordonnées des points d'intersection du cercle $\mathscr{C}$ avec les axes du repère.

55 Équation d'un cercle

K est le point de coordonnées (– 3 ; 4) et $\mathscr{C}$ est le cercle de centre K et de rayon 5.

1. Montrez que "M (x ; y) est un point de $\mathscr{C}$" équivaut à :
"(x ; y) vérifie l'équation $x^2 + y^2 + 6x - 8y = 0$".

2. Calculez les coordonnées des points d'intersection du cercle $\mathscr{C}$ avec les axes du repère.

Vecteurs orthogonaux

Pour les exercices 56 à 58, dites si les vecteurs $\overrightarrow{AB}$ et $\overrightarrow{AC}$ sont orthogonaux.

56 A (– 2 ; – 1), B (– 4 ; 5), C $\left(7 ; \frac{5}{2}\right)$.

57 A (– 1 ; 4), B (– 3 ; 3), C $\left(-\frac{1}{2} ; 5\right)$.

58 A (2,5 ; 4), B (– 3 ; 0), C (9 ; – 5).

Pour les exercices 59 à 62, comment faut-il choisir le réel x pour que les vecteurs $\vec{u}$ et $\vec{v}$ soient orthogonaux ?

59 $\vec{u}\,(4 ; -3)$, $\vec{v}\,(5 ; -x)$.

60 $\vec{u}\,(x^2 ; 6)$, $\vec{v}\,(5 ; -3)$.

61 $\vec{u}\,(4 ; |x|)$, $\vec{v}\,(-6 ; \sqrt{2})$.

62 $\vec{u}\,(3\sqrt{5} ; |x|)$, $\vec{v}\,(-10 ; 4)$.

Pour les exercices 63 à 65, comment faut-il choisir le réel x pour que les vecteurs $\overrightarrow{AB}$ et $\overrightarrow{AM}$ soient orthogonaux ?

63 A (5 ; 1), B (3 ; – 4), M (4 ; x).

64 A (3 ; 2), B (– 1 ; 4), M (x ; – 1).

65 A (– 2 ; – 5), B (3 ; 6), M (– 4 ; x).

66 Distance d'un point à une droite ; aire d'un triangle

Les points A, B, C ont pour coordonnées respectives (0 ; 3), (3 ; 4), $\left(\frac{7}{2} ; \frac{15}{2}\right)$. On note H le projeté orthogonal de C sur la droite (AB) et k le réel tel que $\overrightarrow{AH} = k\,\overrightarrow{AB}$.

1. Exprimez les coordonnées de H en fonction de k.

2. Exprimez les coordonnées de $\overrightarrow{CH}$ en fonction de k.

3. a. En traduisant, à l'aide de leurs coordonnées, le fait que les vecteurs $\overrightarrow{CH}$ et $\overrightarrow{AB}$ sont orthogonaux, calculez k.
b. Déduisez-en CH.
c. Quelle est alors la distance du point C à la droite (AB) ?

4. Calculez AB, puis l'aire du triangle ABC.

67 Même exercice que le précédent avec A (– 1 ; 2), B (2 ; 3) et C (0 ; 1).

68 Équation d'un cercle de diamètre [AB]

A est le point de coordonnées (0 ; 2), B le point de coordonnées (3 ; – 1), M un point de coordonnées (x ; y).

1. Exprimez les coordonnées des vecteurs $\overrightarrow{AM}$ et $\overrightarrow{BM}$ en fonction de x et y.

2. Montrez que :
"M (x ; y) est un point du cercle de diamètre [AB]" équivaut à "(x ; y) vérifie la relation $x(x-3) + (y-2)(y+1) = 0$".

3. Déduisez-en une équation du cercle de diamètre [AB].

Vecteurs directeurs
Coefficients directeurs

69 **Avec un quadrillage**

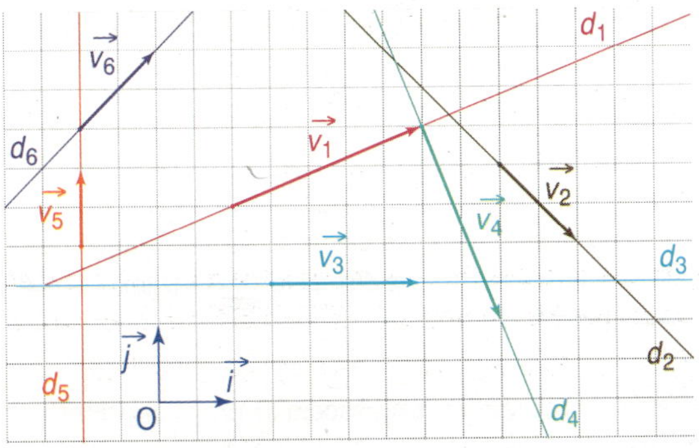

Déterminez graphiquement les coordonnées d'un vecteur directeur et, si cela est possible, le coefficient directeur de chacune des droites représentées sur la figure.

70 Complétez le tableau ci-dessous lorsque c'est possible.

Droites	d_1	d_2	d_3	d_4	d_5	d_6	d_7
Coordonnées d'un vecteur directeur	(1;2)	(–2;2)				(–2;4)	(0;2)
Coefficient directeur			$\frac{3}{2}$	0	–1		

71 Sans aucun calcul, représentez, dans un repère orthonormal $(O ; \vec{i}, \vec{j})$, la droite passant par le point A et de vecteur directeur $\vec{v}$ dans chacun des cas suivants :

a) A (0 ; 2) ; $\vec{v}$ (– 1 ; 2). **b)** A (1 ; 1) ; $\vec{v}$ (2 ; 2).
c) A (– 1 ; 2) ; $\vec{v}$ (0 ; – 4). **d)** A (2 ; 3) ; $\vec{v}$ (– 1 ; 0).

72 Sans aucun calcul, représentez, dans un repère orthonormal $(O ; \vec{i}, \vec{j})$, la droite passant par le point A et de coefficient directeur p, dans chacun des cas suivants :

a) A (– 1 ; 1) ; $p = 2$. **b)** A (0 ; 2) ; $p = 0$.
c) A (– 3 ; + 4) ; $p = \frac{1}{2}$. **d)** A (2 ; 2) ; $p = 1$.

Équations de droites

Pour les exercices 73 à 77, trouvez une équation de la droite (AB) et calculez *m* pour que le point C soit sur la droite (AB).

73 A (– 4 ; 3), B (5 ; – 2), C $\left(\frac{2}{3} ; m\right)$.

74 A (– 5 ; – 2), B (– 1 ; – 4), C $\left(m ; -\frac{3}{5}\right)$.

75 A (5 ; – 2), B (4 ; – 6), C $\left(m ; -\frac{2}{7}\right)$.

76 A (– 6 ; 2), B (– 3 ; 5), C (m ; 0).

77 A ($\sqrt{2}$; 0), B ($-\sqrt{2}$; 1), C (3 ; m).

Pour les exercices 78 à 83, écrivez une équation de la droite *d* qui passe par A et dont $\vec{v}$ est un vecteur directeur.

78 A (– 4 ; 3) ; $\vec{v}$ (5 ; – 3). **79** A (2 ; 1) ; $\vec{v}$ (7 ; 14).

80 A (– 3 ; 2) ; $\vec{v}$ (– 20 ; 10). **81** A (– 8 ; – 4) ; $\vec{v}$ (– 60 ; 90).

82 A (5 ; 3) ; $\vec{v}$ (– 7 ; 2). **83** A (– 3 ; – 6) ; $\vec{v}$ (5 ; – 1).

Pour les exercices 84 à 88, trouvez une équation de la droite *d* qui passe par A et qui est parallèle à la droite Δ.

84 A (0 ; 1) ; Δ a pour équation $x - y + 1 = 0$.

85 A (0 ; 0) ; Δ a pour équation $3x - 5y + 2 = 0$.

86 A ($\sqrt{2}$; 1) ; Δ a pour équation $x\sqrt{3} + y\sqrt{2} - 5 = 0$.

87 A (2,5 ; – 3) ; Δ a pour équation $-0{,}5x + 0{,}8y - 52 = 0$.

88 A $\left(\frac{7}{4} ; \frac{8}{5}\right)$; Δ a pour équation $\frac{4}{5}x - \frac{5}{7}y + \frac{3}{8} = 0$.

Pour les exercices 89 à 93, trouvez une équation de la droite *d* qui passe par B et qui est perpendiculaire à la droite Δ.

89 B (1 ; 1) ; Δ a pour équation $x + y - 5 = 0$.

90 B (0 ; 3) ; Δ a pour équation $5x - 8y + 6 = 0$.

91 B (0 ; 0) ; Δ a pour équation $-7x + 5y - 3 = 0$.

92 B (2 ; 4) ; Δ a pour équation $x = 5$.

93 B ($\sqrt{2}$; $\sqrt{3}$) ; Δ a pour équation $x\sqrt{8} - 3y + \sqrt{5} = 0$.

Pour les exercices 94 à 98, trouvez les coordonnées du point d'intersection I des deux droites *d* et *d'*, si ce point existe.

94 $d : 2x - y + 5 = 0$; $d' : 3x - 5y + 6 = 0$.

95 $d : x = 3$; $d' : -x + 5y - 4 = 0$.

96 $d : 8x + 2y + 6 = 0$; $d' : 3x + \frac{3}{4}y - 5 = 0$.

97 $d : 2x - y = 0$; $d' : 5x + 3y - 1 = 0$.

98 On donne les points A (4 ; – 1), B (– 5 ; – 2), M (x ; y). Trouvez une relation entre les réels x et y pour que M soit sur la droite d perpendiculaire en A à (AB).

exercices et problèmes

Divers

99 Symétrique d'un point par rapport à une droite

d est la droite d'équation $y = x$.

1. A est le point de coordonnées (2 ; 3).

a. Déterminez les coordonnées d'un vecteur $\vec{v}$ dont la direction est perpendiculaire à la droite d.

b. On note H le projeté orthogonal de A sur d et k le réel tel que $\overrightarrow{AH} = k\,\vec{v}$. Exprimez les coordonnées du vecteur $\overrightarrow{AH}$ en fonction de k, puis celles du point H.

c. Calculez k en écrivant que H est un point de d.

d. On note A′ le symétrique de A par rapport à d. Expliquez pourquoi $\overrightarrow{AA'} = 2k\,\vec{v}$.

e. Déduisez-en les coordonnées de A′.

2. En procédant comme dans la question 1, calculez les coordonnées du symétrique B′ du point B (– 2 ; 5).

100 Distance d'un point à une droite

d est une droite et A est un point.
H est le projeté orthogonal de A sur d. Par définition, la distance de A à d est le réel AH.

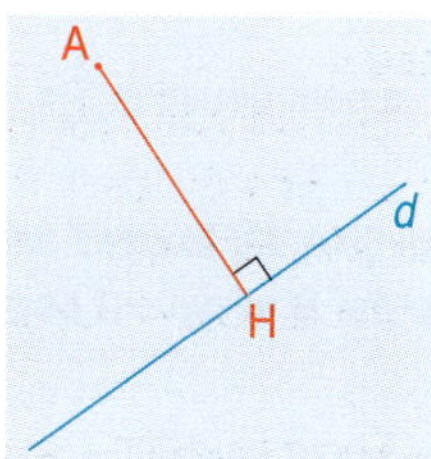

1. Quelle est la distance de A à d lorsque A est sur d ?

2. Dans cette question, le point A a pour coordonnées (1 ; – 2) et d a pour équation $2x + y - 1 = 0$.

a. Donnez une équation de la droite Δ perpendiculaire à d et passant par A.

b. Trouvez les coordonnées de H, intersection de d et Δ.

c. Calculez la distance de A à d.

101 Dans un repère orthonormal $(O ; \vec{i}, \vec{j})$, Δ est la droite d'équation $3x - 4y + 10 = 0$.
On se propose de déterminer par deux méthodes les coordonnées du projeté orthogonal H du point O sur Δ.

1. Première méthode

$\vec{n}$ est un vecteur de direction perpendiculaire à Δ.

a. Déterminez des coordonnées de $\vec{n}$.

b. Justifiez l'existence d'un réel k tel que $\overrightarrow{OH} = k\,\vec{n}$ et exprimez les coordonnées de H en fonction de k.

c. Calculez k et déduisez-en les coordonnées de H.

2. Deuxième méthode

A est le point d'intersection de la droite Δ et de l'axe des ordonnées, et $\mathscr{C}$ est le cercle de diamètre [OA].

a. Quelles sont les coordonnées de A ?

b. Déterminez une équation du cercle $\mathscr{C}$, c'est-à-dire un critère pour qu'un point M $(x ; y)$ appartienne à $\mathscr{C}$.

INDICATION : Dire que M $(x ; y)$ appartient à $\mathscr{C}$ équivaut à dire que $\overrightarrow{OM}$ et $\overrightarrow{AM}$ sont orthogonaux (voir exercice n° 68).

c. Montrez que les abscisses des points d'intersection de $\mathscr{C}$ et Δ sont solutions de l'équation $25x^2 + 30x = 0$.

d. Déduisez-en les coordonnées du point H.

3. Applications

a. Calculez la distance du point O à la droite Δ.

b. Trouvez une équation du cercle de centre O tangent à Δ.

c. M est le point de Δ d'abscisse 6. Calculez l'aire du triangle OAM.

102* À tout réel m, on associe la droite D_m dont une équation est :

$$(2m - 1)x + (5 - m)y - 7m + 6 = 0.$$

1. Trouvez m pour que :

a. D_m passe par le point A (1 ; 1).

b. D_m passe par l'origine O du repère.

c. D_m soit parallèle à l'axe des abscisses.

d. D_m soit parallèle à l'axe des ordonnées.

2. Montrez qu'il existe un point K qui appartient à toutes les droites D_m.

3. Trouvez m pour que D_m ait un coefficient directeur égal à un réel a donné. Toutes les droites qui passent par K sont-elles des droites D_m ?

Partition du plan

Pour les exercices 103 à 105, pour chacun des systèmes d'inéquations proposés, faites une figure et hachurez la région du plan contenant les points M dont les coordonnées $(x ; y)$ vérifient le système.

103 a) $\begin{cases} x \geqslant 0 \\ y \geqslant 0 \\ x + y \leqslant 1 \end{cases}$ b) $\begin{cases} x \geqslant y \\ x \geqslant 0 \\ y \geqslant 0 \end{cases}$ c) $\begin{cases} x \geqslant y \\ x + y \leqslant 1 \\ y \geqslant 0 \end{cases}$

d) $\begin{cases} 4x - y - 3 \leqslant 0 \\ x + y + 3 \geqslant 0 \\ x - 2y + 3 \geqslant 0 \end{cases}$ e) $\begin{cases} 0 \leqslant y \leqslant 2 \\ 0 \leqslant x \leqslant 2 \\ x + y \leqslant 3 \end{cases}$

104 a) $\begin{cases} |x| \leqslant 2 \\ |y| \leqslant 1 \end{cases}$ b) $\begin{cases} |x - 1| \leqslant 1 \\ |y - 2| \leqslant 2 \end{cases}$

c) $\begin{cases} |x - 1| \leqslant \frac{1}{2} \\ |y + 1| \leqslant \frac{1}{2} \end{cases}$ d) $\begin{cases} |x - 1| \leqslant \frac{1}{2} \\ \frac{x}{2} + 1 \leqslant y \leqslant -\frac{x}{2} + 2 \end{cases}$

105* $|x| + |y| \leqslant 2$.

106 Pour chacune des figures suivantes, déterminez un système d'inéquations vérifié par les coordonnées d'un point M contenu dans la région coloriée en vert.

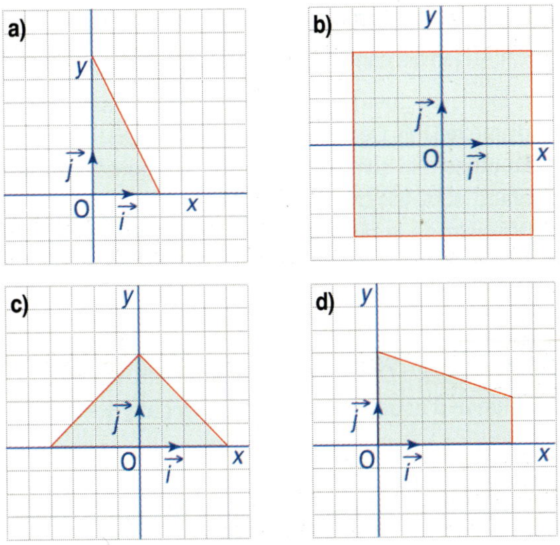

107 **1.** Montrez que pour tout réel x et tout réel y :

$$x^2 + y^2 - 2x - 4y = (x-1)^2 + (y-2)^2 - 5.$$

2. Déduisez-en que l'ensemble des points M du plan dont les coordonnées $(x\,;y)$ vérifient $x^2 + y^2 - 2x - 4y \leqslant 0$ est le disque de centre A (1 ; 2) et de rayon $\sqrt{5}$.

108 Montrez que le disque de centre A (– 1 ; – 2) et de rayon 4 est l'ensemble des points M du plan dont les coordonnées $(x\,;y)$ vérifient :

$$x^2 + y^2 + 2x + 4y - 11 \leqslant 0.$$

Choisir un repère

109 OIKJ est un carré, A est un point de la droite (OI) et B un point de la droite (OJ). La parallèle à (OJ) passant par A coupe (JK) en A′, et la parallèle à (OI) passant par B coupe (IK) en B′.

Le but de cet exercice est de prouver que les droites (AB′), (A′ B) et (OK) sont concourantes ou parallèles.

Pour cela, on munit le plan du repère $(O\,;\overrightarrow{OI}, \overrightarrow{OJ})$ et on note a l'abscisse de A et b l'ordonnée de B.

1. a. Quelles sont les coordonnées de A, A′, B, B′ et K ?

b. Exprimez en fonction de a et b les coordonnées des vecteurs $\overrightarrow{AB'}$, $\overrightarrow{BA'}$ et $\overrightarrow{OK}$.

2. a. Montrez que "(AB′) et (A′B) parallèles" équivaut à "$a + b = 1$" et qu'alors (AB′) et (A′B) sont parallèles à (OK).

b. Faites une figure illustrant la situation précédente en précisant les valeurs de a et b choisies.

3. a. Trouvez une équation cartésienne de la droite (OK).

b. Montrez qu'une équation cartésienne de (BA′) est :

$$(b-1)x + ay - ab = 0.$$

c. Trouvez de même une équation cartésienne de (AB′).

4. On suppose que (AB′) et (A′B) sont sécantes en P. Prouvez que P est sur (OK).

110 ABCD est un carré, DIC et CJB sont des triangles équilatéraux, AB = a. Nous vous proposons de démontrer que les points A, I, J sont alignés.

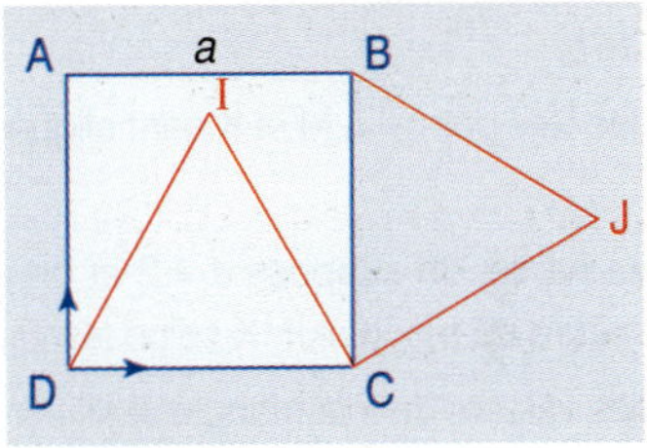

1. Première méthode

Considérez un repère orthonormal d'origine D.

a. Quelles sont les coordonnées de A, B, C et D ?

b. Trouvez les coordonnées de I.

c. Démontrez que les points A, I et J sont alignés.

2. Deuxième méthode

Démontrez que l'angle $\widehat{AIJ}$ est un angle plat ($\widehat{AIJ} = 180°$).

111 * ABCD est un rectangle. M est un point du segment [BD], N est le point tel que $\overrightarrow{CM} = \overrightarrow{MN}$. La parallèle à (AD) menée par N coupe (AB) en P. La parallèle à (AB) menée par N coupe (AD) en Q. Nous vous proposons de démontrer que les points M, P et Q sont alignés.

1. Choisissez un repère orthonormal d'origine A. Posez AB = a, AD = b.

Trouvez les coordonnées de A, B, C et D dans ce repère.

2. Trouvez l'équation réduite de la droite (BD).

Notez c l'abscisse de M. Quelle est alors son ordonnée ? Quelles sont les coordonnées de N ?

3. Trouvez l'équation réduite de la droite (AD), puis celle de la parallèle à (AD) menée par N . Trouvez alors les coordonnées de P.

4. Trouvez les coordonnées de Q.

5. Démontrez l'alignement des points M, P et Q.

PROBLÈMES DE SYNTHÈSE

112 THÈMES : Coordonnées d'un vecteur. Colinéarité. Orthogonalité. Triangles particuliers. Résolution d'équations. Calcul vectoriel. Centre de gravité. Angle inscrit.

$(O ; \overrightarrow{OI}, \overrightarrow{OJ})$ est un repère orthonormal du plan et K est le point de coordonnées $\left(1;\frac{1}{2}\right)$. On note M un point de l'axe des abscisses et a son abscisse.

Le but de ce problème est d'étudier quelques propriétés du triangle JMK selon les valeur de a.

A. 1. Exprimez les coordonnées des vecteurs $\overrightarrow{JM}$ et $\overrightarrow{MK}$ en fonction de a.

2. Montrez que "les points J, M et K sont alignés" équivaut à "$a = 2$".

B. Dans cette partie, on suppose $a \neq 2$ et on se propose d'étudier la nature du triangle JMK selon les valeurs de a.

1. Pour quelles valeurs de a le triangle JMK est-il :

a) rectangle en K ? **b)** rectangle en J ?

2. a. Dire que le triangle JMK est rectangle en M équivaut à dire que $a^2 - a + \frac{1}{2} = 0$. Pourquoi ?

b. Vérifiez que $a^2 - a + \frac{1}{2} = \left(a - \frac{1}{2}\right)^2 + \frac{1}{4}$.

c. Montrez alors que le triangle JMK n'est jamais rectangle en M.

3. a. Déterminez une équation cartésienne de la médiatrice de [JK].

b. Déduisez-en que le triangle JMK est isocèle en M pour une unique valeur de a et calculez cette valeur.

4. a. Calculez JK^2.

b. Exprimez JM^2 et MK^2 en fonction de a.

c. Pour quelles valeurs de a le triangle JMK est isocèle en J ?

d. Pour quelles valeurs de a le triangle JMK est-il isocèle en K ?

CONSEIL : Éviter de développer $MK^2 = (1 - a)^2 + \frac{1}{4}$.

C. Étude du centre de gravité du triangle JMK

On note G le centre de gravité du triangle JMK.

1. a. Montrez que $\overrightarrow{OG} = \frac{1}{3}(\overrightarrow{OM} + \overrightarrow{OJ} + \overrightarrow{OK})$.

b. Déduisez-en l'expression des coordonnées de G en fonction de a.

c. Quelle est l'ensemble des points G lorsque a varie ?

2. a. Déterminez une équation cartésienne de (JK).

b. Pour quelles valeurs de a les points G et O sont-ils de part et d'autre de la droite (JK) ?

D. Étude de l'angle $\widehat{JMK}$.

On note H le projeté orthogonal de J sur la droite (MK).

1. Déduisez des questions **1.a.** et **2.c.** de la partie B que :

a) H = K équivaut à $a = \frac{3}{4}$.

b) H n'est jamais confondu avec M.

2. a. Expliquez pourquoi H et O sont des points du cercle de diamètre [JM]. Déduisez-en que $\widehat{JMK} = \widehat{JOH}$.

b. En utilisant le cercle de diamètre [JK], construisez les points H_1 et H_2 tels que $\widehat{JOH_1} = \widehat{JOH_2} = 45°$.

c. Déduisez de la question précédente une construction des points M_1 et M_2 tels que $\widehat{JM_1K} = \widehat{JM_2K} = 45°$.

113 THÈMES : Colinéarité. Orthogonalité. Normes. Résolution d'équations. Courbes $y = \sqrt{x}$ et $y = -\sqrt{x}$.

$(O ; \vec{i}, \vec{j})$ est un repère orthonormal et a est un réel quelconque non nul.

On considère les vecteurs $\vec{u}\,(1 ; a)$ et $\vec{v}\,(a^2 ; a)$. On note M et N les points tels que $\overrightarrow{OM} = \vec{u}$ et $\overrightarrow{ON} = \vec{v}$.

1. Placez M et N dans chacun des cas suivants :

a) $a = 2$; **b)** $a = -2$.

2. Trouvez les réels a non nuls tels que $\vec{u}$ et $\vec{v}$ sont colinéaires. Représentez les vecteurs $\vec{u}$ et $\vec{v}$ correspondants.

3. a. Expliquez pourquoi il n'existe aucun réel a non nul tel que $\vec{u}$ et $\vec{v}$ soient orthogonaux.

b. Le triangle OMN peut-il être rectangle en O ?

4. a. Résolvez dans $\mathbb{R}$ l'équation $a^4 = 1$.

INDICATION : $a^4 = 1$ équivaut à $a^4 - 1 = 0$.

b. Déduisez-en que si $\vec{u}$ et $\vec{v}$ ne sont pas colinéaires, alors $\|\vec{u}\| \neq \|\vec{v}\|$.

c. Existe-t-il des réels a tels que le triangle OMN soit isocèle en O ?

5. Trouvez les réels a tels que le triangle OMN est isocèle en M. Pour chaque valeur de a, placez les points M et N.

6. Trouvez les réels a tels que le triangle OMN est isocèle en N. Pour chaque valeur de a, placez les points M et N.

7. a. Tracez, dans le repère $(O ; \vec{i}, \vec{j})$, la droite d d'équation $x = 1$ et les courbes $\mathscr{C}$ d'équation $y = \sqrt{x}$ et $\mathscr{C}'$ d'équation $y = -\sqrt{x}$.

b. Expliquez pourquoi le point M est sur d et le point N sur $\mathscr{C}$ ou sur $\mathscr{C}'$.

c. M est un point de d correspondant à la valeur a. Indiquez un procédé de construction géométrique pour placer le point N correspondant à la même valeur a.

d. N est un point de $\mathscr{C}$ ou de $\mathscr{C}'$ correspondant à la valeur a. Indiquez un procédé de construction géométrique pour placer le point M correspondant à la même valeur a.

Exercices guidés

1 Trouver une équation d'une droite définie par un point et un vecteur directeur.

Dans un repère, on considère le point A (2 ; – 3) et le vecteur $\vec{u}$ (1 ; 5). On se propose de trouver une équation de la droite *d* passant par A et de vecteur directeur $\vec{u}$.

Remarquons d'abord que, comme le montre la figure, il existe une unique droite *d* passant par A et de vecteur directeur $\vec{u}$.

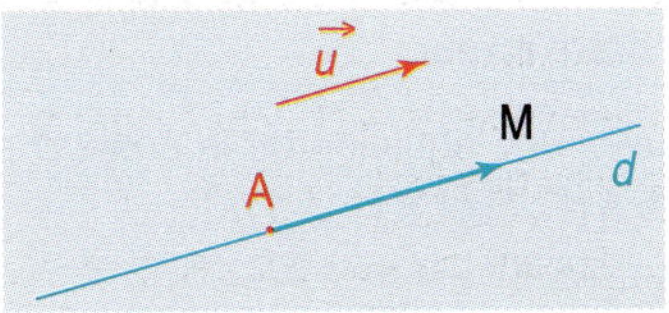

Notons (*x* ; *y*) les coordonnées d'un point quelconque M du plan. On veut trouver une équation de *d*, c'est-à-dire une relation entre *x* et *y* permettant de dire si le point M (*x* ; *y*) appartient ou n'appartient pas à *d*.

Dire qu'un point M appartient à *d* équivaut à dire que les vecteurs $\overrightarrow{AM}$ et $\vec{u}$ ont même direction, c'est-à-dire qu'ils sont colinéaires.

Nous allons traduire analytiquement la colinéarité des vecteurs $\overrightarrow{AM}$ et $\vec{u}$, c'est-à-dire à l'aide des coordonnées de ces vecteurs.

1. Les coordonnées de $\vec{u}$ sont connues. Cherchons celles de $\overrightarrow{AM}$

a. Quelle est la formule du cours donnant les coordonnées du vecteur $\overrightarrow{AB}$ en fonction des coordonnées (x_A ; y_A) de A et (x_B ; y_B) de B ?

b. Trouvez à l'aide de cette formule les coordonnées du vecteur $\overrightarrow{AM}$. Notez que les coordonnées de $\overrightarrow{AM}$ dépendent, bien sûr, de *x* et de *y* puisque les coordonnées de M sont *x* et *y*.

2. À l'aide d'une formule du cours, trouvez une relation traduisant la colinéarité des vecteurs $\overrightarrow{AM}$ et $\vec{u}$, puis écrivez cette relation sous la forme $ax + by + c = 0$.

Cette relation est une équation de *d*.

2 Prouver l'orthogonalité de deux vecteurs

On considère, dans un repère orthonormal (O ; $\overrightarrow{OI}$, $\overrightarrow{OJ}$), les points A (2 ; 1), B (0 ; 2), C (4 ; 0) et D $\left(\frac{5}{2} ; -3\right)$.

On se propose de placer ces points, puis de dire si les vecteurs $\overrightarrow{AB}$ et $\overrightarrow{CD}$ sont orthogonaux.

1. Puisque (O ; $\overrightarrow{OI}$, $\overrightarrow{OJ}$) est un repère orthonormal,

- quelle est la valeur de l'angle $\widehat{IOJ}$?
- que peut-on dire des longueurs OI et OJ ?

2. Tracez un repère orthonormal (O ; $\overrightarrow{OI}$, $\overrightarrow{OJ}$) tel que OI = 2 cm. Placez dans ce repère les points A B, C, D.

3. Vous devez constater sur le graphique que les droites (AB) et (CD) semblent perpendiculaires, c'est-à-dire que les vecteurs $\overrightarrow{AB}$ et $\overrightarrow{CD}$ semblent orthogonaux.

a. Une formule du cours permet de dire avec certitude, dans un repère orthonormal, si deux vecteurs $\vec{u}$ (*x* ; *y*) et $\vec{v}$ (*x'* ; *y'*) sont orthogonaux. Quelle est cette formule ?

b. Nous allons utiliser cette formule avec $\vec{u} = \overrightarrow{AB}$ et $\vec{v} = \overrightarrow{CD}$. Quelles sont les coordonnées du vecteur $\overrightarrow{AB}$? Quelles sont celles du vecteur $\overrightarrow{CD}$?

INDICATION : Utiliser une formule du cours donnant les coordonnées d'un vecteur en fonction des coordonnées de ses extrémités.

c. Montrez que les vecteurs $\overrightarrow{AB}$ et $\overrightarrow{CD}$ sont orthogonaux.

REMARQUE : Pour prouver que les vecteurs $\overrightarrow{AB}$ et $\overrightarrow{CD}$ sont orthogonaux, le calcul est indispensable. Pour s'en convaincre, il suffit de modifier légèrement une coordonnée de l'un des quatre points, par exemple, de remplacer C (4 ; 0) par C' (4 ; 0,1). Sur le graphique, $\overrightarrow{AB}$ et $\overrightarrow{C'D}$ semblent orthogonaux mais, cette fois, le calcul montre qu'ils ne le sont pas.

Exercices commentés

3 Dans un repère orthonormal (O ; $\vec{i}$, $\vec{j}$), on considère les points A (2 ; 1), B (0 ; 3), C (2 ; 2) et D (0 ; 5).

On se propose de déterminer les coordonnées du point d'intersection des droites (AB) et (CD).

VERS UNE SOLUTION

Notons K le point commun aux droites (AB) et (CD), s'il existe.

- **Première méthode**

On détermine des équations cartésiennes des droites (AB) et (CD).

1. a. Déterminez une équation cartésienne de (AB).

b. Déterminez une équation cartésienne de (CD).

2. a. Expliquez pourquoi les coordonnées du point K sont solution du système formé par les deux équations précédentes.

b. Calculez les coordonnées du point K.

• **Deuxième méthode**

On utilise la colinéarité des vecteurs $\overrightarrow{AK}$ et $\overrightarrow{AB}$ d'une part, et $\overrightarrow{CK}$ et $\overrightarrow{CD}$ d'autre part.

1. Calculez les coordonnées des vecteurs $\overrightarrow{AB}$ et $\overrightarrow{CD}$, puis justifiez l'existence de K.

2. a. Expliquez pourquoi il existe un réel k tel que :

$$\overrightarrow{AK} = k\,\overrightarrow{AB}.$$

b. Exprimez les coordonnées de K en fonction de k.

3. a. Exprimez les coordonnées du vecteur $\overrightarrow{CK}$ en fonction de k.

b. En utilisant la condition analytique de colinéarité de deux vecteurs, calculez k.

4. Déduisez-en les coordonnées du point K à l'aide de la question **2. b.**.

NOTE : La première méthode a déjà été utilisée en Troisième, la deuxième méthode est nouvelle.

4 ABCD est un carré, E est un point du segment [AB] et G un point du segment [AD] tels que AG = AE.
La parallèle à (AD) menée par E coupe (CD) en F.
La parallèle à (AB) menée par G coupe (BC) en H.
On note K le point d'intersection des droites (EF) et (GH).

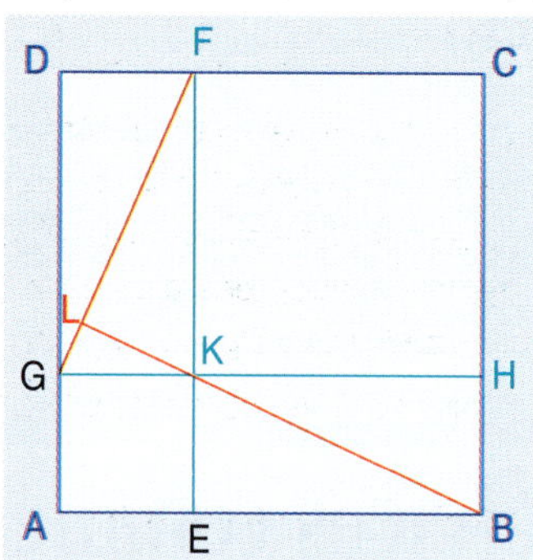

On se propose de démontrer que les droites (KB) et (GF) sont perpendiculaires.

VERS UNE SOLUTION

• **Première méthode**

On utilise le fait que, dans un triangle rectangle, la mesure d'un angle est déterminée par son cosinus et que la somme des angles d'un triangle est égale à 180°.
On note L le point d'intersection de (BK) et (FG).

1. Démontrez que $\widehat{GFK} = \widehat{EBK}$.

INDICATION : Deux angles aigus de même cosinus sont égaux.

2. Démontrez que $\widehat{FKL} = \widehat{EKB}$.

3. Déduisez des questions **1.** et **2.** que $\widehat{FLK} = \widehat{BEK}$.

4. Concluez.

• **Deuxième méthode**

On utilise la condition d'orthogonalité de deux vecteurs en repère orthonormal.

1. Expliquez pourquoi le repère $(A\,;\,\overrightarrow{AB}, \overrightarrow{AD})$ est orthonormal.

2. On note a l'abscisse de E.
Montrez que a est aussi l'ordonnée de G.

3. Précisez les coordonnées des points B, K, F, G en fonction de a.

4. Calculez les coordonnées des vecteurs $\overrightarrow{BK}$ et $\overrightarrow{FG}$ en fonction de a.

5. Montrez que $\overrightarrow{BK}$ et $\overrightarrow{FG}$ sont orthogonaux.

Trouvez l'erreur

Pour chaque exercice de cette rubrique, une solution vous est proposée, mais elle contient une erreur. Trouvez cette erreur.

5 Trouvez une équation de la droite d passant par les points A (1 ; 5) et B (1 ; – 7).

Solution

Les points A et B ont même abscisse 1.
La droite d est donc parallèle à la droite des ordonnées.
Une équation de d est donc $y = 1$.

6 A (3 ; 5) et B (1 ; 3) sont deux points dans un repère $(O\,;\vec{i}, \vec{j})$ et d est la droite d'équation $-x - y + 1 = 0$.
Les droites (AB) et d sont-elles parallèles ?

Solution

Les coordonnés du vecteur $\overrightarrow{AB}$ sont (1 – 3 ; 3 – 5), c'est-à-dire (– 2 ; – 2). Un vecteur directeur de la droite d d'équation $-x - y + 1 = 0$ est $\vec{u}$ (– 1 ; – 1).
Or $\overrightarrow{AB} = 2\,\vec{u}$. Donc $\vec{u}$ et $\overrightarrow{AB}$ sont colinéaires.
Les droites (AB) et d sont donc parallèles.

7 Dans un repère orthonormal, les vecteurs $\vec{u}$ (2 ; 5) et $\vec{v}$ (2 ; – 5) sont-ils orthogonaux ?

Solution

Si $(x\,;\,y)$ sont les coordonnées de $\vec{u}$ et $(x'\,;\,y')$ celles de $\vec{v}$, alors $x = 2$, $y = 5$, $x' = 2$, $y' = -5$.
Le critère d'orthogonalité "$xy' + yx' = 0$" est satisfait ; en effet, $xy' + yx' = 2 \times (-5) + 5 \times 2 = 0$.
Les vecteurs $\vec{u}$ et $\vec{v}$ sont donc orthogonaux.

8 Le repère $(O\,;\vec{i}, \vec{j})$ est tel que $\|\vec{i}\| = 1$, $\|\vec{j}\| = 2$.
A (2 ; 3) et B (– 1 ; 0) sont deux points. Calculez AB.

Solution

Le vecteur $\overrightarrow{AB}$ a pour coordonnées (– 1 – 2 ; 0 – 3), c'est-à-dire (– 3 ; – 3).
Donc $AB = \sqrt{(-3)^2 + (-3)^2} = \sqrt{18} = 3\sqrt{2}$.

9 Le repère $(O ; \vec{i}, \vec{j})$ est tel que $\|\vec{i}\| = 2$ et $\|\vec{j}\| = 1$.
d et d' sont les droites d'équations respectives :

$$2x + y + 3 = 0 \quad \text{et} \quad -x + 2y - 1 = 0.$$

Les droites d et d' sont-elles perpendiculaires ?

Solution

On sait que, dans un repère orthonormal, les droites d'équations $ax + by + c = 0$ et $a'x + b'y + c' = 0$ sont orthogonales si $aa' + bb' = 0$.
Ici, $aa' + bb' = 2 \times (-1) + 1 \times 2 = 0$.
Donc les droites d et d' sont perpendiculaires.

Pour ceux qui M plus

Géométrie analytique dans l'espace

Dans l'espace, on définit les vecteurs comme dans le plan : origine, extrémité, direction, sens, longueur.
On dit que deux vecteurs $\overrightarrow{AB}$ **et** $\overrightarrow{CD}$ **sont égaux** si les points A, B, C, D, sont dans un même plan et si, dans ce plan, $\overrightarrow{AB} = \overrightarrow{CD}$.

1 Coordonnées dans un repère orthonormal de l'espace

1. Dans l'espace, **un repère orthonormal** $(O ; \overrightarrow{OI}, \overrightarrow{OJ}, \overrightarrow{OK})$ est constitué par :
- un point origine O ;
- trois vecteurs $\overrightarrow{OI}, \overrightarrow{OJ}, \overrightarrow{OK}$, de longueur 1, tels que chacune des droites (OI), (OJ), (OK) est perpendiculaire aux deux autres.

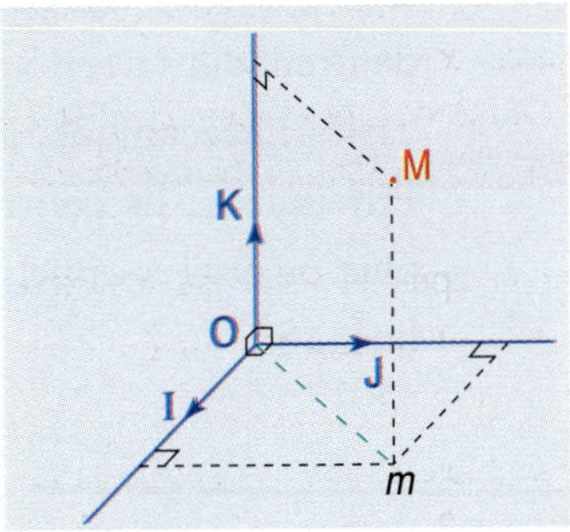

a. Expliquez pourquoi $(O ; \overrightarrow{OI}, \overrightarrow{OJ})$ est un repère orthonormal du plan (OIJ).
b. Indiquez un repère orthonormal dans chacun des plans (OJK) et (OIK).

2. M est un point quelconque de l'espace.
On note m le projeté orthogonal de M sur le plan (OIJ).
a. Expliquez pourquoi les droites (mM) et (OK) sont parallèles.
On dit alors que les vecteurs $\overrightarrow{mM}$ et $\overrightarrow{OK}$ sont **colinéaires**.

b. On note $(x ; y)$ les coordonnées du point m dans le repère $(O ; \overrightarrow{OI}, \overrightarrow{OJ})$.
Montrez que $\overrightarrow{OM} = x\overrightarrow{OI} + y\overrightarrow{OJ} + z\overrightarrow{OK}$.
INDICATION : $\overrightarrow{OM} = \overrightarrow{Om} + \overrightarrow{mM}$.

On dit que **$(x ; y ; z)$ sont les coordonnées de M** dans le repère $(O ; \overrightarrow{OI}, \overrightarrow{OJ}, \overrightarrow{OK})$.

3. On considère le cube OINJKRST ci-dessous.

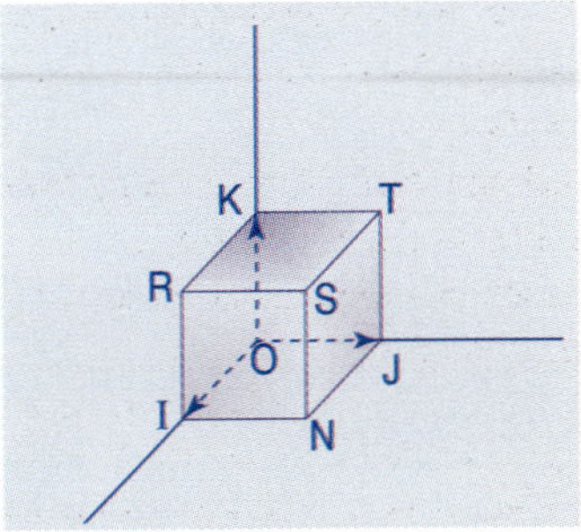

Complétez le tableau suivant :

Point	O	I	J	K	N	R	S	T
Coordonnées dans $(O ; \overrightarrow{OI}, \overrightarrow{OJ}, \overrightarrow{OK})$	(0;0;0)	(1;0;0)						

4. La formule donnant les coordonnées d'un vecteur dans un repère est analogue à celle du plan :
si $(x_A ; y_A ; z_A)$ sont les coordonnées d'un point A et $(x_B ; y_B ; z_B)$ les coordonnées d'un point B, alors **les coordonnées de** $\overrightarrow{AB}$ sont $(x_B - x_A ; y_B - y_A ; z_B - z_A)$.
Trouvez les coordonnées des vecteurs $\overrightarrow{ON}, \overrightarrow{OS}, \overrightarrow{IT}, \overrightarrow{NK}$.

2 Orthogonalité. Équations de plan

Par définition, on dit que deux vecteurs $\overrightarrow{AB}$ **et** $\overrightarrow{CD}$ **sont orthogonaux** si les droites (AB) et (CD) sont orthogonales.
On admet que : "$\overrightarrow{AB}(x ; y ; z)$ et $\overrightarrow{CD}(x' ; y' ; z')$ orthogonaux" équivaut à $xx' + yy' + zz' = 0$ **[1]**.

1. a. Vérifiez que la condition **[1]** est satisfaite par chacun des couples de vecteurs suivants :

$$(\overrightarrow{OI}, \overrightarrow{OJ}), (\overrightarrow{KS}, \overrightarrow{NS}), (\overrightarrow{RT}, \overrightarrow{OK}).$$

b. En utilisant la relation **[1]**, montrez que $\overrightarrow{IT}$ et $\overrightarrow{ON}$ sont orthogonaux ainsi que $\overrightarrow{KN}$ et $\overrightarrow{IJ}$.

2. $M(x ; y ; z)$ désigne un point quelconque de l'espace.
On note P le plan perpendiculaire à (ON) qui passe par J, et Q le plan perpendiculaire à (OS) qui passe par S.
Montrez que :
a. "M appartient à P" équivaut à $x + y - 1 = 0$.
b. "M appartient à Q" équivaut à $x + y + z - 3 = 0$.

NOTE : Plus généralement, on démontre que dans l'espace, les équations de plans sont de la forme $ax + by + cz + d = 0$, où a, b, c sont trois réels non nuls tous les trois.

SYSTÈMES D'ÉQUATIONS LINÉAIRES

CHAPITRE

12

L'étude de systèmes de deux équations linéaires à deux inconnues a été abordée en classe de Troisième. Il y a essentiellement deux points nouveaux dans ce chapitre :

• nous établissons un critère important permettant de savoir, sans résoudre le système, si celui-ci admet une solution unique ou non ;

• nous proposons en travaux pratiques et en exercices, conformément au programme, des systèmes linéaires de trois équations à trois inconnues, et de quatre équations à quatre inconnues.

Les systèmes linéaires se rencontrent dans des domaines très variés : Mécanique, Économie, Physique ... Ils constituent, de plus, un outil essentiel en Algèbre linéaire.

SOMMAIRE

Pour prendre un bon départ

ÉQUATION LINÉAIRE À DEUX INCONNUES

- Vous avez étudié, au Collège, des équations linéaires à deux inconnues x et y telles que par exemple :

$$2x + 5y = 3 \quad \textbf{[E]}$$

Dire que le couple $\left(1 ; \frac{1}{5}\right)$ est solution de cette équation signifie que : lorsqu'on remplace x par 1 et y par $\frac{1}{5}$, le résultat des calculs donne bien 3.

En effet, $2 \times 1 + 5 \times \frac{1}{5} = 3$.

- L'ensemble des couples solutions de cette équation est représenté par la droite d d'équation $2x + 5y = 3$, c'est-à-dire $y = -\frac{2}{5}x + \frac{3}{5}$.

Exercices-tests

1. a) $\left(0 ; \frac{3}{5}\right)$ et $\left(\frac{3}{2} ; 0\right)$ sont solutions de l'équation **[E]**. Pourquoi ?

b) Trouvez cinq autres couples solutions de l'équation **[E]**.

c) Tracez la droite d d'équation $y = -\frac{2}{5}x + \frac{3}{5}$.

d) Placez sur cette figure les points de coordonnées $\left(1 ; \frac{1}{5}\right)$, $\left(0 ; \frac{3}{5}\right)$, $\left(\frac{3}{2} ; 0\right)$.

2. On considère l'équation $-4x + 2y = 3$ **[E]**.
Complétez le tableau suivant :

Le couple ...	$\left(\frac{1}{2};\frac{5}{2}\right)$	$(2;5)$	$\left(-1;\frac{1}{2}\right)$	$\left(0;\frac{3}{2}\right)$	$\left(\frac{5}{4};3\right)$	$(-3;-5)$	$\left(-\frac{3}{4};0\right)$	$\left(\frac{1}{4};2\right)$
est solution de [E]	vrai	faux						

Activité

DIFFÉRENTS TYPES DE SYSTÈMES

Voici trois systèmes d'équations linéaires :

(S₁) $\begin{cases} 8x + 3y = 1 \\ 5x - 2y = 5 \end{cases}$ **(S₂)** $\begin{cases} 3x + 2y = 4 \\ -x - \frac{2}{3}y = 1 \end{cases}$ **(S₃)** $\begin{cases} 5x - 4y = 2 \\ -x + \frac{4}{5}y = -\frac{2}{5} \end{cases}$

1 Résolution graphique

1. Système (S_1)

a) Écrivez chacune des deux équations de **(S_1)** sous la forme $y = mx + p$.

b) Expliquez alors pourquoi les deux droites d et d' d'équations respectives $8x + 3y = 1$ et $5x - 2y = 5$ ont un seul point commun.

c) Tracez ces deux droites et lisez sur le graphique une valeur approchée de l'abscisse x_0 et de l'ordonnée y_0 de leur point d'intersection I.

Le couple de réels $(x_0 ; y_0)$ est l'unique couple solution de chacune des deux équations du système **(S_1)**. On dit que **(S_1)** admet une **solution unique**.

2. Système (S_2)

a) Écrivez chacune des deux équations de **(S_2)** sous la forme $y = mx + p$.

b) Expliquez alors pourquoi les droites d'équations $3x + 2y = 4$ et $-x - \frac{2}{3}y = 1$ n'ont pas de point commun. Le système **(S_2)** n'admet donc **aucune solution**.

3. Système (S_3)

Écrivez chacune des deux équations de **(S_3)** sous la forme $y = mx + p$ et vérifiez ainsi que les deux droites d'équations $5x - 4y = 2$ et $-x + \frac{4}{5}y = -\frac{2}{5}$ sont confondues.

Tous les couples $(x ; y)$ tels que $M(x ; y)$ est sur la droite sont solutions du système. Le système **(S_3)** admet donc une **infinité de solutions**.

2 Un nombre important

(S) est le système $\begin{cases} ax + by = c \\ a'x + b'y = c'. \end{cases}$

On pose $\mathbf{D = ab' - a'b}$.

1. Vérifiez que pour le système **(S_1)**, le nombre D est non nul.

2. Vérifiez que pour le système **(S_2)**, le nombre D est nul.

3. Vérifiez que pour le système **(S_3)**, le nombre D est nul.

Conclusion **(S)** *est le système* $\begin{cases} ax + by = c \\ a'x + b'y = c' \end{cases}$

On verra plus généralement que :

- *Si* $ab' - a'b \neq 0$, *alors* **(S)** *admet une* **solution unique**.
- *Si* $ab' - a'b = 0$, *alors* **(S)** *n'admet* **aucune solution ou** en admet **une infinité**.

COURS

1. DÉFINITIONS ET ÉTUDE GRAPHIQUE

DÉFINITIONS 1

• **Un système de deux équations linéaires à deux inconnues x et y** est de la forme : $\begin{cases} ax + by = c \\ a'x + b'y = c' \end{cases}$

où a, b, c, a', b', c' sont des réels connus.

• Dire que le couple **$(u\,;v)$ est solution** de ce système équivaut à dire que $(u\,;v)$ est solution de chacune des deux équations du système.

EXEMPLE : $(5\,;3)$ est solution du système $\begin{cases} x - y = 2 \\ 2x - 3y = 1 \end{cases}$ car $\begin{cases} 5 - 3 = 2 \\ 10 - 9 = 1. \end{cases}$

• On note $\mathbb{R}^2$ l'ensemble de tous les couples de réels.

Résoudre un système dans $\mathbb{R}^2$, c'est trouver tous les couples de réels qui sont solutions de ce système.

Étude graphique

Le plan est muni d'un repère. Associons au système **(S)** $\begin{cases} \boldsymbol{ax + by = c} \\ \boldsymbol{a'x + b'y = c'} \end{cases}$

les droites d et d' d'équations respectives **$ax + by - c = 0$ et $a'x + b'y - c' = 0$.**
Dire qu'un point M $(x\,;y)$ appartient à la droite d signifie que $ax + by - c = 0$.
Dire que ce point M appartient à d' signifie que $a'x + b'y - c' = 0$. Par suite :

Dire qu'un couple **$(x\,;y)$ est solution de (S)** revient à dire que :
le point M de coordonnées $(x\,;y)$ appartient à la fois à d et d'.

Trois cas sont alors possibles :

d et ***d'*** sont **sécantes**, donc **(S)** admet **un seul** couple solution.	***d*** et ***d'*** sont **parallèles et distinctes**, donc **(S)** n'admet **aucun** couple solution.	***d*** et ***d'*** sont **confondues**, donc **(S)** admet **une infinité** de couples solutions.
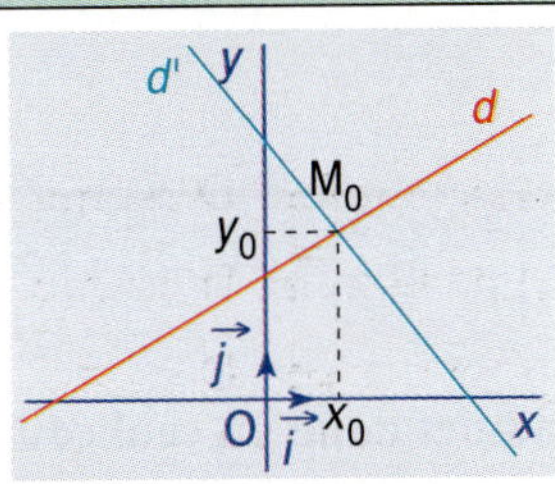	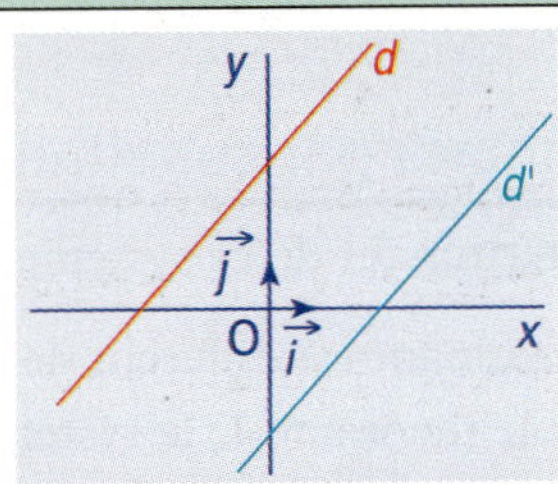	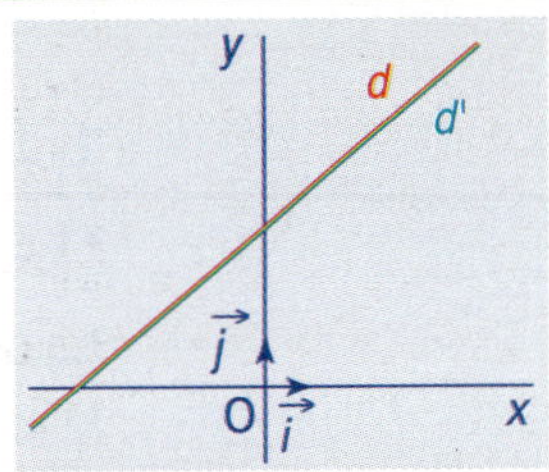
Dans ce cas (voir chap. 11, §3) et dans ce cas seulement : $ab' - a'b \neq 0$.	Dans ce cas (voir chap. 11, §3) et dans ce cas seulement : $ab' - a'b = 0$.	
$\mathscr{S} = \{(x_0\,;y_0)\}$	$\mathscr{S} = \varnothing$	$\mathscr{S} = \{(x\,;y);\ ax + by - c = 0\}$

Note
Usuellement, l'ensemble des solutions est noté $\mathscr{S}$.

Dans le cas où d et d' sont confondues, $\mathscr{S}$ est constitué de tous les couples $(x\,;y)$ tels que le point $M(x\,;y)$ appartienne à la droite d (confondue avec d').

2. CRITÈRE D'EXISTENCE ET D'UNICITÉ DE LA SOLUTION

On peut déduire de l'étude précédente le théorème suivant :

THÉORÈME

(S) est le système $\begin{cases} ax + by = c \\ a'x + b'y = c' \end{cases}$. Alors :

• dire que $\boldsymbol{ab' - a'b \neq 0}$ équivaut à dire que :

(S) admet un seul couple solution.

• dire que $\boldsymbol{ab' - a'b = 0}$ équivaut à dire que :

$\begin{cases} \textbf{ou bien (S) n'admet pas de couple solution} \\ \textbf{ou bien (S) admet une infinité de couples solutions.} \end{cases}$

DÉFINITION 2

Note
Le réel ab' – a'b joue un rôle déterminant dans l'étude de **(S)**. *D'où son nom.*

Le réel $\boldsymbol{ab' - a'b}$ s'appelle **le déterminant** du système $\begin{cases} ax + by = c \\ a'x + b'y = c'. \end{cases}$

On le note $\begin{vmatrix} \boldsymbol{a} & \boldsymbol{b} \\ \boldsymbol{a'} & \boldsymbol{b'} \end{vmatrix}$.

3. RÉSOLUTION

3 ■ 1 Cas où le déterminant est non nul

On se propose de résoudre dans $\mathbb{R}^2$ le système $\begin{cases} 2x + 5y = 1 \ \textbf{[1]} \\ x - 3y = 4 \ \textbf{[2]} \end{cases}$.

1. Méthode par substitution

• Le déterminant de ce système est $\begin{vmatrix} 2 & 5 \\ 1 & -3 \end{vmatrix} = 2(-3) - 1 \times 5 = -11$.

Le déterminant est différent de 0.

D'après le théorème 1, le système admet donc un seul couple solution.

• Exprimons l'une des inconnues en fonction de l'autre à l'aide de l'une des équations. L'équation **[2]**, par exemple, nous permet d'exprimer simplement x en fonction de y : $x = 4 + 3y$ **[3]**.

• On **substitue** à x cette expression dans l'autre équation ; ici, on remplace x par $4 + 3y$ dans **[1]**. On obtient :

$2(4 + 3y) + 5y = 1$, c'est-à-dire $11y = -7$, d'où $y = -\frac{7}{11}$.

Note
Ceci justifie le nom donné à cette méthode.

Note

Dans **[3]**, *le calcul de x est plus simple, car x est "isolé" dans le premier membre.*

• Pour calculer x, il suffit alors de remplacer y par $-\frac{7}{11}$ dans **[1]** ou **[2]** ou **[3]**.
Faisons-le, par exemple, dans **[3]**.
On obtient $x = 4 + 3\left(-\frac{7}{11}\right)$, c'est-à-dire $x = 4 - \frac{21}{11}$, d'où $x = \frac{23}{11}$.

La seule solution est donc le couple $\left(\frac{23}{11} ; -\frac{7}{11}\right)$. On écrit $\mathcal{S} = \left\{\left(\frac{23}{11} ; -\frac{7}{11}\right)\right\}$.

▶ **REMARQUE :** Pour résoudre ce système, il y a trois autres possibilités de substitution :
- De **[2]**, on tire $y = \frac{x-4}{3}$, puis on remplace y par cette expression dans **[1]**.
- De **[1]**, on tire $x = \frac{1-5y}{2}$, puis on remplace x par cette expression dans **[2]**.
- De **[1]**, on tire $y = \frac{1-2x}{5}$, puis on remplace y par cette expression dans **[2]**.

Dans la solution que nous avons proposée, la substitution choisie, $x = 4 + 3y$, présente l'avantage de ne pas contenir de dénominateur.

2. Méthode par combinaisons linéaires

Note

L'équation $11y = -7$ *a été obtenue en faisant la* ***combinaison linéaire*** "[1] + (−2) x [2]", *d'où le nom donné à cette méthode.*

• Le déterminant est non nul, donc le système admet un seul couple solution.

• – Multiplions d'abord les deux membres de l'équation **[2]** par -2.
On obtient une nouvelle équation : $-2x + 6y = -8$ **[2′]**.

– Ajoutons ensuite membre à membre les équations **[1]** et **[2′]**.
On obtient $11y = -7$.
Le facteur multiplicatif -2 a été choisi pour que, en ajoutant **[1]** et **[2′]** membre à membre, les x disparaissent.
On en déduit alors que $y = -\frac{7}{11}$.

– On remplace enfin y par cette valeur dans l'équation **[1]** par exemple ; on obtient $x = \frac{23}{11}$.

La seule solution est donc le couple $\left(\frac{23}{11} ; -\frac{7}{11}\right)$.

▶ **REMARQUE :** On peut aussi, par ce procédé, obtenir une équation sans y ; il suffit pour cela de multiplier les deux membres de **[1]** par 3 (on obtient $6x + 15y = 3$), les deux membres de **[2]** par 5 (on obtient $5x - 15y = 20$), et d'ajouter membre à membre les équations obtenues (on obtient $11x = 23$).

3■2 Cas où le déterminant est nul

1. Un exemple de système sans solution

On se propose de résoudre dans $\mathbb{R}^2$ le système **(S)** $\begin{cases} 2x + 4y = -5 & \textbf{[1]} \\ 3x + 6y = 3 & \textbf{[2]} \end{cases}$.

Le déterminant de ce système est $\begin{vmatrix} 2 & 4 \\ 3 & 6 \end{vmatrix} = 2 \times 6 - 3 \times 4 = 0$.

En divisant par 2 les deux membres de l'équation **[1]**, et par 3 les deux membres de l'équation **[2]**, on obtient l'écriture suivante du système **(S)** :

$$\begin{cases} x + 2y = -\frac{5}{2} \\ x + 2y = 1. \end{cases}$$

Or, pour aucun couple $(x ; y)$, le réel $x + 2y$ ne peut être égal à la fois à $-\frac{5}{2}$ et à 1.
Donc le système (S) n'admet pas de solution. On écrit $\mathcal{S} = \varnothing$.

2. Un exemple de système admettant une infinité de solutions

On se propose de résoudre dans $\mathbb{R}^2$ le système $\begin{cases} 2x + 3y = 4 & \textbf{[1]} \\ x + \frac{3}{2}y = 2 & \textbf{[2]} \end{cases}$.

Le déterminant de ce système est $\begin{vmatrix} 2 & 3 \\ 1 & \frac{3}{2} \end{vmatrix} = 2 \times \frac{3}{2} - 1 \times 3 = 0.$

En multipliant par 2 chaque membre de l'équation **[2]**, on obtient le système :

$$\begin{cases} 2x + 3y = 4 \\ 2x + 3y = 4. \end{cases}$$

Ce système se réduit en fait à une seule équation à deux inconnues :

$$2x + 3y = 4.$$

Nous pouvons donner à l'une des deux inconnues une valeur arbitraire, par exemple $x = a$, où a est un réel. On en déduit alors $y = \frac{4-2a}{3}$.

Le système admet donc pour solutions tous les couples de la forme :

$$\left(\boldsymbol{a} \; ; \frac{\boldsymbol{4-2a}}{\boldsymbol{3}}\right)\text{, } \textbf{où } \boldsymbol{a} \textbf{ est un réel quelconque.}$$

Par exemple :
pour $a = 1$, on a la solution $\left(1 \; ; \frac{2}{3}\right)$; pour $a = -\frac{3}{2}$, on a la solution $\left(-\frac{3}{2} \; ; \frac{7}{3}\right)$; ...

Le système admet donc une infinité de solutions, car on peut remplacer a par n'importe quel nombre.
Graphiquement, chaque couple solution correspond aux coordonnées d'un point de la droite d'équation $2x + 3y = 4$.

3. Dans chacun des deux exemples précédents, on a pu transformer le système de déterminant nul en un système dont les deux équations ont le même premier membre. Plus généralement :

PROPRIÉTÉ

Lorsqu'un système a un déterminant nul, on peut toujours l'écrire sous la forme d'un système dont les deux équations ont le même premier membre.

La démonstration de cette propriété est proposée en exercice, n° 52, p. 336.

Exercices résolus

avec solutions commentées

Exo. 1

On considère le système (S) $\begin{cases} x - 5y = 1 \quad [1] \\ 2x + 4y = 3 \quad [2] \end{cases}$

1. **Résolvez ce système dans $\mathbb{R}^2$ par substitution.**

2. **Résolvez ce système dans $\mathbb{R}^2$ par combinaisons linéaires.**

Point Méthode

Pour résoudre le système $\begin{cases} ax + by = c \\ a'x + b'y = c' \end{cases}$, on commence par calculer le réel $D = ab' - a'b$.

Si $D \neq 0$, le système admet une solution unique, que l'on peut trouver par substitution ou par combinaisons linéaires.

Solution

1 Calculons $D = ab' - a'b$.
Ici, $a = 1$, $b = -5$, $a' = 2$ et $b' = 4$.
Donc $D = 1 \times 4 - 2 \times (-5) = 4 + 10 = 14$.

D est non nul ; **(S)** admet donc une solution unique. Exprimons l'une des inconnues en fonction de l'autre. D'après l'équation **[1]** :

$$x = 5y + 1 \quad \textbf{[3]}.$$

Reportons cette expression de x dans l'équation **[2]**. Nous obtenons successivement :

$$2(5y + 1) + 4y = 3,$$
$$10y + 2 + 4y = 3,$$
$$14y = 1, \text{ d'où } y = \frac{1}{14}.$$

Remplaçons y par $\frac{1}{14}$ dans l'équation **[3]**. Nous obtenons :

$$x = 5 \times \frac{1}{14} + 1 = \frac{5}{14} + \frac{14}{14}, \text{ d'où } x = \frac{19}{14}.$$

Le système (S) admet donc une solution unique, le couple $\left(\frac{19}{14} ; \frac{1}{14}\right)$.

2 Le nombre $D = ab' - a'b$ est non nul (voir la question 1).
Le système admet une solution unique que l'on va trouver à présent par combinaisons linéaires.
Multiplions les deux membres de l'équation **[1]** par -2.
Nous obtenons successivement :

$$-2x + (-2) \times (-5y) = -2,$$
$$-2x + 10y = -2 \quad \textbf{[1']}$$

Ajoutons membre à membre l'équation **[1']** et l'équation **[2]** :

$$(-2x + 10y) + (2x + 4y) = -2 + 3.$$

Nous obtenons $14y = 1$, c'est-à-dire $y = \frac{1}{14}$.

Remplaçons y par $\frac{1}{14}$ dans l'équation **[1]** :

$$x - 5 \times \frac{1}{14} = 1, \text{ c'est-à-dire } x = 1 + \frac{5}{14} \text{ d'où } x = \frac{19}{14}.$$

L'unique solution du système **(S)** est donc le couple $\left(\frac{19}{14} ; \frac{1}{14}\right)$.

▶ **REMARQUE : Lorsqu'aucune méthode de résolution n'est imposée dans l'énoncé, vous pouvez choisir, bien sûr, celle que vous préférez.**

Commentaires

◀ $a = 1$ car x peut s'écrire $1 \times x$.

◀ Attention aux erreurs de signe dans le calcul de "$-a'b$".

◀ Il y a trois autres façons d'exprimer une inconnue en fonction de l'autre (voir remarque, Cours **§ 3.1**). Celle-ci est plus simple car l'équation **[3]** ne contient pas de coefficients fractionnaires.

◀ Si on remplace x par $5y + 1$ dans l'équation **[1]**, on obtient "1 = 1" ce qui n'est pas très utile pour la suite ...

◀ On peut aussi, pour obtenir la valeur de x, remplacer y par $\frac{1}{14}$ dans l'équation **[1]** ou l'équation **[2]**.

◀ Attention ! n'oubliez pas de multiplier par -2 le second membre de l'équation.

◀ Le coefficient multiplicatif -2 a été choisi de sorte que, en ajoutant **[1']** et **[2]**, les x disparaissent.

◀ On peut aussi remplacer y par $\frac{1}{14}$ dans l'équation **[2]**.

◀ On retrouve évidemment le résultat obtenu à la question 1.

Exo. 2

1. Résolvez dans $\mathbb{R}^2$ le système $\begin{cases} -4x + 3y = 1 & \textbf{[1]} \\ 2x - \frac{3}{2}y = -3 & \textbf{[2]} \end{cases}$

2. Résolvez dans $\mathbb{R}^2$ le système $\begin{cases} -4x + 3y = 8 & \textbf{[1]} \\ 2x - \frac{3}{2}y = -4 & \textbf{[2]} \end{cases}$

Point Méthode

Pour résoudre le système $\begin{cases} ax + by = c \\ a'x + b'y = c' \end{cases}$, on commence par calculer le réel $D = ab' - a'b$.

Dans le cas où D = 0, on peut se ramener, en multipliant l'une des équations par un nombre convenablement choisi, à un système dont les deux équations ont le même premier membre.

Solution

1 Calculons le réel $D = ab' - a'b$.

Ici, $a = -4$, $b = 3$, $a' = 2$ et $b' = -\frac{3}{2}$.

D'où $D = (-4) \times \left(-\frac{3}{2}\right) - (2) \times (3) = 0$.

On est donc sûr que :

- ou bien le système n'admet aucune solution,
- ou bien le système admet une infinité de solutions.

Ramenons-nous à un système dont les deux équations ont le même premier membre.

Multiplions pour cela les deux membres de l'équation **[2]** par -2. Nous obtenons l'équation $-4x + 3y = 6$ **[2′]**

On est ramené à résoudre le système :

$$\begin{cases} -4x + 3y = 1 \\ -4x + 3y = 6. \end{cases}$$

Il n'existe évidemment aucun couple $(x\,;y)$ tel que le nombre $-4x + 3y$ soit égal à la fois à 1 et à 6.

Le système n'admet donc aucune solution.

2 Les premiers membres des équations sont les mêmes que dans la question 1. Le réel D est donc nul.

Comme dans la question 1, on peut se ramener à un système dont les deux équations ont le même premier membre en multipliant par -2 les deux membres de l'équation **[2]**. On est alors ramené à résoudre le système $\begin{cases} -4x + 3y = 8 \\ -4x + 3y = 8 \end{cases}$, c'est-à-dire l'unique équation $-4x + 3y = 8$.

Le système admet donc une infinité de solutions. Ce sont tous les couples $(x\,;y)$ tels que $-4x + 3y = 8$, c'est-à-dire tels que le point $M(x\,;y)$ soit sur la droite d'équation $-4x + 3y = 8$, c'est-à-dire $y = \frac{4}{3}x + \frac{8}{3}$.

Commentaires

◄ Pour trouver le facteur multiplicatif -2, il suffit de considérer les termes contenant x dans les deux équations :
-2 est tel que $(-2) \times (2x) = -4x$.
On peut aussi multiplier les deux membres de **[1]** par $-\frac{1}{2}$.

◄ Pour obtenir de tels couples, il suffit de donner à x n'importe quelle valeur. Par exemple, pour $x = 3$, $y = 4 + \frac{8}{3} = \frac{20}{3}$, le couple $\left(3\,;\frac{20}{3}\right)$ est solution. Plus généralement, les solutions sont les couples de la forme $\left(a\,;\frac{4}{3}a + \frac{8}{3}\right)$ où a est un réel quelconque.

Les travaux pratiques 1 à 4 font partie du programme.

TP 1

UNE MÉTHODE GÉNÉRALE DE RÉSOLUTION D'UN SYSTÈME

Note
Cette méthode générale sera utilisée pour des systèmes linéaires de trois équations à trois inconnues ou pour d'autres encore.

Il existe bien d'autres systèmes que les systèmes linéaires de deux équations à deux inconnues, et pour ces autres systèmes, vous ne disposerez pas toujours d'un critère d'existence et d'unicité. Vous ne saurez donc pas dire d'avance s'il y a des solutions ou non. Cette absence de critère obligera à raisonner autrement.

Dans ce TP, nous étudions un système non linéaire pour vous montrer une méthode générale de résolution : la **méthode par implications**.

1.1 Un exemple de système non linéaire

Considérons le système suivant de deux équations à deux inconnues x et y :

$$\begin{cases} |x-1|-y=3 & \textbf{[1]} \\ 2x+y=-2 & \textbf{[2]}. \end{cases}$$

Résolvons ce système, c'est-à-dire cherchons tous les couples de réels $(x\,;y)$ qui sont à la fois solutions de l'équation **[1]** et de l'équation **[2]**.

1. Première étape : recherche des solutions possibles

Supposons qu'un couple $(x\,;y)$ soit solution.

a) Déduisez de cette hypothèse qu'alors $y=|x-1|-3$ et $y=-2-2x$, donc que $|x-1|=1-2x$ puis, de là, que $(x-1)^2=(1-2x)^2$, et donc que $x=0$ ou $x=\dfrac{2}{3}$.

b) En utilisant l'équation **[2]**, montrez que les couples $(0\,;-2)$ et $\left(\dfrac{2}{3}\,;-\dfrac{10}{3}\right)$ sont les seules solutions possibles du système.

2. Deuxième étape : étude de la réciproque

Pour chercher les solutions possibles, nous avons fait l'hypothèse qu'il existe des solutions, et nous avons vu que, s'il existe des solutions, ce ne peut être que $(0\,;-2)$ et $\left(\dfrac{2}{3}\,;-\dfrac{10}{3}\right)$. Mais rien ne nous permet d'affirmer qu'il y a vraiment des solutions et, en outre, que ce sont celles-ci. D'où la question qu'il faut se poser :

« les couples trouvés sont-ils effectivement solutions ? »

Répondez à la question, et concluez : « l'ensemble des solutions du système est ... ».

▶ **REMARQUE : La deuxième étape n'est pas une vérification des calculs.**
Aucune erreur de calcul n'a été commise lors de la recherche des solutions possibles, cependant un des deux couples trouvés n'est pas solution.

1.2 Une méthode générale

La méthode suivie, dite **méthode par implications**, comprend deux étapes :

- **on suppose qu'il existe des solutions**, et par déduction, on trouve alors toutes les solutions possibles ;
- **la réciproque** : on cherche à savoir si les solutions possibles sont effectivement solutions et on élimine celles qui ne le sont pas.

TP 2

PARABOLE PASSANT PAR TROIS POINTS

Dans un repère orthonormal, voici trois points : M(2 ; 1), N(– 2 ; 1), P(1 ; 0).
On se propose de trouver, si elle existe, une courbe $\mathscr{C}$ d'équation $y = ax^2 + bx + c$ qui passe par ces trois points.
Il faut donc trouver, s'ils existent, des réels a, b, c pour qu'il en soit ainsi.

2 1 Mise en équations

Précisons tout d'abord que :
dire qu'un point de coordonnées $(x ; y)$ appartient à la courbe $\mathscr{C}$ signifie que ses coordonnées vérifient l'équation de la courbe, c'est-à-dire que $y = ax^2 + bx + c$.
Expliquez pourquoi « $\mathscr{C}$ passe par les points M, N, P » signifie que a, b, c, sont solutions du système

$$\textbf{(S)} \begin{cases} 4a + 2b + c = 1 & \textbf{[1]} \\ 4a - 2b + c = 1 & \textbf{[2]} \\ a + b + c = 0 & \textbf{[3]} . \end{cases}$$

2 2 Résolution

Il s'agit donc ici de résoudre un système de trois équations à trois inconnues a, b, c.
Un tel système s'appelle un système linéaire.
Dans ce cas, les solutions sont des triplets $(a ; b ; c)$ et non des couples.
L'ensemble de tous les triplets de réels est noté $\mathbb{R}^3$.
Pour résoudre un tel système, dans $\mathbb{R}^3$, on peut utiliser la méthode par implications du TP 1.

> **Note**
> *Attention ! dans cet exemple, les inconnues sont désignées par les lettres a, b, c et non par x, y, z.*

1. Première étape : recherche des solutions possibles

L'idée est la suivante : on essaie de déduire de **(S)** un système linéaire de deux équations à deux inconnues. On sait résoudre un tel système. La troisième inconnue s'obtiendra alors aisément.

a) Démontrez que si le triplet $(a ; b ; c)$ est solution de **(S)**, alors le couple $(a ; b)$ est solution du système :

$$\textbf{(S')} \begin{cases} 3a + b = 1 \\ 3a - 3b = 1 . \end{cases}$$

INDICATION : *Exprimer c en fonction de a et b d'après l'équation* **[3]** *et substituer cette expression à c dans les deux premières équations.*

> **Note**
> *On dit que l'on résout le système par **substitution**.*

b) Résolvez le système **(S')**.

c) Déduisez-en que la seule solution possible de **(S)** est le triplet $\left(\frac{1}{3} ; 0 ; -\frac{1}{3}\right)$.

2. Deuxième étape : étude de la réciproque

Ce triplet $\left(\frac{1}{3} ; 0 ; -\frac{1}{3}\right)$ est-il effectivement solution de **(S)** ? Pour le savoir, remplacez, dans le système **(S)**, a par ..., b par ..., et c par ... , puis concluez.

> **Note**
> *Cette étude est nécessaire car pour un tel système, vous ne disposez pas d'un critère d'existence et d'unicité.*

3. D'autres façons de procéder

On peut aussi, dans la première étape, trouver les solutions possibles par combinaisons linéaires. En retranchant membre à membre les équations **[1]** et **[2]** du système **(S)**, montrez que nécessairement $b = 0$. Trouvez alors les valeurs possibles de a et c en remplaçant b par sa valeur dans **[2]** et **[3]**.

TP 3

RÉSOLUTION D'UN SYSTÈME DANS $\mathbb{N}^2$

Voici l'énoncé d'un problème.

"Existe-t-il deux entiers naturels dont la somme est égale à 23, et tels que la différence entre l'un et le triple de l'autre est égal à 5 ? Dans l'affirmative, trouvez tous les couples vérifiant ces deux conditions."

3-1 Mise en équations

On note x et y deux nombres entiers vérifiant ces deux conditions, s'il en existe. Traduisez par un système **(S)** les conditions imposées à x et y par l'énoncé.

3-2 Résolution

Il s'agit de résoudre **(S)** dans $\mathbb{N}^2$, c'est-à-dire de trouver tous les couples d'entiers naturels qui sont solutions de **(S)**.

Voici une manière possible pour résoudre un tel système dans $\mathbb{N}^2$:

on le résout dans $\mathbb{R}^2$, de manière classique ; mais, parmi les solutions trouvées, seuls les couples $(x ; y)$ tels que x et y sont des entiers naturels sont effectivement solutions du système **(S)**.

1. Résolvez le système **(S)** dans $\mathbb{R}^2$.

2. Qu'en déduisez-vous concernant le problème posé initialement ?

TP 4

RÉSOLUTION GRAPHIQUE DE SYSTÈMES D'INÉQUATIONS LINÉAIRES

4-1 Inéquations linéaires à deux inconnues

Vous avez vu en classe de Troisième que l'ensemble des couples $(x ; y)$ solutions, par exemple, de l'inéquation $2x - y > -1$ est représenté, dans un repère $(O ; \vec{i}, \vec{j})$, par un demi-plan de frontière la droite d'équation $y = 2x + 1$ (c'est-à-dire $2x - y = -1$). Pour savoir de quel demi-plan il s'agit, il suffit de prendre un point, par exemple l'origine $O(0 ; 0)$ du repère, et de voir si le couple de ses coordonnées est solution de l'inéquation.

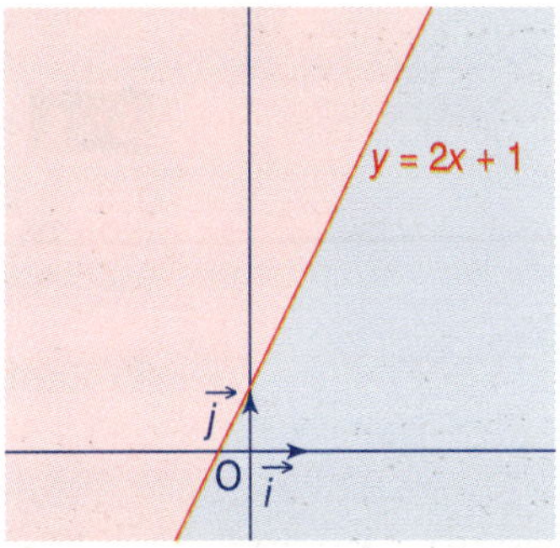

Ici, $2 \times 0 - 0 = 0$, or $0 > -1$, donc O est dans le demi-plan cherché. Sur la figure, nous avons colorié en rose l'autre demi-plan (celui qui ne contient pas O).

Application : Représentez graphiquement l'ensemble des solutions de chacune des inéquations suivantes :

a) $-3x + 4y - 1 \geqslant 0$. **b)** $2 - 5x \leqslant 0$. **c)** $2x + y \leqslant 0$.

4■2 Un système de trois inéquations

(S) est le système suivant : $\begin{cases} 2x + y > -4 & \textbf{[1]} \\ y > -2 & \textbf{[2]} \\ 2x - y > -2 & \textbf{[3]}. \end{cases}$

Résoudre graphiquement ce système, c'est représenter, dans un repère du plan, l'ensemble des points $M(x\ ;\ y)$ tels que $(x\ ;\ y)$ soit solution de chacune des trois inéquations précédentes.

1. **a)** Tracez la droite d'équation $2x + y = -4$.
b) Représentez graphiquement l'ensemble des solutions de l'inéquation **[1]** en hachurant le demi-plan “non solution”.

2. De même, représentez graphiquement l'ensemble des solutions de l'inéquation **[2]**, puis de l'inéquation **[3]**.

3. Indiquez quelle est la portion du plan représentant l'ensemble des solutions du système **(S)**.

TP 5

UN PONT AÉRIEN

On veut organiser un pont aérien pour transporter au moins 1 600 personnes et au moins 90 tonnes de bagages.
Les avions disponibles sont de deux types, 12 du type A et 9 du type B.
À pleine charge, un avion A peut transporter 200 personnes et 6 tonnes de bagages, et un avion B, 100 personnes et 15 tonnes de bagages.

5■1 Mise en inéquations et résolution

Notons x le nombre d'avions A et y le nombre d'avions B utilisés.
x et y sont donc des entiers naturels.

1. Expliquez pourquoi le couple $(x\ ;\ y)$ doit être solution du système :

$$\textbf{(S)} \begin{cases} 0 \leqslant x \leqslant 12 \\ 0 \leqslant y \leqslant 9 \\ 2x + y \geqslant 16 \\ 2x + 5y \geqslant 30. \end{cases}$$

2. Pour trouver toutes les manières possibles de réaliser un tel transport, on est amené à résoudre le système **(S)** dans $\mathbb{N}^2$. On va résoudre graphiquement ce système.

Vérifiez que l'ensemble des solutions dans $\mathbb{N}^2$ du système **(S)** est représenté, sur la figure, par les points de coordonnées entières situés à l'intérieur de la partie E du plan en blanc (frontières incluses).

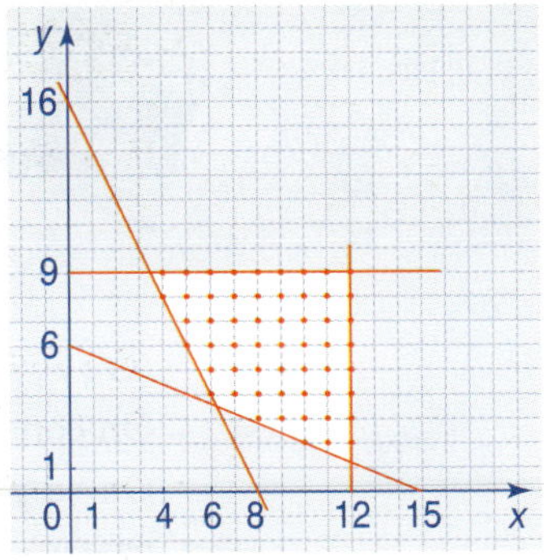

3. Voici deux exemples d'utilisation de ce dessin.

a) Vérifiez que le point (9 ; 6) est dans E, et que le point (6 ; 2) n'est pas dans E.

b) En utilisant le système **(S),** vérifiez par le calcul que 9 avions A et 6 avions B peuvent réaliser le transport voulu et que 6 avions A et 2 avions B ne peuvent pas réaliser un tel transport.

5-2 Comment réaliser le transport à moindre coût

La location d'un avion A coûte 4 millions de francs et celle d'un avion B coûte 1 million de francs.

Donc la location de x avions A et y avions B coûte $4x + y$ millions de francs.

Pour voir comment réaliser le transport à moindre coût, cherchons, parmi les couples $(x ; y)$ d'entiers de E, un couple correspondant à la plus petit dépense possible, c'est-à-dire tel que $4x + y$ ait la plus petite valeur possible.

1. Un exemple : coût de 8 millions de francs

a) Les couples d'entiers naturels $(x ; y)$ ($0 \leqslant x \leqslant 12$ et $0 \leqslant y \leqslant 9$) correspondant à une dépense de 8 millions de francs sont situés sur la droite Δ d'équation $4x + y = 8$. Pourquoi ?

b) Tracez la droite Δ dans le même repère que précédemment. Le transport peut-il être réalisé avec 8 millions de francs ?

2. Un autre exemple : coût de 10 millions de francs

a) Tracez la droite Δ d'équation $4x + y = 10$.

b) Le coût peut-il être de 10 millions de francs ?

3. Plus généralement

À une dépense de k millions de francs, on associe la droite Δ d'équation $4x + y = k$.

a) Lorsque k varie, toutes les droites Δ sont parallèles entre elles. Pourquoi ?

b) Le nombre k de millions de francs est égal à l'ordonnée du point d'intersection de la droite Δ avec l'axe des ordonnées. Pourquoi ?

c) Utilisez ce qui précède pour trouver graphiquement le nombre d'avions de chaque type qu'il faut louer pour que le coût soit minimal.

Quel est alors le coût d'une telle opération ?

TP 6
SYSTÈMES LINÉAIRES ET COURBES

$(O ; \vec{i}, \vec{j})$ est un repère orthonormal.

On considère dans ce repère les points A(– 1 ; 0), B(1 ; 0), C(– 2 ; 0), D(2 ; 0).

On se propose, dans les trois premières parties de ce TP, d'étudier des courbes passant par certains points de l'axe des abscisses et admettant une équation de l'un des types suivants : $y = ax + b$, $y = ax^2 + bx + c$, $y = ax^3 + bx^2 + cx + d$.

6 ■ 1 Courbes d'équation $y = ax + b$

1. $\mathscr{C}$ est la courbe d'équation $y = ax + b$.

a) Montrez que :
- si $\mathscr{C}$ passe par O, alors $b = 0$.
- si $\mathscr{C}$ passe par A, alors $b = a$.
- si $\mathscr{C}$ passe par B, alors $b = -a$.

b) Réciproquement, montrez que si a désigne un réel quelconque,
- toutes les courbes d'équation $y = ax$ passent par O.
- toutes les courbes d'équation $y = ax + a$ passent par A.
- toutes les courbes d'équation $y = ax - a$ passent par B.

2. a) Tracez une droite d passant par A et une droite d' passant par B telles que, si P désigne le point d'intersection de ces droites, le triangle ABP est équilatéral.

b) Donnez une équation de d et une équation de d'.

3. a) Montrez que si une courbe $\mathscr{C}$ d'équation $y = ax + b$ passe par A et B, alors $a = b = 0$.

b) Montrez que :
- si $\mathscr{C}$ passe par A et O, alors $a = b = 0$.
- si $\mathscr{C}$ passe par B et O, alors $a = b = 0$.

6 ■ 2 Courbes d'équation $y = ax^2 + bx + c$

1. a) Montrez que si une courbe d'équation $y = ax^2 + bx + c$ passe par les points A et B, alors $b = 0$ et $c = -a$.

b) Réciproquement, montrez que si a désigne un réel quelconque, toutes les courbes d'équation $y = ax^2 - a$ passent par A et B.

c) Indiquez trois équations de courbes différentes passant par A et B, du type $y = ax^2 + bx + c$.

> **Note**
> *Pour cette question, vous pouvez vous reporter aux chapitres 4 et 5.*

2. On note f la fonction définie sur $\mathbb{R}$ par $f(x) = x^2 - 1$.

a) Montrez que f est paire.

b) Montrez que f est strictement croissante sur $[0 ; +\infty[$.

c) Tracez la courbe $\mathscr{C}$ d'équation $y = x^2 - 1$.

d) Déduisez-en le tracé de la courbe $\mathscr{C}'$ d'équation $y = 1 - x^2$.

INDICATION : *Remarquer que* $1 - x^2 = -(x^2 - 1)$

3. Montrez que si une courbe d'équation $y = ax^2 + bx + c$ passe par les points A, B et O, alors $a = b = c = 0$.

6.3 Courbes d'équation $y = ax^3 + bx^2 + cx + d$

1. **a)** Montrez que si une courbe d'équation $y = ax^3 + bx^2 + cx + d$ passe par les points A, B et O, alors $b = d = 0$ et $c = -a$.

b) Réciproquement, montrez que si a désigne un réel quelconque, toutes les courbes d'équation $y = ax^3 - ax$ passent par les points A, B et O.

c) Indiquez trois équations de courbes différentes passant par A, B et O, du type $y = ax^3 + bx^2 + cx + d$.

2. On note f la fonction définie sur $\mathbb{R}$ par $f(x) = x^3 - x$.

a) Expliquez pourquoi, en utilisant la question **1. b)** précédente, la courbe $\mathscr{C}$ représentant f passe par les points A, B et O.

b) Montrez que f est impaire.

c) Complétez le tableau de valeurs suivant :

x	0	0,25	0,5	$\frac{1}{\sqrt{3}}$	0,75	1,5	2
$f(x)$	0						

Placez les points correspondants dans un repère orthonormal (unité 2 cm).

d) Reliez les points précédents par une courbe continue et régulière, et déduisez-en l'allure de la courbe $\mathscr{C}$ représentant f.

3. **a)** Montrez que si une courbe d'équation $y = ax^3 + bx^2 + cx + d$ passe par les points A, B, C, D alors a, b, c, d sont tels que :

$$\begin{cases} -a + b - c + d = 0 \\ a + b + c + d = 0 \\ -8a + 4b - 2c + d = 0 \\ 8a + 4b + 2c + d = 0 \end{cases}$$

b) Déduisez-en que $\begin{cases} b + d = 0 \\ 4b + d = 0 \end{cases}$ et $\begin{cases} a + c = 0 \\ 4a + c = 0. \end{cases}$

c) Montrez qu'alors $a = b = c = d = 0$.

6.4 Pour aller plus loin

1. Montrez, en procédant comme précédemment, que si une courbe d'équation $y = ax^4 + bx^3 + cx^2 + dx + e$ passe par les points A, B, C, D et O, alors $a = b = c = d = e = 0$.

2. On considère les points E(– 3 ; 0) et F(3 ; 0).

Montrez que si une courbe d'équation $y = ax^5 + bx^4 + cx^3 + dx^2 + ex + f$ passe par les points A, B, C, D, E, F, alors $a = b = c = d = e = f = 0$.

INDICATION : *Montrer d'abord que a, b, c, d, e, f sont solutions de six équations à six inconnues, et en déduire que le triplet (b ; d ; f) est solution d'un système de trois équations à trois inconnues et que (a ; c ; e) est solution d'un système de trois équations à trois inconnues.*

▶ **REMARQUE :** Les abscisses des points d'intersection d'une courbe d'équation $y = g(x)$ avec l'axe des abscisses sont les solutions de l'équation $g(x) = 0$.
Les résultats des questions 3 des paragraphes **6.1**, **6.2**, **6.3** et des questions 1 et 2 du paragraphe **6.4** sont en réalité des cas particuliers de la propriété générale suivante : si une équation $a_n x^n + a_{n-1} x^{n-1} + \ldots + a_1 x + a_0 = 0$ admet $n + 1$ solutions, alors $a_n = a_{n-1} = \ldots = a_1 = a_0 = 0$.

RÉSULTATS ET CONSEILS

Des résultats à retenir

• Un système de deux équations linéaires à deux inconnues x et y est de la forme $\begin{cases} ax + by = c \\ a'x + b'y = c' \end{cases}$

EXEMPLE : $\begin{cases} x - y = 2 \\ 2x - 3y = 1 \end{cases}$

Le couple (5 ; 3) est solution du système car il est solution de chaque équation : $5 - 3 = 2$ et $2 \times 5 - 3 \times 3 = 1$.

• Si $ab' - a'b \neq 0$, le système $\begin{cases} ax + by = c \\ a'x + b'y = c' \end{cases}$ a une **solution unique** que l'on peut obtenir par substitution ou par combinaisons linéaires.

EXEMPLE : $\begin{cases} 2x + y = 4 \\ -3x - y = 1 \end{cases}$.

Ce système admet une solution unique car ici :
$ab' - a'b = 2 \times (-1) - (-3)(1) = 1 \neq 0$.

• Si $ab' - a'b = 0$, le système admet :
- **ou** bien **aucune solution**
- **ou** bien **une infinité de solutions**.

Dans ce cas, on peut se ramener à la résolution d'un système dont les deux équations ont le même premier membre.

EXEMPLES :

• $\begin{cases} 2x + 3y = 1 \\ -x - \frac{3}{2}y = 3 \end{cases}$ ici, $ab' - a'b = 2 \times \left(-\frac{3}{2}\right) - (-1) \times 3 = 0$.

En multipliant la deuxième équation par – 2, on obtient le système $\begin{cases} 2x + 3y = 1 \\ 2x + 3y = -6. \end{cases}$

Or $1 \neq -6$, donc ce système n'admet aucune solution.

• $\begin{cases} 2x + 3y = 1 \\ -x - \frac{3}{2}y = -\frac{1}{2} \end{cases}$ ici, $ab' - a'b = 2 \times \left(-\frac{3}{2}\right) - (-1) \times 3 = 0$.

En multipliant la deuxième équation par – 2, on obtient le système $\begin{cases} 2x + 3y = 1 \\ 2x + 3y = 1. \end{cases}$

Tous les couples $(x ; y)$ tels que le point $M(x ; y)$ appartient à la droite d'équation $2x + 3y = 1$ sont solutions.

Des conseils à suivre

► Lorsque $ab' - a'b \neq 0$, vous avez la possibilité de contrôler si la solution $(x_0 ; y_0)$ trouvée est correcte : il vous suffit de revenir au système initial et de vérifier que $(x_0 ; y_0)$ est solution du système.

► N'oubliez pas que résoudre un système de deux équations linéaires à deux inconnues revient à trouver les coordonnées des points d'intersection éventuels de deux droites, la condition $ab' - a'b = 0$ traduisant le fait que les droites sont parallèles.

► Il n'y a que trois possibilités pour le "nombre" de solutions d'un système de deux équations linéaires à deux inconnues : **zéro** ou **une** ou **une infinité**. Ainsi, par exemple, un tel système linéaire ne peut jamais avoir deux solutions seulement.

Des erreurs à éviter

■ Lorsque vous "multipliez une équation par un nombre", n'oubliez pas de multiplier aussi le second membre.

■ N'oubliez pas, lorsque vous calculez $ab' - a'b$, de vous assurer que le système est "bien ordonné".

EXEMPLE : $\begin{cases} 2x - 3y = 1 \\ y + 3x = 5. \end{cases}$

Ici, $ab' - a'b$ n'est pas égal à $2 \times 3 - (1) \times (-3)$.

exercices et problèmes

VÉRIFICATION DES CONNAISSANCES

S1 Quelle est la forme générale d'un système de deux équations linéaires à deux inconnues ?

S2 Dans quel cas le système **(S)** $\begin{cases} a\,x + b\,y = c \\ a'\,x + b'\,y = c' \end{cases}$ admet-il une solution unique ?

S3 Que peut-on dire du système **(S)** lorsque $ab' - a'b = 0$?

S4 Dans le cas où $ab' - a'b \neq 0$, deux méthodes de résolution peuvent être utilisées. Lesquelles ?

S5 Complétez la phrase suivante :
Dans le cas où $ab' - a'b = 0$, on peut se ramener à la résolution d'un système dont les deux équations ont ... .

VÉRIFICATION DES SAVOIR-FAIRE

Une seule des réponses proposées est exacte	a	b	c
SF1 Le système $\begin{cases} 2x - 3y = 4 \\ 2y - 3x = 1 \end{cases}$ ...	a une solution unique	a une infinité de solutions	n'a aucune solution
SF2 Le système $\begin{cases} 2x + 3y = 1 \\ x + \frac{3}{2}y = 1 \end{cases}$ a les mêmes solutions que le système ...	$\begin{cases} 2x + 3y = 1 \\ 2x + 3y = 1 \end{cases}$	$\begin{cases} x + \frac{3}{2}y = \frac{1}{2} \\ x + \frac{3}{2}y = 1 \end{cases}$	$\begin{cases} x + \frac{3}{2}y = \frac{1}{2} \\ x + \frac{3}{2}y = \frac{1}{2} \end{cases}$
SF3 Le système $\begin{cases} x + y = 1 \\ x - y = 0 \end{cases}$ ...	a pour solution unique (1 ; 1)	a pour solution unique $\left(\frac{1}{2}; \frac{1}{2}\right)$	n'a pas de solution
SF4 Le système $\begin{cases} \frac{3}{2}x - \frac{5}{2}y = 4 \\ \frac{3}{4}x - \frac{5}{4}y = 1 \end{cases}$ ...	a une solution unique	a une infinité de solutions	n'a pas de solution

Réponses en fin de manuel.

COMME LES RÉSOLUS

Pour les exercices 1 à 3, vous pouvez vous reporter à l'exercice résolu 1, p. 323.

1 Résolvez dans $\mathbb{R}^2$ le système $\begin{cases} x - 2y = 1 \\ 4x - 6y = -3 \end{cases}$
a) par substitution ;
b) par combinaisons linéaires.

2 Résolvez dans $\mathbb{R}^2$ le système $\begin{cases} -2x + y = 3 \\ -3x - 4y = 5 \end{cases}$
a) par substitution ;
b) par combinaisons linéaires.

3 Résolvez dans $\mathbb{R}^2$ le système $\begin{cases} 2x - 3y = -1 \\ x - y = 1 \end{cases}$
a) par substitution ;
b) par combinaisons linéaires.

Pour les exercices 4 à 6, vous pouvez vous reporter à l'exercice résolu 2, p. 324.

4 Résolvez dans $\mathbb{R}^2$ chacun des systèmes suivants :
a) $\begin{cases} 4x - y = 3 \\ 2x - \frac{1}{2}y = 1 \end{cases}$ **b)** $\begin{cases} 4x - y = 3 \\ 2x - \frac{1}{2}y = \frac{3}{2}. \end{cases}$

5 Résolvez dans $\mathbb{R}^2$ chacun des systèmes suivants :
a) $\begin{cases} 6x + 9y = 1 \\ -2x - 3y = 2. \end{cases}$ **b)** $\begin{cases} 6x + 9y = 2 \\ -2x - 3y = -\frac{2}{3}. \end{cases}$

6 Résolvez dans $\mathbb{R}^2$ chacun des systèmes suivants :
a) $\begin{cases} x - y = 1 \\ -4x + 4y = -3. \end{cases}$ **b)** $\begin{cases} x - 2y = 3 \\ -4x + 8y = 12. \end{cases}$

POUR S'ENTRAÎNER

Systèmes d'équations à deux inconnues

Pour les exercices 7 à 17, résolvez dans $\mathbb{R}^2$ le système donné et interprétez graphiquement sa résolution.

7 $\begin{cases} 2x-1+\frac{1}{3}(3y-2)+y=2 \\ x-1+y=0. \end{cases}$

8 $\begin{cases} 2a+b-7=0 \\ 3a-5b=4. \end{cases}$

9 $\begin{cases} \frac{a+b}{2}+\frac{8a-5b}{12}=-\frac{21}{4} \\ 2a+\frac{b}{7}=-9. \end{cases}$

10 $\begin{cases} \frac{1}{3}(x-y)+\frac{1}{2}=2 \\ \frac{1}{4}(x+y)-1=x. \end{cases}$

11 $\begin{cases} 2(u-3v+1)=4u-v-205 \\ \frac{3}{4}u-\frac{5}{6}(v+1)=u-\frac{3}{5}v-13. \end{cases}$

12 $\begin{cases} 3x-7y=1 \\ 5x+2y=29. \end{cases}$

13 $\begin{cases} 2x-5y=-3 \\ -0{,}25x+0{,}625y=0{,}375. \end{cases}$

14 $\begin{cases} 2x-\sqrt{3}y=0 \\ \sqrt{3}x-\frac{3}{2}y=1. \end{cases}$

15 $\begin{cases} (\sqrt{3}-\sqrt{2})x+y=2 \\ x+(\sqrt{3}+\sqrt{2})y=\sqrt{3} \end{cases}$

16 $\begin{cases} x=3y+4 \\ 6y=7+2x. \end{cases}$

17 $\begin{cases} (3-\sqrt{2})x-y=4 \\ -5x+(3+\sqrt{2})y=1 \end{cases}$

Pour les exercices 18 et 19, indiquez d'abord pour quelles valeurs de *x* et pour quelles valeurs de *y* le système proposé est défini. Écrivez ensuite ce système sous la forme d'un système linéaire, puis résolvez-le.

18* $\begin{cases} \frac{x-1}{x-2}+\frac{y+1}{y+3}=2 \\ 2x-y=7. \end{cases}$

19 $\begin{cases} \frac{x-6}{y-1}=5 \\ \frac{x-3}{y+1}=\frac{3}{2}. \end{cases}$

20 Résolvez le système : $\begin{cases} \frac{2}{3}\frac{1}{x-1}+\frac{3}{y-2}=2 \\ \frac{1}{1-x}+\frac{4}{y-2}=0. \end{cases}$

UNE MÉTHODE : Poser $X=\frac{1}{1-x}$ et $Y=\frac{1}{y-2}$.

Pour les exercices 21 et 22, résolvez le système donné en vous inspirant de la méthode proposée dans l'exercice 20.

21 $\begin{cases} \frac{3}{x}-\frac{1}{y}=4 \\ \frac{1}{x}+\frac{2}{y}=-1. \end{cases}$

22 $\begin{cases} (a-3)^2+(b-2)=8 \\ 3(a-3)^2+5(b-2)=-10. \end{cases}$

Pour les exercices 23 à 25, résolvez dans $\mathbb{R}^2$ le système donné.

23* $\begin{cases} u+v=10 \\ u^2-2uv+v^2=16. \end{cases}$

24* $\begin{cases} x+y=-\frac{14}{5} \\ x^2-y^2=-\frac{224}{25}. \end{cases}$

25* $\begin{cases} (x+2y-10)(x+y-2)=0 \\ (3x+y-15)(x-y)=0. \end{cases}$

26 Système homogène

On considère le système $\begin{cases} 2x+5y=0 \\ 3x+4y=0. \end{cases}$

Le second membre de chaque équation est égal à 0.
On dit que ce système est homogène.

1. Calculez son déterminant.

2. Ce système admet un couple solution évident. Lequel ?

3. Résolvez, sans autre calcul, ce système.

Systèmes d'équations à trois ou quatre inconnues

Pour les exercices 27 à 30, résolvez dans $\mathbb{R}^3$ le système donné.

27 $\begin{cases} a+b+c=0 \\ a+2b+3c=-5 \\ a+4b+9c=-18. \end{cases}$

28 $\begin{cases} u+v+w=4 \\ 2u-v+w=8 \\ u-3v-2w=1. \end{cases}$

29 $\begin{cases} 2\alpha+\beta+\gamma=5 \\ \alpha+2\beta+\gamma=2 \\ \alpha+\beta+2\gamma=1 \end{cases}$

30 $\begin{cases} x+4y+z=7 \\ x+4y-z=13 \\ 2x-y+2z=5. \end{cases}$

Pour les exercices 31 à 32, résolvez le système proposé.

31* $\begin{cases} 2x-3y+4z-2t=-7 \\ 6x-2y+5z-3t=-10 \\ -x-y-3z+t=-5 \\ -2x-y-z+t=-1. \end{cases}$

32* $\begin{cases} x_1+x_2+x_3=6 \\ x_2+x_3+x_4=9 \\ x_1+x_3+x_4=8 \\ x_1+x_2+x_4=7. \end{cases}$

Systèmes d'inéquations

Pour les exercices 33 à 36, représentez graphiquement l'ensemble des solutions du système donné.

33 $-3\leqslant x+2y<0.$

34 $\begin{cases} 30x+15y\geqslant 20 \\ 13x+8y\geqslant 10 \\ 40x+60y>51 \\ x+y=1. \end{cases}$

35 $\begin{cases} |x|<1 \\ |y+1|\geqslant 1. \end{cases}$

36 $\begin{cases} y-2x+1>0 \\ |y|<1 \\ |x|\leqslant 2. \end{cases}$

37 On considère, dans un repère orthonormal, les points :

A(1 ; 1), B(– 1 ; 1), C(– 1 ; – 1), D(1 ; – 1).

Trouvez un système d'inéquations dont les solutions sont les coordonnées $(x\,;\,y)$ des points intérieurs au carré ABCD (frontières incluses).

38 On considère, dans un repère orthonormal, les points :

A(1 ; 0), B(0 ; 1), C(– 1 ; 0), D(0 ; – 1).

Trouvez un système d'inéquations dont les solutions sont les coordonnées $(x\,;\,y)$ des points extérieurs au carré ABCD.

INDICATION : Écrire les équations des droites (AB), (BC), (CD), (DA).

Pour les exercices 39 et 40, trouvez un système d'inéquations dont les solutions sont les coordonnées des points M(x ; y) situés à l'intérieur du domaine en blanc sur la figure (frontières incluses).

39

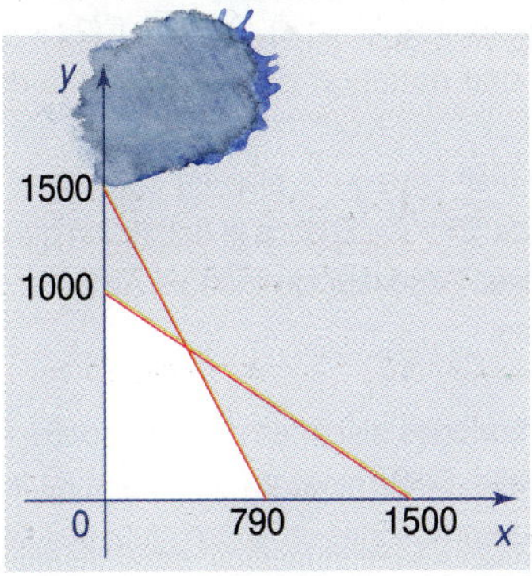

40

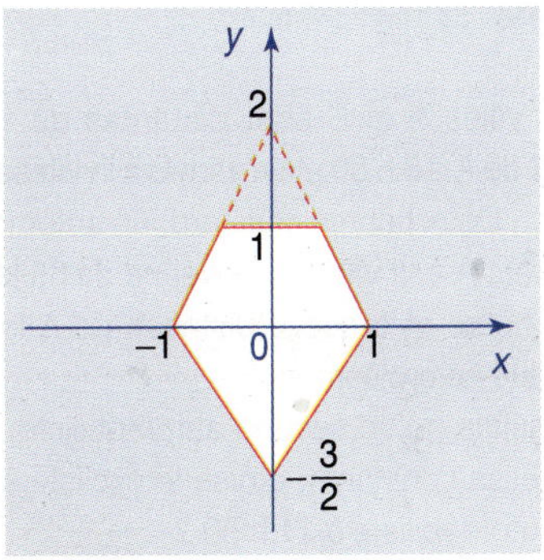

En géométrie

41 Deux carrés de même centre O sont tels que l'un est inclus dans l'autre. La différence de leurs périmètres est égale à 40 m. L'aire de la bande coloriée est égale à 500 m^2. Quelle est l'aire de chacun des carrés ?

42 Un rectangle a pour longueur L et pour largeur ℓ. L'aire d'un carré de côté L est égale à quatre fois l'aire du rectangle. La différence des périmètres du carré et du rectangle est égale à 500 m.
Quelles sont les dimensions du rectangle ?

43 ABCD est un rectangle, AD = 10.
M est un point du segment [CD].
Existe-t-il une position de M pour laquelle l'aire du trapèze ABMD est égale à 400 et l'aire du triangle BMC est égale à 200 ?

INDICATION : Poser AB = x et CM = y.

44* ABC est un triangle et $\mathscr{C}$ est le cercle inscrit dans ce triangle. En centimètres : BC = 5,5 ; AC = 5 ; AB = 3,3.
Calculez AB′, BC′ et CA′.

INDICATION : Poser AB′ = x, BC′ = y et CA′ = z.

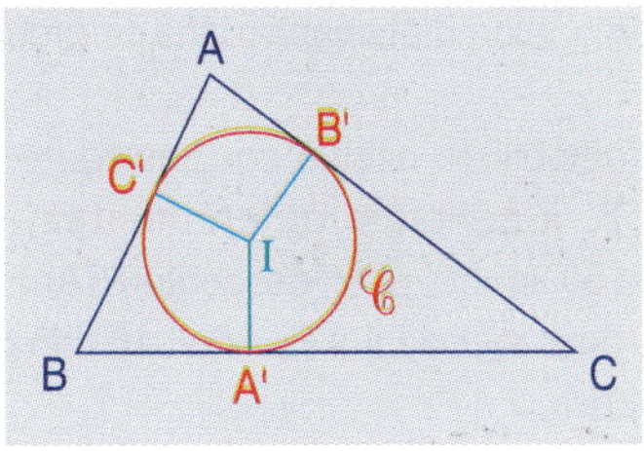

En Économie

45 Un particulier place, pendant un an, 27 000 F en deux parties. La première partie est placée au taux de 10 % et la seconde au taux de 8 %. Trouvez chacune de ces parties sachant que les intérêts produits par ces 27 000 F s'élèvent à 2 610 F.

46 Pendant un an, on a placé trois capitaux, le premier à 8 %, le deuxième à 10 % et le troisième à 12 %.

• La somme des intérêts produits par le premier et le deuxième est de 3 400 F.

• La somme des intérêts produits par le deuxième et le troisième est de 4 440 F.

• La somme des intérêts produits par le premier et le troisième est de 5 440 F.

Quel est le montant de chacun de ces capitaux ?

47 Sur une facture d'électricité, on lit une consommation de 467 kWh en "heures creuses" et de 393 kWh en "heures pleines" ; le montant de la facture est 327,26 F.
Sur une seconde facture, la consommation est 366 kWh en "heures creuses" et 175 kWh en "heures pleines" ; le montant de la facture est 189,98 F.
Déterminez le prix du kWh en "heures pleines" et en "heures creuses".

Divers

48 Au C.D.I.
Au C.D.I., sur un rayon de bibliothèque, sont rangés côte à côte cinquante livres, des romans de 5 centimètres d'épaisseur et des bandes dessinées de 2,5 centimètres d'épaisseur. Ils occupent un rayon de longueur 2 mètres. Quel est le nombre de romans ? Quel est le nombre de bandes dessinées ?

49 Un groupe d'amis, dont certains sont étudiants, va au cinéma. Le prix d'une place est 42 F pour les non-étudiants et 33 F pour les étudiants. Pour le groupe, le prix total des places est 1 290 F. Ce même groupe assiste quelques jours plus tard à un concert. Le prix d'une place est 200 F pour les non-étudiants et 100 F pour les étudiants. Pour le groupe, le prix total est 5 000 F.
Trouvez la proportion d'étudiants dans ce groupe.

50 Un automobiliste circule sur une route entre deux villes A et B. Il constate qu'en montée, sa vitesse moyenne est 50 km.h^{-1}, et en descente 75 km.h^{-1}.
Par ailleurs, pour aller de A à B, il met 16 min et pour aller de B à A, 14 min.

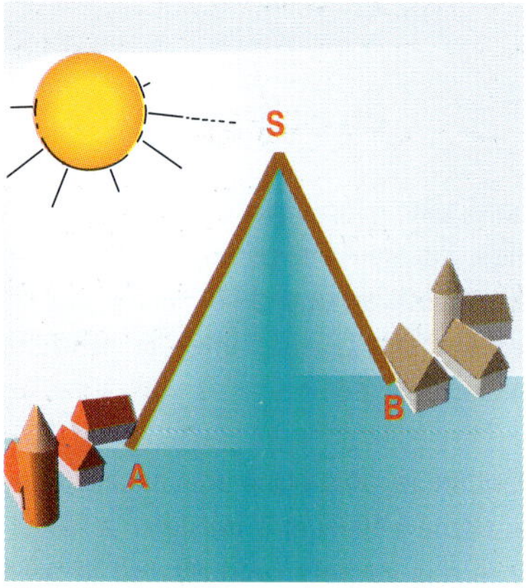

1. Trouvez, en fonction des distances SA et SB, la durée de chacun des parcours suivants :
a) montée de A vers S ; **b)** descente de S vers B ;
c) montée de B vers S ; **d)** descente de S vers A.
2. Calculez les distances SA et SB.

51 Combien d'équations pour deux inconnues ?
Hervé, Éric et Muriel sortent d'une boulangerie.
Hervé : "J'ai payé 28 F pour 4 croissants et 6 ficelles."
Éric : "J'ai payé 15 F pour 3 croissants et 2 ficelles."
Muriel : "J'ai payé 14 F pour 2 croissants et 3 ficelles."
1. Expliquez pourquoi on ne peut pas, avec un seul des trois renseignements ci-dessus, calculer le prix d'un croissant et celui d'une ficelle.
2. Avec deux des trois renseignements ci-dessus, est-on en mesure de calculer le prix d'un croissant et celui d'une ficelle ? Envisagez les trois cas possibles et justifiez vos réponses.

52 Système de déterminant nul
(S) est le système $\begin{cases} a\,x+b\,y=c & [\mathbf{1}] \\ a'x+b'y=c' & [\mathbf{2}]. \end{cases}$
On suppose que son déterminant $ab'-a'b$ est nul.
Montrez, en multipliant les deux membres de l'équation **[1]** par un réel convenable k, que le premier membre de l'équation obtenue est le même que celui de l'équation **[2]**.
INDICATION : Si, par exemple, $a \neq 0$, considérer le réel $k = \frac{a'}{a}$.

53 Triangle et inéquations
Dans le plan muni d'un repère orthonormal $(O\,;\vec{i},\vec{j})$, on considère les points A(–1 ; 0), B(0 ; 2), C(2 ; – 1).
1. Donnez une équation cartésienne des droites (AB), (BC) et (AC).
2. La droite (AB) partage le plan en deux demi-plans. Quel est le signe de $(2x - y + 2)$ dans le demi-plan qui contient C ?
3. Caractérisez l'intérieur du triangle ABC par un système d'inéquations.

54 * Deux horloges distantes de 2 km sonnent à 2 secondes d'intervalle. Déterminez en quel point de la droite passant par les deux horloges un observateur doit se placer pour les entendre sonner simultanément.
RAPPEL : Vitesse du son : 340 m.s^{-1}.

55 * Deux villes A et B sont distantes de 150 km. Un cycliste part de A à 8 h 00 et va vers B à la vitesse moyenne de 24 km.h^{-1}. Deux heures plus tard, un automobiliste part de B et va vers A à la vitesse moyenne de 65 km.h^{-1}.
1. À quelle heure et à quelle distance de A le cycliste et l'automobiliste se croisent-ils ?
2. Est-il possible qu'un second automobiliste, allant de B vers A à vitesse constante, croise le cycliste à 11 h 30 et dépasse l'automobiliste à 11 h 50 ?

56 * Un cycliste a une vitesse de 25 km.h^{-1} en terrain plat, de 15 km.h^{-1} en montée et de 30 km.h^{-1} en descente. Ce cycliste met 4 h 24 min pour se rendre d'un point A à un point B par une route et 4 h 36 min pour revenir de B à A par la même route. Sachant que cette route a pour longueur 100 km, calculez les longueurs de terrain plat, de montée et de descente lors du parcours de A vers B.

57 Deux entiers naturels ont pour somme 84 et pour différence 18. Quels sont ces deux nombres ?

58 Existe-t-il deux entiers naturels dont la somme est égale à 27 et dont la différence est égale à 2 ?

59 Trouvez deux entiers naturels tels que le premier, augmenté de 12, est égal au double du second et le second, diminué de 12, est égal au quart du premier.

60 Un problème de Diophante
“Une somme quelconque étant donnée, trouvez trois nombres dont le premier avec la moitié des autres, le second avec le tiers des autres et le troisième avec le quart des autres forment la somme donnée...”
Résolvez ce problème dans le cas où la somme est 68, en sachant qu'ici “nombre” est synonyme de nombre entier naturel.

61 N est un nombre de deux chiffres. La somme de ses deux chiffres est égale à 10. Par ailleurs, N diminue de 18 si on permute ses deux chiffres. Trouvez N.

INDICATION : Ne pas oublier que, par exemple, $35 = 3 \times 10 + 5$.

62* Trouvez un naturel de trois chiffres tel que : la somme de ses chiffres soit 24 ; le naturel diminue de 9 lorsqu'on permute les deux derniers chiffres et diminue de 90 lorsqu'on permute les deux premiers chiffres.

INDICATION : Ne pas oublier que, par exemple,
$275 = 2 \times 10^2 + 7 \times 10 + 5$.

PROBLÈMES DE SYNTHÈSE

63 THÈMES : Systèmes. Repères. Valeur absolue. Équations $x^2 = r$. Rectangles. Carrés.

1. Résolvez dans $\mathbb{R}^2$ le système $\begin{cases} X+3Y=14 \\ 3X-Y=2. \end{cases}$

2. On considère le système $\begin{cases} (x-1)+3(y-2)=14 \\ 3(x-1)-(y-2)=2. \end{cases}$

Résolvez dans $\mathbb{R}^2$ ce système de deux façons différentes :
a) en utilisant la question **1**.
b) en l'écrivant sous la forme $\begin{cases} ax+by=c \\ a'x+b'y=c' \end{cases}$
puis en résolvant directement le nouveau système obtenu.

3. On considère le système :

$$\textbf{(S)} \begin{cases} |x-1|+3|y-2|=14 \\ 3|x-1|-|y-2|=2. \end{cases}$$

a. En utilisant le résultat de la question **1.**, vérifiez que ce système admet quatre couples solutions.
b. Placez dans un repère orthonormal les quatre points A, B, C, D qui ont pour coordonnées ces quatre couples solutions et vérifiez que ce sont les sommets d'un rectangle.

4. On considère le système :

$$\textbf{(S')} \begin{cases} x^2+3y^2=14 \\ 3x^2-y^2=2. \end{cases}$$

a. En utilisant le résultat de la question **1**, vérifiez que ce système admet quatre couples solutions.
b. Placez dans un repère orthonormal les quatre points A′, B′, C′, D′ qui ont pour coordonnées ces quatre couples solutions et vérifiez que ce sont les sommets d'un rectangle.

5. On se propose à présent de voir s'il existe un réel a tel qu'en remplaçant, dans les systèmes **(S)** et **(S′)**, le nombre 14 par a, les rectangles ABCD et A′B′C′D′ soient alors des carrés.
a. Montrez que le système $\begin{cases} X+3Y=a \\ 3X-Y=2 \end{cases}$ admet une unique solution $(X_0 ; Y_0)$ et exprimez X_0 et Y_0 en fonction de a.
b. Montrez qu'il existe un unique réel a tel que $X_0 = Y_0$, et que pour ce réel a, les rectangles ABCD et A′B′C′D′ sont des carrés.

64 Système de trois équations linéaires à trois inconnues. Construction de courbes. Équation de droite. Résolution d'équation.
On considère, dans un repère orthonormal $(O ; \vec{i}, \vec{j})$, les points A(1 ; 3), B(–1 ; 3), C(2 ; 9).
On se propose d'étudier le problème suivant :
existe-t-il des réels a, b, c tels que la courbe $\mathscr{C}$ d'équation $y = ax^2 + bx + c$ passe par les points A, B et C ?

1. Expliquez pourquoi « la courbe $\mathscr{C}$ passe par les points A, B et C » signifie que a, b, c sont tels que :

$$\textbf{(S)} \begin{cases} a+b+c=3 & \textbf{[1]} \\ a-b+c=3 & \textbf{[2]} \\ 4a+2b+c=9 & \textbf{[3]} \end{cases}$$

2. a. On suppose que $(a ; b ; c)$ est solution du système **(S)**. Montrez que nécessairement, $a = 2$, $b = 0$, $c = 1$.
b. Réciproquement, vérifiez que (2 ; 0 ; 1) est solution de **(S)**.
c. Déduisez de ce qui précède qu'il existe une unique courbe $\mathscr{C}$ d'équation $y = ax^2 + bx + c$ passant par les points A, B et C et indiquez une équation de $\mathscr{C}$.

3. a. Montrez que la fonction $f : x \mapsto 2x^2 + 1$ est paire.
b. Étudiez les variations de f sur l'intervalle $[0 ; +\infty[$.
c. Tracez la courbe $\mathscr{C}$ dans le repère $(O ; \vec{i}, \vec{j})$.
d. Montrez que la fonction f admet un minimum.
On note M le point de $\mathscr{C}$ correspondant à ce minimum.
Précisez les coordonnées de M.

4. On note d la droite parallèle à (BC) passant par A.
Trouvez les points d'intersection de d et de $\mathscr{C}$.

Exercices guidés

1 Résoudre un système dont le déterminant est nul

On se propose de résoudre le système :

$$(S)\begin{cases} 3x - 5y = 4 & [1] \\ -6x + 10y = 1 & [2]. \end{cases}$$

A. Pour résoudre un système $\begin{cases} ax + by = c \\ a'x + b'y = c', \end{cases}$

on commence par calculer son déterminant $ab' - a'b$, que l'on note $\begin{vmatrix} a & b \\ a' & b' \end{vmatrix}$.

1. Quelle est, ici, la valeur de a ? de b ? de a' ? de b' ?

2. Vérifiez que, pour ce système, $ab' - a'b = 0$.

B. Puisque $ab' - a'b = 0$, on est sûr qu'en multipliant les deux membres de l'une des deux équations par un réel convenablement choisi, on peut la transformer en une équation ayant le même premier membre que l'autre équation (propriété, § 3.2, p.322).

1. Transformons, par exemple, la première équation.

a. Par quel nombre faut-il multiplier $3x$ pour obtenir $-6x$?

b. Multipliez les deux membres de l'équation **[1]** par ce nombre et vérifiez alors que l'équation **[1]** devient :

$$-6x + 10y = -8.$$

2. Nous sommes donc ramenés à la résolution du système $\begin{cases} -6x + 10y = -8 \\ -6x + 10y = 1. \end{cases}$

a. $-6x + 10y$ peut-il être égal à la fois à -8 et à 1 ?

b. Déduisez-en que le système initial **(S)** n'admet aucune solution.

2 Résoudre un système par substitution

On se propose de résoudre le système (S) suivant par substitution :

$$\begin{cases} x - 3y = 2 & [1] \\ 2x + 5y = -1 & [2]. \end{cases}$$

A. Pour résoudre un système $\begin{cases} ax + by = c \\ a'x + b'y = c', \end{cases}$

on commence par calculer son déterminant $ab - a'b$.

a. Quelle est, ici, la valeur de a ? de a' ? de b ? de b' ?

b. Vérifiez que, pour ce système, $ab' - a'b$ est non nul.

B. Le déterminant étant non nul, on est donc sûr que le système **(S)** admet une solution unique. Pour trouver cette solution par substitution, l'idée est la suivante : en utilisant l'une des deux équations, on exprime l'une des inconnues en fonction de l'autre et on remplace dans l'autre équation cette même inconnue par sa "valeur". On obtient ainsi une équation à une inconnue, que l'on sait résoudre.

Ici, on peut remarquer que dans l'équation **[1]**, x s'exprime facilement en fonction de y car le coefficient de x est égal à 1.

1. En utilisant l''équation **[1]**, montrez que :

$$x = 2 + 3y \quad [3].$$

2. a. Vérifiez qu'en remplaçant x par $2 + 3y$ dans l'équation **[2]**, on obtient l'équation $11y = -5$.

b. Déduisez-en la valeur de y.

3. Pour calculer x, il suffit alors de remplacer y par sa valeur dans l'une des trois équations **[1]** ou **[2]** ou **[3]**. Le plus simple est de choisir l'équation **[3]** dans laquelle x est directement exprimé en fonction de y.

a. En procédant ainsi, calculez x.

b. Déduisez-en le couple solution du système **(S)**.

Exercices commentés

3 On se propose de résoudre dans $\mathbb{R}^2$ le système :

$$(S)\begin{cases} x^2 + y^2 = 1 & [1] \\ x^2 - y^2 = 7 & [2]. \end{cases}$$

VERS UNE SOLUTION

• **Première méthode** : **en utilisant un système linéaire**

Le système **(S)** est un système à deux inconnues x et y, mais ce n'est pas un système linéaire.

Nous allons voir néanmoins que l'on peut se ramener à un système linéaire.

1. On pose $X = x^2$ et $Y = y^2$.

a. Écrivez le système obtenu avec ces notations.

b. Calculez le déterminant de ce système et déduisez-en qu'il admet une solution unique $(X ; Y)$.

c. Calculez ce couple solution.

2. a. Expliquez pourquoi "$(x ; y)$ solution de **(S)**" équivaut à "$x^2 = 4$ et $y^2 = -3$".

b. Déduisez-en que **(S)** n'admet aucune solution.

• **Deuxième méthode** : **résolution directe**

1. On suppose que $(x ; y)$ est solution du système. Montrez alors que $2y^2 = -6$.

2. Concluez.

Trouvez l'erreur

Pour chaque exercice de cette rubrique, une solution vous est proposée, mais elle contient une erreur. Trouvez cette erreur.

5 Le système **(S)** suivant admet-il une solution unique ?

$$(S)\begin{cases}2x-3y=4\\4y-6x=0.\end{cases}$$

Solution

Ce système est un système linéaire de deux équations à deux inconnues. Son déterminant D est $\begin{vmatrix}2 & -3\\4 & -6\end{vmatrix}$; $D=-12+12=0$.

Donc le système **(S)** n'admet pas une solution unique.

6 Montrez que le système **(S)** suivant admet une solution unique et résolvez-le par combinaisons linéaires.

$$(S)\begin{cases}2x-\ y=3\ [\mathbf{1}]\\4x+3y=1\ [\mathbf{2}].\end{cases}$$

Solution

Le déterminant de ce système est égal à $(2\times 3)+4=10$.

Le déterminant étant non nul, le système admet une solution unique.

Multiplions l'équation **[1]** par 3 et ajoutons l'équation ainsi obtenue à l'équation **[2]** ; nous obtenons $10x=4$, d'où $x=\frac{4}{10}=\frac{2}{5}$.

Remplaçons x par $\frac{2}{5}$ dans l'équation **[1]**, nous obtenons $2\times\frac{2}{5}-y=3$, c'est-à-dire $y=-\frac{11}{5}$.

La solution du système est donc $\left(\frac{2}{5};-\frac{11}{5}\right)$.

7 Résolvez dans $\mathbb{R}^2$ le système suivant :

$$\begin{cases}3x-\ y=4 & \mathbf{[1]}\\-9x+3y=-12. & \mathbf{[2]}.\end{cases}$$

Solution

Le déterminant de ce système est égal à $3\times 3-9=0$.

Ce système, ayant un déterminant nul, n'admet aucune solution.

8 Le système **(S)** suivant admet-il une solution unique ?

$$(S)\begin{cases}|x|-3|y|=1\\-|x|+2|y|=2.\end{cases}$$

Solution

Le déterminant D de ce système est égal à $\begin{vmatrix}1 & -3\\-1 & 2\end{vmatrix}$ donc $D=2-3=-1\neq 0$.

Ce système admet donc une solution unique.

Pour ceux qui en veulent plus

Déterminant de deux vecteurs

$(\vec{i},\vec{j})$ désigne une base de l'ensemble des vecteurs du plan.

Si $\vec{u}$ et $\vec{v}$ sont les vecteurs de coordonnées $(x\ ;\ y)$ et $(x'\ ;\ y')$, on appelle déterminant des vecteurs $\vec{u}$ et $\vec{v}$ le nombre $xy'-yx'$, que l'on note $\begin{vmatrix}x & x'\\y & y'\end{vmatrix}$ ou $D(\vec{u},\vec{v})$.

1. Calculez $D(\vec{u},\vec{v})$ dans chacun des cas suivants :

a) $\vec{u}\,(3\,;-1)$ et $\vec{v}\left(1;\frac{5}{2}\right)$.

b) $\vec{u}\left(\frac{\sqrt{2}}{2};-1\right)$ et $\vec{v}\left(-1\,;\sqrt{2}\right)$.

c) $\vec{u}\left(\frac{3}{4};-2\right)$ et $\vec{v}\left(-\frac{1}{4};-\frac{2}{3}\right)$.

2. Calculez $D(\vec{u},\vec{u})$.

3. Comparez $D(\vec{u},\vec{v})$ et $D(\vec{v},\vec{u})$.

4. k désigne un réel quelconque. Montrez que :

a) $D(k\vec{u},\vec{v})=k\,D(\vec{u},\vec{v})$;

b) $D(\vec{u},k\vec{v})=k\,D(\vec{u},\vec{v})$.

5. $\vec{u_1}\,(x_1\ ;\ y_1)$, $\vec{u_2}\,(x_2\ ;\ y_2)$ et $\vec{v}\,(x\ ;\ y)$ sont trois vecteurs du plan. Montrez que :

a) $D(\vec{u_1}+\vec{u_2},\vec{v})=D(\vec{u_1},\vec{v})+D(\vec{u_2},\vec{v})$.

b) $D(\vec{v},\vec{u_1}+\vec{u_2})=D(\vec{v},\vec{u_1})+D(\vec{v},\vec{u_2})$.

6. On pose $a=D(\vec{u},\vec{v})$.

En utilisant les propriétés précédentes, exprimez en fonction de a chacun des réels suivants :

a) $D(2\vec{u},\vec{v})$. **b)** $D(\vec{u},\frac{5}{2}\vec{v})$.

c) $D(2\vec{u},\frac{1}{2}\vec{v})$. **d)** $D(\vec{v},2\vec{u})$.

e) $D(\vec{u}+5\vec{v},\frac{3}{2}\vec{v})$. **f)** $D(-\vec{u}+\vec{v},\vec{u}+\vec{v})$.

COMMENTAIRE : On traduit les propriétés $D(k\vec{u},\vec{v})=k\,D(\vec{u},\vec{v})$ et $D(\vec{u_1}+\vec{u_2},\vec{v})=D(\vec{u_1},\vec{v})+D(\vec{u_2},\vec{v})$ en disant que la fonction D est **linéaire par rapport à la première variable.**

De même, les propriétés $D(\vec{u},k\vec{v})=k\,D(\vec{u},\vec{v})$ et $D(\vec{v},\vec{u_1}+\vec{u_2})=D(\vec{v},\vec{u_1})+D(\vec{v},\vec{u_2})$ signifient que : la fonction D est **linéaire par rapport à la deuxième variable.**

On traduit la propriété $D(\vec{u},\vec{v})=-D(\vec{v},\vec{u})$ en disant que la fonction D est **alternée.**

En définitive, on dit que **la fonction déterminant D est une forme bilinéaire alternée.**

SYMÉTRIES TRANSLATIONS. ROTATIONS

CHAPITRE

13

Les réflexions, les symétries centrales, les translations, et les rotations ont été introduites au Collège. Nous rappelons, dans ce chapitre, les principales propriétés de ces transformations : conservation des distances et des aires, de l'alignement, du parallélisme, du milieu d'un segment, de la mesure des angles, de l'orthogonalité.

Ces transformations peuvent être utilisées pour résoudre certains problèmes. Plusieurs exemples simples sont proposés, dans lesquels le plus souvent, conformément au programme, la transformation utilisée est indiquée.

Ce chapitre d'un type particulier n'a pas la structure habituelle : chacune des quatre parties du cours est proposée sur une page gauche, et suivie d'exercices résolus présentés en page droite.

SOMMAIRE

POUR PRENDRE UN BON DÉPART

CONFIGURATIONS DE BASE ET TRANSFORMATIONS

▶ 1 Médiatrice et réflexion

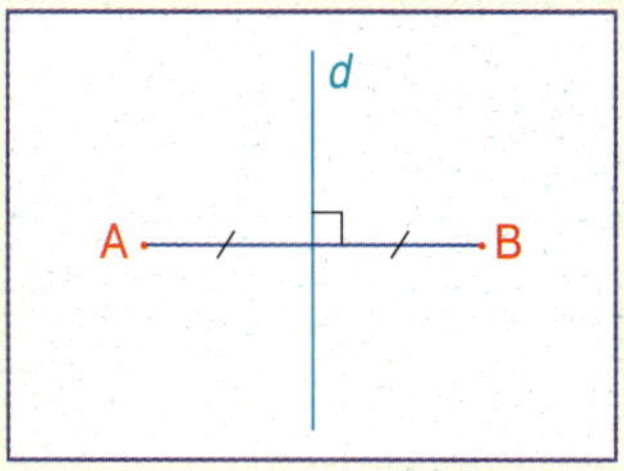

d est la médiatrice du segment [AB]. Alors, par la réflexion d'axe *d*, B est l'image de A, et A est l'image de B.

▶ 2 Parallélogramme et translation

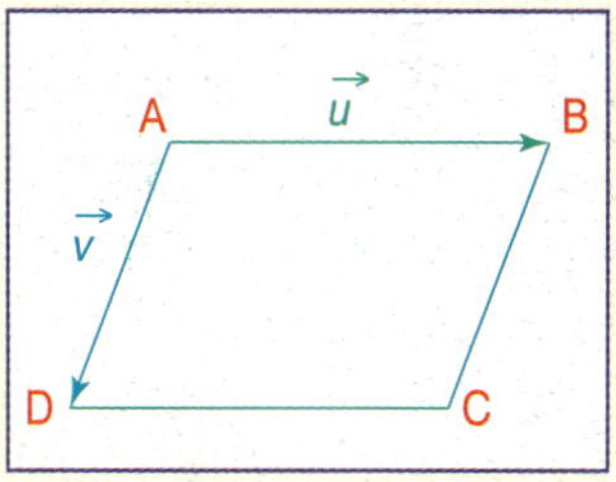

ABCD est un parallélogramme.

Posons $\vec{u} = \overrightarrow{AB}$ et $\vec{v} = \overrightarrow{AD}$. Alors :

- par la translation de vecteur $\vec{u}$, B est l'image de A, et C est l'image de D ;
- par la translation de vecteur $\vec{v}$, D est l'image de A, et C est l'image de B.

▶ 3 Parallélogramme et symétrie centrale

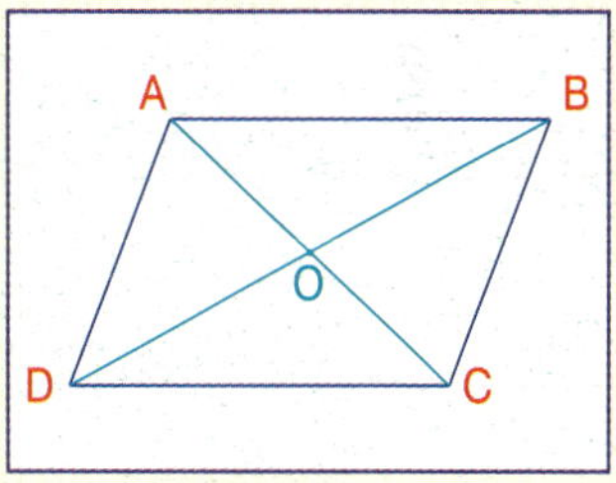

ABCD est un parallélogramme de centre O.

Alors, par la symétrie centrale de centre O :

- C est l'image de A, et A est l'image de C ;
- D est l'image de B, et B est l'image de D.

▶ 4 Triangle isocèle et rotation

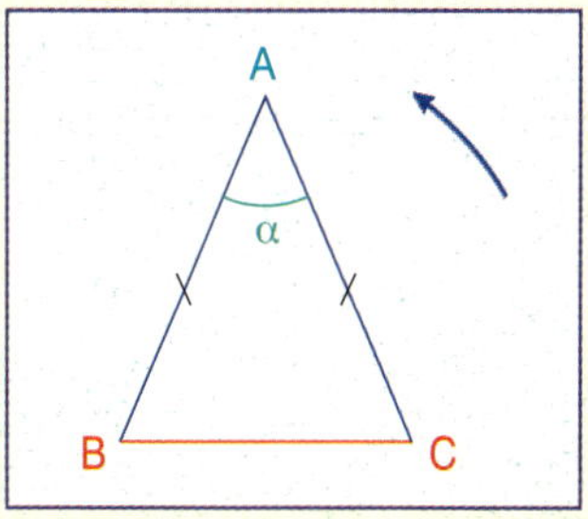

ABC est un triangle isocèle en A.

Posons $\alpha = \widehat{BAC}$. Alors, C est l'image de B par la rotation de centre A et d'angle α dans le sens de la flèche.

COURS

1. SYMÉTRIES ORTHOGONALES OU RÉFLEXIONS

1.1 Définitions. Notations

DÉFINITION 1

d est une droite.

Par la symétrie orthogonale par rapport à *d*, on associe :

• à chaque point M extérieur à *d*, le point M′ tel que ***d* soit la médiatrice de [MM′]** ;

• à chaque point M de *d*, le point M lui-même.

Le point M′ associé à M est appelé **symétrique de M par rapport à *d*,** ou encore **image de M par la réflexion d'axe *d*.** En général, on note s_d la réflexion d'axe *d* et on écrit :

$$M' = s_d(M), \text{ ou encore } M \overset{s_d}{\mapsto} M'.$$

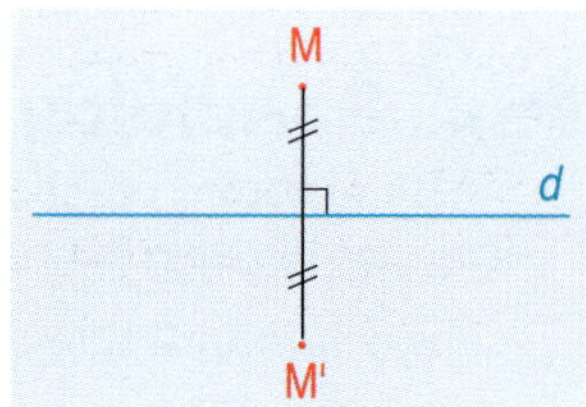

1.2 Images d'une droite, d'un segment, d'un cercle

• Par une réflexion, l'image d'une **droite** Δ est une droite Δ′.

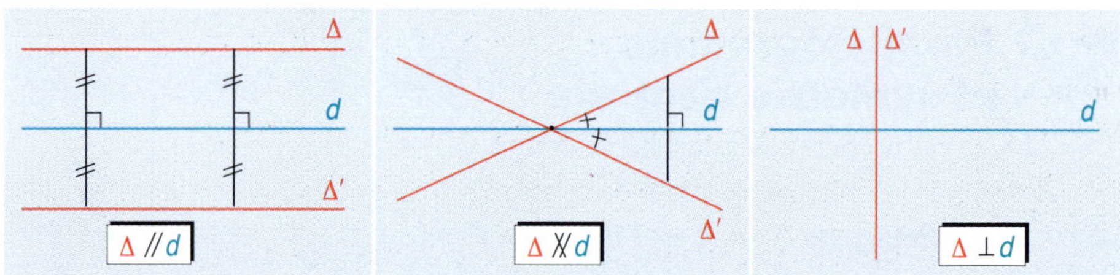

• Par une réflexion, l'image d'un **segment** [AB] est un segment [A′ B′] de même longueur (fig. 1).

• Par une réflexion, l'image d'un **cercle** 𝒞 de centre O est un cercle 𝒞′ de même rayon et dont le centre O′ est l'image de O (fig. 2).

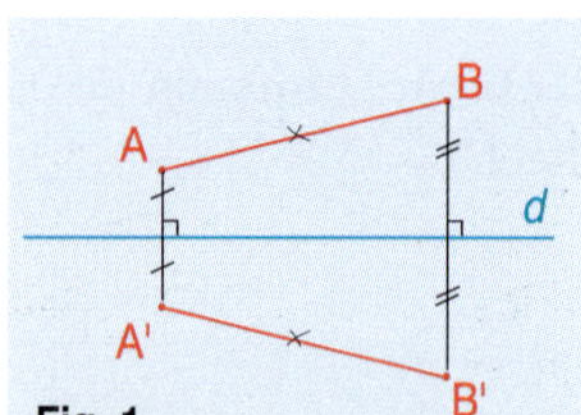

Fig. 1

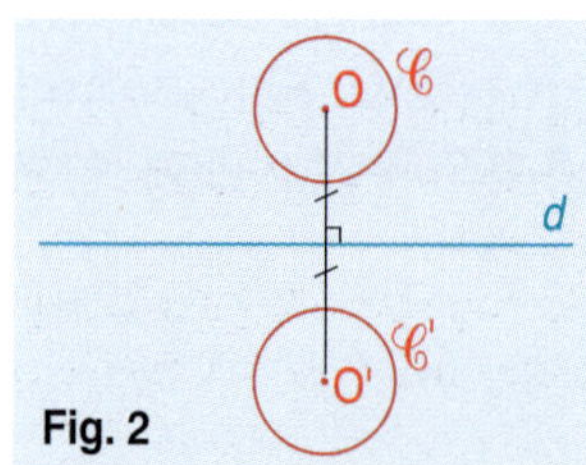

Fig. 2

PROPRIÉTÉ 1

Si l'on sait que deux droites sécantes sont symétriques par rapport à une droite *d*, alors on peut affirmer que leur point d'intersection est sur la droite *d*.

Exercices résolus

avec solutions commentées

Exo. 1

***d* est une droite, A et B sont deux points non situés sur *d* et tels que (AB) et *d* ne sont pas parallèles. On note A′ et B′ les points tels que *d* soit la médiatrice des segments [AA′] et [BB′]. Démontrez que les droites (AB) et (A′ B′) se coupent sur *d*.**

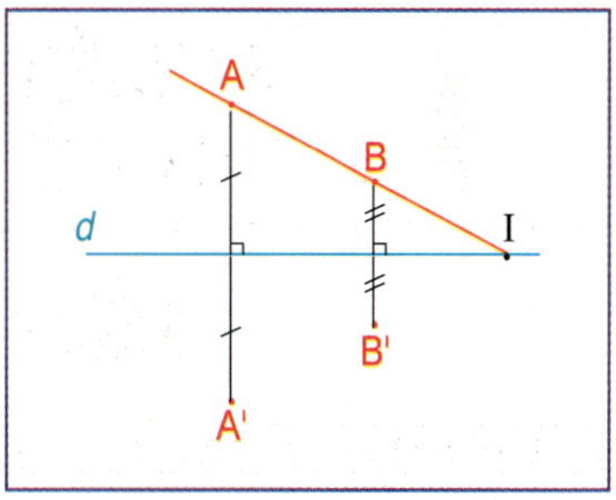

Point Méthode

Pour démontrer que deux droites non parallèles (AB) et (A′B′) se coupent sur une droite *d*, il suffit de démontrer qu'elles se correspondent dans la réflexion d'axe *d*.

Solution

La droite *d* est la médiatrice de [AA′] ; donc A′ est l'image de A par la réflexion s_d d'axe *d*. De même, *d* est la médiatrice de [BB′] donc B′ est l'image de B par s_d.

L'image de la droite (AB) par la réflexion s_d est donc la droite (A′B′).

Notons I le point d'intersection des droites (AB) et *d*.

I est sur *d*, donc s_d (I) = I.

(A′B′), image de (AB), passe donc par l'image de I, c'est-à-dire I. Ainsi, les droites **(AB) et (A′B′) se coupent en I, donc sur *d*.**

Commentaires

◄ On sait que l'image de la droite (AB) est une droite. Cette droite passe par A′ et B′. C'est donc (A′ B′).

◄ Par une réflexion d'axe *d*, les points de *d* sont invariants.

Exo. 2

𝒞 est un cercle de centre O et de rayon R, *d* est une droite extérieure à 𝒞, et K est un point de *d*. Le segment [OK] coupe 𝒞 en A. On note O′ l'image de O par la réflexion d'axe *d*, et A′ l'image de A.

Montrez que A′ est le point d'intersection du segment [O′K] et du cercle 𝒞′ de centre O′ et de rayon R.

Point Méthode

Si un point A est à l'intersection de deux lignes, l'image de A est à l'intersection des images des deux lignes.

Solution commentée

A est le point d'intersection de 𝒞 et de [OK]. Son image A′ est donc le point d'intersection des images de 𝒞 et de [OK].

Déterminons donc l'image de 𝒞 et l'image de [OK].

• L'image du cercle 𝒞 est le cercle 𝒞′ de centre O′ et de même rayon R.

• L'image du segment [OK] est le segment dont les extrémités sont l'image de O, c'est-à-dire O′, et l'image de K.

Le point K, étant sur *d*, est invariant par s_d, s_d (K) = K.

L'image du segment [OK] est donc le segment [O′K].

• Le point A′ est donc à l'intersection du cercle 𝒞′ et du segment [O′K].

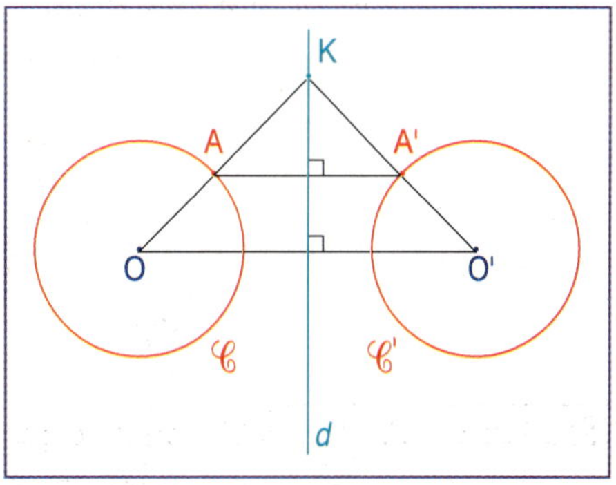

2. AXES DE SYMÉTRIE D'UNE FIGURE

DÉFINITION 2

Dire que la droite ***d* est un axe de symétrie de la figure** $\mathcal{F}$ signifie que l'image de $\mathcal{F}$ par la réflexion d'axe d est la figure $\mathcal{F}$ elle-même.

Dans chacun des cas suivants, la droite d (et la droite d' lorsqu'elle est tracée) est un axe de symétrie de la figure $\mathcal{F}$ tracée en rouge.

• **$\mathcal{F}$ est un triangle isocèle.**

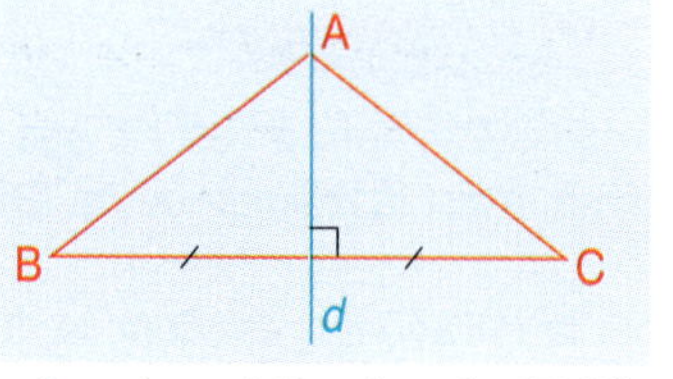

• d est la médiatrice de [BC].

• **$\mathcal{F}$ est formée de deux droites.**

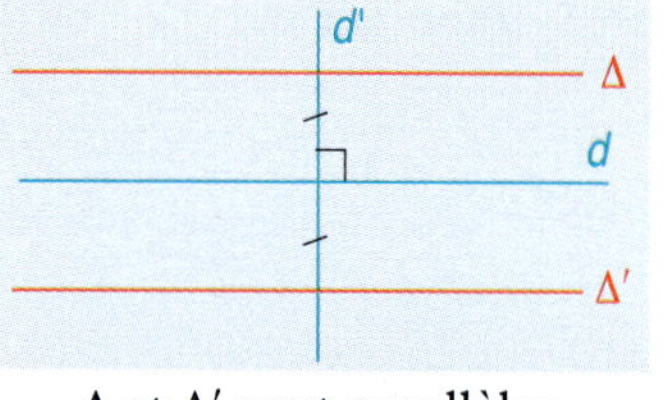

Δ et Δ′ sont parallèles,
d est équidistante de Δ et de Δ′,
d' est une droite quelconque perpendiculaire à d.

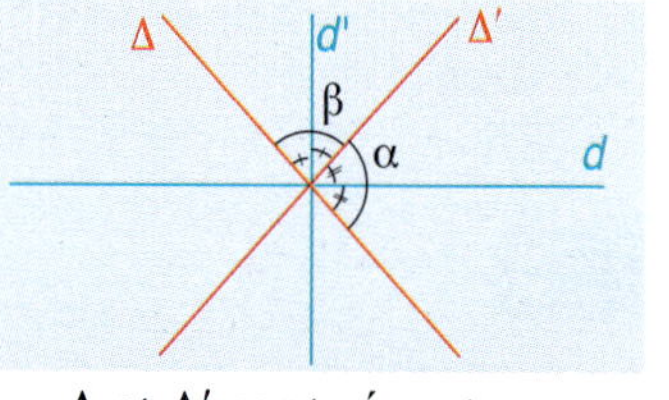

Δ et Δ′ sont sécantes,
et d est bissectrice de l'angle α,
d' est bissectrice de l'angle β.

• **$\mathcal{F}$ est un cercle.**

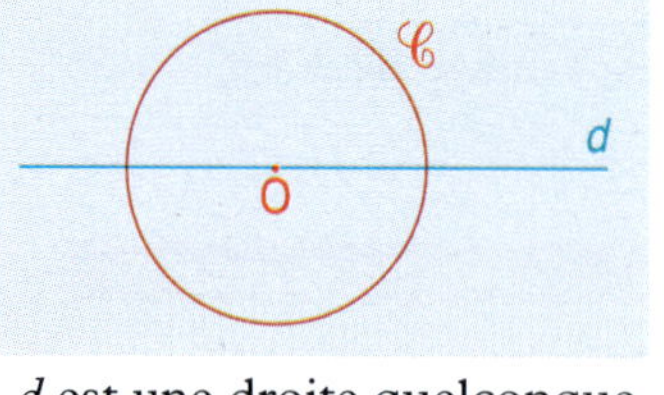

d est une droite quelconque passant par O.

• **$\mathcal{F}$ est formée de deux cercles.**

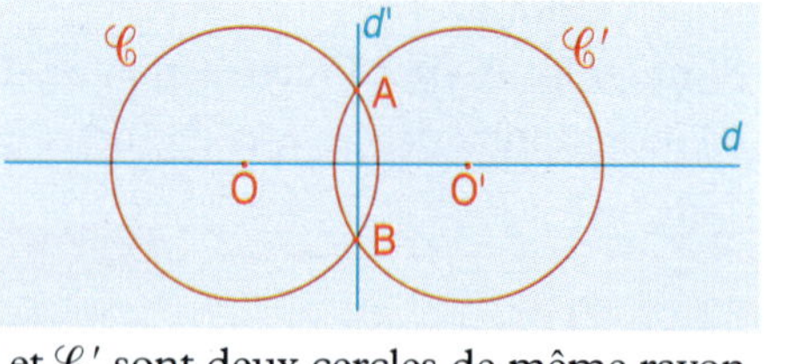

$\mathcal{C}$ et $\mathcal{C}'$ sont deux cercles de même rayon,
d est la droite (OO′), d' la droite (AB).

• **$\mathcal{F}$ est formée d'un cercle et de deux tangentes.**

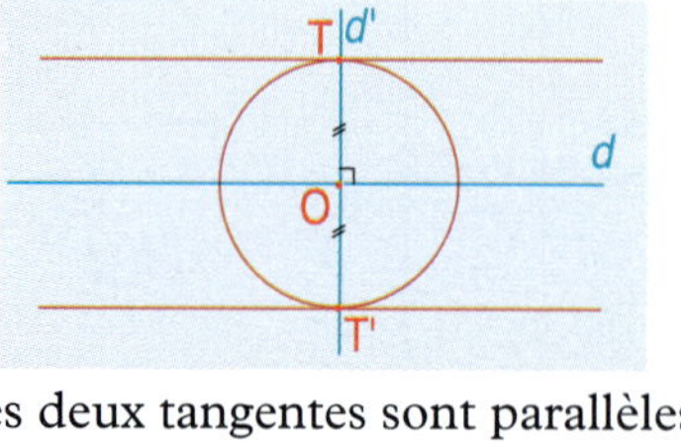

Les deux tangentes sont parallèles,
d est équidistante des tangentes,
d' est la droite (TT′).

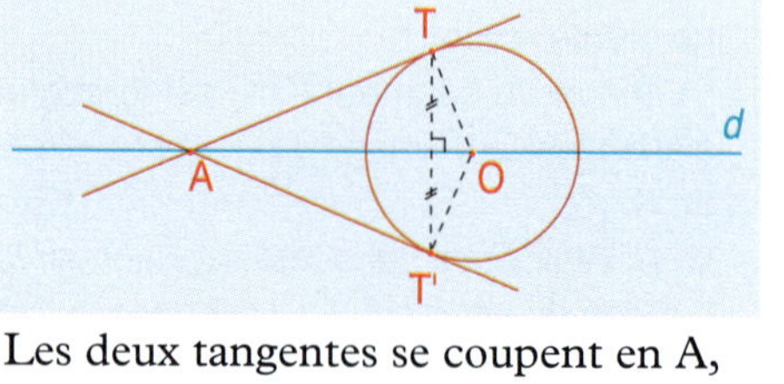

Les deux tangentes se coupent en A,
d est la droite (AO).

Exercices résolus

avec solutions commentées

Exo. 3

$\mathscr{C}$ et $\mathscr{C}'$ sont deux cercles de centres respectifs O et O′, sécants en A et B, et de même rayon. On note *d* la droite (OO′) et *d′* la droite (AB). M est un point de $\mathscr{C}$ distinct de A et B.
Précisez les images de chacun des points M, A, O, par :
1. la réflexion s_d d'axe *d* ;
2. la réflexion $s_{d'}$ d'axe *d′*.

Solution

Nous allons utiliser la figure clé associée à deux cercles sécants de même rayon : chacune des droites *d* et *d′* est un axe de symétrie de la figure. Nous sommes donc sûrs que l'image de chaque point de cette figure par la réflexion d'axe *d* ou par la réflexion d'axe *d′* est un point de la figure.

1 Par la réflexion s_d

• Notons N l'image de M par s_d. Alors N est un point de la figure situé sur la droite Δ perpendiculaire à *d* et qui passe par M.
N est donc le point d'intersection de Δ et de $\mathscr{C}$.
• De même, l'image de A est le point B.
• Le point O, situé sur *d*, est invariant par s_d, s_d (O) = O.

2 Par la réflexion $s_{d'}$

• Notons P l'image de M par $s_{d'}$.
P est un point de la figure situé sur la droite Δ′ parallèle à *d* et qui passe par M. Le point M étant sur $\mathscr{C}$, le point P est sur $\mathscr{C}'$.
La droite Δ′ rencontre $\mathscr{C}'$ en deux points ; l'image de M est celui des deux qui ne se trouve pas du même côté de *d′* que M.
• Le point A, situé sur *d′*, est invariant par $s_{d'}$, $s_{d'}$ (A) = A.
• L'image de O est O′. En effet, $\mathscr{C}$ et $\mathscr{C}'$ sont images l'un de l'autre par $s_{d'}$. L'image du centre O de $\mathscr{C}$ est donc le centre O′ de $\mathscr{C}'$.

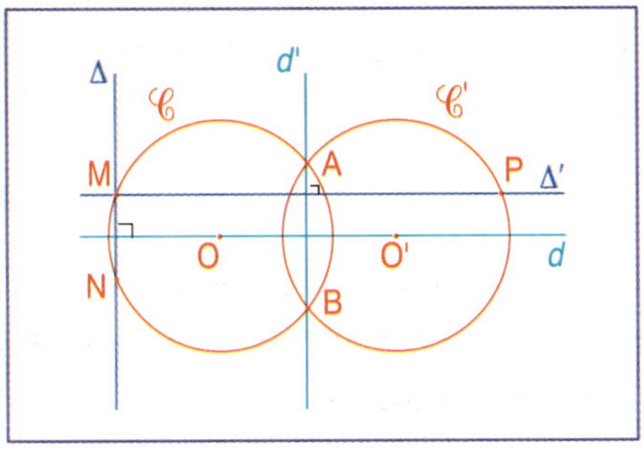

Commentaires

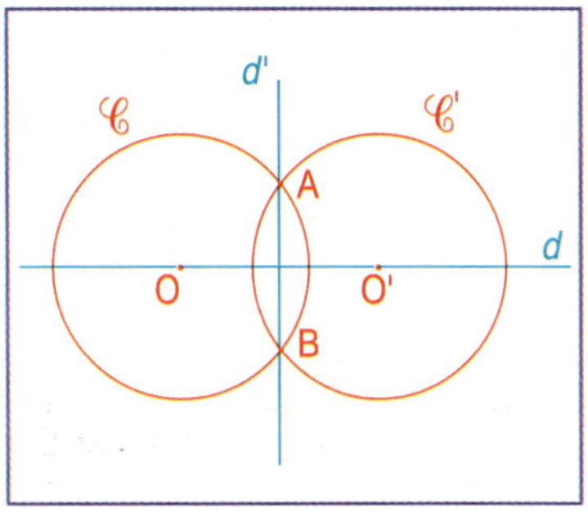

Voir page ci-contre.

3. TRANSLATIONS. ROTATIONS. SYMÉTRIES CENTRALES

3-1 Translations

DÉFINITION 3

Par la translation de vecteur $\vec{u}$, on associe à chaque point M du plan, le point M′ tel que :

$$\overrightarrow{\mathbf{MM'}} = \vec{u}.$$

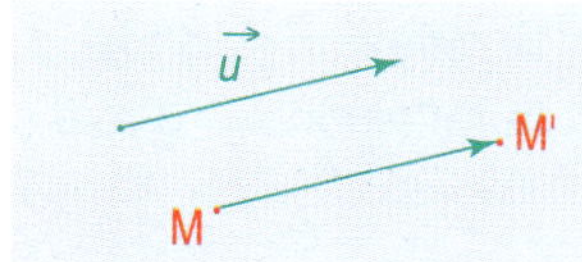

En général, on note $t_{\vec{u}}$ la translation de vecteur $\vec{u}$, et on écrit $\mathbf{M'} = t_{\vec{u}}(\mathbf{M})$, ou encore $M \overset{t_{\vec{u}}}{\mapsto} M'$.

3-2 Rotations

DÉFINITION 4

O est un point fixe.

• L'image d'un point M distinct de O par la rotation de centre O et d'angle α dans le sens de la flèche est le point M′ tel que :

$$\mathbf{OM' = OM \text{ et } \widehat{MOM'}} = \alpha.$$

• L'image du point O est le point O lui-même.

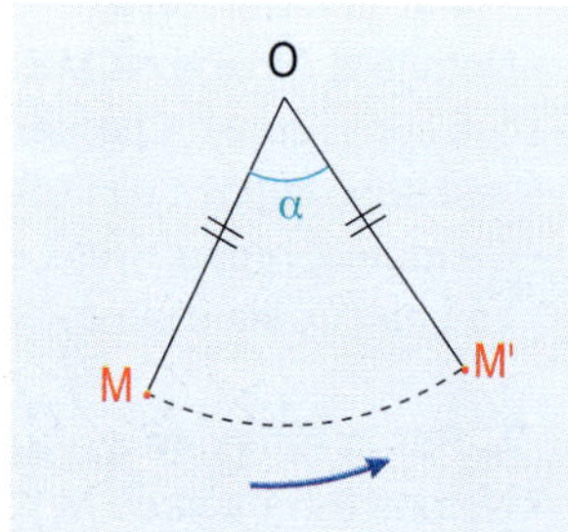

3-3 Symétries centrales

DÉFINITION 5

O est un point fixe.

• L'image d'un point M distinct de O par la symétrie centrale de centre O est le point M′ tel que **O est le milieu du segment [MM′]**.

• L'image du point O est le point O lui-même.

> ***Note***
> *On dit souvent symétrie de centre O au lieu de symétrie centrale de centre O.*

La symétrie centrale de centre O est aussi la rotation de centre O et d'angle 180°.

3-4 Image d'une droite, d'un segment, d'un cercle

Par une translation, une rotation, une symétrie centrale :

• l'image d'une droite est une droite.

• l'image d'un segment est un segment de même longueur.

• l'image d'un cercle de centre O est un cercle de même rayon et dont le centre est l'image de O.

PROPRIÉTÉ 2

Par une translation et par une symétrie centrale, la droite image d'une droite *d* est parallèle à *d*.

Exercices résolus
avec solutions commentées

Exo. 4

ABC est un triangle quelconque.
On note B′ l'image de B par la symétrie centrale de centre A.
On trace la droite *d* parallèle à (AB) et qui passe par C, et la droite Δ parallèle à (BC) et qui passe par A.
Les droites *d* et Δ se coupent en C′.
Montrez que le triangle B′AC′ est l'image du triangle ABC par une translation.

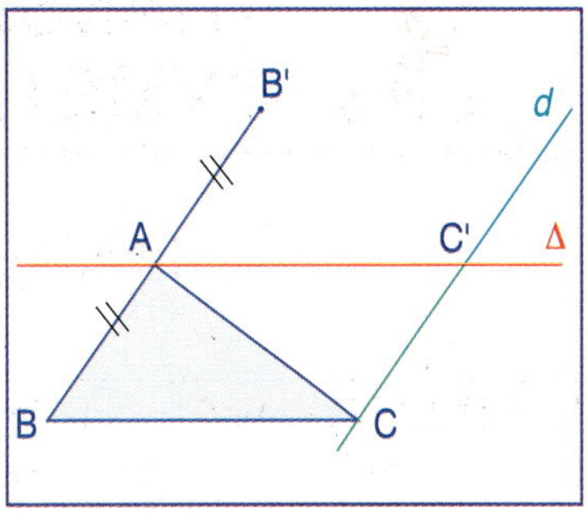

Solution

D'après la forme des triangles ABC et B′AC′ sur la figure, il semble que l'on passe du triangle ABC au triangle B′AC′ par la translation de vecteur $\overrightarrow{BA}$ (ou $\overrightarrow{AB'}$, ou $\overrightarrow{CC'}$).
Posons donc $\vec{u} = \overrightarrow{BA}$ et montrons que l'image du triangle ABC par la translation $t_{\vec{u}}$ de vecteur $\vec{u}$ est le triangle B′AC′.
Pour cela, il suffit de montrer que :

$$t_{\vec{u}}(A) = B',\ t_{\vec{u}}(B) = A \text{ et } t_{\vec{u}}(C) = C'.$$

• $\boldsymbol{t_{\vec{u}}(B) = A}$. Ceci résulte de la définition de la translation de vecteur $\vec{u}$.

• $\boldsymbol{t_{\vec{u}}(A) = B'}$. En effet, B′ est l'image de B par la symétrie centrale de centre A. Donc A est le milieu de [BB′], c'est-à-dire $\overrightarrow{BA} = \overrightarrow{AB'}$. D'où $\overrightarrow{AB'} = \vec{u}$. Ceci signifie donc que $t_{\vec{u}}(A) = B'$.

• $\boldsymbol{t_{\vec{u}}(C) = C'}$. En effet, les côtés opposés du quadrilatère AC′CB sont deux à deux parallèles. Ce quadrilatère est donc un parallélogramme. D'où $\overrightarrow{CC'} = \overrightarrow{BA}$, c'est-à-dire $\overrightarrow{CC'} = \vec{u}$.
Ceci signifie donc que $t_{\vec{u}}(C) = C'$.

Commentaires

◄ On aurait pu aussi poser $\vec{u} = \overrightarrow{CC'}$ ou $\vec{u} = \overrightarrow{AB'}$.

◄ En effet, l'image d'un triangle est déterminée lorsque l'on connaît les images de ses trois sommets.

◄ "$t_{\vec{u}}(B) = A$" signifie que $\overrightarrow{BA} = \vec{u}$.

◄ M milieu de [EF] équivaut à $\overrightarrow{EM} = \overrightarrow{MF}$ (voir p. 263).

◄ D'après la définition des droites *d* et Δ.

Exo. 5

ABC est un triangle rectangle isocèle en A. I est le milieu de [BC].
On note *r* le quart de tour de centre I dans le sens de la flèche, c'est-à-dire la rotation de centre I et d'angle 90° dans le sens de la flèche.
Trouvez l'image de C par *r*, puis l'image de A.

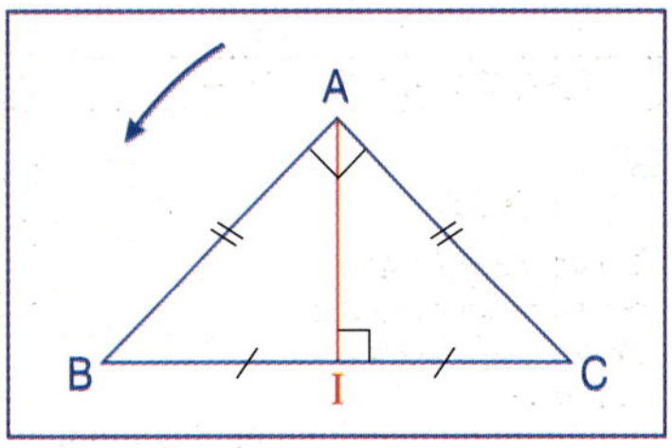

Solution

• **Image de C**
Dans le triangle ABC, (AI) est une médiane car I est le milieu de [BC].
Or le triangle ABC est isocèle en A ; donc (AI) est aussi une hauteur.
D'où $\widehat{AIC} = 90°$.
D'autre part, le triangle ABC est rectangle en A, donc $AI = \frac{BC}{2}$.
D'où IC = IA.
Ainsi $\widehat{AIC} = 90°$ et IC = IA. On passe donc de C à A par un quart de tour de centre I. D'après la figure, cette rotation s'effectue dans le sens de la flèche. C'est donc le quart de tour *r*. D'où ***r*** **(C) = A**.

• **Image de A**
En procédant de manière analogue, on peut montrer que ***r*** **(A) = B**.

Commentaires

◄ Dans un triangle rectangle en A, la longueur de la médiane issue de A est égale à la moitié de l'hypoténuse.

◄ IA = IB, $\widehat{AIB} = 90°$ et le sens de passage est celui de la flèche.

4. PROPRIÉTÉS COMMUNES

Les propriétés suivantes sont communes aux réflexions, aux symétries centrales, aux translations et aux rotations.

1. Conservation de l'alignement.

L'image d'une droite est une droite. Donc, **si trois points A, B, C sont alignés,** leurs **images respectives A′, B′, C′ sont aussi alignées.**

2. Conservation du parallélisme.

Lorsque d_1 et d_2 sont deux droites parallèles, leurs images respectives d'_1 et d'_2 sont aussi parallèles.

Il en résulte que **l'image d'un parallélogramme est un parallélogramme.**

3. Conservation des distances et des aires.

- L'image d'un segment est un segment de **même longueur.**
- L'image D′ d'un domaine D a la **même aire** que D.

4. Conservation du milieu d'un segment.

I est le milieu du segment [AB], [A′B′] est l'image de [AB], et I′ est l'image de I. Alors I′ est le milieu de [A′B′].

5. Conservation de la mesure des angles, donc de l'orthogonalité.

L'image $\widehat{x'A'y'}$ de l'angle $\widehat{xAy}$ a même mesure que $\widehat{xAy}$.

En particulier, lorsque deux droites d_1 et d_2 sont perpendiculaires, leurs images respectives d'_1 et d'_2 sont aussi perpendiculaires.

6. Exemples :

- A, N, C alignés donc A′, N′, C′ alignés.
- (MN) est parallèle à (AB) donc (M′N′) est parallèle à (A′B′).
- I est le milieu de [AC] donc I′ est le milieu de [A′C′].
- A′B′ = AB.
- Aire du triangle ABC = aire du triangle A′B′C′.
- $\widehat{BAC} = \widehat{B'A'C'}$, etc. ...

Les deux situations suivantes illustrent quelques-unes des propriétés précédentes :

Réflexion d'axe *d*

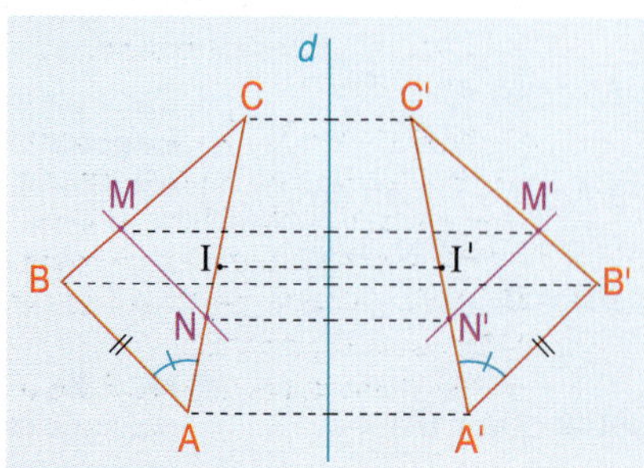

Rotation de centre O, d'angle $\frac{\pi}{2}$

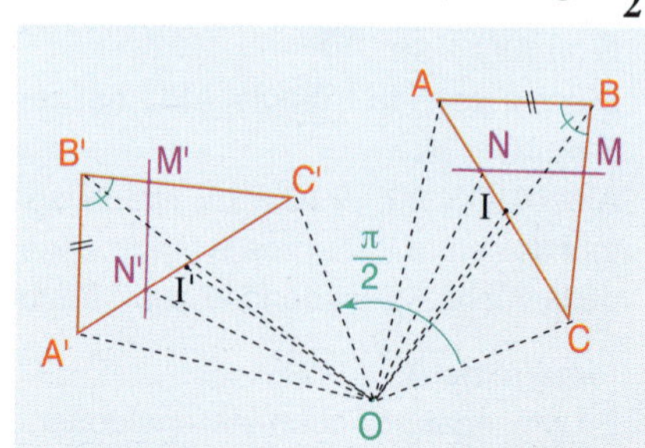

Exercices résolus

avec solutions commentées

Exo. 6

ABC est un triangle isocèle en A.
I est le milieu de [AC] et J le milieu de [AB].
Montrez que BI = CJ.

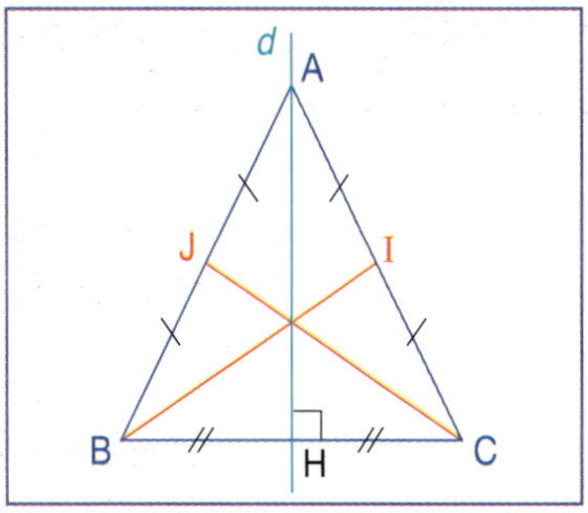

Point Méthode

Pour montrer que deux segments ont même longueur, on peut montrer que l'un est l'image de l'autre par une réflexion, ou une translation, ou une rotation, ou une symétrie centrale.

Solution

La médiatrice d de [BC] est un axe de symétrie du triangle ABC. Donc B et C sont images l'un de l'autre par la réflexion s_d d'axe d. Or s_d (A) = A car A est sur d. Donc les segments [AB] et [AC] sont images l'un de l'autre par s_d, et par conséquent, s_d (I) = s_d (J). L'image du segment [BI] par s_d est donc le segment [CJ] puisque s_d (B) = C et s_d (I) = J.
Les segments [BI] et [CJ] ont donc même longueur, **BI = CJ**.

Commentaires

◄ Dans un triangle isocèle en A, la médiatrice issue de A est un axe de symétrie du triangle.

◄ Par une réflexion, il y a conservation des milieux.

◄ Par une réflexion, les longueurs sont conservées.

Exo. 7

ABCD est un carré, I est le milieu de [AD]. On note d la droite parallèle à (AB) qui passe par I. On considère la rotation r de centre A et d'angle 90° dans le sens de la flèche.

1. Quelle est l'image du segment [AB] par r ?

2. Trouvez l'image I′ de I par r et déduisez-en l'image de la droite d.

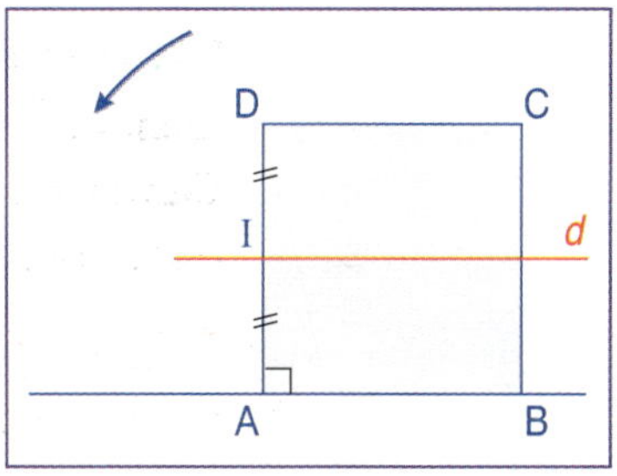

Solution commentée

1 Pour déterminer l'image de [AB] par la rotation r, il nous suffit de connaître l'image de A et celle de B.
A, centre de la rotation r, est invariant, r (A) = A.
B a pour image le point D, car on passe de B à D par un quart de tour dans le sens de la flèche.
Donc **[AB] a pour image [AD]** par r.

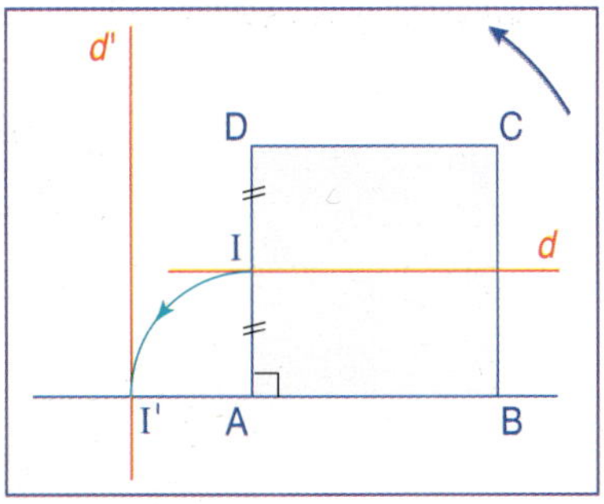

2 • L'image de I est le point I′ de la droite (AB) placé sur la figure.
On a AI′ = AI = $\frac{AB}{2}$.

• Les droites (AB) et d sont parallèles. Donc leurs images par la rotation r sont des droites parallèles. (En effet, une rotation conserve le parallélisme). Or l'image de (AB) est (AD). Donc d a pour image la droite d ′ passant par I′ et parallèle à (AD).

▶ **REMARQUE :** On peut aussi obtenir d' en utilisant le fait qu'une rotation conserve l'orthogonalité : d étant perpendiculaire à (AD), son image d' est la droite passant par I′ et perpendiculaire à l'image de (AD). Or l'image de D est sur (AB) donc l'image de (AD) est la droite (AB).
d' est donc la perpendiculaire à (AB) passant par I′.

Les travaux pratiques 1 et 2 font partie du programme.

TP 1

UTILISATIONS DE TRANSFORMATIONS

1.1 Utilisations d'une réflexion

1. Deux segments [AB] et [CD] ont la même médiatrice Δ.

a) En utilisant la réflexion d'axe Δ, démontrez que les extrémités de ces segments sont les sommets d'un trapèze isocèle.

b) Démontrez que les diagonales de ce trapèze se coupent sur Δ.

2. BIC est un triangle isocèle en I, E est le milieu de [BC] et M est un point du segment [IE].

(CM) coupe (IB) en O, et (BM) coupe (IC) en U.

Démontrez que le quadrilatère BOUC est un trapèze isocèle.

INDICATION : *Utiliser la réflexion d'axe* (IE).

1.2 Utilisation d'une translation

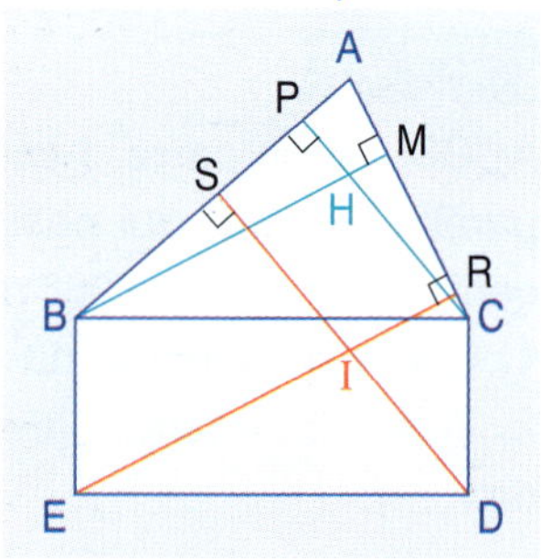

ABC est un triangle et H est son orthocentre. BCDE est un rectangle.

Par D, on mène la perpendiculaire à (AB), et par E, la perpendiculaire à (AC). Ces deux droites se coupent en I.

Nous nous proposons de démontrer que les points A, H, I sont alignés en utilisant la translation $t_{\vec{u}}$ de vecteur $\vec{u} = \overrightarrow{EB}$.

1. Montrez que $t_{\vec{u}}(\mathrm{I}) = \mathrm{H}$.

2. Déduisez-en que (HI) est perpendiculaire à (BC), puis que A, H, I sont alignés.

1.3 Utilisation d'une rotation

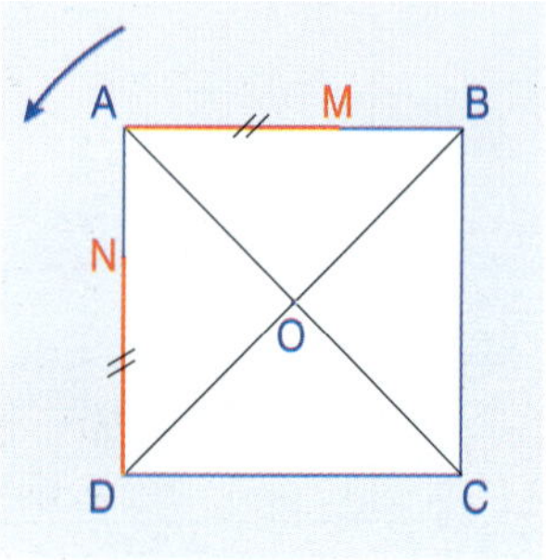

ABCD est un carré de centre O.

M est un point du segment [AB], et N est un point du segment [AD] tel que DN = AM.

On considère la rotation r de centre O et d'angle 90° (quart de tour) dans le sens de la flèche.

1. Quelle est l'image de A par r ? de B ? de M ?

2. Déduisez-en que : OM = ON et $\widehat{\mathrm{NOM}} = 90°$.

TP 2

AVEC UN TRIANGLE ET UN CERCLE

2■1 Figure de base

ABC est un triangle équilatéral.
$\mathscr{C}$ est son cercle circonscrit et O son centre.
$\mathscr{C}'$ est l'image de $\mathscr{C}$ par la réflexion d'axe (AC), O′ est le centre de $\mathscr{C}'$.

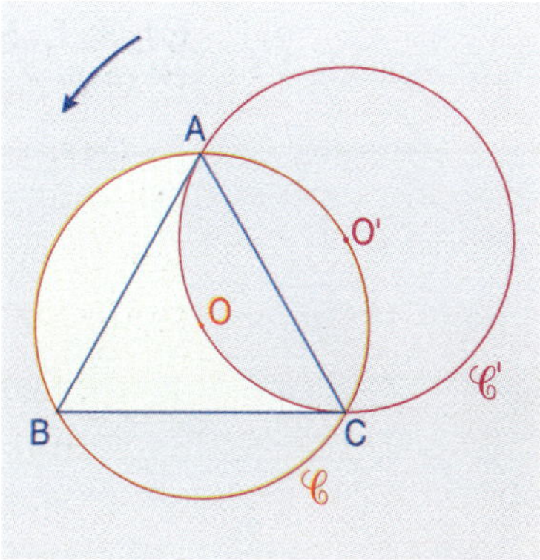

1. Montrez que $\mathscr{C}'$ est l'image de $\mathscr{C}$ par la rotation de centre A et d'angle 60° dans le sens de la flèche.

2. Montrez que l'aire du domaine en vert est égale à l'aire du triangle ABC.

3. Montrez que O′ est sur $\mathscr{C}$ et que les droites (AB) et (BC) sont tangentes à $\mathscr{C}'$.

4. Déduisez-en que la droite (OO′) passe par B.

2■2 Étude d'un motif

Sur le dessin ci-contre, les figures $\mathscr{F}_1$, $\mathscr{F}_2$, $\mathscr{F}_3$, ..., $\mathscr{F}_6$ sont des figures de base. Notez donc que les triangles ABC, BCD, BDE, BEF, BFG, BGA sont équilatéraux, et pour chacun d'eux, le point O_i qui se trouve à l'intérieur est le centre de son cercle circonscrit.

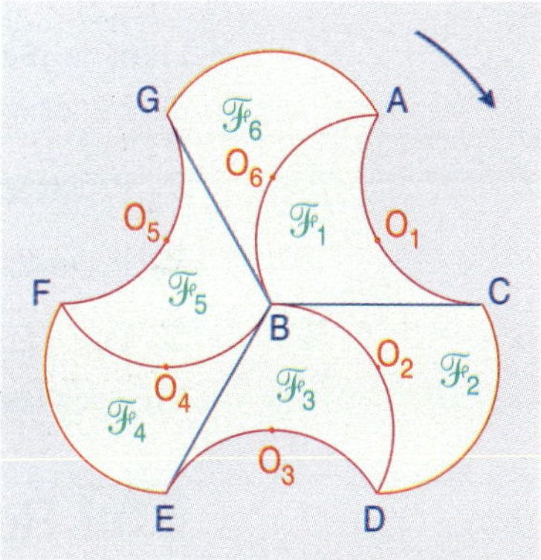

1. Résultat préliminaire

On suppose que M, N, P sont trois points d'un arc de cercle $\mathscr{A}$.
On note M′, N′, P′ leurs images respectives par une rotation ou une symétrie centrale.
Montrez alors que l'image de $\mathscr{A}$ est l'arc de cercle $\mathscr{A}'$ passant par M′, N′, P′.

INDICATION : *Remarquer que le centre du cercle passant par trois points M, N et P est le point d'intersection des médiatrices de [MN] et [NP], et utiliser la propriété de conservation du milieu et de l'orthogonalité par une rotation ou une symétrie centrale.*

▶ **REMARQUE :** Ce résultat pourra être utilisé pour trouver l'image d'un arc de cercle passant par trois points lorsque le centre de ce cercle n'est pas tracé.

2. On note I le milieu de [BC].
Montrez que $\mathscr{F}_2$ est l'image de $\mathscr{F}_1$ par la symétrie centrale de centre I.

3. On se propose à présent de démontrer que chacune des figures $\mathscr{F}_3$, $\mathscr{F}_4$, $\mathscr{F}_5$, $\mathscr{F}_6$ est l'image de $\mathscr{F}_1$ou de $\mathscr{F}_2$ par une rotation de centre B.

a) Quelle est l'image de $\mathscr{F}_1$ par la rotation de centre B et d'angle 120° dans le sens de la flèche ?

b) Quelle est l'image de $\mathscr{F}_2$ par la rotation de centre B et d'angle 120° dans le sens de la flèche ?

c) Par quelle rotation de centre B passe-t-on de $\mathscr{F}_1$ à $\mathscr{F}_5$? de $\mathscr{F}_2$ à $\mathscr{F}_6$?

TP 3

BALADE AUTOUR DU CUBE

ABCDEFGH est un cube de côté 8 cm.
I, J, K, L, M désignent les milieux respectifs de [AB], [AD], [EH], [FG], [BC].
U, V, W désignent les centres respectifs des faces ADHE, EFGH et BCGF.

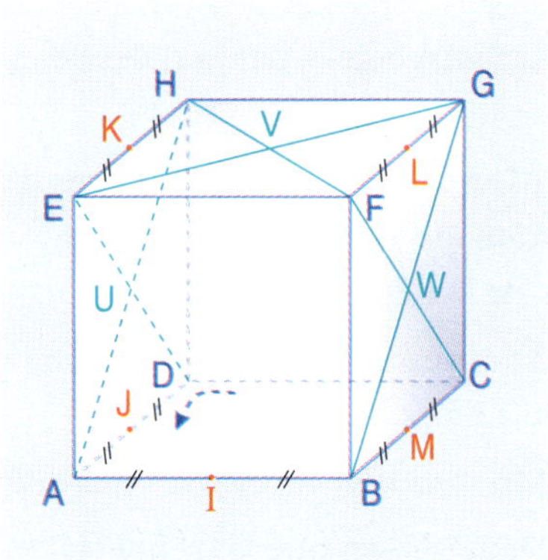

3 ■ 1 Pour s'échauffer

Dans le plan (ABCD), on note r_A le quart de tour de centre A dans le sens de la flèche, et r_B le quart de tour de centre B dans le sens de la flèche.

1. Précisez les images par r_A des points A, I et B.

2. Précisez les images par r_B des points B, M et C.

3. Dans le plan (ADHE), on note s_U la symétrie centrale de centre U.
Précisez les images par s_U des points A, J et D.

3 ■ 2 Retour au point de départ

P désigne un point quelconque du segment [AB].
On associe à P successivement les points P_1, P_2, P_3, P_4, P′ de la manière suivante :
- dans le plan (ABCD), P_1 est l'image de P par la rotation r_A ;
- dans le plan (ADHE), P_2 est l'image de P_1 par la symétrie centrale s_U de centre U ;
- dans le plan (EFGH), P_3 est l'image de P_2 par la symétrie centrale s_V de centre V ;
- dans le plan (BCGF), P_4 est l'image de P_3 par la symétrie centrale s_W de centre W ;
- dans le plan (ABCD), P′ est l'image de P_4 par la rotation r_B.

1. Précisez le point P′ dans chacun des cas suivants :
a) P = A ; **b)** P = I ; **c)** P = B.

2. Placez les points P_1, P_2, P_3, P_4, P′ dans chacun des cas suivants :
a) P est le point de [AB] tel que AP = 2.
b) P est le point de [AB] tel que AP = 6.

3. Expliquez pourquoi, si P est un point quelconque de [AB], le point P′ est confondu avec P.

3 ■ 3 Longueur d'un chemin

On se propose, à présent, de calculer la longueur du chemin parcouru par P lorsqu'on lui associe de manière continue les points P_1, P_2, P_3, P_4, P'.
Nous avons tracé en rouge ce chemin dans le cas particulier où P est en I.
On pose $AP = x$ et on note $\ell(x)$ la longueur du chemin commençant en P.

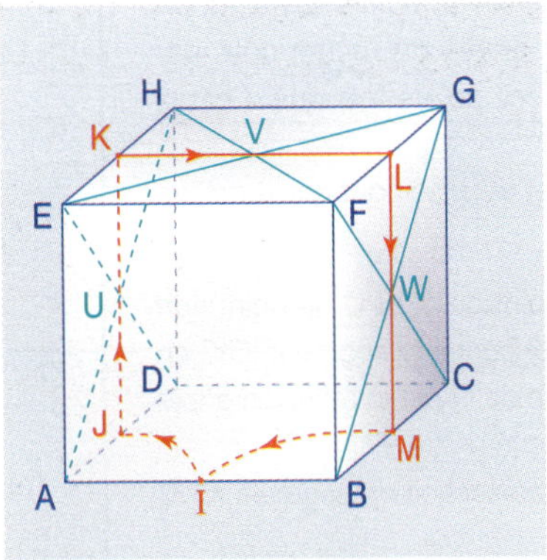

1. Calculez $\ell(0)$, $\ell(8)$, $\ell(4)$.

2. **a)** Dans le carré ADHE ci-contre, calculez P_1P_2 en fonction de la distance $x = AP_1$.

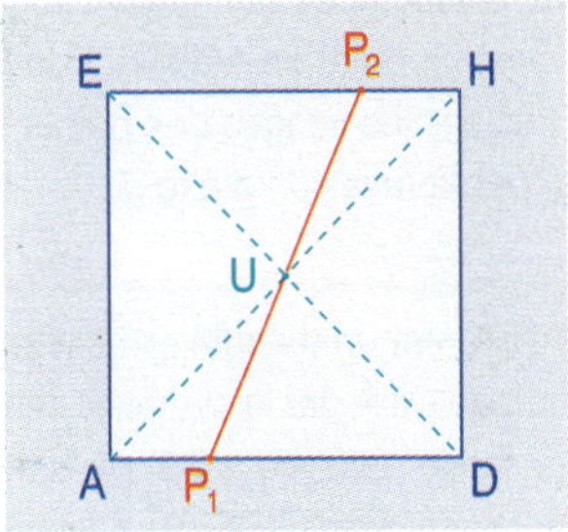

b) Calculez la longueur totale L du chemin parcouru dans le plan (ABCD).

c) Montrez que $\ell(x) = 6\sqrt{32 - 8x + x^2} + 4\pi$.

d) Retrouvez alors les résultats de la question 1.

3. Démontrez géométriquement que la fonction $x \mapsto \ell(x)$ admet un maximum et un minimum sur l'intervalle [0 ; 8].

INDICATION : *Remarquer que L est indépendant de x.*

exercices et problèmes

COMME LES RÉSOLUS

Pour chacun des exercices 1 à 8, vous pouvez vous reporter à l'exercice résolu qui porte le même numéro.

1 d est une droite. A et B sont deux points qui n'appartiennent pas à d et qui sont situés du même côté par rapport à d. On note A′ et B′ les points tels que d est la médiatrice de [AA′] et [BB′].
Montrez que les droites (AB′) et (A′B) se coupent sur d.

2 d est une droite, K est un point de d, et O un point non situé sur d. Δ est une droite qui coupe le segment [OK] en A et d en M. On note O′ l'image de O par la réflexion d'axe d, A′ celle de A, et Δ' l'image de la droite Δ.
Montrez que A′ est le point d'intersection du segment [O′K] et de la droite Δ'.

3 Δ et Δ' sont deux droites sécantes en O. On note d et d' les bissectrices des angles formés par ces deux droites.
M est un point de Δ distinct de O.
Précisez les images des points M et O :
a) par la réflexion d'axe d ; **b)** par la réflexion d'axe d'.

4 ABC est un triangle et I est le milieu de [BC]. On note A′ l'image de A par la symétrie centrale de centre I.
La droite parallèle à (AI) passant par C coupe (BA′) en C′.
La droite parallèle à (AI) passant par B coupe (CA′) en B′.
Montrez que le triangle A′B′C′ est l'image du triangle ABC par une translation.

5 ABCD est un carré de centre O.
I, J et K sont les milieux respectifs de [AB], [AD] et [BC].
r est le quart de tour de centre I dans le sens de la flèche.

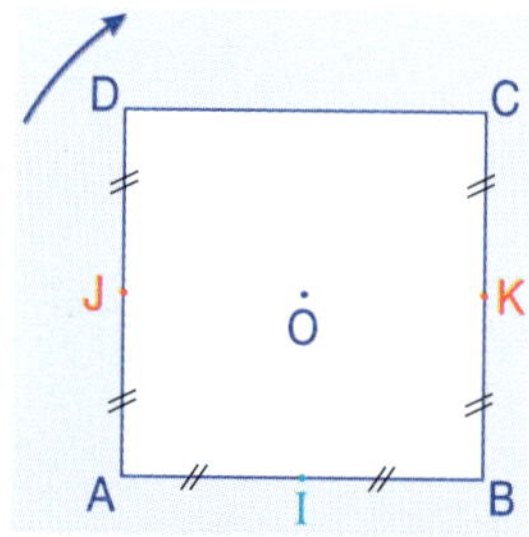

Trouvez l'image de J par r, puis l'image de A.

6 $\mathscr{C}$ et $\mathscr{C}'$ sont deux cercles de même centre O, et de rayons respectifs r et r' ($r < r'$). Δ est une droite qui coupe $\mathscr{C}$ en A et B, et $\mathscr{C}'$ en A′ et B′. On note d la perpendiculaire à Δ passant par O.
En considérant la réflexion d'axe d, montrez que AA′ = BB′.

7 ABC est un triangle équilatéral, O est le centre de son cercle circonscrit, et I est le milieu de [AB].
On note d la droite parallèle à (BC) passant par I.
On considère la rotation r de centre O et d'angle 120° transformant A en B.
1. Quelle est l'image par r du segment [BC] ?
2. Trouvez l'image I′ de I par r, et déduisez-en celle de d.

(Corrigés en fin de manuel.)

POUR S'ENTRAÎNER

Constructions d'images par des réflexions

8 A et C sont deux points d'une droite d, B est un point extérieur à d. On veut construire le symétrique B′ de B par rapport à d, mais on ne dispose que d'un compas. Comment peut-on faire ?

9 $\mathscr{C}$ est un cercle de centre O, et d est une droite, tangente au cercle en un point A.
Construisez l'image $\mathscr{C}'$ de $\mathscr{C}$ par la réflexion d'axe d.

10 d_1 et d_2 sont deux droites perpendiculaires, et A est un point extérieur à d_1 et d_2.
Construisez un quadrilatère ABCD de façon que d_1 et d_2 soient des axes de symétrie du quadrilatère. Justifiez.

11 d_1 et d_2 sont deux droites perpendiculaires, et B est un point de d_1.
Construisez un quadrilatère ABCD de façon que d_1 et d_2 soient des axes de symétrie du quadrilatère. Justifiez.

12 ABC est un triangle rectangle isocèle en A.
1. Construisez son image par la réflexion d'axe (BC).
2. Notez D l'image de A. Pourquoi ABDC est-il un carré ?

13 Trouvez les axes de symétrie des figures formées de :
a) deux points ;
b) deux droites parallèles ;
c) deux droites perpendiculaires.

14 ABC est un triangle isocèle en A, $\mathscr{C}$ est son cercle circonscrit, O est le centre de $\mathscr{C}$. Le point I est le milieu de [BC]. On note s la réflexion d'axe (BC).

1. Construisez l'image par s du triangle ABC (notez $A' = s(A)$). Pourquoi le quadrilatère ACA'B est-il un losange ?

2. Tracez le cercle $\mathscr{C}'$ circonscrit au triangle A'BC. Notez O' son centre. Pourquoi I est-il le milieu de [OO'] ?

3. Pourquoi le quadrilatère OBO'C est-il un losange ?

15 La figure ci-dessous a été obtenue en traçant des demi-cercles, avec AM = 2, AR = 4.

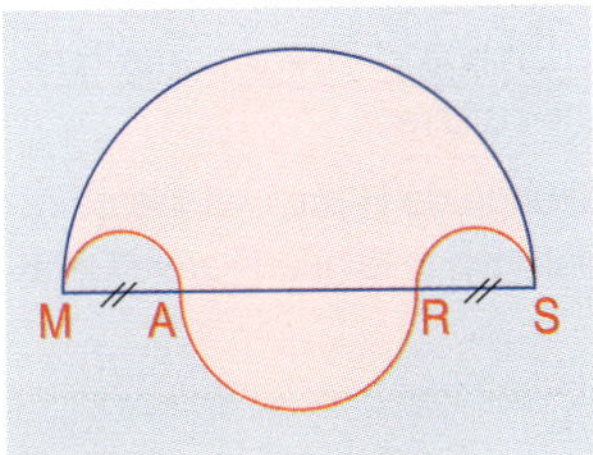

1. Calculez l'aire du domaine en rose.
2. Construisez l'image de cette figure par la réflexion d'axe (AR).
3. Quelle est l'aire de la figure symétrique ?

Constructions d'images par des symétries centrales

16 ABCD est un parallélogramme de centre O, et d est une droite passant par A. On note s la symétrie centrale de centre O.

1. Déterminez $s(A)$, $s(B)$, $s(C)$, $s(D)$.

2. M est un point de d distinct de A. Construisez son symétrique N par s.

3. Quelle est l'image par s de la droite d ?

4. P est un point de d distinct de A et M. Construisez $s(P)$ en utilisant uniquement une règle non graduée.

17 ABC est un triangle rectangle en A et I est le milieu de [BC].

1. Construisez le symétrique du triangle ABC par la symétrie centrale de centre I. On note A' le symétrique de A.

2. Quelle est la nature du quadrilatère ABA'C ?

18 $\mathscr{C}$ est un cercle de centre O. Par un point A extérieur à $\mathscr{C}$, on mène les tangentes à $\mathscr{C}$; on appelle T et T' les points de contact. On note s la symétrie centrale de centre O.

1. Construisez les images des droites (AT) et (AT') par s.

2. On note S, S' et A' les images respectives de T, T' et A. Expliquez pourquoi les deux droites (A'S) et (A'S') sont tangentes à $\mathscr{C}$.

3. On note K le point d'intersection de (A'S') et (AT) et K' celui de (A'S) et (AT').

a. Montrez que $K' = s(K)$.

b. Déduisez-en que le quadrilatère AKA' K' est un losange.

Constructions d'images par des translations

19 A, B et C sont trois points tels que C est l'image de B par la translation de vecteur $\overrightarrow{AB}$. Faites une figure.
Quel est le milieu de [AC] ?

20 ABC est un triangle équilatéral, H est le pied de la hauteur issue de A. Dessinez l'image du triangle ABC par la translation de vecteur $\overrightarrow{AH}$.

21 ABC est un triangle. Construisez l'image C' de C par la translation de vecteur $\overrightarrow{AB}$. Montrez que C' est l'image de B par la translation de vecteur $\overrightarrow{AC}$.

22 ABCD est un carré de côté 6 cm, O est le milieu de [AB] et I celui de [BC]. Dessinez l'image du carré ABCD par la translation de vecteur $\overrightarrow{OI}$.
Quel est le centre de ce nouveau carré ?

Pour les exercices 23 et 24, complétez les phrases (plusieurs réponses possibles).

23 $\overrightarrow{AB} = \overrightarrow{CD}$. Alors, on peut en conclure que :
- D est l'image de C par la translation de vecteur □.
- B est l'image de □ par la translation de vecteur $\overrightarrow{CD}$.
- A est l'image de □ par la translation de vecteur □.
- C est l'image de □ par la translation de vecteur □.

24 Le quadrilatère AMIE est un parallélogramme.
Alors, on peut en conclure que :
- M est l'image de □ par la translation de vecteur □.
- E est l'image de □ par la translation de vecteur □.

25 M, I, E et L sont quatre points tels que E est l'image de L par la translation de vecteur $\overrightarrow{MI}$.
Que peut-on dire du quadrilatère MIEL ?

26 1. Dessinez un cercle $\mathscr{C}$ de centre O et de rayon 2 cm.

2. Prenez un point A sur $\mathscr{C}$ et dessinez le cercle $\mathscr{C}'$ de centre A et de rayon 2 cm.

3. C et D sont les points d'intersection de $\mathscr{C}$ et $\mathscr{C}'$, B est le point de $\mathscr{C}'$ diamétralement opposé à O.
Construisez l'image de cette figure par la translation de vecteur $\overrightarrow{BC}$.

27 ABC est un triangle équilatéral.

1. a. Construisez l'image D de B par la translation de vecteur $\overrightarrow{AC}$.

b. Montrez que le quadrilatère ABDC est un losange.

2. a. Construisez l'image du quadrilatère ABDC par la translation de vecteur $\overrightarrow{BC}$.

b. On note E, F et G les images respectives de A, C et D par la translation de vecteur $\overrightarrow{BC}$. Montrez que ABDGFE est un hexagone régulier.

28 $\mathscr{C}$ est un cercle de centre O.

1. Tracez un hexagone ABCDEF régulier inscrit dans $\mathscr{C}$.

INDICATION : *Montrer d'abord que le côté de cet hexagone est égal au rayon de $\mathscr{C}$.*

2. Construisez l'image de cet hexagone par la translation de vecteur $\overrightarrow{FB}$.

3. Construisez l'image de cet hexagone par la translation de vecteur $\overrightarrow{DB}$.

4. Par quelle translation le côté [CD] a-t-il pour image le côté [FA] ?

Constructions d'images par des rotations

Pour tous les exercices de cette rubrique, on appelle *sens direct* le sens contraire des aiguilles d'une montre.

29 d est une droite et O un point non situé sur d.
On note H le projeté orthogonal de O sur d et $\mathscr{C}$ le cercle de centre O passant par H.

1. a. Construisez l'image de H par la rotation r de centre O et d'angle 60° dans le sens direct. On note K ce point.

b. Quelle est la nature du triangle OHK ?

2. a. Construisez l'image d' de d par la rotation r.

b. Montrez que d' est tangente en K à $\mathscr{C}$.

3. On note I le milieu de [HK].
Montrez que d et d' sont symétriques par rapport à (OI).

30 O est un point, A est un point tel que OA = 2 cm.
On note r la rotation de centre O et d'angle 120° dans le sens direct, B l'image de A par r, et C l'image de B par r.

1. Construisez B et C, et montrez que AB = BC.

2. Montrez que r (C) = A.

3. Déduisez-en que le triangle ABC est équilatéral.

4. Calculez AB.

31 ABCD est un carré. On note r la rotation de centre A et d'angle 60° dans le sens direct, et E, F, G les images respectives de B, C, D par r.

1. Montrez que ABE est un triangle équilatéral.

2. Montrez que AEFG est un carré.

35 $\mathscr{C}$ est un cercle de centre O et d une droite tangente à $\mathscr{C}$ en H.

1. Construisez l'image d' de d par le quart de tour r de centre O et de sens direct.

2. On note K l'image de H par r, et I le point d'intersection de d et d'. Montrez que le quadrilatère OHIK est un carré.

Études de configurations

36 ABC est un triangle isocèle en A. Le point I est le milieu de [BC]. À l'extérieur de ce triangle, on construit le triangle équilatéral AC′B et le triangle équilatéral AB′C. Les droites (BB′) et (CC′) se coupent en K, les droites (BC′) et (CB′) se coupent en L.
On note s la réflexion d'axe (AI).

1. Montrez que B′ est l'image de C′ par s.

INDICATION : Une réflexion conserve les distances.

2. a. Quelle est l'image de (CC′) par s ? de (C′L) ?

b. Déduisez-en que les points A, K, I, L sont alignés.

37 ABCD est un carré de centre O, ABI et ADJ sont deux triangles équilatéraux extérieurs au carré ABCD.
On note s la réflexion d'axe (AC).

1. Montrez que s (I) = J.

2. Montrez que (BI), (DJ) et (AC) sont concourantes.
On note K leur point de concours.

3. a. Calculez la mesure de l'angle $\widehat{KBO}$.

b. Déduisez-en l'expression de la distance OK en fonction du côté a du carré ABCD.

38 ABC est un triangle rectangle en A et O est le milieu de [BC]. À l'extérieur du triangle ABC, on construit les triangles ABD et ACE, rectangles en A et isocèles.
I est le milieu de [DE], Δ est la médiatrice de [BD].

1. Pourquoi Δ est-elle aussi la médiatrice de [EC] ?

2. Quelle est l'image de [ED] par la réflexion d'axe Δ ? Déduisez-en que I et O sont symétriques par rapport à Δ.

3. a. Quelle est l'image du triangle ABC par la réflexion d'axe Δ ?

b. Pourquoi les cercles circonscrits aux triangles ABC et ADE sont-ils symétriques par rapport à Δ ?

c. Déduisez-en que leur deuxième point d'intersection, K, est sur Δ.

d. Que peut-on dire du quadrilatère OAIK ?

39 ABC est un triangle, I est le milieu de [BC].
H et K sont les projetés orthogonaux respectifs de B et C sur la médiane (AI). On note s la symétrie de centre I.

1. Montrez que (CK) est l'image de (BH) par s.

2. Déduisez-en que K est l'image de H par s.

3. Montrez que les triangles ABI et ACI ont la même aire.

40 ABCD est un carré, AEFG est son image par la rotation r de centre A et d'angle 60° dans le sens de la flèche. On note Δ la médiatrice de [ED].

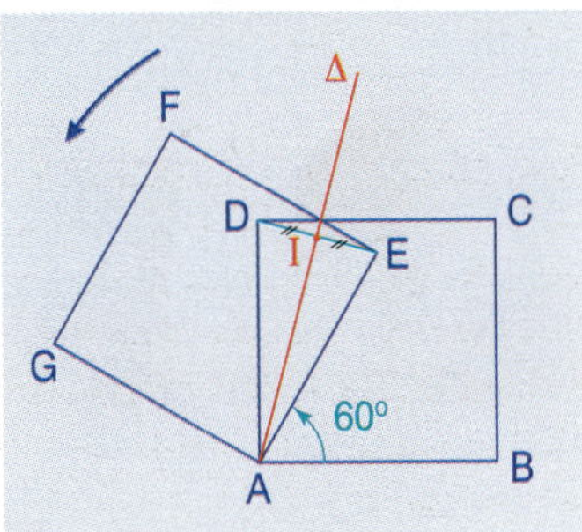

1. Montrez que AEFG est un carré.

2. On note I le milieu de [ED].

a. Montrez que les angles $\widehat{BAI}$ et $\widehat{IAG}$ sont égaux.

b. Déduisez-en que G est le symétrique de B par rapport à Δ.

3. Montrez de même que F est le symétrique de C par rapport à Δ.

4. a. Quelle est la nature du triangle ACF ?

b. Prouvez alors que B, D, F sont sur la médiatrice de [AC].

5. Montrez que les points G, E, C sont alignés.

41 OABC et OEFG sont deux carrés tels que OA = OE.
D est le point tel que OCDE est un losange.

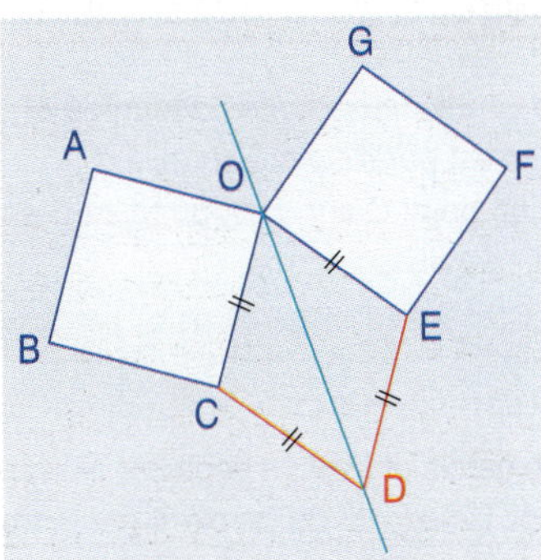

1. Montrez que (OD) est un axe de symétrie de la figure. Déduisez-en que DB = DF.

2. En considérant le cercle de centre C et de rayon CO, montrez que $\widehat{BDO} = 45°$.

INDICATION : Utiliser le théorème de l'angle inscrit.

3. Déduisez des résultats précédents que le triangle BDF est rectangle isocèle en D.

42 OAB et OCD sont des triangles équilatéraux tels que OB = OC, E est le point tel que OBEC est un losange.

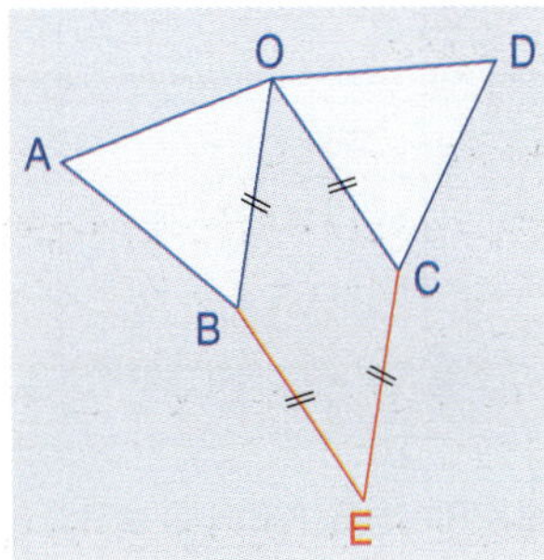

1. a. Montrez que $\widehat{AOE} = \widehat{EOD}$.

b. Déduisez-en que (OE) est un axe de symétrie de la figure.

c. Montrez alors que AE = ED.

2. En considérant le cercle de centre B et de rayon BO, et en utilisant le théorème de l'angle inscrit, montrez que $\widehat{AEO} = 30°$.

3. Déduisez des résultats précédents que le triangle ADE est équilatéral.

43 ABCD est un losange et E est un point de la diagonale [AC]. La parallèle à (AB) qui passe par E coupe [BC] et [AD] respectivement en I et J. La parallèle à (AD) qui passe par E coupe [AB] et [CD] respectivement en K et L. On note s la réflexion d'axe (AC).

1. Montrez que l'image par s de la droite (IJ) est la droite (KL). Déduisez-en que s (I) = L et s (J) = K.

2. Montrez que les droites (IL), (KJ) et (BD) sont parallèles.

3. Montrez que les droites (IK), (JL) et (AC) sont concourantes ou parallèles.

44 ABC est un triangle équilatéral, O est le centre de son cercle circonscrit, I est le milieu de [BC] et K celui de [AB]. M est un point de [AB] et N un point de [BC] tels que AM = BN. On note r la rotation de centre O et d'angle 120° transformant C en A.

1. Montrez que r (A) = B, r (B) = C et r (K) = I.

2. Expliquez pourquoi r (M) = N.

3. Déduisez-en que les triangles OMK et ONI ont la même aire.

4. Montrez que l'aire du quadrilatère OMBN est constante lorsque le point M varie sur le segment [AB].

45 ABCD est le carré de centre O représenté sur la figure ci-dessous. On note R le quart de tour dans le sens de la flèche, de centre O.
La demi-droite [Ox) coupe [AB] en M, et la demi-droite [Oy), image de [Ox) par R, coupe [BC] en N.
I et J sont les milieux respectifs des segments [AB] et [BC].

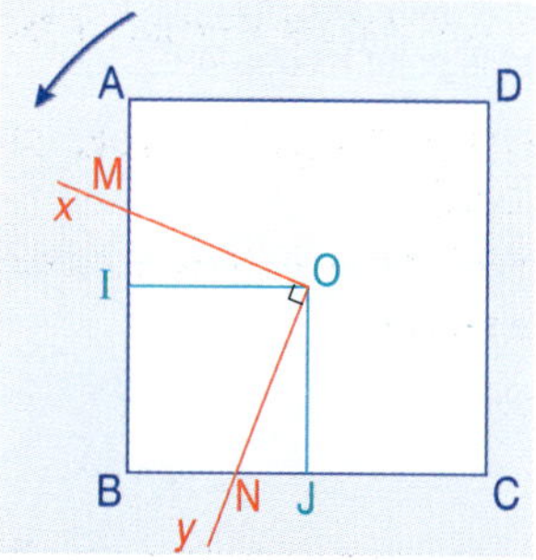

1. a. Montrez que R(A) = B, R(B) = C et R(I) = J.
b. Expliquez pourquoi R(M) = N.

2. a. Expliquez pourquoi les triangles OIM et OJN ont la même aire.
b. Montrez que l'aire du quadrilatère OMBN est constante lorsque [Ox) "tourne" autour du point O.

46 ABCD est un carré. On note R le quart de tour de centre B qui transforme A en C. $\mathscr{C}$ est le cercle de centre A et de rayon AB, $\mathscr{C}'$ celui de centre C et de même rayon.

1. Expliquez pourquoi $\mathscr{C}'$ est l'image de $\mathscr{C}$ par R.

2. M est un point de $\mathscr{C}$ distinct de B et D, situé du même côté que A par rapport à [BD]. On note M′ son image par R.
a. Quel est la mesure en degrés de l'angle $\widehat{BMM'}$?
b. Donnez une mesure en degrés de l'angle $\widehat{DMB}$.
INDICATION : Utiliser le théorème de l'angle inscrit.
c. Déduisez de ce qui précède que D, M, M′ sont alignés.

47* **Cercles concourants**

ABC est un triangle, $\mathscr{C}$ est son cercle circonscrit et O le centre de ce cercle. On note $\mathscr{C}_1$ et $\mathscr{C}_2$ les cercles symétriques de $\mathscr{C}$ par rapport à (AB) et (AC) respectivement.
O_1 et O_2 sont les centres respectifs de $\mathscr{C}_1$ et $\mathscr{C}_2$.

1. Montrez que si $\mathscr{C}_1$ et $\mathscr{C}_2$ sont tangents en A, alors le triangle ABC est rectangle en A.

2. On suppose, dans la suite de l'exercice, que le triangle ABC n'est pas rectangle en A et on note H le deuxième point d'intersection des cercles $\mathscr{C}_1$ et $\mathscr{C}_2$.
a. Montrez que $\overrightarrow{O_1A} = \overrightarrow{BO}$ et $\overrightarrow{AO_2} = \overrightarrow{OC}$.
b. Déduisez-en que $\mathscr{C}_2$ est l'image de $\mathscr{C}_1$ par la translation de vecteur $\overrightarrow{BC}$.
c. Montrez alors que (AH) est orthogonale à (BC).

3. a. Expliquez pourquoi $\overrightarrow{AH} = \overrightarrow{OB} + \overrightarrow{OC}$.
b. Déduisez-en que $\overrightarrow{BH} = \overrightarrow{OA} + \overrightarrow{OC}$.
c. Montrez alors que $\overrightarrow{BH} = \overrightarrow{OO_2}$.
d. Montrez alors que H est l'orthocentre du triangle ABC.

4. $\mathscr{C}_3$ est le cercle symétrique de $\mathscr{C}$ par rapport à (BC) et O_3 est son centre.
a. À l'aide de la question **3. a.**, montrez que $\overrightarrow{AH} = \overrightarrow{OO_3}$.
b. Déduisez-en que OH = OA et que $\mathscr{C}_3$ passe par H.

5. On note H_1, H_2 et H_3 les symétriques de H par rapport à (AB), (AC) et (BC) respectivement.
Montrez que H_1, H_2, H_3 sont des points de $\mathscr{C}$.

48* **Triangle de périmètre maximal**

[AB] est une corde d'un cercle $\mathscr{C}$.
Sa médiatrice coupe $\mathscr{C}$ en I et J.
M est un point de $\mathscr{C}$ du même côté que I par rapport à (AB).

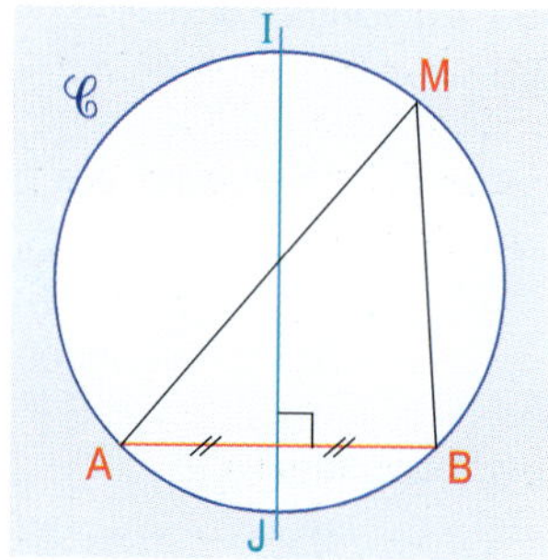

1. a. Montrez que $\widehat{AMJ} = \widehat{AIJ}$ et que $\widehat{BMJ} = \widehat{BIJ}$.
b. Déduisez-en que (MJ) est la bissectrice de $\widehat{AMB}$.

2. On note A′ le symétrique de A par rapport à la droite perpendiculaire en M à (MJ).
a. Montrez que $\widehat{IBM} = \widehat{IAM}$, et déduisez-en que $\widehat{IBM} = \widehat{IA'M}$.
b. Montrez alors que les points B, M, A′ sont alignés, et que M est sur le segment [BA′].

3. a. Montrez que MA + MB = A′ B et que A′ B $\leqslant$ IA + IB.
b. Déduisez-en que le périmètre du triangle ABM est maximal lorsque M est en I.

Construire avec des translations

49 d_1 et d_2 sont deux droites sécantes et [AB] est un segment qui n'est parallèle ni à d_1, ni à d_2.
Construisez un point C sur d_1 et un point D sur d_2 tel que ABCD soit un parallélogramme.
INDICATION : Construire l'image d'_1 de d_1 par la translation de vecteur $\overrightarrow{AB}$.

50 $\mathscr{C}$ est un cercle et [AB] un segment.
1. Construisez l'image $\mathscr{C}'$ du cercle $\mathscr{C}$ par la translation de vecteur $\overrightarrow{AB}$.
2. Montrez que "$\mathscr{C}$ et $\mathscr{C}'$ sécants" signifie que la longueur AB est inférieure au diamètre du cercle $\mathscr{C}$.

3. Déduisez de ce qui précède la construction de deux points C et D sur le cercle $\mathscr{C}$ tels que ABCD soit un parallélogramme.

51 ABC est un triangle. Construisez un point M tel que : $\overrightarrow{AB} + \overrightarrow{AM}$ et $\overrightarrow{AC}$ sont colinéaires et AM = AB.

INDICATION : Construire le cercle de centre A et de rayon AB, ainsi que l'image de (AC) par la translation de vecteur $\overrightarrow{BA}$.

Construire avec des symétries centrales

52 d_1 et d_2 sont deux droites sécantes en O et I est un point qui n'appartient ni à d_1, ni à d_2.
Construisez un point M sur d_1 et un point N sur d_2 tels que I soit le milieu de [MN].

INDICATION : Construire l'image d_1' de d_1 par la symétrie de centre I.

53 Avec un point inaccessible

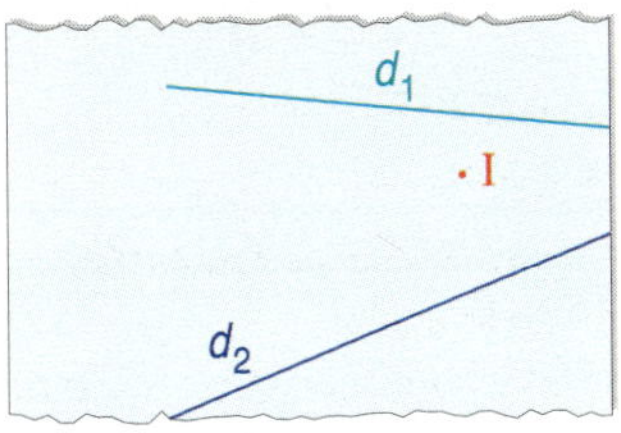

d_1 et d_2 sont deux droites sécantes en O. Le point O est inaccessible, c'est-à-dire en dehors de la feuille. I est un point qui n'est ni sur d_1, ni sur d_2. Construisez la droite (OI).

INDICATION : Construire les symétriques des droites d_1 et d_2 par rapport à ... .

54 $\mathscr{C}$ et $\mathscr{C}'$ sont deux cercles de même centre O et de rayons respectifs R et $\frac{R}{2}$.
A est un point de $\mathscr{C}'$. Une droite Δ passant par A recoupe $\mathscr{C}'$ en M et coupe $\mathscr{C}$ en N et P.
On se propose de construire Δ de telle sorte que les segments [AM], [MN] et [AP] aient la même longueur.

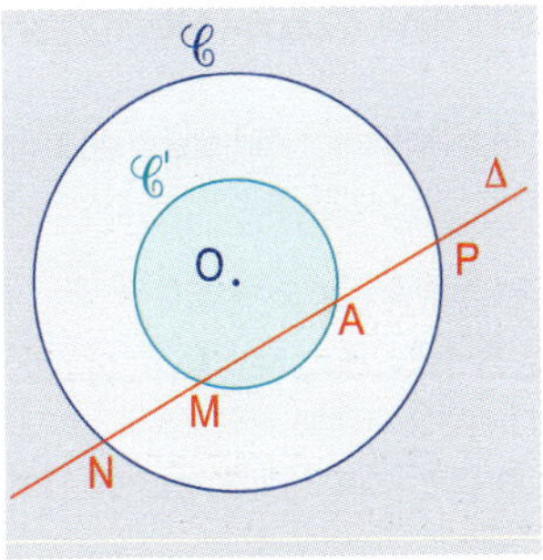

1. Montrez que si une telle droite existe, alors P est le symétrique de M par rapport à A.

2. a. Construisez l'image $\mathscr{C}''$ de $\mathscr{C}'$ par la symétrie centrale de centre A.

b. Expliquez pourquoi $\mathscr{C}''$ coupe $\mathscr{C}$ en deux points P et P'.

3. La droite (AP) coupe $\mathscr{C}'$ en M et $\mathscr{C}$ en N.

a. Montrez que M est l'image de P par la symétrie centrale de centre A.

b. Montrez que N est l'image de P par la réflexion d'axe la médiatrice de [AM].

c. Concluez que la droite (AP) est solution du problème posé. Est-ce la seule ?

Construire avec des rotations

55 d_1 et d_2 sont deux droites sécantes en O, et I est un point qui n'appartient ni à d_1, ni à d_2.
Construisez un point M sur d_1 et un point N sur d_2 tels que le triangle IMN soit équilatéral.
Le problème a-t-il toujours une solution ?

INDICATION : Construire l'image de d_1 par une rotation de centre I et d'angle 60°.

56 d_1 et d_2 sont deux droites parallèles et I est un point qui n'appartient ni à d_1, ni à d_2.
Construisez un point M sur d_1 et un point N sur d_2 tels que le triangle IMN soit rectangle isocèle de sommet I.

INDICATION : Construire l'image de d_1 par une rotation de centre I et d'angle 90°.

Construire avec des réflexions

57 Un classique : trajet minimal

d est une droite, A et B sont deux points extérieurs à d et situés dans un même demi-plan de frontière d. On note A' le symétrique de A par rapport à d.
Trouvez un point M situé sur d de façon que AM + MB soit minimal.

58 Triangle de périmètre minimal

ABC est un triangle ayant trois angles aigus.
E est un point de [BC], F un point de [CA], et G un point de [AB]. On note E′ le symétrique de E par rapport à (AB) et E″ le symétrique de E par rapport à (AC).

1. a. Montrez que EG + GF + FE = E′G + GF + FE″.

b. Déduisez-en que EG + GF + FE ⩾ E′E″.

c. E étant fixé, montrez que EG + GF + FE est minimal lorsque E′, G, et E″ sont alignés.

2. a. Montrez que le triangle E′AE″ est isocèle.
b. Montrez que $\widehat{E'AE''} = 2\,\widehat{BAC}$.
c. Déduisez-en que $E'E'' = 2\,AE \sin \widehat{ABC}$.
d. Expliquez pourquoi la longueur E′E″ est minimale lorsque (AE) est orthogonale à (BC).

3. Déduisez de **1. c.** et **2. d.** la construction des points E, F, G tels que la somme EG + GF + FE soit minimale.

59 **Recherche de trajet minimal**

Les droites d et d' sont parallèles, elles représentent les rives d'une rivière. A et B sont des points fixes.
Où faut-il placer le pont, représenté par le segment [PQ], pour que le trajet de A à B, AP + PQ + QB, soit le plus court possible ?

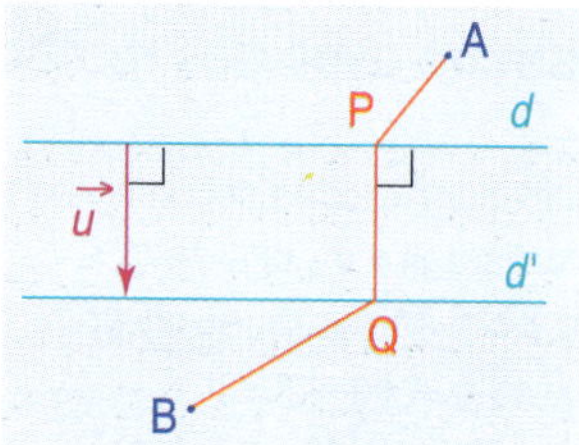

1. « Pour rendre minimal AP + PQ + QB, il suffit de rendre minimal AP + QB ». Justifiez cette affirmation.

2. Notons A′ l'image de A par la translation de vecteur $\vec{u}$. Justifiez l'égalité AP + QB = A′Q + QB.

3. Où faut-il choisir le point Q pour que A′Q + QB soit le plus petit possible ? Achevez alors la résolution.

Recherche de lieux géométriques

60 [AB] est une corde d'un cercle $\mathscr{C}$, M est un point de $\mathscr{C}$ distinct de B. On note P le symétrique de A par la réflexion d'axe (BM).

1. Expliquez pourquoi BP = BA.

2. Sur quelle ligne se déplace P lorsque M décrit $\mathscr{C}$?

61 $\mathscr{C}$ est un cercle de centre O, [AB] est un diamètre.
M est un point de $\mathscr{C}$, et d est la tangente en M à $\mathscr{C}$.
Par O, on mène la parallèle à (AM) ; elle coupe (MB) en I et d en N.

1. a. Pourquoi le triangle AMB est-il rectangle en M ?
b. Pourquoi I est-il le milieu de [MB] ?

2. a. Quelle est l'image de (MN) par la réflexion d'axe (OI) ?
b. Quelle est l'image de (OM) par cette même réflexion ?
c. Pourquoi peut-on affirmer alors que (NB) et (OB) sont perpendiculaires ?

3. On suppose que M se déplace sur le cercle $\mathscr{C}$.
Sur quelle ligne se déplacera le point N ?

62 $\mathscr{C}$ est un cercle de diamètre [AB] et de centre O.
M est un point de $\mathscr{C}$ distinct de B. On note P l'image de O par la réflexion d'axe (BM).

1. Montrez que P est l'image de M par la translation de vecteur $\overrightarrow{OB}$.

2. Quel est le lieu du point P lorsque le point M décrit $\mathscr{C}$?

Transformations laissant invariante une figure

63 [AB] est un segment.
Citez deux réflexions qui laissent [AB] invariant.

64 ABC est un triangle équilatéral.

1. Citez trois réflexions qui laissent ABC invariant.

2. Citez une rotation qui laisse ABC invariant.

3. Expliquez pourquoi il n'existe pas de symétrie centrale qui laisse ABC invariant.

65 ABCDE est un pentagone régulier.

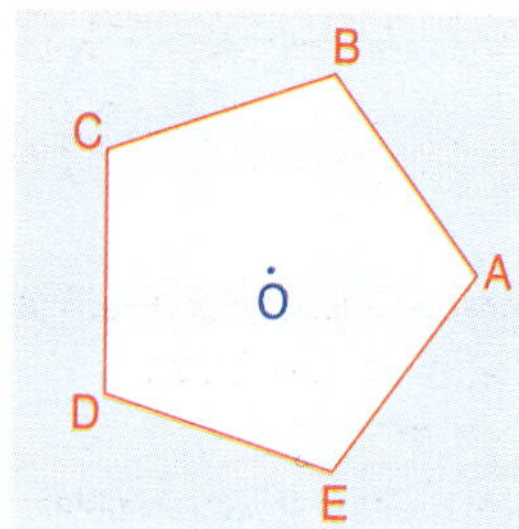

1. Citez cinq réflexions qui laissent ABCDE invariant.

2. Précisez une rotation qui laisse ABCDE invariant.

Avec des coordonnées

Pour les exercices de cette rubrique, le plan est muni d'un repère orthonormal $(O ; \overrightarrow{OI}, \overrightarrow{OJ})$, et A est le point de coordonnées (2 ; 3).

66 s est la réflexion d'axe (OI).

1. Montrez que l'image du point $M(x ; y)$ par s est le point $M'(x ; -y)$.

2. Déterminez le coefficient directeur de l'image par s de la droite (OA).

67 s est la réflexion d'axe (OJ).

1. Montrez que l'image du point $M(x ; y)$ par s est le point $M'(-x ; y)$.

2. Déterminez le coefficient directeur de l'image par s de la droite (OA).

68 d est la droite d'équation $y = x$ et s est la réflexion d'axe d.

1. Montrez que l'image du point M(x ; y) par s est le point M′ (y ; x).

2. Trouvez le coefficient directeur de l'image de (OA) par s.

69 $\vec{v}$ est le vecteur de coordonnées (1 ; 2).

1. Montrez que l'image du point M(x ; y) par la translation de vecteur $\vec{v}$ est le point M′ ($x + 1$; $y + 2$).

2. Déterminez le coefficient directeur de l'image de la droite (OA) par cette translation.

70 C est le point de coordonnées (1 ; 2), et s est la symétrie centrale de centre C.

1. Montrez que l'image du point M(x ; y) par s est le point M′ ($2 - x$; $4 - y$).

2. Trouvez le coefficient directeur de l'image de (OA) par s.

PROBLÈMES DE SYNTHÈSE

71 THÈMES : **Réflexions. Rotations. Translations. Repères. Systèmes.**

Dans un repère orthonormal (O ; $\overrightarrow{OI}$, $\overrightarrow{OJ}$), Δ est la droite d'équation $y = x$, et d est la droite d'équation $y = -x$.

$\mathscr{C}$ est le cercle de centre O et de rayon 1.

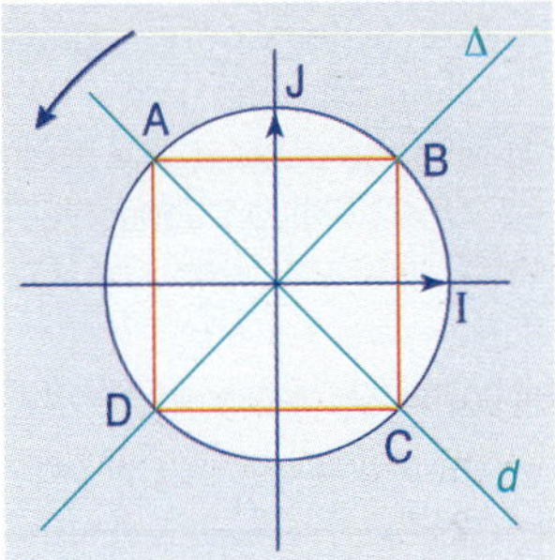

1. Montrez que les points d'intersection des droites d et Δ avec le cercle $\mathscr{C}$ sont les sommets d'un carré.

INDICATION : Étudier les propriétés des diagonales [AC] et [BD].

2. Déterminez les coordonnées des points A, B, C, D.

3. Quelles sont les images, par la réflexion s_d d'axe d, du cercle $\mathscr{C}$, du carré ABCD, de la droite Δ, de la droite (OI) ?

4. On note Δ' l'image de Δ par la translation $t_{\vec{u}}$ de vecteur $\vec{u}$ (– 1 ; 1).

a. Montrez que Δ' est tangente à $\mathscr{C}$.

b. Trouvez une équation de la droite Δ'.

5. Quelles sont les images du cercle $\mathscr{C}$, du carré ABCD, et de la droite Δ par le quart de tour r dans le sens de la flèche et de centre O ?

6. On considère le système **(S)** $\begin{cases} x^2 + y^2 = 1 \\ x^2 - y^2 = 0. \end{cases}$

Montrez que les solutions de (S) sont les coordonnées des sommets du carré ABCD.

72 THÈMES : **Translations. Réflexions. Symétries centrales. Rotations. Repères.**

(O ; $\overrightarrow{OI}$, $\overrightarrow{OJ}$) est un repère orthonormal.

A. 1. Placez les points A(2 ; 1), B(– 3 ; 2), C(– 2 ; – 3), D(1 ; – 4).

2. Placez les images de ces points par la translation $t_{\vec{u}}$ de vecteur $\vec{u}$ (2 ; 3) et précisez leurs coordonnées.

3. a. Placez les images des points A, B, C, D par la réflexion d'axe (OI) et précisez leurs coordonnées.

b. Placez les images des points A, B, C, D par la réflexion d'axe (OJ) et précisez leurs coordonnées.

c. Placez les images des points A, B, C, D par la symétrie centrale de centre O et précisez leurs coordonnées.

4. On note A′ l'image de A par le quart de tour r de centre O dans le sens de la flèche.

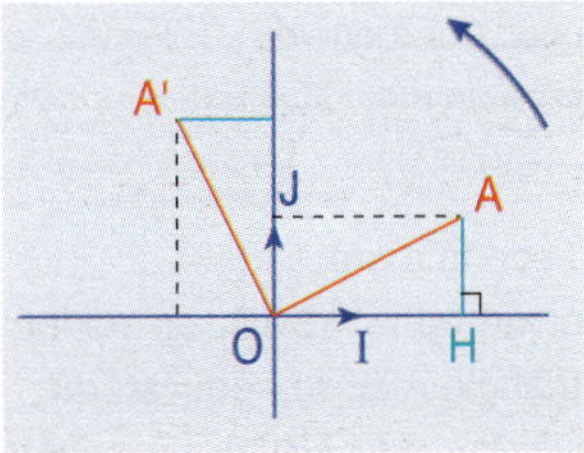

On note H le projeté orthogonal de A sur (OI).

a. Placez le point H′ = r (H).

b. Quelle est l'image du segment [AH] par r ?

c. Expliquez pourquoi (A′ H′) est orthogonale à (OJ).

d. Déduisez de ce qui précède que A′ H′ = AH et OH′ = OH.

e. Quelles sont les coordonnées de A′ ?

B. On considère un point M(a ; b) tel que $a > 0$ et $b > 0$.

1. Exprimez en fonction de a et b les coordonnées du point N, image de M par la translation $t_{\vec{u}}$ définie en **A. 2.**.

2. a. Exprimez en fonction de a et b les coordonnées du point P, image de M par la réflexion d'axe (OI).

b. Exprimez en fonction de a et b les coordonnées du point P′, image de M par la réflexion d'axe (OJ).

3. Exprimez en fonction de a et b les coordonnées du point Q, image de M par la symétrie centrale de centre O.

4. Exprimez en fonction de a et b les coordonnées du point R, image de M par le quart de tour de centre O dans le sens de la flèche.

exercices et problèmes

Exercices commentés

1 ABC est un triangle isocèle de sommet A, [BH] et [CK] sont des hauteurs.
On se propose de prouver que BH = CK.

VERS UNE SOLUTION

• **Une première méthode :** par les transformations.
On va montrer que [CK] est l'image de [BH] par la réflexion d'axe la médiatrice de [BC].
Il est naturel d'y penser car ABC est un triangle isocèle de sommet A. Notons s cette réflexion.
1. Expliquez pourquoi s (B) = C.
2. Montrez que l'image de la droite (BH) par s est la perpendiculaire à (AB) issue de C.
3. Déduisez-en que s (H) = K.
4. Concluez.

• **Une deuxième méthode :** par les aires.
On va calculer l'aire du triangle ABC de deux manières.
1. Expliquez pourquoi AB × CK = AC × BH.
2. Déduisez-en que CK = BH.

2 ABCD est un carré.
À l'intérieur du carré ABCD, on construit le point E tel que le triangle ABE soit équilatéral.
À l'extérieur du carré ABCD, on construit le point F tel que le triangle BCF soit équilatéral.
On se propose de prouver que D, E et F sont alignés.

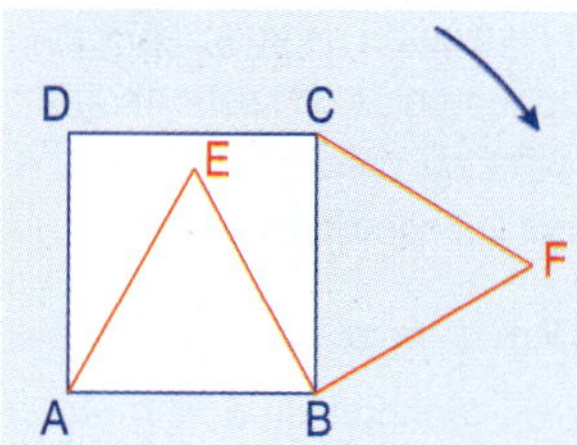

VERS UNE SOLUTION

• **Une première méthode :** par les angles.
1. a. Quelle est la mesure en degrés de l'angle $\widehat{DAE}$?
b. Déduisez-en la mesure en degrés de $\widehat{AED}$.
2. a. Quelle est la mesure en degrés de l'angle $\widehat{EBF}$?
b. Déduisez-en la mesure en degrés de $\widehat{BEF}$.
3. a. Calculez la mesure de l'angle $\widehat{DEF}$.
b. Concluez.

• **Une deuxième méthode :** par les transformations.
La présence de triangles équilatéraux nous incite à utiliser la rotation de centre B et d'angle 60° dans le sens de la flèche. Notons r cette rotation.
1. a. Déterminez r (A) et r (C).
b. Construisez le point G dont l'image par r est D.
2. a. Quelle est la nature du triangle BDG ?
b. Déduisez-en que A, C, G sont alignés.
INDICATION : G est sur la médiatrice de [BD].
3. Expliquez pourquoi D, E, F sont aussi alignés.

Trouvez l'erreur

Pour chaque exercice de cette rubrique, une solution vous est proposée, mais elle contient une erreur. Trouvez cette erreur.

3 Un triangle ABC est tel que AB = BC.
On note d la perpendiculaire à (BC) issue de A, et M un point de d. Comparez MB et MC.

Solution
Le triangle ABC a deux côtés égaux. Il est donc isocèle. La droite d est donc un axe de symétrie de la figure. Par la réflexion d'axe d, B a pour image C et M est invariant. Une réflexion conserve les longueurs. D'où MB = MC.

4 ABC est un triangle isocèle en A et $\widehat{ABC} = \widehat{ACB} = 50°$.

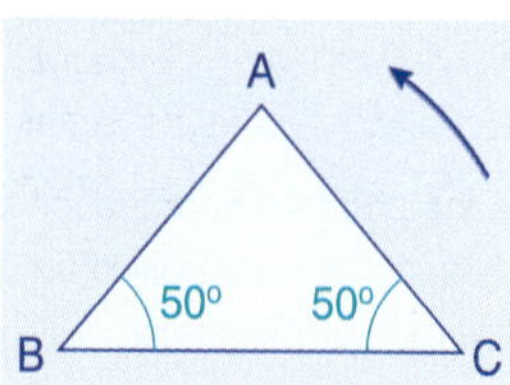

On note r la rotation de centre A et d'angle 80° dans le sens de la flèche. Quelle est l'image de C par r ?

Solution
Dans le triangle ABC, la somme des trois angles est égale à 180°. Donc $\widehat{BAC} = 80°$. De plus AB = AC.
Donc r (C) = B.

5 L'image Δ' d'une droite Δ par une réflexion d'axe d est-elle toujours parallèle à la droite Δ ?

Solution

Traçons une droite Δ parallèle à d, puis les images A', et B' de deux points A et B de Δ.
Δ' est la droite (A' B') ; elle est donc parallèle à Δ.

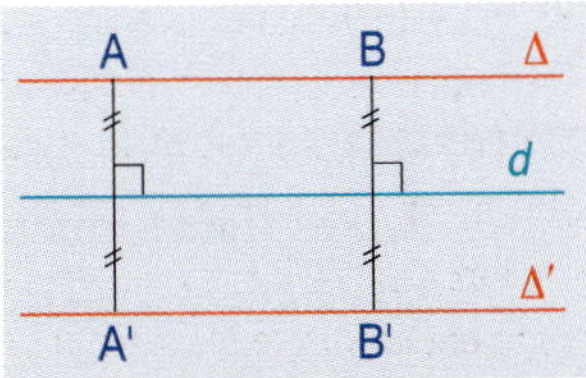

L'image Δ' d'une droite Δ par une réflexion est donc toujours une droite parallèle à Δ.

Pour ceux qui M plus

Composée de deux transformations

1 Composée de deux translations

$\vec{u}$ et $\vec{v}$ sont deux vecteurs. On note $t_{\vec{u}}$ la translation de vecteur $\vec{u}$, et $t_{\vec{v}}$ la translation de vecteur $\vec{v}$.
M étant un point quelconque, on pose :
$M_1 = t_{\vec{u}}(M)$ et $M' = t_{\vec{v}}(M_1)$, ce que l'on peut noter :

$$M \overset{t_{\vec{u}}}{\longmapsto} M_1 \overset{t_{\vec{v}}}{\longmapsto} M'.$$

1. Expliquez pourquoi $\overrightarrow{MM_1} = \vec{u}$ et $\overrightarrow{M_1M'} = \vec{v}$.

2. Déduisez-en que $M' = t_{\vec{u}+\vec{v}}(M)$.

2 Composée de deux réflexions d'axes parallèles

d et d' sont deux droites parallèles distinctes.
On note s_d la réflexion d'axe d, et $s_{d'}$ la réflexion d'axe d'.
M étant un point quelconque, on pose :
$M_1 = s_d(M)$ et $M' = s_{d'}(M_1)$, ce que l'on peut noter :

$$M \overset{s_d}{\longmapsto} M_1 \overset{s_{d'}}{\longmapsto} M'.$$

On a représenté M_1 et M' dans le cas où M est dans le demi-plan (I) de frontière d ne contenant pas d'.

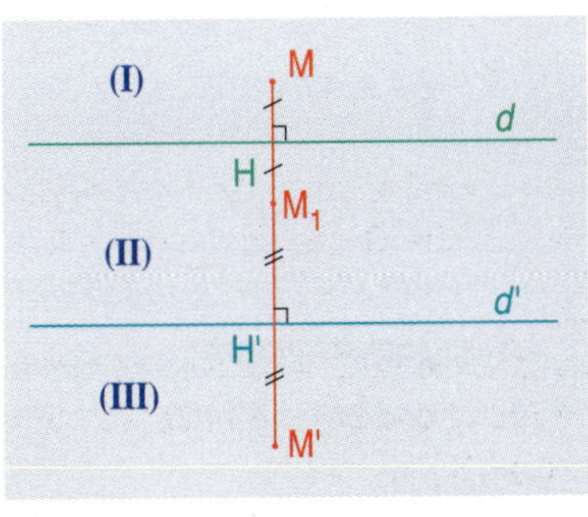

1. Construisez M_1 puis M' dans chacun des cas suivants :

a) M est dans la bande (II) ;

b) M est dans le demi-plan (III) ;

c) M est sur d ; **d)** M est sur d'.

2. Dans chacun des cas précédents, vérifiez sur la figure, sans calculs, que :

- $\overrightarrow{MM'}$ et $\overrightarrow{HH'}$ ont même direction, même sens ;
- $MM' \approx 2HH'$.

Il semble donc que $\overrightarrow{MM'} = 2\,\overrightarrow{HH'}$ **[1].**

3. On se propose de démontrer le résultat **[1]**.

a. Expliquez pourquoi $\overrightarrow{MM_1} = 2\,\overrightarrow{HM_1}$ et $\overrightarrow{M_1M'} = 2\,\overrightarrow{M_1H'}$.

b. Déduisez-en que $\overrightarrow{MM'} = 2\,\overrightarrow{HH'}$.

INDICATION : Remarquer que $\overrightarrow{MM'} = \overrightarrow{MM_1} + \overrightarrow{M_1M'}$.

4. On pose $\vec{u} = 2\,\overrightarrow{AA'}$, où A est un point quelconque de d, et A' le projeté orthogonal de A sur d'.

a. Montrez que $\overrightarrow{AA'} = \overrightarrow{HH'}$.

b. On note $t_{\vec{u}}$ la translation de vecteur $\vec{u}$.
Montrez que $M' = t_{\vec{u}}(M)$.

3 Notation de la composée

Dans la partie **1**, $M' = t_{\vec{v}}(M_1)$ et $M_1 = t_{\vec{u}}(M)$.
Donc $M' = t_{\vec{v}}[t_{\vec{u}}(M)]$, ce que l'on note :

$$M' = (t_{\vec{v}} \circ t_{\vec{u}})(M).$$

$t_{\vec{v}} \circ t_{\vec{u}}$ se lit "$t_{\vec{v}}$ rond $t_{\vec{u}}$".
On dit que $t_{\vec{v}} \circ t_{\vec{u}}$ est la **composée de la translation $t_{\vec{u}}$ suivie de la translation $t_{\vec{v}}$.**
Dans la partie **2**, $M' = s_{d'}(M_1)$ et $M_1 = s_d(M)$.
Donc $M' = s_{d'}[s_d(M)]$, ce que l'on note :

$$M' = (s_{d'} \circ s_d)(M).$$

On dit que $s_{d'} \circ s_d$ est la **composée de la réflexion s_d suivie de la réflexion $s_{d'}$.**
On dit que deux transformations f et g sont égales si :

pour tout point M, $f(M) = g(M)$.

1. Expliquez pourquoi $t_{\vec{v}} \circ t_{\vec{u}} = t_{\vec{u}} \circ t_{\vec{v}}$.

2. Expliquez pourquoi $s_{d'} \circ s_d \neq s_d \circ s_{d'}$.

INDICATION : Il suffit de trouver un point M dont les images par $s_{d'} \circ s_d$ et $s_d \circ s_{d'}$ sont distinctes.

4 Dans un repère

Dans un repère orthonormal $(O ; \overrightarrow{OI}, \overrightarrow{OJ})$, on considère le vecteur $\vec{u}\,(1 ; 2)$ et le point A(1 ; 1).
On note t la translation de vecteur $\vec{u}$, s la réflexion d'axe (OI), et s' la réflexion d'axe (OJ).

1. Placez chacun des points suivants :

a) $t(I)$; $t(J)$; $t(A)$.

b) $(s \circ t)(I)$; $(s \circ t)(J)$; $(s \circ t)(A)$.

c) $(t \circ s)(I)$; $(t \circ s)(J)$; $(t \circ s)(A)$.

2. Montrez que $s \circ s'$ est une transformation connue.

HOMOTHÉTIES

CHAPITRE

14

$$\overrightarrow{A'B'} = k\overrightarrow{AB}$$

Les transformations du plan que vous connaissez, translations, réflexions, rotations, symétries centrales, ont plusieurs propriétés communes. L'une d'elles est la conservation des longueurs. On les appelle, pour cela, des isométries. Dans ce chapitre, vous allez découvrir des transformations du plan qui n'ont pas cette propriété ; il s'agit des homothéties, transformations permettant d'agrandir ou de réduire une figure.

On verra que la plupart des propriétés importantes des autres transformations sont néanmoins vraies pour les homothéties : conservation de l'alignement, des angles, du milieu ... Vous allez donc disposer d'un outil nouveau qui permettra de résoudre rapidement certains problèmes.

SOMMAIRE

Activité

UN MOYEN POUR AGRANDIR OU RÉDUIRE UNE FIGURE

On considère, dans un repère orthonormal $(O ; \vec{i}, \vec{j})$, les points A(2 ; 0), B(3 ; 0), C(3 ; 1) et D(2 ; 1).

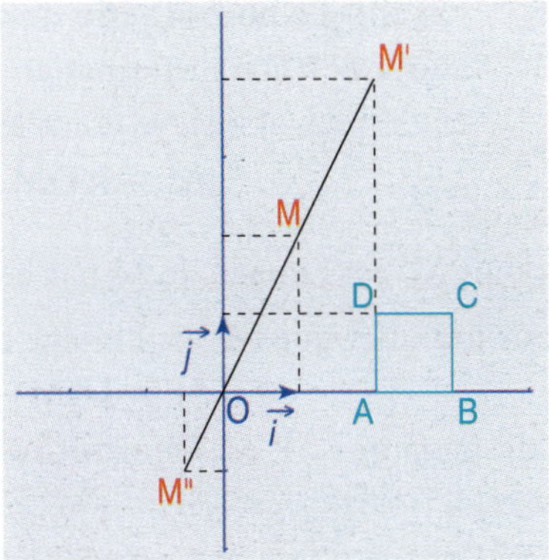

1 Pour agrandir

Associons à chaque point M du plan le point M′ tel que $\overrightarrow{OM'} = 2\,\overrightarrow{OM}$.
On dit que M′ est l'image de M par l'homothétie de centre O et de rapport 2.

1. Placez les images A′, B′, C′, D′ des points A, B, C, D.

2. Vérifiez sur le dessin que :

a) A′B′C′D′ semble être un carré de côté 2. On dit que c'est l'image du carré ABCD par l'homothétie de centre O et de rapport 2.

b) L'image de chacun des côtés du carré ABCD semble être un segment parallèle à ce côté.

2 Pour réduire

Associons à chaque point M du plan le point M″ tel que $\overrightarrow{OM''} = -\frac{1}{2}\overrightarrow{OM}$.
On dit que M″ est l'image de M par l'homothétie de centre O et de rapport $-\frac{1}{2}$.

1. Placez les images A″, B″, C″, D″ des points A, B, C, D.

2. Vérifiez sur le dessin que :

a) A″ B″ C″ D″ semble être un carré de côté $\frac{1}{2}$. On dit que c'est l'image du carré ABCD par l'homothétie de centre O et de rapport $-\frac{1}{2}$.

b) L'image de chacun des côtés du carré ABCD semble être un segment parallèle à ce côté.

Conclusion *On verra plus généralement que la transformation qui fait correspondre à chaque point* M *du plan le point* M′ *tel que* $\overrightarrow{OM'} = k\,\overrightarrow{OM}$ *est appelée* **homothétie de centre O et de rapport *k*.** *Cette transformation agrandit les figures lorsque* $|k| > 1$, *elle les réduit lorsque* $|k| < 1$.

COURS

1. QU'EST-CE QU'UNE HOMOTHÉTIE ?

DÉFINITION 1 Choisissons un point O et un réel k non nul.
On appelle **homothétie de centre O et de rapport k** la transformation qui à tout point M du plan associe le point M′ tel que :

$$\overrightarrow{OM'} = k\overrightarrow{OM}.$$

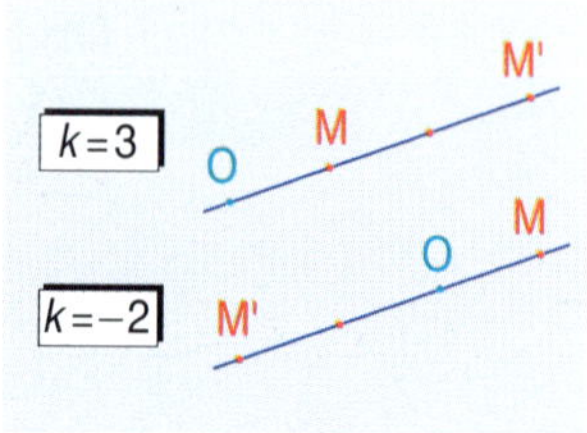

Le point M′ est l'image de M par cette homothétie.

• Pour indiquer que M′ est l'image de M par une homothétie h, on note :

$$\mathbf{M' = h\,(M)} \quad \text{ou encore} \quad \mathbf{M \overset{h}{\mapsto} M'}.$$

On dit aussi que M′ est **l'homothétique** de M.

EXEMPLES :

• Voici l'image d'une lettre par l'homothétie de centre O et de rapport $-\frac{1}{2}$.

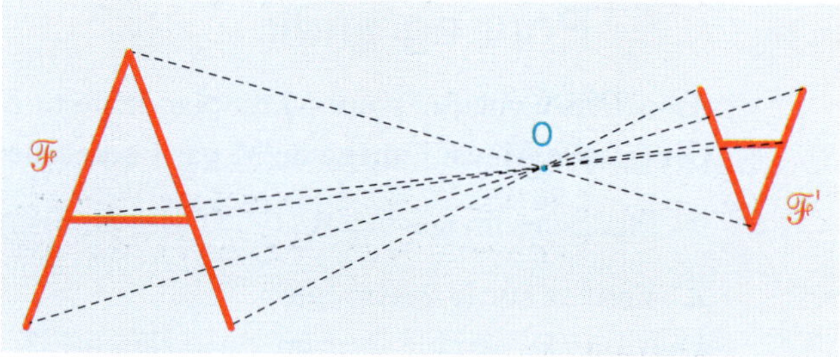

• **La symétrie centrale de centre O** est l'homothétie de centre O et de rapport – 1.
En effet, l'image d'un point M par la symétrie centrale de centre O est le point M′ tel que :

$$\overrightarrow{OM'} = -\overrightarrow{OM} = (-1)\,\overrightarrow{OM}.$$

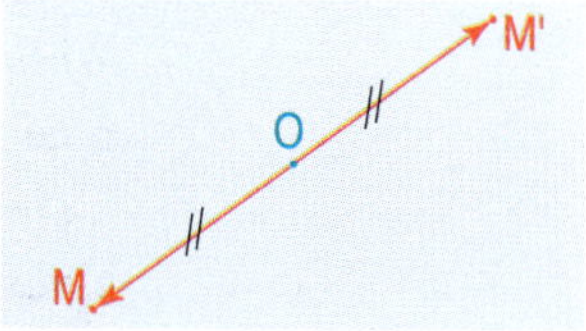

2. PROPRIÉTÉS DE L'HOMOTHÉTIE

2■1 Conséquences directes de la définition

h est une homothétie de centre O, et M′ est l'image de M par h.
Alors les points **O, M et M′ sont alignés.**

En effet, de l'égalité $\overrightarrow{OM'} = k\,\overrightarrow{OM}$, on déduit que les vecteurs $\overrightarrow{OM'}$ et $\overrightarrow{OM}$ sont colinéaires, donc que les points O, M, M′ sont alignés.

Si M′ est l'image de M par l'homothétie de centre O et de rapport k, alors :

$$\mathbf{OM' = |k| \times OM}.$$

Le centre O d'une homothétie est confondu avec son image par cette homothétie (on dit que **O est invariant**).

En effet, en notant O′ son image, on a $\overrightarrow{OO'} = k\,\overrightarrow{OO} = \vec{0}$, donc O′ = O.

2■2 Propriété fondamentale

PROPRIÉTÉ 1

h est une homothétie de rapport k.
A et B sont deux points quelconques, A′ et B′ sont leurs images respectives par k. Alors $\overrightarrow{\mathbf{A'B'}} = \boldsymbol{k}\,\overrightarrow{\mathbf{AB}}$.

Démonstration

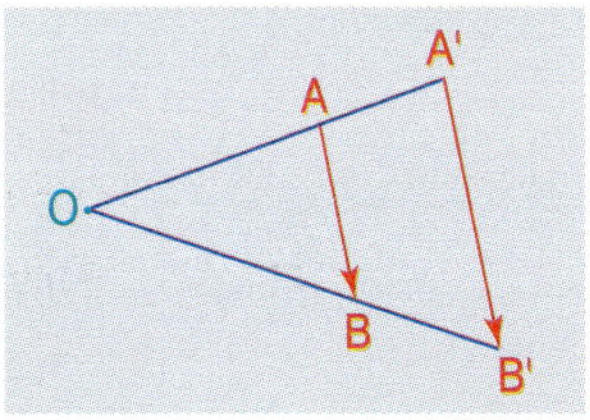

A′ est l'image de A par h. Donc $\overrightarrow{OA'} = k\,\overrightarrow{OA}$.
De même, B′ est l'image de B, donc $\overrightarrow{OB'} = k\,\overrightarrow{OB}$.
Or $\overrightarrow{A'B'} = \overrightarrow{OB'} - \overrightarrow{OA'}$.
Donc $\overrightarrow{A'B'} = k\,\overrightarrow{OB} - k\,\overrightarrow{OA} = k\,(\overrightarrow{OB} - \overrightarrow{OA}) = k\,\overrightarrow{AB}$.

• Conséquences

PROPRIÉTÉ 2

L'image d'une droite d par une homothétie est une droite d' parallèle à d.
Si d passe par le centre de l'homothétie, alors $d' = d$.

Démonstration

Notons O le centre de l'homothétie h.
• Supposons que d ne passe pas par O.

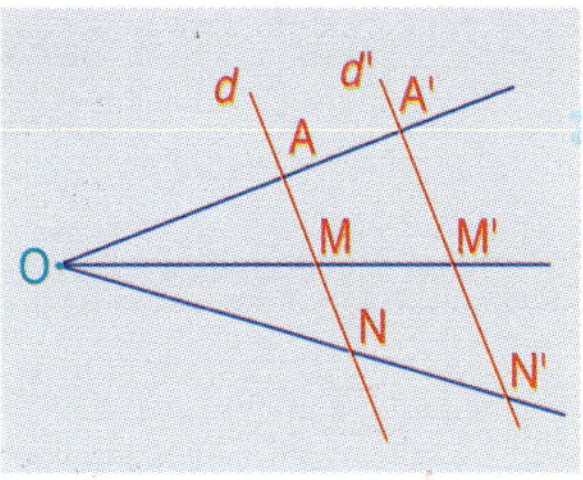

Notons A′ l'image d'un point A de d.
Pour tout point M de d, distinct de A, d'image M′, nous savons que $\overrightarrow{A'M'} = k\,\overrightarrow{AM}$.
Donc les droites (A′M′) et (AM) sont parallèles.
Donc M′ est sur la parallèle à d menée par A′.
Notons d' cette droite.
Réciproquement, tout point N′ de d', distinct de A′, est l'image du point N de d, intersection de (ON′) avec d. En effet, puisque $\overrightarrow{OA'} = k\,\overrightarrow{OA}$, on a $\overrightarrow{ON'} = k\,\overrightarrow{ON}$ (théorème de Thalès sous forme vectorielle, chap. 10, §7).
Si N′ = A′, alors $\overrightarrow{ON'} = k\,\overrightarrow{OA}$, donc N′ est l'image de A.
• Supposons que d passe par O. Son image est alors la droite d elle-même.
En effet, tout point M de d a une image M′ sur la droite (OM), donc sur d.
De plus, tout point M′ de d est l'image du point M de d tel que $\overrightarrow{OM} = \frac{1}{k}\,\overrightarrow{OM'}$.

> **Note**
> *Le rapport k d'une homothétie est toujours* ***non nul****.*

PROPRIÉTÉ 3

Par une homothétie h, l'image d'un segment [AB] est le segment [A′B′], avec A′ = h (A), B′ = h (B).

Nous admettrons cette propriété.

3. EFFETS DE L'HOMOTHÉTIE

3■1 Conservation de l'alignement

Lorsque trois points A, B et C sont alignés, leurs images respectives A′, B′ et C′ sont aussi des points alignés.

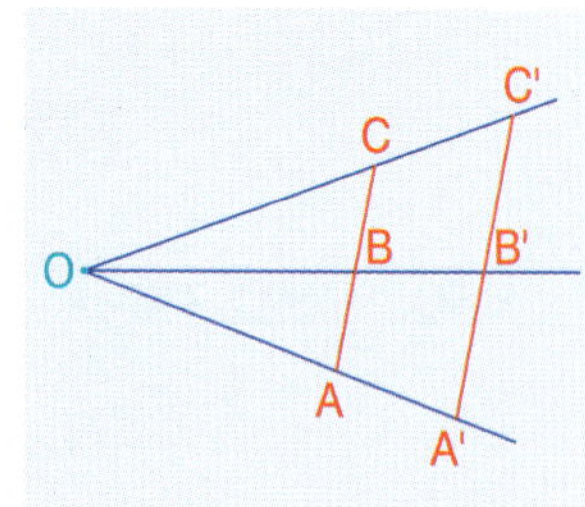

En effet, l'image de la droite d passant par A, B et C, est une droite d'.
Les points A′, B′ et C′ sont sur d' ; ils sont donc alignés.

3■2 Conservation du parallélisme

Lorsque deux droites d_1 et d_2 sont parallèles, leurs images d_1' et d_2' sont aussi des droites parallèles.

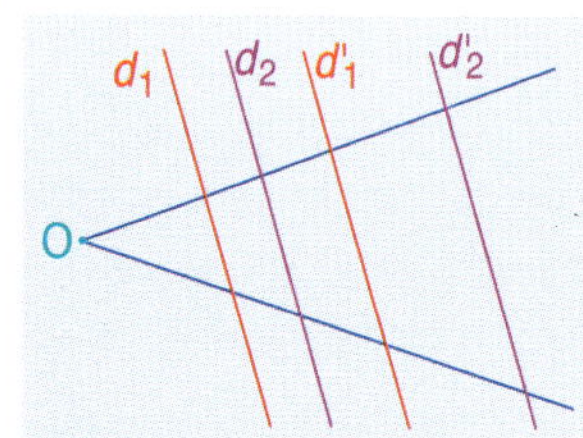

En effet, la droite d_1', image de d_1, est parallèle à d_1, et la droite d_2', image de d_2, est parallèle à d_2.

▶ **REMARQUE : L'image d'un parallélogramme par une homothétie est un parallélogramme.** Ceci se déduit facilement de la conservation du parallélisme.

3■3 Conservation des angles

Trois points A, B, C ont pour images respectives A′, B′, C′ par une homothétie. Alors :

$$\widehat{A'B'C'} = \widehat{ABC}.$$

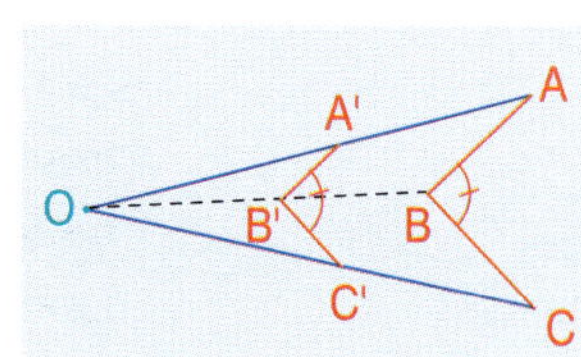

Nous admettrons cette propriété.

• Conséquence

Les images par une homothétie de deux droites perpendiculaires sont deux droites perpendiculaires.

On dit que l'homothétie **conserve l'orthogonalité**.

▶ **REMARQUE : L'image d'un rectangle par une homothétie est un rectangle.** Ceci résulte du fait que l'homothétie conserve le parallélisme et l'orthogonalité.

3 ▪ 4 Distances et aires

Une homothétie de rapport k multiplie **les distances par $|k|$** et **les aires par k^2**.

Démonstration

Par une homothétie de rapport k, deux points A et B ont pour images A′ et B′.
Nous avons donc $\overrightarrow{A'B'} = k\,\overrightarrow{AB}$ (Propriété 1).
Nous en déduisons l'égalité entre longueurs $A'B' = |k| \times AB$.
Cela est vrai quels que soient les points A et B. Pour cette raison, on dit qu'une homothétie de rapport k multiplie les distances par $|k|$.
Nous admettrons qu'alors elle multiplie les aires par k^2.

▶ **REMARQUES :**

1. L'image d'un carré par une homothétie est un carré.
En effet, notons A′B′C′D′ l'image d'un carré ABCD. Alors les quatre côtés du quadrilatère A′B′C′D′ sont égaux à $|k|$ AB. De plus, deux côtés consécutifs de A′B′C′D′ sont orthogonaux (d'après la propriété de conservation de l'orthogonalité).

2. L'homothétie conserve le rapport des longueurs.
En effet, si A, B, C ont pour images A′, B′, C′, alors $A'B' = |k|\,AB$ et $B'C' = |k|\,BC$, d'où $\dfrac{A'B'}{B'C'} = \dfrac{AB}{BC}$.

3 ▪ 5 Image d'un cercle

L'image du cercle $\mathscr{C}$ de centre I et de rayon r par une homothétie h de rapport k est le cercle $\mathscr{C}'$ de centre I′, image de I par h, et de rayon $\boldsymbol{r' = |k| \times r}$.

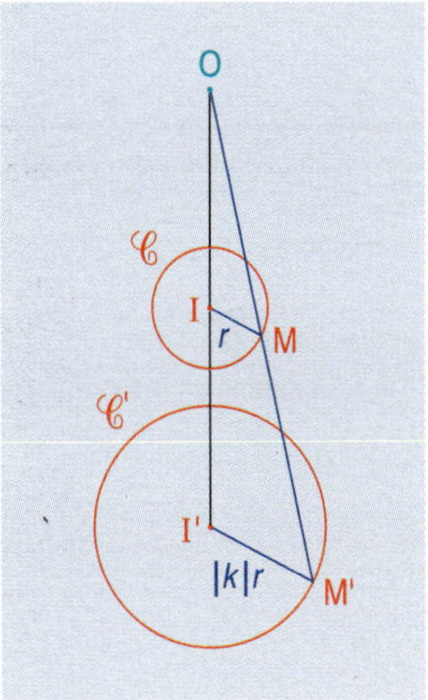

En effet, pour tout point M de $\mathscr{C}$, nous avons IM = r.
L'homothétie multiplie les distances par $|k|$. Donc, si M′ est l'image de M, alors $I'M' = |k| \times IM = |k| \times r$, et donc M′ est sur le cercle $\mathscr{C}'$ de centre I′ et de rayon $|k| \times r$.
Réciproquement, nous admettrons que tout point N′ de $\mathscr{C}'$ est l'image du point N de $\mathscr{C}$ tel que :

$$\overrightarrow{IN} = \frac{1}{k}\,\overrightarrow{I'N'}.$$

Donc, l'image de $\mathscr{C}$ est $\mathscr{C}'$.

3 ▪ 6 Conservation du milieu

I est le milieu du segment [AB].
Par une homothétie h, les points A, B, I ont respectivement pour images A′, B′, I′.
Alors I′ est le milieu de [A′B′].

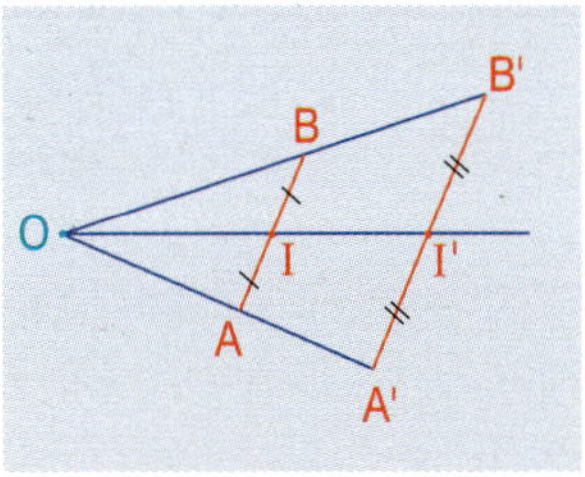

En effet, l'homothétie conserve l'alignement, donc I′ est sur la droite (A′B′). En outre, puisque I est le milieu de [AB], $\dfrac{IA}{IB} = 1$. L'homothétie conserve le rapport des distances donc $\dfrac{I'A'}{I'B'} = 1$. Ainsi I′ est bien le milieu de [A′ B′].

4. APPLICATION DE L'HOMOTHÉTIE AU TRIANGLE

PROPRIÉTÉ 4

A, B, M sont trois points donnés distincts et alignés.
Il existe une unique homothétie h de centre A telle que h (M) = B.
Le rapport de cette homothétie est le réel k tel que $\overrightarrow{AB} = k\,\overrightarrow{AM}$.

Démonstration

Lorsque A, B, M sont trois points distincts alignés, il existe un réel k tel que $\overrightarrow{AB} = k\,\overrightarrow{AM}$, avec $k \neq 0$. Notons h l'homothétie de centre A et de rapport k, et M′ l'image de M par h. Alors $\overrightarrow{AM'} = k\,\overrightarrow{AM}$, d'où $\overrightarrow{AM'} = \overrightarrow{AB}$ et B = M′ = h (M).

Par la suite, nous dirons que cette homothétie h est **l'homothétie de centre A qui transforme M en B**.

PROPRIÉTÉ 5

ABC et AMN sont deux triangles tels que :
M est sur (AB), N sur (AC), et les droites (MN) et (BC) sont parallèles.
Alors l'homothétie h de centre A qui transforme M en B (c'est-à-dire telle que h (M) = B) transforme aussi N en C (c'est-à-dire que h (N) = C).

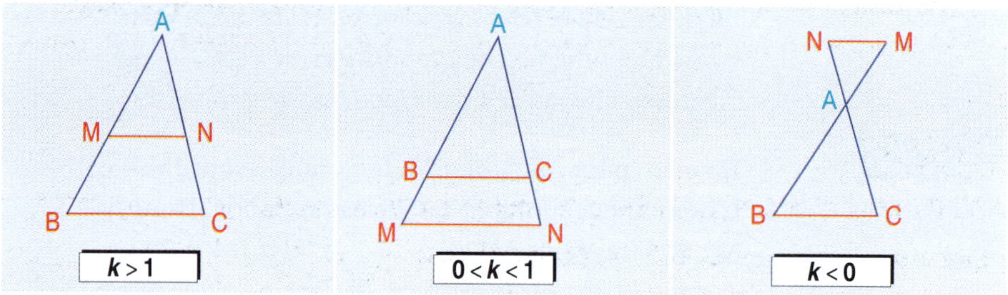

Démonstration

Notons h l'homothétie de centre A qui transforme M en B, c'est-à-dire telle que h (M) = B. Son rapport est le réel k tel que $\overrightarrow{AB} = k\,\overrightarrow{AM}$.
Alors l'image de N par h est le point C.
En effet, d'après le théorème de Thalès sous forme vectorielle (chap. 10, § 7), puisque les droites (BC) et (MN) sont parallèles, on a $\overrightarrow{AC} = k\,\overrightarrow{AN}$.
Cette égalité prouve bien que C est l'image de N par h, c'est-à-dire que h(N) = C.

Des triangles tels que ABC et AMN sont appelés **triangles homothétiques de sommet commun A**.

Exercices résolus
avec solutions commentées

Exo. 1

A′ est l'image de A par une homothétie h de centre O, M est un point non aligné avec O et A.
Construisez l'image M′ de M par h.

Point Méthode

Pour trouver l'image M′ d'un point M par une homothétie, on peut chercher deux lignes qui passent par M et dont on connaît les images. M′ est alors à l'intersection des deux lignes images.

Solution commentée

Cherchons deux droites passant par M dont les images sont faciles à déterminer.
Prenons comme première droite la droite (OM).
Cette droite, passant par le centre O de l'homothétie h, est invariante par h.
Son image est donc la droite (OM).
Comme seconde droite, prenons la droite (AM).
Son image est la droite d' parallèle à (AM) passant par l'image A′ de A.
M étant à l'intersection des droites (OM) et (AM), M′ est à l'intersection de (OM) et de d'.
D'où la construction indiquée sur la figure.

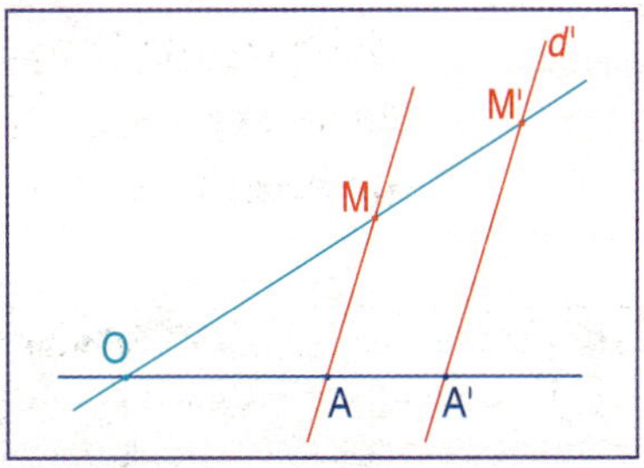

▶ **REMARQUE :** Dans cet exercice, les deux lignes passant par M sont deux droites.
Dans d'autres cas, ces deux lignes pourront être deux cercles, ou une droite et un cercle.

Exo. 2

ABCD est un trapèze. Le point I est sur le segment [AB] et le point J sur le segment [CD]. On suppose que $\frac{AI}{AB} = \frac{CJ}{CD} = \frac{1}{3}$.
En considérant l'homothétie de centre O qui transforme A en C, montrez que les points I, O et J sont alignés.

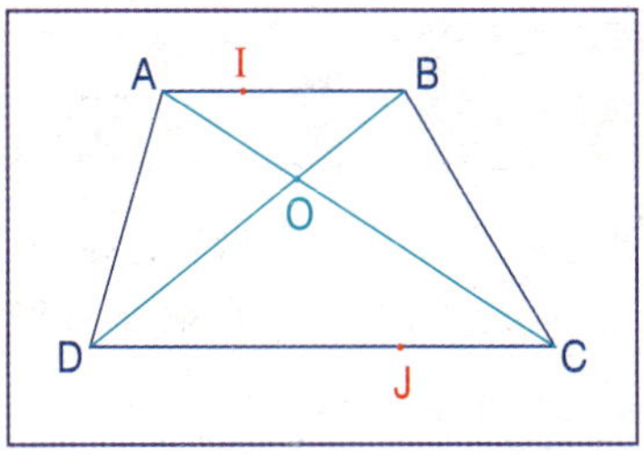

Point Méthode

Pour montrer que trois points O, I, J sont alignés, on peut montrer, par exemple, que J est l'image de I par une homothétie de centre O.

Solution

L'homothétie h, qui transforme A en C, transforme B en D.
En effet, les triangles OAB et OCD sont homothétiques de sommet commun O.
L'image par h du segment [AB] est donc le segment [CD].
L'image du point I de [AB] est donc un point I′ de [CD].
Or les rapports des longueurs sont conservés par une homothétie.
Donc $\frac{CI'}{CD} = \frac{AI}{AB}$. Mais par hypothèse, $\frac{CJ}{CD} = \frac{AI}{AB}$. Donc CI′ = CJ.
Or I′ et J sont deux points du segment [CD] ; ils sont donc confondus.
L'image par h du point I est donc le point J.
Donc les points I, O et J sont alignés.

Commentaires

◀ Voir propriété 5.

◀ L'image par h d'un segment est un segment (propriété 3, p. 367).

◀ Voir remarque, § 3.4, p. 369.

◀ L'image d'un point I par une homothétie de centre O est sur (OI).

Exo. 3

d_1, d_2, d_3 sont trois droites sécantes en O, les points M et I sont sur d_1, les points N et J sur d_2, les points P et K sur d_3 de telle sorte que (IJ) et (MN) d'une part, (JK) et (NP) d'autre part, sont parallèles. Montrez, en utilisant l'homothétie h de centre O qui transforme I en M, que les droites (KI) et (MP) sont parallèles.

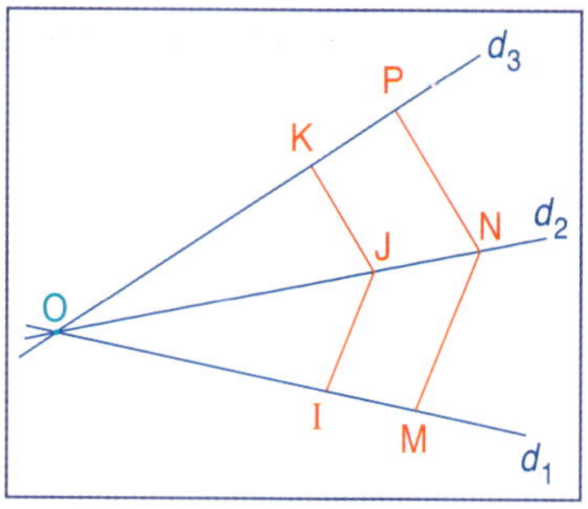

Point Méthode

Pour démontrer que deux droites sont parallèles, on peut montrer que l'une est l'image de l'autre par une homothétie.

Solution

Pour démontrer que la droite (MP) est parallèle à la droite (IK), nous allons démontrer que (MP) est l'image de (IK) par l'homothétie h.
Les triangles OIJ et OMN ont deux côtés parallèles et un sommet commun. Ils sont donc homothétiques de sommet O, et l'homothétie h de centre O qui transforme I en M, transforme J en N.
De même, les triangles OJK et ONP sont homothétiques de sommet O, et l'homothétie h, qui transforme J en N, transforme K en P.
Ainsi, par h, I a pour image M et K a pour image P. La droite (IK) a donc pour image la droite (MP). Donc (MP) est parallèle à (IK).

Commentaires

◀ Voir propriété 5, p. 370.

◀ L'image d'une droite par une homothétie est une droite parallèle.

Exo. 4

d et d' sont deux droites perpendiculaires et sécantes en A.
M est un point situé ni sur d, ni sur d'. On note P le symétrique de M par rapport à d, et Q le symétrique de M par rapport à d'.
Montrez, en utilisant l'homothétie h de centre M et de rapport 2, que A est le milieu de [PQ].

Point Méthode

Pour montrer qu'un point est le milieu d'un segment, on peut utiliser la propriété de conservation des milieux par une homothétie.

Solution

Notons I le point d'intersection de (PM) et de d, et J le point d'intersection de (QM) et de d'.
P est le symétrique de M par rapport à d, donc I est le milieu de [MP], c'est-à-dire $\overrightarrow{MP} = 2\,\overrightarrow{MI}$. Donc P est l'image de I par l'homothétie h. De même, $\overrightarrow{MQ} = 2\,\overrightarrow{MJ}$. Donc Q est l'image de J par l'homothétie h.
Donc [PQ] est l'image de [IJ] par h.

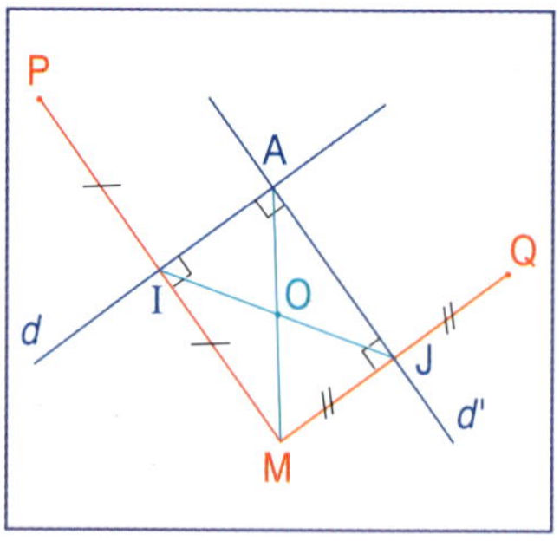

Pour montrer que A est le milieu de [PQ], il nous suffit de montrer que A est l'image par h du milieu de [IJ]. Notons O le milieu de [IJ].
Le quadrilatère AIMJ est un rectangle, car trois de ses angles sont droits, $\widehat{A}$, $\widehat{I}$ et $\widehat{J}$. Donc ses diagonales se coupent en leur milieu.
Donc $\overrightarrow{MA} = 2\,\overrightarrow{MO}$, ce qui signifie que A est l'image de O par h.
O étant le milieu de [IJ], A est le milieu de [PQ].

Commentaires

◀ Traduction vectorielle du milieu d'un segment.

◀ Propriété de conservation du milieu par une homothétie (voir § 3.6, p. 369).

REMARQUE : Lorsqu'on montre que A est le milieu de [PQ], on montre en même temps que P, A et Q sont alignés.

Les travaux pratiques 1 à 4 font partie du programme.

TP 1

CONSTRUCTION D'IMAGES

Dans ce TP, les points A, B, C sont alignés. On note *h* l'homothétie de centre A qui transforme B en C.

Question préliminaire : Construisez l'image d'un point M non situé sur (AC).

INDICATION : *Voir l'exercice résolu 1.*

1 ■ 1 Construction de l'image de C

La construction vue dans la question préliminaire ci-dessus permet d'obtenir l'image d'un point non situé sur (AC).

Elle ne permet pas d'obtenir directement l'image de C.

On va voir comment on peut, en introduisant un point M arbitraire non situé sur (AC), construire l'image de C.

1. Choisissez un point M non situé sur (AC) et construisez son image par *h*.

2. Construisez alors l'image de C.

1 ■ 2 Construction de l'image d'un parallélogramme

1. ABEF est un parallélogramme de centre O.

a) Construisez l'image par *h* de ce parallélogramme. On note G l'image de E et H celle de F.

Quelle est la nature du quadrilatère ACGH ?

b) On note O′ l'image de O par *h*. Expliquez pourquoi O′ est l'intersection de (AG) et (CH).

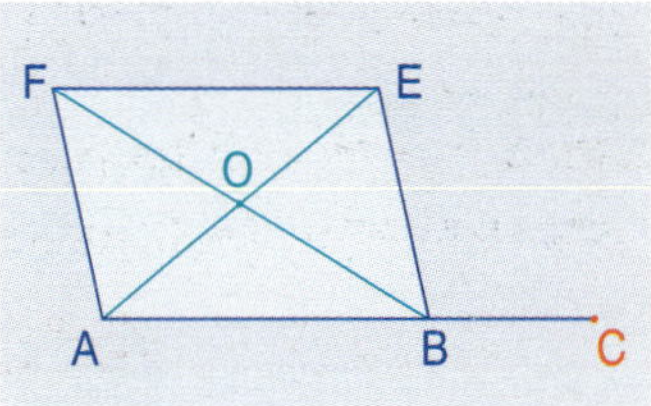

2. Quelle est la nature du quadrilatère ACGH lorsque ABEF est un carré ?

1 ■ 3 Image d'un cercle

$\mathscr{C}$ est un cercle de centre O passant par A et B. On note $\mathscr{C}'$ l'image de $\mathscr{C}$ par l'homothétie *h*, et O′ l'image de O.

1. a) Expliquez pourquoi $\mathscr{C}'$ passe par A et C.

b) Déduisez-en une construction du point O′.

c) Retrouvez ce point O′ en utilisant la construction proposée dans la question préliminaire.

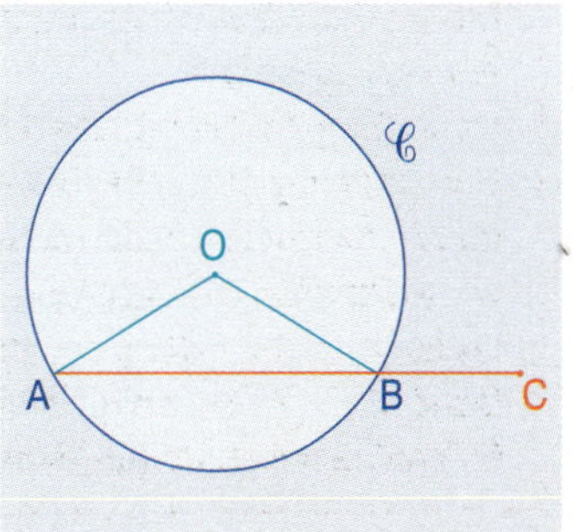

2. Montrez que $\mathscr{C}$ et $\mathscr{C}'$ sont tangents en A.

TP 2

LES MÉTAMORPHOSES D'UN TRAPÈZE

On va voir comment on peut, à partir d'**un triangle isocèle ABC**, construire des trapèzes ayant trois côtés égaux.

2.1 Pour s'échauffer

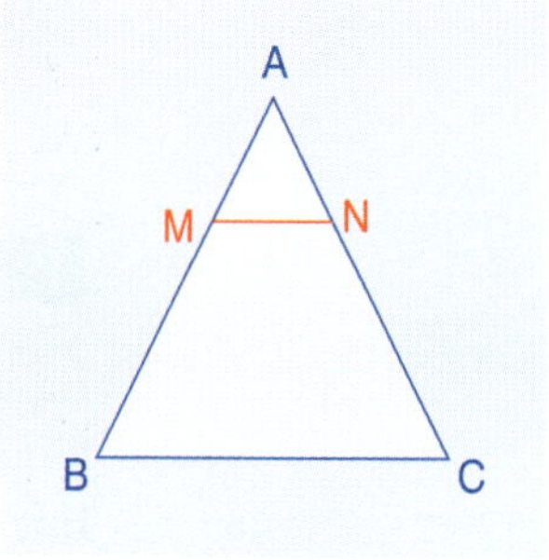

M est un point de [AB]. La parallèle à (BC) passant par M coupe (AC) en N.

1. Expliquez pourquoi le trapèze BMNC est isocèle, c'est-à-dire tel que MB = NC.

2. Imaginons que M se déplace de B vers A sur [AB]. Sans calculs, expliquez pourquoi il semble y avoir une position de M pour laquelle MB = MN.

2.2 Deux constructions

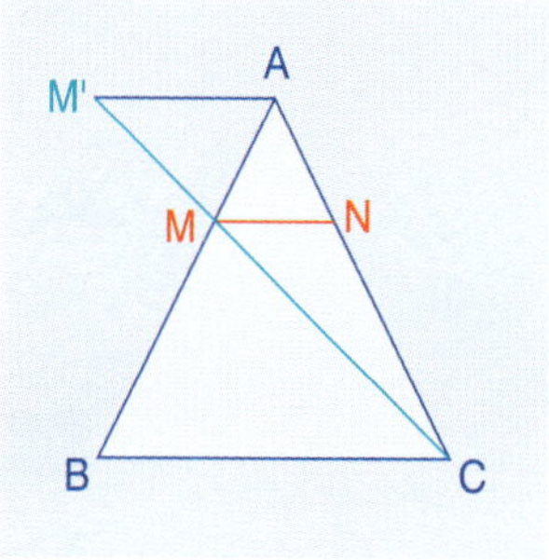

1. On va voir comment on peut construire un point M tel que MB = MN, à l'aide d'une homothétie.
On considère l'homothétie de centre C transformant N en A. Notons M′ l'image de M.
a) Expliquez pourquoi M′ est le point d'intersection de (CM) et de la parallèle à (BC) passant par A.
b) Montrez que MB = MN équivaut à AC = AM′.
c) Déduisez-en une construction de M telle que MB = MN.

2. Indiquez une autre construction en montrant d'abord que si MB = MN, alors $\widehat{MBN} = \widehat{CBN}$.

2.3 Deux autres trapèzes

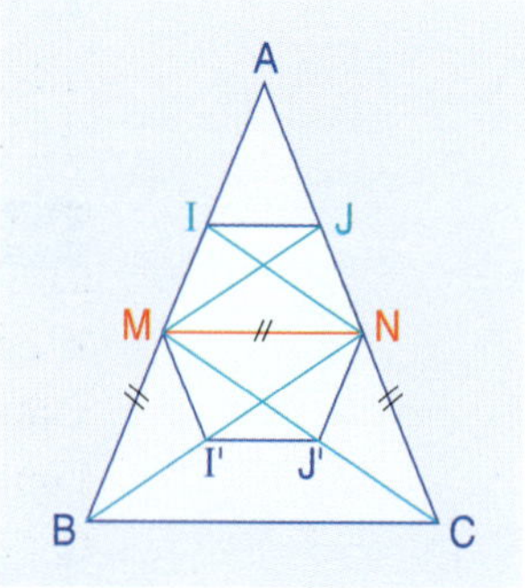

On suppose que MB = MN = NC.

1. h est l'homothétie de centre A transformant B en M.
On note I l'image de M par h et J celle de N.
a) Quelle est l'image de C par h ?
b) Expliquez pourquoi I est le point d'intersection de (AM) et de la parallèle à (CM) passant par N.
c) Expliquez pourquoi J est le point d'intersection de (AN) et de la parallèle à (BN) passant par M.
d) Montrez que l'image par h du trapèze MNCB est un trapèze ayant trois côtés égaux.

2. On note s la réflexion d'axe (MN), et on pose I′ = s(I) et J′ = s(J).
a) Montrez que I′ est sur [BN] et J′ sur [CM].
b) Montrez que MNJ′I′ est un trapèze ayant trois côtés égaux.

TP 3

LE DESSINATEUR EMBARRASSÉ

1. [Ox) et [Oy) sont deux demi-droites de même origine O, ABC est un triangle disposé comme sur la figure, M est un point de (OB).

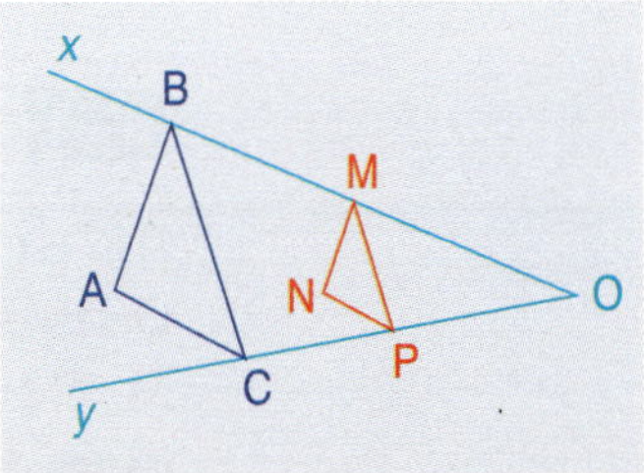

La parallèle à (BC) menée par M coupe (OC) en P.
La parallèle à (AB) menée par M et la parallèle à (AC) menée par P se coupent en N.
Le but est de démontrer que les points A, O, N sont alignés.
On considère l'homothétie h de centre O qui transforme M en B.

a) Pourquoi C est-il l'image de P par h ?

b) Pourquoi l'image de N est-elle sur (AB) et sur (AC) ?

c) Déduisez-en que A est cette image et donc que les points A, O, N sont alignés.

2. Un dessinateur, qui veut faire un dessin précis, doit tracer la droite (OA), où O est l'intersection des droites d et d', non parallèles, et où A est un point sur sa feuille.
Mais d et d' se coupent hors de la feuille.
Compte tenu de ce qui a été fait à la question précédente, proposez-lui une solution.

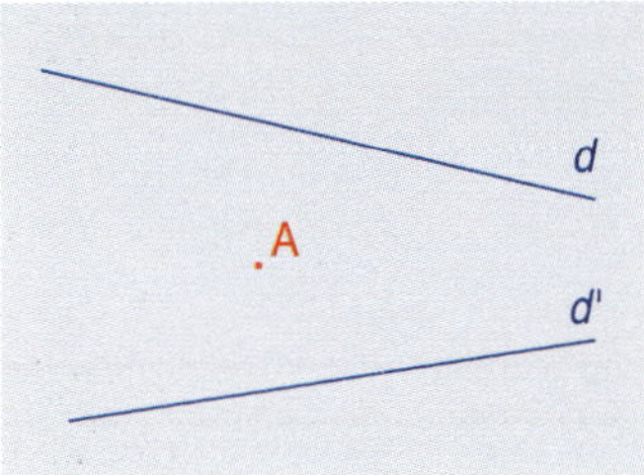

TP 4

UN PROBLÈME DE CONSTRUCTION

ABC est un triangle.
On se propose de construire un carré IJKL (s'il en existe) inscrit dans le triangle ABC, c'est-à-dire tel que I soit sur [AB], J sur [AC], L et K sur [BC].
Voici une manière classique de procéder.

- on suppose qu'un tel carré IJKL existe ;
- on en déduit alors certaines propriétés qui permettront de trouver un procédé de construction.

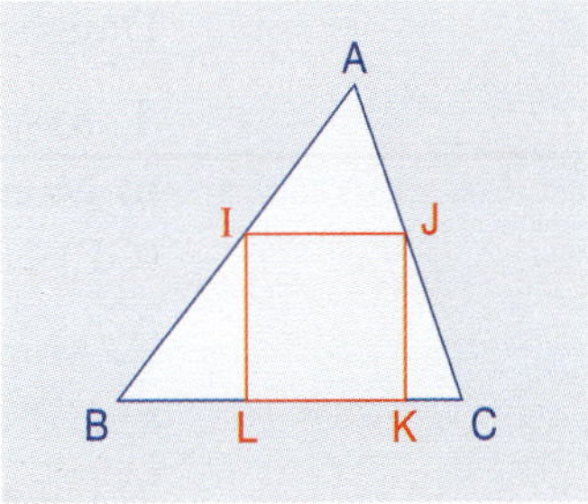

1. On considère l'homothétie h de centre A qui transforme I en B.
Montrez que l'image du carré IJKL par h est un carré BCDE.

2. Déduisez-en un procédé permettant de placer les points L et K, et donc de construire le carré IJKL inscrit dans le triangle ABC.

modules pages

TP 5

À PARTIR D'UN TRIANGLE ÉQUILATÉRAL

5 ■ 1 Deux triangles et trois cercles

IJK est un triangle équilatéral de centre de gravité G.
On trace les cercles $\mathscr{C}_1$, $\mathscr{C}_2$, $\mathscr{C}_3$ de centres respectifs I, J, K, et de rayon $R = \frac{IJ}{2}$.
M, N et P désignent les pieds respectifs des perpendiculaires à (JK), (KI) et (IJ) issues de G.
La droite d_1 est tangente à $\mathscr{C}_2$ et à $\mathscr{C}_3$. De même, la droite d_2 est tangente à $\mathscr{C}_3$ et à $\mathscr{C}_1$, et la droite d_3 est tangente à $\mathscr{C}_1$ et à $\mathscr{C}_2$.
Ces trois droites se coupent deux à deux en A, B et C.
M′ est le point d'intersection des droites (GM) et (BC), P′ le point d'intersection des droites (GP) et (AB), et N′ le point d'intersection des droites (GN) et (AC).

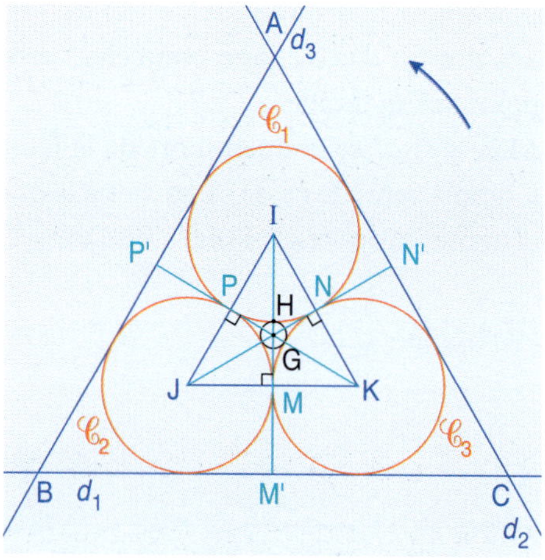

Désignons par h l'homothétie de centre G qui transforme M en M′.

1. **a)** Montrez que chacun des trois cercles $\mathscr{C}_1$, $\mathscr{C}_2$, $\mathscr{C}_3$ est tangent aux deux autres.
b) Montrez que (GM) est tangente à $\mathscr{C}_2$ et à $\mathscr{C}_3$, (GN) est tangente à $\mathscr{C}_1$ et à $\mathscr{C}_3$, (GP) est tangente à $\mathscr{C}_1$ et à $\mathscr{C}_2$.

2. Montrez que :
a) la droite (JK) est parallèle à d_1.
b) l'image de la droite (JK) par h est la droite d_1.
c) h transforme N en N′, et P en P′.
d) h transforme la droite (IJ) en d_3, et la droite (IK) en d_2.

3. Montrez que h (I) = A, h (J) = B et h (K) = C.

4. Montrez que le triangle ABC est équilatéral.

5. **a)** Montrez que les points A, I, G, M et M′ sont sur une même droite.
b) Énoncez une propriété analogue pour les cinq points B, J, G, N et N′, puis pour les cinq points C, K, G, P et P′.
c) Déduisez-en que G est le centre de gravité du triangle ABC.

5-2 Le "petit" cercle

On se propose maintenant de démontrer qu'il existe un cercle situé à l'intérieur du triangle IJK et tangent aux trois cercles $\mathscr{C}_1$, $\mathscr{C}_2$ et $\mathscr{C}_3$.
Notons $\mathscr{C}$ le cercle de centre G tangent à $\mathscr{C}_1$ et situé à l'intérieur du triangle IJK, et r le rayon de $\mathscr{C}$.
On note H le point de contact de $\mathscr{C}$ et $\mathscr{C}_1$, et f la rotation de centre G et d'angle $\frac{2\pi}{3}$ dans le sens de la flèche.

1. Précisez f (I).

2. Quelle est l'image de $\mathscr{C}$ par f ? l'image de $\mathscr{C}_1$?

3. **a)** Expliquez pourquoi l'image de H par f est le point H′ appartenant au segment [GJ] et tel que GH′ = r et JH′ = R.
RAPPEL : *R est le rayon des cercles* $\mathscr{C}_1$, $\mathscr{C}_2$, $\mathscr{C}_3$.
b) Déduisez-en que les cercles $\mathscr{C}$ et $\mathscr{C}_2$ sont tangents en H′.

4. En procédant de façon analogue, expliquez pourquoi $\mathscr{C}$ est tangent à $\mathscr{C}_3$.

5-3 Le "petit" qui donne tout

Notons a le côté du triangle équilatéral ABC.
On va voir à présent pourquoi, lorsqu'on connaît le rayon r de $\mathscr{C}$, on peut en déduire le rayon R de $\mathscr{C}_1$, $\mathscr{C}_2$ et $\mathscr{C}_3$, et le côté a du triangle équilatéral ABC.

1. **a)** Dans le triangle équilatéral IJK, exprimez la hauteur IM en fonction du côté IJ = 2R.
b) Déduisez-en que $\text{IG} = \frac{2\text{R}\sqrt{3}}{3}$.
c) En remarquant que IG = R + r, montrez que $\text{R} = (3 + 2\sqrt{3})r$.

2. **a)** Dans le triangle équilatéral ABC, exprimez la hauteur AM′ en fonction du côté a.
b) Déduisez-en que $\text{GM}' = \frac{a\sqrt{3}}{6}$.
c) En remarquant que GM′ = GM + MM′, montrez que $\frac{a\sqrt{3}}{6} = \frac{(2\text{R})\sqrt{3}}{6} + \text{R}$.
d) Déduisez-en que $a = (18 + 10\sqrt{3})r$.

3. On suppose que $r = 1$ cm.
Donnez une valeur approchée par défaut à 10^{-2} près (en cm) de R et de a.

RÉSULTATS ET CONSEILS

Des résultats à retenir

• **L'homothétie h de centre O et de rapport k non nul** associe à chaque point M le point M′ noté h (M) tel que $\overrightarrow{OM'} = k\,\overrightarrow{OM}$.
M′ est appelé **image** de M par h.
Si h (A) = A′ et h (B) = B′, alors $\overrightarrow{A'B'} = k\,\overrightarrow{AB}$.

EXEMPLE : $k = \frac{3}{2}$.

$\overrightarrow{OA'} = \frac{3}{2}\overrightarrow{OA}$; $\overrightarrow{OB'} = \frac{3}{2}\overrightarrow{OB}$;

$\overrightarrow{A'B'} = \frac{3}{2}\overrightarrow{AB}$.

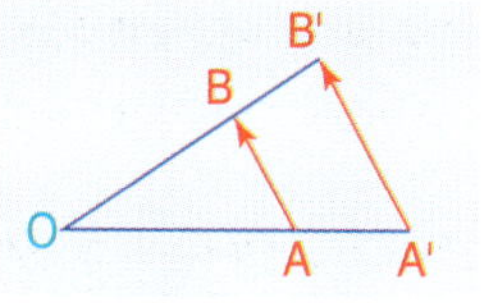

• Par une homothétie h de rapport k :
• **l'image d'une droite** d est une droite parallèle à d.
• **l'image d'un segment** est un segment parallèle.
• **l'image d'un cercle** de centre I et de rayon r est le cercle de centre I′ = h (I) et de rayon $r' = |k|\,r$.

• **Une homothétie conserve** : l'alignement, le parallélisme, la mesure des angles (donc l'orthogonalité), le milieu.

• Une homothétie de rapport k multiplie les distances par $|k|$ et les aires par k^2.

• Si A, B, M sont trois points distincts alignés, il existe une unique homothétie h de centre A telle que h (M) = B.

• Si (MN) et (BC) sont parallèles, on dit que les triangles AMN et ABC sont **homothétiques** de sommet commun A.
Alors l'homothétie de centre A qui transforme M en B, transforme N en C.

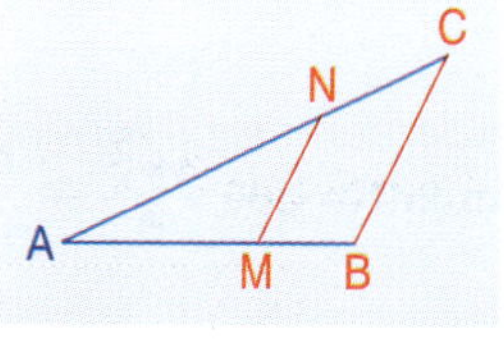

Des conseils à suivre

▶ **Pour démontrer que trois points sont alignés**, pensez à utiliser l'une des deux propriétés suivantes :
• un point quelconque, son image par une homothétie de centre O, et O sont alignés.
• les trois points images de trois points alignés sont alignés.

▶ **Pour trouver l'image M′ d'un point M par une homothétie**, essayez de trouver deux lignes passant par M, dont vous pouvez déterminer les images : le point M′ cherché est alors à l'intersection des deux lignes images.

Des erreurs à éviter

■ Ne croyez pas qu'un rapport d'homothétie est toujours positif.

EXEMPLE : $k = -2$.

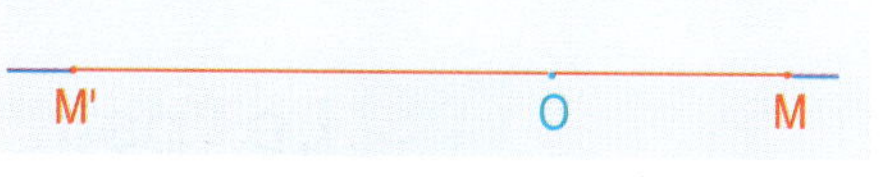

$\overrightarrow{OM'} = -2\,\overrightarrow{OM}$, $OM' = |-2|\,OM = 2\,OM$.

■ Ne croyez pas qu'une homothétie conserve les longueurs.

exercices et problèmes

VÉRIFICATION DES CONNAISSANCES

S1 Qu'appelle-t-on homothétie de centre O et de rapport k non nul ?

S2 Complétez : une symétrie centrale de centre O est une homothétie de centre □ et de rapport □.

S3 Si A′ et B′ sont les images de A et B par une homothétie de rapport k, quelle relation y-a-t-il entre $\overrightarrow{AB}$ et $\overrightarrow{A'B'}$?

S4 Que pouvez-vous dire :
- de l'image d'une droite d par une homothétie ?
- de l'image d'un cercle de centre O et de rayon r ?
- de l'image du milieu I de [AB] ?
- des images de trois points alignés ?
- des images de deux droites parallèles ?

S5 • Si A, B, C ont pour images A′, B′, C′ par une homothétie, que pouvez-vous dire des angles $\widehat{BAC}$ et $\widehat{B'A'C'}$?
- Une homothétie conserve-t-elle l'orthogonalité ?

S6 Si A′ et B′ sont les images de A et B par une homothétie de rapport k, quelle relation y-a-t-il entre AB et A′B′ ?

S7 A, B, M étant trois points alignés distincts deux à deux, existe-t-il toujours une homothétie de centre A qui transforme M en B ? Peut-il en exister plusieurs ?

S8 Comment appelle-t-on deux triangles ABC et AMN tels que M soit sur (AB), N sur(AC) et (MN) parallèle à (BC) ?

VÉRIFICATION DES SAVOIR-FAIRE

Une seule des réponses proposées est exacte	a	b	c
SF1 A′ et B′ sont les images de A et B par l'homothétie de centre O et de rapport – 2. Alors ...	$\overrightarrow{A'B'} = -2\,\overrightarrow{AB}$	$\overrightarrow{A'B'} = 2\,\overrightarrow{AB}$	$\overrightarrow{AB} = 2\,\overrightarrow{A'B'}$
SF2 A′ et B′ sont les images de A et B par l'homothétie de centre O et de rapport – 3. Alors ...	A′B′ = – 3 AB	A′B′ = 3 AB	AB = $\|3\|$ A′B′
SF3 A, B, C ont pour images A′, B′, C′ par une homothétie de rapport $\frac{1}{2}$, $\widehat{BAC} = 60°$. Alors ...	$\widehat{B'A'C'} = 30°$	$\widehat{B'A'C'} = 60°$	$\widehat{B'A'C'} = 120°$
SF4 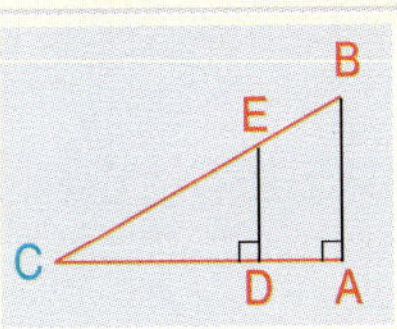 h est l'homothétie de centre C qui transforme A en D. Alors ...	h (B) = E	h (E) = B	h (D) = C
SF5 𝒞 est le cercle de centre O et de rayon 1, h est l'homothétie de centre O et de rapport – 1, 𝒞′ est l'image de 𝒞 par h. Alors ...	le centre de 𝒞′ est distinct de O	le rayon de 𝒞′ est égal à – 1	𝒞 et 𝒞′ sont confondus

Réponses en fin de manuel

COMME LES RÉSOLUS

Pour les exercices 1 et 2, vous pouvez vous reporter à l'exercice résolu 1, p. 371.

1 A′ est l'image de A par une homothétie h de centre O, M est un point non aligné avec O et A.

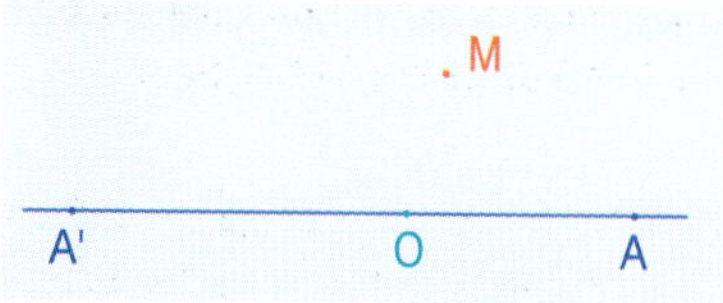

Construisez l'image M′ du point M par h.

2 A′ est l'image de A par une homothétie h de centre O, M est un point du cercle $\mathscr{C}$ de centre A et de rayon AO, et $\mathscr{C}'$ est l'image de $\mathscr{C}$ par h.

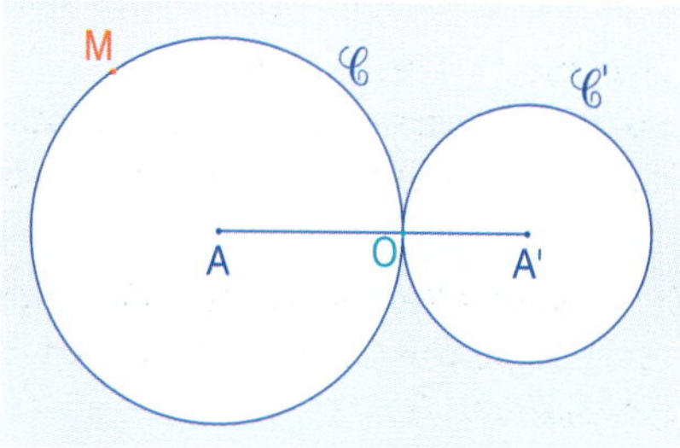

Construisez l'image M′ de M par h comme dans l'exercice résolu 1, puis proposez une autre construction plus rapide.

Pour les exercices 3 et 4, vous pouvez vous reporter à l'exercice résolu 2, p. 371.

3 ABCD est un trapèze, I est sur [AB] et J sur [CD].
On suppose que $\frac{AI}{AB} = \frac{CJ}{CD} = \frac{3}{4}$.

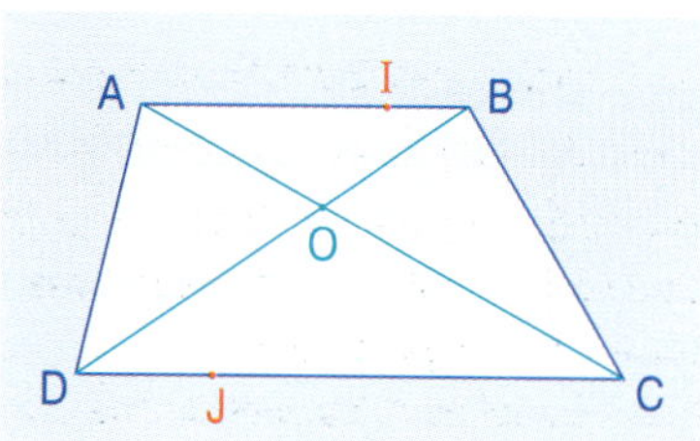

En considérant l'homothétie de centre O qui transforme A en C, montrez que les points I, O et J sont alignés.

4 ABCD est un trapèze, I est sur [AB] et J sur [CD].
On suppose que $\frac{AI}{AB} = \frac{DJ}{DC} = \frac{1}{4}$.

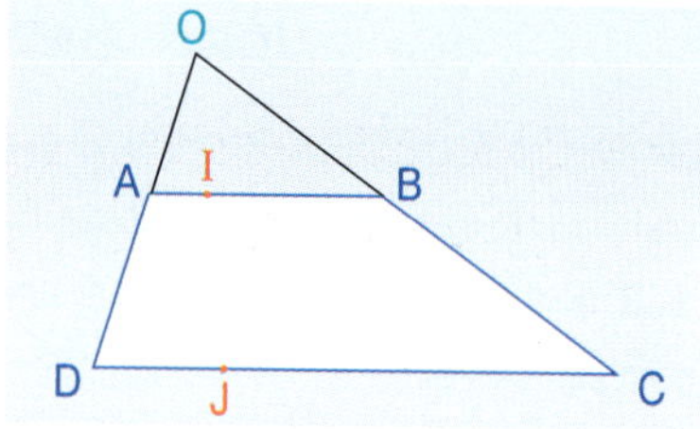

En considérant l'homothétie de centre O qui transforme A en D, montrez que les points I, O et J sont alignés.

Pour les exercices 5 et 6, vous pouvez vous reporter à l'exercice résolu 3, p. 372.

5 Les droites d_1, d_2, d_3 sont sécantes en O.
M et I sont sur d_1, distincts de O, N et J sont les projetés orthogonaux respectifs de M et I sur d_2, P et K sont les projetés orthogonaux respectifs de N et J sur d_3.

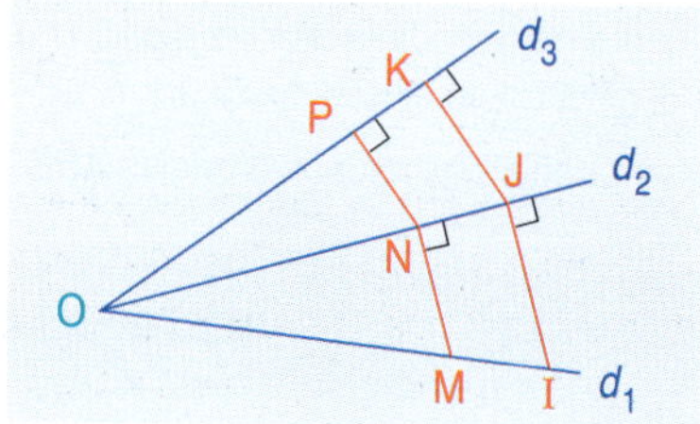

Montrez que les droites (IK) et (MP) sont parallèles.

6 Les droites d_1, d_2, d_3 sont sécantes en O. Les points M et I sur d_1, N et J sur d_2, P et K sur d_3, sont tels que :
(IK) est parallèle à (MP) et (KJ) est parallèle à (PN).

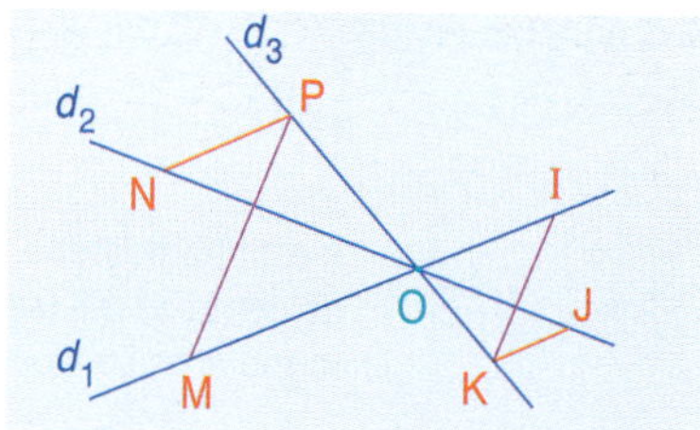

Montrez que les droites (IJ) et (MN) sont parallèles.

Pour les exercices 7 et 8, vous pouvez vous reporter à l'exercice résolu 5, p. 372.

7 ABCD est un parallélogramme, P est le symétrique de C par rapport à B et Q le symétrique de C par rapport à D.
En utilisant l'homothétie h de centre C et de rapport 2, montrez que A est le milieu de [PQ].

8 [IJ] est un segment de milieu O, A est un point qui n'appartient pas à (IJ), B est le point tel que $\overrightarrow{AB} = 2\,\overrightarrow{AI}$, C est le symétrique de A par rapport à O, et D le point tel que $\overrightarrow{JD} = \overrightarrow{AJ}$.
En utilisant l'homothétie h de centre A et de rapport 2, montrez que C est le milieu de [BD].

(Corrigés en fin de manuel.)

POUR S'ENTRAÎNER

Applications directes

11 Dans chacun des cas, remplacez la phrase par une égalité vectorielle qui a la même signification.

1. A est l'image de B par l'homothétie de centre I et de rapport $\frac{3}{4}$.

2. M est l'image de P par l'homothétie de centre R et de rapport k.

3. S est l'homothétique de O par l'homothétie de centre U et de rapport – 3.

12 Complétez chacune des phrases suivantes :

1. On sait que $\overrightarrow{AB} = -2\,\overrightarrow{AC}$. Alors on peut affirmer que le point □ est l'image du point □ par l'homothétie de centre □ et de rapport □.

2. On sait que $\overrightarrow{MN} = 0{,}8\,\overrightarrow{MP}$. Alors on peut affirmer que le point □ est l'image du point □ par l'homothétie de centre □ et de rapport □. Mais de $\overrightarrow{MN} = 0{,}8\,\overrightarrow{MP}$, on peut déduire $\overrightarrow{MP} = \frac{1}{0{,}8}\,\overrightarrow{MN}$. On peut donc affirmer aussi que ... .

13 Pour chacun des couples de figures ($\mathscr{F}$; $\mathscr{F}'$) suivants, expliquez pourquoi il n'existe pas d'homothétie qui transforme $\mathscr{F}$ en $\mathscr{F}'$.

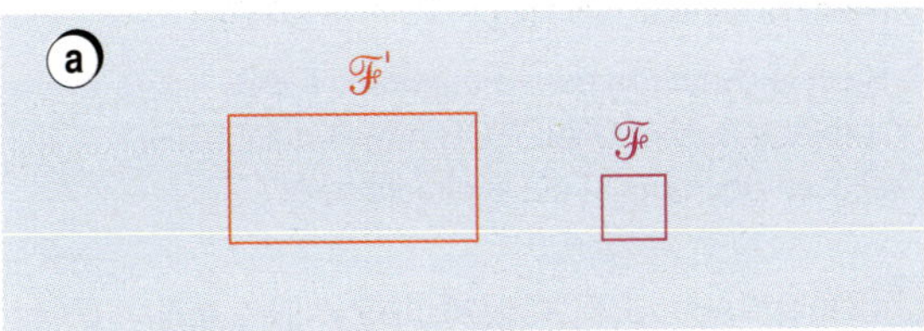

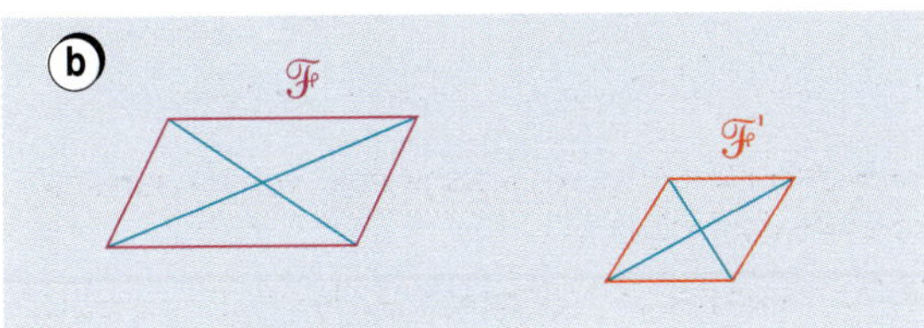

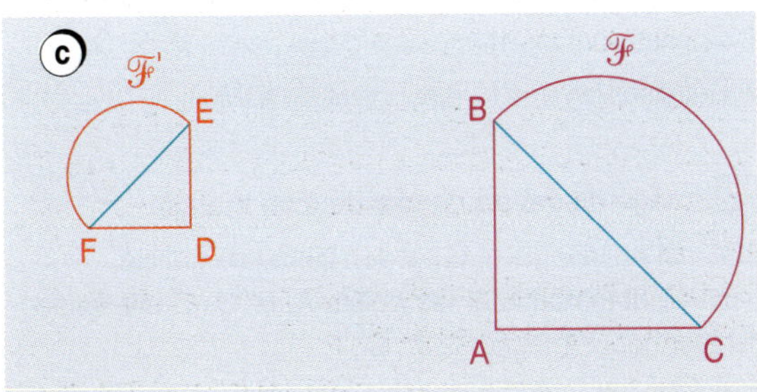

Constructions d'images

14 ABC est un triangle. Construisez son image par l'homothétie de centre A et de rapport 3.

15 $\mathscr{C}$ est un cercle de centre O et de rayon 6 cm, A est un point intérieur à $\mathscr{C}$ tel que OA = 4 cm. Construisez l'image de $\mathscr{C}$ par l'homothétie de centre A et de rapport $\frac{1}{3}$.

16 $\mathscr{C}$ est un cercle de centre O et de rayon 6 cm, P est un point de $\mathscr{C}$ et Δ est la tangente au cercle en P.

1. Construisez l'image $\mathscr{C}'$ de $\mathscr{C}$ par l'homothétie de centre P et de rapport $\frac{2}{3}$.

Que représente Δ pour $\mathscr{C}'$? Justifiez votre réponse.

2. Mêmes questions en considérant l'homothétie de centre P et de rapport $-\frac{1}{3}$.

17 $\mathscr{C}$ est un cercle de rayon 3.

Son image par une homothétie h est un cercle $\mathscr{C}'$ dont l'aire est quatre fois celle de $\mathscr{C}$. Que peut-on dire du rapport de h ?

18 ABCD est un parallélogramme de centre O tel que AB = 3 et BC = 2. De plus, la distance entre les droites (AB) et (CD) est égale à 1,5.

1. Construisez l'image de ABCD par l'homothétie h de centre O et de rapport 2.

Quel est le périmètre du quadrilatère obtenu ? son aire ?

2. Mêmes questions en considérant l'homothétie de centre I et de rapport – 3, où I est le symétrique de O par rapport à A.

19 ABCD est un parallélogramme.

I est le point de la droite (AD) tel que $\overrightarrow{AI} = \frac{1}{3}\,\overrightarrow{AD}$.

h est l'homothétie de centre I qui transforme A en D.

Construisez l'image de ABCD par h.

20 ABCD est un carré de côté 2 cm, O est un point donné.

h est l'homothétie de centre O et de rapport $\frac{1}{2}$.

1. a. Pourquoi l'image du carré ABCD est-elle un carré ?

b. Expliquez pourquoi il suffit de connaître l'image de A par h pour construire l'image de ce carré.

2. Comparez les périmètres et les aires de ces carrés.

Études de configurations

21 ABC est un triangle, P un point de la médiane [AM].

Par P, on mène la parallèle à (AB), elle coupe (BC) en E, puis la parallèle à (AC), elle coupe (BC) en F.

Il s'agit de démontrer que M est le milieu de [EF].

Pour cela, on considère l'homothétie h de centre M qui transforme A en P.

1. a. Quelle est l'image par h de (BC) ? de (AB) ?
b. Montrez alors que l'image de B est E.

2. Déterminez de même l'image de C.

3. Déduisez de **1. b.** et **2.** que M est le milieu de [EF].

22 ABCD est un rectangle, AB = 4 et AD = 3.
M est le point de la droite (BD) tel que $\overrightarrow{DM} = \frac{3}{2}\,\overrightarrow{DB}$.
M se projette orthogonalement en P sur la droite (CD) et en Q sur la droite (AD).
On considère l'homothétie h de centre D de rapport $\frac{3}{2}$.

1. Quelle est l'image du point B par h ? du point C ? du point A ? Justifiez vos réponses.

2. Calculez le périmètre et l'aire de MPDQ.

23 ABCD est un parallélogramme, I est un point de [BD]. La droite (AI) coupe (BC) en J et (CD) en K.
h est l'homothétie de centre I qui transforme B en D.
1. Quelles sont les images par h de A et de J ?
2. Démontrez que $IA^2 = IJ \times IK$.

24 ABCD est un quadrilatère convexe, I est le milieu de [AB], L celui de [AD] ; M est le milieu de la diagonale [AC].
On note h l'homothétie de centre A et de rapport $\frac{1}{2}$.
1. Quelle est l'image par h de A ? de D ? de C ? de B ?
2. Exprimez l'aire du quadrilatère ALMI en fonction de l'aire de ABCD.

25 $\mathscr{C}$ et $\mathscr{C}'$ sont deux cercles de même rayon, de centres respectifs O et O′, sécants en A et B.
I est le milieu de [OO′]. On note h l'homothétie de centre I et de rapport – 1.

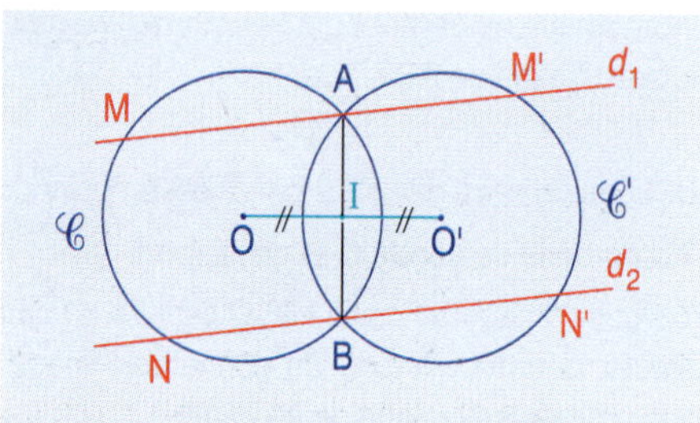

1. a. Quelle est l'image par h de $\mathscr{C}'$?
b. Quelle est l'image par h de A ? celle de B ?
2. Deux droites parallèles d_1 et d_2 passant par A et B coupent $\mathscr{C}$ en M et N, et $\mathscr{C}'$ en M′ et N′.
a. Expliquez pourquoi l'image de d_1 par h est une droite qui passe par B et qui est parallèle à d_1. Déduisez-en que cette image est d_2.
b. Quelle est l'image par h de M′ ? celle de N′ ?
INDICATION : M′ est sur $\mathscr{C}'$ et sur d_1, donc son image est sur ...
c. Déduisez-en que MM′N′M est un parallélogramme.

26 (AB) est parallèle à (CD), M est le point du segment [AB] tel que AM = $\frac{5}{2}$ et BM = 1, N est le point du segment [CD] tel que DN = 0,8 et CN = 2.

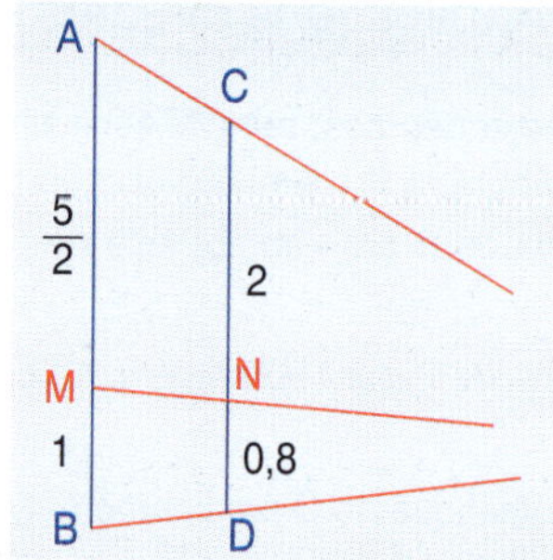

Sans faire aucun tracé, vous devez pouvoir dire si les droites (AC), (MN), (BD) ont un point commun. Comment ?
INDICATION : Montrer que (AC) et (BD) sont sécantes en I et considérer l'homothétie de centre I qui transforme A en C.

27 IOAB est un parallélogramme.
h est l'homothétie de centre O, de rapport 3, C et D sont les images, respectivement, de A et B par h.
h' est l'homothétie de centre I, de rapport 3, F et E sont les images, respectivement, de A et B par h'.

1. Faites la figure avec soin.
2. Justifiez les égalités suivantes :
a) $\overrightarrow{CD} = \overrightarrow{FE} = 3\,\overrightarrow{AB}$; **b)** $\overrightarrow{IE} = 3\,\overrightarrow{IB} = \overrightarrow{OC}$; **c)** $\overrightarrow{CE} = \overrightarrow{AB}$.
3. Démontrez que E, F, C et D sont alignés.
On note M le milieu de [EC].
4. N est le centre du parallélogramme IOAB.
On projette B, N et O sur (EC) parallèlement à (IB).
Expliquez pourquoi M est le projeté de N.

28 On sait que : (CD) // (MN), (DE) // (NP), (EF) // (PQ).
On note h l'homothétie de centre O qui transforme M en C.

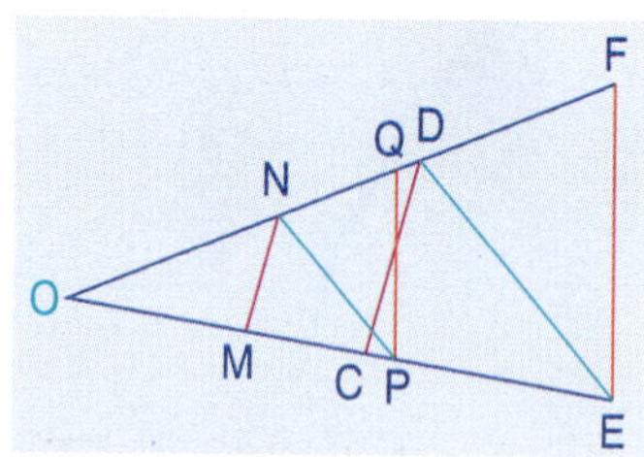

1. Quelles sont les images par h des points M, N, Q, P ?
2. Déduisez-en que (CF) est parallèle à (MQ).

29 **Image du centre de gravité d'un triangle**

ABC est un triangle et G est son centre de gravité.
Par une homothétie h, les points A, B, C, G ont respectivement pour images A′, B′, C′, G′.
1. a. Que peut-on dire de $\overrightarrow{GA} + \overrightarrow{GB} + \overrightarrow{GC}$?

b. Montrez que $\overrightarrow{G'A'} + \overrightarrow{G'B'} + \overrightarrow{G'C'} = \vec{0}$. Déduisez-en que G′ est le centre de gravité du triangle A′B′C′.

2. Énoncez le résultat que vous venez de démontrer.

30 Image de l'orthocentre d'un triangle

ABC est un triangle et H est son orthocentre.
Par une homothétie h, les points A, B, C et H ont respectivement pour images A′, B′, C′ et H′.

1. a. En utilisant le fait qu'une homothétie conserve l'orthogonalité, démontrez que (A′H′) et (B′H′) sont des hauteurs du triangle A′B′C′.

b. Déduisez-en que H′ est l'orthocentre du triangle A′B′C′.

2. Énoncez le résultat que vous venez de démontrer.

31 ABC est un triangle.

1. a. Placez les points M et P tels que :

$$\overrightarrow{AM} = \frac{1}{3}\overrightarrow{AB} \quad \text{et} \quad \overrightarrow{AP} = \frac{2}{3}\overrightarrow{AC}.$$

b. Placez le point N tel que $\overrightarrow{AN} = \overrightarrow{AP} + \overrightarrow{AM}$.
Que constatez-vous ?

2. Montrez que $\overrightarrow{BN} = \frac{2}{3}\overrightarrow{AC} - \frac{2}{3}\overrightarrow{AB}$.
Déduisez-en une démonstration de votre constatation précédente.

3. Pourquoi les triangles BMN et BAC d'une part, CPN et CAB d'autre part, sont-ils homothétiques ?

4. a. Comparez les aires des triangles ABC et MBN, puis celles des triangles PNC et ABC.

b. Comparez les aires du triangle MBN et du parallélogramme MNPA.

32 ABCD est un parallélogramme de centre O.
Δ et Δ′ sont deux droites parallèles, Δ passe par A et Δ′ passe par C, Δ coupe (BC) en E et Δ′ coupe (AD) en F.
En utilisant l'homothétie h de centre O et de rapport – 1, démontrez que BEDF est un parallélogramme.

33 ABC est un triangle rectangle en A et isocèle.
M est le milieu de [BC], P celui de [MB] et Q celui de [MC]. Les parallèles menées par P à (AC) et par Q à (AB) se coupent en S.
Les triangles ABC et PQS sont-ils homothétiques ?

34 Homothéties échangeant deux cercles

$\mathscr{C}$ et $\mathscr{C}'$ sont deux cercles de centres respectifs O et O′, de rayons respectifs R et R′.
Existe-t-il une homothétie h qui transforme $\mathscr{C}$ en $\mathscr{C}'$?
Pour le savoir, répondez aux questions suivantes :

1. O et O′ confondus ($\mathscr{C}$ et $\mathscr{C}'$ concentriques).

a. Montrez que si une telle homothétie existe, alors son centre est O, et son rapport k vérifie $|k| = \frac{R'}{R}$.

b. Quelles homothéties transforment $\mathscr{C}$ en $\mathscr{C}'$?

2. O et O′ distincts, R = R′.

a. Montrez que si une telle homothétie existe, alors son rapport est $k = -1$. Quel est son centre I ?

b. Vérifiez que h (I ; – 1) transforme $\mathscr{C}$ en $\mathscr{C}'$.

3. O et O′ distincts, R ≠ R′.

a. Montrez que si une telle homothétie existe, alors son rapport est $\frac{R'}{R}$ ou $-\frac{R'}{R}$.
Quels sont les deux centres I et I′ possibles ?

b. Vérifiez que $h\left(I ; \frac{R'}{R}\right)$ et $h\left(I' ; -\frac{R'}{R}\right)$ transforment $\mathscr{C}$ en $\mathscr{C}'$.

35 La droite d'Euler

ABC est un triangle, G est son centre de gravité.
A′, B′, C′ sont les milieux respectifs de [BC], [CA] et [AB].
On note h l'homothétie de centre G et de rapport – 2.
M est un point du plan, on note X son image par h.

1. a. Démontrez que (MA′) et (AX) sont parallèles.

b. Démontrez qu'il en est de même des droites (MB′) et (BX), ainsi que des droites (MC′) et (CX).

2. O est le centre du cercle circonscrit au triangle ABC. Montrez que si M est en O, alors X est en H, orthocentre du triangle ABC.

3. a. Démontrez l'alignement des points O, H et G (droite d'Euler).

b. Calculez $\overrightarrow{OH}$ en fonction de $\overrightarrow{OG}$.

36 ABCD est un rectangle, K est le point d'intersection de ses diagonales. Le point O est le milieu de [DC], (OA) coupe (BD) en I et (OB) coupe (AC) en J.

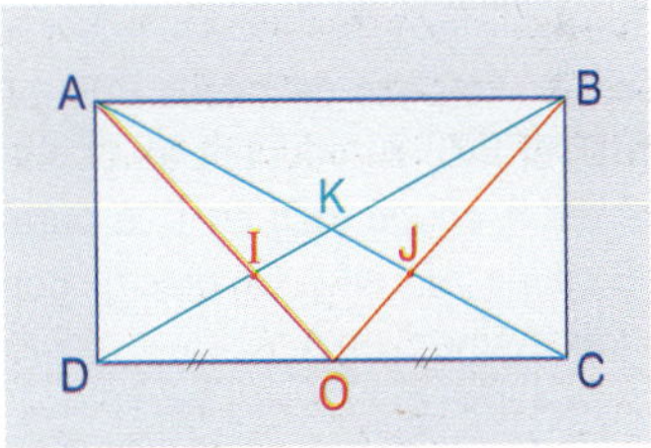

1. a. Que représente I pour le triangle ADC ?

b. Que représente J pour le triangle BDC ?

c. Trouvez le réel k tel que $\overrightarrow{OA} = k\,\overrightarrow{OI}$ et $\overrightarrow{OB} = k\,\overrightarrow{OJ}$.

2. On considère l'homothétie h de centre O, de rapport k.
Quelle est l'image de la droite (IJ) par h ? Déduisez-en que (IJ) et (AB) sont parallèles et que $IJ = \frac{1}{3}AB$.

37 Images de deux points symétriques

d est une droite, A et B sont deux points symétriques par rapport à d. On note A′ et B′ les images de A et B par une homothétie f, et d' l'image de d.

1. Montrez que A′ et B′ sont symétriques par rapport à d'.

2. A-t-on une propriété analogue si on remplace, dans l'énoncé ci-dessus, "homothétie" par :

a) "réflexion" ? **b)** "translation" ? **c)** "rotation" ?

38 * Sur la figure, les droites (TU) et (VW) sont parallèles. Les droites (UV) et (TW) se coupent en un point I.

1. Sans faire d'autre tracé, par le calcul, déterminez UI et TI en fonction de UT, UV, VW, TW.

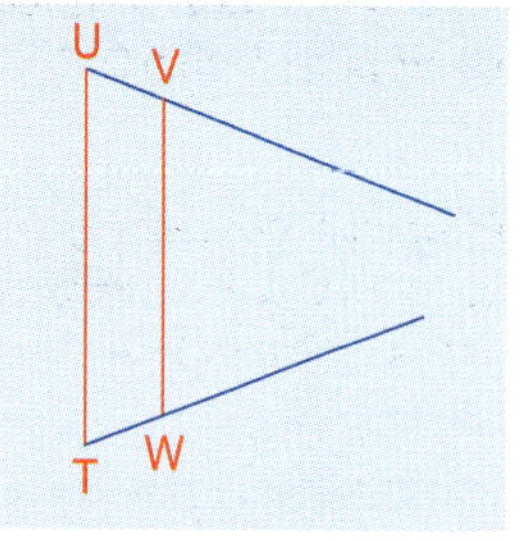

2. Application : calculez UI et TI lorsque :

UT = 6 ; VW = 5 ; UV = 1,1 ; TW = 1,2.

39 ABCD est un rectangle, O est le milieu de [AB] et Δ la médiatrice de [AB].
B′ est un point de la droite (AB) tel que B est entre O et B′, et *h* est l'homothétie de centre O telle que B′ = *h* (B).

1. Construisez, en justifiant votre construction, les points :

C′ = *h* (C), D′ = *h* (D), A′ = *h* (A).

2. *k* est le rapport de l'homothétie *h*.
a. Démontrez que $\overrightarrow{B'C'} = -k\,\overrightarrow{DA}$.
b. Démontrez qu'il existe une homothétie h_1, dont vous construirez le centre I, telle que h_1(A) = C′ et h_1(D) = B′.
c. Démontrez que I appartient à la droite Δ et que les points D′, I, B d'une part, et A′, I, C d'autre part, sont alignés.

40 ABCD est un trapèze de bases [AB] et [DC]. Ses diagonales [BD] et [AC] se coupent en O. La parallèle à (BC) passant par A coupe (BD) en I, la parallèle à (AD) passant par B coupe (AC) en J. On note *h* l'homothétie de centre O qui transforme C en A.

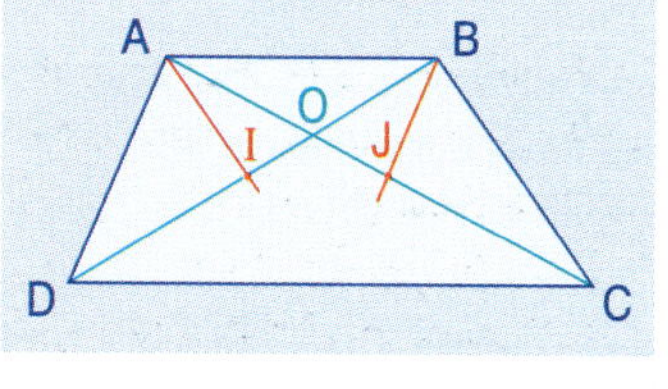

1. Expliquez pourquoi *h*(D) = B.

2. Déterminez de même les images de A et B.

3. Déduisez de ce qui précède que :
a) (IJ) et (AB) sont parallèles ; **b)** $\dfrac{IJ}{AB} = \dfrac{AB}{CD}$.

41 **Une propriété des trapèzes**

ABCD est un trapèze de bases (AB) et (CD). Ses diagonales se coupent en O′ et les droites (AD) et (BC) en O.
E est le milieu de [AB], F est le milieu de [CD].

Le but de l'exercice est de démontrer que O, E, O′, F sont alignés.

1. On note *k* le réel tel que $\overrightarrow{OD} = k\,\overrightarrow{OA}$, et on considère l'homothétie *h* de centre O et de rapport *k*.
a. Quelle est l'image de B par *h* ? celle de [AB] ?
b. En utilisant le fait que l'homothétie conserve le milieu, démontrez que F est l'image de E par *h*.
c. Déduisez-en que O, E, F sont alignés.

2. On note *k* ′ le réel tel que $\overrightarrow{O'C} = k'\,\overrightarrow{O'A}$, et on considère l'homothétie *h* ′ de centre O′ et de rapport *k* ′.
a. Quelle est l'image de A par *h* ′ ? celle de B ? celle de [AB] ?
b. Démontrez que F est l'image de E par *h* ′. Déduisez-en que O′, E, F sont alignés.

3. Concluez sur les points O, E, O′, F.

Problèmes de construction

42 𝒞 et 𝒞′ sont deux cercles concentriques de rayons respectifs *r* = 2 et *r* ′ = 5. A est un point de 𝒞′, Δ est une droite qui passe par A, qui coupe 𝒞 en B et C, et 𝒞′ en D (les quatre points A, B, C, D sont dans cet ordre sur Δ).

1. Démontrez que AB = CD.

2. On suppose Δ choisie de telle façon que B est l'image de D par l'homothétie de centre A et de rapport $\dfrac{1}{3}$.
Démontrez qu'alors AB = BC.

3. Indiquez comment tracer par A une droite Δ de façon que les cercles 𝒞 et 𝒞′ découpent, sur Δ, trois segments de même longueur.

43 ABC est un triangle. On se propose de placer M sur [AB] et N sur [AC] tels que BM = MN = NC.

1. On suppose qu'il existe un point M sur [AB] et un point N sur [AC] tels que BM = MN = NC. On note L le point tel que le quadrilatère LMNC est un losange, *h* l'homothétie de centre B qui transforme M en A.
On pose P = *h* (L), Q = *h* (C) et R = *h* (N).
a. Montrez que P est aligné avec A et C, et que AB = AP.
Pourquoi Q est-il aligné avec B et C ?
b. Quelle est la nature du quadrilatère APQR ?
c. Montrez que N est l'intersection des droites (AC) et (BR).
d. Montrez que les droites (MN) et (AR) sont parallèles.

2. Déduisez des questions précédentes la construction des points M et N.

44 **Triangle de périmètre donné et d'angles donnés.**

On se propose de construire un triangle ABC tel que $\widehat{B} = 30°$, $\widehat{C} = 45°$, et de périmètre 6 cm.

1. a. Construisez un triangle MNP tel que :

$$\widehat{M} = 30° \text{ et } \widehat{N} = 45°.$$

b. Placez, sur (MN), les points I et J tels que MI = MP, NJ = NP et que M soit entre I et N, et N entre M et J.

c. Sur une droite parallèle à (MN) passant par P, placez un point Q tel que PQ = 6 cm.

2. On suppose que (PJ) et (IQ) se coupent en O, et on note h l'homothétie de centre O qui transforme J en P.

a. Quelle est l'image de I ?

b. (OM) coupe (PQ) en B et (ON) coupe (PQ) en C. Montrez que h (M) = B et h (N) = C.

c. La parallèle à (MP) passant par B et la parallèle à (NP) passant par C se coupent en A. Montrez que h (P) = A.

d. Montrez que dans le triangle ABC, $\widehat{B} = 30°$ et $\widehat{C} = 45°$, puis que le périmètre de ce triangle est égal à 6 cm.

3. Reprenez la construction précédente pour un triangle ABC tel que $\widehat{B} = 50°$, $\widehat{C} = 30°$ et de périmètre 10 cm.

45* **Cercle tangent à deux cercles donnés**

$\mathscr{C}$ et $\mathscr{C}'$ sont deux cercles de centres O et O′, de rayons 3 cm et 2 cm, tangents en un point I. On se propose de construire un cercle $\mathscr{C}''$ tangent à $\mathscr{C}$ et à $\mathscr{C}'$.
A est un point de $\mathscr{C}$ distinct de I. La droite (AI) recoupe $\mathscr{C}'$ en B, et C est le point de $\mathscr{C}'$ diamétralement opposé à B. La droite (CA) recoupe $\mathscr{C}'$ en A′. On note h l'homothétie de centre A′ qui transforme C en A et on appelle O″ l'image de O′ par h.

1. Démontrez que O″A′ = O″A.

2. Démontrez que les points O, A et O″ sont alignés.

3. $\mathscr{C}''$ est le cercle de centre O″ passant par A et A′.
Montrez que $\mathscr{C}''$ est tangent à $\mathscr{C}$ et à $\mathscr{C}'$.

4. Déduisez des questions précédentes la construction d'un cercle tangent à deux cercles donnés $\mathscr{C}$ et $\mathscr{C}'$ tangents en I.

Problèmes d'alignement

46 A, B, G sont trois points alignés, ABCD et BGEF sont des carrés. Les droites (AB) et (CE) se coupent en O. On se propose de démontrer que les points D, F, O sont alignés.

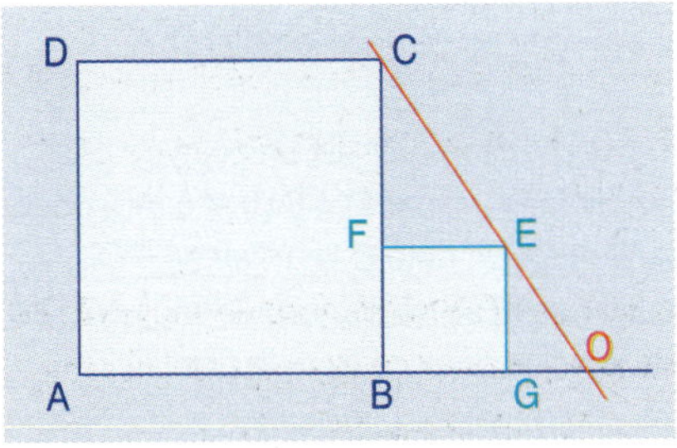

1. a. Expliquez pourquoi $\widehat{BAC} = \widehat{GBE}$.

b. Déduisez-en que (BE) et (AC) sont parallèles.

2. h est l'homothétie de centre O qui transforme A en B.

a. Expliquez pourquoi h (C) = E.

b. Quelle est l'image par h de (DA) ? de (CD) ?

c. Déduisez de ce qui précède que O, D, F sont alignés.

47* ABCD et BGEF sont des rectangles tels que A, B et G sont alignés dans cet ordre, et les droites (BD) et (GF) sont parallèles. Les droites (CE) et (AB) se coupent en O.

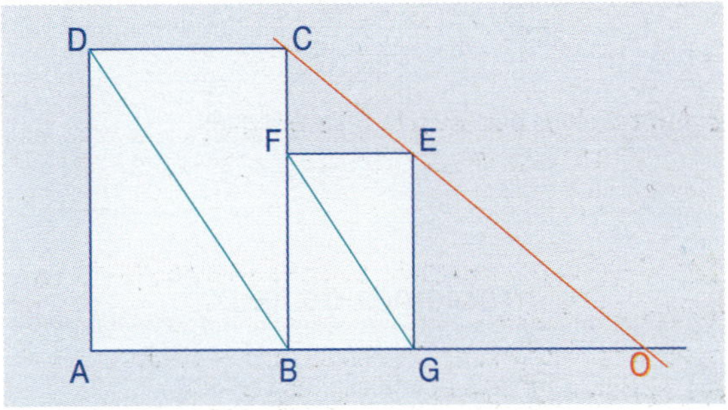

Montrez que les points O, D, F sont alignés.

48* ABC est un triangle, son cercle circonscrit $\mathscr{C}$ a pour centre O, le point H est le milieu de [BC], et D est le point diamétralement opposé à A sur le cercle $\mathscr{C}$.

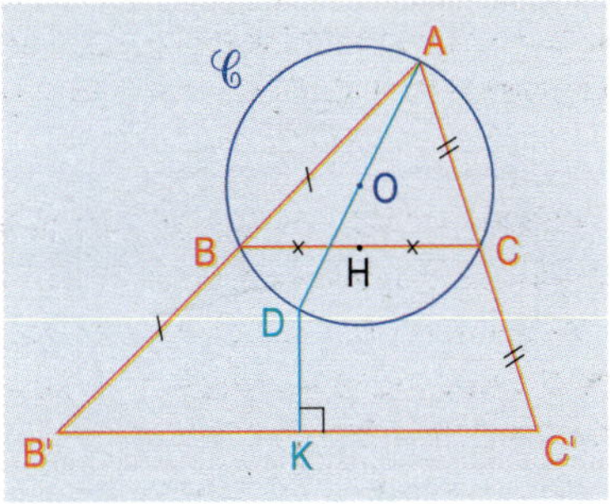

B′ est le symétrique de A par rapport à B et C′ est le symétrique de A par rapport à C. Le point D se projette orthogonalement en K sur (B′C′).
Le but de l'exercice est de démontrer que K est le milieu de [B′C′] et que les points A, H et K sont alignés.
On note h l'homothétie de centre A qui transforme B en B′.

1. a. Quel est le rapport de h ?

b. Quelle est l'image par h de O ? de C ? de [BC] ?

2. On note $\mathscr{C}'$ le cercle image du cercle $\mathscr{C}$ par h.
Quel est le centre de $\mathscr{C}'$? Expliquez pourquoi $\mathscr{C}'$ passe par B′ et par C′.

3. Expliquez pourquoi (DK) est la médiatrice de [B′C′]. Déduisez-en que K est le milieu de [B′C′].

4. Montrez que K est l'image de H par h.
Déduisez-en que les points A, H, K sont alignés.

49 * ABCD et BGEF sont des parallélogrammes tels que A, B et G sont alignés dans cet ordre, et les droites (BD) et (GF) sont parallèles. Les droites (CE) et (AB) se coupent en O.

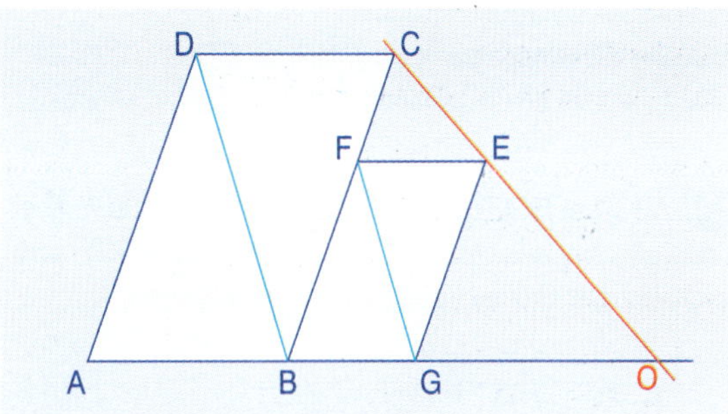

Montrez que les points O, D, F sont alignés.

Problèmes de lieux

50 A, B, C sont trois points alignés vérifiant :

$$AB = 4 \text{ et } \overrightarrow{AC} = \frac{3}{2}\overrightarrow{AB}.$$

$\mathscr{C}$ est le cercle de diamètre [AB] et $\mathscr{C}'$ le cercle de diamètre [AC].
Un point M décrit le cercle $\mathscr{C}$ en restant distinct de A et B.
(AM) recoupe $\mathscr{C}'$ en N, (CM) et (BN) se coupent en I.

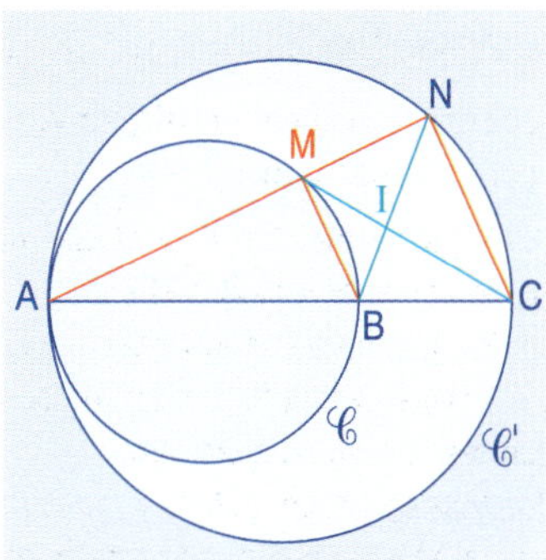

1. Démontrez que les droites (BM) et (CN) sont parallèles.
2. h est l'homothétie de centre I qui transforme B en N. Déterminez h (M).
3. h' est l'homothétie de centre A qui transforme B en C.
a. Quel est son rapport ?
b. Quelle est l'image de M ?
c. Déduisez-en le rapport de l'homothétie h.
4. Exprimez alors $\overrightarrow{CI}$ en fonction de $\overrightarrow{CM}$.
5. Déduisez-en le lieu du point I lorsque M décrit $\mathscr{C}$.

51 $\mathscr{C}$ et $\mathscr{C}'$ sont deux cercles de même centre O, A est un point de $\mathscr{C}$, M un point de $\mathscr{C}'$. La droite perpendiculaire en A à (AM) recoupe $\mathscr{C}$ en N. On note I le milieu de [MN]. On se propose de trouver le lieu du point I lorsque M décrit $\mathscr{C}'$.
On note A′ l'image de A par la symétrie de centre I.

1. Montrez que A′ est sur le cercle $\mathscr{C}'$.
INDICATION : Considérer la médiatrice de [AN].
2. a. Montrez que I est l'image de A′ par l'homothétie de centre A de rapport $\frac{1}{2}$.
b. Déduisez-en sur quelle ligne se déplace le point I lorsque M décrit $\mathscr{C}'$.

52 B et C sont deux points donnés sur un cercle $\mathscr{C}$ donné, I est le milieu de [BC]. À tout point M de $\mathscr{C}$, on associe le centre de gravité G du triangle MBC.
1. Démontrez que $\overrightarrow{IG} = \frac{1}{3}\overrightarrow{IM}$.
2. On suppose que le point M se déplace sur le cercle $\mathscr{C}$. Sur quelle ligne fixe se déplace alors le point G ?

53 $\mathscr{C}$ est un cercle de centre O.
À tout point M de $\mathscr{C}$, on associe la médiatrice de [OM] : elle coupe $\mathscr{C}$ en P et P′.
T est le point d'intersection des tangentes à $\mathscr{C}$ en P et P′.
1. Démontrez que $\overrightarrow{OT} = 2\overrightarrow{OM}$.
2. On suppose que le point M se déplace sur le cercle $\mathscr{C}$. Sur quelle ligne fixe se déplace alors le point T ?

54 * $\mathscr{C}$ est un cercle de diamètre [AB] et de centre O, I est un point de la droite (AB) extérieur à $\mathscr{C}$.
À tout point M de $\mathscr{C}$, distinct de A et de B, on associe le point M′ obtenu de la façon suivante : on considère le point m symétrique de M par rapport à O, et on trace les droites (IM) et (mB) ; M′ est leur point d'intersection.
On suppose que le point M se déplace sur le cercle $\mathscr{C}$.
Sur quelle ligne se déplace alors le point M′ ?

55 * M est un point d'un segment [AB].
Dans un demi-plan de frontière la droite (AB), on construit les triangles équilatéraux AMP et BMQ. On note N le milieu de [PQ]. On suppose que M se déplace sur [AB].
Sur quelle ligne se déplace alors le point N ?

56 ABCD est un losange de centre O dont les sommets A et B sont fixes et les sommets C et D sont mobiles.
1. Montrez que, lors du mouvement, le point O se déplace sur le cercle de diamètre [AB].
2. a. En utilisant le fait que $\overrightarrow{AC} = 2\overrightarrow{AO}$, dites sur quelle ligne se déplace le point C.
b. Sur quelle ligne se déplace le point D ?

57 ABC est un triangle, M est un point de [BC].
Les parallèles menées par M à (AB) et à (AC) coupent (AC) et (AB) en P et Q. On note O le milieu de [PQ].
On suppose que M se déplace sur le segment [BC].
Sur quelle ligne se déplace alors le point O ?
INDICATION : Considérer une homothétie de centre A.

En géométrie analytique

Pour les exercices 58 et 59, $(O ; \vec{i}, \vec{j})$ est un repère orthonormal du plan.

58 K est le point de coordonnées (2 ; 3) et d est la droite d'équation $y = 2x$. On note h l'homothétie de centre K et de rapport – 2.

1. Déterminez les coordonnées de l'image O′ de O par h.
2. On note d' l'image de d par h.
a. Quel est le coefficient directeur de d' ?
b. Expliquez pourquoi d' passe par O′.
c. Déduisez-en une équation de d'.

59 I est le point de coordonnées (– 1 ; 2) et h l'homothétie de centre I et de rapport $\frac{1}{3}$.
1. Déterminez les coordonnées de l'image O′ de O par h.
2. M est un point de coordonnées $(x ; y)$.
Montrez que l'image M′ de M par h a pour coordonnées :
$$\left(\frac{x}{3} - \frac{2}{3} ; \frac{y}{3} + \frac{4}{3}\right).$$
3. Déterminez une équation de l'image par h :
a) de l'axe des abscisses.
b) de l'axe des ordonnées.

PROBLÈMES DE SYNTHÈSE

60 THÈMES : **Homothéties. Carrés. Rectangles. Calculs avec des radicaux. Équations.**

ABCD est un rectangle. On note a sa largeur b sa longueur, et on suppose que $\frac{b}{a} = \frac{1+\sqrt{5}}{2}$.

On désigne par h une homothétie de centre A et de rapport k tel que $0 < k < 1$. On note M l'image de C par h, et I, J, K les projetés orthogonaux de M sur (AB), (CD), (DA) respectivement.

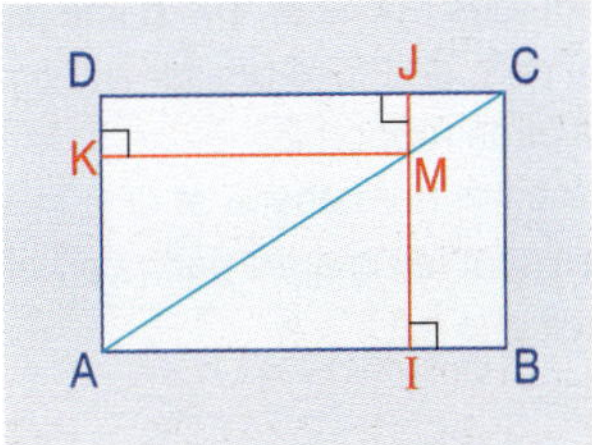

A. Préliminaires
1. Montrez que le quadrilatère BCJI est un rectangle.
2. a. Montrez que h (B) = I ; déduisez-en que IB = $b(1 - k)$.
b. Quelle est l'image par h du rectangle ABCD ?

B. On se propose de déterminer un rapport k, s'il en existe, tel que BCJI soit un carré.
1. a. Montrez que :
"BCJI est un carré" équivaut à $1 - k = \frac{a}{b}$.
b. Déduisez-en que :
"BCJI est un carré" équivaut à $k = \frac{3-\sqrt{5}}{2}$.
2. On suppose que $k = \frac{3-\sqrt{5}}{2}$.
a. Montrez que DJMK est un carré.
b. On note N le point d'intersection des droites (AJ) et (KM), et P son projeté orthogonal sur (AB).
Montrez que N = h (J) et P = h (I).
c. Déduisez-en que IMNP est un carré.

C. Un rectangle est un rectangle d'or lorsque ses dimensions vérifient :
$$\frac{\text{Longueur}}{\text{largeur}} = \frac{1+\sqrt{5}}{2}$$
Ainsi, le rectangle ABCD est un rectangle d'or.
1. En considérant l'homothétie h, montrez que AKMI est un rectangle d'or.
2. On suppose que $k = \frac{3-\sqrt{5}}{2}$. Montrez que AIJD est aussi un rectangle d'or.

61 THÈMES : **Homothéties. Translations. Coordonnées. Courbe $y = x^2$. Équations.**

$(O ; \vec{i}, \vec{j})$ est un repère orthonormal.
$\mathcal{P}$, $\mathcal{C}_1$ et $\mathcal{C}_2$ sont les courbes d'équations respectives :
$$y = x^2,\ y = \frac{1}{2}x^2 \text{ et } y = \frac{1}{2}(x-1)^2 - 2.$$
On va voir comment on peut construire la courbe $\mathcal{C}_1$ à partir de $\mathcal{P}$, puis $\mathcal{C}_2$ à partir de $\mathcal{C}_1$.

A. h est l'homothétie de centre O et de rapport 2, et t est la translation de vecteur $\vec{v}$ (1 ; – 2).
1. M est un point du plan de coordonnées $(a ; b)$.
On pose $M_1 = h(M)$ et $M_2 = t(M_1)$. Montrez que :
a) les coordonnées de M_1 sont $(2a ; 2b)$;
b) les coordonnées de M_2 sont $(2a + 1 ; 2b - 2)$.
2. Montrez que si M$(a ; b)$ est un point de $\mathcal{P}$, alors :
a)) M_1 est un point de $\mathcal{C}_1$; **b)** M_2 est un point de $\mathcal{C}_2$.

B. 1. Tracez la courbe $\mathcal{P}$.
2. On note A, B, C les points de $\mathcal{P}$ d'abscisses 1, 2, 3 et A′, B′, C′ les points de $\mathcal{P}$ d'abscisses – 1, – 2, – 3.
a. Construisez les images A_1, B_1, C_1, A'_1, B'_1, C'_1 de ces six points et celle O_1 du point O par h.
b. Tracez la courbe $\mathcal{C}_1$ en reliant les sept points ainsi obtenus par une ligne continue et régulière.
3. a. Construisez les images par t des points A_1, B_1, C_1, A'_1, B'_1, C'_1 et O_1.
b. Tracez la courbe $\mathcal{C}_2$ en reliant les sept points ainsi obtenus par une ligne continue et régulière.
4. a. Graphiquement, donnez une valeur approchée des solutions de l'équation $\frac{1}{2}(x-1)^2 - 2 = 0$.
b. Retrouvez le résultat précédent par le calcul.

Exercices guidés

1 Construire l'image d'un point

h est l'homothétie de centre O qui transforme A en B et M est un point quelconque non situé sur (AB).
On se propose de construire l'image M′ de M par *h*.

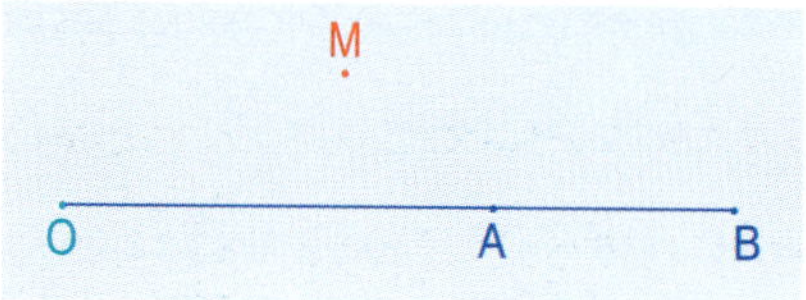

Une méthode souvent efficace pour trouver l'image M′ d'un point M par une homothétie (et plus généralement par une transformation) est fondée sur la propriété essentielle suivante :
si M est à l'intersection de deux droites, alors M′ est à l'intersection des deux droites images.
On cherche donc deux droites passant par M et dont on peut déterminer facilement les images.
Dans cet exercice, aucune droite passant par M n'est tracée sur la figure. Il nous faut donc en trouver deux. Compte tenu des données de l'énoncé, il est normal "d'essayer" chacune des droites reliant M aux trois autres points de la figure, c'est-à-dire les droites (MO), (MA) et (MB).

1. Expliquez pourquoi l'image de la droite (MO) est la droite (MO) elle-même.

2. a. Expliquez pourquoi l'image *d* ′ de la droite (MA) par *h* est une droite parallèle à (MA).

b. *d* ′ étant parallèle à (MA), il suffit donc de trouver un point de *d* ′ pour pouvoir la tracer.
Expliquez pourquoi B est un point de *d* ′.

3. L'image de la droite (MA) est donc la parallèle à (MA) passant par B. Tracez cette parallèle et déduisez-en la position de l'image M′ du point M.

REMARQUE : On a trouvé l'image de (MO) et celle de (MA), ce qui a permis de conclure. L'image de (MB) est une droite parallèle à (MB), mais on ne peut, a priori, rien dire de plus.

2 Reconnaître et utiliser deux triangles homothétiques

Deux triangles OAB et OCD sont tels que C est un point du segment [OA] et (CD) est parallèle à (AB).
On suppose que OC = 5, OA = 7 et OD = 6.
On se propose de calculer OB.

Les triangles OCD et OAB ont un sommet commun, le point O, et deux côtés parallèles, [CD] et [AB].
Ils sont donc homothétiques de sommet commun O, d'après la définition de deux triangles homothétiques.
Il est vivement conseillé de savoir reconnaître une telle configuration. En effet, on sait alors que si *h* désigne l'homothétie de centre O qui transforme C en A, alors *h* transforme D en B (voir propriété 5, p. 370), et le segment [CD] a donc pour image le segment [AB].

1. Expliquez pourquoi le rapport de *h* est égal à $\frac{7}{5}$.

2. a. Expliquez pourquoi [OB] est l'image par *h* de [OD].

b. On sait que par une homothétie de rapport *k*, les distances sont multipliées par $|k|$ (voir § 3.4, p. 369).
Déduisez-en la longueur OB.

Exercices commentés

3 ABC est un triangle et M un point quelconque de [BC]. On note I le projeté de M sur (AC) parallèlement à (AB) et J le projeté de M sur (AB) parallèlement à (AC).
Le point T est le symétrique de M dans la symétrie de centre I, et le point S est le symétrique de M dans la symétrie de centre J.
On se propose de prouver que A est le milieu de [ST].

VERS UNE SOLUTION

• **Une première méthode : par les homothéties.**
Il s'agit de montrer qu'un point est le milieu d'un segment. Il est donc normal d'essayer d'utiliser la propriété de conservation du milieu par une transformation.
La position des points M, I, T d'une part, et M, J, S d'autre part, doit faire penser à l'homothétie de centre M et de rapport 2.
Notons *h* cette homothétie et O le milieu de [IJ].

1. Quelles sont les images par *h* de I et J ?
2. Montrez que *h* (O) = A.
3. Concluez.

• **Une deuxième méthode : par le calcul vectoriel.**

1. Montrez que $\overrightarrow{MA} = \overrightarrow{MI} + \overrightarrow{MJ}$.
2. Déduisez-en que $\overrightarrow{MA} = \frac{1}{2}(\overrightarrow{MT} + \overrightarrow{MS})$.
3. Concluez.

4 ABC est un triangle. On se propose de construire un point L sur [AB] et un point M sur [AC] tels que :

(LM) est parallèle à (BC) et BL = AM.

VERS UNE SOLUTION

Il s'agit d'un problème de construction.
Voici une manière classique de procéder lorsqu'on ne voit pas un procédé de construction possible :
– on suppose que les points L et M existent ;
– on en déduit alors certaines propriétés qui nous permettront de trouver un procédé de construction.

• Une première méthode : par les homothéties.

1. Supposons que les points L et M existent.
La configuration des triangles homothétiques ABC et ALM doit faire penser à l'homothétie de centre A qui transforme L en B. Notons h cette homothétie et B′ l'image de B par h.
a. Quelle est l'image par h du segment [BL] ?
b. Expliquez pourquoi BB′ = AC.
c. Montrez que (BM) et (B′C) sont parallèles.
2. Déduisez-en une construction des points M et L.

• Une deuxième méthode : par les configurations.

1. Supposons que L et M existent, et notons K le projeté de M sur (BC) parallèlement à (AB).
a. Montrez que $\widehat{AKM} = \widehat{KAM}$.
b. Montrez que (AK) est bissectrice de $\widehat{BAC}$.
2. Déduisez une construction des points M et L.

Trouvez l'erreur

Pour chaque exercice de cette rubrique, une solution vous est proposée, mais elle contient une erreur. Trouvez cette erreur.

5 AMM′ sont trois points alignés distincts deux à deux tels que M est sur la demi-droite [AM′).
On suppose que AM = 6 et AM′ = 2.
Précisez le rapport k de l'homothétie h de centre A qui transforme M en M′.

Solution

Le point M est sur la demi-droite [AM′). Donc les vecteurs $\overrightarrow{AM}$ et $\overrightarrow{AM'}$ sont de même sens.
De plus, AM = 6 et AM′ = 2. Donc $\overrightarrow{AM} = 3\,\overrightarrow{AM'}$.
Le rapport k de l'homothétie h est donc égal à 3.

6 h est l'homothétie de centre O et de rapport – 3.
A et B sont deux points tels que AB = 5.
On pose A′ = h (A) et B′ = h (B). Calculez A′B′.

Solution

A′ = h (A) et B′ = h (B).
D'où $\overrightarrow{OA'} = -3\,\overrightarrow{OA}$, $\overrightarrow{OB'} = -3\,\overrightarrow{OB}$ et $\overrightarrow{A'B'} = -3\,\overrightarrow{AB}$.
Puisque AB = 5, on en déduit que A′B′ = – 15.

7 A, B, C sont trois points alignés, M est un point non aligné avec A, B et C. Les points A′, B′, C′ sont les symétriques respectifs de M par rapport à A, B, C.
Montrez que A′, B′, C′ sont alignés.

Solution

Chaque point A′, B′, C′ est l'image du point M par une symétrie centrale. Or, une symétrie centrale conserve l'alignement, donc A′, B′ et C′ sont alignés.

Pour ceux qui M plus

Homothéties vectorielles

On note $\mathcal{V}$ l'ensemble des vecteurs du plan.
Associons à chaque vecteur $\vec{u}$ du plan le vecteur $k\,\vec{u}$, où k désigne un réel non nul, et posons $f(\vec{u}) = k\,\vec{u}$.
On dit que f est une homothétie vectorielle de rapport k et que $f(\vec{u})$ est l'image de $\vec{u}$ par f.

1 Des exemples

ABCD est un carré de centre O, les points I, J, K, L sont les milieux respectifs des côtés [AB], [BC], [CD], [DA].

1. On suppose que $k = 2$. Précisez les vecteurs :
a) $f(\overrightarrow{AI})$; $f(\overrightarrow{JC})$. **b)** $f(\overrightarrow{OA})$; $f(\overrightarrow{BO})$. **c)** $f(\overrightarrow{OJ})$; $f(\overrightarrow{IO})$.

2. On suppose que $k = \frac{1}{2}$. Précisez les vecteurs :
a) $f(\overrightarrow{BA})$; $f(\overrightarrow{AD})$. **b)** $f(\overrightarrow{CA})$; $f(\overrightarrow{BD})$. **c)** $f(\overrightarrow{JL})$; $f(\overrightarrow{KI})$.

3. Précisez f pour $k = 1$.

2 Quelques propriétés

1. Montrez que pour tous vecteurs $\vec{u}$, $\vec{v}$, et tout réel λ :
a) $f(\vec{u} + \vec{v}) = f(\vec{u}) + f(\vec{v})$. **b)** $f(\lambda\,\vec{u}) = \lambda f(\vec{u})$.
L'application f vérifie les propriétés **a)** et **b)** : on dit qu'elle est **linéaire.**

2. a. Expliquez pourquoi si $f(\vec{u}) = \vec{0}$, alors $\vec{u} = \vec{0}$.
b. On appelle **noyau de *f*** l'ensemble de tous les vecteurs $\vec{u}$ tels que $f(\vec{u}) = \vec{0}$. On le note **Ker *f*.**
Montrez que le noyau de f est constitué par un seul vecteur, le vecteur nul. Ceci s'écrit Ker $f = \{\vec{0}\}$.

3. On considère l'homothétie vectorielle de rapport k'. On la note g. Donc, pour tout vecteur $\vec{u}$, $g(\vec{u}) = k'\,\vec{u}$.
a. On suppose que $k = 2$ et $k' = -1$.
Précisez $f(\overrightarrow{KC})$, puis $g[f(\overrightarrow{KC})]$ (le vecteur $\overrightarrow{KC}$ est celui défini dans la partie 1).
b. On associe à chaque vecteur $\vec{u}$ le vecteur $g\,[f(\vec{u})]$.
Montrez qu'on définit ainsi une homothétie vectorielle.

CORRIGÉS DES EXERCICES

1. POUR UN BON DÉPART EN NUMÉRIQUE, p. 22

COMME LES RÉSOLUS

1. $A = (x - 2)(10x - 12) = 2(x - 2)(5x - 6)$.

2. $A = (2x + 3)(-6x - 8) = -2(2x + 3)(3x + 4)$.

3. $A = (3x + 2)^2$; $B = (x - 3)^2$; $C = (4x - 1)(-2x + 3)$.

4. $A = (4x + 1)^2$; $B = (6x - 2)^2$; $C = (x - 1)(3x - 5)$.

5. $b^2 = \dfrac{b^5}{b^3} = \mathbf{5{,}76}$; $b^6 = (b^3)^2 = (b^2)^3 = \mathbf{191{,}102\ 976}$.

6. $a^2 = \dfrac{a^5}{a^3} = \mathbf{13{,}69}$; $a^6 = (a^3)^2 = (a^2)^3 = \mathbf{2\ 565{,}726\ 409}$.

7. **1.** $\sqrt{18} = \sqrt{9 \times 2} = \sqrt{9} \times \sqrt{2} = 3\sqrt{2}$. **2.** $A = -\dfrac{1}{5}$.

8. **1.** $\sqrt{12} = \sqrt{4 \times 3} = \sqrt{4} \times \sqrt{3} = 2\sqrt{3}$. **2.** $A = 1$.

9. $A = \dfrac{17}{28}$; $B = -\dfrac{310}{133}$. **10.** $A = -\dfrac{7}{10}$; $B = -\dfrac{171}{104}$.

11. Le calcul de A est possible pour tout réel x sauf 2 et -2 :
$A = \dfrac{(x+2)-(x-2)}{(x-2)(x+2)} = \dfrac{4}{x^2-4}$.

12. Le calcul de A est possible pour tout réel x sauf $\dfrac{1}{2}$ et $-\dfrac{1}{2}$:
$A = \dfrac{(2x+1)-(2x-1)}{(2x-1)(2x+1)} = \dfrac{2}{4x^2-1}$

13. **a)** L'équation s'écrit $4x - 5 = 0$. D'où $\mathcal{S} = \left\{\dfrac{5}{4}\right\}$.
b) L'équation s'écrit $4x - 5 = 4x - 5$. D'où $\mathcal{S} = \mathbb{R}$.
c) L'équation s'écrit $4x - 5 = 4x + 1$. D'où $\mathcal{S} = \varnothing$.

14. Pour $x \neq 1$, $\dfrac{3x-4}{x-1} = 2$ s'écrit $3x - 4 = 2(x - 1)$.
D'où $\mathcal{S} = \{2\}$.

15. Pour $x \neq -2$, $\dfrac{2x+3}{x+2} = 1$ s'écrit $2x + 3 = x + 2$.
D'où $\mathcal{S} = \{-1\}$.

TROUVEZ L'ERREUR

5. $\dfrac{-2}{3} + \dfrac{4}{5}$ n'est pas égal à $\dfrac{-2+4}{3+5}$.
On n'effectue pas la somme de deux fractions en ajoutant les numérateurs entre eux et les dénominateurs entre eux.
En fait, $-\dfrac{2}{3} + \dfrac{4}{5} = \dfrac{-10}{15} + \dfrac{12}{15} = \dfrac{2}{15}$.

6. $\dfrac{x}{5} \times 2$ n'est pas égal à $\dfrac{x \times 2}{5 \times 2}$. En fait, $\dfrac{x}{5} \times 2 = \dfrac{2x}{5}$.

7. $\dfrac{\frac{4}{9}}{3}$ n'est pas égal à $\dfrac{4}{\frac{9}{3}}$. En fait, $\dfrac{\frac{4}{9}}{3} = \dfrac{4}{27}$.

8. $\sqrt{9+16}$ n'est pas égal à $\sqrt{9} + \sqrt{16}$
En général, $\sqrt{a^2+b^2} \neq \sqrt{a^2} + \sqrt{b^2}$. En fait, $A = \sqrt{25} = 5$.

9. $7^2 \times 7^3$ n'est pas égal à $7^{2 \times 3}$.
En fait, $a^m \times a^n = a^{m+n}$, donc $7^2 \times 7^3 = 7^{2+3} = 7^5$.

10. $\left(\dfrac{2}{5}\right)^2 \times 5^3$ n'est pas égal à $\left(\dfrac{2}{5} \times 5\right)^5$.
Une simplification aurait été possible dans les cas suivants :
$\left(\dfrac{2}{5}\right)^5 \times 5^2 = \left(\dfrac{2}{5} \times 5\right)^2$ et $5^2 \times 5^3 = 5^5$.

11. D'après l'énoncé, $A = x^2 - 4(x - 1)^2$ et non pas $(x^2 - 4)(x - 1)^2$.
Solution :
$A = [x + 2(x - 1)][x - 2(x - 1)] = (3x - 2)(-x + 2)$.

12. $\dfrac{6\sqrt{2}}{4\sqrt{2}}$ est effectivement égal à $\dfrac{3}{2}$.
Mais on ne peut pas en déduire que $A = \dfrac{3+x}{2}$.
Ne pas confondre avec le cas où le numérateur est un produit de facteurs, $\dfrac{(6\sqrt{2}) \times x}{4\sqrt{2}} = \dfrac{3x}{2}$.

13. $4x(1 - x) = 1$ n'équivaut pas à $4x = 1$ ou $1 - x = 1$.
Ne pas confondre avec :
$4x(1 - x) = 0$ équivaut à $4x = 0$ ou $1 - x = 0$.

14. $4x = 0$ n'est pas équivalent à $x = -4$.
($4x = 0$ équivaut à $x = 0$.)
Ne pas confondre avec : $4 + x = 0$ équivaut à $x = -4$.

2. INÉGALITÉS. INÉQUATIONS. APPROXIMATIONS, p. 51

SF1 b. SF2 a. SF3 c. SF4 c. SF5 a. SF6 c. SF7 b. SF8 b.

COMME LES RÉSOLUS

1. $E(x) = 0$ si $x = -\dfrac{1}{4}$ ou $x = \dfrac{4}{3}$.
$E(x) > 0$ si $x \in \left]-\dfrac{1}{4} ; \dfrac{4}{3}\right[$; $E(x) < 0$ si $x < -\dfrac{1}{4}$ ou $x > \dfrac{4}{3}$.

2. $E(x) = 0$ si $x = \dfrac{1}{2}$ ou $x = -\dfrac{3}{10}$.
$E(x) > 0$ si $x \in \left]-\dfrac{3}{10} ; \dfrac{1}{2}\right[$; $E(x) < 0$ si $x < -\dfrac{3}{10}$ ou $x > \dfrac{1}{2}$.

3. $E(x)$ non défini pour $x = \dfrac{5}{4}$; $E(x) = 0$ pour $x = \dfrac{9}{2}$.
$E(x) > 0$ si $x < \dfrac{5}{4}$ ou $x > \dfrac{9}{2}$; $E(x) < 0$ si $x \in \left]\dfrac{5}{4} ; \dfrac{9}{2}\right[$.

4. $E(x)$ non défini pour $x = \dfrac{5}{8}$; $E(x) = 0$ pour $x = \dfrac{4}{7}$.
$E(x) > 0$ si $x \in \left]\dfrac{4}{7} ; \dfrac{5}{8}\right[$; $E(x) < 0$ si $x < \dfrac{4}{7}$ ou si $x > \dfrac{5}{8}$.

5. L'inéquation s'écrit $(2x + 3)(-5x) \geqslant 0$.
D'où $\mathcal{S} = \left[-\dfrac{3}{2} ; 0\right]$.

6. L'inéquation s'écrit $(-3x + 1)(2x - 2) \leqslant 0$.
D'où $\mathcal{S} = \left]-\infty ; \dfrac{1}{3}\right] \cup [1 ; +\infty[$.

7. L'inéquation s'écrit $\dfrac{5x-3}{4-3x} - 2 \leqslant 0$ $\left(\text{avec } x \neq \dfrac{4}{3}\right)$, c'est-à-dire $\dfrac{11x-11}{4-3x} \leqslant 0$.
D'où $\mathcal{S} =]-\infty ; 1] \cup \left]\dfrac{4}{3} ; +\infty\right[$.

8. L'inéquation s'écrit $\dfrac{2x+6}{3-x} + 1 \geqslant 0$ (avec $x \neq 3$), c'est-à-dire $\dfrac{x+9}{3-x} \geqslant 0$. D'où $\mathcal{S} = [-9 ; 3[$.

9. $x^2 \geqslant 9$ équivaut à $x^2 - 9 \geqslant 0$, c'est-à-dire encore $(x+3)(x-3) \geqslant 0$. D'où $\mathcal{S} =]-\infty ; -3] \cup [3 ; +\infty[$.

10. $x^2 \geqslant 81$ équivaut à $x^2 - 81 \geqslant 0$, c'est-à-dire encore $(x-9)(x+9) \geqslant 0$. D'où $\mathcal{S} =]-\infty ; -9] \cup [9 ; +\infty[$.

11. $-2 \leqslant -b \leqslant 1$, d'où $-7 \leqslant a - b \leqslant -3$.

12. $-5 \leqslant -a \leqslant -3$, d'où $-7 \leqslant b - a \leqslant 1$.

13. $\frac{1}{9} \leqslant \frac{1}{b} \leqslant \frac{1}{5}$, d'où $\frac{7}{9} \leqslant \frac{a}{b} \leqslant \frac{12}{5}$.

14. $\frac{1}{7} \leqslant \frac{1}{a} \leqslant \frac{1}{2}$, d'où $\frac{4}{7} \leqslant \frac{b}{a} \leqslant 3$.

VRAI OU FAUX ?

50. 1. I est l'ensemble des réels x tels que $-\frac{3}{2} \leqslant x < \frac{1}{3}$ et J est l'ensemble des réels x tels que $\frac{1}{2} < x \leqslant 3$.
D'où :
a) Faux. **b)** Faux. **c)** Vrai. **d)** Vrai.

2. Faux. **3.** Vrai, $\frac{1}{2}$ par exemple.

TROUVEZ L'ERREUR

1. $-2x < -\sqrt{2}$ n'est pas équivalent à $x < \frac{\sqrt{2}}{2}$, mais à $x > \frac{\sqrt{2}}{2}$.
En effet, on divise les deux membres de l'inégalité « $-2x < -\sqrt{2}$ » par -2, qui est négatif.
On obtient donc une inégalité de sens contraire.

2. On ne peut pas « retrancher membre à membre » deux inégalités. D'ailleurs, pour $x = 5$ et $y = 5$, on a bien $x \in [2 ; +\infty[$ et $y \in [5 ; +\infty[$, mais $y - x = 5 - 5 = 0 \notin [3 ; +\infty[$.

3. On ne peut pas « multiplier membre à membre » des inégalités entre des nombres qui ne sont pas tous positifs. D'ailleurs, pour $x = 0$ et $y = 0$, on a bien $x \in]-2 ; 3[$ et $y \in]-1 ; 1[$, mais $xy = 0 \notin]2 ; 3[$.

4. $\frac{1}{x} < 3$ n'est pas équivalent à $1 < 3x$.
En effet, lorsqu'on multiplie les deux membres de l'inégalité $\frac{1}{x} < 3$ par x, l'inégalité obtenue n'est pas forcément de même signe, car x peut être négatif.

5. $2{,}715 \leqslant a \leqslant 2{,}724$ n'implique pas $a \leqslant 2{,}72$.
Considérez, par exemple, $a = 2{,}721$.
$2{,}715 \leqslant a$ implique $2{,}71 \leqslant a$ car $2{,}715 \geqslant 2{,}71$.

6. 3,521 n'est pas forcément une valeur approchée de A à $0{,}5 \times 10^{-3}$ près. Par exemple, si A = 3,521 9, alors 3,521 est une valeur tronquée de A au millième, mais ce n'est pas une valeur approchée de A à $0{,}5 \times 10^{-3}$ près car $3{,}521\,9 - 3{,}521 = 0{,}9 \times 10^{-3} > 0{,}5 \times 10^{-3}$.

3. VALEUR ABSOLUE, p. 74

SF1 b. SF2 c. SF3 c. SF4 a. SF5 b. SF6 b. SF7 a. SF8 b. SF9 c.

COMME LES RÉSOLUS

1. $\mathcal{S} = [-4 ; 2]$. **2.** $\mathcal{S} = [-6 ; -2]$. **3.** $\mathcal{S} = \left[-\frac{11}{2} ; -\frac{1}{2}\right]$.

4. $\mathcal{S} = \left\{-\frac{11}{2} ; -\frac{9}{2}\right\}$. **5.** $\mathcal{S} = \left\{0 ; \frac{3}{2}\right\}$.

6. $\mathcal{S} =]-\infty ; 2] \cup [6 ; +\infty[$. **7.** $\mathcal{S} =]-\infty ; 0] \cup [2 ; +\infty[$.

8. $|x - 1| \leqslant 5$. **9.** $\left|x - \frac{9}{4}\right| \leqslant \frac{9}{4}$.

10. $\mathcal{S} = \{-3\}$. **11.** $\mathcal{S} = \{1\}$.

TROUVEZ L'ERREUR

9. $\sqrt{x^2}$ n'est pas égal à x, mais à $|x|$.

10. $-|-2|$ n'est pas égal à 2 mais à -2. Donc A = 0.

11. $|a - b|$ n'est pas, en général, égal à $|a| - |b|$.
En effet, pour $a = 2$ et $b = 3$, par exemple, $|a - b| = |-1| = 1$ et $|a| - |b| = 2 - 3 = -1$.

12. $|x + 3|^2$ n'est pas, en général, égal à $|x|^2 + 3|x| + 9$.
En effet, pour $x = -1$, par exemple, $|x + 3|^2 = |2|^2 = 4$ et $|x|^2 + 6|x| + 9 = 1 + 6 + 9 = 16$.

4. NOTIONS SUR LES FONCTIONS, p. 99

SF1 b. SF2 c. SF3 c. SF4 b. SF5 c. SF6 a. SF7 c.

COMME LES RÉSOLUS

1.

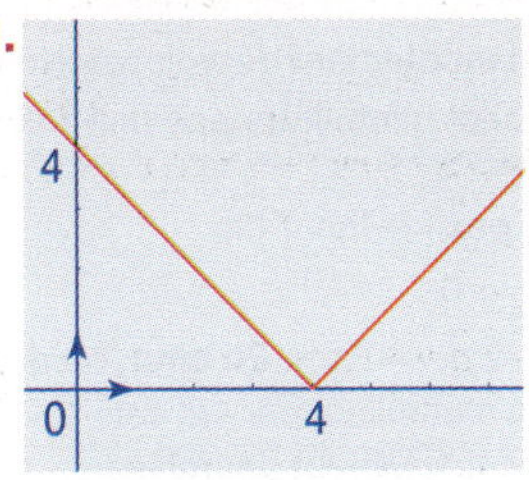

2.

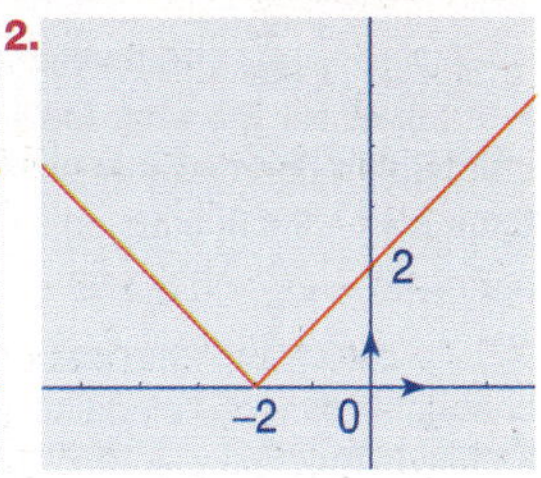

3.

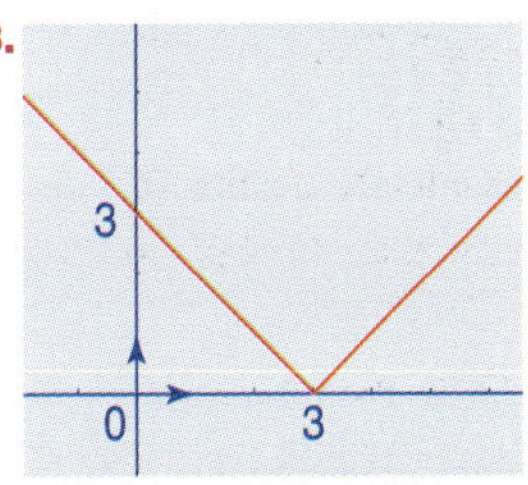

4. f est strictement croissante sur $[-4 ; -2]$, strictement décroissante sur $[-2 ; 2]$, et strictement croissante sur $[2 ; 3]$.
$f(-2) = 2$ est le maximum de f sur $[-4 ; 3]$.
$f(2) = -1$ est le minimum de f sur $[-4 ; 3]$.

5. f est strictement décroissante sur $[-4 ; -2]$, strictement croissante sur $[-2 ; 0]$, et strictement décroissante sur $[0 ; 2]$.
$f(0) = 2$ est le maximum de f sur $[-4 ; 2]$.
$f(-2) = -1$ est le minimum de f sur $[-4 ; 2]$.

6. f est strictement décroissante sur $[-4 ; 0]$, strictement croissante sur $[0 ; 1]$, strictement décroissante sur $[1 ; 2]$ et strictement croissante sur $[2 ; 4]$.
$f(2) = 0$ est le minimum de f sur $[-4 ; 4]$.
Le maximum de f sur $[-4 ; 4]$ est égal à 2 ; il est atteint pour trois valeurs de x : -4, 1 et 4.

7. a) $\mathcal{S} = \{-3 ; 2\}$. **b)** $\mathcal{S} =]-3 ; 2[$. **c)** $\mathcal{S} = [-4 ; -3] \cup [2 ; 4]$.

8. a) $\mathcal{S} = \{-2 ; 1 ; 3\}$. **b)** $\mathcal{S} = [-4 ; -2[\cup]1 ; 3[\cup]3 ; 4]$.
c) $\mathcal{S} = [-2 ; 1] \cup \{3\}$.

9. a) $\mathcal{S} = \{-2 ; 1 ; 4\}$. **b)** $\mathcal{S} =]-2 ; 1[$. **c)** $\mathcal{S} = [-4 ; -2] \cup [1 ; 4]$.

VRAI OU FAUX ?

58. Vrai. En effet, considérons deux réels a et b, tels que $a < b$.
Si $a \leqslant 0$ et $b \leqslant 0$, alors $f(a) \leqslant f(b)$ car f est croissante sur $]-\infty ; 0]$.
Si $a \geqslant 0$ et $b \geqslant 0$, alors $f(a) \geqslant f(b)$ car f est croissante sur $[0 ; +\infty[$.
Si $a \leqslant 0$ et $0 \leqslant b$, alors $f(a) \leqslant f(0)$ et $f(0) \leqslant f(b)$, donc $f(a) \leqslant f(b)$.

59. Faux. En effet, considérons, par exemple, la fonction f définie sur $\mathbb{R}$ par :

$$f(x) = x \text{ si } x \leqslant 0, \text{ et } f(x) = x - 4 \text{ si } x > 0.$$

f est croissante sur $]-\infty ; 0]$ et sur $]0 ; +\infty[$, mais f n'est pas croissante sur $\mathbb{R}$.
$-1 < 2$ et $f(-1) > f(2)$ (car $f(-1) = -1$, $f(2) = -2$, et $-1 > -2$).

TROUVEZ L'ERREUR

10. « $u < v$ » n'implique pas « $u^2 < v^2$ ».
Ainsi, par exemple, $-3 < 1$, mais $(-3)^2 = 9 > 1^2$.
Notez que la solution proposée serait correcte pour démontrer la croissance stricte de f sur $\mathbb{R}^+$.

11. $\mathcal{S} = \{1\}$. En effet, $f(1) = 3$ donc $f(1) \geqslant 3$.
1 est donc solution de l'inéquation $f(x) \geqslant 3$, c'est-à-dire la seule car si $x \neq 1$, $f(x) < 3$.

12. $f : x \mapsto \frac{1}{x}$ est effectivement strictement décroissante sur $]-\infty ; 0[$ et sur $]0 ; +\infty[$. Mais ceci n'implique pas que f soit strictement décroissante sur $\mathbb{R}^*$.
Exemple : $-2 < 3$, mais on n'a pas $f(-2) > f(3)$,
car $f(-2) = -\frac{1}{2} < 0$ et $f(3) = \frac{1}{3} > 0$.

13. « $u < v$ » n'implique pas « $-2u < -2v$ ». En effet, on doit changer le sens de l'inégalité en multipliant par -2, car $-2 < 0$.
En fait, la fonction $x \mapsto |2x|$ est strictement décroissante sur $]-\infty ; 0]$.

14. « $f(u) < f(v)$ » implique « $f(u) \leqslant f(v)$ ».
Donc « $u < v$ » implique « $f(u) \leqslant f(v)$ ».
Donc, si f est strictement croissante sur I, alors f est croissante sur I.

5. FONCTIONS USUELLES, p. 135

SF1 b. SF2 a. SF3 c. SF4 c. SF5 a.

COMME LES RÉSOLUS

1. et **2.** La fonction est strictement décroissante sur $]-\infty ; 0]$ et strictement croissante sur $[0 ; +\infty[$.
La courbe a la même allure que la courbe représentant la fonction $x \mapsto x^2$. La première courbe passe par les points de coordonnées $(0 ; 0)$, $(1 ; 2)$ et $(-1 ; 2)$; la seconde courbe passe par les points de coordonnées $(0 ; 0)$, $\left(1 ; \frac{1}{4}\right)$ et $\left(-1 ; \frac{1}{4}\right)$.

3. et **4.** La fonction est strictement croissante sur $]-\infty ; 0]$ et strictement décroissante sur $[0 ; +\infty[$.
La courbe a la même allure que la courbe représentant la fonction $x \mapsto -2x^2$ (voir **Exo. 2**, p. 119). La première courbe passe par les points de coordonnées $(0 ; 0)$, $\left(1 ; -\frac{3}{2}\right)$ et $\left(-1 ; -\frac{3}{2}\right)$; la seconde courbe passe par les points de coordonnées $(0 ; 0)$, $\left(1 ; -\frac{1}{2}\right)$ et $\left(-1 ; -\frac{1}{2}\right)$

5. et **6.** f est strictement décroissante sur $]-\infty ; 0[$ et sur $]0 ; +\infty[$.
La courbe a la même allure que celle représentant la fonction $x \mapsto \frac{1}{x}$. La première courbe passe par les points de coordonnées $(1 ; 3)$ et $(-1 ; -3)$; la seconde courbe passe par les points de coordonnées $(1 ; 4)$ et $(-1 ; -4)$.

7. et **8.** f est strictement croissante sur $]-\infty ; 0[$ et sur $]0 ; +\infty[$.
La courbe a la même allure que la courbe représentant la fonction $x \mapsto -\frac{4}{x}$ (voir **Exo. 4**, p. 121). La première courbe passe par les points de coordonnées $(1 ; -2)$ et $(-1 ; 2)$; la seconde courbe passe par les points de coordonnées $(1 ; -3)$ et $(-1 ; 3)$.

TROUVEZ L'ERREUR

1. L'intervalle de définition $\mathrm{I} = [-2 ; 2[$ n'est pas symétrique par rapport à 0. En effet, $-2 \in \mathrm{I}$ et $2 \notin \mathrm{I}$.
La fonction ne peut donc être ni paire, ni impaire.
Notez que la fonction g définie sur $\mathrm{J} = [-2 ; 2]$ par $g(x) = x^2 + 1$ est paire. En effet, cette fois, l'intervalle J est symétrique par rapport à 0, et pour tout x de J, $g(-x) = g(x)$.

2. Un nombre positif x n'est pas toujours inférieur à son carré. Ce n'est vrai que si $x \geqslant 1$.
Notez que l'inégalité $(a+1) \leqslant (a+1)^2$ est vraie si $a + 1 \geqslant 1$, c'est-à-dire si $a \geqslant 0$.

3. Un nombre positif x n'est pas toujours supérieur à sa racine carrée. Ce n'est vrai que si $x \geqslant 1$.
Notez que l'inégalité $a + 2 \geqslant \sqrt{a+2}$ est vraie si $a + 2 \geqslant 1$, c'est-à-dire si $a \geqslant -1$.

4. La fonction $x \mapsto \frac{1}{x}$ n'est pas strictement décroissante sur $\mathbb{R}^*$, bien qu'elle soit strictement décroissante sur $]-\infty ; 0[$ et sur $]0 ; +\infty[$.
Notez que sans autre précision sur a et b, on ne peut pas comparer $\frac{1}{a-1}$ et $\frac{1}{b-1}$. Ainsi, par exemple, si $a = \frac{3}{2}$ et $b = 2$, alors $\frac{1}{a-1} > \frac{1}{b-1}$, mais si $a = \frac{1}{2}$ et $b = 2$, $\frac{1}{a-1} < \frac{1}{b-1}$.

6. ANGLES DE VECTEURS. FONCTIONS CIRCULAIRES, p. 167

SF1 c. SF2 b. SF3 a. SF4 b. SF5 b. SF6 a. SF7 b. SF8 c. SF9 b.

COMME LES RÉSOLUS

Pour les exercices 1 à 3, on note α la mesure principale cherchée.

1. $-\pi < \frac{54\pi}{7} + 2k\pi \leqslant \pi$, donc $-\frac{61}{14} < k \leqslant -\frac{47}{14}$.

D'où $\alpha = \frac{54\pi}{7} + 2(-4)\pi = -\frac{2\pi}{7}$.

2. $-\pi < -\frac{34\pi}{8} + 2k\pi \leqslant \pi$, donc $\frac{26}{16} < k \leqslant \frac{42}{16}$.

D'où $\alpha = -\frac{34\pi}{8} + 2(2)\pi = -\frac{\pi}{4}$.

3. $-\pi < \frac{95\pi}{6} + 2k\pi \leqslant \pi$, donc $-\frac{101}{12} < k \leqslant -\frac{89}{12}$.

D'où $\alpha = \frac{95\pi}{6} + 2(-8)\pi = -\frac{\pi}{6}$.

4. **a)** $\sin\left(-\frac{\pi}{4}\right) = -\sin\frac{\pi}{4} = -\frac{\sqrt{2}}{2}$.

b) $\cos\frac{7\pi}{6} = \cos\left(\pi + \frac{\pi}{6}\right) = -\cos\frac{\pi}{6} = -\frac{\sqrt{3}}{2}$.

c) $\sin\frac{2\pi}{3} = \sin\left(\pi - \frac{\pi}{3}\right) = \sin\frac{\pi}{3} = \frac{\sqrt{3}}{2}$.

5. **a)** $\sin\left(-\frac{\pi}{6}\right) = -\sin\frac{\pi}{6} = -\frac{1}{2}$.

b) $\cos\frac{4\pi}{3} = \cos\left(\pi + \frac{\pi}{3}\right) = -\cos\frac{\pi}{3} = -\frac{1}{2}$.

c) $\sin\frac{3\pi}{4} = \sin\left(\pi - \frac{\pi}{4}\right) = \sin\frac{\pi}{4} = \frac{\sqrt{2}}{2}$.

6. $\cos^2 x = 1 - \left(\frac{4}{5}\right)^2 = \frac{9}{25}$, donc $\cos x = \pm\frac{3}{5}$. Or $x \in \left[\frac{\pi}{2}; \pi\right]$, donc $\cos x \leqslant 0$. D'où $\cos x = -\frac{3}{5}$.

7. $\cos^2 x = 1 - \left(\frac{2}{3}\right)^2 = \frac{5}{9}$, donc $\cos x = \pm\frac{\sqrt{5}}{3}$. Or $x \in \left[0 ; \frac{\pi}{2}\right]$, donc $\cos x \geqslant 0$. D'où $\cos x = \frac{\sqrt{5}}{3}$.

8. $\sin^2 x = 1 - \left(-\frac{3}{4}\right)^2 = \frac{7}{16}$, donc $\sin x = \pm\frac{\sqrt{7}}{4}$.

Or $x \in \left[\pi ; \frac{3\pi}{2}\right]$, donc $\sin x \leqslant 0$. D'où $\sin x = -\frac{\sqrt{7}}{4}$.

TROUVEZ L'ERREUR

7. « $\cos x = -2$ » n'est pas équivalent à « $\cos\frac{x}{2} = -1$ ».

En fait, « $\cos x = -2$ » équivaut à « $\frac{\cos x}{2} = -1$ ».

Il convient de faire attention à l'emplacement du trait de fraction $\left(\cos\frac{x}{2} \neq \frac{\cos x}{2}\right)$.

Notez qu'il n'existe aucun réel tel que $\cos x + 2 = 0$; en effet, pour tout x, $-1 \leqslant \cos x \leqslant 1$, donc $\cos x$ ne peut jamais être égal à -2.

8. $\sin(x + \pi)$ n'est pas égal à $\sin x + \sin \pi$.
En effet, $\sin(x + \pi) = -\sin x$ et $\sin x + \sin\pi = \sin x$ (car $\sin\pi = 0$).
Retenez que, en général, $\sin(a + b)$ n'est pas égal à $\sin a + \sin b$.
En fait, $A = -2\sin x$.

9. La mesure principale α, par définition, est dans $]-\pi ; \pi]$.
Or $\frac{3\pi}{2} \notin]-\pi ; \pi]$. Donc $\frac{3\pi}{2}$ n'est pas la mesure principale cherchée. En fait, $\alpha = -\frac{\pi}{2}$.

10. Il est vrai que $\sin\frac{\pi}{3} = \frac{\sqrt{3}}{2}$ et que $\frac{\pi}{3} \notin \left[\frac{\pi}{2} ; \pi\right]$.

Mais on a également $\sin\frac{2\pi}{3} = \frac{\sqrt{3}}{2}$ car $\sin\frac{2\pi}{3} = \sin\left(\pi - \frac{\pi}{3}\right)$.

Or $\frac{2\pi}{3} \in \left[\frac{\pi}{2} ; \pi\right]$. Il existe donc un réel de $\left[\frac{\pi}{2} ; \pi\right]$ tel que $2\sin x - \sqrt{3} = 0$.

7. STATISTIQUES, p. 190

TROUVEZ L'ERREUR

2. La valeur 140 de la variable a un effectif égal à 2.

La moyenne est donc égale à $\frac{150 + 2 \times 140 + 160}{1 + 2 + 1} = 147{,}5$.

3. Les classes [175 ; 180[et [160 ; 170[n'ont pas la même amplitude. Ce n'est donc pas la hauteur des rectangles qu'il faut comparer mais leurs aires.
Ici, l'aire du rectangle correspondant à [160 ; 170[est supérieure à celle du rectangle correspondant à [175 ; 180[.
On a donc $N_1 > N_3$.

8. DROITES ET PLANS DANS L'ESPACE, p. 217

SF1 b. SF2 c. SF3 b. SF4 c. SF5 b. SF6 a. SF7 b. SF8 c.

COMME LES RÉSOLUS

1. Le point I appartient au plan (BCD) (car I est sur (BC)) et au plan (AMN) (car I est sur (AN)).
Le point D appartient au plan (BCD) et au plan (AMN) (car D est sur (AM)).
L'intersection des plans (AMN) et (BCD) est dont la droite (ID).

2. I, J, K appartiennent au plan P et au plan (ACD). Ils sont donc situés sur la droite d'intersection des plans P et (ACD). Les points I, J, K sont donc alignés.

3. (IJ) et (AA′) sont parallèles donc coplanaires.
Le plan (IAA′J) coupe les plans parallèles (ABC) et (A′B′C′) selon les droites (IA) et (JA′). Donc (IA) et (JA′) sont parallèles.
AA′JI a donc ses côtés opposés parallèles deux à deux : c'est un parallélogramme.

4. (AE) et (CG) sont parallèles donc coplanaires.
Le plan (ACGE) coupe les plans parallèles (ABC) et (EFG) selon (AC) et (EG). Donc (AC) et (EG) sont parallèles. AEGC a donc ses côtés opposés parallèles deux à deux : c'est un parallélogramme.

5. En utilisant le théorème de Thalès dans les triangles SAB et SBC, on démontre que (IJ) est parallèle à (AB) et que (JK) est parallèle à (BC).
Deux droites sécantes du plan (IJK) sont parallèles à deux droites sécantes du plan (ABC). Les plans (ABC) et (IJK) sont donc parallèles.

6. (BC) est orthogonale aux droites sécantes (AH) et (DH) du plan (ADH). Donc (BC) est orthogonale au plan (ADH), donc à toute droite de ce plan, en particulier à (AD).

7. (CD) est orthogonale aux droites sécantes (CB) et (CF) du plan (CBF). Donc (CD) est orthogonale au plan (CBF), donc à toute droite de ce plan, en particulier à (BF).

8. La pyramide est régulière. Donc SB = SD.
S est donc dans le plan médiateur P de [BD].
De même, A est dans le plan médiateur de [BD] car AB = AD.
Donc (SA) est dans P. La droite (BD) est orthogonale à P donc à toute droite de P, en particulier à (SA).

9. A et G sont dans le plan médiateur P de [HF] car AH = HF et GH = GF. Donc (AG) est dans P. La droite (HF) est orthogonale à P, donc à toute droite de P, en particulier à (AG).

TROUVEZ L'ERREUR

5. L'arrête [BD], non visible, doit être tracée en pointillés.

6. Dans l'espace, les arêtes [AD], [EH], [FG] et [BC] sont parallèles. Elles doivent être représentées par des segments parallèles sur la figure, ce qui n'est pas le cas.

7. Les droites (AI) et (JK) se coupent en G sur la figure, mais ceci n'implique pas que ces droites sont sécantes dans l'espace.

En fait, (AI) et (JK) ne sont pas sécantes dans l'espace.
En effet, si ces droites se coupaient en un point O, ce point devrait appartenir aux plans (ABC) et (ACD). O devrait donc être sur la droite d'intersection (AC) de ces plans. O serait donc confondu à la fois avec K et avec A, ce qui est impossible.

8. (AI) et (LG) n'ont effectivement aucun point commun. Mais, dans l'espace, deux droites n'ayant aucun point commun ne sont pas nécessairement parallèles. La justification donnée à la fin de la solution est donc fausse.
Solution possible : Notons K le milieu de [HG]. Alors (IK) ⫽ (AE) car (IK) ⫽ (HD) et (HD) ⫽ (AE). De plus, IK = AE, car IK = HD et HD = AE. Donc AIKE est un parallélogramme.
D'où (AI) ⫽ (EK).
Or (EK) ⫽ (LG) car KGLE est un parallélogramme (puisque KG = EL et (KG) ⫽ (EL). D'où (AI) ⫽ (LG).

9. Le fait que (AF) et (DE) soient orthogonales à (BC) ne suffit pas à justifier que (AF) ⫽ (DE).
En effet, dans l'espace, deux droites orthogonales à une même troisième ne sont pas forcément parallèles.

Solution possible : ADEF est un parallélogramme car les côtés [AD] et [FE] sont égaux et parallèles (ils sont parallèles à (BC) et égaux à BC). Donc (AF) ⫽ (DE).

10. (AE) ⫽ (GC). Donc le fait que (HF) soit orthogonale à (AE) et à (GC) ne suffit pas à justifier que (HF) est orthogonale au plan (AEGC).
En effet, « une droite *d* est orthogonale à un plan P » signifie que « *d* est orthogonale à deux droites sécantes de P ».

Solution possible : (HF) est orthogonale à (AE) et à (EG), donc (HF) est orthogonale au plan (AECG).

9. POUR UN BON DÉPART EN GÉOMÉTRIE, p. 246

COMME LES RÉSOLUS

1. AC = AD, dont A est sur la médiatrice de [CD].
De même, B est sur la médiatrice de [CD] car BC = BD.
Donc (AB) est la médiatrice de [CD].
D'où (AB) et (CD) sont orthogonales.

2. $\widehat{COD} = 90°$, donc O est sur le cercle $\mathscr{C}$ de diamètre [CD].
$\widehat{CHD} = 90°$, donc H est sur le cercle $\mathscr{C}$ de diamètre [CD].
Les points O, C, H et D sont donc sur $\mathscr{C}$.

3. $\widehat{CBM} = \widehat{ABM}$ (car (BM) est bissectrice de $\widehat{ABC}$) ;
$\widehat{AMB} = \widehat{CBM}$ (car (AD) et (BC) sont parallèles) ;
d'où $\widehat{AMB} = \widehat{ABN}$. Donc le triangle AMB est isocèle.
$\widehat{DNM} = \widehat{CBN}$ (car (AB) et (CD) sont parallèles).
D'où $\widehat{DNM} = \widehat{CBN} = \widehat{AMB}$. Donc le triangle DMN est isocèle.

4. O est le milieu de [AB], donc O′ est le milieu de [A′B′] (car une projection « conserve le milieu »).
De même, O′ est le milieu de [C′D′].

5. En appliquant le théorème des milieux dans les triangles ABD puis CBD, on obtient (LI) ⫽ (BD) et (BD) ⫽ (KJ). Donc (LI) ⫽ (KJ).
De même, en appliquant ce théorème dans les triangles ABC et ADC, on obtient (IJ) ⫽ (AC) et (AC) ⫽ (LK). Donc (IJ) ⫽ (LK).
IJKL est un parallélogramme car ses côtés opposés sont parallèles.

6. (CI) est la troisième hauteur de ABC. Donc (CI) ⊥ (AB).
Or (AB) ⫽ (CD). Donc (CI) ⊥ (CD).

7. $\frac{AP}{AH} = \frac{AM}{AC} = \frac{3}{5}$ or $AH = AB \times \frac{\sqrt{3}}{2} = 5 \times \frac{\sqrt{3}}{2}$.

Donc $AP = \frac{3}{5} \times 5\frac{\sqrt{3}}{2} = \frac{3\sqrt{3}}{2}$.

8. $\widehat{DAC} = 60°$ (car ACD est équilatéral).
Dans le triangle isocèle BAE, $\widehat{BAE} + \widehat{AEB} + \widehat{EBA} = 180°$.
Or $\widehat{EBA} = \widehat{EBC} - \widehat{ABC} = 180° - 60° = 120°$.
Donc $2\,\widehat{BAE} + 120° = 180°$, d'où $\widehat{BAE} = 30°$.
Or $\widehat{DAE} = \widehat{DAC} + \widehat{CAB} + \widehat{BAE} = 60° + 90° + 30° = 180°$.
Donc D, A, E sont alignés.

9. E et F sont les centres de gravité de ABD et CBD. Donc (AE) et (CF) sont des médianes relatives à [BD] dans ABD et CBD.
(AE) et (CF) passent par le milieu I de [BD].
(AE), (CF) et (BD) passant donc par I.

10. Notons K le milieu de [BD].
En appliquant le théorème de Thalès dans AKC, on obtient (IJ) ⫽ (AC) $\left(\text{car } \frac{KI}{KA} = \frac{KJ}{KC} = \frac{1}{3}\right)$. Or (MN) ⫽ (AC) (théorème des milieux dans ABC). D'où (MN) ⫽ (IJ).

TROUVEZ L'ERREUR

4. « (MN) ⫽ (PQ) » ne suffit pas à justifier que MNPQ est un parallélogramme.
En fait, MNPQ est effectivement un parallélogramme, mais il convient, pour le justifier correctement, de montrer en plus, par exemple, que (MQ) ⫽ (NP).

5. « OB = OC » ne suffit pas à justifier que O est le milieu de [BC]. En effet, on ne sait pas, a priori, que O est sur [BC].

Solution possible : O, point d'intersection de deux médiatrices de ABC, est le centre du cercle circonscrit au triangle rectangle ABC. Donc O est le milieu de [BC].

6. « (IJ) ⫽ (KL) » ne suffit pas à justifier que I, J, K et L sont alignés.

Solution possible : (IJ) ⫽ (AB) et (IK) ⫽ (CD). Donc (IJ) ⫽ (IK).
Donc I, J, K alignés. Or (KL) ⫽ (IJ), d'où I, J, K, L alignés.

7. $\frac{MN}{CB}$ n'est pas égal à $\frac{MA}{MB}$. En fait, $\frac{MN}{CB} = \frac{MA}{AB}$.

On trouve alors $MN = 7 \times \frac{2}{5} = \frac{14}{5}$.

8. [BB′] n'est pas une médiatrice. En effet, le triangle ABC n'étant pas équilatéral (car $\widehat{BAC} = 55° \neq 60°$), la médiatrice relative à [AC] ne passe pas par B.

10. L'OUTIL VECTORIEL, p. 273

SF1 b. SF2 c. SF3 a. SF4 b. SF5 c. SF6 a. SF7 b. SF8 a.

COMME LES RÉSOLUS

1. $\overrightarrow{KA} = -3\,\overrightarrow{KB}$ s'écrit $-\overrightarrow{AK} = -3\left(\overrightarrow{KA} + \overrightarrow{AB}\right)$; $\overrightarrow{AK} = \frac{3}{4}\overrightarrow{AB}$.

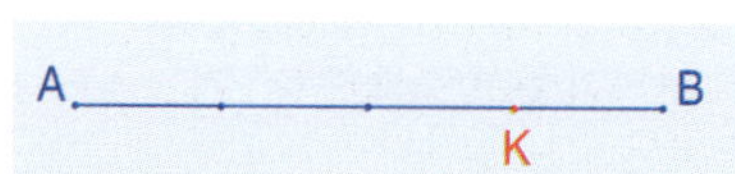

2. $\overrightarrow{OM} = -\frac{9}{13}\overrightarrow{ON}$ s'écrit $-\overrightarrow{MO} = -\frac{9}{13}\left(\overrightarrow{OM} + \overrightarrow{MN}\right)$; $\overrightarrow{MO} = \frac{9}{22}\overrightarrow{MN}$.

3. $\overrightarrow{CE} = \overrightarrow{CD} + \overrightarrow{DE} = 4\,\overrightarrow{BA} + \frac{4}{3}\,\overrightarrow{DA} = 4\left(\overrightarrow{BA} + \frac{1}{3}\,\overrightarrow{DA}\right)$.

$\overrightarrow{BE} = \overrightarrow{BA} + \overrightarrow{AE} = \overrightarrow{BA} + \frac{1}{3}\,\overrightarrow{DA}$.

Donc $\overrightarrow{BE} = 4\,\overrightarrow{CE}$. D'où B, E, C sont alignés.

4. $\overrightarrow{PR} = \overrightarrow{PQ} + \overrightarrow{QR} = \frac{5}{2}\,\overrightarrow{NM} + \frac{5}{3}\,\overrightarrow{QM} = \frac{5}{2}\left(\overrightarrow{NM} + \frac{2}{3}\,\overrightarrow{QM}\right)$.

$\overrightarrow{NR} = \overrightarrow{NM} + \overrightarrow{MR} = \overrightarrow{NM} + \frac{2}{3}\,\overrightarrow{QM}$.

Donc $\overrightarrow{PR} = \frac{5}{2}\,\overrightarrow{NR}$. D'où P, R, N sont alignés.

5. $\overrightarrow{AP} = \overrightarrow{AB} - 3\,\overrightarrow{AC} = \overrightarrow{AB} - 3\left(\overrightarrow{AI} + \overrightarrow{IC}\right)$

$= \overrightarrow{AB} - 3 \times \frac{1}{3}\,\overrightarrow{AB} - 3\,\overrightarrow{IC} = -3\,\overrightarrow{IC}$.

Donc (AP) et (IC) sont parallèles.

6. $\overrightarrow{PS} = \overrightarrow{PM} + 2\left(\overrightarrow{PK} + \overrightarrow{KN}\right) = \overrightarrow{PM} + 2\left(-\frac{1}{2}\,\overrightarrow{PM} + \overrightarrow{KN}\right)$

$= 2\,\overrightarrow{KN}$.

Donc (PS) et (KN) sont parallèles.

7. $\overrightarrow{AM} = \frac{2}{3}\,\overrightarrow{MD}$, donc $\overrightarrow{BN} = \frac{2}{3}\,\overrightarrow{NC}$. D'où $BN = \frac{2}{3} \times 3{,}5 = \frac{7}{3}$.

8. $\overrightarrow{MI} = \frac{4}{2{,}5}\,\overrightarrow{IQ}$, donc $\overrightarrow{NJ} = \frac{4}{2{,}5}\,\overrightarrow{JP}$.

D'où $NJ = \frac{4}{2{,}5} \times 2{,}3 = \frac{9{,}2}{2{,}5} = 0{,}08$.

TROUVEZ L'ERREUR

9. Pour utiliser le théorème de Thalès sous forme vectorielle, il faut que A, M et N soient alignés. Or, c'est précisément ce que l'on veut démontrer.

Solution possible :

$\overrightarrow{NM} = \overrightarrow{NC} + \overrightarrow{CM} = \frac{1}{3}\,\overrightarrow{ND} + \frac{1}{3}\,\overrightarrow{CB} = \frac{1}{3}\left(\overrightarrow{ND} + \overrightarrow{DA}\right) = \frac{1}{3}\,\overrightarrow{NA}$.

Donc A, M, N sont alignés.

10. L'égalité « $\overrightarrow{AB} = \overrightarrow{OA} + \overrightarrow{OB}$ » n'est pas vraie. En fait, on a : $\overrightarrow{AB} = \overrightarrow{AO} + \overrightarrow{OB}$.

11. La propriété « I milieu de [AB] » équivaut à « $\overrightarrow{AI} + \overrightarrow{IB} = \overrightarrow{AB}$ » est fausse. La propriété « $\overrightarrow{AI} + \overrightarrow{IB} = \overrightarrow{AB}$ » est toujours vraie (relation de Chasles), que I soit le milieu de [AB] ou non.

12. « BC = 2 IJ » n'implique pas, en général, « $\overrightarrow{BC}$ et $\overrightarrow{IJ}$ colinéaires ».
En revanche, « $\overrightarrow{BC} = 2\,\overrightarrow{IJ}$ » implique « $\overrightarrow{BC}$ et $\overrightarrow{IJ}$ colinéaires ».

13. « $\overrightarrow{AC} = \overrightarrow{AB} + \overrightarrow{BC}$ » n'implique pas « $\|\overrightarrow{AC}\| = \|\overrightarrow{AB}\| + \|\overrightarrow{BC}\|$ ». En effet, en général, la longueur de la somme de deux vecteurs n'est pas égale à la somme des longueurs de ces vecteurs.

11. GÉOMÉTRIE ANALYTIQUE, p. 303

SF1 b. **SF2** a. **SF3** c. **SF4** a. **SF5** c. **SF6** a. **SF7** b. **SF8** a.

COMME LES RÉSOLUS

1. $\overrightarrow{AB}$ a pour coordonnées $(-6\,;-9) = (x\,;y)$;
$\overrightarrow{AC}$ a pour coordonnées $(20\,;30) = (x'\,;y')$.
$xy' - yx' = 0$, donc A, B, C alignés.

2. $\overrightarrow{AB}$ a pour coordonnées $(4\,;-12) = (x\,;y)$;
$\overrightarrow{AC}$ a pour coordonnées $(9\,;-26) = (x'\,;y')$.
$xy' - yx' = 4 \neq 0$, donc A, B, C non alignés.

3. « M $(x\,;y)$ appartient à d » équivaut à « $\overrightarrow{AM}$ et $\vec{u}$ colinéaires ».
$\overrightarrow{AM}\,(x+5\,;y-4)$ et $\vec{u}\left(1\,;-\frac{4}{5}\right)$.

D'où une équation de d : $-\frac{4}{5}x - y = 0$.

4. « M $(x\,;y)$ appartient à d » équivaut à « $\overrightarrow{AM}$ et $\vec{u}$ colinéaires ».
$\overrightarrow{AM}\,(x+3\,;y+3)$ et $\vec{u}\left(-\frac{2}{3}\,;1\right)$.

D'où une équation de d : $x + \frac{2}{3}y + 5 = 0$.

5. « M $(x\,;y)$ appartient à d » équivaut à « $\overrightarrow{AM}$ et $\overrightarrow{AB}$ colinéaires ».
$\overrightarrow{AM}\,(x+6\,;y-5)$ et $\overrightarrow{AB}\,(7\,;-1)$.
D'où une équation de d : $x + 7y - 29 = 0$.

6. « M $(x\,;y)$ appartient à d » équivaut à « $\overrightarrow{AM}$ et $\overrightarrow{AB}$ colinéaires ».
$\overrightarrow{AM}\,(x-2\,;y-3)$ et $\overrightarrow{AB}\,(-8\,;-12)$.
D'où une équation de d : $-3x + 2y = 0$.

7. Un vecteur directeur de Δ est $\vec{u}\,(-5\,;-2)$.
$\vec{u}$ est aussi un vecteur directeur de d.
« M $(x\,;y)$ appartient à d » équivaut donc à « $\overrightarrow{AM}\,(x+3\,;y-2)$ et $\vec{u}$ colinéaires ». On obtient $-2x + 5y - 16 = 0$.

8. Un vecteur directeur de Δ est $\vec{u}\,(1\,;1)$.
$\vec{u}$ est aussi un vecteur directeur de d.
« M $(x\,;y)$ appartient à d » équivaut donc à « $\overrightarrow{AM}\,(x+2\,;y-2)$ et $\vec{u}\,(1\,;1)$ colinéaires ». On obtient $x - y + 4 = 0$.

9. $\overrightarrow{AB}$ a pour coordonnées $(-6\,;12) = (x\,;y)$;
$\overrightarrow{AC}$ a pour coordonnées $(8\,;4) = (x'\,;y')$.
$xx' + yy' = 0$, donc les vecteurs $\overrightarrow{AB}$ et $\overrightarrow{AC}$ sont orthogonaux.
$\widehat{BAC}$ est droit.

10. $\overrightarrow{AB}$ a pour coordonnées $(-10\,;25) = (x\,;y)$;
$\overrightarrow{AC}$ a pour coordonnées $(-5\,;-2) = (x'\,;y')$;
$xx' + yy' = 0$ donc les vecteurs $\overrightarrow{AB}$ et $\overrightarrow{AC}$ sont orthogonaux.
$\widehat{BAC}$ est droit.

11. Un vecteur directeur de Δ est $\vec{u}\,(-4\,;-2)$.
« M $(x\,;y)$ appartient à d » équivaut donc à « $\overrightarrow{AM}\,(x-2\,;\ y-2)$ et $\vec{u}\,(-4\,;-2)$ orthogonaux ».
D'où $2x + y - 6 = 0$.

12. Un vecteur directeur de Δ est $\vec{u}\left(1\,;\frac{1}{2}\right)$.

« M $(x\,;y)$ appartient à d » équivaut donc à « $\overrightarrow{AM}\,(x+1\,;y)$ et $\vec{u}\left(1\,;\frac{1}{2}\right)$ orthogonaux ».

D'où $x + \frac{1}{2}y + 1 = 0$.

TROUVEZ L'ERREUR

5. Les points A et B ont bien la même abscisse 1.
L'équation de (AB) est $x = 1$.

6. Un vecteur directeur de d est $\vec{u}\,(-(-1)\,;-1)$.
En effet, le coefficient de y dans l'équation de d est égal à -1.
(AB) et d ne sont donc pas parallèles.

7. Le critère d'orthogonalité est $xx' + yy' = 0$, et non pas $xy' + yx' = 0$. Ici, $xx' + yy' = 2 \times 2 + 5 \times (-5) = -21 \neq 0$.
$\vec{u}$ et $\vec{v}$ ne sont pas orthogonaux.

8. Le repère $\left(O\,;\vec{i},\vec{j}\right)$ n'est pas orthonormal car $\|\vec{i}\| = 1$ mais $\|\vec{j}\| = 2$. On ne peut donc pas appliquer la formule :

$AB = \sqrt{(x_B - x_A)^2 + (y_B - y_A)^2}$.

• Placez A et B dans $\left(O\,;\vec{i},\vec{j}\right)$ et vérifiez que $AB \neq 3\sqrt{2}$.

9. Le repère $(O ; \vec{i}, \vec{j})$ n'est pas orthonormal.

On ne peut pas appliquer le critère d'orthogonalité « $aa' + bb' = 0$ ».

• Tracez les droites d et d' dans $(O ; \vec{i}, \vec{j})$, et vérifiez qu'elles ne sont pas perpendiculaires.

12. SYSTÈMES D'ÉQUATIONS LINÉAIRES, p. 333

SF1 a. SF2 b. SF3 b. SF4 c.

COMME LES RÉSOLUS

[1] désigne la première équation et [2] la seconde.

1. a. [1] donne $x = 1 + 2y$;

[2] donne alors $y = -\frac{7}{2}$, d'où $x = 1 + 2\left(-\frac{7}{2}\right) = -6$.

Donc $\mathcal{S} = \left\{\left(-6 ; -\frac{7}{2}\right)\right\}$.

b. « $-4 \times [1] + [2]$ » donne $2y = -7$, d'où $y = -\frac{7}{2}$.

[1] donne alors $x = -6$. Donc $\mathcal{S} = \left\{\left(-6 ; -\frac{7}{2}\right)\right\}$.

2. a. [1] donne $y = 2x + 3$;

[2] donne alors $-11x = 17$, d'où $x = -\frac{17}{11}$.

D'où $y = 3 + 2 \times \left(\frac{-17}{11}\right) = \frac{-1}{11}$. Donc $\mathcal{S} = \left\{\left(-\frac{17}{11} ; -\frac{1}{11}\right)\right\}$.

b. « $4 \times [1] + [2]$ » donne $-11x = 17$, d'où $x = -\frac{17}{11}$.

[1] donne alors $y = -\frac{1}{11}$. Donc $\mathcal{S} = \left\{\left(-\frac{17}{11} ; -\frac{1}{11}\right)\right\}$.

3. a. [2] donne $x = 1 + y$;

[1] donne alors $y = 3$, d'où $x = 1 + 3 = 4$.

Donc $\mathcal{S} = \{(4 ; 3)\}$.

b. « $[1] - 3 \times [2]$ » donne $x = 4$;

[2] donne alors $y = 4 - 1 = 3$.

Donc $\mathcal{S} = \{(4 ; 3)\}$.

4. a. Le système s'écrit $\begin{cases} 4x - y = 3 \\ 4x - y = 2 \end{cases}$ donc $\mathcal{S} = \varnothing$.

b. Le système s'écrit $\begin{cases} 4x - y = 3 \\ 4x - y = 3 \end{cases}$ donc tous les couples $(x ; y)$ tels que M $(x ; y)$ est sur la droite d'équation $4x - y - 3 = 0$ sont solutions.

5. a. Le système s'écrit $\begin{cases} 6x + 9y = 1 \\ 6x + 9y = -6 \end{cases}$ donc $\mathcal{S} = \varnothing$.

b. Le système s'écrit $\begin{cases} 6x + 9y = 2 \\ 6x + 9y = 2 \end{cases}$ donc tous les couples $(x ; y)$ tels que M $(x ; y)$ est sur la droite d'équation $6x + 9y - 2 = 0$ sont solutions.

6. a. Le système s'écrit $\begin{cases} -4x + 4y = -4 \\ -4x + 4y = -3 \end{cases}$ donc $\mathcal{S} = \varnothing$.

b. Le système s'écrit $\begin{cases} -4x + 8y = -12 \\ -4x + 8y = -12 \end{cases}$ donc $\mathcal{S} = \varnothing$.

TROUVEZ L'ERREUR

5. Le déterminant de (S) n'est pas égal à $\begin{vmatrix} 2 & -3 \\ 4 & -6 \end{vmatrix}$, mais à $\begin{vmatrix} 2 & -3 \\ -6 & 4 \end{vmatrix} = -10 \neq 0$.

Donc le système admet une solution unique.

N'oubliez pas « d'ordonner » le système avant de calculer son déterminant.

6. $[2] + 3 \times [1]$ ne donne pas $10x = 4$ mais $10x = 10$.

En effet, quand on multiplie l'équation [1] par 3, il ne faut pas oublier de multiplier le second membre de l'équation par 3.

7. Un système de déterminant nul admet soit aucune solution, soit une infinité. Ici, le système s'écrit $\begin{cases} -9x + 3y = -12 \\ -9x + 3y = -12 \end{cases}$.

Il admet donc une infinité de solutions.

8. Le système (S) n'est pas linéaire. On ne peut donc pas utiliser les propriétés relatives aux systèmes linéaires.

Ici, en ajoutant les deux équations membre à membre, on obtient $|y| = -3$. Or $|y| \geqslant 0$ donc $\mathcal{S} = \varnothing$.

13. SYMÉTRIES. TRANSLATIONS. ROTATIONS, p. 354

COMME LES RÉSOLUS

1. L'image de la droite (AB′) par la réflexion d'axe d est la droite (A′B). Ces deux droites se coupent sur d.

2. A est à l'intersection de (OK) et de Δ, donc A′ est à l'intersection des images de (OK) et de Δ.

L'image de (OK) est (O′K) et l'image de Δ est Δ′, donc A′ est le point d'intersection de (O′K) et (Δ′).

3. O est sur d et sur d', donc O est invariant par s_d et $s_{d'}$.

L'image de M par s_d et sur Δ′. C'est donc le point d'intersection de Δ′. C'est donc le point d'intersection de Δ′ et de la perpendiculaire à d passant par M.

De même, l'image de M par $s_{d'}$ est le point d'intersection de Δ′ et de la perpendiculaire à d' passant par M.

4. Le triangle A′B′C′ est l'image du triangle ABC par la translation $t_{\vec{u}}$ de vecteur $\vec{u} = \overrightarrow{AA'}$.

En effet, $A' = t_{\vec{u}}(A)$ car $\overrightarrow{AA'} = \vec{u}$.

D'après le théorème des milieux dans le triangle CBB′, on a $\overrightarrow{BB'} = 2\overrightarrow{IA'} = \vec{u}$, donc $B' = t_{\vec{u}}(B)$.

Ce théorème dans le triangle BCC′ donne $\overrightarrow{CC'} = 2\overrightarrow{IA'} = \vec{u}$.

Donc $C' = t_{\vec{u}}(C)$.

5. r (J) = K et r (A) = O.

6. Notons d la perpendiculaire à Δ passant par O ; d est un axe de symétrie de $\mathscr{C}$ et $\mathscr{C}'$, dont $B = s_d(A)$ et $D = s_d(C)$.

Donc [BD] est l'image de [AC] par s_d. D'où BD = AC.

7. 1. r (B) = C et r (C) = A donc l'image du segment [BC] par r est le segment [CA]

2. De même, l'image de [AB] est [BC], donc r (E) est le point E′ de [BC] tel que BE′ = AE.

d ∥ (BC), donc l'image d' de d est parallèle à l'image (CA) de (BC). Donc d' est la parallèle à (CA) passant par E′.

TROUVEZ L'ERREUR

3. La droite d n'est pas un axe de symétrie de la figure.

En effet, le triangle ABC est isocèle en B (et non en A).

Donc d est une hauteur mais n'est pas une médiatrice.

4. r (C) n'est pas égal à B.

Ce serait le cas si la flèche était orientée dans l'autre sens.

Solution : r (C) est le point C′, situé à l'extérieur du triangle ABC, tel que $\widehat{CAC'} = 80°$ et AC = AC′.

5. Non, Δ′ n'est pas toujours parallèle à Δ. La figure est faite dans le cas particulier où Δ ∥ d.

Si (AB) n'est pas parallèle à d, alors (A′B′) n'est pas parallèle à (AB). (On sait qu'alors (A′B′) et (AB) se coupent sur d.)

14. HOMOTHÉTIES, p. 379

SF1 a. SF2 b. SF3 b. SF4 a. SF5 c.

COMME LES RÉSOLUS

1. M′ est sur la droite (MO). L'image de (AM) est la droite *d′* passant par A′ et parallèle à (AM).
M est sur (AM), donc M′ est sur *d′*.
M′ est donc le point d'intersection des droites *d′* et (MO).

2. Première construction : M′ est le point d'intersection de la droite (OM) et de la parallèle à (AM) passant par A′.

Deuxième construction : M est sur $\mathscr{C}$, donc M′ est sur le cercle $\mathscr{C}'$ image de $\mathscr{C}$.
M′ est donc le second point d'intersection de (MO) et de $\mathscr{C}'$.

3. L'homothétie *h* de centre O transformant A en C transforme B en D, et donc [AB] en [CD] ; *h* (I) est donc sur [CD] , et *h* (I) = J car *h* conserve les rapports de longueurs.
Donc J, image de I, est sur (IO).

4. L'homothétie *h* de centre O transformant A en D transforme B en C, et donc [AB] en [DC] ; *h* (I) est donc sur [DC], et *h* (I) = J car *h* conserve les rapports de longueurs.
Donc J, image de I, est sur (IO).

5. L'homothétie de centre O transformant I en M transforme J en N et K en P. L'image de [IK] est donc [MP].
Donc (MP) $/\!/$ (IK).

6. L'homothétie de centre O transformant I en M transforme K en P et J en N. L'image de [IJ] est donc [MN].
Donc (IJ) $/\!/$ (MN).

7. Notons O le centre de ABCD. Le point O est le milieu de [DB] et de [AC].
On a *h* (B) = P, *h* (O) = A, *h* (D) = Q, et *h* conserve le milieu, donc A est le milieu de [PQ].

8. *h* (I) = B, *h* (O) = C, et *h* (J) = D. Or O est le milieu de [IJ] et *h* conserve le milieu. Donc C est le milieu de [BD].

TROUVEZ L'ERREUR

5. $\overrightarrow{AM} = 3\,\overrightarrow{AM'}$ ne signifie pas que le rapport de *h* est 3.
(Ne pas confondre $\overrightarrow{AM} = 3\,\overrightarrow{AM'}$ et $\overrightarrow{AM'} = 3\,\overrightarrow{AM}$.)
En fait, $\overrightarrow{AM'} = \frac{1}{3}\,\overrightarrow{AM}$, donc $k = \frac{1}{3}$.

6. A′B′ est une longueur, donc un nombre positif, et ne peut évidemment pas être égal à – 15.
En fait, $\overrightarrow{A'B'} = -3\,\overrightarrow{AB}$ implique $A'B' = |-3|\,AB = 15$.

7. On ne peut pas utiliser le fait qu'une symétrie centrale conserve l'alignement car, ici, A′, B′, C′ sont les images d'un même point, M, par trois symétries centrales, de centres A, B et C (A′, B′, C′ ne sont donc pas les images de trois points alignés par une même symétrie centrale.)

Solution :
On peut utiliser l'homothétie *h* de centre M et de rapport 2 :
h (A) = A′, *h* (B) = B′ et *h* (C) = C.
A, B, C sont alignés, donc A′, B′, C′ sont alignés.

INDEX

Édition : Fabienne Loup-Brunswick
Conception de la maquette : Élisabeth Maréchal
Mise en page : Élisabeth Maréchal, Jean-Pierre Jauneau
Couverture : Ernesto Aparicio/Denis Hoch
Graphiques et schémas : Calliope
Composition et photogravure : S.C.C.M.

N° de projet 10029543 - (2) - 86 - (canb 80) - juillet 1995
Imprimé en France par CLERC S.A. - 18200 Saint-Amand-Montrond